"十四五"高等职业教育系列教材

计算机应用基础案例驱动教程

（Windows 10+Office 2016）

罗 俊 编著

中国铁道出版社有限公司
CHINA RAILWAY PUBLISHING HOUSE CO., LTD.

内 容 简 介

本书依据教育部的《高等职业教育专科信息技术课程标准（2021 年版）》编写，依照工作手册式教材要求重组课程内容，以新型活页式教材的形式出版，建有在线开放课程，力求将教、学、做、练、评融为一体。全书分为 4 个模块，主要包括信息技术基础、Word 2016、PowerPoint 2016、Excel 2016 相关内容。

本书适合作为高等职业院校计算机公共基础课程教材，也可作为广大计算机爱好者的自学用书，以及广大职场人士的参考书。

图书在版编目（CIP）数据

计算机应用基础案例驱动教程：Windows 10 + Office 2016/罗俊编著 .—北京：中国铁道出版社有限公司，2023.9（2024. 7 重印）
“十四五”高等职业教育系列教材
ISBN 978-7-113-30471-3

Ⅰ.①计… Ⅱ.①罗… Ⅲ.① Windows 操作系统－高等职业教育－教材②办公自动化－应用软件－高等职业教育－教材 Ⅳ.① TP316.7 ② TP317.1

中国国家版本馆 CIP 数据核字（2023）第 149510 号

书　　名：计算机应用基础案例驱动教程（Windows 10+Office 2016）
作　　者：罗　俊

策　　划：徐海英　翟玉峰　　　　**编辑部电话：**（010）51873135
责任编辑：翟玉峰　许　璐
封面设计：郑春鹏
责任校对：刘　畅
责任印制：樊启鹏

出版发行：中国铁道出版社有限公司（100054，北京市西城区右安门西街 8 号）
网　　址：https://www.tdpress.com/51eds/
印　　刷：北京联兴盛业印刷股份有限公司
版　　次：2023 年 9 月第 1 版　2024 年 7 月第 2 次印刷
开　　本：787 mm×1 092 mm 1/16　**印张：**25.25　**字数：**673 千
书　　号：ISBN 978-7-113-30471-3
定　　价：88.00 元

前言

人类社会已由信息时代进入数字时代，数字技术正深刻改变着人类的思维、生活、生产、学习方式，全民数字素养与技能日益成为国际竞争力和软实力的关键指标，建设数字中国成为数字时代推进中国式现代化的重要引擎。当代大学生要适应时代发展，应该主动成长为具备数字意识、计算思维、终身学习能力和社会责任感的数字公民。

在这样的背景下，本书以党的二十大精神为引领，以《提升全民数字素养与技能行动纲要》和《高等职业教育专科信息技术课程标准（2021 年版）》为指导进行编写。

本书编著者长期在高等职业院校教学一线工作，在多年教学实践中融行动导向教学、项目教学、情景教学等教学模式、方法于一体，总结出“全案例驱动教学法”。《计算机应用基础案例驱动教程（Windows 7+Office 2010）》（罗俊编著，中国铁道出版社有限公司出版）是“全案例驱动教学法”的实践应用成果，自出版以来，在教学使用中受到广大师生欢迎。本书在此基础上编写，坚持基础性与时代性并重，在内容选择上，仍以计算机基础知识和基本操作、Office 办公软件三大基本组件的实用功能为主体，更新了软件版本，增加了信息安全与数字素养、新一代信息技术等内容，聚焦核心知识、关键技能、实用技巧和代表性技术，以落实《高等职业教育专科信息技术课程标准（2021 年版）》相关要求。在教材装帧形式上，采用活页式装订，便于学习者抽取、添加、自由组织学习内容；分模块编制目录，便于检索；每个模块前后分别附有编著者创新设计的“学习基础和学习预期”“学习与实训回顾”表格，便于学习者构建自己的核心知识（技能）。本书具有如下特色：

（1）体例独特，体现职业教育特色。配合全案例驱动教学，将知识点、技能点全部融入教学案例之中，教材体例与教学模式相统一，学习内容与工作内容相统一，实训过程与工作过程相统一，突出职业教育的特征。

（2）案例实用，面向真实工作情境。在案例设计上，紧扣时代脉搏，着眼学生可持续发展需要，潜移默化地融入了数字意识、计算思维、终身学习能力和社会责任感的培养。所选案例都来自社会生活和职业工作中的真实情景和项目，根据教学需要进行了整合、优化，案例具有教学性，也具有很强的实用性，可以在日常实践中直接应用。

（3）设计科学，符合人才成长规律。案例编排由简单到复杂，由单一到综合，由模仿到创新，遵循了职业教育规律、学生认知规律和技术技能人才成长规律。案例讲解细致，图文并茂，以完成案例的过程作为学习过程的引导，适合课程教学，也适宜自学。

（4）资源丰富，服务线上线下教学。本书对应的“计算机应用基础”在线开放课程（扫描右侧二维码加入课程）建于“智慧树”平台，已经运行多期，截至2023年7月已有来自全国49所本专科院校选用，其中有24所学校集中选课，累计选课人数2.83万人次。在线课程提供了课程标准、教学计划、微课视频、动画资源、虚拟仿真资源、教学课件、案例素材、题库、作业库、试卷库等丰富的数字教学资源，既为教师混合式教学提供支撑，也可以满足学习者自主、泛在、碎片化学习需要。

扫一扫或长按识别 加入课程学习

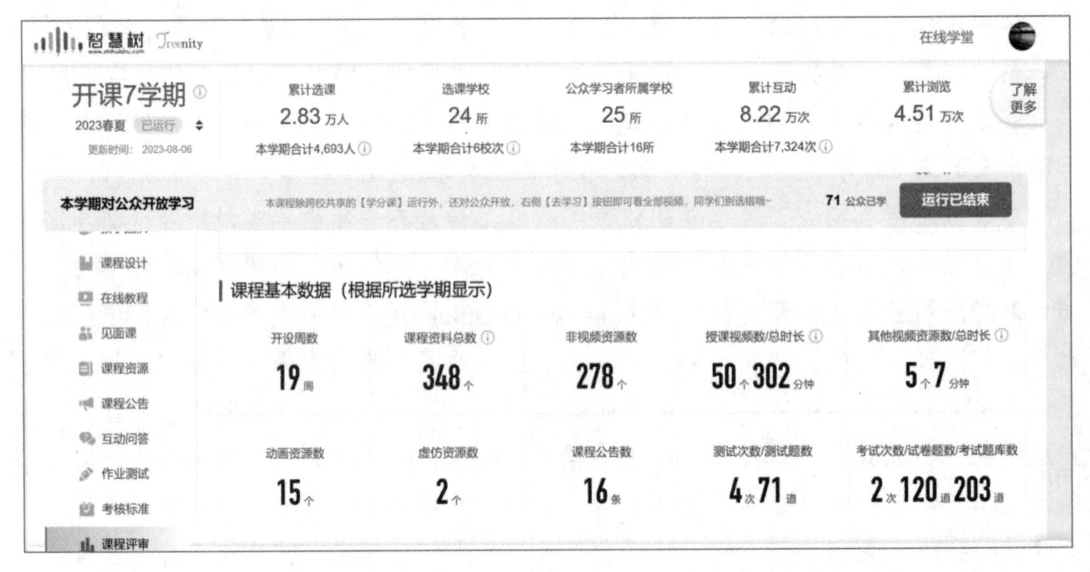

本书得到江汉艺术职业学院各位领导和同事的深切关心和大力支持，尤其是全体计算机教师的鼎力协助，没有他们多年在教学一线实践、探索、积累的宝贵教学经验和丰富案例素材，就不可能有本书的编著付梓，选用在线课程的院校同仁也为本书的编写和线上课程的完善提出了许多有益建议，在此一并表示感谢。

限于编著者水平，书中难免存在不足之处，恳请各位读者不吝赐教。

编著者

2023月7月

目 录

模块1 技术达人——信息技术基础

学习评价

案例清单	页码	自我学习评价
案例 1.1 认识计算机	1-3	☆☆☆☆☆
1.1.1 信息技术革命	1-3	☆☆☆☆☆
1.1.2 计算机的发展	1-4	☆☆☆☆☆
1.1.3 计算机的组成	1-7	☆☆☆☆☆
实训 1.1 我的电脑我做主	1-15	☆☆☆☆☆
案例 1.2 与计算机系统对话	1-17	☆☆☆☆☆
1.2.1 常用操作系统	1-17	☆☆☆☆☆
1.2.2 设置 Windows 10	1-19	☆☆☆☆☆
1.2.3 卸载程序和管理程序进程	1-26	☆☆☆☆☆
1.2.4 文件管理	1-29	☆☆☆☆☆
实训 1.2 让系统为我所用	1-35	☆☆☆☆☆
案例 1.3 熟练使用鼠标和键盘	1-37	☆☆☆☆☆
1.3.1 鼠标	1-37	☆☆☆☆☆
1.3.2 键盘	1-38	☆☆☆☆☆
1.3.3 双手配合与键鼠搭配	1-41	☆☆☆☆☆
实训 1.3 我是键鼠达人	1-42	☆☆☆☆☆
案例 1.4 畅游网络	1-44	☆☆☆☆☆
1.4.1 计算机网络	1-44	☆☆☆☆☆
1.4.2 网络学习	1-45	☆☆☆☆☆
1.4.3 信息获取与发布	1-47	☆☆☆☆☆
1.4.4 交流沟通	1-48	☆☆☆☆☆
实训 1.4 我是网络高手	1-50	☆☆☆☆☆
案例 1.5 信息安全与数字素养	1-52	☆☆☆☆☆
1.5.1 信息安全	1-52	☆☆☆☆☆
1.5.2 数字素养	1-54	☆☆☆☆☆
实训 1.5 提升素养，适应发展	1-57	☆☆☆☆☆

学习基础和学习预期

关于本模块内容，已掌握的知识和经验有：

关于本模块内容，想掌握的知识和经验有：

计算机的出现、发展和应用，是20世纪科学技术最卓越的成就之一。以计算机和互联网为基础的信息技术的快速发展，正在推动人类社会从信息时代加快进入数字时代。

党的二十大报告提出：“从二〇二〇年到二〇三五年基本实现社会主义现代化；从二〇三五年到本世纪中叶把我国建成富强民主文明和谐美丽的社会主义现代化强国。”2023年2月，中共中央、国务院印发的《数字中国建设整体布局规划》指出：“加快数字中国建设，对全面建设社会主义现代化国家、全面推进中华民族伟大复兴具有重要意义和深远影响。”

习近平总书记曾说：“国家的前途，民族的命运，人民的幸福，是当代中国青年必须和必将承担的重任。”作为新时代中国青年，要迎接未来，承担重任，在数字时代大展身手，要从计算机和互联网的使用开始，提升自己的数字素养。

案例 1.1　认识计算机

知识目标

◎了解信息技术革命和计算机发展历史。

◎了解计算机的分类。

◎理解计算机的工作原理。

◎了解计算机的硬件结构和软件系统。

技能目标

◎列举历次信息技术革命的标志性成果和计算机发展中的关键技术变革。

◎在购置计算机时根据个人需求确定计算机的样式、配置。

◎启动和关闭计算机。

◎连接计算机主机和外围设备。

素质目标

◎认识计算机为核心的信息技术对经济社会的巨大推动作用。

◎感受我国信息技术发展的巨大成就。

◎坚定文化自信和民族自豪感。

◎坚定为中华民族伟大复兴而学习、奋斗的信心、信念。

信息技术（information technology，IT），从广义上讲，凡是能扩展人的信息功能的技术都可以称作信息技术；当前主要是指应用计算机科学和通信技术来设计、开发、安装和实施的信息系统及应用软件，是主要用于管理和处理信息所采用的各种技术的总称。

1.1.1　信息技术革命

通常把人类社会中信息存在形式、信息传递方式以及人类处理和利用信息的形式所发生的革命性变化称为“信息技术革命”。通常认为，人类社会已经经历了五次信息技术革命。

第一次信息技术革命是语言的产生和使用。劳动创造了人类，人类又在劳动中创造了语言。正如恩格斯所说：“语言是从劳动当中并和劳动一起产生出来的。”语言的产生，让人类获得了特有的交流信息的手段，有了加工信息的特有工具。

温馨提示　汉语是世界上使用人数最多的语言，是六种联合国工作语言之一。普通话是现代汉语的标准语，它以北京语音为标准音、以北方话为基础方言、以典范的现代白话文著作为语法规范。《国家通用语言文字法》规定：“国家通用语言文字是普通话和规范汉字。”《中华人民共和国宪法》第十九条规定：“国家推广全国通用的普通话。”

第二次信息技术革命是文字的发明。文字的发明，让人类的信息传递突破了口口相传的传递方式，让信息的存储和传递首次超越了时间和空间的局限。

温馨提示　汉字是世界上使用人数最多的文字，是迄今为止持续使用时间最长、仍在使用的历史最悠久的文字，是上古各大文字体系中唯一传承至今的文字，中国历代都把汉字作为主要的官方文字。汉字对周边国家的文化产生过巨大的影响，形成了一个共同使用汉字的汉字文化圈。

第三次信息技术革命是造纸术和印刷术的发明和推广。这一发明扩大了信息存储和传递的容量和范围，为知识的积累和广泛传播提供了更加可靠的条件，是人类近代文明的先导。

第四次信息技术革命是电报、电话、广播、电视等现代通信技术的发明和普及。这一次信息技术革命以电磁学理论为基础，以电信传播技术的发明为特征。这些发明创造，使信息的传递手段发生了革命性变革，让信息的传递进一步突破了时间和空间的限制，减少了信息的时空差异。

第五次信息技术革命是计算机、互联网、移动通信技术的发明和普及应用。这一次信息技术革命以计算机的发明为基础，让信息的获取、处理、存储、传递、控制突破了人类大脑及感觉器官的局限，极大地增强了人类加工、利用信息的能力，将人类社会推进到了信息时代、数字时代。

第五次信息技术革命仍然在持续，数字时代的洪流正汹涌而来，运用计算机和互联网获取、处理、应用信息已经成为每个人都必须掌握的基本能力。

1.1.2　计算机的发展

1. 计算机的诞生

英国数学家、逻辑学家艾伦·马西森·图灵（Alan Mathison Turing），被称为计算机科学之父、人工智能之父。他在计算机科学方面的主要贡献在于，他把计算归结为最简单、最基本、最确定的操作动作，第一次把计算和自动机联系起来，对后世产生了巨大的影响，这种“自动机”被人们称为“图灵机”；在人工智能方面，他提出了著名的“图灵测试”，指出如果第三者无法辨别人类与人工智能机器反应的差别，则可以认为该机器具备人工智能。

美籍匈牙利数学家约翰·冯·诺依曼（John von Neumann）于1945年提出了计算机的工作原理，其核心是存储程序和程序控制，也就是预先把指挥计算机如何进行操作的指令序列（称为程序）和原始数据通过输入设备输送到计算机内存储器中，每一条指令明确规定了计算机从哪个地址取数，进行什么操作，然后送到什么地址去等步骤；运算器负责运算和逻辑判断；控制器控制程序、命令按顺序依次自动执行并通过输出设备输出结果。冯·诺依曼还明确提出了计算机由运算器、控制器、存储器、输入设备和输出设备等五部分组成，采用二进制作为数字计算机的数制基础。

有人认为图灵在第二次世界大战中设计、研制的密码破译机器是世界上第一台电子计算机。但一般认为，世界上第一台真正的电子计算机是阿塔纳索夫-贝瑞计算机，不过它不可编程。人们公认的第一台通用计算机是1946年2月14日诞生于美国宾夕法尼亚大学的ENIAC，全称为“电子数字积分计算机”。承担开发任务的人员主要有科学家约翰·冯·诺依曼和工程师埃克特、莫克利、戈尔斯坦以及华人科学家朱传榘。

ENIAC的设计初衷是美国国防部需要一台机器来进行弹道计算。它长30.48 m，宽6 m，高2.4 m，有30个操作台，质量为30.48 t；它使用了17 468个电子管、7 200个二极管、70 000个电阻器、10 000个电容器、1 500个继电器、6 000多个开关，因此它体积大、耗电多、易发热，不能长时间连续工作。

2. 计算机的发展

自ENIAC问世至今，计算机的发展历史通常被划分为四个阶段：

（1）第一个发展阶段（1946—1958年）：电子管计算机时代。这一代计算机在硬件方面采用电子管作为逻辑元件，汞延迟线、磁鼓、磁芯作为主存储器，磁带作为外存储器，软件方面采用机器语言、汇编语言，应用领域以军事和科学计算为主。它们普遍体积大、功耗高、速度慢、可靠性差、造价昂贵。

中国计算机事业的起步比美国晚了12年，但在老一辈科学家的艰苦努力下，中国与美国的差距不断缩小。1950年春，已被美国伊利诺伊大学聘为教授的著名数学家华罗庚回国，归国途中，他写下了《致中国全体留美学生的公开信》，信中，华罗庚喊出了那一句振聋发聩的话："科学没有国界，科学家是有自己的祖国的。"他用"梁园虽好，非久居之乡，归去来兮"号召海外知识分子回国参加社会主义建设。1952年夏，有感于美国正开展电子管计算机的研究，华罗庚提倡并牵头，在中科院数学所内组建了中国第一个电子计算机科研小组。自此，中国计算机开启了筚路蓝缕、自强不息之路。1956年，周恩来总理亲自主持制定的《十二年科学技术发展规划》中，把计算机列为发展科学技术的重点之一，并于1957年在中国科学院筹建中国第一个计算技术研究所（中科院计算所）。计算技术研究所从1957年开始研制我国的通用数字电子计算机，1958年8月，我国第一台电子数字计算机诞生，该机型被命名为103型计算机。1964年我国第一台自行设计的大型通用数字电子管计算机119机研制成功。

（2）第二个发展阶段（1958—1964年）：晶体管计算机时代。1958年，美国IBM公司制成了第一台全部使用晶体管的计算机RCA501型。这一代计算机采用晶体管作为逻辑元件，磁芯作为主存储器，磁盘作为外存储器，软件方面出现了以批处理为主的操作系统、高级语言及其编译程序，主要用于大量数据的处理。第二代计算机体积缩小、速度提高、功耗降低、性能更稳定，但造价仍然昂贵。

我国的第二代晶体管计算机研制阶段大约在1965—1972年。1965年中科院计算所研制成功了我国第一台大型晶体管计算机109乙机，两年后又改进推出109丙机，该机在我国"两弹"试制中发挥了重要作用，被誉为"功勋机"。1965年2月，中国人民解放军军事工程学院（因校址在哈尔滨，通常简称"哈军工"）成功研制了441-B型晶体管计算机并小批量生产了40多台，该型计算机在核武器开发、弹道计算等国防领域发挥了极为重要的作用，其中一台自1966年投入使用，一直用到了1991年，共算题13.9万多小时，创造了中国晶体管计算机应用的一个传奇。

（3）第三个发展阶段（1964—1970年）：中小规模集成电路计算机时代。1958年，将更多电子元件集成到单一的半导体芯片上的集成电路被发明。1964年，IBM公司研制的IBM360计算机问世，标志着第三代计算机——集成电路计算机的全面登场。这一代计算机采用中小规模集成电路作为逻辑元件，主存储器仍采用磁芯，软件方面出现了分时操作系统和BASIC、Pascal等高级语言，应用范围扩大到科学计算、数据处理、事务管理、工业控制等领域。第三代计算机运算速度更快，功耗更低，可靠性显著提高，产品走向通用化、标准化、系列化，价格进一步降低。

我国第三代中小规模集成电路计算机研制阶段大约在1973—1980年。这一阶段，我国多个单位分别研制成功了多个运算速度达到每秒百万次级的小型计算机型号。

（4）第四个发展阶段（1970年至今）：大规模集成电路计算机时代。这一代计算机采用大规模和超大规模集成电路以及微处理器芯片作为逻辑元件，微型计算机因此诞生，各种操作系统、数据库管理系统、网络管理系统、面向对象的程序语言、应用软件大量产生，应用范围从各种专业领域走向普通家庭和个人用户。这一代计算机性能大幅提高，价格大幅降低，各种元器件、配件更加通用化、标准化，便于个人用户自行组装。

我国的第四代大规模集成电路计算机研制起步于20世纪80年代初，同国外一样，也是从微机研制开始，如今已处于世界前列。但在超大规模集成电路芯片生产设备、操作系统、电子设计自动化软件（EDA软件）等领域，我国仍然落后于世界先进水平，要发展这些“卡脖子”的关键技术，需要青年一代更加奋发图强、担当作为。

3. 计算机的分类

计算机的用途广泛、规模不同、性能不等，分类的标准也有很多种。根据性能指标，通常将计算机分为巨型机、大型机、小型机、微型机。

1）巨型机

巨型计算机，简称巨型机，通常称为超级计算机，实际上是一个巨大的计算机系统，主要特点是高速度和大容量。同时，超级计算机拥有先进的架构和设计，具有更高的安全性和可扩展性，能保证长时、高效、可靠的运算。超级计算机主要用于重大科学研究项目、国防尖端技术和涉及大量数据处理的国民经济领域，如深空探索、卫星图像处理、大范围或中长期天气预报、核物理研究和核武器设计、航天航空飞行器设计、国民经济发展规划等。

超级计算机因为主要用于高科技领域、国防尖端技术、重要国民经济领域，因此其研制水平从某种程度上体现着一个国家的科技水平、经济和军事实力，是衡量一个国家综合国力的重要标志。

1978年3月，邓小平同志听取计算机发展汇报，提出：“中国要搞四个现代化，不能没有巨型机。”同年5月，中国超级计算机方案论证会上，这项工程被命名为“785超级计算机”，时任国防科委主任张爱萍上将将其取名为“银河”。1983年12月26日，中国第一台亿次超级计算机“银河一号”通过国家技术鉴定（见图1-1）。“银河一号”是中国高速计算机研制的一个重要里程碑，标志着中国成为继美国、日本之后，第三个能独立设计和制造超级计算机的国家。

2009年，国防科技大学“天河一号”千万亿次超级计算机出现，并于次年首次摘下全球超级计算机500强榜单第一名（“天河-1A”），打破了由美国、日本交替把持第一的垄断局面，中国也成为继美国之后第二个成功研制千万亿次超级计算机的国家。与此同时，江南计算机研究所千万亿次超级计算机“神威·蓝光”，率先完成CPU国产化。

2016年，中国国家并行计算机工程技术研究中心研制的由40 960个中国自主研发的神威CPU支撑的“神威·太湖之光”（见图1-2）超级计算机登上全球超级计算机500强榜首。

图 1-1 “银河一号”超级计算机

图 1-2 “神威·太湖之光”超级计算机

2022年上半年的全球超级计算机TOP500排行榜中，中国超级计算机有173台进入榜单，占比34.6%；美国以128台入榜，占比25.6%，排名第二；排名第三的日本有33台入榜，占比6.6%。中国已成为世界上超级计算机数量最多的国家。这一年，离华罗庚教授牵头组建中国第一个电子计算机科研小组过去了70年。

温馨提示　从2020年开始，我国不再向超级计算机排行榜提交E级超算（每秒运算一百亿亿次）的测试数据，所以榜单并未真正反映出中国顶级超级计算机的实力水平。

2）大型机

大型机也称大型主机。与巨型机相比，大型机使用专用的处理器指令集、操作系统和应用软件；长于非数值计算（数据处理）而不是数值计算（科学计算）；主要用于商业领域，如银行业、电信业，因而大量使用冗余、备份技术以确保安全性和稳定性。

3）小型机

小型机是指采用精简指令集处理器，性能和价格介于普通服务器和大型主机之间的高性能64 位计算机。因为大多数小型机使用的是美国贝尔实验室1971年发布的多任务多用户操作系统UNIX，所以小型机在我国通常是指UNIX服务器。相对于普通服务器，小型机具有高可靠性、高可用性、高服务性以及纵向扩展性、出色的并发处理能力，主要用于金融证券、交通等行业。

4）微型机

微型计算机简称“微型机”“微机”，也就是我们通常所说的“电脑”，是由大规模集成电路组成、体积较小的电子计算机。其主要特点是轻便小巧、性价比高、使用简便。

微型计算机根据用途可以分为工作站、服务器、工业控制计算机、嵌入式计算机、个人计算机等。我们日常所见的通常为个人计算机（personal computer，PC）。

个人计算机因其样式不同，又可以分为台式机、笔记本计算机、平板式计算机。

1.1.3　计算机的组成

1．计算机的功能结构

冯·诺依曼根据硬件承担的功能，将计算机设计为由运算器、控制器、存储器、输入设备和输出设备等五个不同功能的硬件组成。随着电子技术的发展，组成计算机的元器件越来越小，性能却越来越强大，这五个部分慢慢被整合或拆分。

首先是大部分控制器和运算器被集成到了中央处理器（CPU）上。还有一些控制器、运算器被集成到了主板上，比如硬盘控制器（磁盘驱动器适配器），或者以板卡的形式另外集成，然后安装到主板上，如显卡、声卡、网卡。

存储器则被分成了三部分：缓存、内存（内部存储器）、硬盘（主存储器）。缓存也集成在了CPU上，供CPU上的控制芯片和运算芯片暂存数据，以便在运算时快速调取，因此，缓存大小也关系着CPU的性能（运算速度）。

输入设备用于向计算机输入数据和信息，主要是键盘、鼠标、触控板，通常还有摄像头、传声器（俗称麦克风）。有特定功能需求的计算机会安装相应的输入设备，如扫描仪、条码扫描器、读卡器、手绘板、指纹仪等。

输出设备用于把各种运算结果数据或信息以字符、图像、声音、视频等形式表现出来，主要有显示器、音箱、打印机等。有特定功能需求的计算机会安装相应输出设备，如光盘刻录机、3D打印机、喷绘机。

以上这些部件构成了计算机的硬件系统，安装了操作系统和应用软件后，就是一套完整的计算机系统，其结构如图1-3所示。

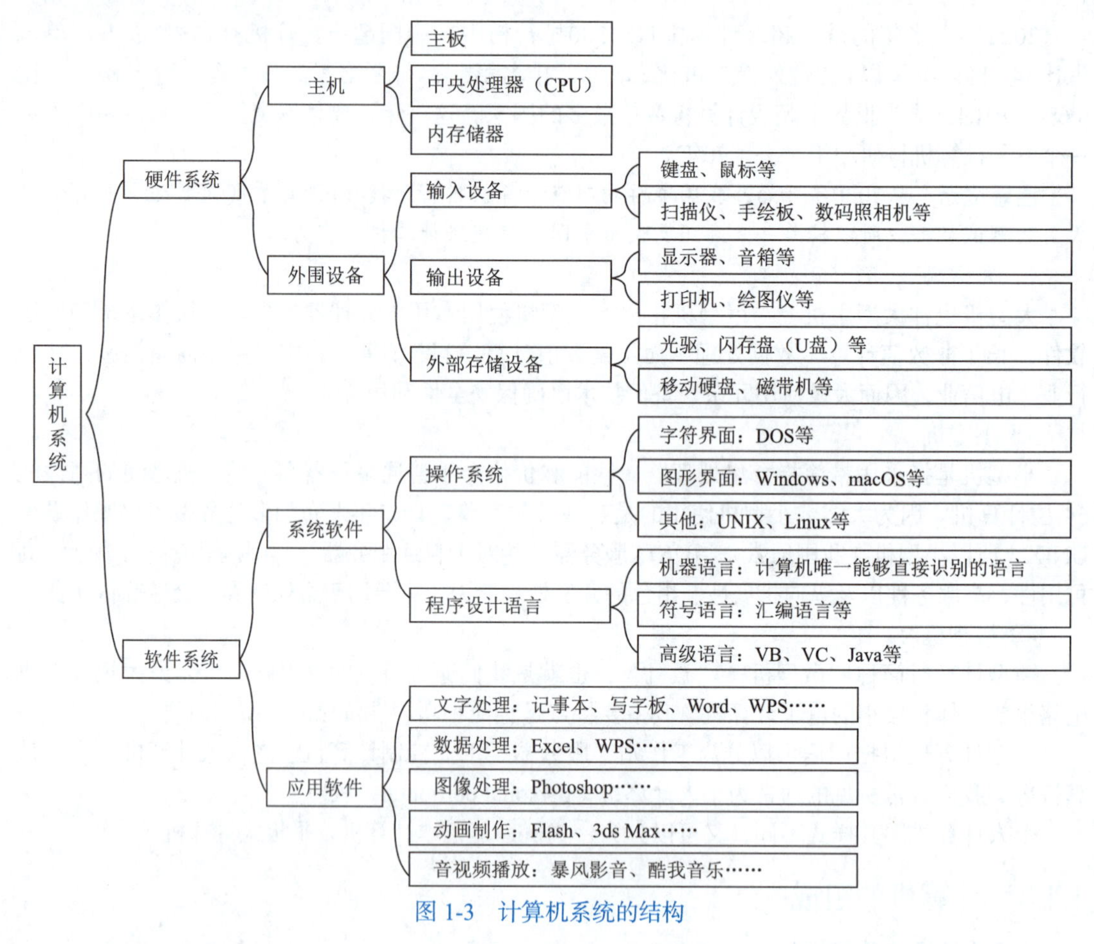

图 1-3　计算机系统的结构

2. 计算机硬件

计算机硬件是指组成计算机的物理部件。

台式计算机由于集成度相对较小，可以比较清晰地看清其实际的硬件组成结构。

从外观上看，一台典型的台式机由主机、输入设备（键盘、鼠标等）、输出设备（显示器、音箱等）等组成，如图1-4所示。主机是一个金属机箱，机箱里面通常安装有主板、硬盘、电源等部件；主板上又会安装CPU、内存条、显卡、声卡、网卡等部件，其中，显卡、声卡、网卡经常被集成设计在主板上，供那些对图像、视频和音频要求不高的用户选用。机箱在安装完以上核心部件后，才能称为“主机”。也就是说，一台完整的计算机主机实际包括主板、CPU、内存条、硬盘、声卡、显卡、网卡、电源、机箱等。

1）中央处理器

中央处理器（central processing unit，CPU）是一台计算机的运算核心、控制核心，相当于计算机的“大脑”，统一指挥调度计算机的所有工作，如图1-5所示。常说的酷睿i5-760、酷睿i7-12700、至强W-3200、锐龙7、锐龙9、速龙7000等，是指不同品牌、不同系列、不同型号的CPU，前面的文字代表系列，后面的字母和数字代表同系列的不同型号，酷睿与至强、锐龙与速龙又分别属于Intel和AMD两家公司。

CPU的性能直接关系计算机的性能。普通用户选择CPU，先要确定计算机的主要用途，如果是日常办公和普通娱乐，不必选择最新型号、最强性能的CPU，重点是比较性价比；如果是用于制图绘图、三维渲染、图像处理、视频编辑、程序设计、大型程序、大型游戏等，则要根据预算尽可能选择新型号、高性能的CPU。通常来说，主频、核心数、缓存大小等参数越高的CPU，性能越高；性能测试分数越高的CPU，性能越高；发布时间越近的CPU，性能越高。

图 1-4 计算机的组成

图 1-5 CPU

2）主板

主板（又称主机板、母板，见图1-6）安装在机箱内，是计算机最基本的也是最重要的部件之一，计算机的绝大多数设备都需要通过它连在一起。如果把其他核心部件比作大树、小草，那主板就是它们扎根的陆地。

图 1-6 主板

主板质量关系计算机的稳定性。普通用户选择主板时，首先要根据确定的CPU品牌、型号，选择支持该CPU的主板类型。再看品牌、口碑，以确保质量。然后再确定是否选择集成了显卡、声卡、网卡的主板，用于图像视频处理的计算机最好不用集成显卡，用于音频处理的计算机最好不用集成声卡，网卡最好已经集成在了主板上。最后是看主板插槽、接口是否丰富、是否支持最新技术：插槽种类多、数量多的主板，后期扩展性好，比如有的笔记本计算机，会将内存芯片直接集成到主板上，主板上没有内存插槽，后期需要扩充内存就完全没有可能了；接口要支持新技术，比如是否支持USB 3.2、Type-C、Thunderbolt（雷电接口）。

3）内存条

内存是计算机工作过程中临时存储数据信息的部件。由于硬盘读写数据的速度太慢，跟不上CPU的运算速度，所以CPU运算时并不直接读写硬盘，而是先将数据预存储在内存中，再从内存中读取数据进行运算，运算结果也是先存储在内存中，当用户选择保存时，再将运算结果保存到硬盘中。当然，内存其实也跟不上CPU运算速度，于是CPU又集成了缓存，并根据运算时读取数据的先后顺序分为一级缓存、二级缓存、三级缓存，但CPU受体积和成本限制，缓存不能做得太大，还需要内存支援运算。因此，内存的读取速度（内存主频）和容量也直接决定着计算机的性能。理论上说，在其他硬件相同的情况下，内存主频越高、容量越大，系统反应越快。

温馨提示　内存只负责暂存数据，系统断电时，内存上的数据会被清除，没保存的数据就会丢失。所以，要养成在处理文件的过程中及时存盘保存的习惯。

选择内存条，先看品牌、口碑，以确保质量；然后再根据计算机的用途确定内存容量大小。目前，8 GB是基本配置，16 GB已能适应多数用途，32 GB基本上可以保证绝大多数应用软件的稳定、快速运行。

4）硬盘

硬盘是计算机的主存储设备，是保存程序命令（软件）和运算结果（数据）的外部存储器，通常安装在机箱内。计算机系统文件、应用软件、用户文件，都保存在硬盘中，相当于计算机系统中的数据仓库。

硬盘的大小一般不会影响机器的运行速度，除非硬盘剩余空间非常小或者被占满。影响系统反应速度的是硬盘的材料，具体表现为硬盘的种类，目前使用的主要是固态硬盘（SSD）和机械硬盘（HDD）。固态硬盘（见图1-7）读写速度更快、功耗更低、体积更小、更轻便、抗震抗摔性更好、无噪声、工作温度范围大，但价格高、寿命相对较短，一旦损坏，数据不易恢复。早期主要用于笔记本计算机，现在也开始在台式机中普及。机械硬盘（见图1-8）容量更大、价格更便宜、寿命更长，但体积大、功耗大、更笨重，不适用于笔记本计算机。

图 1-7　固态硬盘（SSD）

图 1-8　机械硬盘（HDD）

选择硬盘一看品牌、口碑，二看容量需求，然后根据容量需求选择硬盘类型：需要存储在本地硬盘的数据量不大，优先选择固态硬盘；需要保存的资料较多，但计算机本身主要用于日常办公，优先选择机械硬盘；既要考虑性能，也要考虑容量，还希望性价比更高一点，则可以考虑同时安装固态硬盘和机械硬盘，一些旧机器在添加固态硬盘作为系统启动盘后，运行速度会有较显著提升；用于存储阵列、个人数据中心、网络附属存储（network attached storage，NAS）都优先选择机械硬盘。

5）显卡

显卡主要负责将计算机需要显示的内容进行转换然后输出到显示器，也是计算机最基本、最重要的部件之一。在计算机操作系统的设备管理器中，它的名称显示为“显示适配器”，如图1-9所示。

显示器不能识别计算机系统直接发送的显示命令，需要显卡进行转换，因此，显示器并不直接连接到主板，而是连接到显卡上，系统将需要显示的内容先发送到显卡，显卡将其转换，然后驱动显示器呈现内容。显卡芯片的存在可以减轻CPU的负担，也就是将原本由CPU承担的与图形、图像、视频等有关的运算和控制功能，分配了一部分给显卡芯片。频率越高的显卡芯片性能越强，相应的，能耗越大发热越严重，因此，很多高性能显卡需要单独安装散热风扇，如图1-10所示。

显卡芯片运算也需要内部存储支持，为了加快数据交换，显卡上会单独配置用于显卡芯片运行的存储器芯片，称为显存。将显卡芯片、显存、散热风扇及相关电路整合在一起生产的板卡，称为独立显卡，独立显卡插在主板上的插槽中使用。

有些主板会将显示芯片集成在主板上，并且动态共享部分系统内存作为显存使用。这种显卡称为集成显卡。

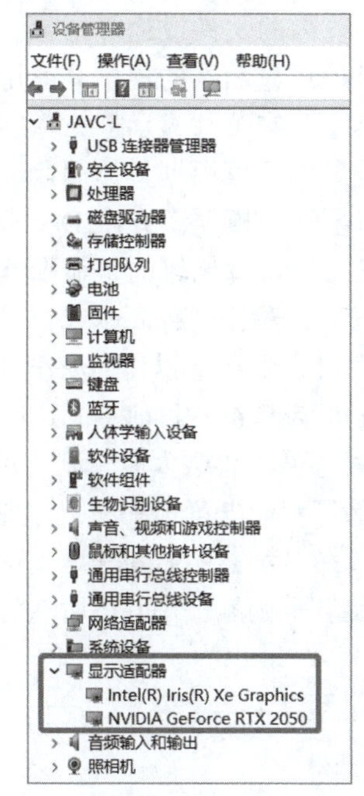

图 1-9　设备管理器中的显示适配器

图 1-10　安装有散热风扇的独立显卡

选择显卡，同样需要先确定用途。普通办公用户和娱乐用户选择集成显卡即可（也就是选择带集成显卡的主板）。图形图像视频处理用户、大型游戏用户则需要选择独立显卡；然后根据使用情况确定独立显卡型号，独立显卡的性能决定于GPU性能和显存大小。网上有很多显卡的性能测试数据，可以在选择显卡时参考。

6）声卡

声卡，与显卡的功能性质一样，它负责将声音信号转换、输出到音箱、耳机、录音机、功放等声音设备。声卡也分为集成声卡和独立声卡。

7）网卡

网卡，在操作系统设备管理器中称为网络适配器，图1-9中也有显示，是将计算机接入网络的扩展卡，它负责和外部进行网络通信。多数主板自带集成网卡。

8）常见外围设备

键盘是计算机最基本的输入设备，是人与计算机沟通的主要交互工具，大量信息都通过键盘输入到计算机。鼠标因形似老鼠而得名，是向计算机发出操作命令的输入设备，是计算机使用最频繁的输入设备之一。按与主机的连接方式，键盘和鼠标都有有线和无线之分。从形制上看，有一些按照人体工学设计的异形键盘、异形鼠标，如图1-11、图1-12所示。

图 1-11　某种人体工学键盘

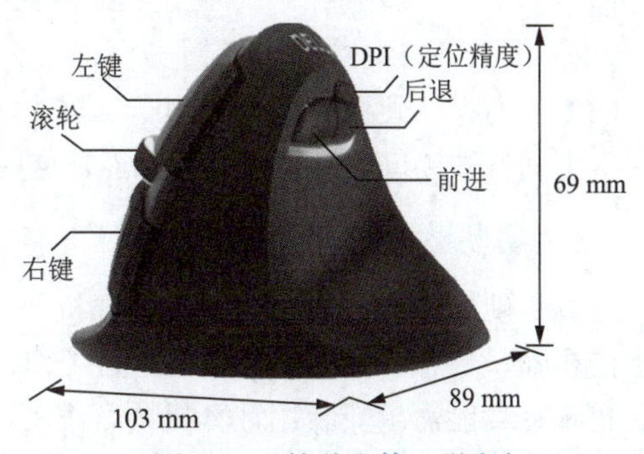

图 1-12　某种人体工学鼠标

显示器是计算机的主要输出设备，用于显示计算机软件系统内的文件或运算结果。显示器的大小、材料、性能直接关系显示效果、用户体验、视力保护。显示器的规格一般用屏幕对角线的尺寸来标示，尺寸大小以英寸为单位，如常说的21英寸、23英寸显示器，指的就是屏幕的对角线尺寸是21英寸、23英寸。选择显示器首先要确定尺寸，可根据具体用途和个人偏好来决定。然后是显示器屏幕的面板类型，种类很多，目前主流面板类型有LCD（常说的液晶显示器）、LED、OLED、IPS等，它们各有优缺点。真正需要认真比较的是显示器的主要参数：亮度越高越好，至少300 cd/m^2，优先考虑500 cd/m^{2}以上；对比度越高越好，最好在1 300:1以上；色深（位深度）越大越好，不过通常8位（bit）即可；刷新率越高，动作显示越流畅自然，90 Hz或120 Hz就能满足大部分需要；分辨率越高，画面越精细，目前主流是1 080 P（1 920 × 1 080）和2 K（2 560 × 1 440）。当然，也不能盲目追求参数，参数太高，显卡和软件未必支持，性价比也不高，而且，参数达到一定临界点之后，除了专业电竞选手和图像视频处理专业工作人员，普通用户实际上感觉并不明显。除了参数，选择显示器还需要考虑支持什么接口、面板表面处理技术、更大可视角度、支架是否支持升降旋转等因素。图1-13所示为系统设置中的显示器信息。

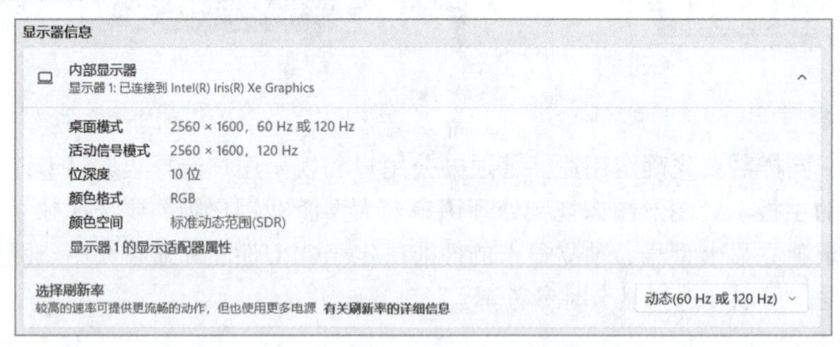

图 1-13　系统设置中的显示器信息

温馨提示　手机、平板式计算机、显示器、电视机等的屏幕尺寸都是指以英寸为单位的屏幕对角线尺寸，1英寸=2.54 cm。

音箱是计算机系统的声音输出设备，没有音箱、耳机等声音输出设备的计算机，就是一台“哑巴计算机”。

打印机也是常用输出设备。常用的打印机主要分为针式打印机、喷墨打印机和激光打印机。针式打印机现在主要用于票据和证件打印；喷墨打印机通常都是彩色打印机，打印机相对便宜，但使用成本（墨盒、专用纸张）略高，打印速度较慢，而且闲置时间长了之后，喷头可能堵塞，所以适用于彩色打印需求比较多的用户，只是偶尔使用打印机的用户不建议添置喷墨打印机；激光打印机打印速度快，打印效果清晰，适用普通纸张，一些家用激光打印机也带复印功能。

9）外围设备与主机的连接

CPU、内存、硬盘、显卡、声卡、网卡都直接安装或集成在计算机主板上，外围设备都通过主板上的各种接口与计算机主机相连，这些接口直接裸露在机箱后面，如图1-14所示。

3．计算机软件

计算机硬件组装完成后，称为“裸机”，暂时还不能工作，因为它现在还只是一台物理意义上的机器，要想按照人们的指令进行工作，还需要先安装系统软件，“驱动”各种硬件联动起来，再根据功能需求安装用计算机语言编写的各种应用软件。系统软件和应用软件都是以某种程序语言编写的程序，都存储在计算机的存储器中，它们构成了计算机的软件系统。

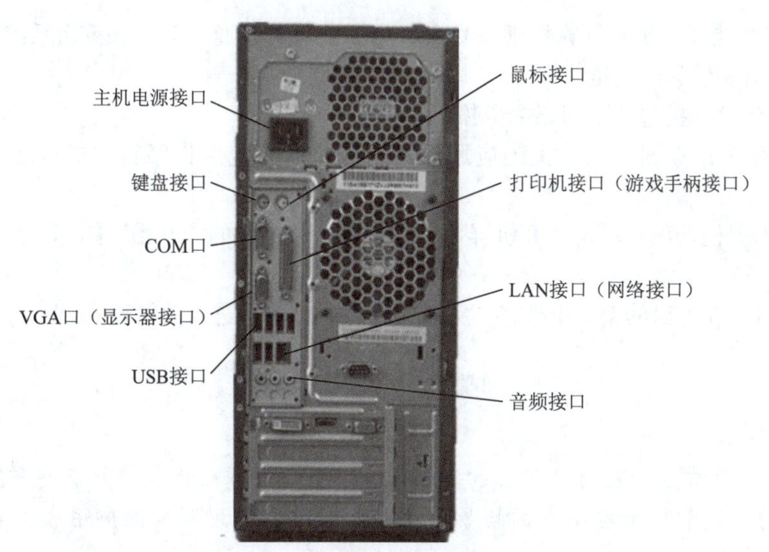

图 1-14　主机箱背部接口

个人计算机的系统软件通常就是指操作系统。它管理硬件，让应用软件可以直接高效地调用硬件；它控制并协调所有应用软件，让各种软件可以并行运行；它管理和调度系统资源，以供应用软件使用；它为用户提供人机对话界面，是用户与计算机系统之间的桥梁。操作系统要能控制所有硬件，让硬件工作起来或者更高效高性能地工作，需要在操作系统中先安装硬件的驱动程序。

应用软件是为满足用户各种不同需求、解决各种实际问题而编制的计算机程序。

4．计算机硬件与软件的关系

计算机硬件与软件相互依存。硬件是软件赖以存在、工作的物质基础，没有计算机硬件，计算机软件将不复存在，所谓“皮之不存，毛将焉附”；反之，没有计算机软件，硬件就只是一堆金属，软件赋予硬件以“生命”和“智能”，让计算机硬件区别于其他物理工具。

计算机软件决定了计算机能做什么，计算机硬件决定了计算机在“做事”时的效率（速度和质量）。二者相互支撑，同时也相互制约；高级的软件功能需要高性能的硬件支持，高性能的硬件需要先进的软件去发挥作用；如果硬件性能落后，软件功能再先进，也无济于事；硬件再高级，软件没有相应的功能，硬件性能也只能浪费。

软件与硬件的发展是相互促进的。硬件性能的提高，可以为软件创造出更好的开发环境，在此基础上可以开发出功能更强的软件。比如计算机的每一次升级改型，其操作系统的版本也随之提高，并产生一系列新版的应用软件。反之，软件的发展也对硬件提出更高的要求，促使硬件性能提高，甚至产生新的硬件。

5．计算机的启动与关闭

1）启动计算机

按下主机箱电源按钮：此时主机上的电源指示灯被点亮，有的笔记本计算机的电源按钮集成了指纹识别功能，非预先设定人员按下按钮也无法开机。独立显示器有自己的电源开关。

登录系统：显示器显示操作系统登录界面，如果设定了密码或者登录验证（如人脸识别），则需要输入正确密码才能进入系统；系统启动完成后，就可运行其他应用程序。

2）关闭计算机

在较长时间不使用计算机前，比如下午下班之前，关闭计算机，不让计算机长时间待机，一方面可以节约能源、延长计算机硬件寿命，另一方面可以通过关机、重启系统，释放内存和虚拟内存，提升系统运行速度。

正常地关闭计算机包括下列三个步骤：

（1）保存工作数据：逐一关闭应用软件，确认所有应用程序新建或修改后的数据均已保存。

（2）调出关机选项：单击计算机屏幕下方任务栏最左侧的“开始”图标（按钮），调出关机选项菜单。

（3）关机：在弹出的菜单中选择“关机”命令，计算机进入关闭程序。

案例小结

本案例学习完成后，应对计算机的发展历史、分类、硬软件基础知识有了比较具体的了解，这将有助于我们今后在不同的场景、不同的领域，应用不同的应用软件更好地使用计算机。

笔记栏

实训1.1　我的电脑我做主

实训项目	实训记录
实训1.1.1　配置台式计算机 1．根据自己所学专业，分析自用计算机的主要用途和常用软件。 2．根据自己的经济情况确定购置一台计算机及必要外围设备的预算。 3．根据预算，列出这台计算机的配置表，确定各部件的品牌、型号、价格。 4．在小组或全班介绍自己配置的计算机，说明确定该配置的理由、该计算机的优点和不足。	
实训1.1.2　连接计算机与外围设备 1．分析自用的台式机或笔记本计算机的接口，统计各类接口的数量，没有自用计算机的同学，在网上选择一款心仪的笔记本计算机进行分析。 2．分析每一类接口可以连接的外围设备类型。 3．如果为自己的计算机加装一台扩展显示器，可以连接哪一个接口，在网上选择一款支持这一接口的显示器，说明自己选择它的理由。	

学习与实训回顾

见：

请记下你认为有价值、有启发或容易遗忘的知识点，并注明知识点所在页码以便回顾。

感：

请记下你在学习了本案例并实践之后的收获和感受。

思：

本案例中的知识点可以关联到哪些你已掌握的知识内容（包含其他课程所学）？
你过去碰到的哪些任务、困难，可以用本案例中的知识点去完成、优化、解决？

行：

今后的学习和工作中，哪些情境可以用到本案例所学内容？

案例 1.2 与计算机系统对话

知识目标

◎了解常用操作系统。
◎了解面向场景式编程。
◎熟悉 Windows 10 的桌面和窗口。
◎熟悉常见文件类型及对应扩展名。
◎理解表示磁盘容量和文件大小的单位。

技能目标

◎新建、重命名、复制、移动、删除、搜索文件和文件夹。
◎清理和整理磁盘。
◎安装和卸载应用软件、管理程序进程。

素质目标

◎了解我国在操作系统领域的发展现状，坚定自立自强的决心、信心。
◎树立“工欲善其事必先利其器”的意识，善于发现、利用各类软件工具。

操作系统是用户与计算机硬件之间的“桥梁”，是安装应用软件的“基座”。在不同的时代，不同的软件公司或工程师团队开发出了多种不同的操作系统。

1.2.1 常用操作系统

目前，比较常用的计算机操作系统有微软（Microsoft）公司开发的Windows系列操作系统，苹果（Apple）公司的苹果计算机操作系统（macOS），以及开放式的UNIX系统和Linux系统。此外，还有主要用于移动设备的Android系统、iOS系统。

1. Windows 系列操作系统

Microsoft Windows是美国微软公司研发的一套操作系统，它问世于1985年，起初只能看作是MS-DOS的一个图形界面（见图1-15），后续的系统版本由于微软不断地更新升级，不但易用，也慢慢地成为用户最喜爱的操作系统。

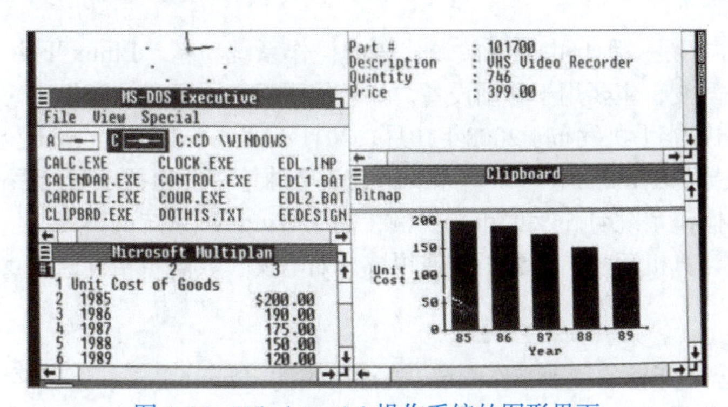

图 1-15 Windows 1.0 操作系统的图形界面

Windows采用了图形化模式，比起从前的DOS系统需要输入指令使用的方式更直观、更人性化。随着计算机硬件和软件的不断升级，微软的Windows也在不断升级，架构从16位、32位发展到了64位，甚至128位，系统版本从最初的Windows 1.0 逐步升级到了大家熟知的Windows XP、Windows 7/8/10/11和Windows Server服务器操作系统。

在2023年3月的计算机操作系统和移动设备操作系统整体市场份额方面，Windows系列占据28.89%的份额；Windows系列中，Windows 10占比73.48%，Windows 11占比20.94%，Windows 7占比3.72%。

2. UNIX 操作系统

UNIX操作系统最早于1969年开发，目前它的商标权由国际开放标准组织所拥有。它是一个多用户、多任务的分时操作系统，支持多种处理器架构。

3. Linux 操作系统

Linux操作系统诞生于1991年10月，是一套免费使用和自由传播的类UNIX操作系统，支持多用户、多任务、多线程和多CPU。Linux继承了UNIX以网络为核心的设计思想，支持32位和64位硬件，能运行主要的UNIX工具软件、应用程序和网络协议。

4. macOS 操作系统

macOS是苹果公司为其所属的Mac系列计算机产品开发的专属操作系统，基于UNIX系统（类UNIX系统），是首个在商用领域成功的图形用户界面操作系统。截至2023年3月，在计算机操作系统和移动设备操作系统中，macOS系统占据7%的市场份额。

macOS系统和Mac计算机都由苹果公司设计，其硬件和操作系统在设计时就考虑到要在一起运行，所以它们可以视作一个整体，软硬件“配合默契”，不存在兼容性问题；苹果计算机的硬件和软件生态系统是相对封闭的，主机不支持自己选配其他品牌部件，macOS操作系统不能通过常规方法安装在其他品牌计算机上，不像Windows操作系统可以安装在不同硬件组装的计算机上；macOS系统可以安装的应用软件都需要苹果公司审核后才能进入App Store供用户下载、安装，不能像Windows系统一样通过其他渠道下载安装软件。

苹果计算机的安全性、稳定性都较高，不需要用户花精力过多维护，外观上也深受用户喜爱，在图形图像编辑、音视频编辑等领域的应用软件功能强大、实用。另外，苹果计算机与苹果手机（iPhone）协同使用，可以自动同步数据，提高工作效率。但苹果计算机的价格较高；可用软件和游戏，特别是一些专业软件较少；与其他Windows用户协同工作时，macOS系统用户也可能会存在兼容性问题。

5. Android 系统

Android（安卓）是一种自由及开放源代码的操作系统，基于Linux开发，由谷歌公司和开放手机联盟领导及开发，主要用于移动设备，如智能手机、平板式计算机。

第一部Android智能手机发布于2008年10月。2011年第一季度，Android平台手机的全球市场份额超过诺基亚主导的Symbian（塞班）系统，成为全球第一。得益于智能手机的普及，2023年3月，Android占据操作系统41.56%的市场份额，高于Windows系统的28.89%。目前，Android已经从手机、平板式计算机逐步扩展到了其他领域，如电视、数码照相机、游戏机、导航仪等。

6. iOS 系统

iOS是由苹果公司开发的移动操作系统，最初只用于iPhone手机，随着苹果产品线的扩大，后来陆续被扩展到苹果公司的iPod touch、iPad以及Apple TV等产品上。它与macOS一样，都属于类UNIX操作系统。

在移动设备上，iOS与Android的区别类似于计算机操作系统中macOS与Windows的区别。iOS专用于iPhone，不能安装在其他智能手机上，是封闭的操作系统，不能从苹果App Store以外的途径安装应用软件，App Store上的应用软件均经苹果公司审核过，应用软件的权限被严格限制，安全性和稳定性强，简洁易用，不需要用户过多维护；Android适用于各类智能设备，可以针对Android自由开发新硬件、新产品，可以自由安装面向Android开发的应用软件，应用软件的权限是开放的，需要用户自行限定软件权限，安全性和稳定性弱。

iOS的安全性也是相对的，能否保障个人信息安全，关键还是要提高自身的安全意识和警觉性；并不需要为了刻意追求安全、时髦而选择iPhone，更不能因为虚荣而超过自己的经济承受能力去购买iPhone。

7. 鸿蒙系统

2019年8月，华为公司正式发布完全自主开发的操作系统鸿蒙HarmonyOS，2023年2月升级到3.1版本。根据2022年11月华为开发者大会透露的消息，截至当时，搭载HarmonyOS的华为设备已达3.2亿台，较前一年同期增长113%；鸿蒙智联产品发货量超2.5亿台，较前一年同期增长212%。

鸿蒙操作系统是一款基于微内核（这是它与Windows系统和Android系统的根本区别），能够兼容Android应用，面向全场景的分布式操作系统，主要用于物联网。这个全新、完整的操作系统的目标是将手机、计算机、平板计算机、电视、车机设备、工业自动化控制设备、智能穿戴设备等所有智能设备（智能硬件）统一成一个操作系统，将人、设备、场景有机联系在一起，实现“万物互联”“智能联动”，创造一个超级虚拟终端互联的世界。

鸿蒙系统最大的创新点在于，它是面向场景式编程的，而不是传统的面向设备的编程。比如开发一个Android应用程序，开发者会事先确定它是安装在手机上，还是电视上，这就是面向设备的编程。但鸿蒙系统在开发一个应用程序时，会先考虑它有哪些应用场景。比如开发一个聊天程序，鸿蒙系统会先分析在哪些场景会用到这个程序：聊天过程中，我们可能坐在客厅看电视，这时候我们希望视频聊天界面直接显示在电视上；因为聊天，看不成电视了，我们走到办公桌前，就会希望视频聊天界面自动转移到计算机上；中途想要去喝茶，我们又希望聊天界面流转到手机上；整个过程中，“聊天”这个应用场景没变，但是设备在不断变化，这就是面向场景式编程。程序开发人员会把软件在多种硬件设备上的适配一次性做好，然后安装在不同设备上（一次开发、多端部署）。最终，这些不同的终端设备依靠同一个软件，构成一个“超级虚拟终端”。

鸿蒙系统作为一个新生事物，要实现它期望的全场景行业落地，仍有较长的路要走，这不仅涉及技术、人才的问题，更有商业模式、硬件企业意愿的问题。但无论如何，鸿蒙系统仍然是目前在技术和商业化应用上都很成熟的国产操作系统，社会各界应大力支持。

1.2.2　设置 Windows 10

Windows 10操作系统是目前最为普及的计算机操作系统，本书的案例和相关介绍，均基于安装Windows 10系统的计算机。

1. Windows 10 的桌面

桌面（Desktop）是计算机操作系统的一个术语，指打开计算机并成功登录系统之后看到的显示器主屏幕区域。桌面是Windows操作系统和用户之间的桥梁。

1）图标

Windows系统中的图标各自都代表着一个程序或者文件，双击图标就可以运行相应的程序或者打开对应的文件。图1-16所示为快捷方式图标，图标左下角有个小箭头，它们对应的程序或文件在硬盘其他文件夹中，双击快捷方式，会自动执行它们对应的程序或文件。

图 1-16　桌面快捷方式图标

2）任务栏

任务栏是位于屏幕底部的水平长条，与桌面不同的是，桌面可以被打开的窗口覆盖，而任务栏几乎始终可见（也可以设置为自动隐藏）。任务栏主要由三部分组成：中间部分，显示正在运行的程序，并可以在它们之间进行切换；它还包含最左侧的“开始”按钮，使用该按钮可以访问程序、文件夹和计算机设置；通知区域位于任务栏的最右侧，包括系统时间显示和一组图标。这些图标表示计算机上某程序的状态，或提供访问特定设置的途径。将鼠标指针移向特定图标时，会看到该图标的名称或某个设置的状态。双击通知区域中的图标通常会打开与其相关的程序或设置。

Windows 10的任务栏中，未运行和已运行程序标识十分明了（通过任务栏中图标下方是否有横条，横条颜色是否前后一致进行区分），如图1-17所示。

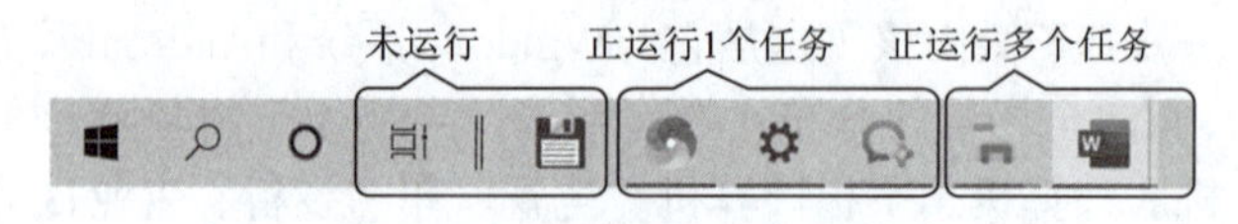

图 1-17　Windows 10 任务栏中的任务图标

Window 10的任务栏对应的任务图标可以对程序进行预览，同一个程序打开的多个任务能够同时预览，还可以通过预览效果进行切换和关闭程序的操作，如图1-18所示。

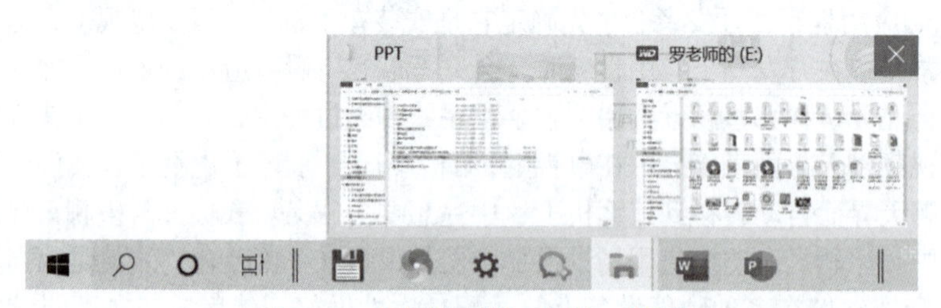

图 1-18　任务栏预览、切换、关闭

3）开始按钮

单击“开始”按钮，就会弹出“开始”菜单，分为左右两个部分，左侧为Windows系统的“开始”菜单，右侧是磁贴区，如图1-19所示，可以根据个人使用习惯，将常用的程序添加到磁贴区，方便快捷访问。

4）切换桌面

当工作纷繁杂乱的时候，多显示器可以很大程度地提升工作效率。如果没有多显示器，可以创建多个桌面，在不同的桌面打开不同的软件窗口，让不同的桌面承担不同类型的任务，如办公桌面、聊天桌面、影视娱乐桌面……任何一个软件窗口都可以直接拖动或通过右键快捷菜单移动到其他桌面。任务视图中，多个桌面效果如图1-20所示。

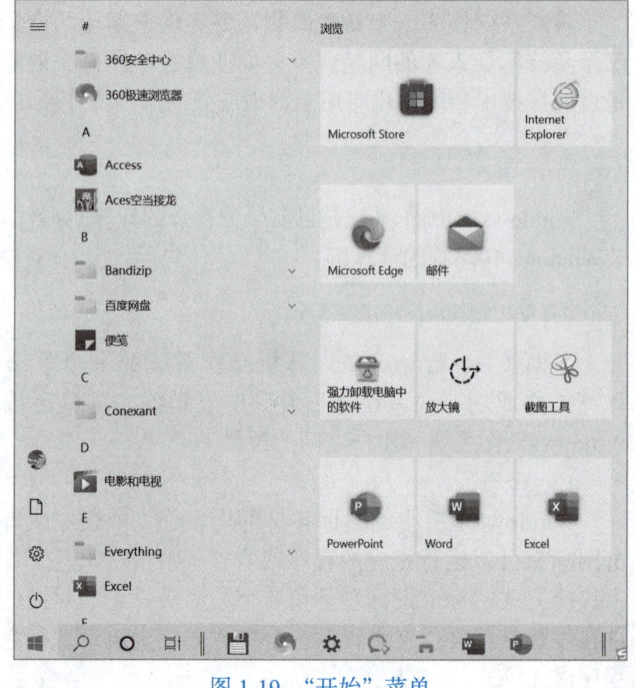

图 1-19　“开始”菜单

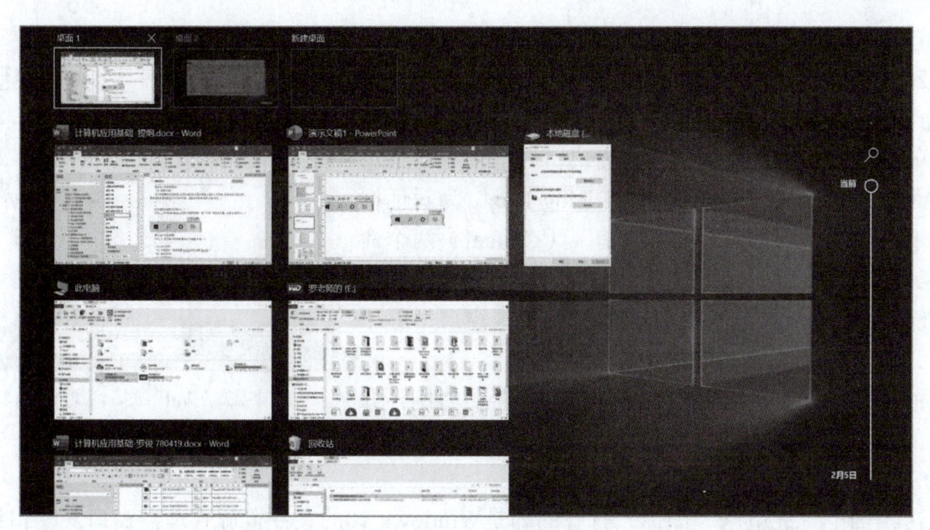

图 1-20　任务视图

切换多个桌面的方法如下：

方法一：单击任务栏中的“任务视图”按钮，选择桌面进行切换，如图1-21所示。

图 1-21　任务视图

方法二：按【Windows+Tab】组合键，切换桌面。

2. Windows 10 的窗口

Windows窗口指的是采用窗口（程序框）形式显示的计算机操作用户界面，可以分为三种类型：

标准窗口，例如“此电脑”窗口、文件夹窗口、应用软件窗口等，这些窗口具有共同的特征：都能改变大小并在屏幕显示区域自由移动，通常由标题栏、菜单栏、工具栏、用户区、状态栏、边框等组成，图1-22所示为应用软件窗口。

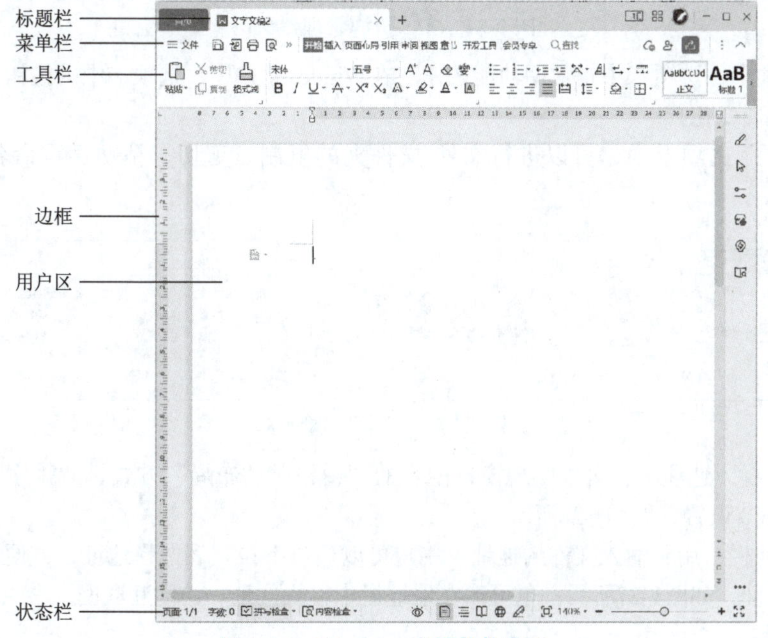

图 1-22　Windows 应用软件窗口

对话框窗口，用于放置Windows的多种控件，如命令按钮、编辑框、组合框、单选按钮、复选框等。对话框窗口不能改变窗口大小。如图1-23所示，“Learn to Program Windows”窗口为一个简洁的标准窗口，右上角有“最小化”“最大化”“关闭”按钮；“Dialog Box”为对话框窗口，有“确定”（OK）和“取消”（Cancel）两个命令按钮，不能最小化、最大化，只能关闭。

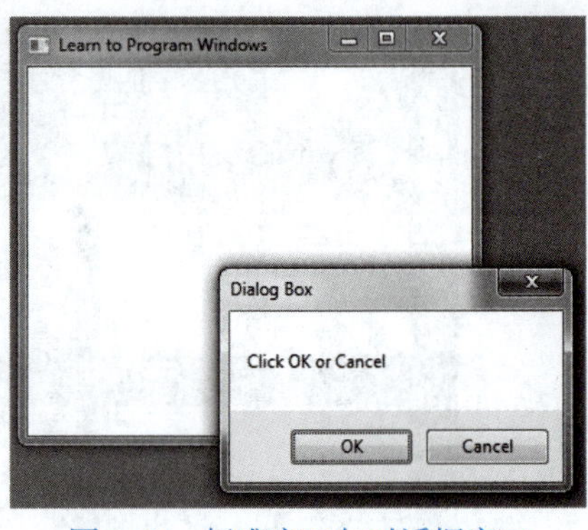

图 1-23　标准窗口与对话框窗口

Windows桌面，也是Windows的一种特殊窗口，除了用户区，没有其他组成部分。

下面以Windows系统的“文件资源管理器”为例，介绍窗口的相关操作。

1）文件资源管理器窗口的组成

双击桌面上“此电脑”图标，打开的即是Windows 10的文件资源管理器窗口。窗口组成如图1-24所示。

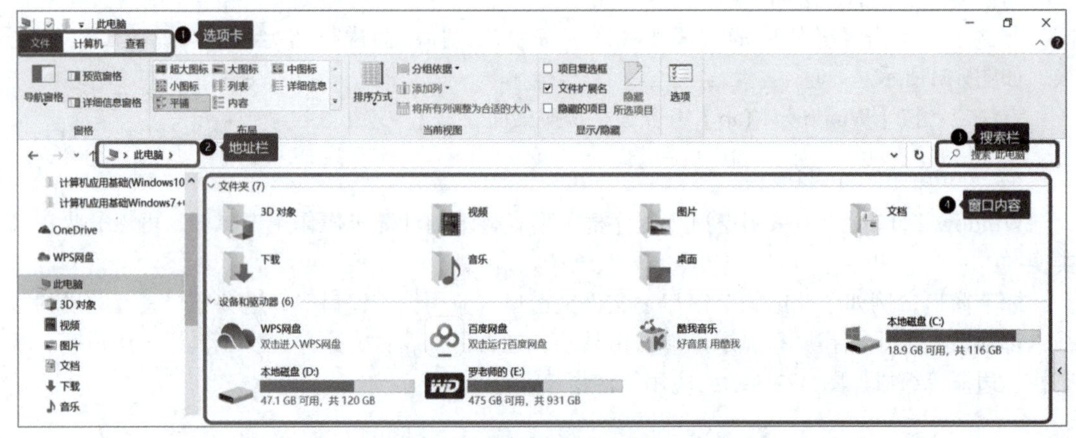

图 1-24　文件资源管理器窗口

（1）选项卡：选项卡中是常用功能按钮。在Windows 10中，选项卡中的按钮会根据查看的对象不同而出现变化。

在“主页”选项卡中，可以进行文件/文件夹的复制、剪切、粘贴、重命名等操作，如图1-25所示。

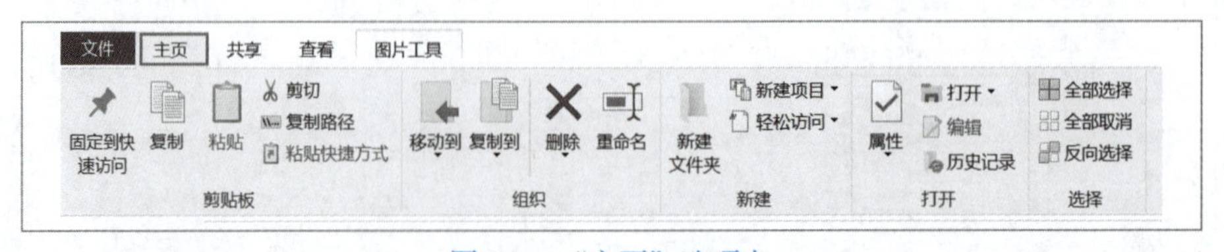

图 1-25　“主页”选项卡

通过“查看”选项卡，可以实现窗口内容的“窗格”“布局”方式、“排序”方式、“显示/隐藏”等细节设置，如图1-26所示。

（2）地址栏：用于输入文件的地址。用户可以通过下拉列表选择地址，方便快速访问各个不同级别的地址，如图1-27所示；也可以在地址栏中输入网址，访问互联网。

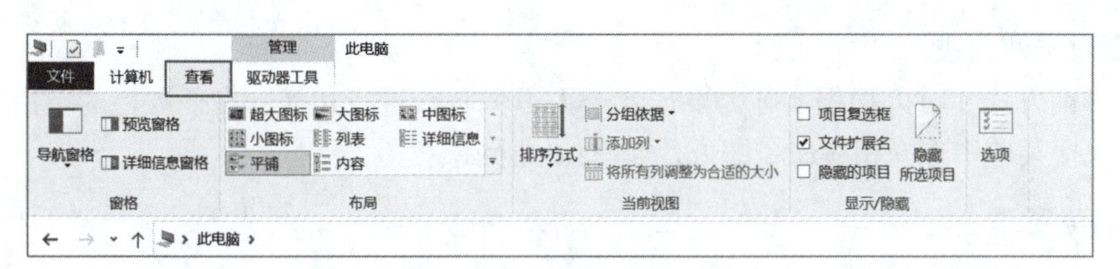

图 1-26 “查看”选项卡

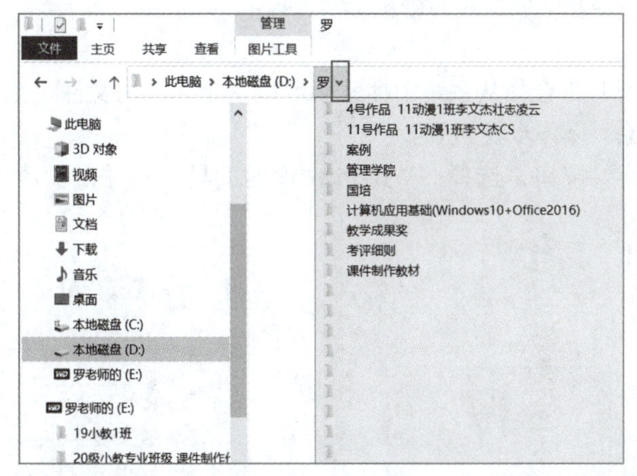

图 1-27 地址栏

（3）搜索栏：在Windows 10窗口中的搜索栏输入搜索关键词时，随着输入关键词的完整性变化，搜索结果也会随之发生变化，直到搜索到合适的内容。搜索出来的内容，则会显示在窗口内容区域内。

2）窗口切换

在Windows操作系统中，每打开一个应用程序，就会打开一个窗口，但当前活动窗口只有一个。多窗口（多任务）切换操作的方法有三种：

（1）任务栏：单击任务栏中对应的程序按钮即可实现切换。

（2）快捷键【Alt+Tab】：使用此快捷键时，在屏幕中间会出现一个矩形区域，显示所有打开窗口的缩略图。按住【Alt】不放的同时，按【Tab】键，就会在不同的程序窗口之间切换。切换到需要的窗口时，松开【Alt】键即可，如图1-28所示。

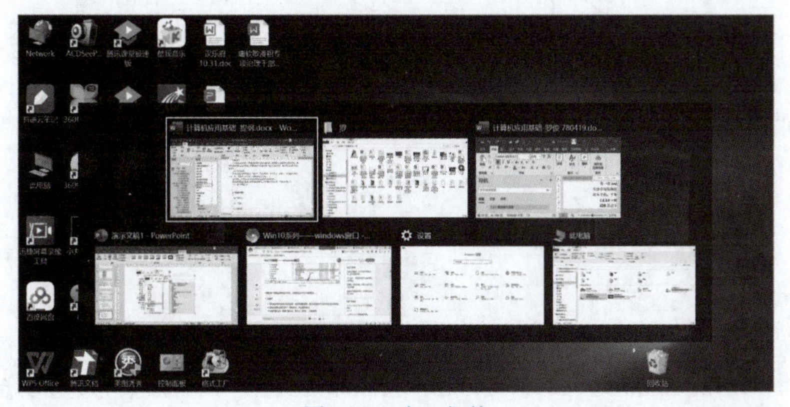

图 1-28 窗口切换

（3）快捷键【Alt+Esc】：此快捷键的功能与②一致，区别在于切换窗口时，是直接在各窗口之间切换，不会出现缩略图区域。

3）窗口排列方式

窗口排列方式，可以根据实际需要或者个人习惯自行进行切换：在任务栏的空白处右击，在打开的快捷菜单中选择相应命令即可，如图1-29所示。

3. 磁盘管理

经过一段时间使用后，硬盘（磁盘）上会存在不少垃圾文件，使用Windows系统提供的磁盘管理工具，可以释放硬盘空间，提升硬盘读写速度。

1）磁盘清理

磁盘清理工具运行时，会先从系统中搜索出可以安全删除的文件，然后让用户确认要删除的文件，最后执行删除。操作步骤如下：

（1）单击“开始”按钮，选择“Windows管理工具”→“磁盘清理”命令，如图1-30所示。

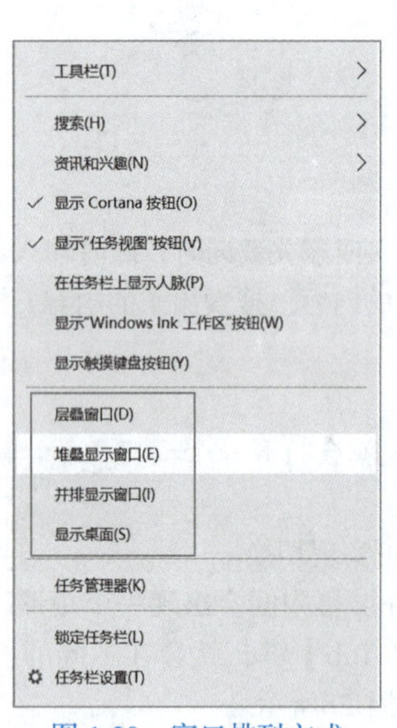

图 1-29　窗口排列方式

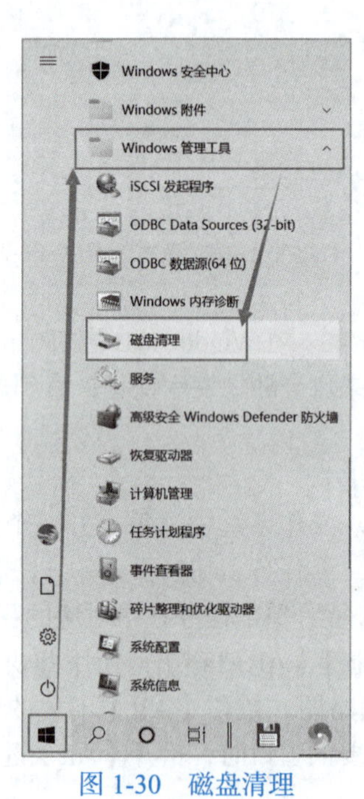

图 1-30　磁盘清理

（2）在打开的“磁盘清理：驱动器选择”对话框中，选中要进行清理的磁盘，单击“确定”按钮后，出现“磁盘清理”提示框，如图1-31所示，“磁盘清理”工具开始计算可以释放多少磁盘空间。

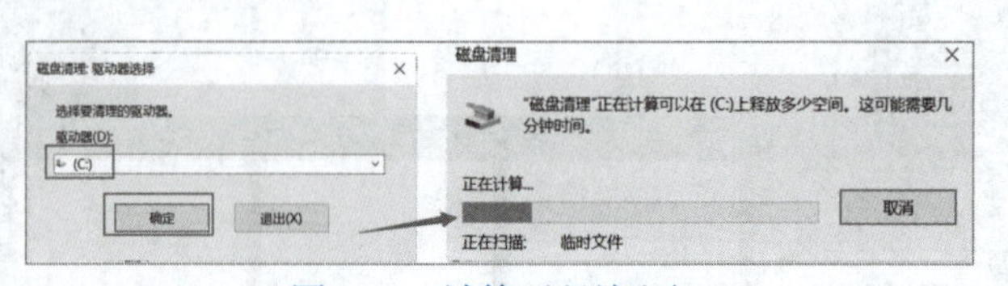

图 1-31　计算可释放空间

（3）系统弹出“磁盘清理”对话框，在“要删除的文件”列表框中上下拖动查看并勾选要删除的文件，然后单击“确定”按钮，如图1-32所示。

（4）弹出“磁盘清理”对话框，再次确认是否要删除，单击“删除文件”按钮，如图1-33所示。

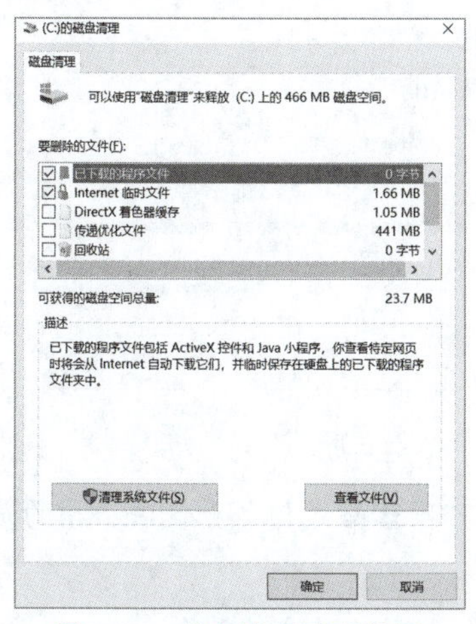

图 1-32　磁盘清理选项设置

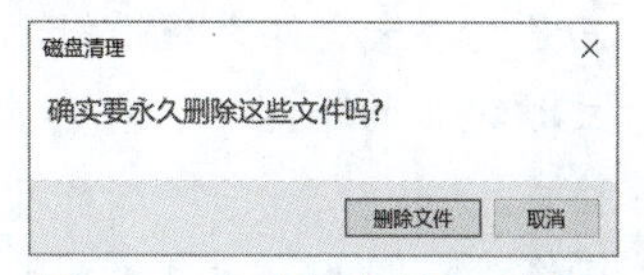

图 1-33　“磁盘清理”对话框

（5）显示清理进度。清理完毕后“磁盘清理”对话框自动关闭，这时的计算机将更干净、性能更佳。

2）碎片整理和优化驱动器

碎片整理与优化驱动器都是针对硬盘进行优化，但实际上是两个不同的功能。碎片整理面向机械硬盘，优化驱动器面向固态硬盘。

当选择“碎片整理和优化驱动器”功能时，Windows会自动识别硬盘类型，发现是机械硬盘时会自动适用碎片整理，发现是固态硬盘时也会自动适用优化驱动器。如果使用操作系统之外的专门软件整理固态硬盘“碎片”或者“粉碎”固态硬盘上的文件，会影响固态硬盘的使用寿命。

碎片整理和优化驱动器的操作步骤如下：

（1）单击“开始”按钮，选择“Windows管理工具”→“碎片整理和优化驱动器”命令，如图1-34所示。

（2）选择盘符，单击“优化”按钮，系统开始分析磁盘，然后优化磁盘。如果只要求分析磁盘，不进行优化，则单击“分析”按钮，如图1-35 所示。

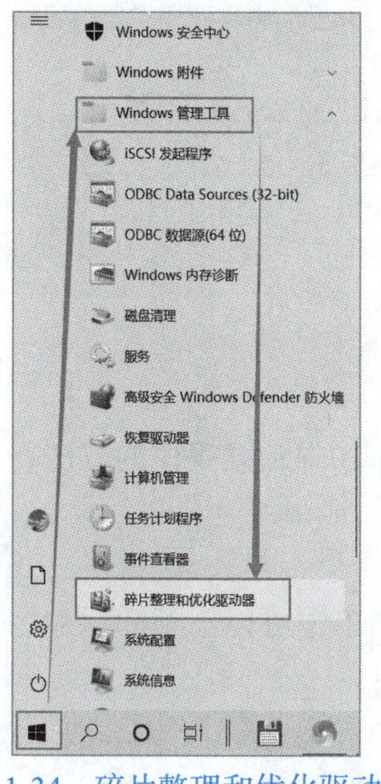

图 1-34　碎片整理和优化驱动器

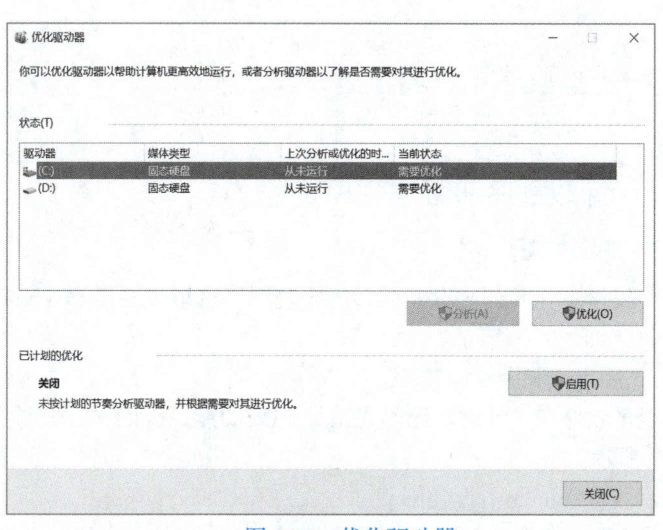

图 1-35　优化驱动器

温馨提示　如果希望计算机自动定期利用空闲时间进行磁盘碎片整理，可单击图1-35中的“启用”按钮，进行优化计划配置，如图1-36所示。

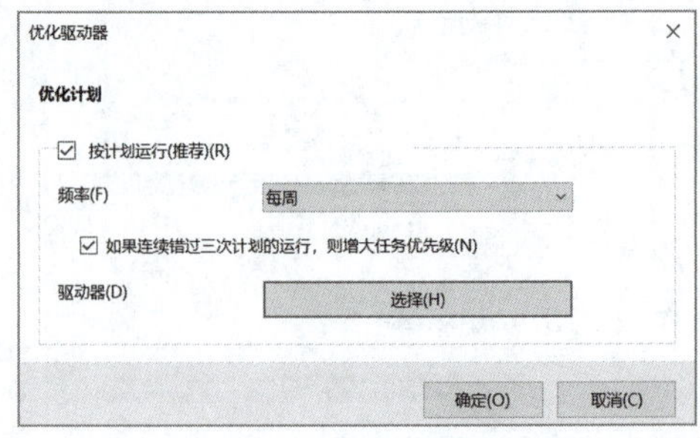

图1-36　设置磁盘优化计划

3）格式化磁盘

如果希望清理某个磁盘或磁盘分区上的全部数据，不用逐一去删除文件、文件夹，可以直接格式化磁盘，将磁盘上的数据全部清除。

温馨提示　格式化磁盘的本来目的并不是清除磁盘数据，而是对磁盘文件系统进行初始化。另外，在后面关于文档排版的案例中，也会出现“字体格式化”“段落格式化”等说法，指的是设置字体、段落格式。

具体操作步骤如下：

（1）在要进行格式化的磁盘盘符上右击，选择快捷菜单中的“格式化”命令，如图1-37所示。

（2）在打开的对话框中，单击“开始”按钮即可开始格式化操作，如图1-38所示。

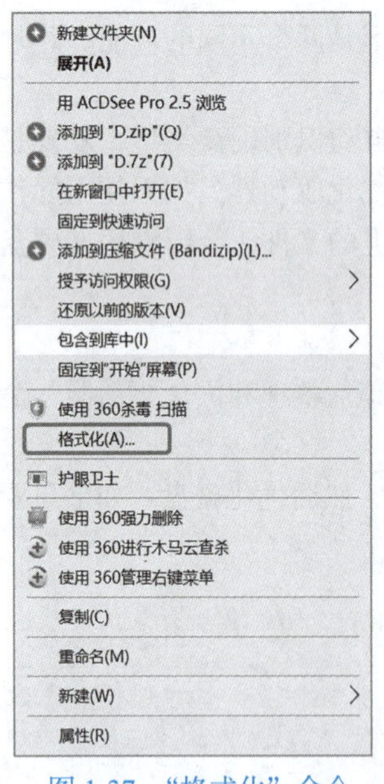

图1-37　“格式化”命令

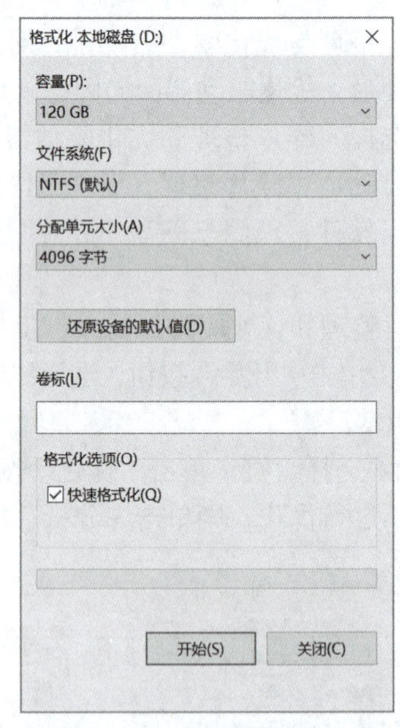

图1-38　格式化磁盘

1.2.3　卸载程序和管理程序进程

1. 卸载程序

安装程序一般有分步提示，比较直观。这里主要讲解Windows 10中卸载程序的方法，主要有三种。

1）使用卸载命令卸载

很多软件在设计时就已经考虑了卸载功能，因而在“开始”菜单中可以看到卸载命令，如图1-39所示。

2）通过Windows设置卸载

找不到卸载命令的软件，可以在Windows 10的“设置”中进行卸载：

（1）依次单击“开始”→“设置”→“应用”，如图1-40所示。

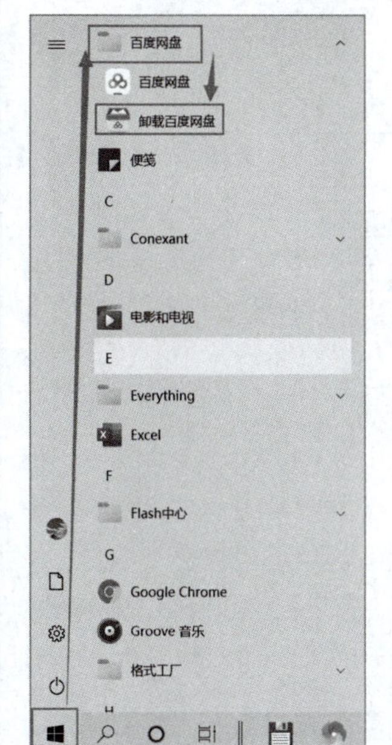

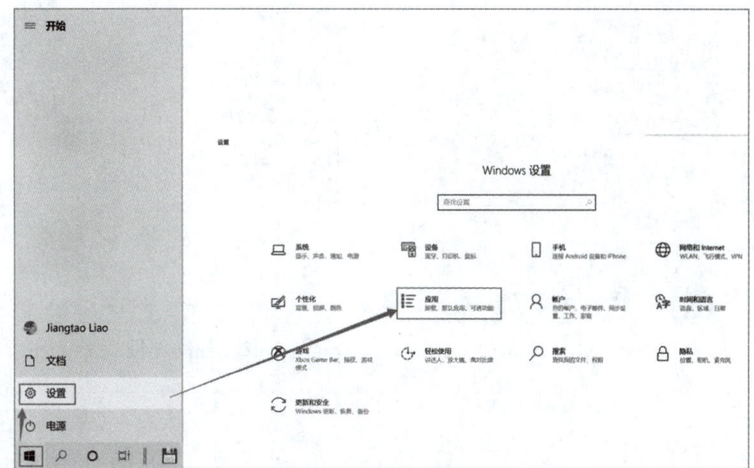

图 1-39　开始菜单中的卸载命令　　　　图 1-40　设置

（2）找到需要卸载的软件，选中后再单击“卸载”按钮即可，如图1-41所示。

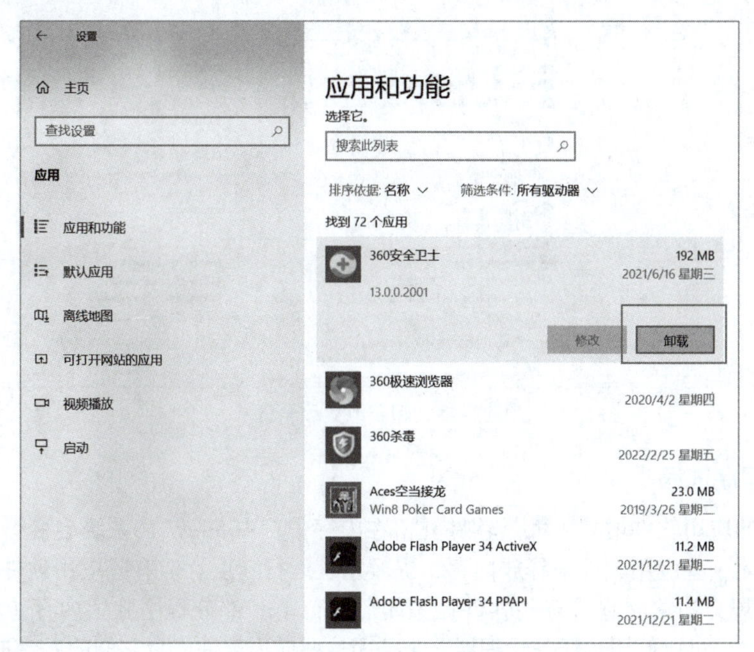

图 1-41　卸载

3）通过控制面板卸载

（1）依次单击“开始”→“Windows系统”→“控制面板”→“程序”下方的“卸载程序”，如图1-42所示。

（2）在打开的“程序和功能”窗口中，找到要卸载或者更改的程序，双击即可执行，如图1-43所示。

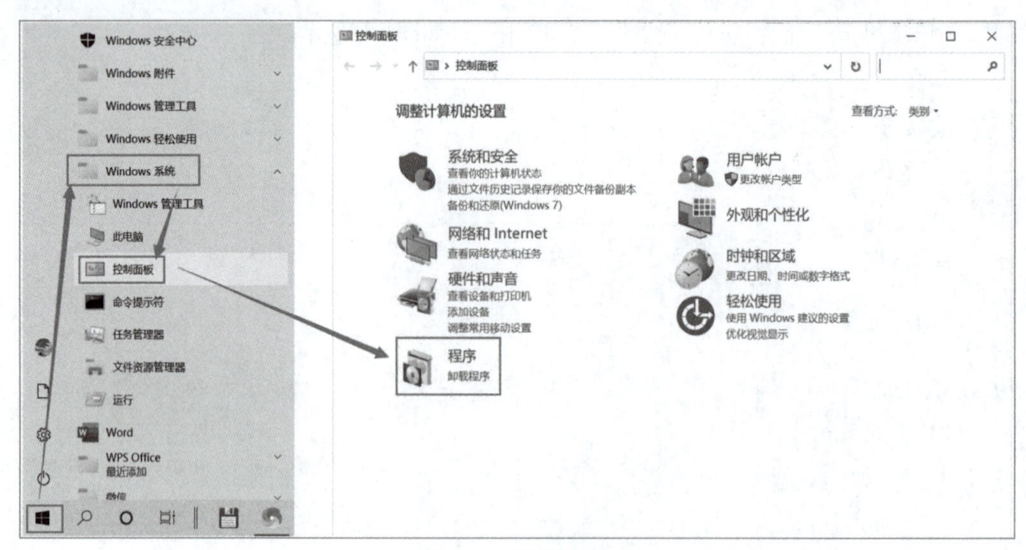

图 1-42　控制面板

图 1-43　卸载或更改程序

2. 管理程序进程

随着打开的应用软件增多，大量软件驻留在内存中，Window 10系统会变得越来越慢，这时候，可以关闭一些应用软件来释放内存，提升系统运行速度。但有些应用软件会停止响应，没办法通过常规方法关闭它，有些软件在关闭后会留下一部分程序驻留内存（称为“后台进程”），这时候，可以使用“任务管理器”来关闭这些应用软件或者它们的后台进程。

有两种方法可以启动如图1-44所示的任务管理器：

（1）右击任务栏空白处，在弹出的快捷菜单中选择“任务管理器”命令。

（2）按【Ctrl+Al+Delete】组合键，在弹出的快捷菜单中选择“任务管理器”命令。

打开任务管理器后，在某个应用或后台进程上右击，弹出快捷菜单，选择“结束任务”命令，就可以直接关闭该软件或后台进程。

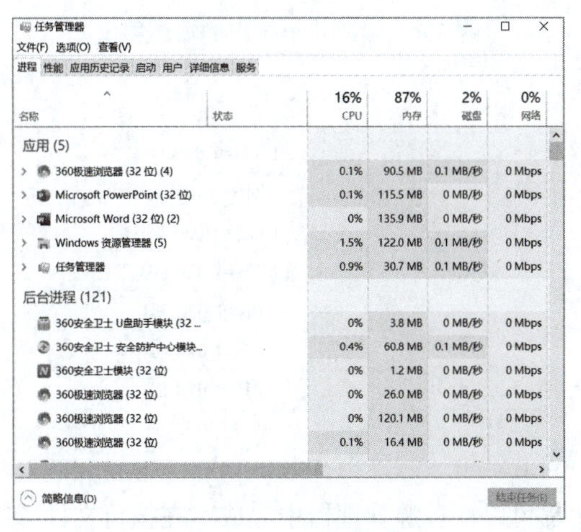

图 1-44　任务管理器

1.2.4　文件管理

1. 文件类型与文件大小

计算机中的各类信息都是以“文件”形式存储的。

每个文件，系统都会要求有一个名字，称为文件名，文件名是系统识别文件的标识。文件名由“基本名”和“扩展名”构成，之间用“.”隔开，如《咖啡.txt》《唐诗三百首.doc》《销售报告.xls》《似是故人来.mp3》等。

计算机中保存的文件有很多种类，不同类型的文件中保存着不同形式的内容。不同的扩展名代表着不同类型的文件。系统通过文件的扩展名来识别文件类型，同时根据文件类型来为文件指定不同的图标，不同类型的文件用不同的图标来表示，使用者可以通过图标来识别文件的类型。常见的扩展名及对应文件类型见表1-1。

表 1-1　常见的扩展名及文件类型

扩　展　名	文件类型	扩　展　名	文件类型
exe，com	可执行文件	mp3，mid，wav	音频文件
txt	文本文件	avi，mpg	视频文件
bmp，gif，jpg	图像文件	doc，docx	Word 文档
zip，rar	压缩文件	xls，xlsx	Excel 电子表格
htm，html	超文本文件	ppt，pptx	PowerPoint 演示文稿
swf	Flash 动画文件	int，sys，dll，.adt	系统文件
pdf	Adobe 公司开发的电子文件格式	bat	批处理文件

在计算机内部，信息的表示和存储依赖于机器硬件电路的状态，比如电路开和关、电路的高电平与低电平，并且指令程序运行主要是判断条件和结果的真和假，综合考虑下，计算机采用二进制形式（只有0和1两种符号）来编码数据、指令。

在计算机系统中，数据的大小用“字节”（Byte，简称B）表示，每个字节等于8个二进制位（bit），每个位要么是0，要么是1。我们通常所说的计算机内存大小、硬盘存储容量大小，就是指它们存储数据的多少，文件的大小则是指它所占存储空间的大小，都是用字节来标示。因为二进制的原因，计算机处理信息通常以2的整数倍作为处理边界，最接近1 000的2的整数倍是1 024，称为“千字节”（KiloByte，KB）；千字节的1 024倍称为“兆字节”（MegaByte，MB）。计算机中的数据单位和换算关系见表1-2。

表 1-2　计算机系统中的数据单位

单　　位	换算关系
B（Byte，字节）	1 B=8 bit
KB（KiloByte，千字节）	1 KB=1 024 B
MB（MegaByte，兆字节）	1 MB=1 024 KB
GB（GigaByte，吉字节）	1 GB=1 024 MB
TB（TeraByte，太字节）	1 TB=1 024 GB
PB（PetaByte，拍字节）	1 PB=1 024 TB
EB（ExaByte，艾字节）	1 EB=1 024 PB
ZB（ZettaByte，泽字节）	1 ZB=1 024 EB

2．选择文件 / 文件夹

文件/文件夹的操作，都可以在资源管理器中完成。在执行文件/文件夹操作前，都必须要先选中操作对象，再执行后续操作：

选择单个文件/文件夹：单击文件/文件夹，选中的文件/文件夹将高亮显示。

选择多个非连续文件/文件夹：按住【Ctrl】键的同时，依次单击需要选中的文件/文件夹，即可同时选中多个非连续文件/文件夹。

选择多个连续文件/文件夹：先单击选中一组文件/文件夹的第一个，再按住【Shift】键不放，单击这一组文件/文件夹的最后一个，即可将这一组连续文件/文件夹同时选中。

3．创建与重命名文件夹

以在E盘创建一个文件夹为例。

方法一：单击“资源管理器”→“主页”→“新建”→“新建文件夹”按钮，输入新文件夹名称，按【Enter】键或者单击其他地方完成命名，如图1-45所示。

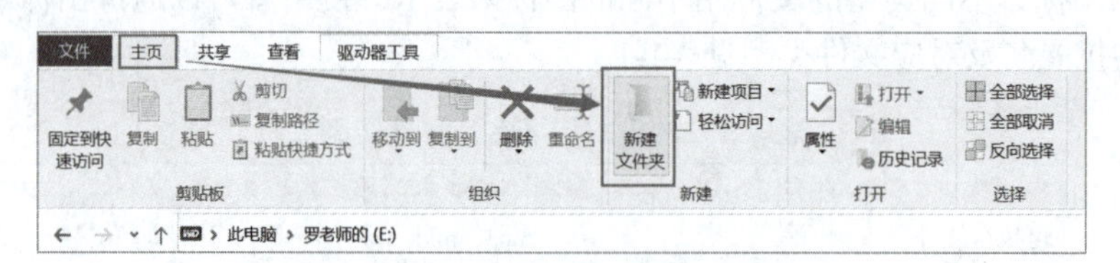

图 1-45　通过资源管理器创建文件夹

方法二：在E盘图标区域的空白处右击，在弹出的快捷菜单中选择“新建”→“文件夹”命令，输入新文件夹名称，按【Enter】键或者单击其他地方完成命名，如图1-46所示。

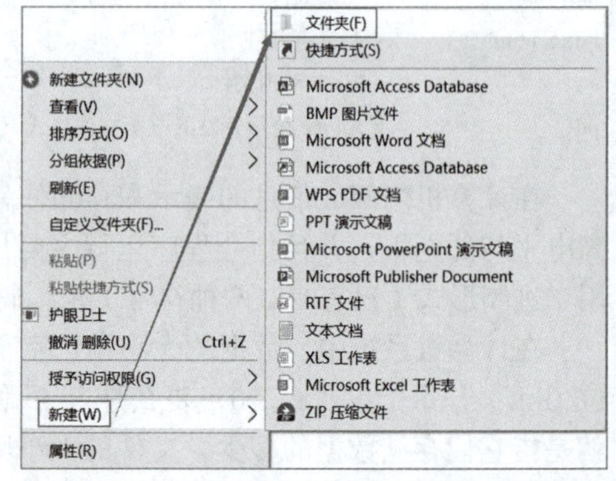

图 1-46　通过快捷菜单创建文件夹

文件创建完成后，可以对其重命名：在需要重命名的文件/文件夹上右击，在弹出的快捷菜单中选择“重命名”命令，进入重命名状态，输入新文件/文件夹名即可。

4．移动文件 / 文件夹

方法一：使用资源管理器，选中需要复制的文件/文件夹，选择“主页”→“组织”→“移动到”命令，选择目标位置即可，如图1-47所示。

方法二：使用快捷方式，选中需要移动的文件/文件夹，按【Ctrl+X】组合键，进入目标位置，按【Ctrl+V】组合键即可。

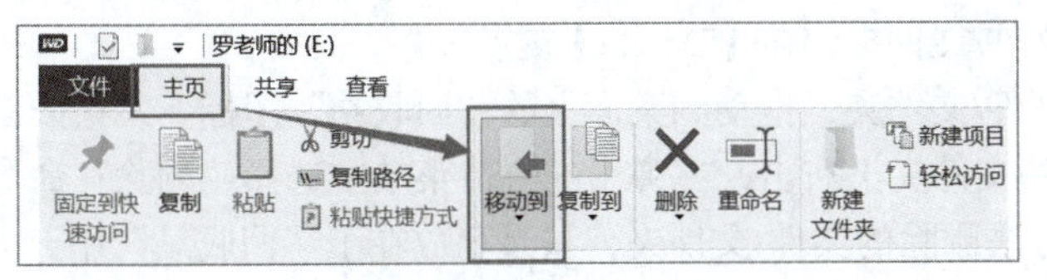

图 1-47　“移动到”命令

5. 复制文件 / 文件夹

方法一：使用资源管理器，选中需要复制的文件/文件夹，选择“主页”→“组织”→“复制到”命令，选择目标位置即可。

方法二：使用快捷方式，选中需要移动的文件/文件夹，按【Ctrl+C】组合键，进入目标位置，按【Ctrl+V】组合键即可。

温馨提示　在Windows操作系统和安装的应用软件中，【Ctrl+C】（复制）、【Ctrl+X】（剪切）、【Ctrl+V】（粘贴）命令的快捷键是通用的，复制、剪切、粘贴的对象既可以是一个文件，也可以是一段文字、一些数据、一个图形图像或者某个应用软件中的操作对象。

Windows 10允许保留多次复制、剪切的内容，在粘贴时选择其中某次的内容。要使用此功能，需要设置保存剪贴板历史记录。具体方法如下：

单击“开始”按钮，在弹出的菜单中选择“设置”命令，打开“Windows设置”对话框，在文本框中输入“剪贴”，找到剪贴板，单击打开“剪贴板”设置页面，单击“剪贴板历史记录”选项区下方的开关按钮，打开剪贴板历史记录功能，如图1-48所示。

剪贴板历史记录功能打开后，使用【Windows（键盘显示为Windows徽标）+V】组合键调出“剪贴板”，就可以看到剪贴板的历史记录，如图1-49所示，单击需要粘贴的内容，即可粘贴选中内容。

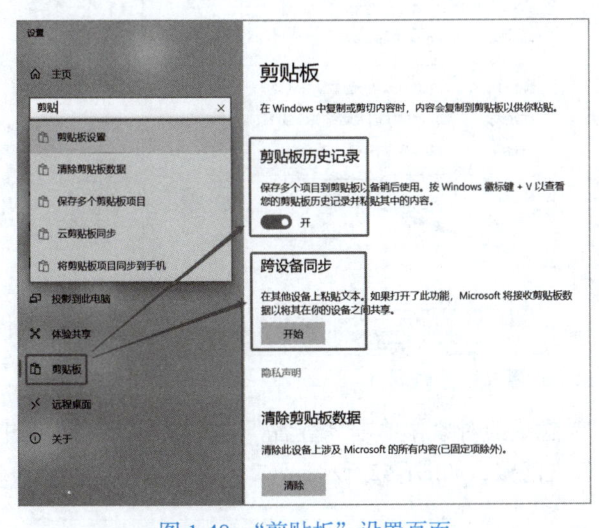

图 1-48　“剪贴板”设置页面

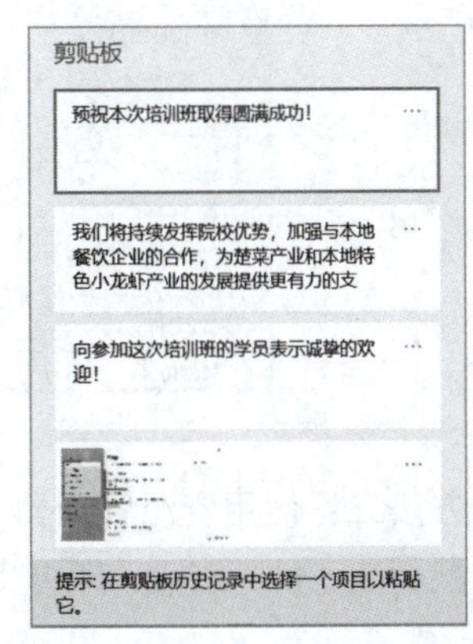

图 1-49　剪贴板

Windows 10系统还可以跨设备同步剪贴板记录，也就是说，在办公室计算机上复制、剪切的内容，可以同步到家里的计算机上，然后将需要的内容粘贴到指定位置。要使用此功能，需要让两台计算机都使用同一账号登录Windows系统。单击图1-48所示的剪贴板设置页面“跨设备同步”选项区下方的“开始”按钮即可进行设置。

6. 删除与还原文件 / 文件夹

删除文件/文件夹的方法很多，这里介绍三种：

方法一：选中文件/文件夹，按【Delete】键。

方法二：选中文件/文件夹，拖动到桌面上的“回收站”图标上，松开鼠标即可。

方法三：在文件/文件夹上右击，在弹出的快捷菜单中选择“删除”命令。

使用上述三种方法删除的文件/文件夹，只是存放在了“回收站”中，如果误删了文件/文件夹，可以从“回收站”中找回：

打开回收站，找到需要恢复的文件/文件夹，右击文件/文件夹，在弹出的快捷菜单中选择“还原”命令，即可恢复到删除前的位置，如图1-50所示。

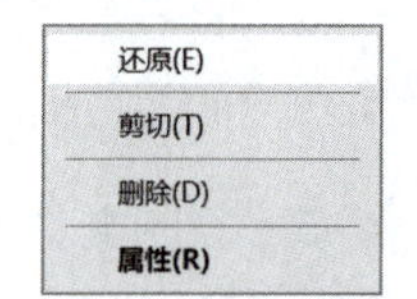

图 1-50　文件还原

温馨提示　选择图1-50中的“删除”命令，或者清空回收站，才是真正从磁盘上删除了文件。当然，即使“真正”删除了的文件，也不排除通过技术手段恢复的可能。

7. 隐藏文件 / 文件夹

对于一些重要文件，可将其隐藏起来增加安全性。

方法一：右击文件，在弹出的快捷菜单中选择“属性”命令，打开“属性”对话框，勾选“隐藏”复选框，即可将文件/文件夹隐藏，如图1-51所示。

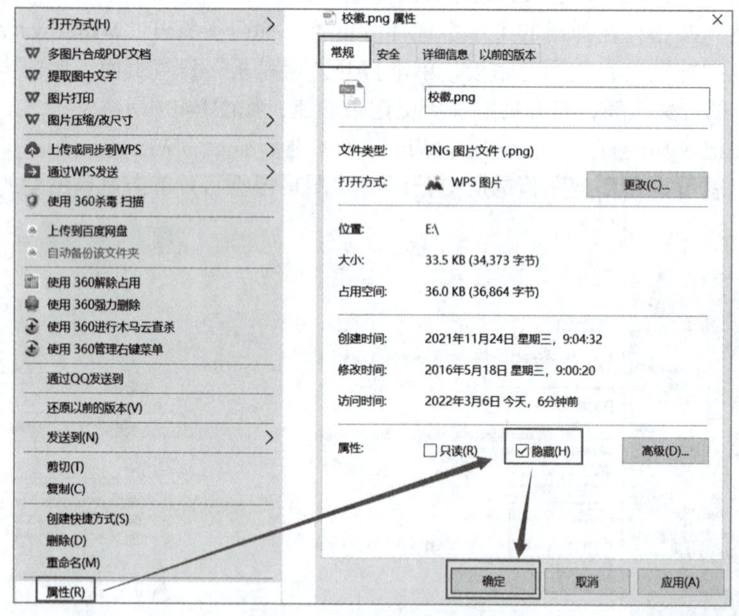

图 1-51　设置文件隐藏属性

方法二：使用资源管理器，选中需要隐藏的对象，单击“查看”→“显示/隐藏”组中的“隐藏所选项目”按钮，即可将文件/文件夹隐藏，如图1-52所示。

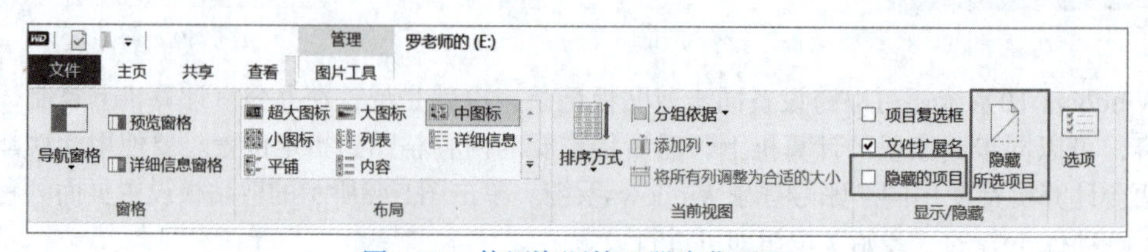

图 1-52　使用资源管理器隐藏项目

温馨提示　在图1-52所示的“显示/隐藏”组中，勾选“隐藏的项目”复选框，可以切换显示或隐藏项目。

8. 创建桌面快捷方式

常用的文件或程序，可以为它们在桌面上创建一个快捷方式，以便快速打开。方法如下：

右击需要创建桌面快捷方式的对象，在弹出的快捷菜单中选择“发送到”→“桌面快捷方式”命令，如图1-53所示。完成操作后，就可以在桌面上看到这个快捷方式图标。

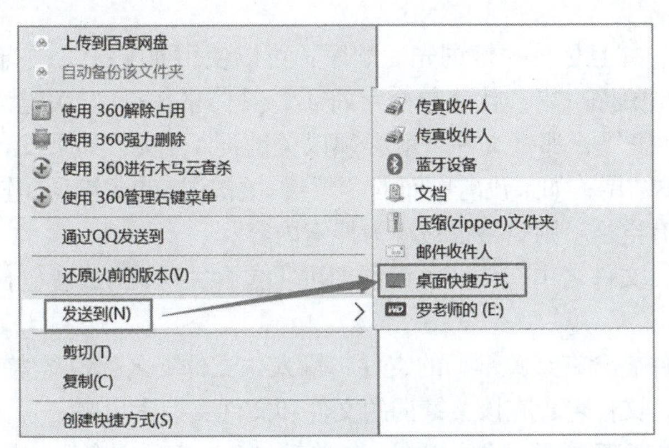

图 1-53　创建桌面快捷方式

9. 搜索文件和文件夹

在“文件资源管理器”窗口上方右侧的搜索对话框中输入关键词就可以搜索存储在本机上的、文件名中包含搜索关键词的文件和文件夹。

但客观地说，Windows的本地搜索功能多年来一直备受诟病，原因是搜索速度太慢。因此，经常要用到搜索功能的用户通常会使用专门的搜索软件。如果只需要按文件名中的关键词进行搜索，可以使用免费（非商业用途）搜索软件Everything。

Everything需要自行下载安装。软件的界面（窗口）很简洁，菜单栏下方就是搜索对话框，输入关键词，下方列表区就会实时显示包含关键词的文件和文件夹名称、路径（文件存储地址），最下方的状态栏则会实时显示搜索到的文件和文件夹数量，如图1-54所示。

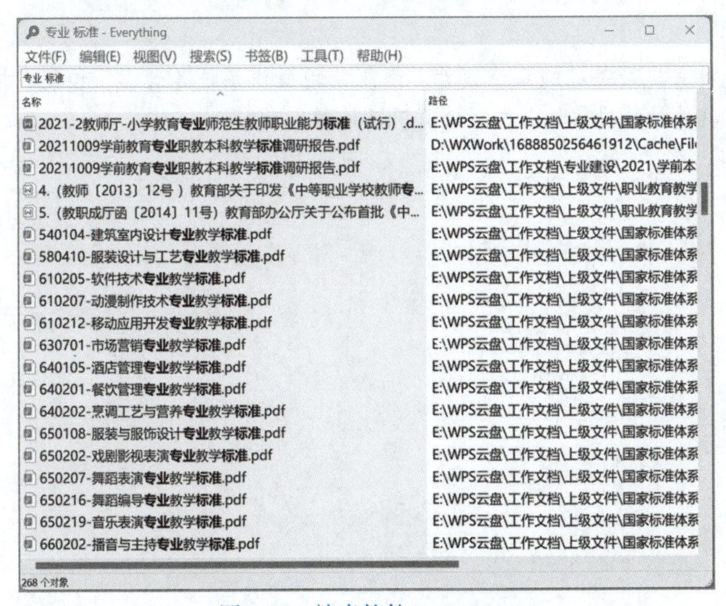

图 1-54　搜索软件 Everything

Everything只能搜索文件名和文件夹名，不能搜索文件内容中的关键词。常用搜索方式（搜索语法）有：

搜索单个关键词：在搜索框中直接输入要查询的关键字。

搜索多个关键词，但不区分关键词先后顺序：在搜索框中输入要查询的多个关键词，关键词之间用空格分开。

搜索多个关键词，并且区分关键词先后顺序：可以使用通配符“*”辅助搜索，“*”代表任意多个任意字符（通配符“?”代表单个字符），具体格式是“*关键词A*关键词B*”。注意，如果没有前面的“*”，那么文件名就必须以关键词A开头；如果没有后面的“*”，那么文件名必须以关键词B结尾；如果没有中间的“*”，关键词A和关键词B连在一起就会被视为一个关键词，如果中间有空格，则空格也被视为搜索内容。

搜索多个关键词，文件名中有任一关键词即可（包含关键词A或者包含关键词B）：关键词之间用“|”分开。

搜索某目录下文件名含有某关键词的文件：输入“文件夹名称\（空格）关键词”，即可将该目录下和子目录下，文件名含有该关键词的文件和文件夹搜索出来。

搜索含有关键词的特定类型文件：输入“*关键词*.指定后缀名”，比如“*专业*.pdf”，指的是搜索文件名中含有关键词“文件”的PDF文件，其他格式文件不会显示。

搜索含有某些关键词，同时不含某些关键词的文件：比如“文件夹名称\（空格）!关键词A（空格）!关键词B（空格）关键词C”，指的是搜索该文件夹下和子文件夹下，不含关键词A和B，但含有关键词C的文件或文件夹，其中，英文“!”代表排除。又比如“工作文档\ !专业 !课程 标准”，指的是搜索“工作文档”目录及其子目录下，名称不含“专业”“课程”，但含“标准”的文件和文件夹。

如果搜索关键词中本来就含有空格，可以用英文双引号将含空格的关键词关联成一个整体，比如“Data Provider”，表示“Data Provider”整体是一个关键词，如果不标注英文双引号，软件会把“Data”和“Provider”当作两个关键词，并且不区分先后顺序。

案例小结

操作系统是计算机最基础的系统软件，熟练使用操作系统是管理、控制、操作计算机的前提，是学习使用其他计算机软件、发挥计算机功能的基础。

实训 1.2　让系统为我所用

实训项目	实训记录
实训 1.2.1　整理磁盘 1．将计算机中所有磁盘清理一遍。 2．对所有磁盘执行碎片整理和优化驱动器。 **实训 1.2.2　新建文件夹** 1．在 D 盘建立以自己姓名简称字母为名的文件夹，在文件夹中再新建三个子文件夹，分别命名为音乐、图片、文档、软件。 2．在网上下载若干歌曲、图片、文档，通过剪切、粘贴方式分别存放在上述文件夹中。 3．在网上下载一个字体文件，研究字体安装方法，安装该字体，然后删除下载的字体文件。 4．在网上下载搜索软件 Everything 的安装程序，存放在“软件”文件夹中。 5．为 Everything 安装程序建立桌面快捷方式，对比快捷方式图标与原文件图标的区别。 **实训 1.2.3　安装 / 卸载应用程序** 1．下载、安装搜狗拼音输入法、极点五笔输入法。 2．卸载极点五笔输入法。 3．下载、安装解压缩软件 bandizip。 4．双击桌面上的 Everything 安装程序快捷方式，安装该软件，然后删除安装程序原文件及其快捷方式。 **实训 1.2.4　管理桌面** 1．打开浏览器、搜索软件 Everything、压缩软件 bandizip。 2．将上述三个软件窗口分别放置在三个不同桌面。 3．在不同桌面之间切换。 **实训 1.2.5　拓展实训：使用 Everything 软件搜索文件** 1．搜索名称中包含关键词“Windows”的文件和文件夹，记下搜索出来的文件和文件夹总数。 2．搜索名称中包含关键词“Microsoft”和“Windows”的文件和文件夹，记下搜索出来的文件和文件夹总数。 3．搜索名称中包含关键词“Windows”，但不包含关键词“Microsoft”的文件和文件夹，记下搜索出来的文件和文件夹总数，对比前三次搜索结果，有什么区别，分析原因。 4．使用通配符，搜索出计算机上所有后缀名为“dat”的文件。 5．研究 Everything 软件的菜单和功能，搜索关键词“Win”，搜索结果只显示文件夹，不显示文件。	

学习与实训回顾

见：

请记下你认为有价值、有启发或容易遗忘的知识点，并注明知识点所在页码以便回顾。

感：

请记下你在学习了本案例并实践之后的收获和感受。

思：

本案例中的知识点可以关联到哪些你已掌握的知识内容（包含其他课程所学）？
你过去碰到的哪些任务、困难，可以用本案例中的知识点去完成、优化、解决？

行：

今后的学习和工作中，哪些情境可以用到本案例所学内容？

案例 1.3 熟练使用鼠标和键盘

知识目标

◎熟悉鼠标按键功能。

◎熟悉键盘布局和各键位功能。

技能目标

◎熟练使用鼠标。

◎用正确的键盘指法快速输入汉字。

◎用鼠标和键盘搭配进行快捷操作。

素质目标

◎认识到熟练的技能技巧需要记忆和持续训练。

◎强化意志品质。

键盘和鼠标是计算机最主要、最基础的输入设备。键盘先于鼠标诞生。因为最初的人机对话依靠的是计算机语言，所有的操作都要通过键盘向计算机发出指令，所以，那时的计算机只有经过专业学习的人才能使用。

1.3.1 鼠标

1. 鼠标的基本结构

常规鼠标前端有左右两个按钮，中间一个滚轮。也有附加其他功能按键的鼠标和造型比较特殊的人体工学鼠标，但日常使用不多。

2. 鼠标的握持方法

手握鼠标，不要太紧，让鼠标的后半部分恰好在掌下，食指和中指分别轻放在左右按键上，拇指和无名指轻轻夹在两侧，如图1-55所示。

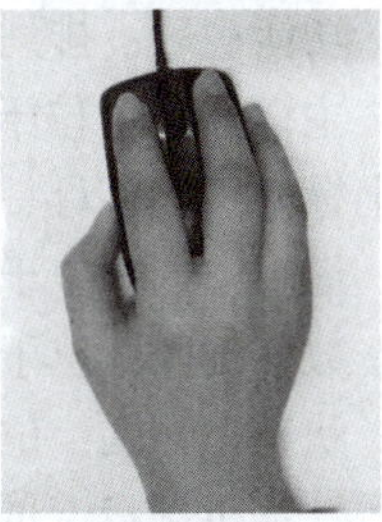

图 1-55 鼠标的握持方法

3. 鼠标的基本操作

1）用鼠标移动光标

在鼠标垫上移动鼠标，显示屏上的光标也在移动。如果鼠标已经移到鼠标垫的边缘，而光标仍没有到达预定的位置，只要拿起鼠标放回鼠标垫中心，再次向预定位置移动鼠标。

2）鼠标的单击动作

用食指快速地按一下鼠标左键，马上松开，称为“单击”。比如单击桌面上“计算机”图标，就选中了它。

用中指点击鼠标右键一次的动作称为“右击”，或者称为“单击右键”。右击动作在通常情况下都会打开一个快捷菜单，提供一些基本的操作链接。比如右击桌面会弹出一个菜单，里面有“刷新”“新建”“属性”等选项。

3）鼠标的双击动作

鼠标指针停留在目标对象上，用食指快速地连续按两下鼠标左键，马上松开，就完成了一次鼠标双击动作。“双击”与两次“单击”是有区别的。一般情况下，两次单击同一对象，与一次单击没有区别，而双击则会打开目标对象。比如双击某个文件夹，就会打开这个文件夹；双击某个音乐文件，就会打开对应播放器，开始播放这个音乐文件。

4）鼠标的拖动动作

移动光标到选定对象，按下左键不要松开，通过移动鼠标将对象移到预定位置，然后松开左键，这样可以将一个对象由一处移动到另一处。

拖动动作有时也会执行一些快捷操作。比如将桌面上的某个文件或文件夹，直接拖动到“回收站”的位置，与回收站图标重叠，就可以删除这个文件或文件夹。

1.3.2 键盘

键盘是用户与计算机进行人机对话的主要工具。通过键盘可以将字母、数字、符号、标点等输入计算机中，从而向计算机发出命令、输入数据等。

1. 键盘分区

早期的键盘多为83键，现在的普通键盘有101键或者104键，更多的有107键。

图1-56所示为104键盘，整个键盘分为5个区。

图 1-56 键盘分区

功能键区：排列在键盘的最上面一行，在不同的系统和软件中，它们的功能各不相同。

主键盘区：位于键盘的左部，共计62个按键，分为字母键、数字键、符号键和控制键，键位上标有英文字母、数字和符号等，是使用频率最高的键盘区域。

编辑键区：位于主键盘区的右侧，由10个键组成，在不同软件中有不同功能。

数字键区：位于键盘的最右边，又称小键盘区，兼有数字键和编辑键的功能。

状态指示区：位于键盘的右上角，由3个指示灯构成。

计算机键盘上的字母键分布，沿用了传统英文打字机的字母布局，显得杂乱无章。要提升打字速度，首先必须熟记键盘上的键位布局，然后再进行大量打字训练，让手指形成运动记忆，做到看到某个字符时，就能不经思索地按下对应键位。

2. 键盘的基本操作

1）各键位基本功能

【Shift】：换档键，用来输入某键上半部分的字符。例如，主键盘区的【1】键的上半部分是“!”，直接敲键位【1】，输入的是数字“1”，如果要输入“!”，则要先按住【Shift】键，再敲一下主键盘区的数字键【1】。

【Caps Lock】：是大小写字母锁定转换键，若原输入的字母是小写（或大写），按一下此键后，再输入的字母则切换为大写（或小写）。

温馨提示　“状态指示区”的第2个指示灯，也就是中间的指示灯，对应着【Caps Lock】键，灯亮时，代表键盘当前是“大写”状态，反之，则是小写状态。在小写状态下，只是偶尔输入大写字母，可以加【Shift】键辅助，反之同理，不必切换【Caps Lock】键。

【Backspace】：退格键，在编辑文档时，每按一下此键，光标从当前位置向左回退一个字符位置并把所经过的字符删除。

【Enter】：回车键，按此键表示一个操作和命令的执行或者结束。文本编辑软件中，按【Enter】键通常用来分段换行。

【Print Screen】：截屏键，利用此键可以将屏幕上的内容整体作为一幅图画复制到剪贴板中。【Print Screen】键在键帽上的标注可能会不同，常见标注有PrtScr、PrtScn、PrtSc（此标注多见于笔记本键盘）、Print Screen。

【Ctrl和Alt】：这是两个功能键，一般不能单独使用，需要和其他键搭配使用才能实现一些特殊功能。如【Alt+PrtScr】是复制处于屏幕中的当前活动窗口，【Ctrl+C】是复制选中的内容。

【Esc】：一般用于退出某一环境或者废除错误操作。

【Pause/Break】：暂停键，用于暂停某项操作，或中断命令、程序的运行，一般和【Ctrl】键配合使用。

编辑区的10个键：【Insert】、【Delete】、【Home】、【End】、【PgDn】、【PgUp】、【↑】、【↓】、【←】、【→】，主要用于在文档编辑时控制光标的移动。其中，【Insert】键主要用于文档编辑软件中插入和改写模式的切换，【Delete】键是删除光标后面的字符。

【Win】：键位上显示为Windows徽标，也称为"徽标键"，可以打开"开始"菜单，它主要用于与其他键组合发挥作用。【Win】键与其他键组合使用时的常用功能见表1-3。

表 1-3 Win 键与其他键组合使用时的功能

组 合 键	组合键功能说明
Win+D	最小化所有程序窗口，再按一次恢复显示打开的窗口
Win+E	打开"资源管理器"窗口
Win+F	打开"搜索"窗口
Win+L	锁定用户
Win+M	最小化所有窗口，不能恢复显示打开的窗口
Win+P	连接投影仪
Win+R	打开"运行"对话框
Win+U	打开"轻松访问中心"窗口
Win+Tab	切换窗口
Win+=	启动"放大镜"程序，再次按【Win++】放大，按【Win+-】缩小

2）输入法切换

输入法的切换主要包括：中英文的切换、输入法之间的切换和大小写切换。

【Ctrl+Space】：在中、英文输入法之间切换。

【Ctrl+Shift】：在各种输入法之间按顺序轮流转换。

也可以通过输入法提示条直接切换。以搜狗拼音输入法为例，具体切换方法如图1-57所示。

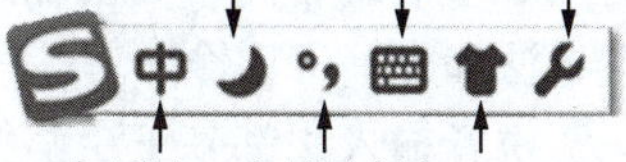

图 1-57 搜狗拼音输入法提示条

温馨提示 中文标点是全角符号，每个标点占用一个汉字的宽度；英文标点是半角符号，每个标点占用半个汉字的宽度。

3. 主键盘区指法

指法是指双手在计算机键盘上的手指分工。指法正确与否、击键频率快慢，都直接影响信息录入速度。

正确规范的指法，是将左、右手的十个手指头全部利用起来，科学地分配各个指头所负责的击键区域。正确的指法，有助于快速记住键盘键位，提高信息录入的正确率和速度。主键盘区指法如图1-58所示。

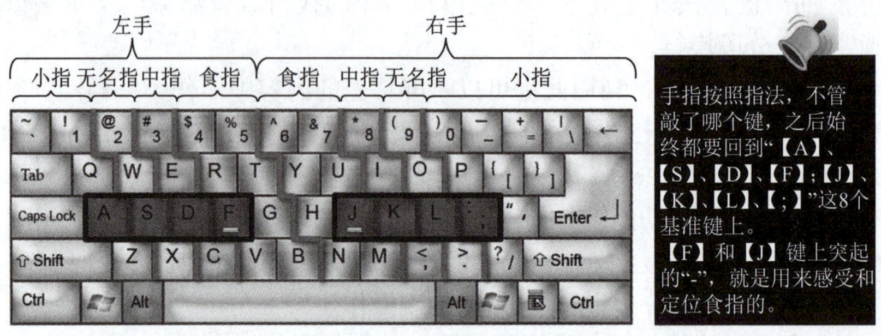

图 1-58　主键盘区指法

在主键盘的中间有两个字母【F】和【J】，这两个按键上各有一个突起的小横杠，分别是左手食指和右手食指的控制范围。当2个食指放到这两个键上的时候，左手的小指、无名指、中指和食指依次是自然地放在【A】、【S】、【D】、【F】键上，右手的食指、中指、无名指和小指依次自然地放在【J】、【K】、【L】、【;】键上，这8个键称为基准键，【F】和【J】键就是基准键的标准点，通过感觉上面突起的小横杠可以定位手指，而不需要用眼睛时刻在键盘、屏幕和文稿之间切换。

每个手指在敲完所负责键盘区域的其他按键后，都要立刻回到对应的基准键，以便下次快捷、准确击键。正确使用八个基准键，是练习键盘指法的基础，也是实现“盲打”的第一步——盲打，眼睛只看文稿和屏幕，不看键盘。

要提高键盘输入速度，必须坚持用正确地指法练习，尤其是不灵活的无名指和小指。可以借助专门的打字练习软件进行指法练习，比如“金山打字通”。刚开始练习时，先不要求快，没有正确率，再快也是枉然，要在保证正确率的情况下，慢慢提高打字速度。

有些人认为汉字输入很难，因为英文只有26个字母，而汉字却多不胜数。这其实是一种心理障碍。初学者可以先反复练习输入同一篇文章，熟练掌握这篇文章的输入后，基本上也就克服了这种心理障碍。其实，常用汉字也就三四千字，绝大多数现代文都是由这些常用汉字组合而成，如果突击强化，勤加练习，不需要多长时间就能熟练掌握这些常用汉字的输入指法。

4．输入法的选择

常用汉字输入法主要有基于汉语拼音编码的输入法，基于汉字形体编码的输入法，以及将音码和形码结合的形声码输入法，此外还有手写输入法和语音输入法。其中使用最多的是拼音输入法和五笔字型输入法。

拼音输入法都基于汉语拼音进行输入，优点是上手快，简单易用，缺点是输入每个汉字需要按的键太多，重码率高。

五笔字型输入法由王永民先生发明，他将每个汉字拆分为1～4个编码来输入，首次将汉字与26个英文字母按键以极低的重码率实现了对接，提高了汉字输入效率。

由于使用五笔字型输入法需要先记忆“汉字字根”，学习用字根对汉字进行编码，导致输入法学习难度增加。但从输入效率来说，同样一篇文章，使用五笔字型输入法所需要敲击的键要大大少于拼音输入法，也就是说，在同样的击键速度下，五笔字型输入法的输入速度要快于拼音输入法。因此，平时汉字输入工作量较多的人，还是应该专门学习五笔字型输入法。

以拼音输入法和五笔字型输入法为基础，市场上又开发出了很多“新的”输入法，如搜狗拼音输入法、百度拼音输入法、极点五笔输入法、万能五笔输入法等，这些输入法之间大同小异，具体选择哪种输入法，完全取决于个人输入习惯和喜好。

不管使用哪种输入法，都需要在熟练掌握英文指法的前提下对汉字输入法进行集中强化训练，以提高汉字输入效率。

1.3.3 双手配合与键鼠搭配

在武侠小说《神雕侠侣》中，老顽童周伯通发明了一套新奇的武功，叫作“左右互搏术”，简单来说，就是一心二用，一个人当两个人用，一只手打一套招式，两只手互为配合、补充。

如果能熟练地利用左右手同时协调地操作键盘、鼠标，也相当于掌握了“左右互搏术”。

1. 键盘的双手配合操作

主键盘的指法图详细规定了每个手指的击键范围，不能越线。

如果要输入主键盘区的【2】键上的“@”符号，该怎么使用手指呢？在输入英文单词的第1个大写字母，如单词“You”的“Y”时，又该如何快捷输入呢？这个时候，就要用到“左右互搏术”了。

输入“@”：右手小指按住【Shift】，左手无名指敲一下主键盘区的【2】键，敲完后两根手指回到基准键。

输入“Y”：键盘小写状态下，左手小指按住【Shift】，左手无名指按一下主键盘区的【Y】键，敲完后，两根手指自然松开，回到基准键。

2. 键盘与鼠标搭配操作

鼠标和键盘的配合使用，可以大幅提高操作效率。

比如在PowerPoint中绘制一组水平方向上相同大小的正圆形，就需要键、鼠搭配操作：

右手持鼠标选中“椭圆形”绘制工具，左手按下【Shift】键不放，同时右手持鼠标，按住鼠标左键向右下角拖动鼠标，绘制图形；绘制完成后，先松开右手鼠标左键，再松开左手【Shift】键，可以看到绘制出了一个正圆形；左手按下【Ctrl+Shift+Alt】组合键，将鼠标移动到刚才绘制的正圆形上，按住鼠标左键，沿水平方向拖动，会看到，在拖动的过程当中，水平方向上复制出了一个同样大小的圆形，且位置可细微控制。【Ctrl+Shift+Alt】组合键指法如图1-59所示。

图1-59 【Ctrl+Shift+Alt】组合键指法

温馨提示 如果只按住【Shift】、【Ctrl】、【Alt】中的一个键，拖动复制时，跟同时按住三个键有什么不同？同时按住其中任意两个键，拖动复制时，有什么不同？

案例小结

键盘鼠标的配合使用，键盘指法，尤其是文字输入速度和精度的提高，需要自己花时间练习，这个过程谁也代替不了。就好比武侠小说中天下无敌的大侠，如何能有“一览众山小”“独孤求败”的豪情，一种是碰到一段奇遇，还有一种是耐住寂寞、闭关修炼。现实社会里，是不可能突然碰到某个隐世高人，倾自己一身绝学相授的，只有第二种可能，耐得住寂寞，勤学苦练，让自己“修炼”成为高手。学习、工作、人生成长，莫不如此。

笔记栏

实训 1.3 我是键鼠达人

实训项目	实训记录
实训 1.3.1 画图 打开“画图”程序，利用鼠标和键盘尝试绘制： （1）一幅风景画； （2）一幅动物图画。	
实训 1.3.2 文字录入 在 Windows 附件的“记事本”程序中，录入一份个人简介，字数 200 字。	
实训 1.3.3 打字练习 在“金山打字通”中进行文字录入练习，要求最低能达到每分钟 50 个汉字的录入速度(键盘指法正确，输入法不限)。	

学习与实训回顾

见：

请记下你认为有价值、有启发或容易遗忘的知识点，并注明知识点所在页码以便回顾。

感：

请记下你在学习了本案例并实践之后的收获和感受。

思：

本案例中的知识点可以关联到哪些你已掌握的知识内容（包含其他课程所学）？
你过去碰到的哪些任务、困难，可以用本案例中的知识点去完成、优化、解决？

行：

今后的学习和工作中，哪些情境可以用到本案例所学内容？

案例 1.4 畅游网络

知识目标

◎了解网络基础知识。

◎了解常见网络应用。

◎理解电子邮件相对于其他沟通方式的优势。

技能目标

◎利用各类网络学习平台、工具进行自主学习。

◎使用高级搜索语法精准搜索信息。

◎收发邮件、使用邮件客户端。

素质目标

◎认识到网络的正面意义和负面影响。

◎认识到网络非法外之地，强化法律意识，预防网络暴力。

◎认识到网络信息和社会舆论的复杂性，避免陷入“信息茧房”。

网络是信息传播的物理载体。随着计算机网络，尤其是移动互联网的普及，互联网已经成为人们获取信息、交换信息、消费信息的主要方式。善用网络，即乐于借助网络，善于利用网络，基于良善的目的使用网络，这是数字时代人的基础素质。

1.4.1 计算机网络

在计算机领域，凡是将地理位不同，具有独立功能的多个计算机系统通过通信设备和线路连接起来，并且以功能完善的网络软件（网络协议、网络管理软件及网络操作系统等）实现网络资源共享和信息传递的系统，称为计算机网络。从这个定义可以看出，计算机网络的主要作用是“资源共享”和“信息传递”。

计算机网络的分类标准很多，通常会按连接方式分为有线网络和无线网络，按网络覆盖范围分为局域网、城域网、广域网，不过，这种分类方法并没有严格的数据标准来区分范围的大小，只是一个定性的概念。我们日常使用最多的是局域网。

局域网（local area network，LAN）是最常见、应用最广的网络。它覆盖区域最小，可以是一个单位、一个小区、一栋楼，也可以是一个家庭、一个房间（办公室）；连接的计算机少的可以就两台，多的可以是几百台、上千台；计算机之间的地理距离可以是几米至10 km以内。

互联网（internet，首字母小写）泛指由计算机网络（包括局域网、城域网、广域网等）组成的大型网络，可以称之为“网络互联”或者“互联网络”。Internet（首字母大写）是一个专有名词，特指由TCP/IP协议构建的国际互联网络，是目前全球最大的计算机网络，通常音译为“因特网”。Internet是internet的一种，但在汉语日常使用中，我们对“因特网”和“互联网”并不进行区分。

随着网络技术（包括物联网技术）的发展、高速无线网络的普及，以网络为基础的信息空间与人类社会、物理世界构成了当今世界的三元。

互联网在实际应用中有很多种模式，有学者将这些应用模式分为电子政务应用模式、电子商务应用模式、网络信息获取应用模式、网络交流互动应用模式、网络娱乐应用模式。这种早期的应用模式划分，已经被突飞猛进的互联网应用创新所突破，各种应用模式正在快速融合。比如手机应用软件（App）抖音，它多数时候被归为娱乐应用，但它的直播功能和留言互动功能具有明显的社交属性，它也是一种重要的信息媒体，被用户用于获取包括新闻在内的各种信息，如今它又掀起了直播电商的高潮。

下面举例介绍几种常用的网络应用模式。

1.4.2 网络学习

按照上面的网络应用模式分类，网络学习属于网络信息获取应用模式。党的二十大报告强调："推进教育数字化，建设全民终身学习的学习型社会、学习型大国。"我国"教育信息化2.0行动计划"将学习型社会建设目标明确为："构建网络化、数字化、智能化、个性化、终身化的教育体系，建设人人皆学、处处能学、时时可学的学习型社会。"

1. 在线课程

在线课程还没有统一的定义。目前被认可的在线课程大致可以分为三类：

一是以传统线下课程为基础开发的有结构、有序列的学习资源的集合，优点是学习者可以泛在学习（随时随地自主学习）、碎片化学习，缺点是学习者缺少指导、学习过程缺乏监督，比如资源共享课、视频公开课、音频公开课。

二是以网络教学平台为载体和工具辅助实施教学（混合式教学）的课程，既能支持泛在学习，也能克服网络自主学习缺少指导、缺乏监督的弊端，是目前高校重点推进的在线课程类型，比如大规模在线开放课程、小规模专有在线课程。

三是以网络为媒介实时开展教学的课程，优点是可以大规模远程授课，支持实时互动，最接近线下教学，缺点是学习者无法自主决定学习时间，对学生的学习状态不便监督，比如直播课程。

资源共享课是将传统线下课程配套的教学资源，针对网络自主学习的特点进行优化设计后，通过网络平台共享给学生和社会学习者学习。资源的类型包括课程介绍、教学大纲、教学日历、教案或演示文稿、重点难点指导、作业、参考资料目录和课程全程教学录像等反映教学活动必需的基本资源；也包括应用于各教学与学习环节，支持课程教学和学习过程的拓展资源，例如案例库、专题讲座库、素材资源库。资源共享课适用于自主学习，也可以用于常规课程开展混合式教学。

视频公开课是将完整的教师教学视频（讲座视频）通过网络平台共享给学生和社会公众学习。视频公开课强调的是教师教学过程和教学内容的完整性，突出的是教师对学习内容的阐释、演示，可以充分展示教师的个性和教学风格，并不强调资源的丰富性。社会开放平台也有很多视频公开课，比如学习强国、哔哩哔哩、抖音。

音频公开课是将教师讲授教学内容的音频通过网络平台共享给学生和社会公众学习。由于音频只需要使用听觉，所以对学习时间、学习条件、学习环境的要求更自由，学习者的自主性可以更充分地体现。当然，音频公开课显然不适合技能技巧类课程，完全单向的知识传输即使对于知识讲授型的课程，其学习效果也会大打折扣。音频公开课主要通过广播、音乐平台传播，比如云听（中央广播电视总台）、学习强国、蜻蜓、喜马拉雅、荔枝、酷我等。

大规模在线开放课程，即慕课（massive open online courses，MOOC）。在我国，慕课是过去资源共享课的升级，它不只是强调在线资源的系统性、完整性、丰富性，也要求教师按照学校的教学计划和要求为学习者提供在线测验、作业、考试、答疑、讨论等教学活动。我国的慕课发展迅速，截至2022年11月，慕课数量达到6.2万门，注册用户4.02亿，学习人次9.79亿，慕课数量和学习人数均为世界第一。国家智慧教育公共服务平台（www.smartedu.cn）是目前我国最大的在线课程平台。图1-60所示为本教材对应的在线课程视频资源页面。

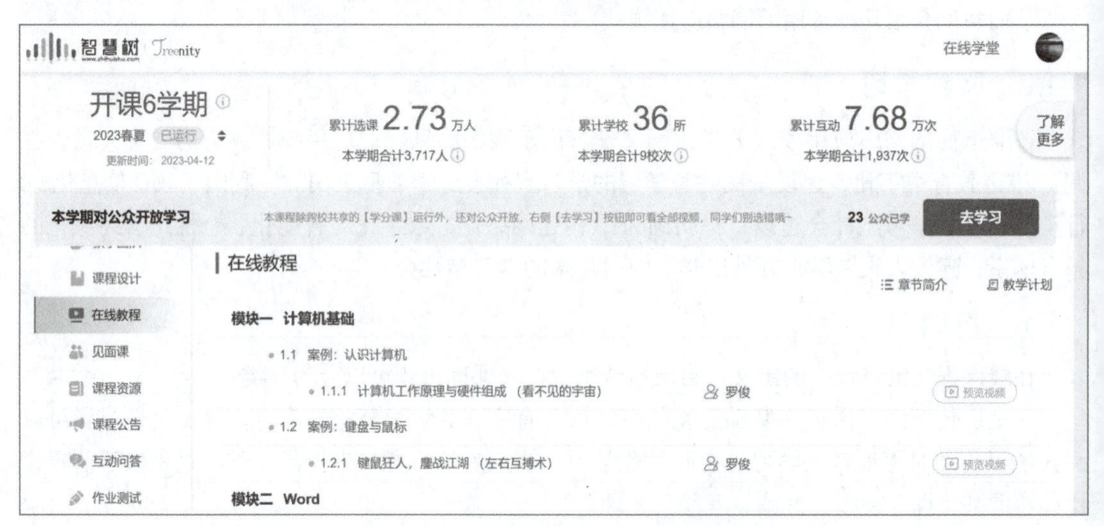

图 1-60　本教材对应的在线课程视频资源页面

小规模专有在线课程，即SPOC（small private online course）。从字面意义上可以看出SPOC与MOOC的区别：人数更少，对象更窄，通常只是面向单个学校、单个专业，甚至单个班开设。SPOC普遍是基于教学活动的课程，通常用于线下线上的混合式教学。SPOC也是翻转课堂式教学模式的必要条件，学生在课前或课外利用在线资源自主学习，教师在课堂上不讲授或少讲授知识，而是利用课堂时间与学生互动答疑，引导学生合作探究，这相当于将传统的课堂活动与课外活动翻转了过来。

直播课程是教师直接面向学习者在线实时授课，其优点是可以大规模、跨区域组织实时课堂教学，不限制学习环境；不足是师生互动受限，学习者只能在规定时间被动接受教学。

2. 主题学习

这里所说的主题学习是指学习者针对某一课题，以问题为导向，自定目标、自选内容、自主学习研究，寻找可能的答案和佐证材料。主题学习的材料可以是教材、图书、在线课程，但其内容含量太大，适用于基础学习，不适合以问题为导向的主题学习；也可以是通过搜索引擎检索到的一切网络资料，但资料的质量良莠不齐。要进行高质量的主题学习，优先推荐期刊文献资料和专业的知识分享内容。

期刊文献资源可以通过学术资源平台（数据库）进行检索。常用的学术资源平台有中国知网、百度学术、万方数据等，但它们提供的都是收费服务。其中中国知网是目前中国文献数据最全面的网上数字资源库，很多高校购买知网资源后向校内用户开放，如图1-61所示。网上也有不少提供免费服务的学术网站。其中国家哲学社会科学文献中心是由中国社会科学院牵头承建的公益工程，免费向公众提供学术资源。

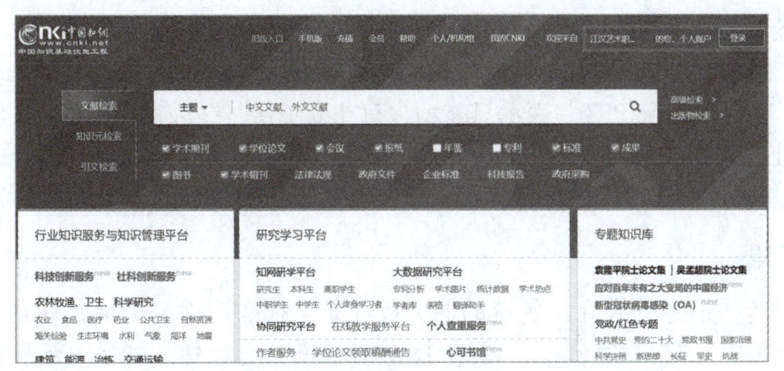

图 1-61　中国知网首页自动显示用户所属学校

1.4.3　信息获取与发布

随着网络应用的不断丰富，Internet每天产生的信息都在以指数级增长。如何从浩如烟海的信息中找到自己所需要的信息，如何甄别这些信息，如何利用合适的渠道发布自己的信息，是数字时代每个人都需要具备的基本技能。

1. 信息搜索

搜索引擎是我们几乎每天都要用到的网络功能。根据百度百科的定义，所谓搜索引擎，是指根据一定的策略、运用特定的计算机程序从互联网上采集信息，在对信息进行组织和处理后，为用户提供检索服务，将检索的相关信息展示给用户的系统。

目前使用最多的搜索引擎都是利用关键字来检索网页，在分析不同网页的重要性之后，将重要的结果反馈给用户。

要通过搜索引擎最快速地找到自己想要的内容，不能只是简单地直接在搜索引擎对话框里输入关键字，必须使用搜索引擎的高级搜索功能。如图1-62所示的百度高级搜索页面，这里提供了更多的搜索选项，用于输入更多关键字、排除关键字，以及限定网页时间、网页语言、网页格式、关键词位置、搜索范围。

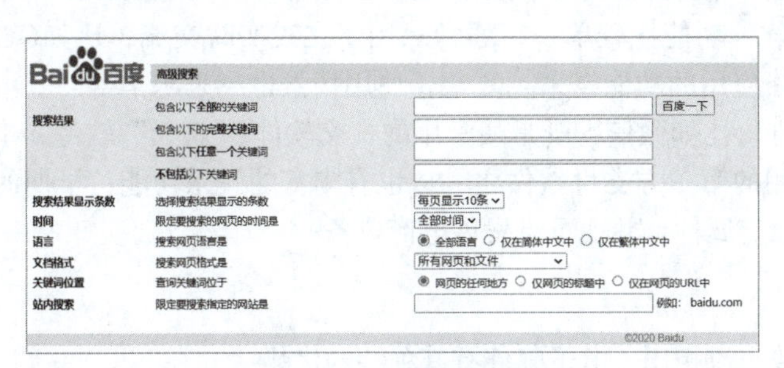

图 1-62　百度的高级搜索页面

也可以使用高级搜索语法（很多语法与Everything搜索语法相同或相近），直接在百度搜索对话框中表达清楚自己的搜索要求。常用高级搜索语法有：

强制包含多个关键词：+关键词A+关键词B+关键词C，如“+笔记本+独显+轻薄”表示搜索同时包含这三个关键词的网页。

排除关键词：关键词A（空格）-关键词B，如“武侠小说 -梁羽生”表示搜索“武侠小说”，但不显示包含“梁羽生”的网页。

包含任一关键词：关键词A（空格）|（空格）关键词B，如“Mooc | Spoc”表示搜索含有

“Mooc”或“Spoc”的网页（在Everything中，“|”的前后都不需要空格）。

搜索指定文档格式：关键词filetype:（指定格式后缀名），注意关键词和filetype之间不能有空格，如“猴子捞月filetype:PPT”表示只显示含有“猴子捞月”关键词的PPT文件。

在指定网址搜索：关键词（空格）site:（网址），比如“site:wenku.baidu.com 坐井观天 filetype:ppt”，是在百度文库网站中搜索包含“坐井观天”关键词的ppt文件。

2. 网络媒体

媒体通常是传播信息的媒介。传统的四大媒体是电视、广播、报纸、期刊（杂志）。各种宣传单、广告牌（广告位）、宣传栏、宣传展示电子屏等也是媒体。网络的普及对传统媒体冲击很大，与传统媒体相比，网络媒体具有传播范围广、保留时间长、信息量大、开放性强、交互性强、成本低、效率高、感官刺激更强更全面等特点。

互联网对传统媒体更大的冲击是自媒体的兴起。网络普及以前，个人很难向外传递自己的信息，只能借助传统媒体。网络让每个人都拥有了对外“发声”的渠道，这种渠道称为自媒体。自媒体（we media）是指普通大众通过网络等途径向外发布他们本身的事实和新闻的传播方式，具有平民化、个性化、碎片化、交互性、多媒体等特点。

社交平台提供的信息发布服务，让每个人都可以拥有自己的自媒体。比如微博、微信朋友圈和公众号、QQ空间等。以抖音为代表的视频自媒体兴起后，自媒体的用户群体进一步扩大。

自媒体的兴起，让网络信息变得更为复杂，信息的科学性、真实性判断变得更为困难。作为信息接收者，一方面，要学会倾听不同的意见，不偏信、不偏执，避免自己陷入“信息茧房”；另一方面，不要急于针对热点事件表达倾向性明显的意见，避免事件“反转”让自己陷入被动，更为避免成为网络暴力的受害者。作为信息发布者，要遵守国家法律法规，遵循社会公序良俗，要提前预判自己发布信息后可能产生的正反两方面影响，扩大积极影响，避免负面影响。

1.4.4 交流沟通

1. 社交软件

社交软件是用于网络交际往来、交流沟通的应用软件，是人们日常生活中使用最多的应用软件。传统的社交软件功能比较单一，通常只用于在线实时交流，比如QQ。随着技术的发展和商业化目的，网络应用的功能越来越复杂，使用场景也越来越丰富，基本上不存在单纯用于在线交流的应用软件。比如微信，既是最常用的社交软件、“聊天”软件，也是重要的自媒体平台，还是国内最常用的第三方支付软件之一，也有丰富的娱乐功能；早期的抖音偏重娱乐性，现在也具有强烈的社交属性，并在重点发展电商业务。

2. 电子邮件

与社交软件直接交流相比，电子邮件有其独特的优势：

（1）邮件存储功能强大，可以长时间保存，不因使用设备的变换而消失，但社交软件的聊天记录难以保存。

（2）电子邮件更安全，可以使用多重加密技术，社交软件则存在更多泄密风险。

（3）电子邮件有清晰的主题，可以像撰写文章一样严谨地表达完整的思想，社交软件通常用于短信息交流。

（4）电子邮件可以附带多个附件，可以长时间保存在服务器，便于查询，而社交软件在线发送的文件散乱，容易漏收，不便回溯查找。

（5）电子邮件是异步通信，让双方都有缓冲思考的时间，可以自行选择邮件处理、回复时间，社交软件则是实时沟通，容易给人以紧迫的压力，在不方便的时间收到信息，会干扰正常休息，扰乱预定的工作安排。

（6）电子邮件收件、回复，可以看到双方就同一主题的往来意见，不会被其他消息所干扰，沟通过程清晰，但社交软件的聊天窗口会插入其他消息，同一主题的沟通内容会被打散，双方沟通过程不清晰。

（7）电子邮件便于团队协作，可以通过发送、抄送、密送、转发、群发单显等多种方式发送邮件，便于安排任务、明确权责，而社交软件的群聊功能可能因为信息庞杂、消息覆盖导致关键信息失焦。

（8）电子邮件通常使用专用设备（工作计算机）处理，垃圾信息较少，已读、未读标注清晰，不会遗漏重要信息，但社交软件通常在多个设备上登录，消息种类繁杂，容易错过或遗忘重要消息。

基于上述原因，注册电子邮箱、使用电子邮件仍然是必要的，例如，与老师沟通论文写作、上交作业、群发重要文件、与业务单位交流重要工作意见，等等。

电子邮箱通常都是免费服务。常用社交软件QQ自带邮件服务，可以使用QQ号直接注册邮箱，QQ也会实时显示新邮件提醒。如果不希望邮件透露自己的QQ号，可以为自己的邮箱设置新的账号名，如图1-63所示。

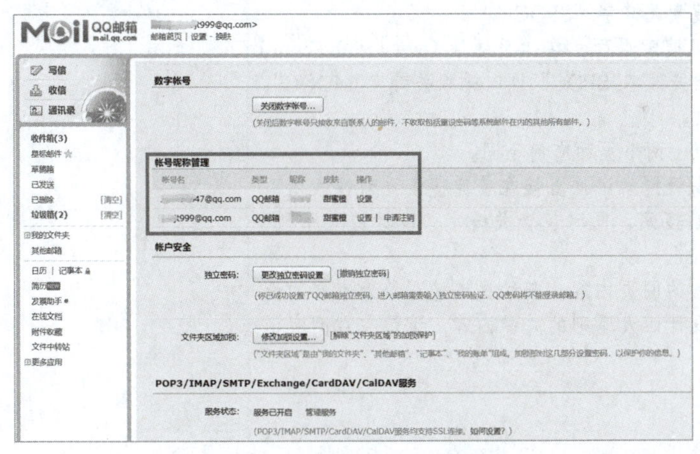

图 1-63　QQ 邮箱的账号设置

为了及时收取邮件，更加便捷地处理邮件，推荐使用邮件客户端，计算机端、手机端都有相应软件，比如Foxmail、网易邮箱大师等，这样就不用每次使用浏览器登录邮箱了。

案例小结

网络改变了人类的生产、生活方式，让一切都变得前所未有的便利，但与之伴随的问题也前所未有。要善用网络，必须不断提升网络应用能力和对信息的判断力，增强意志力以克制被网络放大的负面欲望，但根本还是要提高自己的思想道德修养。

笔记栏

实训 1.4 我是网络高手

实训项目	实训记录
实训 1.4.1 选修在线课程 1．登录智慧树网站，注册账号。 2．搜索本书对应在线课程（计算机应用基础），申请选修此课程。 3．根据教师教学进度学习相应案例内容，或者对照本书自主学习线上教学资源。 **实训 1.4.2 高级搜索** 1．使用百度搜索关键字“SPOC”。 2．在百度高级搜索页面，在知乎网站（www.zhihu.com）的网页标题中搜索关键字“SPOC”，同时排除关键字“MOOC”，显示一年内的网页。 3．对比分析以上两个页面有何不同。 4．使用百度高级搜索语法直接在普通搜索页面搜索以下信息：在知乎网站搜索，同时包含关键字“设计四大原则”和“Robin Williams”。 5．分析搜索到的网页内容，归纳提炼《写给大家看的设计书》中的版面设计四大原则的关键内容，记录在右侧实训记录中。 **实训 1.4.3 收发电子邮件** 1．与同桌同学交换电子邮箱账号，如果没有，请先注册一个免费电子邮箱，将同学的电子邮箱账号保存到邮箱的地址簿。 2．将自己提炼的关于版面设计四大原则的关键内容作为电子邮件正文发送给同学。 3．回复同学的电子邮件，简要评价同学提炼的内容。 4．在手机或计算机上下载、安装一个邮件客户端软件，对应自己的邮箱设置客户端账户，使用客户端收取邮件，尝试给同学或自己发送一封邮件。	

学习与实训回顾

见：

请记下你认为有价值、有启发或容易遗忘的知识点，并注明知识点所在页码以便回顾。

感：

请记下你在学习了本案例并实践之后的收获和感受。

思：

本案例中的知识点可以关联到哪些你已掌握的知识内容（包含其他课程所学）？

你过去碰到的哪些任务、困难，可以用本案例中的知识点去完成、优化、解决？

行：

今后的学习和工作中，哪些情境可以用到本案例所学内容？

案例 1.5 信息安全与数字素养

知识目标

◎掌握信息安全的定义、目标、防护策略。
◎了解常见电信网络诈骗形式。
◎理解数字时代与信息时代的区别。
◎了解数字素养框架。

技能目标

◎针对不同工作情境和网络环境制订信息安全防护策略。
◎列举常见电信网络诈骗的防范方法。

素质目标

◎强化总体国家安全观。
◎了解信息安全现状，强化保密意识、信息安全意识、社会责任意识。
◎强化自我保护意识，防范电信网络诈骗、信息泄露、病毒攻击。
◎认识到数字素养的意义，愿意主动提升数字素养。

随着信息技术的飞速发展，区别于传统安全的网络安全问题、信息时代的个人信息素养和所承担的社会责任等问题越来越受到广泛关注和重视。

1.5.1 信息安全

1. 信息安全的定义

信息安全是指信息产生、制作、传播、收集、处理、选取等信息使用过程中的信息资源安全。

信息安全与网络安全、数据安全紧密联系，又各有侧重。

根据《中华人民共和国数据安全法》，数据是指任何以电子或者其他方式对信息的记录。数据安全是指通过采取必要措施，确保数据处于有效保护和合法利用的状态，以及具备保障持续安全状态的能力。

根据《中华人民共和国网络安全法》，网络是指由计算机或者其他信息终端及相关设备组成的按照一定的规则和程序对信息进行收集、存储、传输、交换、处理的系统；网络安全是指通过采取必要措施，防范对网络的攻击、侵入、干扰、破坏和非法使用以及意外事故，使网络处于稳定可靠运行的状态，以及保障网络数据的完整性、保密性、可用性的能力。网络安全属于国家安全的一个重要方面，它包含网络设施设备安全、网络系统和软件安全、网络数据（网络信息）安全等内容。其中，数据安全是网络安全最重要的内涵。习惯上，我们通常使用“信息安全”这一概念。

信息安全技术的安全目标，包括保密性、完整性、可用性、可控性和不可否认性等五个核心目标。

（1）保密性，是指阻止非授权的主体阅读信息。传统纸质文档信息，只需要让纸质文件不被非授权者接触即可。但在信息时代，病毒、设备的安全漏洞、设备失窃、无意发布、恶意窃取等都可能造成信息泄露，这不仅需要信息持有人提升安全意识，也要从技术上做好万全防备。

（2）完整性，是指防止信息被未经授权的篡改，保持信息真实性。

（3）可用性，是指授权主体在需要信息时能及时得到安全可靠的信息服务。也就是说，信息安全并不是一味地将所有信息加密隔绝，还要保持信息及时可用。

（4）可控性，是指对信息和信息系统实施安全监控管理，防止非法利用信息和信息系统。

（5）不可否认性，是指在网络环境中，信息交换的双方不能否认其在交换过程中发送信息或接收信息的行为。也就是明确信息传递各方的责任，保证信息传递过程可控、可追溯。

保密性、完整性聚焦的是信息本身的安全，可用性关注的是信息的使用，可控性强调的是设备和系统的安全，不可否认性关注的是信息的传递过程。

2．信息安全法律法规

我国已建立相对完善的信息安全法律法规体系，随着时代和信息技术的发展，目前还在不断完善中。

《中华人民共和国国家安全法》，2015年7月1日通过并施行。《中华人民共和国国家安全法》率先提出要实现网络和信息核心技术、关键基础设施和重要领域信息系统及数据的安全可控。

《中华人民共和国网络安全法》，2017年6月1日起施行。网络空间已成为一个国家陆、海、空、天四个自然空间疆域之外的第五疆域，网络空间也需要体现国家主权，不能游离于法律监管之外，更不能被外国势力所控制。保障网络安全就是保障国家主权。《中华人民共和国网络安全法》明确规定要维护我国网络空间主权，是我国第一部全面规范网络空间安全管理方面问题的基础性法律，是我国网络空间法治建设的重要里程碑。

《中华人民共和国数据安全法》，2021年9月1日起施行。数据是国家基础性战略资源，没有数据安全就没有国家安全。该法律将所有信息数据都纳入了法律保护范围，它的颁布实施，标志着数据作为一种新型的、独立的保护对象获得立法认可，也为数据向生产要素转化奠定了法律基础。

《中华人民共和国个人信息保护法》，2021年11月1日起施行。法律明确，“个人信息”是以电子或者其他方式记录的与已识别或者可识别的自然人有关的各种信息，不包括匿名化处理后的信息；“个人信息的处理”包括个人信息的收集、存储、使用、加工、传输、提供、公开、删除等。信息时代，个人信息被随意采集和非法利用已经为人们所深恶痛绝，个人信息保护已经成为广大人民群众最关心、最直接、最现实的利益问题之一。该法律既保障个人信息权益乃至宪法性权利，也为推进数字社会治理与数字经济发展奠定了基础。

《中华人民共和国反电信网络诈骗法》，2022年12月1日起施行。法律明确，“电信网络诈骗”是指以非法占有为目的，利用电信网络技术手段，通过远程、非接触等方式，诈骗公私财物的行为。法律规定，任何单位和个人不得为他人实施电信网络诈骗活动提供下列支持或者帮助：（一）出售、提供个人信息；（二）帮助他人通过虚拟货币交易等方式洗钱；（三）其他为电信网络诈骗活动提供支持或者帮助的行为。履行个人信息保护职责的部门、单位对可能被电信网络诈骗利用的物流信息、交易信息、贷款信息、医疗信息、婚介信息等实施重点保护。任何单位和个人不得非法买卖、出租、出借电话卡、物联网卡、电信线路、短信端口、银行账户、支付账户、互联网账号等，不得提供实名核验帮助；不得假冒他人身份或者虚构代理关系开立上述卡、账户、账号等。

3．信息安全防护策略

（1）提升安全防范意识。比如设置尽可能复杂的密码、避免不同平台不同账号使用相同密码、不以明文形式记录账号密码，不将账号、密码、验证码等信息透露给不明对象，不点击不明网址，不下载不明软件，不在服务器、重要业务用计算机、档案管理计算机、涉密计算机等专用计算机上处理日常工作、聊天、浏览网站、安装其他软件、插入移动设备，不使用带联网同步功能的软件查阅、编辑、保存重要信息，不在计算机上插入、查阅来历不明的移动存储介质，安装并及时更新防病毒软件，等等。

（2）提高警觉，谨防电信诈骗。五类高发的电信网络诈骗形式：刷单返利诈骗，以蝇头小利为诱饵，发案率最高；虚假投资理财诈骗，妄想一夜暴富，最终都会受骗，是损失金额最大的电信网络诈骗形式；虚假网络贷款诈骗，“无抵押、无资质要求、低利率、放款快”的网贷都是诈骗；冒充客服诈骗，接到自称电商、物流客服电话，务必到官方平台核实；冒充公检法诈骗，切记没有电话办案和网络办案、没有“安全账户”。此外，代办信用卡诈骗、发布商品链接再引诱私下交易诈骗、冒充熟人诈骗、引诱“裸聊”然后截图诈骗等，也是常见诈骗形式。现在又出现了以AI换脸、换声方式的新诈骗形式。

（3）改善硬件条件和环境。要及时检查、更新、升级硬件设备，提高抗自然损坏的能力；及时升级硬件驱动程序和软件系统，堵住各种系统漏洞。要改善硬件所在环境，避免灰尘、不当的温度湿度影响硬件寿命。

（4）安装防火墙和杀毒软件。安装防火墙可以自动分析网络安全性，精准控制网络访问权限，拦截非授权访问和恶意入侵，过滤不法信息，提升系统风险抵御能力。杀毒软件则可以检查系统中存在的病毒并处理，拦截病毒进入计算机系统。

（5）采用数据加密技术。指使用专门软件对重要数据进行加密操作，可以用于保密通信、防止复制、账号密码加密等。

（6）精准授权。以满足工作需要为前提，针对不同用户类别或用户个体给予适当的授权，尤其要严格控制保密信息、敏感信息的知情范围。授权要遵循最小化原则，也就是让用户仅仅“知所必须”“用所必须”，非必须不授权。

（7）安全隔离。对涉及保密信息和敏感信息的系统和数据，应采取技术手段将其与普通用户隔离，必要时可以实行物理隔离，比如单机运行或组建隔绝互联网的内部局域网。

（8）完善制度，明确责任，加强培训。按照《中华人民共和国网络安全法》《中华人民共和国数据安全法》规定，制定内部安全管理制度和操作规程，确定网络安全负责人，落实网络安全保护责任；建立健全全流程数据安全管理制度，组织开展数据安全教育培训。

4. 自主可控是信息安全的前提

由于技术的保密性，研发技术人员之外的人很难完全控制一台设备、一套系统、一款软件的安全性。要从根源上确保信息安全，必须确保整个网络系统的自主可控。选购一般产品、技术、服务时，人们通常考虑的是其性价比；但选择信息关键核心设备、技术、服务时，必须首先考察是否自主可控。不能自主可控就意味着产品可能存在恶意“后门”、漏洞、缺陷，并且难以得到有效修补，从而具有了“他控性”。

从国家安全的角度，要认识到，关键核心技术要不来、买不来、讨不来，我们必须努力实现关键核心技术自主可控，把创新主动权、发展主动权牢牢掌握在自己手中。

1.5.2 数字素养

1. 信息素养

信息素养迄今没有公认的权威解释和内涵界定。

信息素养（information literacy）最初的概念主要与图书检索技术相关，指提高公众对信息重要性的认识、利用信息解决问题的能力。随着信息技术的发展，这一概念逐步转换为如何综合利用包括信息技术手段在内的技术手段，去获取传统信息和电子信息、网络信息，借助丰富的信息资源去解决问题。联合国教科文组织就将信息素养定义为一种能够确定、查找、评估、组织信息，有效生产、使用和交流信息，并解决面临的问题的能力。

教育部2018年4月印发的《教育信息化2.0行动计划》指出，要推动从提升师生信息技术应用能力向全面提升其信息素养转变。并且具体指出，“加强学生课内外一体化的信息技术知识、技能、应用能力以及信息意识、信息伦理等方面的培育”。也就是说，信息素养包括信息技术知识、技能、应用能力以及信息意识、信息伦理等具体内涵。

《高等职业教育专科信息技术课程标准（2021年版）》提出了信息技术课程的学科核心素养，包括四个方面内容：

信息意识：能主动地寻求恰当的方式捕获、提取和分析信息，自觉地充分利用信息解决生活、学习和工作中的实际问题。

计算思维：能采用智能化工具可以处理的方式界定问题、抽象特征、建立模型、组织数据，能综合利用各种信息资源、科学方法和信息技术工具解决问题。

数字化创新与发展：能将信息技术与所学专业相融合，通过创新思维、具体实践解决问题，开展自主学习，形成可持续发展能力。

信息社会责任：指在信息社会中，个体在文化修养、道德规范和行为自律等方面应尽的责任。

2. 数字时代与数字素养

在传统信息时代，人类活动仍然是以物理世界为主，信息技术作为一种工具存在，用以改进和提升人类活动，比如将人工处理的业务改为信息化处理，将过去用纸张记录的数据转换为电子数据，决策仍然由人说了算。

在数字时代，人类不仅生活在现实中，也生活在数字世界，数字世界正在成为现实物理世界的镜像，数据是物理世界在数字世界的映射。在数字时代，数据为王，人的决策本质上是数据的决策。

在这样的背景下，“信息素养”（information literacy）概念正在被“数字素养”（digital literacy）概念所取代。2021年11月印发的《提升全民数字素养与技能行动纲要》提出，数字素养与技能是数字社会公民学习工作生活应具备的数字获取、制作、使用、评价、交互、分享、创新、安全保障、伦理道德等一系列素质与能力的集合，将提升全民数字素养与技能作为提升国民素质、促进人的全面发展的战略任务来推进实施。但目前国家还没有明确数字素养的具体框架。

教育部于2022年11月发布、实施了教育行业标准《教师数字素养》，从数字化意识、数字技术知识与技能、数字化应用、数字社会责任、专业发展五个维度规定了教师数字素养框架，如图1-64所示。我们可以借鉴这一标准来思考面向大众的数字素养框架。

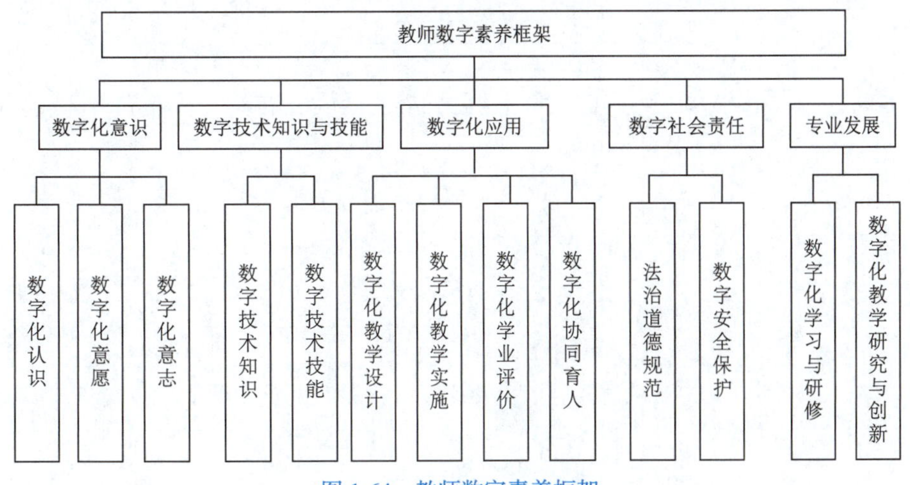

图 1-64　教师数字素养框架

案例小结

网络，已成为人们生活、学习、工作不可或缺的基本条件。使用网络越多，网络积累的数据越多。数据正推动人类从信息时代加速进入数字时代。在数字时代，个人信息（数据）泄露将会导致人们遭受各种可能的伤害，甚至威胁生命安全。我们要切实提高信息安全意识，强化信息安全手段，谨防计算机病毒感染、各类信息（数据）泄露和电信网络诈骗；还要有意识地提高个人数字素养，为迎接超越人类过往想象的未来做好准备。

笔记栏

实训 1.5　提升素养，适应发展

实训项目	实训记录
实训 1.5.1　制订信息安全防护策略 1．分析自己日常使用计算机（尤其是网吧、酒店里的公用计算机）、手机的习惯，分析其中存在信息安全风险。 2．针对自身存在的信息安全风险，制订一套信息安全防护策略，并在今后予以落实。	
实训 1.5.2　防范电信网络诈骗 1．列举自己知道的典型电信网络诈骗事件，分析犯罪分子诈骗的步骤（套路）和受害人上当受骗的原因。 2．针对刷单返利、投资理财、网络贷款、冒充客服、冒充公检法、冒充亲友借钱要钱、“裸聊”、套取银行卡和信用卡信息、盗取聊天账号和游戏账号、虚假出售游戏装备等常见电信网络诈骗形式，分别列出其关键防范措施。	
实训 1.5.3　安装和使用杀毒软件 1．下载、安装一种口碑较好的杀毒软件或安全防护软件。 2．了解其主要功能，进行一次全盘杀毒或安全检测。	
实训 1.5.4　拓展实训：设计制作一份“防范电信网络诈骗”主题班会演示文稿 1．与 1～3 位同学成立一个项目工作小组，确定一位组长。 2．小组商议、制订出项目实施计划，明确步骤、分工。 3．按分工、步骤搜集资料。 4．上网学习演示文稿（PowerPoint 或 WPS）设计、制作基础知识。 5．合作设计、制作出“防范电信网络诈骗”主题班会演示文稿。 6．推举一名小组成员配合演示文稿在班上当众进行宣讲。	

学习与实训回顾

见：

请记下你认为有价值、有启发或容易遗忘的知识点，并注明知识点所在页码以便回顾。

感：

请记下你在学习了本案例并实践之后的收获和感受。

思：

本案例中的知识点可以关联到哪些你已掌握的知识内容（包含其他课程所学）？
你过去碰到的哪些任务、困难，可以用本案例中的知识点去完成、优化、解决？

行：

今后的学习和工作中，哪些情境可以用到本案例所学内容？

案例 1.6 新一代信息技术

知识目标

◎理解新一代信息技术及其主要代表技术的基本概念。

◎了解新一代信息技术各主要代表技术的发展历程、技术特点。

技能目标

◎分析新一代信息技术在所学专业对应行业的应用情境。

素质目标

◎认识到新一代信息技术对经济社会发展的价值。

◎认识到中国新一代信息技术在世界上的整体领先地位和存在的不足。

◎认识到新一代信息技术发展对国家安全的影响。

◎坚定“四个自信”，强化为中华民族伟大复兴奋斗的使命感。

新一代信息技术是以人工智能、大数据、移动通信、物联网、区块链等为代表的新兴技术。它不只是信息技术本身的纵向升级，更是信息技术整体平台和产业的代际变迁、信息技术与其他产业的横向融合。

1.6.1 大数据

1. 大数据的定义

在计算机科学中，数据（data）并不等同于我们日常所说的数字、数值。数字通常指表示数目的符号，数值是用数目表示一个量的多少，而计算机科学中的数据是一切能输入计算机并被计算机程序处理的符号的总称，是具有一定意义的数字、字母、符号和模拟量的统称。数据用来定义、“描绘”事物的特性、发展变化及其与其他事物的关系。与某一事物相关的数据越多，对这一事物的“画像”将越精准。因此，有一种说法是：“世界的本质就是数据。”

随着计算机技术的发展、网络信息空间的扩张和信息传感设备的大量应用，计算机存储和处理的对象越来越广泛，表示这些对象的数据也随之变得越来越复杂，数据量也越来越大，越来越分散。这就导致针对海量数据的获取、存储、传输、处理能力都面临新的技术挑战，同时，海量数据为机器学习、深度学习提供了“原材料”，大数据（big data）技术也应运而生。

2014年以来，大数据概念体系逐渐成形，但目前仍没有统一公认的定义。通常指的是数据量规模巨大到无法通过人工或传统信息技术在可容忍的时间内获取、管理、处理以供人类所能解读和利用的信息。

大数据技术包括数据采集、存储、处理、分析和应用等多个技术领域。其中，数据采集包括传感器技术、无线通信技术等；数据存储包括分布式存储技术、云计算技术等；数据处理包括数据清洗、数据转换、数据建模等；数据分析包括数据挖掘、机器学习、人工智能等；数据应用包括数据可视化、数据商业化等。从这里可以看出，大数据技术深度融合了现代通信、云计算、人工智能等新一代信息技术。

2. 大数据的特点

目前一般认为大数据具有以下特点：

（1）规模庞大。无数行业、企业、团体、个体以及设备、传感器、系统、平台、软件在

365天24小时不间断地生产、采集、存储信息数据，这些数据已经超过人类和普通设备、软件的分析、处理能力。

（2）种类繁杂。既有表达具体意义的数字和文字内容，也有图像、音频、视频等需要标注并明确意义的信息，还有记录轨迹、经过、发展变化的信息。

（3）产生和变化速度快。信息数据一直在高速增长和快速变化之中，对应的分析、处理能力相应的也要变得更快。

（4）价值巨大但价值密度低。信息数据中蕴含着巨大的社会和商业价值，但数据是分散的、零碎的、不完整的，甚至不少是错误的，大数据技术最大的价值就是在海量的不同类型、甚至表面不相关的信息中挖掘出对未来趋势与模式预测有价值的数据。

（5）真实性复杂。一方面，存在着大量垃圾信息和错误信息，对信息的处理首先要判断其真实性、准确性，提高数据质量；另一方面，与传统抽样调查相比，大数据技术通过对大量数据的分析，能够更加接近事物本来的面貌，了解其真实特性和状态，并据此分析预测其发展趋势。

3. 大数据技术的影响

大数据技术影响人类的思维方式。大数据时代，数据分析将从“随机采样”“精确求解”和“强调因果”的传统模式演变为“全体数据”（尽可能收集全面而完整的数据）、“近似求解”（不追求精确，尽可能提升数据收集效率）和“只看关联不问因果”（基于归纳得到的关联关系与逻辑推理得出的因果关系同样具有价值）的新模式。也就是放弃对因果关系的渴求，而是关注相关关系，也就是说只要知道“是什么”，而不需要知道“为什么”。这颠覆了千百年来人类的思维惯例，对人类的认知和与世界交流的方式提出了全新的挑战。比如，一个人在购物网站上购买了婴儿奶粉，系统会自动向客户推荐，购买了婴儿奶粉的其他客户还购买了奶瓶、纸尿裤；系统不需要知道客户购买婴儿奶粉的原因，也不需要告诉当前客户为什么其他客户买了奶粉之后还会买奶瓶、纸尿裤；当客户购物数据量足够大时，通过对全体购买婴儿奶粉客户的数据分析，系统会自动选出最优推荐商品组合，推荐成功率也会相应提升。

大数据技术为科研带来新机遇。通过基于数据的探索（data exploration）正在成为科学发现继实验/经验（empirical）、理论（theory）、计算（computational）之后的“第四种范式”，科学家可以利用技术手段对大数据进行分析研究，利用大数据进行更加精确的仿真与模拟，发现自然科学领域和社会科学领域中的新现象、新规律，并预测未来发展趋势。

大数据技术推动经济转型发展。大数据可以促进生产要素的精准配置和高效流通，进而影响生产组织方式和经济运行机制。购物平台和网络出行平台是最典型的大数据技术深入影响日常生活和经济运行机制的例子。

大数据技术提升政府治理能力。通过“用数据说话、用数据决策、用数据管理、用数据创新”，大数据可以有效提升决策的效率和科学性；通过“让数据多跑路，让群众少跑腿”、系统自动审核和数据自动验证、网上办、一站办，大数据可以提升政府和公共机构服务水平。

1.6.2 人工智能

1. 人工智能的定义

人工智能（artificial intelligence，AI）作为一门交叉学科，对于其定义有很多不同的观点。无论哪一种定义，其基本思想和基本内容都是一致的，即人工智能是研究人类智能活动的规律，构造具有一定智能的人工系统，研究如何让其通过深度学习去完成以往需要人的智力才能胜任的工作。

有人用一个公式来形象地表示人工智能：人工智能=大数据+机器深度学习。要实现基于大数据的机器深度学习，离不开算力、算法、数据，这是人工智能的核心三要素。算力是基础设施，也就是要有大量先进的超级计算机、稳定快速的网络条件和存储条件，这些条件还需要足够、稳定的电网电力支撑；具体来说，主要有通用数据中心、超算中心、智能计算中心、边缘数据中心等。算法是关键，决定了人工智能深度学习的深度、广度和智能化程度，包括数据搜索方法、自然语言理解、机械视觉算法、模式识别算法、深度学习算法、增强学习算法、知识工程方法、类脑交互决策等。大数据是原材料，没有数据支撑就不可能有深度学习。人工智能的最终目标是让机器辅助或代替人类去完成人类能完成、甚至人类因生理条件限制不能完成的事情。

图 1-65　工业机器人（多关节机械手）

人工智能并不等同于机器人（robot）。机器人是一种能够半自主或全自主工作的智能机器，通过编程和自动控制来执行诸如作业或移动等任务，既包括科幻电影中常见的仿生人形机器人，也包括目前工厂中常见的多关节机械手或多自由度的机器装置（见图1-65）。

2．人工智能的发展

计算机在诞生之时，实际上已经有了人工智能的萌芽，“图灵测试”正是用于测试人工智能。

对照人类“运算”“感知”“认知”这三项基础性技能，人工智能也可分为“运算智能”“感知智能”以及“认知智能”三个层次。

1997年5月11日，国际象棋棋王卡斯帕罗夫以1胜2负3平输给了国际商用机器公司技术人员研制的超级计算机“深蓝”。2017年5月，在中国嘉兴乌镇进行的围棋三番棋比赛中，阿尔法围棋（AlphaGo）以总比分3比0战胜世界排名第一的中国围棋九段棋手柯洁。阿尔法围棋战胜人类，说明机器运算能力超越人类已成定局。

感知即视觉、听觉和触觉等感觉、知觉能力，感知智能就是机器通过传感器获取信息的能力。在测试机器图像识别能力的ILSVRC大赛中，2017年的获胜算法SENet的错率仅为2.2%。在语音输入、语音识别方面，很多手机应用软件已经能够识别甚至翻译汉语方言，汉语普通话水平测试系统已经可以不依靠测试员人工评分，而是由系统独立完成全部测试题的评分、定级。

在实现了“运算智能”和“感知智能”后，人工智能的下一道关卡是“认知智能”。认知即理解、推理、思考，认知智能就是让机器具有理解和主动思考的能力，实现自我学习并与人类交互。

2022年11月，美国人工智能研究公司OpenAI研发的聊天机器人程序ChatGPT 3.5正式发布，它是人工智能技术驱动的自然语言处理工具，不仅能流畅地与用户对话，甚至能撰写邮件、编写视频脚本、撰写文案、写诗、编写代码。从ChatGPT目前的表现来说，它已经具备较强的“认知智能”。

一些AI制图工具与ChatGPT一样，只要输入关键词，不到一分钟，它就能通过AI算法生成相对应的图片，可以假乱真，如图1-66所示。

业界将ChatGPT归类为生成式人工智能（生成式AI，Generative AI），就是通过机器学习之后，可创建新内容如文本、编码、图像、音频、视频的计算机程序。ChatGPT在交互和创作方面表现出来的能力标志着以“大模型”为基础的人工智能技术走向成熟。

图 1-66　网友展示的利用软件生成的全景图片

我国人工智能发展成效显著，创新水平位于世界第一梯队。斯坦福大学一项统计显示，中国已经产生全球三分之一有关AI的学术论文，并且论文被引用量在2020年就超过了美国，位居世界第一。清华大学的报告显示，2011年到2020年，中国AI专利申请量全球第一。中国企业投入了大量资金用于开发AI。以当前大热的生成式AI为例，百度、阿里巴巴、腾讯、字节跳动、科大讯飞、网易、华为、京东、清华大学、浙江大学、中国科学院等众多中国企业、高校和研究机构先后宣布测试和推出生成式人工智能产品和服务的计划。

2022年，我国人工智能核心产业规模超过5 000亿元，企业数量超过4 000家。人工智能技术在制造、教育、医疗、物流、娱乐等众多领域也已经实现了技术落地。人工智能的发展也给国家安全带来了潜在风险和挑战，确保人工智能安全、可靠、可控是人工智能研究和发展的重要课题。

1.6.3　移动通信

1．移动通信的定义

早期的通信是指在人与人之间传递信息。口耳相传、捎话是最原始的通信方法。随着文字的产生和甲骨、竹简、丝帛、纸张等信息载体的应用，人类开始用文字通信，邮驿、邮政等信息传递媒介由此产生，这是人类通信的第一阶段——语言和文字通信阶段。以电报机、电话机、无线电设备等为代表的电磁波应用技术推动人类通信进入第二阶段——电通信阶段，这一阶段的通信既可以传输文字，也可以传输语音，同时，通信也不再局限于人与人之间，也包括通信设备之间的信息传递。第三阶段是电子信息通信阶段，通信传递的信息不只有文字和语音，还包括数据、图像、视频等多媒体信息。

移动通信（mobile communications）是以无线电波为信息载体实现移动体之间或者移动体与固定体的通信。移动体既可以是人，也可以是移动中的非人物体。

随着大数据技术、人工智能技术等需要高速率、低时延、大流量、覆盖广、更高速、更稳定、低功耗的新一代信息技术的普及应用，更先进的移动通信技术作为底层基础条件也成为迫切需求；反之，在更先进的移动通信技术支持下，大数据技术、人工智能技术、物联网技术、区块链技术也会加快发展。

2．移动通信技术的发展

（1）第一代移动通信技术（1G）：第一代移动通信技术诞生于20世纪80年代中期，它使用模拟信号，仅限移动语音通话，最典型的设备是手提式电话，也就是人们通常所说的“大哥大”电话。

（2）第二代移动通信技术（2G）：2G依托数字信号技术，于20世纪90年代投入商用。2G的商用让移动上网成为现实——虽然速度很慢（每秒约为9.6～14.4 KB）。2G技术目前仍然在全球范围内被普遍使用，主要用于语音通话。

（3）第三代移动通信技术（3G）：相对于2G技术，3G最大的特点就是实现了数据的稳定、高速传输，人们可以通过手机较便捷地浏览网页、视频通话。可以说，3G网络和3G手机的普及标志着人类进入了多媒体时代。

（4）第四代移动通信技术（4G）：对于用户来说，4G技术与3G的区别仍然体现在移动传输速度的提升上，实际使用时约为3G的10倍，相当于20 Mbit/s带宽的家庭宽带。

（5）第五代移动通信技术（5G）：5G支持增强移动宽带，主要面向流量爆炸式增长的移动互联网，如高清视频、虚拟现实等应用，这需要峰值速率达到每秒10～20 GB，用户体验速度达每秒1 GB；支持超高可靠、低时延通信，空中接口时延低至1 ms，还需要支持用户（设备）500 km/h的高速移动，主要面向对时延和可靠性具有极高要求的行业，如工业控制、自动驾驶、远程医疗等；支持海量机器类通信，主要面向以传感和数据采集为目标的应用需求，如智慧城市、交通监测、环境监测等，这需要用户连接能力达100万连接/km^2。2022年6月14日，工信部宣布我国已建成全球规模最大、技术领先的网络基础设施，形成了全球最大最活跃最具潜力的数字服务市场。全球权威咨询公司GlobalData发布的2022年《5G移动核心网竞争力报告》显示，在5G提供商中，中国的华为技术有限公司凭借业界领先的5G核心网解决方案和成熟的商用案例，蝉联全球第一，且领先优势扩大，与第二名的分值差距是2021年的2.3倍。

（6）第六代移动通信技术（6G）：6G目前仍然只是一个概念性无线网络移动通信技术。在技术设想中，6G不再只是简单的网络容量和传输速率的突破，而是构建一个集成地面无线与卫星通信的全连接世界。2023年2月12日，第二届智能超表面技术论坛透露，一种6G相关技术已在杭州亚运场馆里测试。

移动通信技术发展到5G时代，早已超越了人与人之间的通信功能，5G技术不再仅仅只是一种通信行业的应用技术，而是实现“万物互联”的基础条件，是远程控制技术、无人控制技术、大数据技术、人工智能技术等几乎所有新一代信息技术的底层支撑，与算力一样，是数字时代支撑经济社会数字化、网络化、智能化转型的关键新型基础设施。所以《数字中国建设整体布局规划》提出，要加快5G网络与千兆光网协同建设，系统优化算力基础设施布局，夯实数字中国建设基础。

1.6.4　云计算

1．云计算的定义

云计算（cloud computing）是一种利用互联网实现随时随地、按需、便捷地使用和共享计算设施、存储设备、应用程序等资源的计算模式。这里的“云”可以理解为网络，因为过去经常将因特网画作一朵云。

云计算也是一种信息基础设施建设理念，比如要建设一个商业服务网站，如果没有特殊的保密要求和特别复杂的技术困难，与其建设自己的中心机房、购置服务器和防火墙、安装操作系统和应用软件、配备安防维护人员、聘请开发技术人员来独立开发建设，还不如根据需要直接租用服务器资源和存储空间，委托专业团队来开发建设。作一个形象的比喻，云计算服务就像是建一个自来水厂，供广大用户按需用水，而不是由每个用户自建水井来采水。

云计算有四种部署模式：

私有云（private cloud）是为单一用户（比如大型企事业单位）部署的云计算资源，它只是在用户内部实现了资源优化，以节约成本、打通数据孤岛。其好处是更加安全可控。有些私有云会部署在公有云上，称为托管型私有云。

公有云（public cloud）面向社会大众服务，可以容纳很多用户。公有云最符合云计算的技术理念，实现最彻底的社会分工，从而最大限度地优化资源利用。

社区云或行业云（community cloud）介于公有和私有之间，是具有共性需求的多个用户联合起来共建私有云，在优化资源利用的同时尽可能确保安全。

混合云（hybrid cloud）是将不同业务需求分别部署在私有云、公有云、社区云上，它往往存在于从私有云向公有云过渡阶段。比如高等学校的信息化建设，智慧校园系统基础平台通常部署在私有云上，课程资源通常上传到云课程平台、在线教学平台上（这个平台本身可能是私有云、公有云或混合云）。

有个形象化的比喻：自家的厨房是私有云，单位食堂是社区云，餐馆是公有云，请厨师到家里来做饭或者将食堂外包给餐饮公司是混合云。

2. 云计算的特点

（1）虚拟化：虚拟化是云计算最为显著的特点。比如，用户租用了“一台”服务器，但事实上，这台服务器只是云计算提供商从自己的服务器资源中“划”出来的一部分，通过虚拟化技术将它模拟成一台服务器供用户使用。

（2）动态可扩展：云计算保证在用户需求变化时，能随时提供相应的服务资源，比如将云端存储空间从5 GB容量扩展为10 GB、为数据中心添加更多服务器。

（3）按需部署：云计算服务可以根据用户的需要或实际使用情况来计费，避免用户的成本浪费，也避免云资源的低效率和低利用率。

（4）灵活性高：云计算的灵活性体现在资源分配的灵活性、空间和时间的灵活性上。

（5）可靠性高：云计算的海量资源可以便捷地提供冗余，保证单台设备故障不影响服务，因为动态扩展功能可以立即调配新的冗余设备替代服务；同时，虚拟化技术可以将资源和硬件分离，当某台硬件发生故障时，可以轻易地将资源迁移、恢复。

（6）性价比高：云计算可以实现计算资源的集约利用。

3. 云计算的发展

早期的云计算是分布式计算的一种，是将需要非常巨大的计算能力才能完成的任务分解成许多小的计算任务，通过系统自动分配给多台计算机进行处理，然后再将计算结果返回汇总，以节约整体计算时间，提高计算效率。

1955年，分时（time-sharing）技术理念提出，让一台计算机同时满足多人的使用需求。1959年，“虚拟化”概念诞生，而虚拟化正是目前云计算基础架构的核心，是云计算技术的基础。1961年，公共计算服务概念诞生。随着这些概念、理论的发展和互联网的诞生，云计算的三大底层技术陆续实现：管理物理计算资源的操作系统，把计算资源分给多人同时使用的虚拟化技术，远程接入的互联网。

在商业运用上，亚马逊公司于2006年开始将其服务器的弹性计算能力作为云服务售卖，云计算作为新的商业模式正式诞生。

2008年9月，阿里巴巴决定自主研发大规模分布式计算操作系统“飞天”（Apsara）。2011年7月，阿里云官网上线，开始大规模对外提供云计算服务。飞天系统可以将遍布全球几十个数据中心的服务器连成一台超级计算机，以在线公共服务的方式为社会提供强大、通用的计算能力。“飞天”这个名称出自中国神话。飞天系统有两个核心服务的名称也来自中国神话，一个叫盘古，一个叫伏羲，盘古负责存储管理服务，伏羲负责资源调度服务。图1-67为阿里云千岛湖数据中心机房内景。

2021年数据显示，全球前6名云计算服务商中有3家中国云厂商，分别是阿里云、华为云和腾讯云。

1.6.5　物联网

1. 物联网的定义

物联网（Internet of things，IoT）是指通过各类定位、传感、识别设备装置和技术，采取设备及其周边环境的位置、化学、物理、生物等类别的属性信息和过程信息，通过各类网络接入，实现人与物、物与物的泛在连接，目标是实现对物品和过程的智能化感知、识别、控制、管理。

互联网、移动通信网、有线局域网表面上连接的是一台一台计算机、手机等传统的信息化设备，但本质上是人与人之间连接（通信、交流）。物联网则是人与物、物与物相连的互联网、移动通信网、有线局域网。这里有两层意思：一是物联网的核心和基础仍然是各种通信网络，是对网络在功能上的延伸和扩展；二是物联网连接的重点是“物”，让物与物之间实现信息交换。

如果把互联网比作一张高速公路网，网络的每个节点和尽头都是人（或者信息内容）；物联网则是在互联网上增加了很多节点和尽头，这些节点和尽头连接的则是物，而且是被赋予了感知、通信和计算能力的“智能物体”“智能对象”，如图1-68所示。

图 1-67　阿里云千岛湖数据中心机房内景

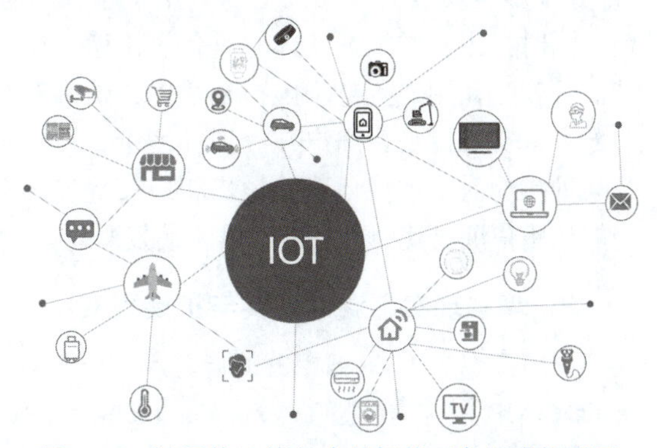

图 1-68　被网络连接起来的智能对象组成物联网

物联网是数字信息基础设施建设的重要组成部分。我国正在建设高速泛在、天地一体、云网融合、智能敏捷、绿色低碳、安全可控的智能化综合性数字信息基础设施，打通经济社会发展的信息“大动脉”。物联网技术正是通向泛在、融合、智能、敏捷、低碳的必要条件。

但物联网目前还没有统一的标准，体系结构又复杂，任何一个节点出现问题都可能导致一些设施设备被恶意劫持、信息泄露。在物联网技术和产业的发展中，如何确保安全是一个重要课题。

2. 物联网的特征和功能

整体感知（全面感知）：就是通过射频识别技术、智能传感器、二维码等标记物体、感知物体、获取物体信息。比如商品贴上电子标签，电子标签记录了商品信息，当商品靠近柜台扫描设备时，电子标签会被扫描设备识别，读取出商品信息。

可靠传输（互联互通）：利用网络将物体的信息、信号实时、准确地传送到另一个指定物体。

智能处理（智慧运行）：使用智能技术，对感知或传送到的数据、信息进行分析处理，进而实现监测和控制。比如智能音箱，收到语音命令后，先进行分析，判断语音命令的具体内容，然后做出相应的反应。

物联网按功能可以分为三层：感知层（获取信息）、网络层（传递信息）、应用层（处理信息、施效信息）。感知层常用的技术有射频识别技术（电子标签和对应读写器）、传感器技术、条形码和二维码、电子产品代码等；网络层常用技术有ZigBee（一种低速短距离无线网技术）、Wi-Fi、蓝牙、卫星定位技术；应用层使用的就是常用信息技术，比如软件、算法、安全控制技术等。

1.6.6 虚拟现实

1. 虚拟现实的定义

虚拟现实（virtual reality，VR）是一种综合利用三维图形技术、多媒体技术、仿真技术、显示技术、伺服技术等多种最新信息技术成果，创建和体验虚拟世界的计算机仿真系统，其借助计算机等设备生成一种模拟环境，让处于其中的人产生逼真的三维视觉、听觉等多种感官体验。

从视觉的角度，虚拟现实技术利用现实生活中的数据，通过计算机技术转换成电子信号，再通过各种输出设备让电子信息转化为能够让人感受到的“现象（对象、物体）”，这些“现象”可以是现实中的真实物体，也可以是通过三维模型表现出来的我们日常看不到的物质。

中国通信标准化协会编制发布的《云化虚拟现实总体技术研究白皮书（2018）》中指出，虚拟现实具有多感知性，因为人的感知系统可以划分为视觉、听觉、触觉、嗅/味觉和方向感等5部分，虚拟现实应该在视觉、听觉、触觉、运动、嗅觉、味觉等各部分向用户提供全方位体验；同时指出，虚拟现实体验具备沉浸感、交互性、想象性。沉浸感是虚拟现实技术最主要的特征，就是让用户置身于虚拟环境中，仿佛在真实的现实世界中一样，感觉自己是这个环境的一部分；交互性是指用户在虚拟环境中，可以利用一些传感设备与环境进行交互，当使用者进行某种操作时，虚拟环境能做出相应反应，感觉像在真实世界中互动一样；想象性是指虚拟环境能让用户沉浸其中并发散思维、萌发联想。

2. 增强现实、混合现实与扩展现实

与虚拟现实（VR）相关的概念还有增强现实（augmented reality，AR）、混合现实（mixed reality，MR）、扩展现实（extended reality，XR）。

增强现实（AR）是通过一定的技术，将计算机生成的文字、图像、音频、视频、三维模型等虚拟“现象（对象、物体）”叠加到真实环境中，叠加后，虚拟现象和真实环境能够在同一空间、同一画面中同时存在，从而实现对真实世界的“增强”。与VR相比较，AR更加注重叠加虚拟现象后真实世界的样子，VR则只呈现完全虚拟化的世界。近几年，中央电视台的春节联欢晚会都使用了AR技术，也就是将预先制作好的虚拟场景叠加到现场直播画面上，以呈现虚实相融、变幻无穷的舞台效果。

混合现实（MR）是合并现实和虚拟环境而产生新的可视化环境，在新的可视化环境里真实

对象和数字虚拟对象共存，并能实时互动。VR所呈现的整体内容都是虚拟的，人整体沉浸于虚拟环境中，AR所呈现的只是虚拟信息简单叠加在现实对象上，而MR则强调虚拟世界、现实世界和用户之间的交互反馈。

扩展现实（XR）是AR、VR、MR的统称，指利用各类技术手段将虚拟内容和真实环境相融合。

3．元宇宙

全国科学技术名词审定委员会将元宇宙定义为："人类运用数字技术构建的，由现实世界映射或超越现实世界，可与现实世界交互的虚拟世界。"从这个定义可以看出，元宇宙其实是一种更高层次的虚拟现实，在元宇宙，人类的沉浸感更强。

各种开放性的多人互动游戏其实可以算作简化版、封闭版的元宇宙。游戏中，玩家可以在游戏构建的虚拟世界中选择或定义自己的身份，与其他玩家进行互动，可以赚取"金币"、收售物品，经约定后在现实世界中支付或收取货币。但现阶段的游戏终究不是元宇宙，元宇宙更不是一种游戏。游戏本质上是一种娱乐，并不是人类的基本需求；元宇宙建成后的真实形态目前还无法准确预测，但它极可能为一种新的社会形态与现实世界并存，人类的生活将会同时存在线下、线上两种情形。

另外，元宇宙不是一种技术，它是一种理念和概念，是一种虚实相融的新型互联网应用和社会形态，它需要XR（VR、AR、MR）、人工智能、大数据、数字孪生、区块链、5G、6G等各种最新信息技术支撑它发展并最终建构它：扩展现实技术为它提供全感官的沉浸式体验，人工智能、大数据技术、数字孪生技术将现实世界快速镜像到虚拟世界并对虚拟世界进行智能扩展，区块链技术为虚拟世界搭建经济体系并确保它不被恶意控制或垄断，移动通信技术是确保元宇宙与现实世界之间随时随地连接的信息高速公路。

案例小结

新一代信息技术之所以"新"，正是因为它们未来都还有巨大发展空间，它们未来会给人类社会带来哪些深刻变化，目前很难预测。但正如人类离开地面飞上天空，进而进入太空，再登陆月球，很多前人不敢想象的事情，最终都被后人实现。只要我们保持强烈的好奇心、积极的进取心和创新精神，人类科技创新发展的步伐就不会停止，而科技会支撑我们将梦想变为现实。所以党的二十大报告强调："科技是第一生产力、人才是第一资源、创新是第一动力。"

笔记栏

实训 1.6 拓展视野，迎接未来

实训项目	实训记录
实训 1.6.1 分析新一代信息技术在所学专业对应行业的应用现状 1．搜集资料，列举新一代信息技术在所学专业对应行业的典型应用。 2．根据自己将来可能从事的专业工作，阐述如何应用新一代信息技术提升工作效率和工作质量。 3．与 2～3 名同学组成一个小组，分工负责，制作一个演示文稿，介绍新一代信息技术对所学专业对应行业的影响、应用现状、未来发展方向。	
实训 1.6.2 撰写一份利用云计算服务改进工作的建议书 假设自己是所学专业对应行业中一家公司的首席信息官（CIO），请撰写一份建议书，向董事会介绍自己将如何利用云计算服务来降低公司运营成本、提高运行效率、改进公司治理水平、提升产品或服务质量。	
实训 1.6.3 分析人工智能对所学专业对应行业的影响 结合所学专业对应行业实际和人工智能发展趋势（不局限于生成式 AI），阐述自己对以下问题的看法： （1）如何利用人工智能来改进业务工作? （2）如何结合人工智能技术开发新产品或新服务? （3）如何避免自己被人工智能所替代?	

学习与实训回顾

见：

请记下你认为有价值、有启发或容易遗忘的知识点，并注明知识点所在页码以便回顾。

感：

请记下你在学习了本案例并实践之后的收获和感受。

思：

本案例中的知识点可以关联到哪些你已掌握的知识内容（包含其他课程所学）？
你过去碰到的哪些任务、困难，可以用本案例中的知识点去完成、优化、解决？

行：

今后的学习和工作中，哪些情境可以用到本案例所学内容？

模块 2 文案专家——Word 2016

学习评价

学习基础和学习预期

关于本模块内容，已掌握的知识和经验有：

关于本模块内容，想掌握的知识和经验有：

Microsoft Office是美国微软公司开发的办公软件套装，是一个庞大的办公软件和工具软件的集合体，常用组件有Word、Excel、PowerPoint、Access、Outlook、OneNote等，是目前全球使用最广泛、最普遍的办公软件。在Microsoft Office之外，还有苹果计算机内置的iWork办公软件套件（Pages文档、Numbers表格、Keynote讲演）和中国金山办公软件公司的WPS软件。对于初学者和个人用户来说，WPS更容易获得并且价格更便宜（有提供给个人用户的免费版本），其常用功能并不弱于Office，文件格式也相互兼容，还有不少独特功能。

Office软件的版本比较多，整体来说，软件版本越新，功能会越多，越好用。本书选择的是目前市场占有率最高的Office 2016版，它与其前后版本（2013版、2019版）的软件界面、核心功能、操作逻辑差别都不大，对照本书练习、使用2013版或者2019版也没有问题。除非特别说明，本书所说的Office、Word、Excel、PowerPoint均指Office 2016及其对应组件。掌握这三个软件的功能和操作后，也可以无缝过渡到WPS软件。

用计算机处理文档，是最基本、最常见的工作任务，Word 2016就是Office 2016办公软件套装中的文档处理软件。

案例 2.1 我的简历

知识目标

◎熟悉 Word 2016 工作界面。

◎掌握文档的创建、编辑、保存。

◎了解 PDF 格式文档。

技能目标

◎自定义工作环境。

◎使用模板创建文档。

◎查找替换文本内容。

◎将 Word 文档转换为 PDF 文档。

素质目标

◎了解国内办公软件产业发展现状。

◎提升展示自己、“推销”自己的意识和主动性。

完成图2-1所示的“我的简历”。

2.1.1 认识 Word 工作界面

从Office 2007开始，传统的菜单和工具栏被选项卡和功能区替代。Word 2016的工作界面如图2-2所示。

（1）标题栏：标题栏由快速访问工具栏、标题栏、窗口控制按钮等组成。

（2）选项卡标签：是相关功能区的名字标签。

（3）功能区：每一个功能区选项卡对应着一个功能区，用于放置常用的功能按钮。

温馨提示　功能区是可以隐藏的。单击“功能区显示选项”按钮，可以执行隐藏/显示。双击当前“选项卡标签”，可以隐藏功能区；之后单击任意“选项卡标签”可以使其临时显示出来，结束使用后仍会自动隐藏；再次双击任意选项卡标签，功能区会重新呈现显示状态。

师范路 16 号
湖北省潜江市，433199
17712345678
http://www.hbjhart.cn
luolx@qq.com

罗乐兮

求职意向	中小学语文教师、英语教师，少先队辅导员
技能	中小学语文教师资格证 普通话一级乙等 英语六级
工作经验	**武汉市光谷第二小学，实习教师，实习班主任** 202102—202106，洪山区教师演讲比赛一等奖 **武汉市光谷第二小学，少先队辅导员（聘任），负责学校少先队工作** 202107—202112，武汉市优秀少先队 **抖音平台，自媒体主播，主讲普通话训练及考试技巧** 202201 至今，10 万粉丝
教育背景	**学校名称、地点、学位** 江汉艺术学院，潜江，本科，小学教育专业，教育学学士 华中师范大学，武汉，研究生，小学教育专业，教育学硕士
沟通能力	大学期间，策划、组织、主持多场次全校大型文艺演出，深受师生好评。
领导能力	大学期间，担任校学生会主席、文娱部长，组织、策划、沟通能力强。
推荐人	**推荐人姓名，所在公司** 罗俊，江汉艺术学院，教授，15587654321。

图 2-1　案例 2.1“我的简历”完成效果

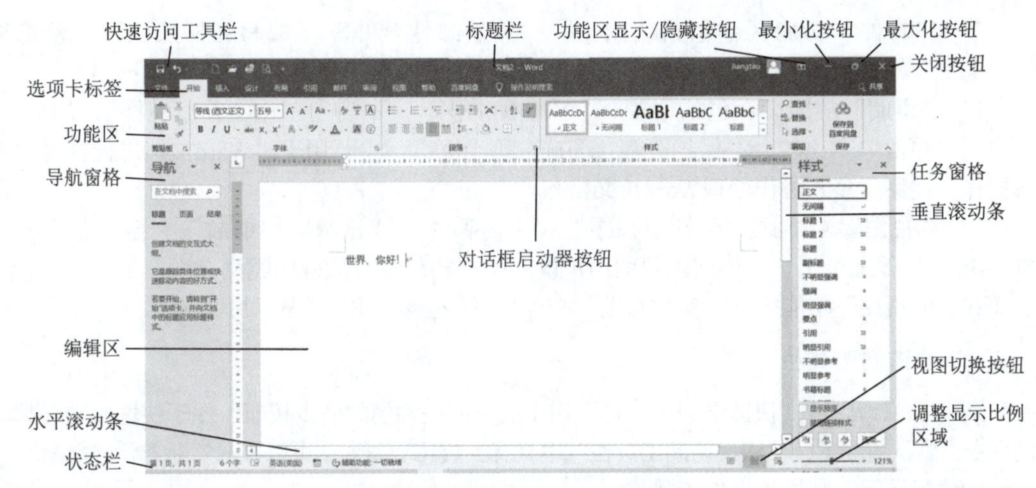

图 2-2　Word 2016 的工作界面

（4）对话框启动器按钮：常用功能在功能区都可以找到，但是仍有一些功能需要用到对话框，比如段落格式的设置，单击“段落”工具组的对话框启动器按钮，就可以进入段落格式设置对话框进行相关设置。

（5）导航窗格：主要用来显示文档结构图和搜索结果等。

（6）编辑区：显示待编辑文档。

（7）任务窗格：是提供常用命令的窗口，它可以被拖动到任何位置，甚至是Office窗口之外。

（8）状态栏：位于主窗口的底部，显示着多项当前状态信息。在状态栏上右击，弹出的快捷菜单里可以重新设置状态栏的配置选项，如图2-3所示。

1．功能区

功能区主要由选项卡标签、工具组和命令按钮组成，单击选项卡标签可以切换至相应的功能区，单击工具组中的按钮可以完成相应的操作。

（1）“文件”按钮：单击“文件”按钮，可以在弹出的下拉菜单中选择相应的菜单命令进行新建文档、保存文档、打印文档以及设置选项等相关操作。

（2）“开始”功能区：在“开始”功能区中，包括“剪贴板”“字体”“段落”“样式”“编辑”等五个组。这个功能区主要用于对Word文档进行文字格式编辑和段落设置编辑，是最常用的功能区。

（3）“插入”功能区：这个功能区包括“页面”“表格”“插图”“加载项”“媒体”“链接”“批注”“页眉和页脚”“文本”“符号”等十个组，主要用于在Word文档中插入各种元素。

（4）“设计”功能区：包括“主题”“文档格式”“页面背景”等三个组，用于设置Word文档的页面设计样式和效果。

（5）“布局”功能区：包括“页面设置”“稿纸”“段落”“排列”等布局格式。

（6）“引用”功能区：包括“目录”“脚注”“信息检索”“引文和书目”“题注”“索引”和“引文目录”等七个组，用于在Word文档中插入目录等比较高级的操作。

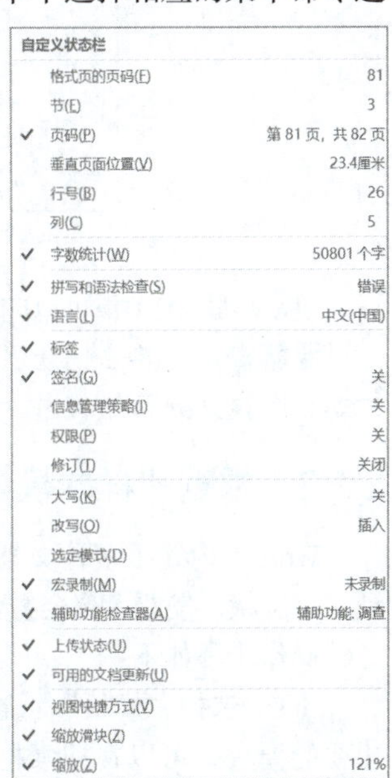

图 2-3　重新配置状态栏信息

（7）“邮件”功能区：包括“创建”“开始邮件合并”“编写和插入域”“预览结果”“完成”等五个用于邮件合并的专用功能区。

（8）“审阅”功能区：包括“校对”“辅助功能”“语言”“中文简繁转换”“批注”“修订”“更改”“比较”“保护”和“墨迹”等十个组，主要用于对Word文档进行校对和修订等操作，适用于多人协作处理Word长文档。

（9）“视图”功能区：包括“视图”“页面移动”“显示”“缩放”“窗口”“宏”“SharePoint”等七个组，主要用于帮助用户设置Word操作窗口的视图类型。

（10）“帮助”功能区：只有“帮助”一个功能，主要给用户提供使用帮助。

2. 快速访问工具栏

Word文档窗口中的“快速访问工具栏”用于放置一些常用的命令按钮，便于快速启动经常使用的命令。默认情况下，“快速访问工具栏”中只有少数几个命令，可以根据实际需要进行添加。

设置快速访问工具栏的操作步骤如下：

（1）打开对话框：选择“文件”→“更多”→“选项”命令，打开对话框。

（2）添加“按钮”：在打开的“Word选项”对话框中，选择左侧的“快速访问工具栏”命令，然后在“从下列位置选择命令”列表中单击要添加的命令，比如“打印预览与打印”，先选中它，再单击“添加”按钮，如图2-4所示。

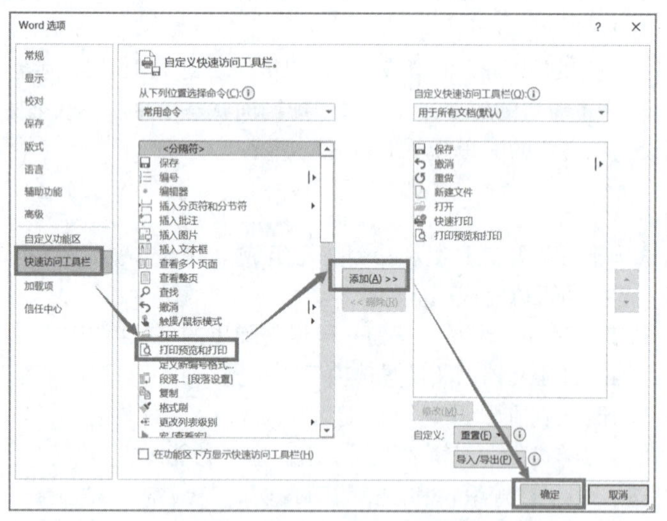

图 2-4　添加自定义工具按钮

重复步骤（2），可以向“快速访问工具栏”中添加多个命令，设置完成，单击“确定”按钮。

温馨提示　单击“重置”按钮，选择“仅重置快速访问工具栏”命令，即可将“快速访问工具栏”恢复到初始状态。

2.1.2　根据“样本模板”创建“简历”

Word中内置了多种文档模板，比如书法字帖模板、宣传册模板。另外，Office网站还提供了证书、奖状、发票、聚会邀请等特定模板，用户可以在这些模板的基础上创建比较专业的文档。

操作步骤如下：

（1）选择“模板”：选择“文件”→“新建”命令，打开可用模板列表，如果找不到自己想要的模板，可以在搜索框中输入搜索关键词，本案例输入“简历”进行搜索后，在搜索出的模板列表中选择“基本简历（经典设计）”模板，如图2-5所示。

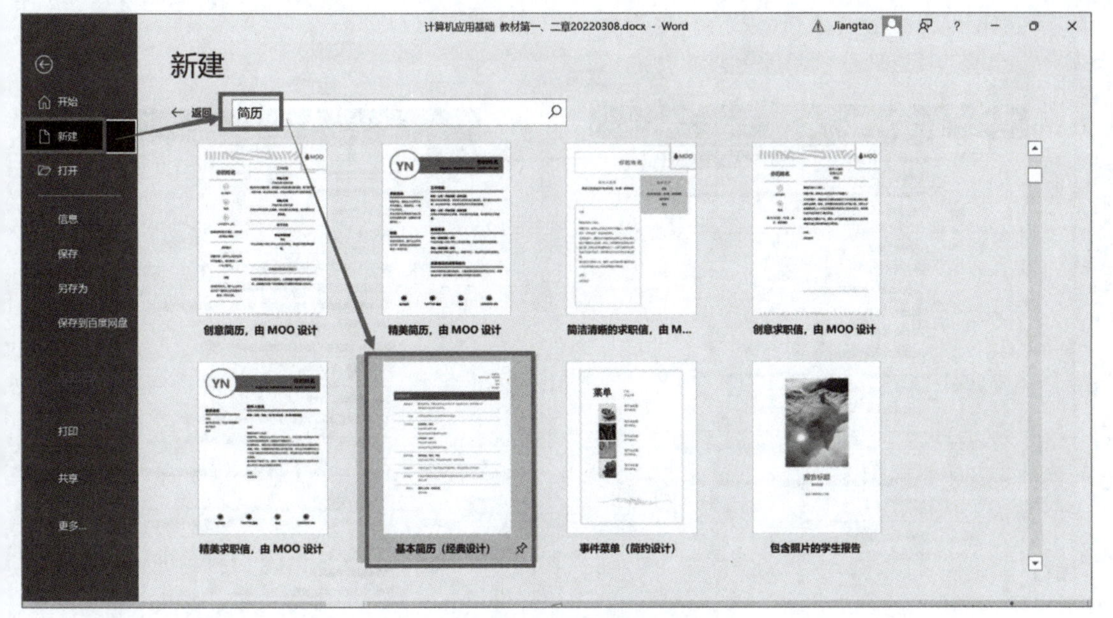

图 2-5　选择“模板”

（2）创建简历：在弹出的预览框中可以看到文档的大概效果，单击“创建”按钮生成空白简历文档，如图2-6所示。

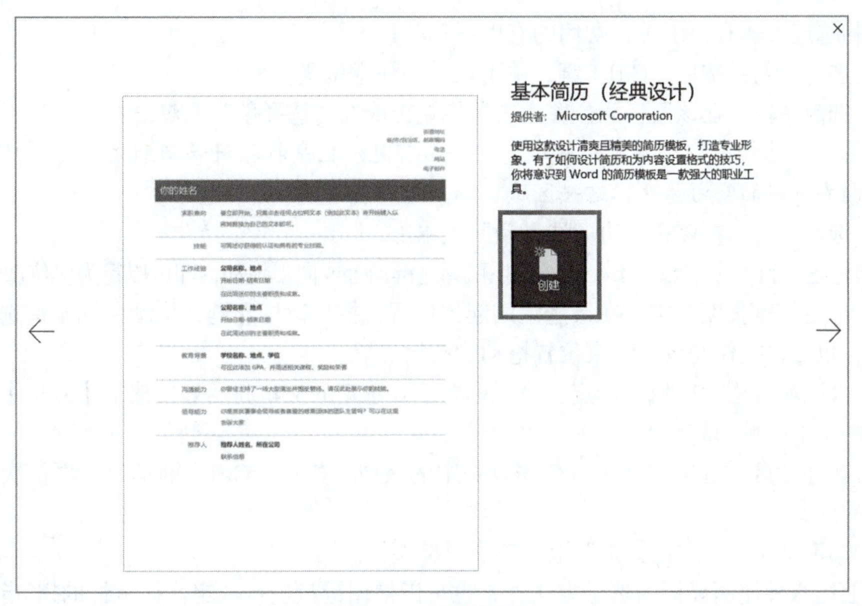

图 2-6　创建简历

（3）完善简历：系统基于该模板已经自动创建了一个新文档，新文档已包含简历的各项内容，排版也非常专业。在这份新创建完成的简历文档中，根据实际需要录入相关信息即可完成一份自己的简历。

2.1.3　编辑文档

在简历模板的相应区域，根据提示输入自己的个人信息，完善“求职意向”“技能”“工作经验”“教育背景”“沟通能力”“领导能力”和“推荐人”等必要信息，如图2-7所示。

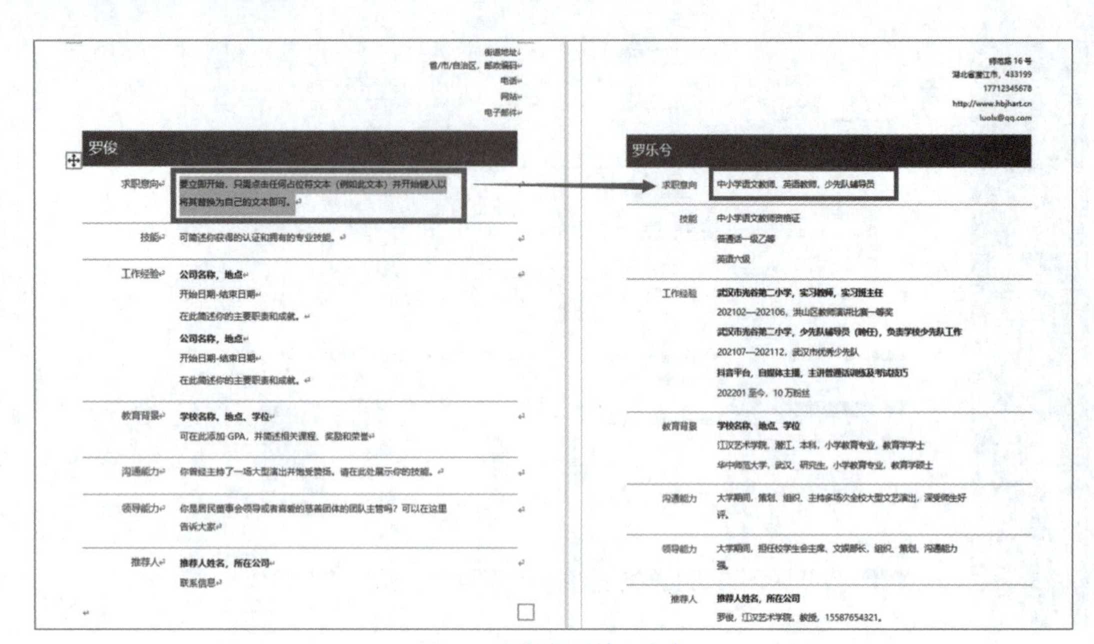

图 2-7　根据提示输入文本

1. 文本的选定和移动

1）文本的选定

文本的选定方法有很多种，常用的有以下几种：

（1）选定一句：按住【Ctrl】键，单击该句的任意位置。

（2）选定一段：在该段任意位置三击鼠标左键或在“选择条”上双击。

温馨提示　选择条位于左页边区域，但并不可见。把鼠标指针移动到左页边，鼠标指针形态会变成向右倾斜的空白箭头，这一区域就是“选择条”。

（3）选定一行：在该行左边“选择条”上单击。

（4）选定多行：在“选择条”上，按住鼠标左键向上或向下拖动，即可以行为单位选定文本。

（5）选定任意长度文本：在待选定的起始位置，按住鼠标左键，拖动鼠标至待选定内容的结束位置，也可以按住左键从结束位置拖动到起始位置。

（6）大区域（连续区域）选定：将光标置于要选定的文本起始处，按下【Shift】键，再单击要选定的文本区域的结尾处。

（7）非连续区域选定：选中一个需要选中的区域，按下【Ctrl】键不放，再依次选中其他需要选中的区域。

（8）选定全文：在“选择条”上，三击鼠标左键。

除了上述八种使用鼠标的选定方法外，也可以使用键盘进行选定。把鼠标的I形指针置于要选定的文本之前，按住键盘上【Shift】键，然后按【→】【←】【↑】【↓】方向键或【Page Up】【Page Down】键，则在移动插入符（鼠标I形指针）的同时选中文本。

例如，按【Shift+→】组合键，则光标向右移动一个汉字（字母），同时选中这个汉字（字母）。

温馨提示　连续区域选定、非连续区域选定方法，同样适用于Excel中数据区域的选定和PowerPoint中动画条目的选定。本案例所需选择的是段落，所以使用第2、4、5、6种方法都可以。

在“工作经验”这一板块，简历模板只提供了两个时间段，案例中的个人工作经验根据时间可以分为三个阶段，因此需要添加一个时间段。操作方法如下：

（1）选定内容：使用鼠标拖动选择前两个时间段中的任一部分的所有内容。

（2）复制内容：按【Ctrl+C】组合键，执行“复制”操作。

（3）添加空段：将光标定位在最后一个段落的最后面（也就是“武汉市优秀少先队”文字的最后面），按【Enter】键，新建一个空段落。

（4）粘贴内容：按【Ctrl+V】组合键，执行“粘贴”操作。

（5）修改文本：在相应位置，将文字修改成所需要的新内容。

温馨提示　在工作经历中加入自己参与的典型工作案例或者成果数据，会更有说服力。

2）移动文本

文本的移动有两种途径，一种是鼠标拖放，另外一种是使用键盘快捷键（剪切→粘贴）。

鼠标拖放移动：适用于就近移动。选定需要移动的文本，松开鼠标，移动鼠标指针到选定文本上方，再按住鼠标左键不放，直接拖动到目标位置，松开鼠标即可完成移动。

用键盘快捷键操作：适用于距离较远的移动。选定文本，按【Ctrl+X】组合键剪切，将光标置于目标位置，然后按【Ctrl+V】组合键粘贴。

3）撤销、恢复和重复

在选择的过程中很容易误操作，这时可以使用“撤销”命令还原到之前状态。

撤销：【Ctrl+Z】组合键，要注意并不是所有的操作都能撤销，比如删除文件操作。

恢复：【Ctrl+Y】组合键，若做了不适当的撤销操作，这个命令可以将它恢复回来。

重复：如果未执行过“撤销”，【Ctrl+Y】组合键就代表“重复”，用于重复执行前一个操作。

温馨提示　“重复”有一个快捷键【F4】。如果是笔记本计算机，因为F1～F12多数设置为系统功能快捷键，因此需要按下【Fn+F4】才能实现Word中【F4】功能。

2. 查找与替换

编辑过程中，有时候需要查找与替换文字或格式，特别是格式的查找与替换可以节省很多的工作时间。本案例需要查找与替换文字，将“学生会主席”替换成“团委书记”。操作步骤如下：

（1）打开对话框：选择“开始”→“编辑”→“替换”命令，出现图2-8所示对话框。

（2）替换文字：在“查找内容”编辑框中输入“学生会主席”，在“替换为”编辑框中输入“团委书记”，如图2-8所示。

（3）完成替换：单击“全部替换”按钮，即可将文中所有“学生会主席”文字替换成“团委书记”。

温馨提示　如果不是全部的文字都要替换，可以单击“查找下一处”按钮，找到了需要替换的文本，再单击“替换”按钮。

3. 替换批处理网络标识及格式

在因特网上下载的文本，往往打上了因特网的“烙印”，不利于在Word中进行格式编辑，需要对其进行格式处理。本案例中，具体操作步骤如下：

1）显示编辑标记

“开始”选项卡“段落”组的右上角，是一个对向箭头状的命令按钮，称为“显示/隐藏编辑标记”按钮，单击即可将所有编辑标记显示或隐藏。编辑标记全部显示后的效果如图2-9所示。

2）查找与替换“网络标识”

本案例需要将文中所有的“网络标识”（手动换行符，图2-9中向下的箭头）替换为正常的Word编辑标识，便于后期格式编辑。具体操作步骤如下：

（1）将“查找内容”编辑框中的内容删掉，让光标置于其中。

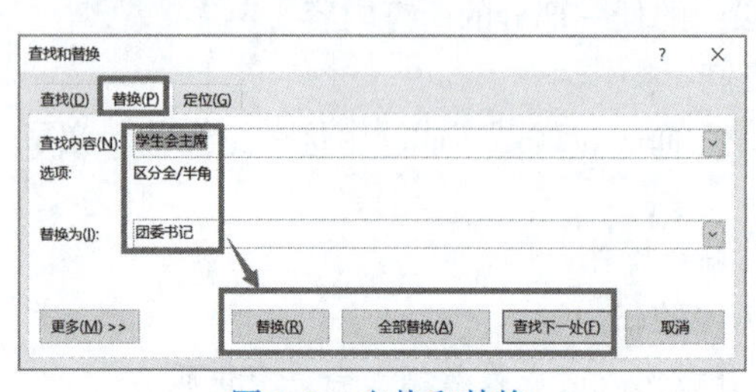

图 2-8　查找和替换

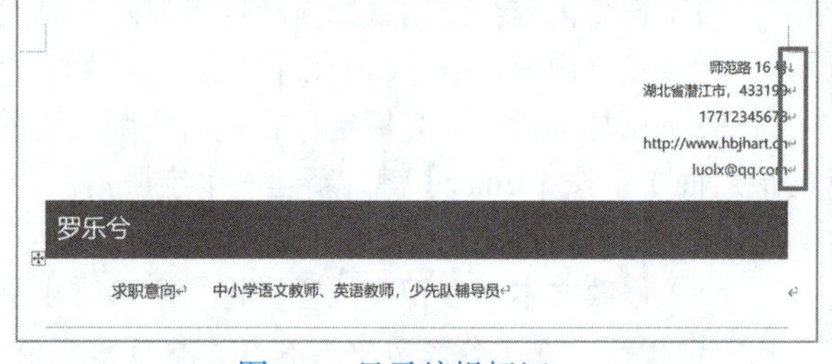

图 2-9　显示编辑标记

（2）单击左下角“更多”按钮，展开折叠部分，设置更细致的搜索结果。

（3）单击对话框下方“特殊格式”按钮，选择“手动换行符”。

（4）将光标置于“替换为”编辑框中，单击“特殊格式”按钮，选择“段落标记”。

（5）单击“全部替换”按钮。

完成后的效果如图2-10所示。

图 2-10　替换后的段落标记

温馨提示　如果下载的网络文档中有很多空格，则在“查找内容”编辑框中输入文中一样的“一串空格”（与文中一致，效率更快），在“替换为”编辑框中什么都不输入，再单击“全部替换”按钮即可一次性全部清除。

3）查找与替换“格式”

本案例要求将“少先队辅导员”替换格式为“幼圆、加粗、小四号、红色、红色下划线”。具体操作步骤如下：

（1）选择“开始”→“编辑”→“替换”命令，打开“查找与替换”对话框。

（2）在“查找内容”编辑框中录入“少先队辅导员”。

（3）在“替换为”编辑框中单击，让光标置于编辑框中。

（4）单击左下角“更多”按钮，展开折叠部分，设置更细致的搜索结果。

（5）单击“格式”按钮，选择“字体”，打开“字体”对话框。

（6）将字体格式设为：幼圆、加粗、小四号、红色、红色下划线，如图2-11所示，单击“确定”按钮，返回“查找和替换”对话框。

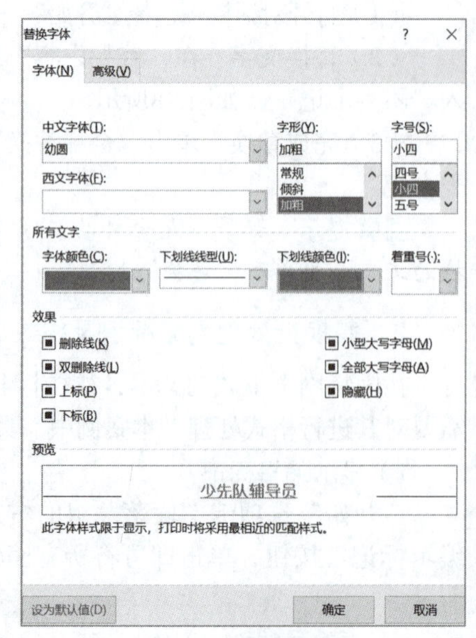

图 2-11　替换字体

（7）注意观察“替换为”编辑框的下方出现了刚才的格式设置，如图2-12所示，单击“全部替换”按钮。

2.1.4 保存文档

1. 常规保存

（1）单击“快速访问工具栏”中的“保存”按钮，或者选择“文件”→“保存”→“浏览”命令，如图2-13所示。

温馨提示 尝试使用“保存”与“另存为”命令分别存盘，对比二者区别。

（2）在打开的“另存为”对话框中，选取、设置好文件保存的位置，在“文件名”编辑框中输入文件名“我的简历”（文件后缀名“.docx”会根据“保存类型”自动附加），单击“保存”按钮，如图2-14所示。

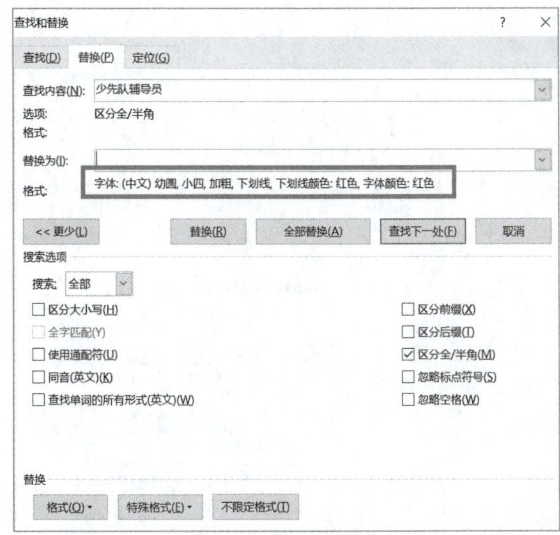

图 2-12 批处理格式

图 2-13 保存文件

温馨提示 在制作文档的过程中，要养成随时保存的习惯，保存的快捷方式是【Ctrl+S】。Office也提供了文件自动保存功能，可以在“文件”→“选项”→“保存”中设置。

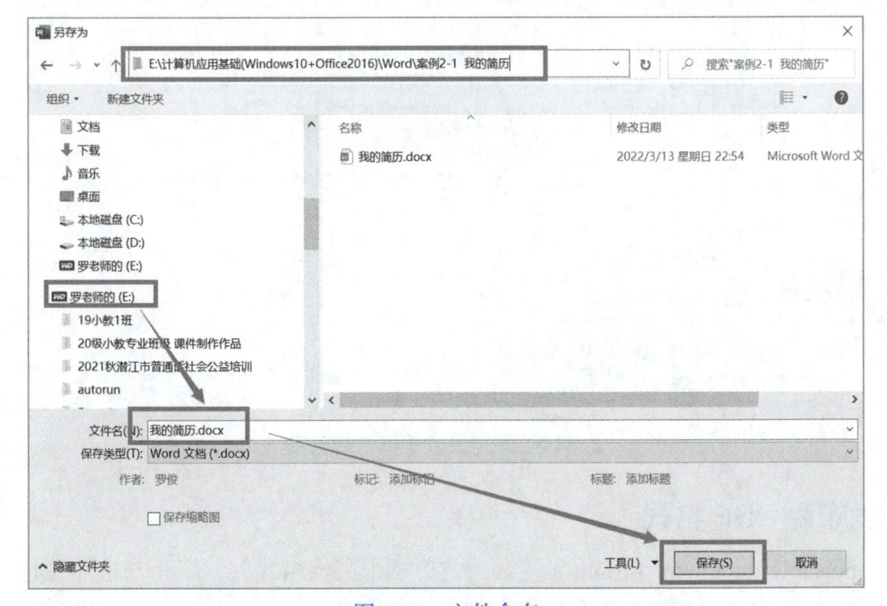

图 2-14 文件命名

2．设置密码

为防止文档被篡改，可以进行编辑保护，比如加密。具体操作步骤如下：

（1）选择“文件”→“信息”→“保护文档”→“用密码进行加密”命令，如图2-15所示。

（2）在弹出的“加密文档”对话框中的“密码”编辑框中输入密码后，单击“确定”按钮即可，如图2-16所示。

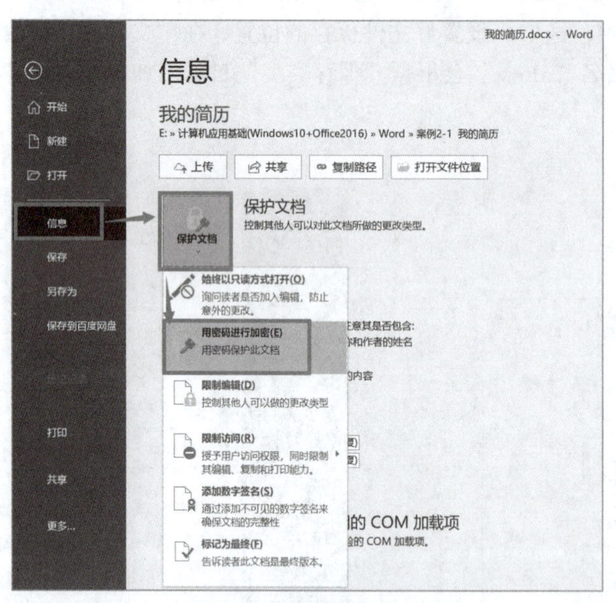

图 2-15　用密码进行加密

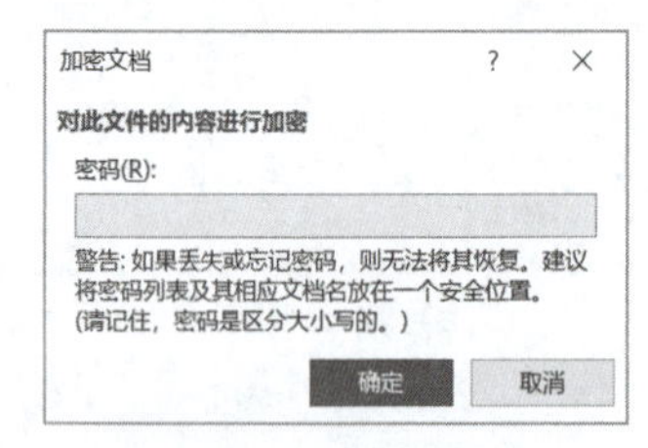

图 2-16　设置密码

温馨提示　密码区分大小写。如果丢失或忘记密码，将无法恢复。在保存文件时，“保存”按钮左侧的“工具”选项菜单中，也可以设置“打开”和“编辑”密码，如图2-17所示。

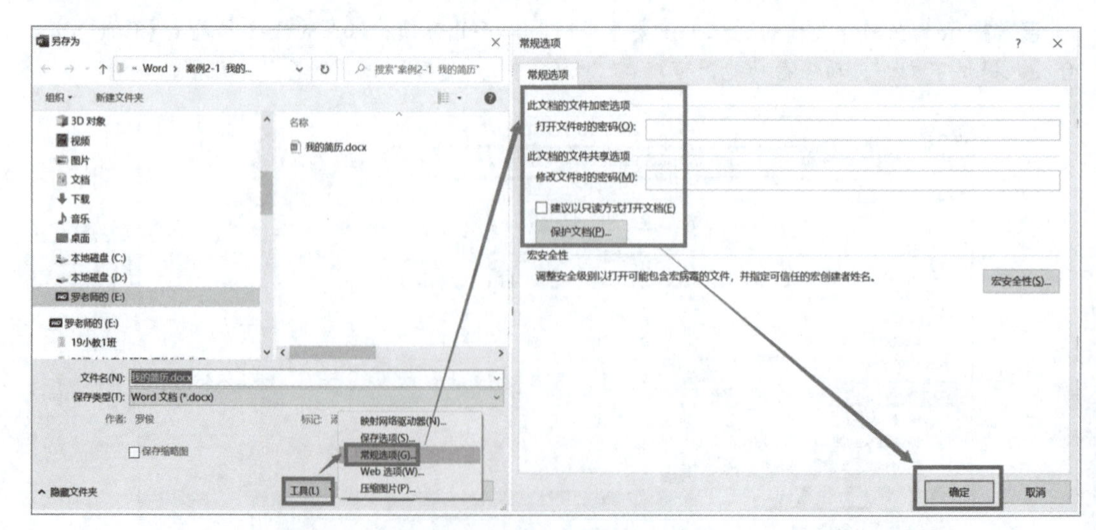

图 2-17　保存设置中的常规选项

2.1.5　发布为 PDF 格式

PDF（portable document format），意为“可携带文档格式”，用于与应用程序、操作系统、硬件无关的方式进行文件交换。PDF文件可以将文字、字型、格式、颜色及独立于设备和分辨率的图形图像等封装在一个文件中，无论在哪种打印机上都可保证精确的颜色和准确的打印效果，即PDF会忠实地再现原稿的每一个字符、颜色以及图像。这种文件格式与操作系统平台无关，也就是说，PDF文件不管是在Windows、UNIX、Mac OS操作系统中，还是手机中都是通用的。这一特点让它成为利用网络发布、传输电子文档的理想文档格式。比如，为了保证文件被传送到打印室后能被“原封不动”地打印出来，就可以将文件保存为PDF格式后再传送给打印室；如果是Word格式，万一打印室的计算机操作系统、Word版本、安装的字体与原来编辑的计算机不一致，文档格式就会发生变化。另外，PDF文件格式可以单独设置打开、复制、编辑权限密码，具有更高的安全性。

在Word中将文档发布为PDF格式文件的具体操作步骤如下：

（1）选择“文件”→“另存为”→“更多”→“导出”→“创建PDF/XPS文档”→“创建PDF/XPS”命令，如图2-18所示。

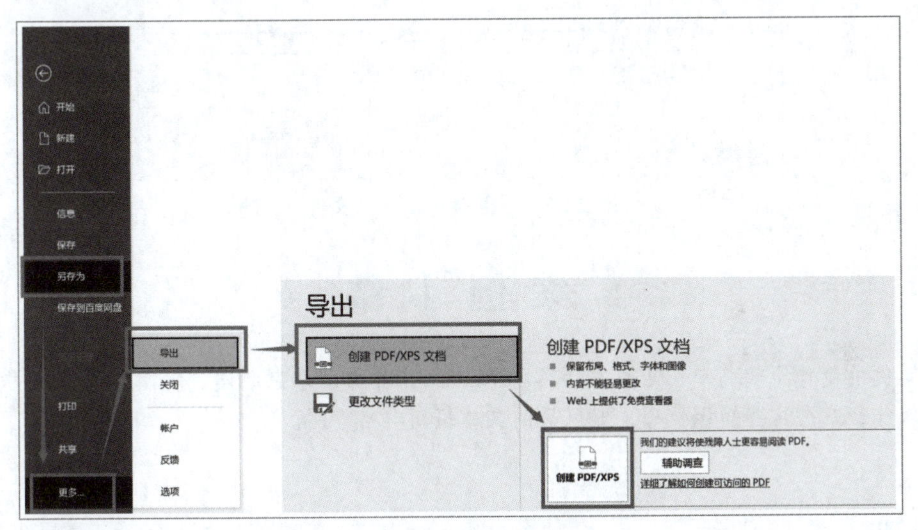

图 2-18　创建 PDF

（2）在弹出的“发布为PDF或XPS”对话框中，输入文件名“我的简历”，单击“发布”按钮，如图2-19所示。

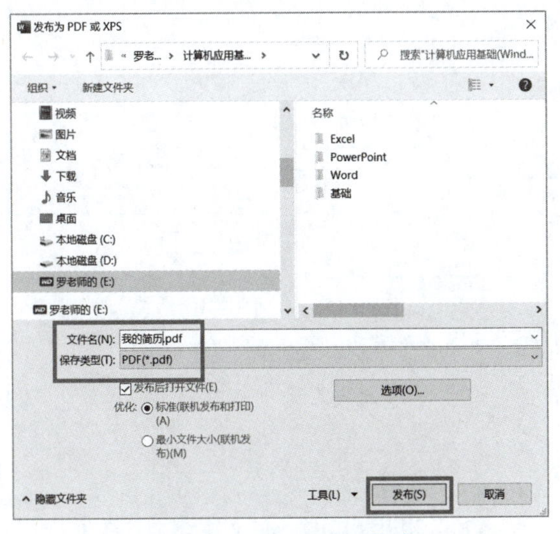

图 2-19　发布为 PDF 格式

温馨提示　文件保存时，在“保存类型”中选择PDF，也可将文件直接以PDF格式保存，如图2-20所示。

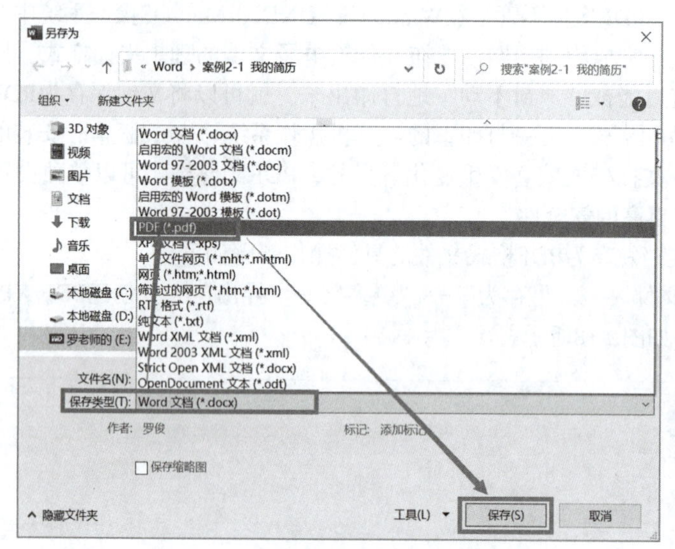

图 2-20　另存为 PDF 格式文件

案 例 小 结

本案例的制作比较简单，重点在于熟悉Word工作界面，掌握新建、编辑、保存、另存文档的基本操作，掌握这些知识技巧，对以后的文本编辑非常有用。

笔记栏

实训 2.1 制作简历

实训项目	实训记录
实训 2.1.1 完成我的简历 1．在 Word 自带模板中下载“基本简历（经典设计）”模板，制作个人简历。 2．保存文档，发布为 PDF 格式。	
实训 2.1.2 创意制作个人简历 1．在网上下载一个新颖的、适合个人实际情况的简历模板，制作个人简历。 2．保存文档，发布为 PDF 格式。	

学习与实训回顾

见：

请记下你认为有价值、有启发或容易遗忘的知识点，并注明知识点所在页码以便回顾。

感：

请记下你在学习了本案例并实践之后的收获和感受。

思：

本案例中的知识点可以关联到哪些你已掌握的知识内容（包含其他课程所学）？
你过去碰到的哪些任务、困难，可以用本案例中的知识点去完成、优化、解决？

行：

你对本案例的设计和制作是否有改进建议？
今后的学习和工作中，哪些情境可以用到本案例所学内容？

案例 2.2　宋词《永遇乐・京口北固亭怀古》

知识目标

◎熟悉“字体”工具组。
◎熟悉“字体”对话框。
◎熟悉中文版式。
◎掌握格式刷功能和用法。
◎理解脚注和尾注的特征和区别。

技能目标

◎对文字进行常规格式设置和特殊显示效果设置。
◎插入符号。
◎使用格式刷复制格式。
◎为文档添加脚注和尾注。

素质目标

◎感受词作者心中丧权辱国之痛和词中深沉的爱国主义情怀。
◎坚定在中华民族复兴伟业中实现个人价值的信念。
◎了解规范汉字的内涵，强化汉字规范化意识。

完成《永遇乐・京口北固亭怀古》的创意文字排版，完成效果如图2-21所示（图中未展示隐藏文字内容）。

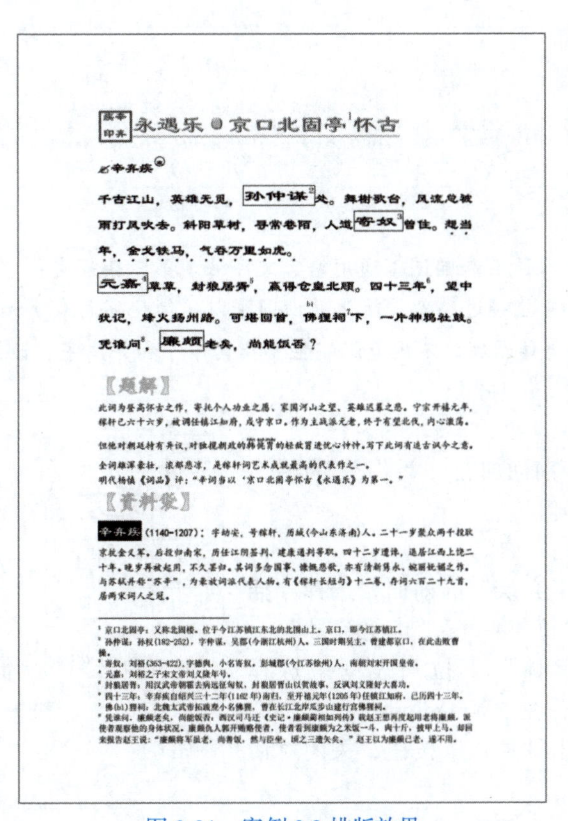

永遇乐・京口北固亭[1]怀古

辛弃疾

千古江山，英雄无觅，孙仲谋[2]处。舞榭歌台，风流总被雨打风吹去。斜阳草树，寻常巷陌，人道寄奴[3]曾住。想当年，金戈铁马，气吞万里如虎。

元嘉[4]草草，封狼居胥[5]，赢得仓皇北顾。四十三年[6]，望中犹记，烽火扬州路。可堪回首，佛(bì)狸祠[7]下，一片神鸦社鼓。凭谁问[8]，廉颇老矣，尚能饭否？

【题解】

此词为登高怀古之作，寄托个人功业之愿、家国河山之望、英雄迟暮之悲。宁宗开禧元年，稼轩已六十六岁，被调任镇江知府，戍守京口。作为主战派元老，终于有望北伐，内心激荡。

但他对朝廷持有异议，对独揽朝政的韩侂胄的轻敌冒进忧心忡忡。写下此词有追古讽今之意。

全词雄浑豪壮，滚郁悲凉，是稼轩词艺术成就最高的代表作之一。

明代杨慎《词品》评：“辛词当以‘京口北固亭怀古《永遇乐》为第一。”

【资料袋】

辛弃疾(1140-1207)：字幼安，号稼轩，历城(今山东济南)人。二十一岁聚众两千投耿京抗金义军，后投归南宋，历任江阴签判、建康通判等职，四十二岁遭谗，退居江西上饶二十年，晚岁再被起用，不久罢归。其词多念国事，慷慨悲歌，亦有清新隽永、婉丽妩媚之作。与苏轼并称“苏辛”，为豪放词派代表人物。有《稼轩长短句》十二卷，存词六百二十九首，居两宋词人之冠。

[1] 京口北固亭：又称北固楼，位于今江苏镇江东北的北固山上。京口，即今江苏镇江。
[2] 孙仲谋：孙权(182-252)，字仲谋，吴郡(今浙江杭州)人，三国时期吴主。曾建都京口，在此击败曹操。
[3] 寄奴：刘裕(363-422)，字德舆，小名寄奴，彭城郡(今江苏徐州)人，南朝刘宋开国皇帝。
[4] 元嘉：刘裕之子宋文帝刘义隆年号。
[5] 封狼居胥：用汉武帝朝霍去病远征匈奴，封狼居胥山以贺故事，反讽刘义隆好大喜功。
[6] 四十三年：辛弃疾自绍兴三十二年(1162 年)南归，至开禧元年(1205 年)任镇江知府，已历四十三年。
[7] 佛(bì)狸祠：北魏太武帝拓跋焘小名佛狸，曾在长江北岸瓜步山建行宫佛狸祠。
[8] 凭谁问，廉颇老矣，尚能饭否：西汉司马迁《史记・廉颇蔺相如列传》载赵王想再度起用老将廉颇，派使者观察他的身体状况，廉颇仇人郭开贿赂使者，使者看到廉颇为之米饭一斗，肉十斤，披甲上马，却回来报告赵王说：“廉颇将军虽老，尚善饭，然与臣坐，顷之三遗矢矣。”赵王以为廉颇已老，遂不用。

图 2-21　案例 2.2 排版效果

2.2.1 录入标点符号

英文输入法状态下：所有的标点与键盘上标识的符号是一一对应的关系，即与键盘上标识的标点完全相同。

中文输入法状态下：中文标点与键盘上标识的对应关系如表2-1所示。

表 2-1 中文标点与键盘键位的对应关系

中文标点	键盘符号	中文标点	键盘符号
、顿号	\	“” 双引号	“（中文双引号自动配对）
，逗号	,	‘’ 单引号	‘（中文单引号自动配对）
；分号	;	——破折号	-（Shift+-）
。句号	.	……省略号	^（Shift+6）
：冒号	:	￥人民币符号	$（Shift+4）
？问号	?	·间隔号	@（Shift+2）
！感叹号	!		

温馨提示　间隔号“·”，在不同的输入法中，可能有一些不同，以个人实际使用输入法为准。以“搜狗五笔输入法”为例，需要先在软键盘选项中选择“8.标点符号”，再选择间隔号“·”输入。

2.2.2 中文简繁转换

在特殊情况下也可将文字转换成繁体，以匹配古诗词的古典风格：选中诗词文本，选择“审阅”→“中文简繁转换”→“简转繁”命令。效果如图2-22所示。

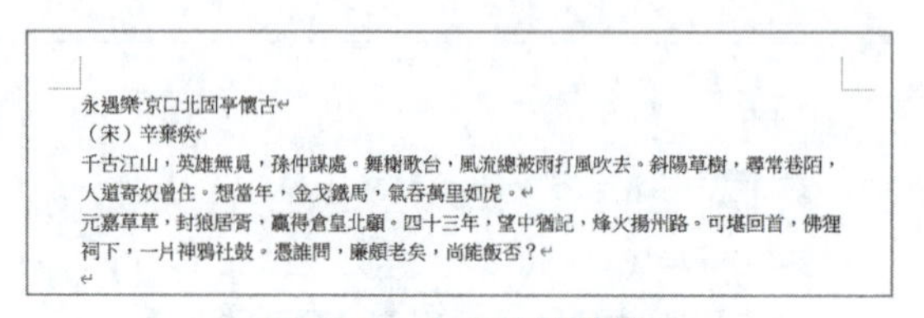
永遇樂·京口北固亭懷古
（宋）辛棄疾
千古江山，英雄無覓，孫仲謀處。舞榭歌台，風流總被雨打風吹去。斜陽草樹，尋常巷陌，人道寄奴曾住。想當年，金戈鐵馬，氣吞萬里如虎。
元嘉草草，封狼居胥，贏得倉皇北顧。四十三年，望中猶記，烽火揚州路。可堪回首，佛狸祠下，一片神鴉社鼓。憑誰問，廉頗老矣，尚能飯否？

图 2-22 中文简繁转换

温馨提示　《中华人民共和国国家通用语言文字法》第三条规定：“国家推广普通话，推行规范汉字。”规范汉字是指经过整理、简化并由国家以《简化字总表》和《通用规范汉字表》的形式正式公布的简化字与传承字。不规范汉字主要指繁体字和异体字。日常使用不能用繁体字。

2.2.3 插入符号

在作者“辛弃疾”前面加上一个“✍”符号，代表“作者为辛弃疾”。

具体操作方法如下：

将光标定位在“辛弃疾”的前面，选择“插入”→“符号”→“符号”→“其他符号”，打开对话框；在“字体”下拉列表框中选择“Wingdings”符号集，在“Wingdings”符号集中选取“✍”符号，单击“插入”按钮，关闭对话框，如图2-23所示。

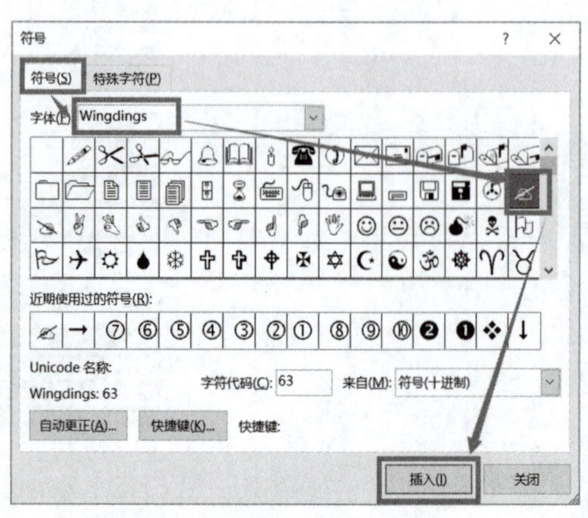

图 2-23 插入符号

温馨提示　双击“✍”符号，也可插入该符号。

2.3.4　添加脚注和尾注

1. 脚注和尾注

脚注和尾注都是对文档的补充说明，但两者也有明显的区别。

脚注是对文档的补充说明，一般用于对文档中难以理解的部分加以详细说明或补充扩展信息，通常放在与被说明文字相同页面的底部。

脚注包括两个部分：注释标记和注释文本。注释标记位于需要注释的文字的右上角；注释文本是注释内容，位于文档当前页的底部。

尾注一般用于说明引用文献的出处等，通常在整篇文档的结尾处。在Word中，尾注的创建方法与脚注基本一样，但标记不一样，脚注的标记直接显示为数字，尾注的标记显示为上方有小圆点的数字。

脚注和尾注创建完成后，都会与正文文本之间出现一条分隔线，以示区分。

2. 插入脚注

本案例只出现了脚注。添加方法如下：

（1）定位：将光标置于需要添加脚注的文本后方，或者选定要添加脚注的文本。本案例选择“京口北固亭”。

（2）设置：选择“引用”→“脚注”→“插入脚注”命令，会看到“京口北固亭”文本的后面多了一个数字“1”的脚注编号，在当前页面底部出现一条黑色的脚注分隔线，在分隔线的下方也出现了数字“1”的脚注编号和插入光标。

（3）在光标处录入脚注内容，本案例录入：“京口北固亭：又称北固楼。位于今江苏镇江东北的北固山上。京口，即今江苏镇江。”。

（4）同样的方法，添加如下脚注：

孙仲谋：孙权（182—252），字仲谋，吴郡（今浙江杭州）人。三国时期吴主。曾建都京口，在此击败曹操。

寄奴：刘裕（363—422），字德舆，小名寄奴。彭城郡（今江苏徐州）人，南朝刘宋开国皇帝。

元嘉：刘裕之子宋文帝刘义隆年号。

封狼居胥：用汉武帝朝霍去病远征匈奴，封狼居胥山以贺故事，反讽刘义隆好大喜功。

四十三年：辛弃疾自绍兴三十二年（1162年）南归，至开禧元年（1205年）任镇江知府，已历四十三年。

佛（bì）狸祠：北魏太武帝拓跋焘小名佛狸，曾在长江北岸瓜步山建行宫佛狸祠。

凭谁问，廉颇老矣，尚能饭否：西汉司马迁《史记·廉颇蔺相如列传》载赵王想再度起用老将廉颇，派使者观察他的身体状况。廉颇仇人郭开贿赂使者，使者看到廉颇为之米饭一斗，肉十斤，披甲上马。却回来报告赵王说：“廉颇将军虽老，尚善饭，然与臣坐，顷之三遗矢矣。”赵王以为廉颇已老，遂不用。

温馨提示　脚注和尾注添加完成后，将鼠标指针停留在脚注或者尾注标记上，标记上方会自动以“便笺”形态显示脚注或者尾注的具体注释内容，如图2-24所示。

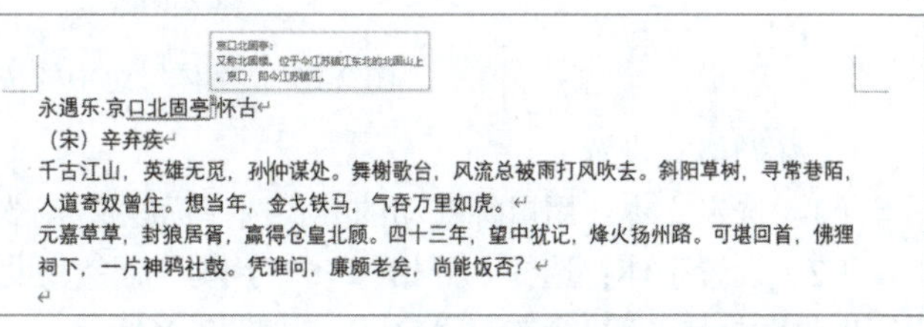

图 2-24　脚注尾注显示在正文中

2.2.5 文字格式化

文字格式化就是指对文字内容进行相关文字格式编辑。

1. 文字格式类型

1）字体

Word默认的字体是等线字体，中英文通用。Word提供了几十种中英文字体，若要使用其他的字体，需要先在系统中安装该字体。

2）字号

Word默认的字号为五号字。字号有两种表示方法，一种是以“磅”为单位，Word字号列表中用阿拉伯数字显示，磅值越大，字越大；另一种以“号”为单位，字号列表中用汉字表示，共列出了八号到初号共16种字号，号数越大，字越小。五号字约等于10.5磅。

也可以在字号列表框中直接输入数字来设置字号。

温馨提示　快速增大字号的快捷方式：Ctrl+】；快速缩小字号的快捷方式：Ctrl+【。

3）字形

Word中字形有四种变化形式，常规、倾斜、加粗、加粗并倾斜。

4）字符缩放和间距

缩放：对选中文字横向缩小或放大。

间距：设置选中文字之间的空白间隔。

位置：对选中文字在行高的纵向位置设置一定的高低差。

5）其他格式

颜色：可以设置文字颜色、文字背景颜色。

附加符号：可以为文字添加拼音、下划线、删除线、着重号、边框、圆圈、底纹等。

特效（文本效果与版式）：可以为文字添加轮廓、阴影、映像、发光等特效。

特殊格式：可以将文字设置成下标、上标。

2. 本案例的文字格式化

进行文字格式化，主要使用“开始”菜单中的“字体”组，如图2-25所示。

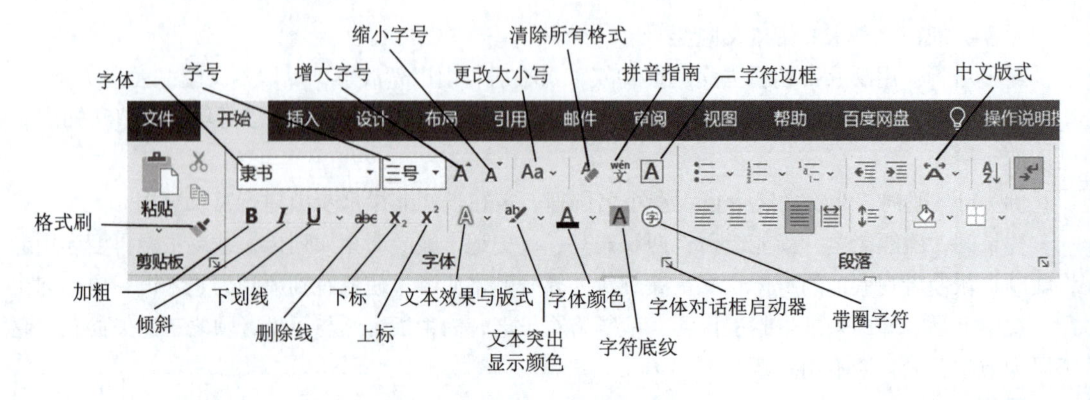

图 2-25　“字体”组中的按钮功能

1）标题格式设置

（1）选定文本：用鼠标拖动的方式选择标题文字“永遇乐·京口北固亭怀古”。

（2）设置字体：选择“开始”→“字体”命令，设置为隶书、一号，并设置一个文本特效以突出显示标题（第1行左起第5个），如图2-26所示。

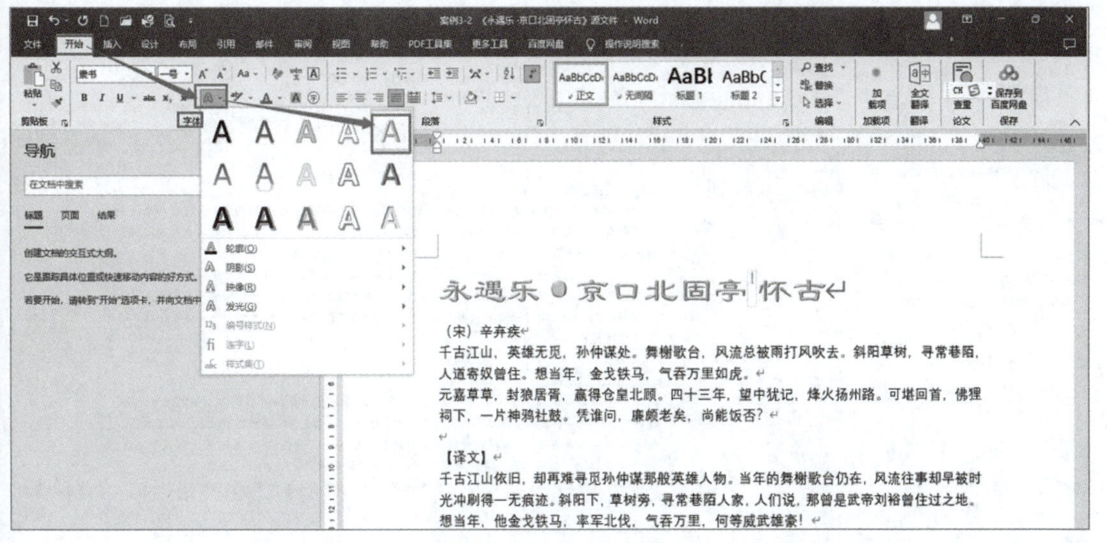

图 2-26　设置文本特效

（3）打开“字体”对话框：选中标题文本，单击“开始”→“字体”组右下角的对话框启动器按钮，如图2-27所示，打开“字体”对话框。

（4）设置下划线：在“字体”对话框中为标题文字添加“双波浪线”下划线，颜色为黑色，如图2-28所示。

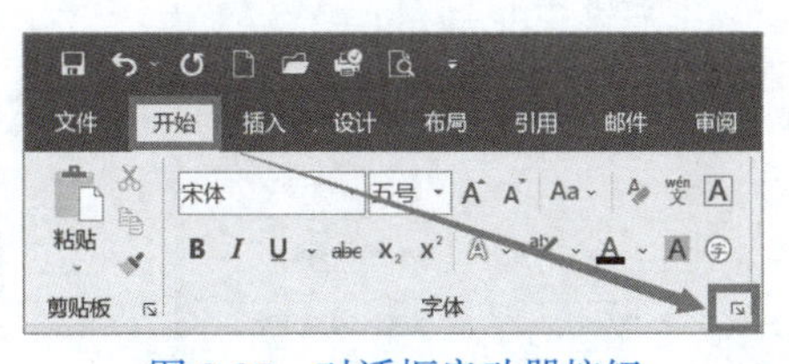

图 2-27　对话框启动器按钮

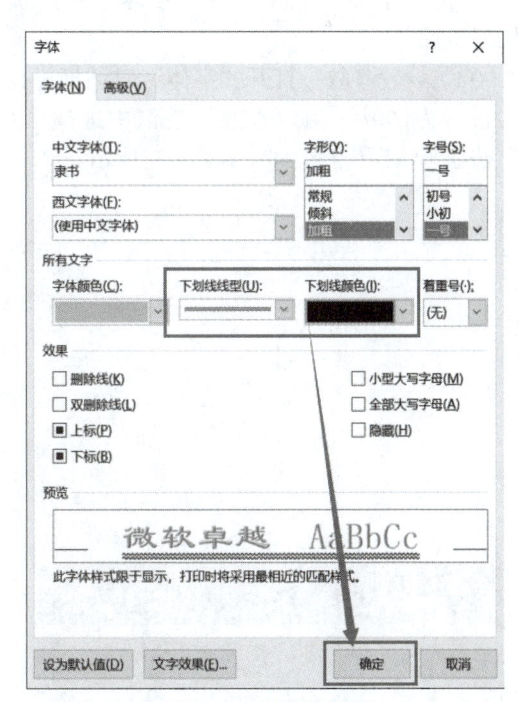

图 2-28　下划线设置

（5）设置其他文本字体格式：用同样的方法，将作者和正文设置为隶书、三号字，后面的其他文本均设置为楷体、五号字；“【译文】【题解】【资料袋】”设置为楷体、二号字、文本特效（第2排左起第3个）。完成效果如图2-29所示。

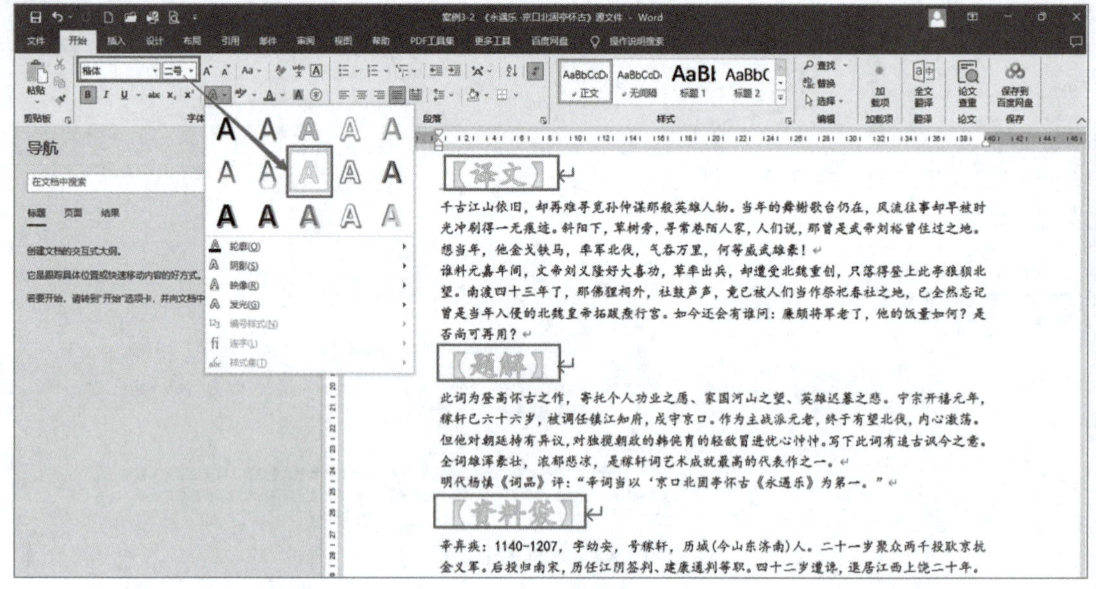

图 2-29　小标题效果

2）"孙仲谋"的格式化设置

（1）选择文本：按住鼠标左键拖动选中文本"孙仲谋"。

（2）设置字符边框：单击"字体"组中的"字符边框"按钮，为选中文本添加字符边框，如图2-30所示。

（3）设置参数：打开"字体"对话框，在"字体"对话框中选择"高级"选项卡，"缩放"设置为150%；在"位置"选区中选择"上升"选项，"磅值"为默认的3磅，单击"确定"按钮确认操作并返回，如图2-31所示。

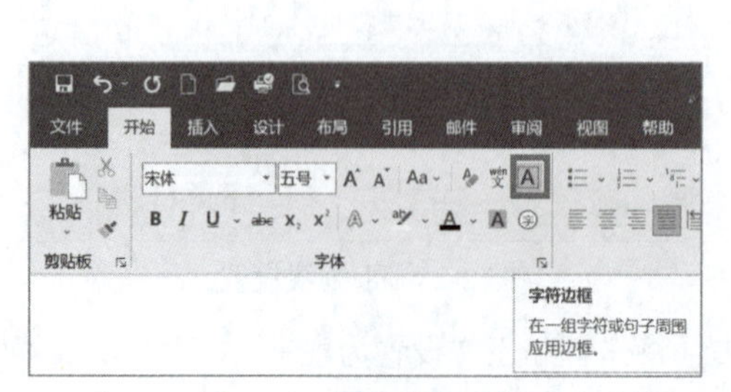

图 2-30　添加字符边框

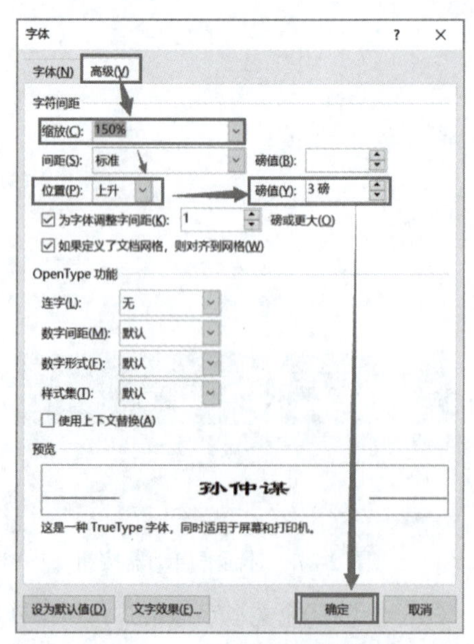

图 2-31　"高级"参数设置

3）"寄奴""元嘉""廉颇"的格式化设置

"寄奴""元嘉""廉颇"这几个词与"孙仲谋"的格式完全一样，可以使用Word的"格式刷”工具快速设置格式。

顾名思义，“格式刷”就像一把刷子一样，可以将文字等内容批量“刷”成统一的格式，不管是字体格式，还是段落格式。具体来说，“格式刷”先从已经设置好格式的对象上“复制”格式，然后再“应用”到另外的对象上。其使用方法如下：

（1）格式复制：选中“孙仲谋”，单击“开始”→“剪贴板”→“格式刷”按钮，进入格式复制状态，如图2-32所示。

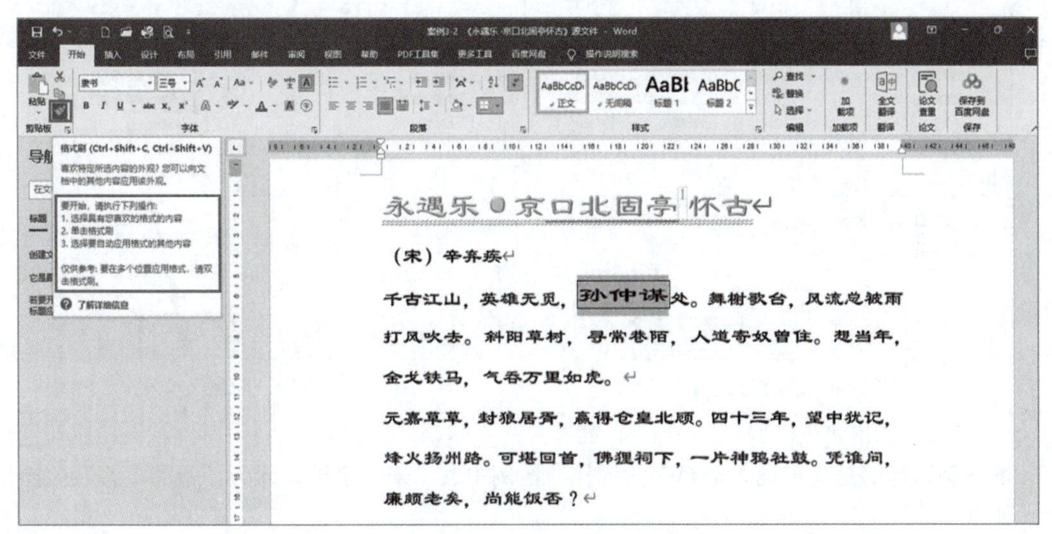

图 2-32　格式刷的位置和提示

（2）格式应用：进入格式复制状态后，鼠标指针旁多了一个小刷子，如图2-33所示，用鼠标拖动光标选择目标文本“寄奴”，就会发现“孙仲谋”的所有格式参数都被复制到了“寄奴”上面。

图 2-33　格式刷

温馨提示　若格式复制后只需要应用一次，则单击“格式刷”按钮即可。若格式复制后需要多次连续应用，则需双击“格式刷”按钮，当格式复制完后，需要再次单击“格式刷”按钮退出格式刷状态。

（3）格式连续应用：用双击“格式刷”按钮的方式，完成剩下几个词的格式复制、应用，然后退出格式复制状态。

4）“想当年，金戈铁马，气吞万里如虎”的格式化设置

用鼠标拖动的方式选择文本“想当年，金戈铁马，气吞万里如虎”，打开“字体”对话框，选择“字体”选项卡，选择“着重号”形式，单击“确定”按钮确认操作，如图2-34所示。

温馨提示　繁体字的着重号会显示在文字的上方。

5）“【译文】……”等两段文本的格式化设置

用鼠标在“译文”段落左侧的选择条上双击，并向下拖动，同时选中“译文”小标题及译文内容段落文本，打开“字体”对话框，选择“字体”选项卡，在“效果”选区中勾选“隐藏”复选框，单击“确定”按钮确认并返回，如图2-35所示。

设置为“隐藏文字”后，“译文……”部分的两段文本将会被隐藏起来，打印预览也看不到，可以实现文字内容的简单保密。若要将其显示出来，可单击“开始”→“段落”→“显示/隐藏编辑标记”按钮，显示出来的文字下方有一条虚线，这是隐藏文字的标记。如果要彻底取消隐藏，则选中下方有灰色虚线的文字，到“字体”对话框中进行取消“隐藏”设置。

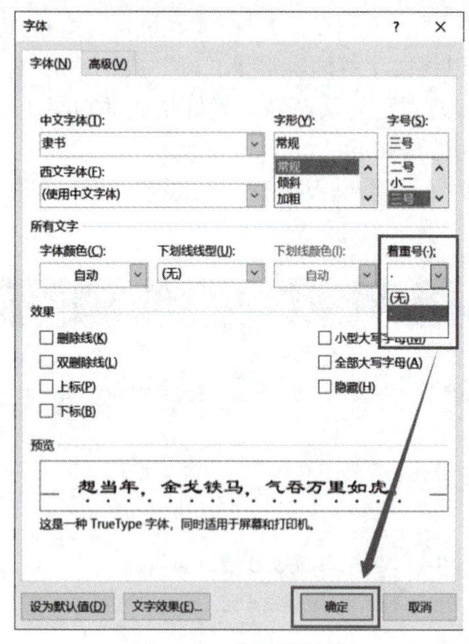
图 2-34　着重号设置

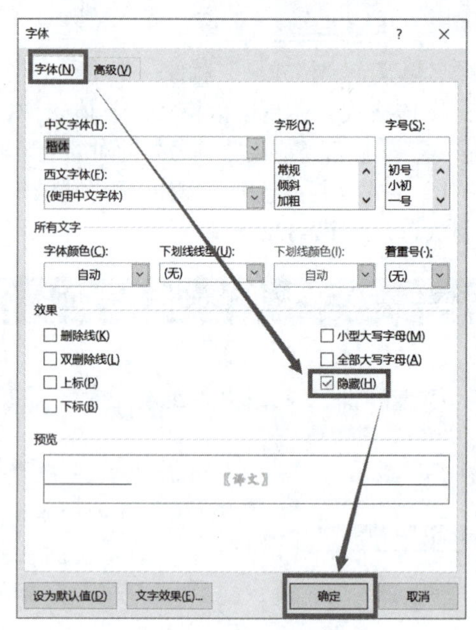
图 2-35　设置“隐藏”文字

6）“宋”的格式化设置

本案例选择的是南宋词人辛弃疾的词作，案例中，“宋”字被设计为“带圈字符”。操作步骤如下：

（1）添加圈号：用鼠标拖动选择文本“宋”，单击“开始”→“字体”→“带圈字符”按钮，打开“带圈字符”对话框，有两种样式可以选择，一是“缩小文字”，圈的大小不变，文字缩至圈中；一是“增大圈号”，文字的大小不变，扩大外圈来容纳文字。本案例选择“增大圈号”，圈号为圆形，如图2-36所示。

温馨提示　设置带圈字符，一次只能设置一个字符。设置完成后，字体会发生改变，需要为文字重新设置字体，本案例为“隶书”。

（2）设置为“上标”：单击“开始”→“字体”→“上标”按钮，将文本设置成该行右上方小字符（角标）的效果。完成后效果如图2-37所示。

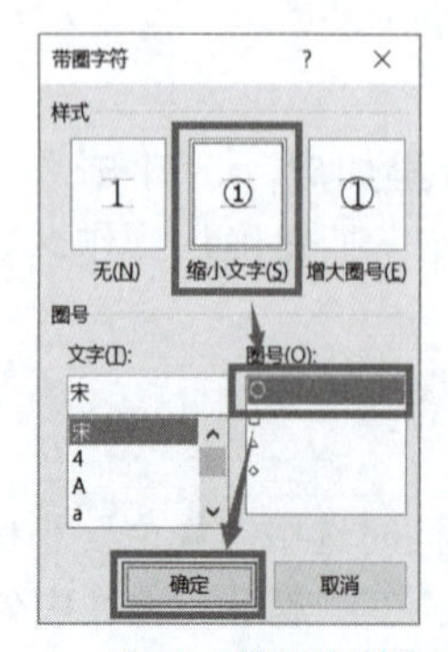
图 2-36　设置“带圈字符”参数

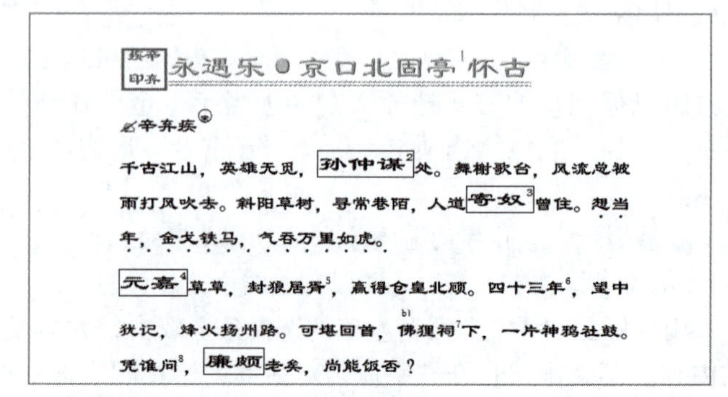
图 2-37　“宋”格式化效果

7）“资料袋”中“辛弃疾”文本的突出显示颜色

选中“资料袋”中“辛弃疾”文本，单击“开始”→“字体”→“文本突出显示颜色”按钮，选择黑色；由于“辛弃疾”文本颜色也是黑色，所以文字看不见了，这时将文本颜色设置为白色即可实现文本的突出显示，起到强调的作用，如图2-38所示。

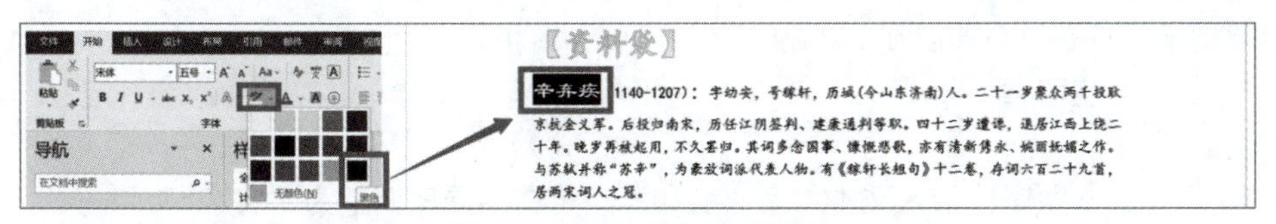

图 2-38　文本突出显示颜色

3. 中文版式

1）为“佛”字添加拼音

Word的“拼音指南”功能可以为汉字添加汉语拼音，不过，拼音指南只能为简体中文汉字添加拼音。这里可以将文本转换为简体中文，设置好“拼音指南”后再转换为繁体中文。

具体操作步骤如下：

（1）选中文本：选中文字“佛”。

（2）进入拼音指南编辑状态：单击“开始”→“字体”→“拼音指南”按钮，打开“拼音指南”对话框。对话框中会自动显示该汉字的拼音，也可以设置相关参数。“佛”字是个多音字，在“佛狸祠”中读作“bì”，但“拼音指南”中自动填补的读音为“fó”。如图2-39左图所示。

（3）手动输入特定拼音：在“拼音指南”对话框中先删除原来的拼音；再输入声母“b”；在输入法提示条上的软键盘上右击，在弹出的快捷菜单中选择“5.拼音字母”，打开拼音字母软键盘，在软键盘上选择韵母“ì”，如图2-40所示。

（4）设置其他参数：输入完成后，对照图2-39右图设置相关参数。“对齐方式”指拼音字母与对应汉字的对齐关系，“字体”指拼音字母的字体，“偏移量”指拼音字母与对应汉字的距离，“字号”指拼音字母的字号。

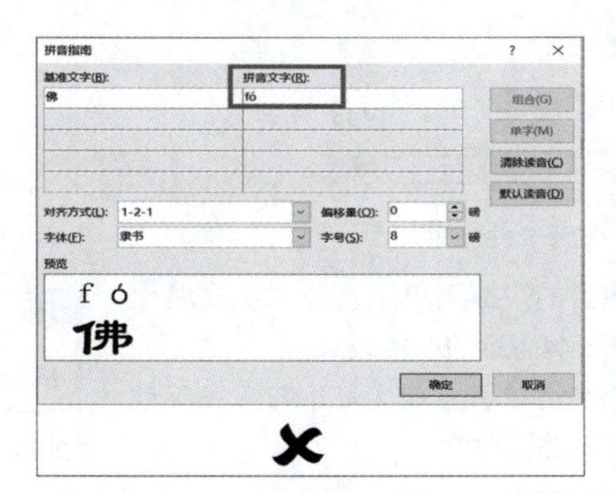

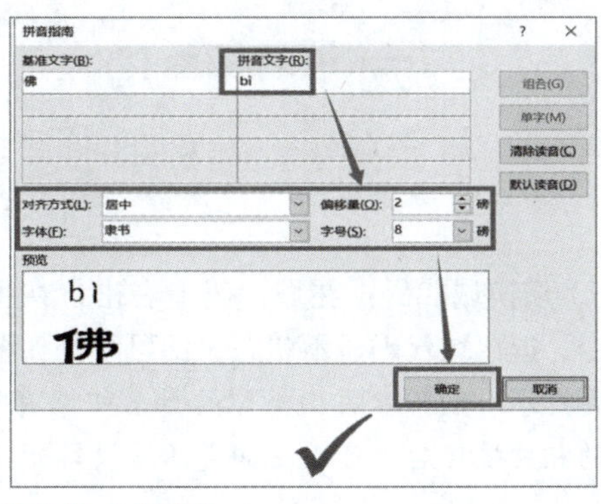

图 2-39　“佛”在此处的正确读音

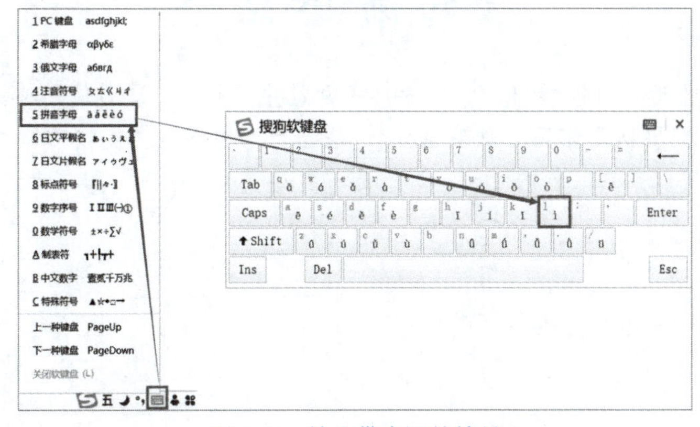

图 2-40　输入带声调的韵母

温馨提示　拼音指南最多可以给29个汉字同时标注拼音。

2）添加辛弃疾印章

方法如下：

（1）调整文本顺序：录入文本“辛弃疾印”，将文字顺序调整为“疾辛印弃”。

（2）设置文本格式：将文本设置为一号，隶书，红色。

（3）设置带圈字符：选中“疾”，单击“格式”→“字体”→“带圈字符”按钮，选择“增大圈号”和“方块”符号，如图2-41所示。

（4）切换域代码：在“疾”字上右击，在弹出的快捷菜单中选择“切换域代码”命令，然后将“辛印弃”三个字用鼠标选中，移动到“疾”字之后，如图2-42所示。

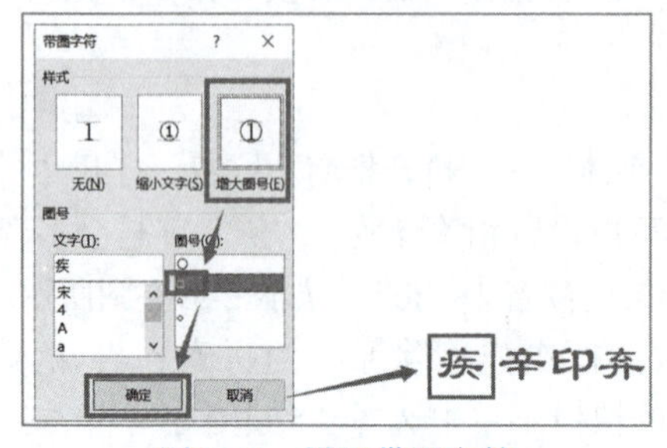

图 2-41　设置带圈字符

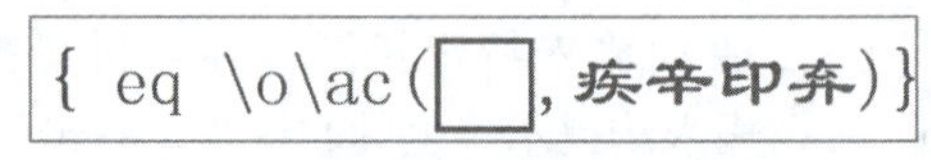

图 2-42　切换域代码

（5）合并字符：选中域代码行中的“疾辛印弃”四个字，选择“格式”→“段落”→“中文版式”→“合并字符”命令，将四个汉字“合并”为一个“字符”，如图2-43所示。

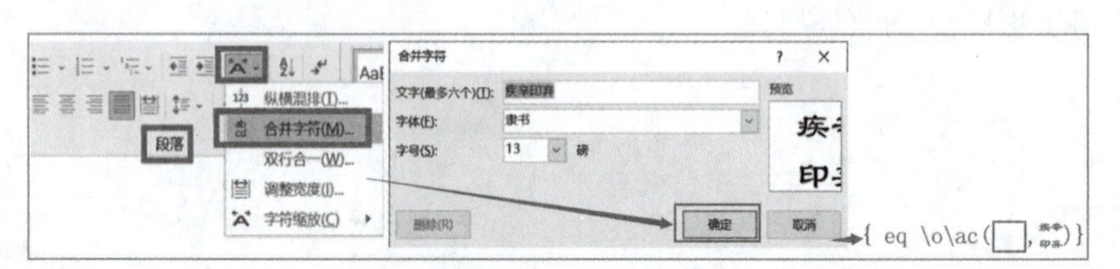

图 2-43　合并字符

（6）切换域代码：在域代码上右击，在弹出的快捷菜单中选择“切换域代码”命令，退出域代码显示状态，即可得到如图2-44所示的印章效果。

温馨提示　制作本案例类似的姓名印章有多种方法，后面学习了艺术字和形状绘制的相关技巧后，可以更加灵活地设计、“制作”印章。

图 2-44　印章

案例小结

从本案例的制作过程可以看出，字体的格式设置并不复杂，通过使用格式刷更是能极大地提高工作效率。我们要认真学习、研究Word的基础功能和常用技能技巧，学习时多花一点时间，今后的使用就可以节约大量的时间。这正是“磨刀不误砍柴工”的意思。

实训 2.2　编排古诗词文本格式

实训项目	实训记录
实训 2.2.1　编排宋词《永遇乐・京口北固亭怀古》版式 按照案例介绍的格式和步骤，编排宋词《永遇乐・京口北固亭怀古》版式。 **实训 2.2.2　编辑排版古诗词** 任选一首古诗词排版，建议使用以下功能与技巧： （1）正确输入标点符号； （2）修改全文为繁体中文； （3）插入合适的符号； （4）为诗名（词牌名、词名）、作者等信息添加脚注尾注信息； （5）根据个人喜好设置字体和段落格式，确保版面易读、美观。	

学习与实训回顾

见：

请记下你认为有价值、有启发或容易遗忘的知识点，并注明知识点所在页码以便回顾。

感：

请记下你在学习了本案例并实践之后的收获和感受。

思：

本案例中的知识点可以关联到哪些你已掌握的知识内容（包含其他课程所学）？
你过去碰到的哪些任务、困难，可以用本案例中的知识点去完成、优化、解决？

行：

你对本案例的设计和制作是否有改进建议？
今后的学习和工作中，哪些情境可以用到本案例所学内容？

案例 2.3　江汉艺术学院艺术节表彰文件

知识目标

◎熟悉段落格式。

◎熟悉页眉与页脚。

◎掌握 Word 表格相关知识。

◎熟悉打印预览和打印设置。

技能目标

◎安装新字体、嵌入字体。

◎用 Word 编排正式公文。

◎设置段落常规格式。

◎插入日期。

◎为文档添加页码。

◎在文档中插入表格并设置表格格式。

◎借助打印预览进行打印设置。

素质目标

◎强化法律意识、保密意识、规范意识。

◎培养工匠精神。

◎尊重著作权（版权）。

编排处理公文是行政事业单位的一项常规工作。国家标准《党政机关公文格式》（GB/T 9704—2012）详细规定了公文的具体格式，要做出符合要求的公文文件，有必要认真学习这一国家标准。本案例所示，只是公文中的一种典型格式，内容只为示范，均为虚拟信息，并不具有实际意义，如图2-45所示。

江汉艺术学院文件

江艺文〔2021〕37号

江汉艺术学院

关于公布第十七届艺术节获奖名单的通知

各处室院部：

江汉艺术职业学院第十七届艺术节于 2021 年 10 月 8 日开始筹备，11 月 25 日开幕。经过全院师生的共同努力，各项活动于 12 月 10 日圆满结束。

经大赛评委会认真评审，共评出专业组文艺节目一等奖 15 名，二等奖 20 名，三等奖 25 名，优秀奖 35 名；非专业组文艺节目一等奖 1 名，二等奖 2 名，三等奖 2 名；优秀文艺节目主持人一等奖 2 名，二等奖 4 名，三等奖 8 名；专业组美术作品一等奖 4 名，二等奖 8 名，三等奖 18 名，优秀奖 30 名；非专业组美术作品一等奖 2 名，二等奖 4 名，三等奖 6 名，优秀奖 20 名；招贴设计一等奖 2 名，二等奖 4 名，三

\- 1 -

等奖 8 名；优秀书法作品一等奖 2 名，二等奖 3 名，三等奖 4 名；征文比赛一等奖 4 名，二等奖 7 名，三等奖 14 名；优质课件一等奖 6 名，二等奖 10 名，三等奖 18 名。优秀指导教师 26 名，优秀班级组织奖 25 名。教师舞台艺术实践一等奖 2 名，二等奖 4 名，三等奖 6 名，优秀奖 6 名。

具体获奖名单见附件。

江汉艺术学院

2021 年 12 月 21 日

江汉艺术学院办公室　　2021 年 12 月 21 日印发

\- 2 -

图 2-45　案例 2.3 文件完成效果（部分）

附件：

江汉艺术学院第十七届艺术节获奖名单

优质课件组

一等奖（6名）

班级	姓名	授课课程（领域）	课题	指导教师
18小教1班	吴吉利	小学语文	秋天	罗乐兮
18小教1班	郭倩	小学语文	走月亮	罗乐兮
18小教3班	谈芬芬	小学语文	金色的草地	罗乐兮
18小教1班	毛庆庆	小学语文	爬山虎的脚	罗乐兮
18学前7班	张子玄	幼儿园科学	种子去旅行	魏海
18学前16班	林新柳	幼儿园社会	我爱国旗	柳青

二等奖（10名）

班级	姓名	授课课程（领域）	课题	指导教师
19小教1班	吴娟	小学语文	荷花	罗乐兮
19小教7班	李盼盼	小学语文	静夜思	罗乐兮
20英教班	王艺嫒	小学语文	坐井观天	罗乐兮
19软件3班	饶晨怡	小学语文	一块奶酪	罗乐兮
19小教6班	杨昌美	小学语文	曹冲称象	方杨
19小教7班	李萍	小学语文	窃读记	罗乐兮
18学前16班	常秋月	幼儿园科学	夏天在哪里	柳青
18学前16班	王倩倩	幼儿园科学	动物的冬	柳青
18学前16班	袁梦欣	幼儿园语言	咏鹅	柳青
19学前16班	秦豆豆	幼儿园社会	迎新春	柳青

\- 3 -

三等奖（19名）

班级	姓名	授课课程（领域）	课题	指导教师
19英教班	林丹	小学语文	盘古开天地	罗乐兮
19中文1班	孙欢	小学语文	触摸春天	罗乐兮
19软件3班	余清伟	小学语文	海底世界	罗乐兮
19小教1班	姚鑫易	小学语文	太阳是大家的	罗乐兮
18英教班	邹静	小学英语	we love animals	方杨
19小教4班	严碧莲	小学语文	乌鸦喝水	罗乐兮
18小教5班	肖胜芳	小学语文	宿建德江	方杨
19小教4班	余敏	小学语文	我变成了一棵树	罗乐兮
19小教8班	章双	小学语文	黄山奇石	罗乐兮
19英教班	田嘉琪	小学语文	阳光	方杨
19小教1班	谢羽欣	小学语文	珍珠鸟	罗乐兮
19小教8班	郭静静	小学语文	找春天	罗乐兮
19学前19班	朱妩妩	幼儿园科学	多吃蔬菜身体棒	柳青
18学前16班	张紫瑶	幼儿园科学	认识颜色	柳青
18学前12班	胡蝶	幼儿园科学	向动物学本领	魏海
19学前19班	兰芳	幼儿园社会	元宵节	柳青
18学前13班	吴哲迪	幼儿园科学	动物保护色	马艳
19学前9班	张璐	幼儿园社会	交“朋友”	汪奇

\- 4 -

图 2-45　案例 2.3 文件完成效果（部分）（续）

2.3.1　认识 Word 页面编辑区域

Word的页面编辑区域如图2-46所示。

1．页面标尺

在“视图”选项卡“显示”组中勾选“标尺”单选按钮后，页面编辑区域顶部和左侧会显示页面标尺。

横穿文档编辑窗口顶部并以度量单位作为刻度的标尺栏是水平标尺，垂直贯穿文档窗口高度并以度量单位作为刻度的标尺栏是垂直标尺。

2．光标位置和段落标记

光标是Word内容编排定位的标志，所有的操作都发生在光标所在位置。

在Word页面编辑区域，每按一下【Enter】键，就会产生一个段落，光标也会下移一行。每一个段落后面都会跟着一个显示为转折箭头式样的段落标记，不管这个段落是否有文字，只要有段落标记，就是一个段落。光标位置和段落标记如图2-47所示。

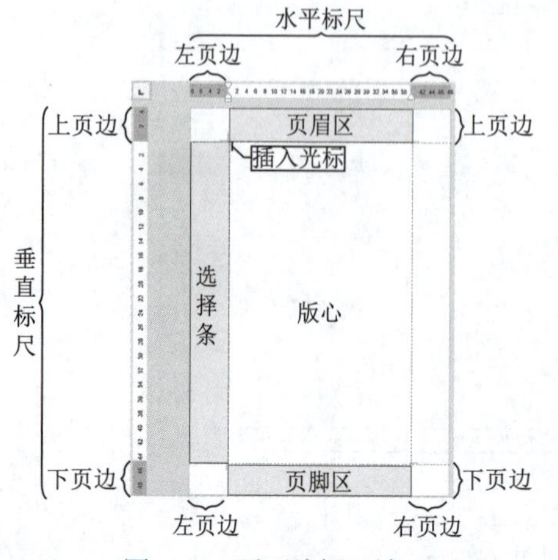

图 2-46　页面编辑区域

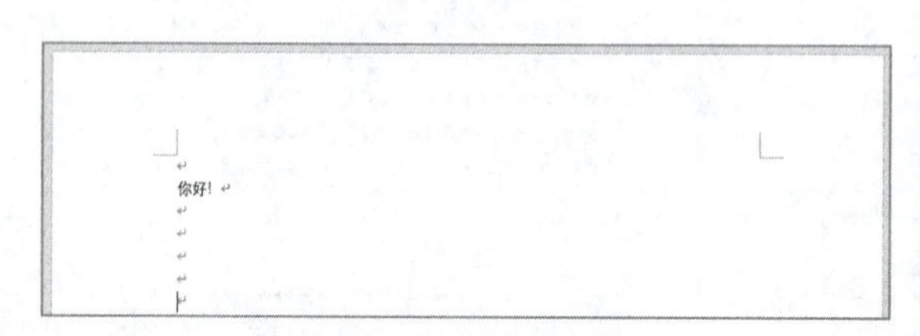

图 2-47　段落标记

3．版心和页边距

在页面标尺上，白色区域代表版心，灰色区域代表页边区域。

页边距是指页面边线到版心的距离，页边距决定了版心和页边区域的大小。页边距根据不同方位分为上页边、下页边、左页边和右页边。

版心是正文编排的区域，在Word中插入的文字、图形、图片等内容，通常显示在版心区域内；必要时，也可以将内容插入页边区域内，如页眉、页脚和页码等。

左页边空白区域是“选择条”位置。

4．页眉页脚区

页眉页脚区，用来插入和显示一些附属信息，比如页码。

通常，页眉在上页边区，页脚在下页边区，但在特殊设计需要时，也可以把属于页眉页脚显示的内容放在左右页边区域内。

2.3.2　段落格式化

在Word中，段落指的是两个【Enter】（回车键）之间的文本，每个段落后面跟一个段落标记。段落格式化，就是设置段落的格式，让文档更加整齐美观，结构更清晰。“开始”选项卡下的“段落”组中各按钮名称如图2-48所示。

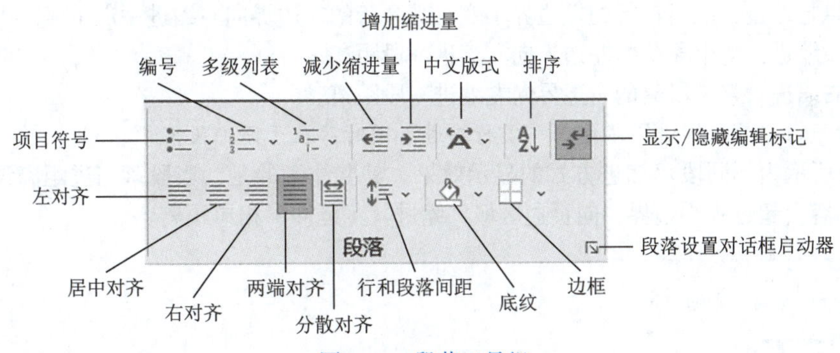

图 2-48　段落工具组

1．段落对齐

段落对齐是指段落文本在页面水平方向上的对齐方式。Word中有五种对齐方式：

左对齐：段中所有的行靠左边对齐，右边允许不对齐，这是英文文档常见对齐方式。

居中对齐：文本居中对齐，一般用于文档标题。

右对齐：段中所有的行靠右边对齐，左边允许不对齐，通常用于文档结尾处的签名和日期等。

两端对齐：每行首尾对齐，但内容未满一行的保持左对齐。相对于左对齐，两端对齐在必要时会压缩字距，以容纳更多字符，确保右边对齐，让页面更美观。

分散对齐：每行首尾对齐，但内容未满的行自动拉宽字符间距，保持首尾对齐。

图2-49所示的是不同段落对齐方式的显示效果。

设置段落对齐的操作方法如下：

1）通过功能按钮设置

“开始”选项卡“段落”组中有一组对齐方式按钮，如图2-50所示，分别代表左对齐、居中对齐、右对齐、两端对齐、分散对齐，单击对应按钮，可以实现相应的段落对齐。

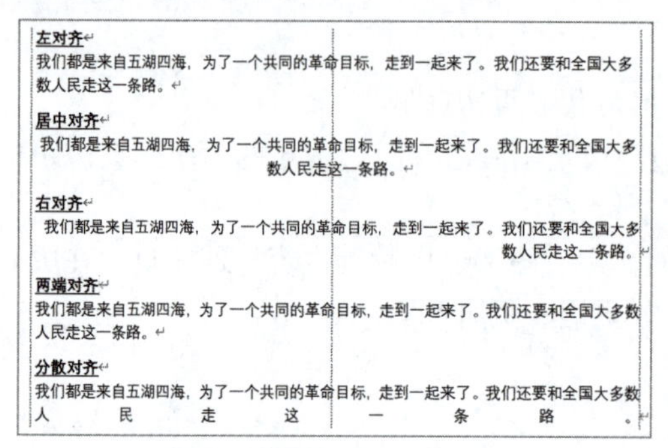

图 2-49　不同的段落对齐方式

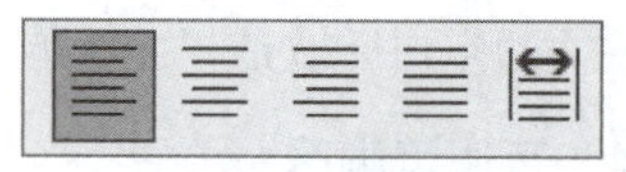

图 2-50　段落对齐方式按钮

2）通过菜单命令设置

选择需要进行段落对齐设置的段落文字，单击“开始”→“段落”组的对话框启动器按钮，打开“段落”对话框，选择“缩进和间距”选项卡，在“对齐方式”工具组中选择所需对齐方式，如图2-51所示，单击“确定”按钮，完成设置。

2. 段落缩进

Word中的缩进，是指调整文本内容与版心边界之间的距离。Word中有以下四种段落缩进类型：

（1）首行缩进：段落首行的左边界向右缩进一段距离，其余行的左边界不变；

（2）悬挂缩进：段落首行的左边界不变，其余行的左边界向右缩进一定距离；

（3）左缩进：整个段落的左边界向右缩进一段距离；

（4）右缩进：整个段落的右边界向左缩进一段距离。

温馨提示　“悬挂缩进”不能与“首行缩进”同时存在于同一段落中。

图2-52所示为不同段落缩进方式的显示效果。需要注意的是，当段落缩进距离设置为负数时，文字内容会超过版心边界，向页边区域“缩进”（延伸）相应距离。

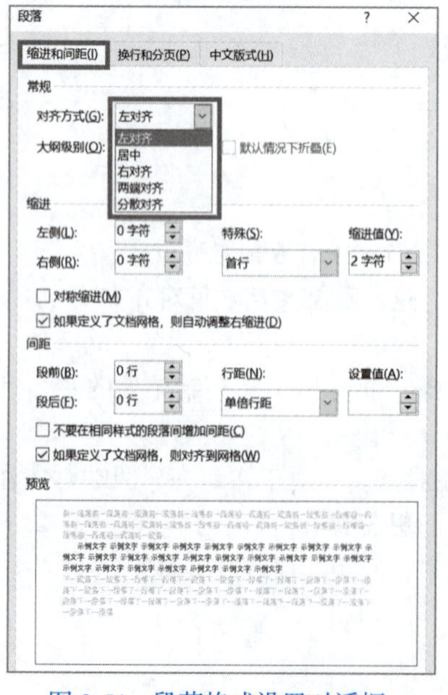

图 2-51　段落格式设置对话框

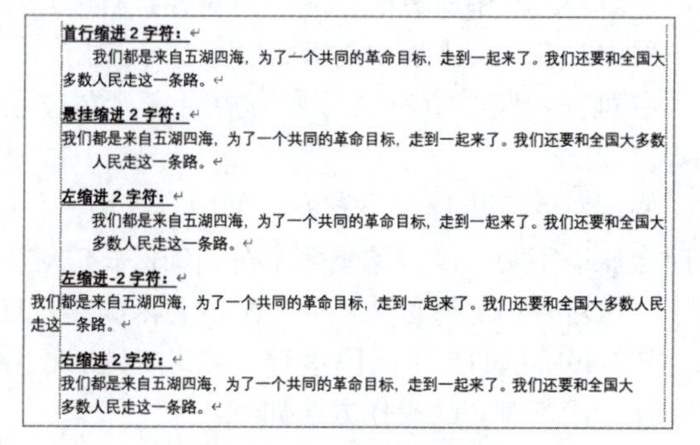

图 2-52　不同的段落缩进方式

同设置段落对齐方式一样，在设置段落缩进方式前，一定要选中段落或将插入点（光标所在位置）移动到要进行缩进的段落内。

设置段落缩进的操作方法如下：

（1）拖动水平标尺上的游标设置。这种方法比较简便，但不够精确，主要靠目测。如果按住【Alt】键的同时，用鼠标拖动游标，可在标尺上显示缩进的距离。

（2）通过“段落”对话框设置。在图2-51所示的段落格式设置对话框中可以精准设置段落缩进距离。

3. 行间距和段落间距

行间距是指同一段落内两行之间的距离。

段落间距是指上一段落的最后一行与下一段落的第一行之间减去行间距之后的距离。

要设置行间距与段间距，首先选定要设置间距的段落，否则，只能对光标所在段落进行设置。

行间距和段落间距也是在图2-51所示的“段落”对话框中设置，“行距”参数设置行间距，“段前”“段后”参数设置段落间距。

2.3.3 安装新字体

Windows系统自带了部分中文和英文字体，如果需要使用特殊的字体，就需要将这些字体安装进操作系统。

在Windows 10中，安装字体的方法有如下几种：

方法一：右击字体文件（.ttf格式或者.otf格式），在弹出的快捷菜单中选择“安装”命令。

方法二：双击打开字体文件，单击对话框中的“安装”按钮。

方法三：将字体复制到C:/Windows/Fonts文件夹中。

方法四：以快捷方式安装字体。

温馨提示　先安装新字体，再打开Word软件，才可以在Word中使用新安装的字体。

系统中的字体并不是越多越好。在系统中安装很多字体，使用起来可能会比较方便，但过多的字体不仅会占用很多的系统盘空间，而且会拖慢相关应用软件的运行速度。如果以快捷方式安装字体，既可以便捷地安装、使用丰富的字体，又不影响系统性能。以快捷方式安装字体的具体操作步骤如下：

（1）进入C:/Windows/Fonts“字体”文件夹界面，单击“字体文件夹”左侧的“字体设置”标签，如图2-53所示。

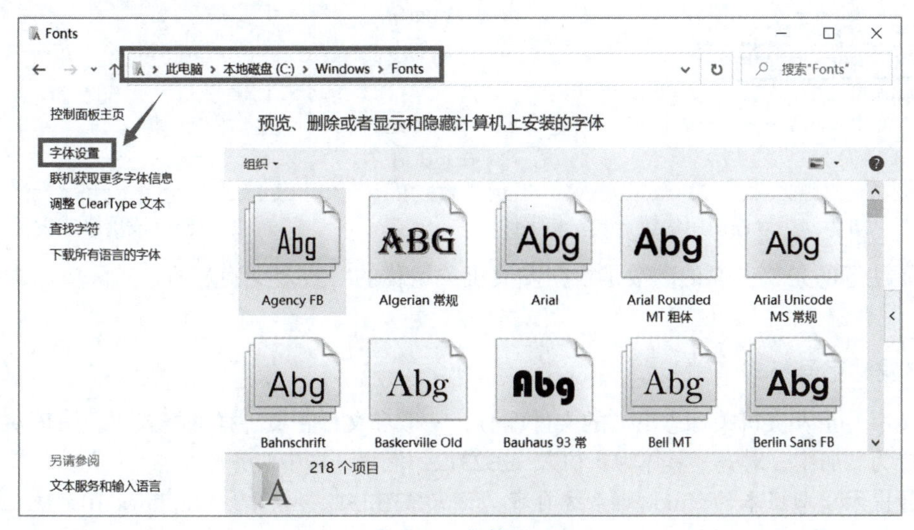

图 2-53　字体设置

（2）设置参数：在打开的“字体设置”对话框中勾选“允许使用快捷方式安装字体（高级）（A）”复选框，如图2-54所示。

（3）安装字体：双击打开需要安装的字体文件，在预览窗口中勾选“快捷方式”，单击“安装”按钮就会以快捷方式安装字体。

本案例需要先安装方正小标宋字体。对于方正系列字体，除了上面介绍的字体安装方法，也可以通过方正字库的官方软件“字加”下载“方正小标宋简体”字体，自动取得个人家庭版授权，免费用于个人非商业用途。

温馨提示　计算机的字体文件拥有著作权（版权）。即使是“免费”字体，也要注意其授权说明，有些字体的免费授权仅针对个人非商业用途；购买的字体，也会因价格差异而存在授权使用范围不同。

2.3.4　设置公文格式

1. 发文机关标志格式

本案例是一份“红头文件”，“红头”（发文机关标志）的格式设置要大气。

具体操作步骤如下：

在第1行文本左侧的选择条上单击，选中文件头文本；设置字体为小标宋简体，72号字，红色，横向缩放66%；设置段落为分散对齐，左、右各缩进1字符，段前空2行，如图2-55所示。

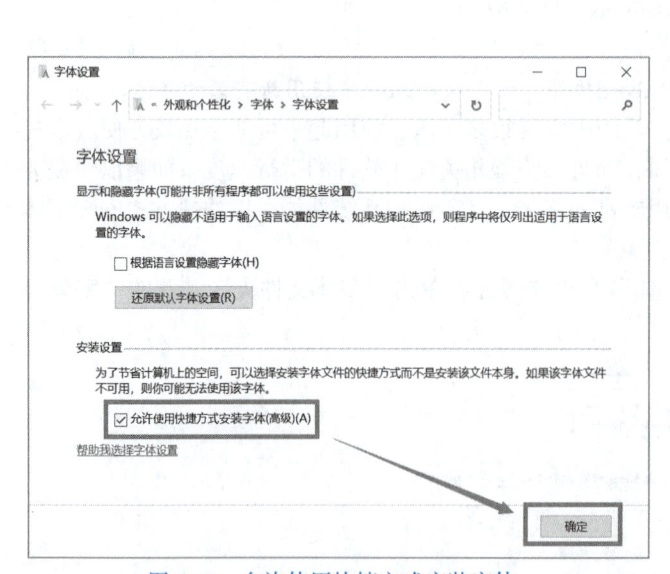

图 2-54　允许使用快捷方式安装字体

图 2-55　段落格式设置

需要注意的是，上面的参数是根据发文机关名称的字数多少确定的，实际应用中应灵活设置。

2. 发文字号格式

发文字号指发文机关标志下方的文件编号，一般和文件正文一样的格式，但段落对齐格式需要设置为“居中”对齐。具体为：仿宋_GB2312，三号，居中对齐。

温馨提示　旧版本的Windows系统自带“仿宋_GB2312”字体，Windows 10系统已将此字体替换为“仿宋”字体。实际应用中可以直接选择“仿宋”字体。

3. 签发人格式

有的文件里会出现“签发人：***”，需要注明签发人的是对上级单位发的文件（上行文），如“请示”“报告”等。“签发人”三字用三号仿宋体字，签发人姓名用三号楷体字，签发人和发文字号位于同一行左右两端，前后各空一字，如图2-56所示。

4. 版头中的分隔线

添加方法如下：

选中发文字号“江艺文〔2021〕37号”，单击“设计”→“页面背景”→“页面边框”按钮，打开“边框和底纹”对话框；选择“边框”选项卡，“样式”为直线，“颜色”为红色，宽度为3.0磅，在“预览”框中示意图的下方单击一下，只在段落底部显示框线，应用于“段落”，单击“确定”按钮返回，如图2-57所示。

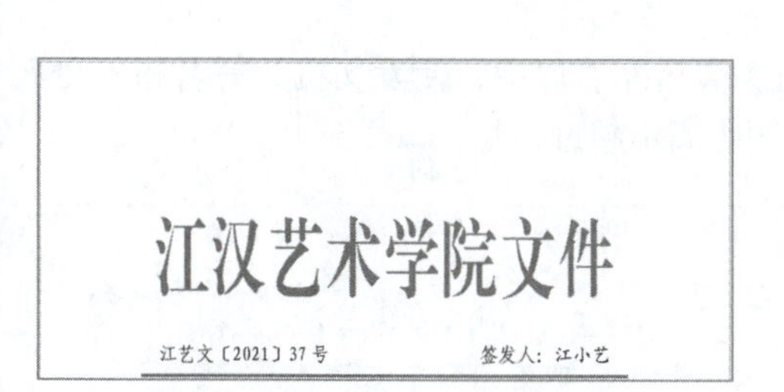

图 2-56 带“签发人”的文件版头

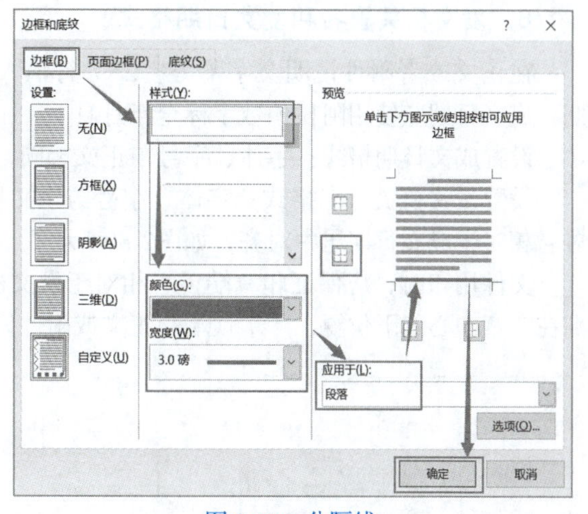

图 2-57 分隔线

温馨提示 文件版头中的红色分隔线要求在“发文字号之下4 mm处”，“与版心等宽”，本案例介绍的是一种简易设置方法。机关事业单位一般都事先印好文件纸，文件纸上已经有印好的发文机关标志“**文件”和红色分隔线，印制公文时，只需要将发文字号和文件内容套印到文件纸上。

5. 文件标题格式

文件标题《江汉艺术学院关于公布第十七届艺术节获奖名单的通知》格式设置为：小标宋简体，二号，居中对齐。

本文件的标题较长，一行显示不完，需要转行，转行时，要注意尽量做到词意完整，如图2-58所示。

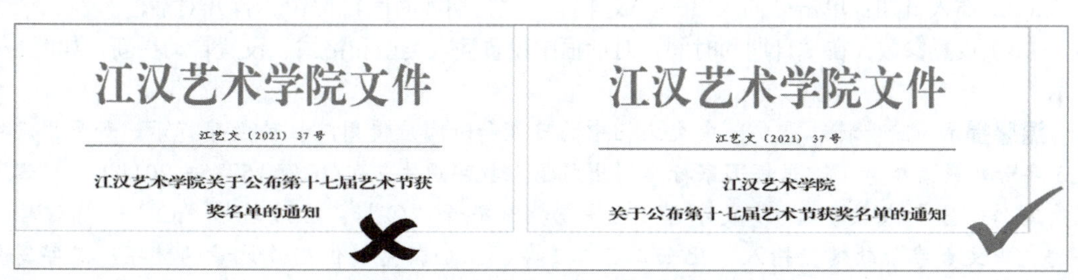

图 2-58 标题分行时应保持词意完整

6. 主送机关格式

如同写信时的称谓一样，文件正文前的主送机关不能首行缩进，其他格式与正文一致。具体设置为：仿宋_GB2312，三号，两端对齐，无缩进，如图2-59所示。

7. 正文格式

《党政机关公文格式》明确规定了文件正文的格式。本案例具体参数设置为：仿宋_GB2312，三号，两端对齐，首行缩进2字符，行间距28磅。

如果正文中用序数区分结构层次，序数依次可以用“一、”“（一）”“1.”“（1）”来标注；一般第1层用黑体字、第2层用楷体字、第3层和第4层用仿宋体字。

温馨提示　第3层“1.”中的“.”是小数点，不能使用顿号“、”；第2层和第4层标注了括号，就不能再在括号后标注顿号或小数点。

8. 发文机关署名和发文日期格式

在正文或者附件说明文字下方空2～3行输入发文机关名称，发文机关下一行输入成文日期，成文日期应使用阿拉伯数字标全年月日。

设置成文日期格式：字体、字号与正文相同，右对齐，右缩进4字符。

设置发文机关署名格式：字体、字号与正文相同，右对齐，右缩进若干字符，让发文机关署名相对于成文日期居中对齐，如图2-60所示。

文件用印时，应保证印章端正、相对于发文机关署名左右居中，使发文机关署名和成文日期在印章中心偏下位置，印章顶端与正文或附件说明距离不超过一行。

江汉艺术学院文件

江艺文〔2021〕37号

江汉艺术学院
关于公布第十七届艺术节获奖名单的通知

各处室院部：
　　江汉艺术职业学院第十七届艺术节于2021年10月8日开始筹备，11月25日开幕。经过全院师生的共同努力，各项活动于12月10日圆满结束。

图 2-59　主送机关格式

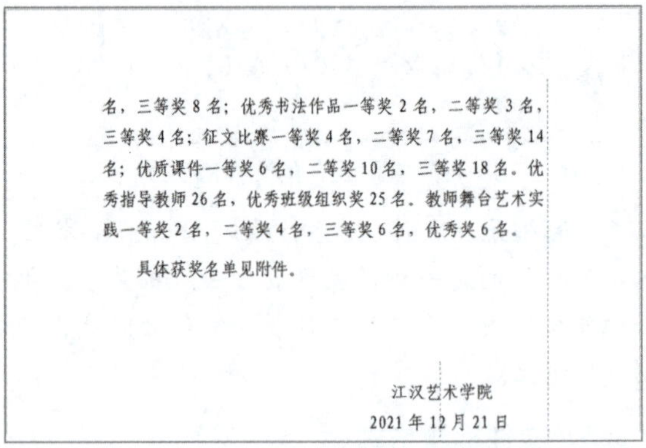

名，三等奖8名；优秀书法作品一等奖2名，二等奖3名，三等奖4名；征文比赛一等奖4名，二等奖7名，三等奖14名；优质课件一等奖6名，二等奖10名，三等奖18名。优秀指导教师26名，优秀班级组织奖25名。教师舞台艺术实践一等奖2名，二等奖4名，三等奖6名，优秀奖6名。

具体获奖名单见附件。

江汉艺术学院
2021年12月21日

图 2-60　发文机关署名相对于成文日期居中对齐

在Word中，除了手动输入日期，也可以通过“日期和时间”对话框插入实时日期和时间，并让日期和时间在文档打开时自动更新：

（1）定位光标：将光标定位在发文机关署名的下一行。

（2）插入日期：单击“插入”→“文本”→“日期和时间”按钮，打开对话框。

（3）设置参数：在“日期和时间”对话框中设置插入类型和格式、设置自动更新，如图2-61所示。

温馨提示　除非特殊需要，中文文档中的日期和时间应使用阿拉伯数字标示。如果用汉字表示年号（或者编号），根据国家标准《出版物上数字用法》（GB/T 15835—2011），“零”不能写作“零”或数字“0”或字母“O”或特殊符号“○”，应该写作“〇”，通过输入法的“中文数字”软键盘输入，比如二〇二三年、三〇二室。但用作计量的数字，汉字写作“零”，如三千零五十二个（3052个）、九十五点零六（95.06）。

9．版记格式

“版记”是指文件末尾的分隔线、抄送（主送）机关、印发机关、印发日期等内容。

如果文件内容结束在奇数页，则需要对版记内容执行强行分页或者分节操作，将版记放置到下一个偶数页。本案例的版记刚好在偶数页（第2页），在版记文本段落前按【Enter】键，将版记置于第2页底端即可。

抄送（主送）机关、印发机关、印发日期等均为四号仿宋字。抄送机关前要空一个字，如果抄送机关比较多，需要分行时，右边也要空一字换行。印发机关和印发日期在同一行，前后各空一字。印发日期用阿拉伯数字标示完整。

版记都有2～3条分隔线。没有抄送机关，只有印发机关和印发日期时，有上下两条粗分隔线；如果有抄送机关，则除了上下分隔线，抄送机关和印发机关、印发日期之间也要加一条细分隔线。本案例只有上下两条分隔线，添加方法同版头中的分隔线。

版记完成效果如图2-62所示。

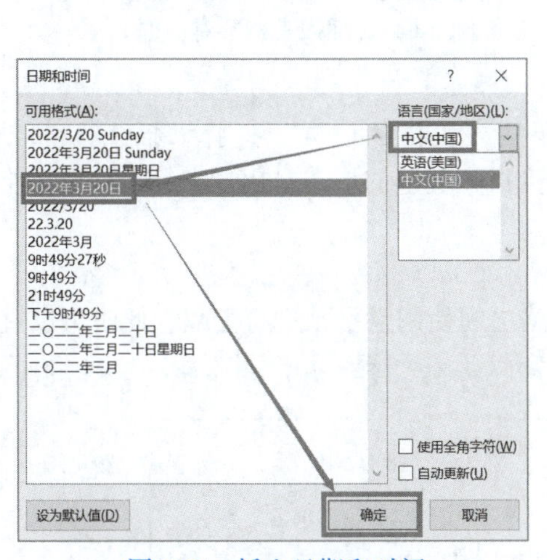

图 2-61　插入日期和时间

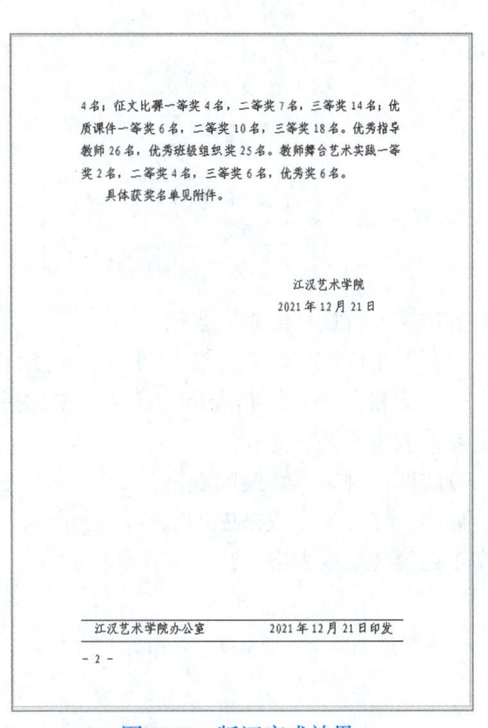

4名；征文比赛一等奖4名，二等奖7名，三等奖14名；优质课件一等奖6名，二等奖10名，三等奖18名。优秀指导教师26名，优秀班级组织奖25名。教师舞台艺术实践一等奖2名，二等奖4名，三等奖6名，优秀奖6名。

具体获奖名单见附件。

江汉艺术学院
2021年12月21日

江汉艺术学院办公室　　2021年12月21日印发

- 2 -

图 2-62　版记完成效果

温馨提示　公文格式规定，版记中的上下分隔线推荐高度为0.35 mm，中间分隔线推荐高度为0.25 mm，要想精确设置，也可以采用绘制横直线的方法。

2.3.5　插入表格

文件正文中一般不插入表格，需要以表格呈现的内容以附件形式附于文件正文之后。

本案例的附件需要使用表格来列出获奖名单，此处以一等奖表格为例进行讲解。

1．创建表格

创建表格的方法有多种，可以根据实际需要选取合适的方法，也可多种方法相结合。

方法一：使用插入表格面板创建表格。

单击“插入”→“表格”按钮，弹出插入表格面板，如图2-63所示，用鼠标指针在表格示意图上拖动，到达预定的行、列数后（横向为“行”，纵向为“列”），单击即可创建一个简单的表格框架。这种方法创建的表格最多只能有10列8行。

方法二：使用“插入表格”对话框创建表格。

将光标置于要插入表格的位置，选择“插入”→“表格”→“表格”→“插入表格”命令，打开对话框，如图2-64所示，输入行、列数，单击“确定”按钮。

温馨提示 再次插入的表格应与其上面的表格至少隔一行，否则两个表格将连在一起，影响格式编辑。

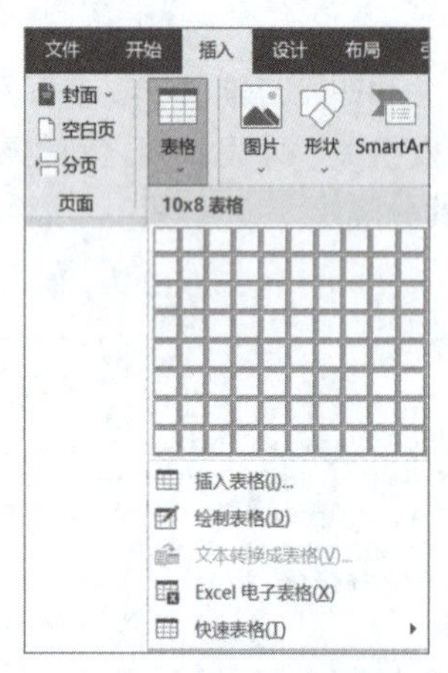

图 2-63　插入表格面板

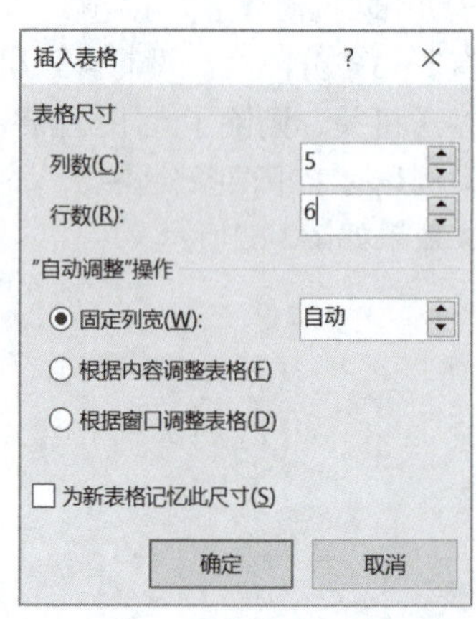

图 2-64　“插入表格”对话框

方法三：直接“绘制”表格。

如果要创建不规则表格，可以将光标置于要插入表格的位置，选择“插入”→“表格”→“表格”→“绘制表格”命令，鼠标指针会变成一支笔的形态，用这支笔在页面上绘制出需要的表格框架。

方法四：将文本转换成表格。

如图2-65所示，表格中的数据已经录入，单元格之间使用空格来进行分隔，此时可以直接将文本内容转换成表格。

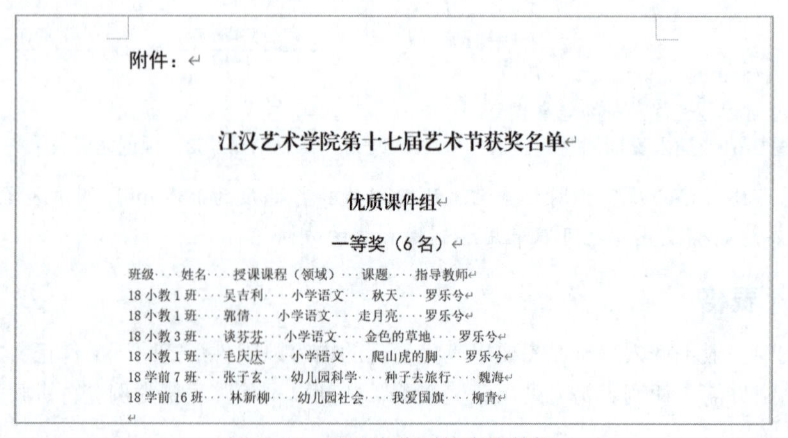

附件：

江汉艺术学院第十七届艺术节获奖名单

优质课件组

一等奖（6 名）

班级 姓名 授课课程（领域） 课题 指导教师
18 小教 1 班 吴吉利 小学语文 秋天 罗乐兮
18 小教 1 班 郭倩 小学语文 走月亮 罗乐兮
18 小教 3 班 谈芬芬 小学语文 金色的草地 罗乐兮
18 小教 1 班 毛庆庆 小学语文 爬山虎的脚 罗乐兮
18 学前 7 班 张子玄 幼儿园科学 种子去旅行 魏海
18 学前 16 班 林新柳 幼儿园社会 我爱国旗 柳青

图 2-65　用空格分隔的表格数据

具体操作步骤如下：

（1）创建表格：在选择条上用鼠标拖动选择所有表格数据，选择“插入”→“表格”→“文本转换成表格”命令，如图2-66所示，打开对话框。

（2）设置参数：在“将文字转换成表格”对话框中，将表格设置为“5列7行”，设置“根据内容调整表格”“空格”等参数，如图2-67所示，单击“确定”按钮完成转换。

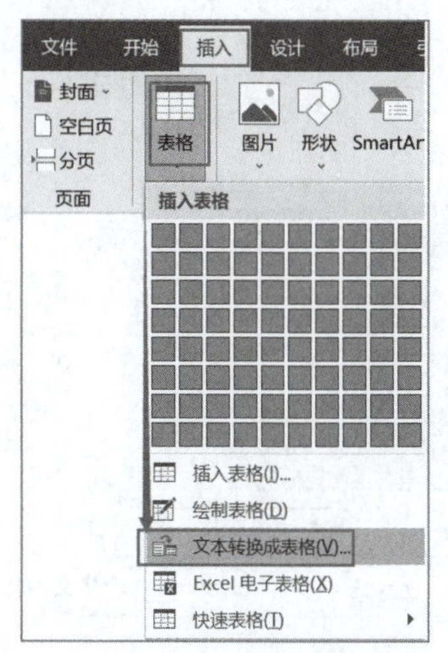

图 2-66　文本转换成表格

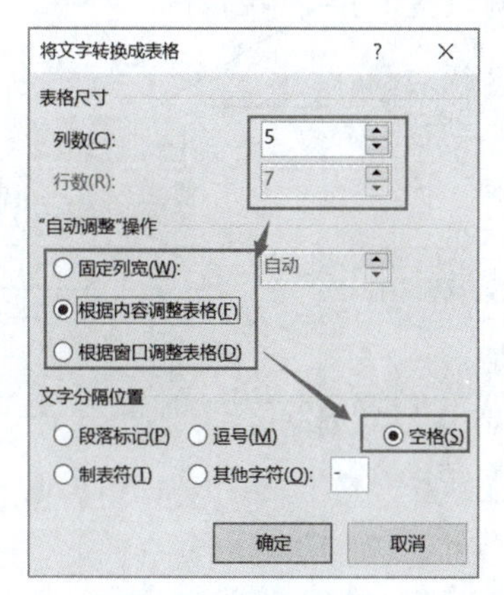

图 2-67　表格参数

转换后的表格如图2-68所示。

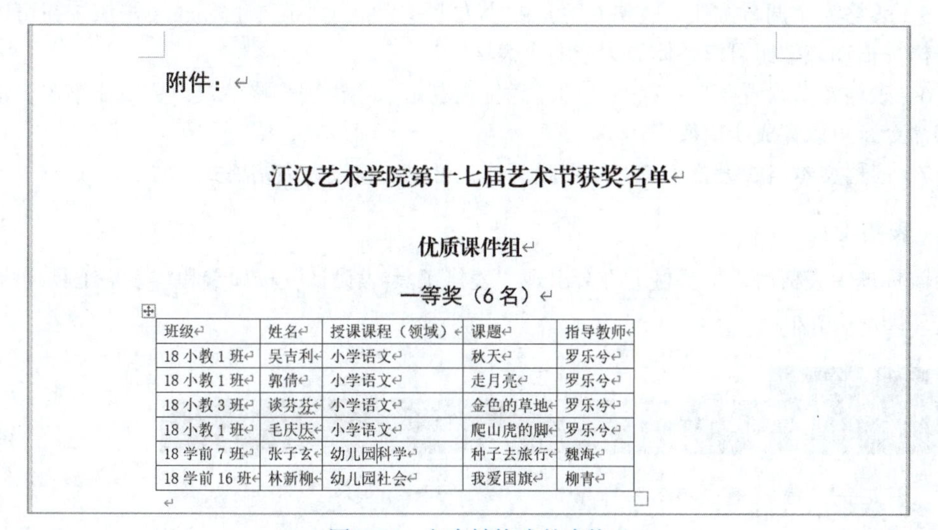

附件：

江汉艺术学院第十七届艺术节获奖名单

优质课件组

一等奖（6 名）

班级	姓名	授课课程（领域）	课题	指导教师
18 小教 1 班	吴吉利	小学语文	秋天	罗乐兮
18 小教 1 班	郭倩	小学语文	走月亮	罗乐兮
18 小教 3 班	谈芬芬	小学语文	金色的草地	罗乐兮
18 小教 1 班	毛庆庆	小学语文	爬山虎的脚	罗乐兮
18 学前 7 班	张子玄	幼儿园科学	种子去旅行	魏海
18 学前 16 班	林新柳	幼儿园社会	我爱国旗	柳青

图 2-68　文本转换成的表格

2. 表格结构

表格结构的指示标志和编辑菜单如图2-69所示，在表格编辑过程中，可以根据实际数据展示需要对表格结构进行修改。

（1）表格全选按钮：位于表格左上角，单击此按钮可以选中整个表格。

（2）“行”选定按钮：鼠标指针移动到表格“行”左侧时，指针就会变成向右倾斜的空白箭头，单击可以选中当前行，在选中当前行的状态下，按下鼠标左键上下拖动，可以选中相邻多行。

（3）“列”选定按钮：鼠标指针移动到表格“列”上方时，指针就会变成向下的黑色箭头，单击可以选中当前列，在选中当前列的状态下，按下鼠标左键左右拖动，可以选中相邻多列。

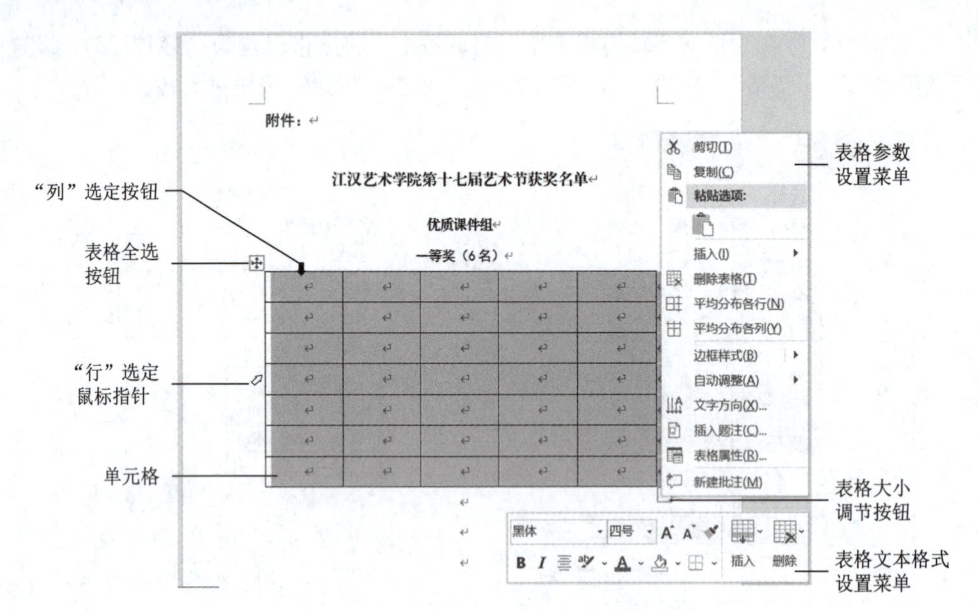

图 2-69　表格结构的指示标志和编辑菜单

（4）单元格：行、列交叉形成的一个个矩形区域称为单元格。

（5）表格大小调节按钮：表格右下角的小方框是表格大小调节按钮，单击该按钮可以选中整个表格，拖动该按钮可以整体放大或缩小表格。

（6）表格参数设置菜单：在表格的任意位置右击，会出现表格参数设置快捷菜单，选择菜单上的命令，可以完成所需操作。

（7）表格文本格式设置菜单：使用此菜单，可以快速设置表格格式。

3. 表格工具

用鼠标选中表格后，工具栏上方会出现"表格工具-表设计"选项卡和"表格工具-布局"选项卡，如图2-70所示。

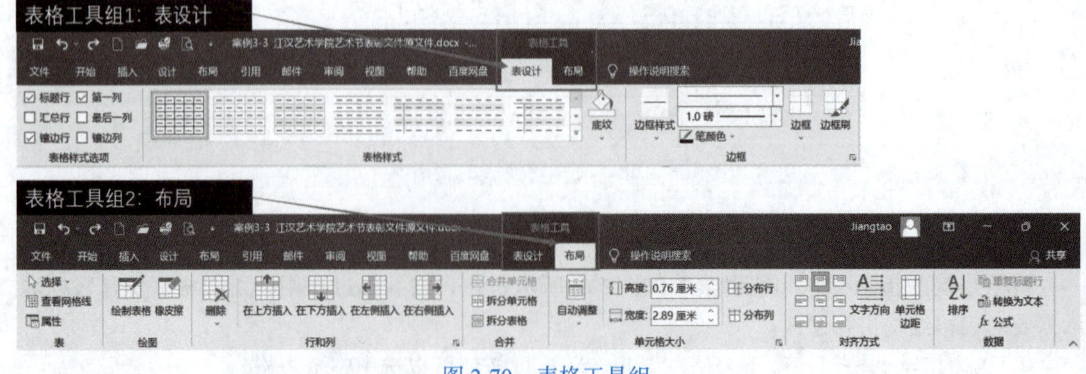

图 2-70　表格工具组

表格工具，一般情况下是隐藏的，只有创建了表格，处于表格编辑状态下，表格工具才会显示出来。

在图2-71中，可以看到单元格中都有段落标记，这意味着每一个单元格中的文本都可以像普通文本一样设置文本格式、段落格式。一个单元格中也可以有多个段落。因此，我们可以运用表格工具对文档页面进行分区、排版。

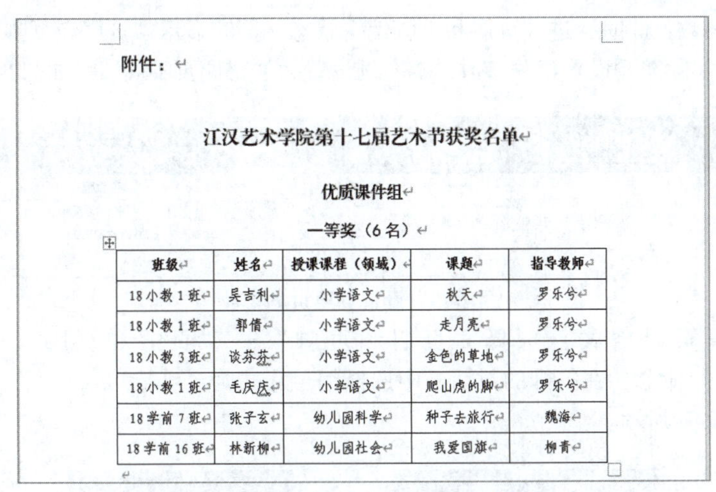

附件：

江汉艺术学院第十七届艺术节获奖名单

优质课件组

一等奖（6名）

班级	姓名	授课课程（领域）	课题	指导教师
18小教1班	吴吉利	小学语文	秋天	罗乐兮
18小教1班	郭倩	小学语文	走月亮	罗乐兮
18小教3班	谈芬芬	小学语文	金色的草地	罗乐兮
18小教1班	毛庆庆	小学语文	爬山虎的脚	罗乐兮
18学前7班	张子玄	幼儿园科学	种子去旅行	魏海
18学前16班	林新柳	幼儿园社会	我爱国旗	柳青

图 2-71　编辑状态下的 Word 表格

2.3.6　插入页眉页脚

一般文档的页码可以通过选择“插入”→“页眉和页脚”→“页码”→“页面底端”→“普通数字1”命令来设置。

公文和长文档（比如论文、图书）的页码，应该设置为奇偶页不同，单页码靠右，双页码靠左，整体呈现页码在纸张外侧的效果。本案例没有页眉，只在页脚区中有奇偶页不同的页码。

页码添加步骤如下：

（1）进入页眉页脚编辑状态：选择“插入”→“页眉和页脚”→“页脚”→“编辑页脚”命令，如图2-72所示。

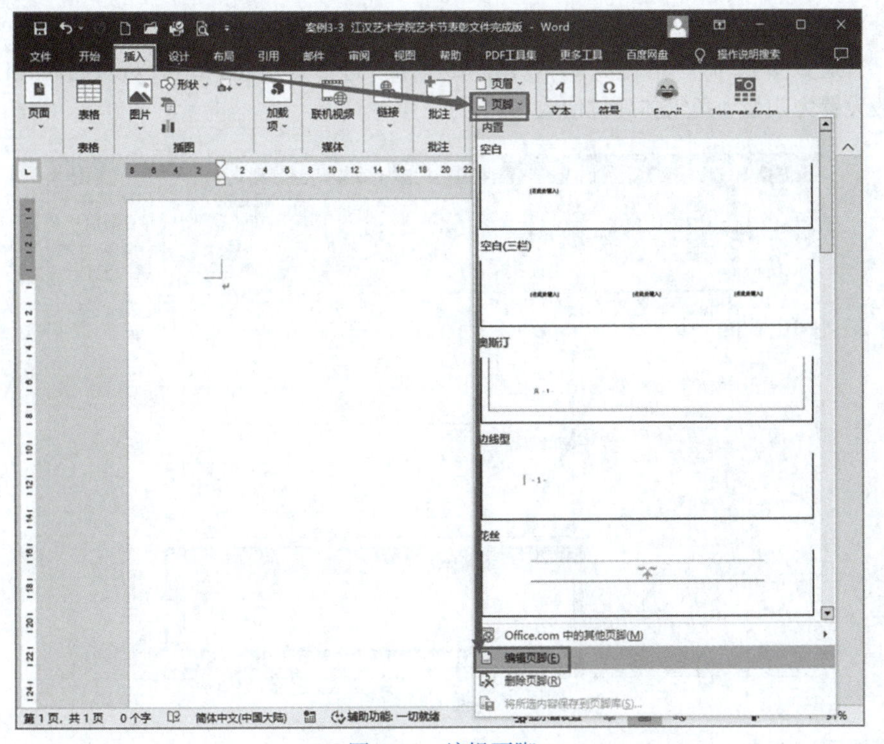

图 2-72　编辑页脚

（2）设置参数：此时，进入页眉和页脚编辑状态，同时显示“页眉和页脚”选项卡，在选项卡下可以根据实际需要设置相关参数，本案例设置为“奇偶页不同”，如图2-73所示。

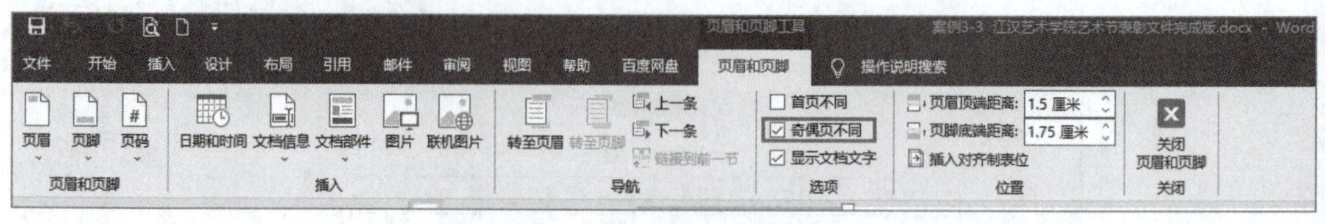

图 2-73　设置页眉页脚参数

（3）设置页码格式：选择“页眉和页脚”→“页眉和页脚”→“页码”→“设置页码格式”命令，在打开的对话框中选择编号格式为“-1-，-2-，-3-，…”，单击“确定”按钮，如图2-74所示。

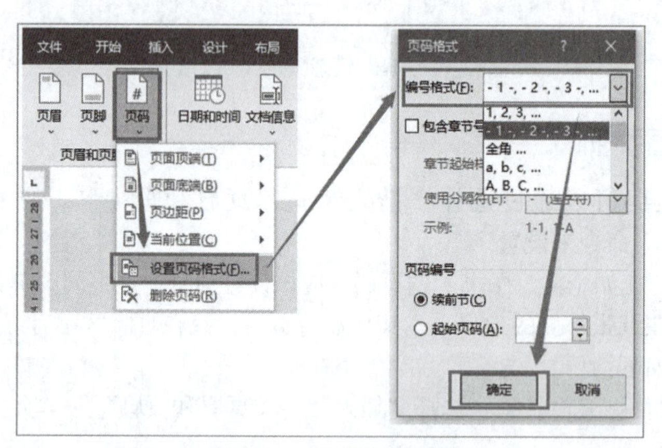

图 2-74　设置页码格式

（4）插入奇数页页码：将光标定位在奇数页页脚区域，选择“页码”→“页面底端”→“普通数字3”命令完成插入，如图2-75所示。选中页码数字，可以设置页码格式，公文页码一般设置为四号半角宋体阿拉伯数字。

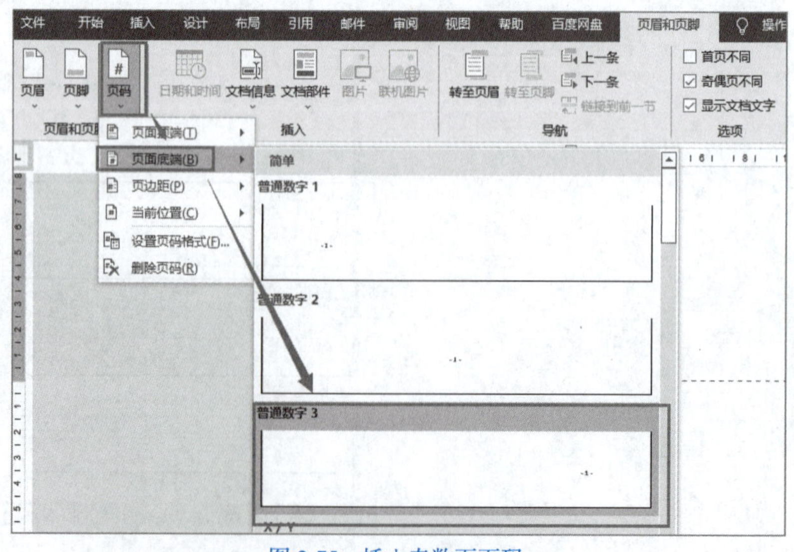

图 2-75　插入奇数页页码

温馨提示　设置好一个奇数页页码后，其他奇数页页码会自动生成并应用相同格式。

（5）插入偶数页页码：将光标定位在偶数页页脚区域，选择“页码”→“页面底端”→“普通数字1”命令完成插入，然后设置为与奇数页相同的字体格式。

2.3.7　嵌入字体

本案例用到了非系统自带的字体，安装了相同字体的计算机可以正确显示本案例文档，但未安装相同字体的计算机，将无法正确显示。Office系统提供了一种方法，可以让Office文档中的字体在任何Windows系统中都能够正确显示。

具体操作步骤如下：

保存文件时，打开“另存为”对话框，单击“工具”按钮，选择“保存选项”命令，打开“Word选项”对话框，勾选“将字体嵌入文件”和“仅嵌入文档中使用的字符（适于减小文件大小）”复选框，如图2-76所示。设置完成，单击“确定”按钮，返回“另存为”对话框。

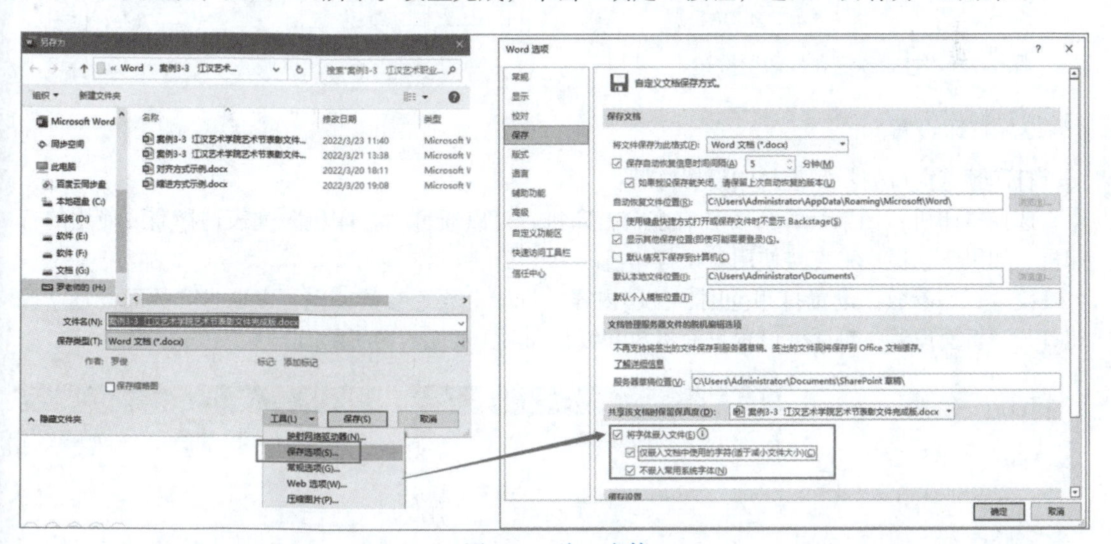

图 2-76　嵌入字体

“仅嵌入文档中使用的字符（适于减小文件大小）”是指文档中用到了新字体的哪几个字，就只嵌入这几个字。如果不勾选此选项，Word就会将整个字体文件嵌入文档中，在其他未安装此字体的计算机中打开编辑这个文档，可以将该文档中的其他文本也设置为该字体，但这种方法会让文件变大，占用更多磁盘空间。

2.3.8　打印预览和输出

1．打印预览

为了提高打印质量，避免打印错误浪费纸张，在打印前需要对文档进行预览，以查看输出效果是否符合预期。

单击“快速访问工具栏”右侧的三角形下拉按钮，选择“打印预览和打印”命令，在“快速访问工具栏”中出现“打印预览和打印”按钮，如图2-77所示。单击“打印预览和打印”按钮即可进入打印预览状态。

选择“文件”→“打印”命令，也可以进入打印预览状态。

Word中的打印预览窗口，分为左右两个区域，左侧为打印设置区域，右侧区域为预览区域。右侧预览区域主体部分是页面效果的预览，右下角有一组工具，分别是“当前显示比例”“显示比例调整滑块”和“缩放到页面”，功能如图2-78所示。

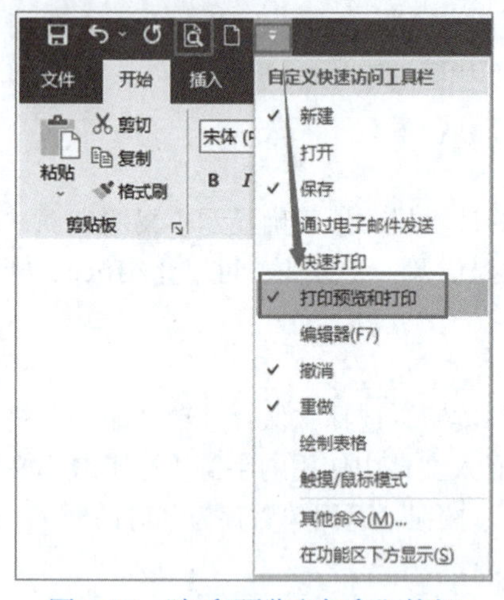

图 2-77 “打印预览和打印”按钮

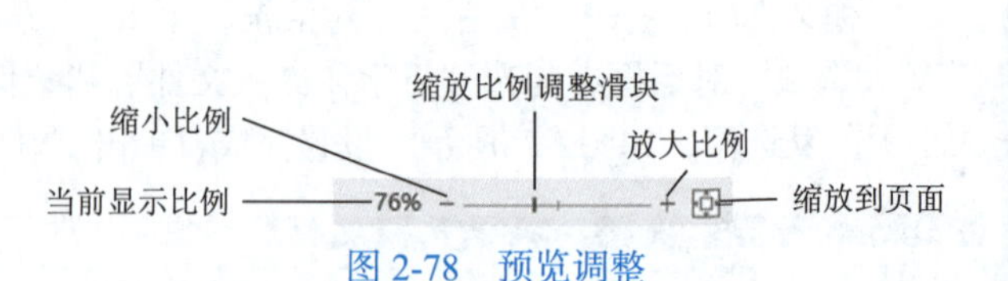

图 2-78 预览调整

2. 打印设置

打印预览窗口的左侧是打印设置区域：

选择打印机：如果计算机安装有多台打印机，可以通过“打印机”列表选择需要使用的打印机，如果不选择，将直接使用默认打印机。

设置打印参数：设置打印范围、打印内容、打印份数等参数，也可以通过“页面设置”按钮打开“页面设置”对话框设置页面参数和纸张选项，如图2-79所示。

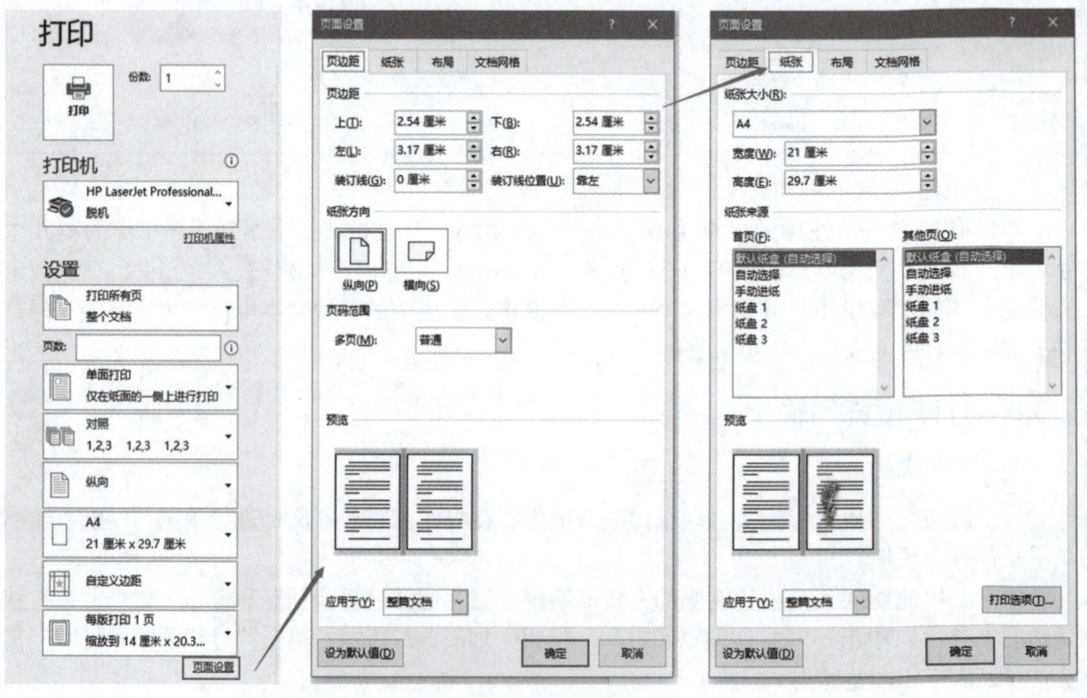

图 2-79 打印设置

打印文件：打印设置完成后，预览无误，单击“打印”按钮，文件将输出到打印机。

温馨提示 在“快速访问工具栏”中可以添加“快速打印”按钮，如果已经把所有的细节都做好了，可以单击“快速打印”按钮直接打印文档。

案 例 小 结

本案例主要介绍了段落的常用格式设置，如间距、缩进、对齐、页码设置，还介绍了表格的制作、打印预览和打印设置。关于公文的格式设置，本案例的介绍比较粗略，更详细的公文知识和公文格式要求可以参见《党政机关公文处理工作条例》和《党政机关公文格式》（GB/T 9704—2012）。

这个案例也充分说明了计算机的工具属性，熟练使用计算机是编排规范公文的必要条件，但如果使用者本身不熟悉公文格式规定，再熟练的计算机操作也无法完成规范公文的编排。要让计算机发挥更多、更强大的作用，归根结底，还是需要用户不断提高自身的思维能力、认识水平、学识素养、综合素质。

笔记栏

实训 2.3 编排文件

实训项目	实训记录
实训 2.3.1 安装新字体 1．在网上下载一种免费字体文件，安装到本机。 2．通过方正字库的“字加”软件，安装方正小标宋、方正古隶、方正综艺、方正粗倩、方正卡通、方正胖娃等字体。 **实训 2.3.2 编排一份公文** 仿照案例介绍的内容、格式和步骤，编排一份正式公文。 **实训 2.3.3 自主完成一个文件的格式化** 在网络上下载一个多单位共同发文的文件（文稿），按《党政机关公文格式》规定编排成正式“红头”文件。建议使用以下功能和技巧： （1）制作多单位共同发文的发文机关标志（“红头”）； （2）格式化文件内容； （3）设置奇偶页不同的页码； （4）嵌入字体； （5）打印预览和输出。 **实训 2.3.4 拓展实训：了解公文种类** 研读《党政机关公文处理工作条例》，了解 15 种主要公文种类，分析“通知”与“通报”、“报告”与“请示”的区别。	

学习与实训回顾

见：

请记下你认为有价值、有启发或容易遗忘的知识点，并注明知识点所在页码以便回顾。

感：

请记下你在学习了本案例并实践之后的收获和感受。

思：

本案例中的知识点可以关联到哪些你已掌握的知识内容（包含其他课程所学）？
你过去碰到的哪些任务、困难，可以用本案例中的知识点去完成、优化、解决？

行：

你对本案例的设计和制作是否有改进建议？
今后的学习和工作中，哪些情境可以用到本案例所学内容？

案例 2.4 江汉艺术学院艺术节荣誉证书

知识目标

◎掌握邮件合并的用途。

技能目标

◎通过邮件合并批量生成文档。

素质目标

◎树立善用信息化工具提高工作效率、提升工作质量的意识。

批量生成图2-80所示的荣誉证书。

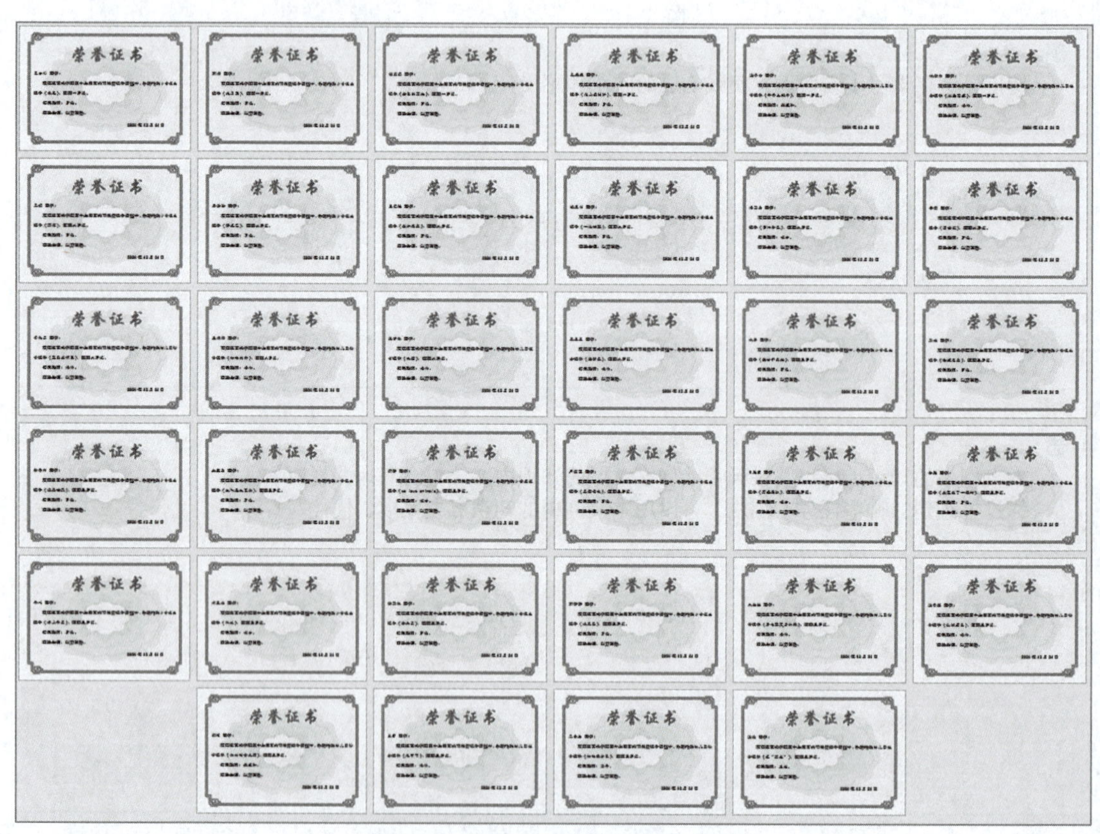

图 2-80　案例 2.4 荣誉证书完成效果

实际工作中，经常遇到一些需要批量处理的材料，这些材料主体内容相同，只是具体数据有一些变化，如邀请函、学生成绩单、录取通知书、奖状、荣誉证书等。这样的材料动辄数十份，甚至成百上千份，如果一份份去做，效率低下，费时费力，并且容易出错。Office的邮件合并功能，能通过简单地操作，一次性批量生成上述这样的材料。

2.4.1　认识邮件合并

在Office中建立两个文档，一个Word格式的主文档，它包括最终材料的全部共同内容，以及需要最终呈现的格式，如成绩通知单中的标题、科目名称、班主任信息、排版样式等信息；

一个Excel格式的数据源文档，它包括最终材料中不同的个性数据，如成绩单中的学生姓名、学号、各科具体分数等数据。邮件合并功能可以将Excel中的数据自动插入Word主文档中相应位置，Excel中的每条记录都套用一次主文档，每条记录都对应生成一份包含共同信息和个性信息的Word页面，如图2-81所示。

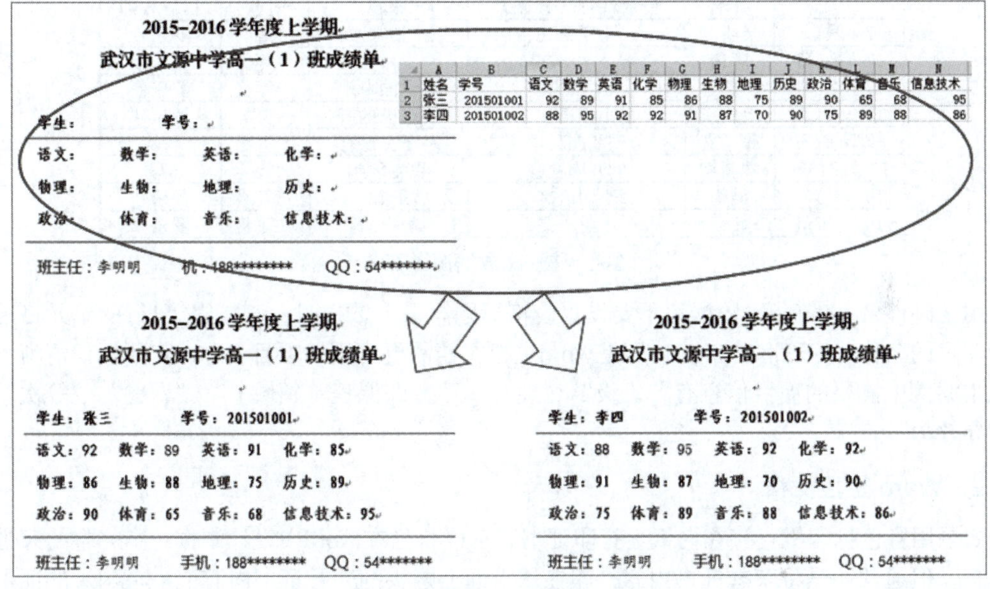

图 2-81　邮件合并

邮件合并经常应用于下面这些场合：

（1）批量打印信封：按统一的格式，将电子表格中的邮编、收件人地址和收件人打印出来。

（2）批量打印信件和请柬：从电子表格或Outlook中调用收件人姓名和称谓，信件和请柬的基本内容固定不变。

（3）批量打印工资条：从电子表格调用个人信息和工资数据。

（4）批量打印个人简历：从电子表格中调用人员基本信息，为每个人单独生成一份格式相同的个人简历。

（5）批量打印学生成绩单：从电子表格成绩单中调用学生信息、科目分数、评语等，为每个人生成一份格式相同的成绩单。

（6）批量打印各类获奖证书：在电子表格中汇总获奖人员姓名、奖项名称和等次信息，在Word中设置打印模板，自动批量套用、打印。

（7）批量打印证件、准考证、明信片等材料。

总之，只要数据源（电子表格、联系人列表、数据库等）是一个二维数据表，就可以很方便地将全部数据记录合并到Word中去。

温馨提示　二维数据表相关内容见本书4.2.1。

2.4.2　制作数据文档和主控文档

1. Excel 数据文档

用于邮件合并的数据文档，可以是Excel工作表，也可以是Access文件、MS SQL Server数据库，也可以是Outlook的联系人列表。这些数据源中，操作最简便的是Excel数据源。

图2-82是一个Excel文件，里面有一个工作表“Sheet1”，工作表中有34条数据（虚拟）记录，这些记录信息将被全部合并到指定的荣誉证书模板中去，为每条记录生成一个用于打印的荣誉证书。

班级	姓名	授课课程（领域）	课题	等次	指导教师
17小教1班	吴吉利	小学语文	秋天	一等奖	罗乐兮
17小教1班	郭倩	小学语文	走月亮	一等奖	罗乐兮
17小教3班	谈芬芬	小学语文	金色的草地	一等奖	罗乐兮
17小教1班	毛庆庆	小学语文	爬山虎的脚	一等奖	罗乐兮
17学前7班	张子玄	幼儿园科学	种子去旅行	一等奖	魏海
17学前16班	林新柳	幼儿园社会	我爱国旗	一等奖	柳青
18小教1班	吴娟	小学语文	荷花	二等奖	罗乐兮
18小教7班	季盼盼	小学语文	静夜思	二等奖	罗乐兮

图 2-82　Excel 数据源（部分）

用于邮件合并的Excel数据表不要设置表格标题。录入数据时，直接在第1行的单元格输入统计项目的名称（字段名称），特别是Word主控文档需要调用的项目名称一定要标识清晰、简洁。本案例中需要的项目信息有“班级”“姓名”“授课课程（领域）”“课题”“等次”和“指导教师”。

2. Word 主控文档

如果用彩色打印机直接在白纸上打印证书，可以自己在Word中设计制作一个完整的荣誉证书模板，但通常还是将荣誉证书内容打印在从市面上购买的荣誉证书内芯上。在购买的证书内芯上打印荣誉证书内容，需要先用尺量好内芯的页面尺寸，包括纸张大小、四边边距等，然后再根据测量结果，在Word页面设置中对应调整纸张尺寸和四边边距，设置好页面后，才能开始编排内容。如果没有在录入、排版前设置好页面，就可能出现编排完成后，调整页面设置造成编排内容错位的现象。

本案例直接用空白的横向A4纸张打印输出荣誉证书。

新建一个Word文档，系统通常默认为A4页面，单击“页面布局”→“页面设置”→“纸张方向”按钮，将页面设置为“横向”。

采用插入水印的方法，将一张空白荣誉证书图片插入文档，然后编辑主控文档。操作步骤如下：

（1）进入“水印”设置：选择“设计”→“页面背景”→“水印”→“自定义水印”命令，打开“水印”对话框。

（2）设置“图片水印”：选择“图片”水印，取消“冲蚀”效果，单击“选择图片”按钮，打开“插入图片”对话框，选择从文件“浏览”，在再次打开的“插入图片”对话框中选择要插入的荣誉证书图片，单击“插入”按钮返回，单击“确定”按钮，如图2-83所示。

（3）删除页眉线：水印图片插入后，页面上自动出现了一条页眉线，双击页眉区，在页眉页脚编辑状态下，选中页眉区空白段落的段落标记，打开页面边框对话框，选择“边框”选项卡，在预览区单击段落下方的黑色线条，即可删除页眉线，如图2-84所示，单击“确定”按钮返回。

温馨提示　如果在图2-84所示的预览区域中没有看到黑色的页眉线，说明没有“选中”空白段落的段落标记。

（4）图片水印铺满整页纸：此时仍在页眉编辑状态下，选中水印图片，将图片放大，铺满整个页面，编辑完成后退出页眉页脚编辑状态。

温馨提示　由于水印和页眉页脚是在同一个“图层”上，所以在页眉页脚编辑状态下可以编辑水印。

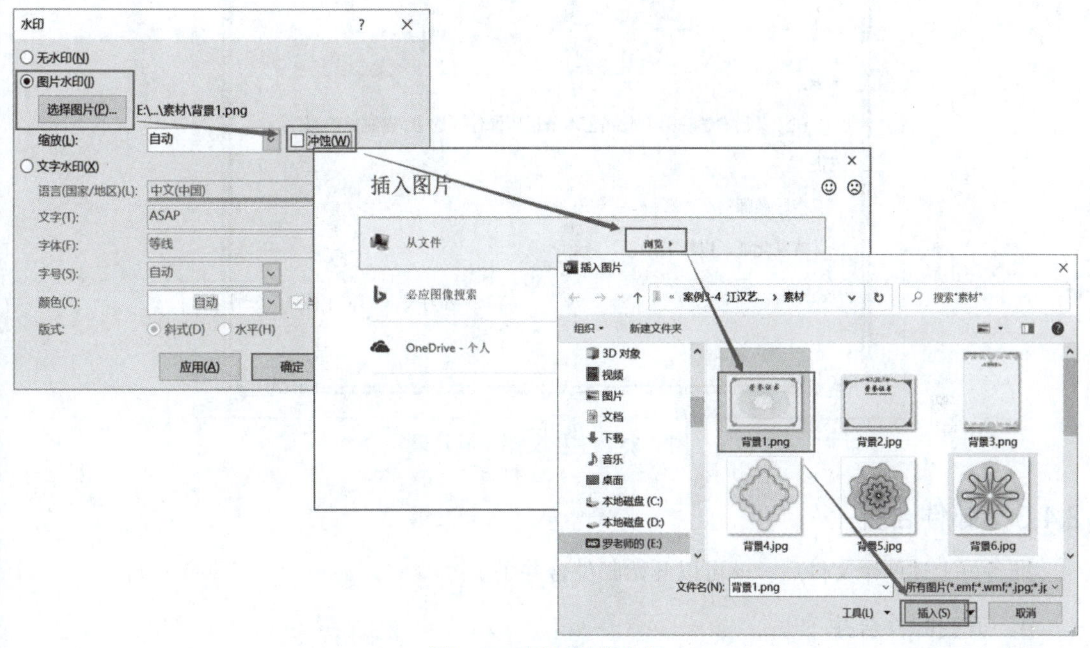

图 2-83　插入图片水印

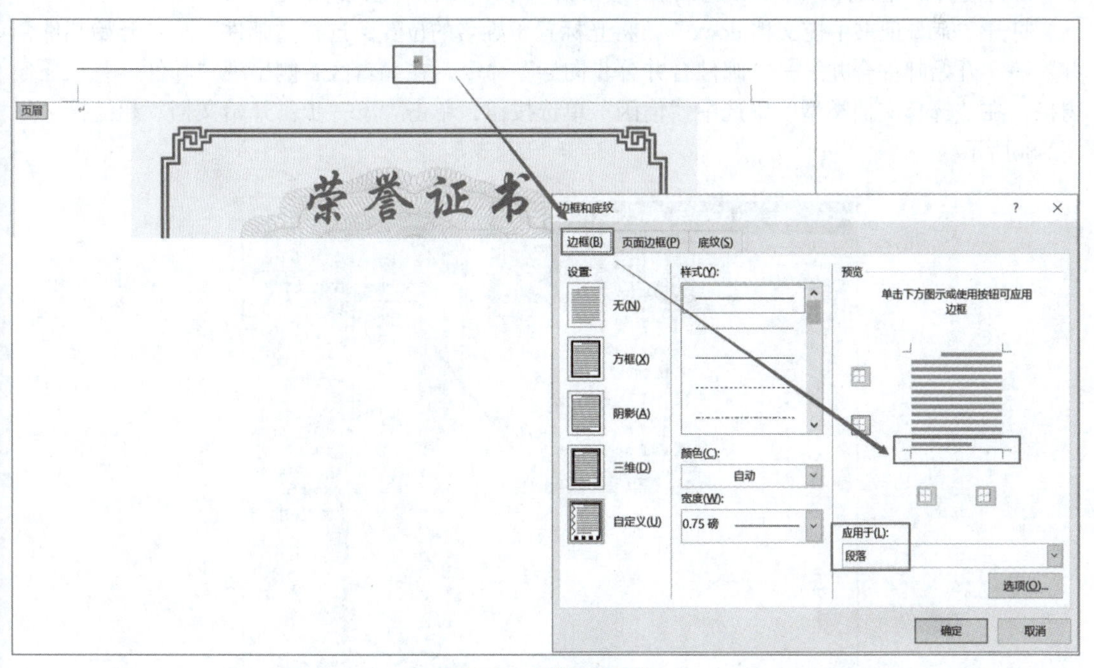

图 2-84　删除页眉线

（5）编辑主控文档文本：插入水印图片后，录入荣誉证书的主体文字内容，根据证书显示需要设置好段落和文字格式。完成效果如图2-85所示。

温馨提示　在主控文档中，那些需要从Excel中调用的数据内容直接跳过。

（6）保存主控文档：将主控文档保存为“荣誉证书主控文档.docx”。

图 2-85　主控文档完成效果

2.4.3　邮件合并

准备好上述两个文件后，就可以开始邮件合并了。

1．开始邮件合并

邮件合并的相关操作命令和选项基本上都集中在“邮件”选项卡下。

打开“荣誉证书主控文档.docx”，将光标置于姓名的位置，选择“邮件”→“开始邮件合并”→“开始邮件合并”→“邮件合并分步向导”命令，在编辑区右侧出现“邮件合并”任务窗格，在“选择文档类型”中选中“信函”单选按钮，单击“下一步：开始文档”超链接，如图2-86所示。

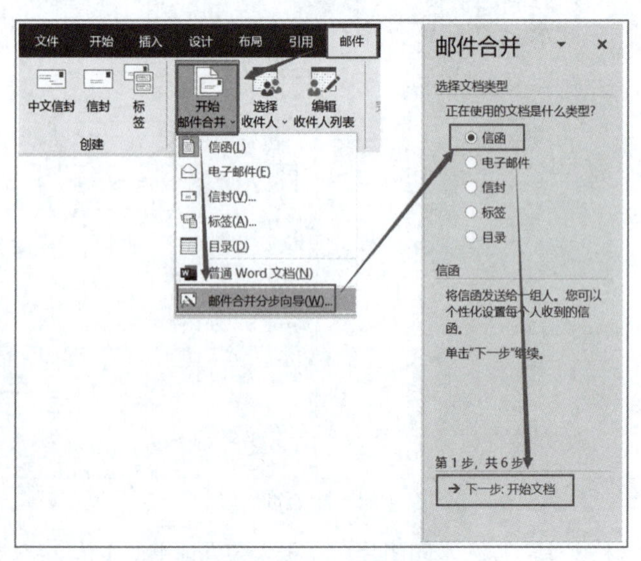

图 2-86　选择文档类型

2．选择开始文档

选择默认的“使用当前文档”，单击“下一步：选择收件人”超链接。

3. 选择收件人

单击“浏览”按钮，弹出“选择数据源”对话框，找到包含所需数据的Excel文件并打开，在“选择表格”对话框中选择“Sheet1$”，单击“确定”按钮，打开“邮件合并收件人”对话框，默认全选所有“收件人”（数据记录），如图2-87所示。单击“确定”按钮返回，然后单击“下一步：撰写信函”超链接。

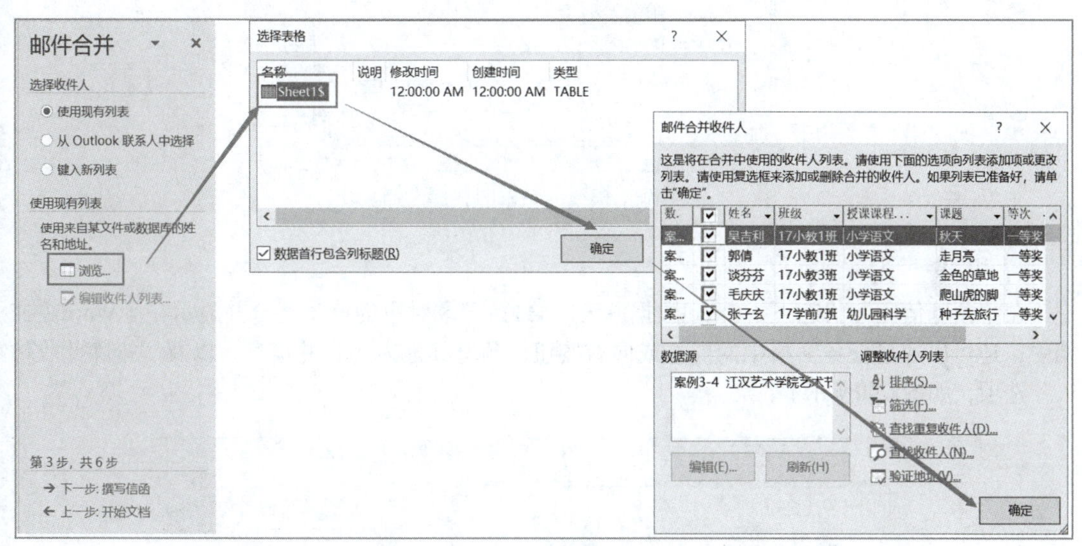

图 2-87　选择收件人

4. 撰写信函

将光标定位在主控文档中需要输入姓名的位置，单击任务窗格中“其他项目”按钮，弹出“插入合并域”对话框，选择“姓名”，单击“插入”按钮，关闭对话框，如图2-88所示。

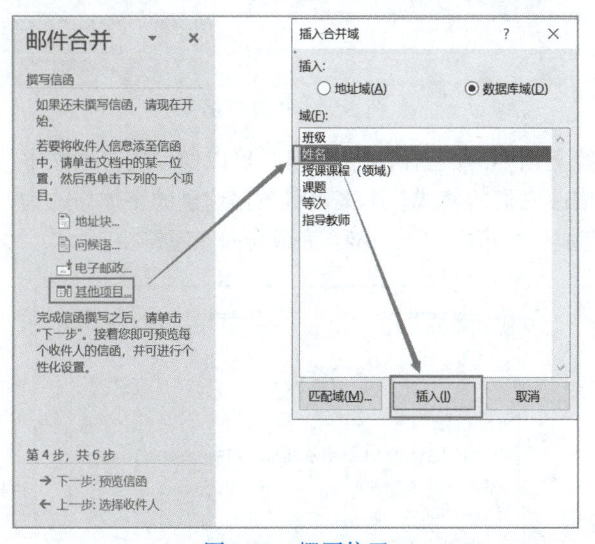

图 2-88　撰写信函

重复第4步，将另外四个项目的数据域都插入主控文档中的对应位置，这时主控文档中会显示全部五个数据域的名称（项目名称、字段名称），每组书名号及其中的文字，就代表一个数据域，效果如图2-89所示。完成后单击“下一步：预览信函”超链接。

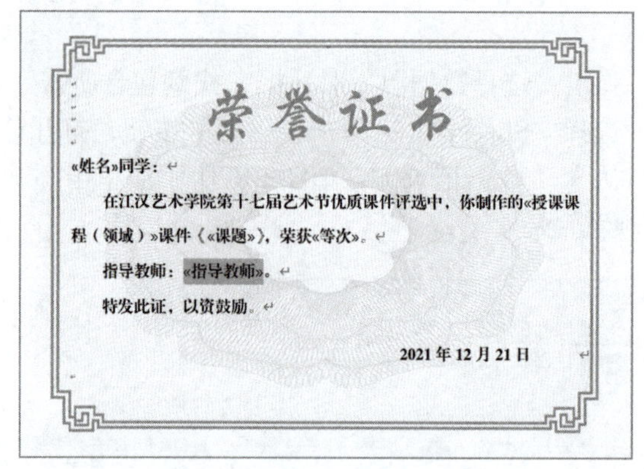

图 2-89　撰写信函后的主控文档

5. 预览信函

在“预览信函”状态下，Excel数据源表中第1条记录对应的信息就合并显示在了Word主文档中；还可以通过任务窗格中的向左或向右按钮，预览其他人的合并信息，以及“排除此收件人”选项，如图2-90所示。

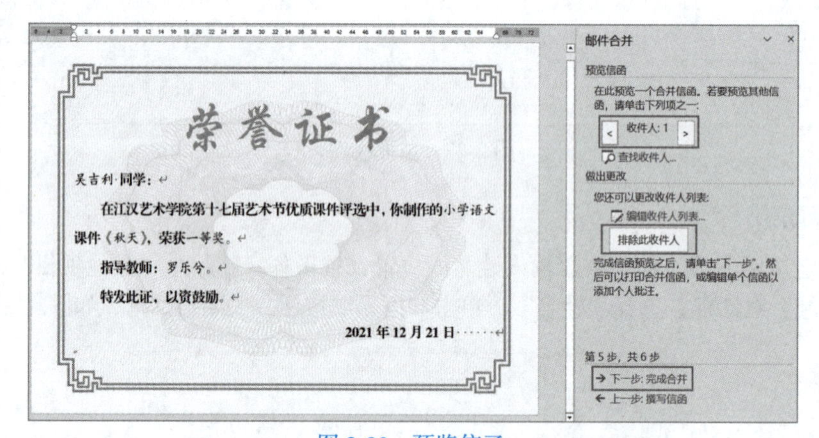

图 2-90　预览信函

为了让插入到主控文档中的数据信息更醒目，可以像编辑普通文本一样，分别选中这些插入进来的数据信息，修改它们的格式。本案例将数据信息的字体修改为“楷体”，修改之后的效果如图2-91所示。完成后，单击“下一步：完成合并”超链接。

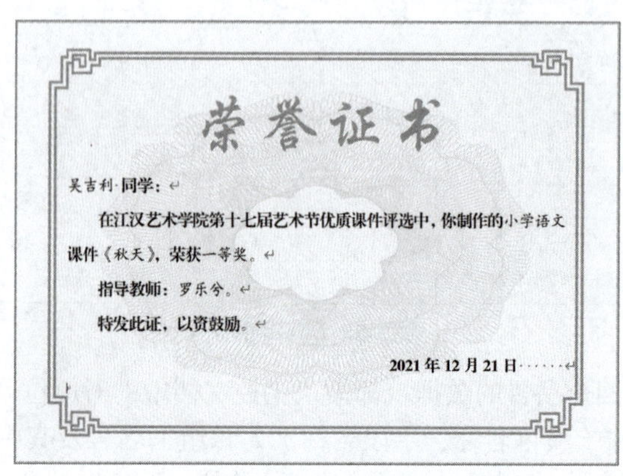

图 2-91　修改插入的关键数据格式

6．完成合并

在“邮件合并”任务窗格中单击“编辑个人信函”超链接，在弹出的“合并到新文档”对话框中选中“全部”单选按钮，单击“确定”按钮，如图2-92所示。

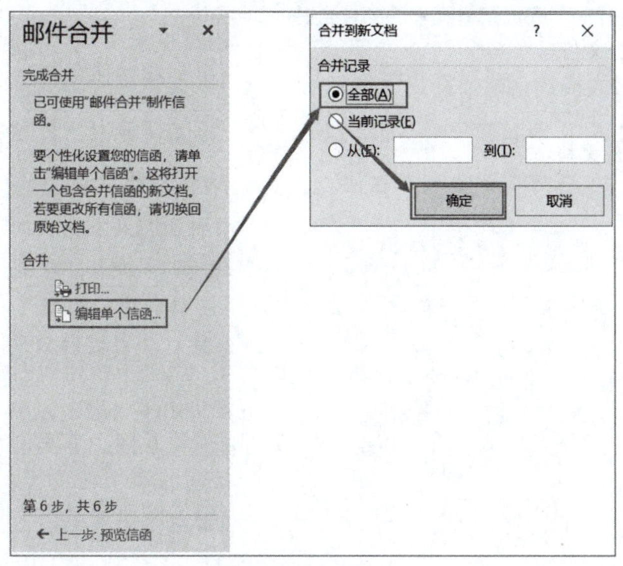

图 2-92　完成合并

此时，系统会自动生成一个新的Word文档，所有人的荣誉证书都会合并到这个新的文档中，每页显示一份证书，将此文档保存，接下来就可以打印证书了。

温馨提示　除了合并生成的新文档要保存外，原来的主控文档也要保存，如果在合并完成之后的新文档里发现了错误，因为数据太多，页面太多，修改起来会非常麻烦。这时，只需要重新打开主控文档，修改错误信息，重新执行“合并到新文档”即可。

案 例 小 结

本案例详细介绍了邮件合并的用法，工作中需要批量处理的一些重复性文档，可以使用邮件合并功能快速完成。

笔记栏

实训 2.4 通过邮件合并批量生成荣誉证书

实训项目	实训记录
实训 2.4.1　用邮件合并向导完成荣誉证书的邮件合并 1．编辑 Excel 数据文档。 2．编辑 Word 主控文档。 3．完成邮件合并。 4．保存合并后的新文档。 5．保存主控文档。 **实训 2.4.2　不使用邮件合并向导完成荣誉证书的邮件合并** 不使用邮件合并向导，通过“邮件”选项卡下相关命令完成本案例荣誉证书的合并。	

学习与实训回顾

见：

请记下你认为有价值、有启发或容易遗忘的知识点，并注明知识点所在页码以便回顾。

感：

请记下你在学习了本案例并实践之后的收获和感受。

思：

本案例中的知识点可以关联到哪些你已掌握的知识内容（包含其他课程所学）？

你过去碰到的哪些任务、困难，可以用本案例中的知识点去完成、优化、解决？

行：

你对本案例的设计和制作是否有改进建议？

今后的学习和工作中，哪些情境可以用到本案例所学内容？

案例 2.5 亚东师范大学毕业论文

知识目标

◎理解“节”的概念。
◎掌握样式与格式的关系。
◎熟悉大纲视图、导航窗格。
◎掌握目录与样式的关系。
◎了解批注与修订。

技能目标

◎自定义样式。
◎为长文档编制目录。
◎编辑页眉页脚。
◎通过定制样式、建立目录，借助导航窗格高效编辑和管理长文档。

素质目标

◎强化规范意识、法律意识。
◎认识到事前规划、确立标准对工作的重要意义。

在书稿、长篇论文等长文档写作和编排过程中，如果不能快速定位，不能对相同性质、相同级别的内容进行整体设置和修改，那么编排整理工作量将是无法估量的。Word的长文档编辑功能，能帮用户快速厘清文档结构，便捷地管理、编辑长文档。本案例将通过一份论文的编排，学习长文档的管理、编辑技巧。案例完成效果如图2-93所示。

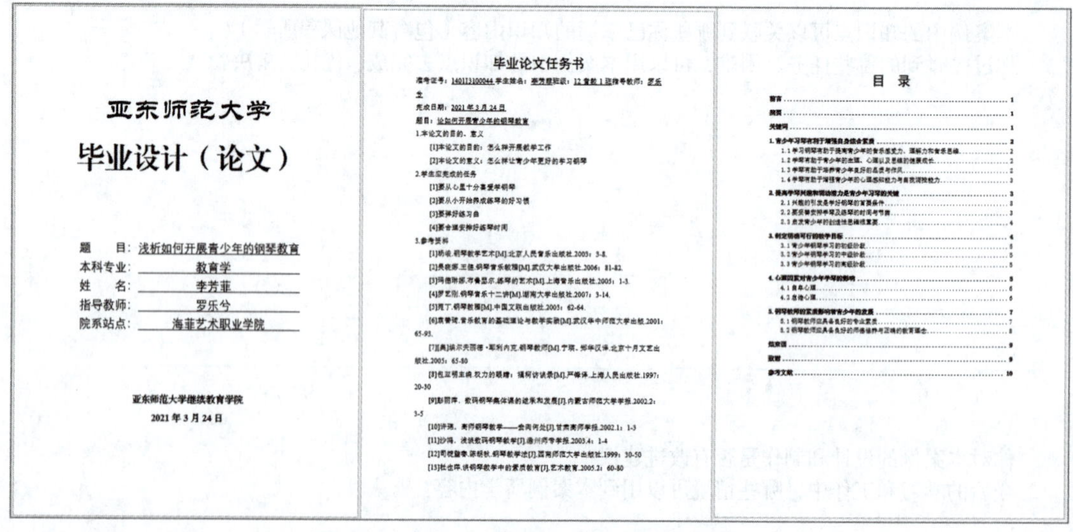

亚东师范大学

毕业设计（论文）

题　　目：浅析如何开展青少年的钢琴教育
本科专业：教育学
姓　　名：李芳菲
指导教师：罗乐兮
院系站点：海菲艺术职业学院

亚东师范大学继续教育学院
2021年3月24日

毕业论文任务书

准考证号：140113100044 学生姓名：李芳菲班级：12音教1班指导教师：罗乐兮
完成日期：2021年3月24日
题目：论如何开展青少年的钢琴教育
1.本论文的目的、意义
[1]本论文的目的：怎么样开展教学工作
[2]本论文的意义：怎么样让青少年更好的学习钢琴
2.学生应完成的任务
[1]要从心里十分喜爱学钢琴
[2]要从小开始养成练琴的好习惯
[3]要弹好练习曲
[4]要合理安排好练琴时间
3.参考资料
[1]杨峻.钢琴教学艺术[M].北京人民音乐出版社.2003：3-8.
[2]吴晓娜.王佳.钢琴音乐教程[M].武汉大学出版社.2006：81-82.
[3]玛德琳娜.布鲁恩尔.练琴的艺术[M].上海音乐出版社.2005：1-3.
[4]罗艺刚.钢琴音乐十二讲[M].湖南大学出版社.2007：3-14.
[5]周丁.钢琴教程[M].中国文联出版社.2005：62-64.
[6]袁善琦.音乐教育的基础理论与教学实践[M].武汉华中师范大学出版.2001：65-93.
[7][美]埃尔夫丽德·耶利内克.钢琴教师[M].宁瑛、郑华汉译.北京十月文艺出版社.2005：65-80
[8]包亚明主编.权力的眼睛：福柯访谈录[M].严锋译.上海人民出版社.1997：20-30
[9]彭丽萍．数码钢琴集体课的继承和发展[J].内蒙古师范大学学报.2002.2：3-5
[10]许瑶．高师钢琴教学——会向何处[J].甘肃高师学报.2002.1：1-3
[11]沙鸿．浅谈数码钢琴教学[J].惠州师专学报.2003.4：1-4
[12]司徒璧春.谈朝秋.钢琴教学法[J].西南师范大学出版社.1999：30-50
[13]杜也萍.谈钢琴教学中的素质教育[J].艺术教育.2005.2：60-80

目　录

图 2-93　案例 2.5 毕业论文完成效果（部分）

2.5.1　为论文分页

一篇完整的毕业论文、学位论文，通常都由封面、论文任务书、目录、前言、正文、参考文献等部分组成，每个部分都会另起一页重新开始编辑、排版。图书的每个章节，也是另起一页重新开始。

为了将内容“移”到下一页，很多人会习惯性地按【Enter】键，通过增加空行的方式“移动”后面的内容。这种方法不能将空行后面的内容“固定”在新一页，一旦空行前面的内容行数有增减，后面的内容也会随之移后或提前。

“另起一页”的规范操作是在需要分页的地方插入“分页符”。“分页符”并不是一种可以直接看到的具体符号形式，而是标记一页结束与下一页开始位置的一种特殊“标记”，“分页符”后面的内容将另起一页。分页符在文档编辑时的显示效果如图2-94所示。

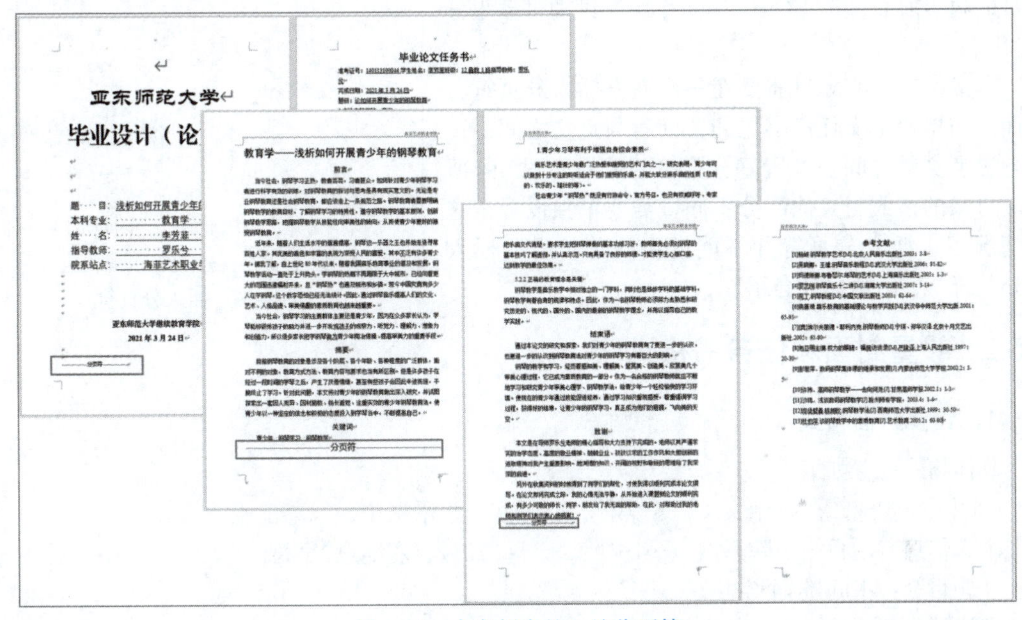

图 2-94　本案例中的 3 处分页符

Word中，分页符默认不显示，要在文档中看到分页符，需要设置显示所有格式标记：选择“文件”→“选项”命令，打开“Word选项”对话框，单击“显示”标签，勾选“显示所有格式标记”复选框，如图2-95所示，就可以在文档中看到分页符、分节符等特殊格式标记。

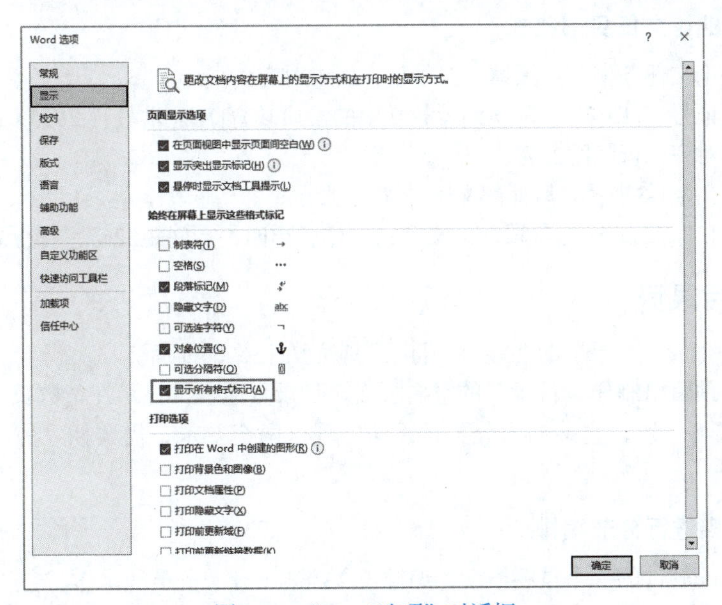

图 2-95　“Word 选项”对话框

插入分页符有两种方法：

（1）通过菜单插入：将光标定位到需要另起一页的内容前面，选择“布局”→“页面设置”→“分隔符”→“分页符”命令即可插入分页符，如图2-96所示。

（2）使用快捷方式插入：将光标定位到需要另起一页的内容前面，按【Ctrl+Enter】组合键即可插入分页符。

本案例中，实际只需要在三个地方插入分页符：封面页与毕业论文任务书之间，前言与正文之间，正文与参考文献之间。设置好分页符的效果如图2-94所示。目录的格式与其他部分不同，需要单独设置，这种情况下，插入分页符并不能解决问题，需要插入“分节符”，后面单独介绍。

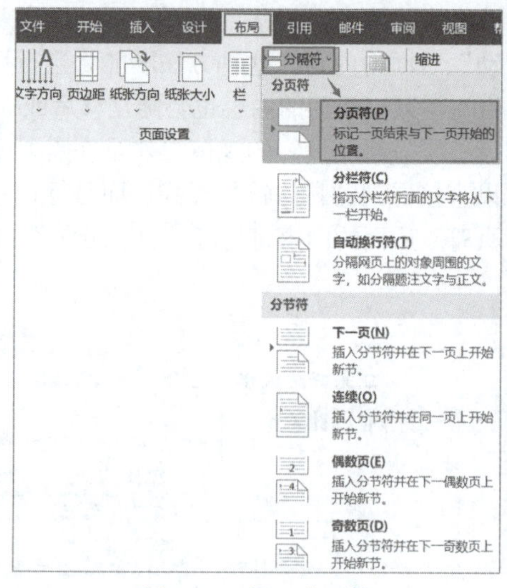

图 2-96　插入分页符

2.5.2　设置封面和任务书格式

1. 设置封面格式

具体格式设置如下：

标题文字“亚东…（论文）”：黑体，48号字，水平居中，段落前空一行。

个人信息“题目……院系站点……”：宋体，20号，左缩进2字符。

“题目”：中间敲4个空格。

“浅析如何开展青少年的钢琴教育”：加“下划线”。

“教育学”“李芳菲”等需要加下划线的内容分别在前面和后面敲空格，让各行的下划线长度相等。

“亚东师范大学…3月24日”：宋体，16号字，水平居中。

2. 设置毕业论文任务书格式

标题“毕业论文任务书”：黑体，二号字，居中对齐。

文字“准考证号…[13]杜也萍.谈钢琴教学中的素质教育[J].艺术教育.2005，2：60-80”：宋体，小四，两端对齐，行间距22磅。

标题下方正文第1-3排冒号后面的文字：加下划线。

所有“[1]，[2]，[3]，…”等段落的文字：宋体，小四，行间距22磅，首行缩进2字符。

2.5.3　留出目录页

Word有自动生成“目录”的功能，“目录”应放在正文的前面。

本案例需要预留出制作“目录”的空白页面。目录页通常都显示在奇数页，而且格式也与前后内容的格式不一致，直接插入分页符无法实现这两个要求，需要插入另一种分隔符——“分节符”。

1. 对长文档进行分节编排

“节”是Word软件的一个重要概念，编排长文档离不开“分节”操作。

在进行Word文档排版时，经常需要对同一个文档中的不同部分采用不同的版面设置，例如设置不同的页面方向、页边距、页眉和页脚，重新分栏排版等。这时，如果通过“布局”菜单中的“页面设置”来改变相关设置，就会引起整个文档所有页面的改变。如果要改变文档中部分内容的格式设置，就需要对Word文档进行分节。

“分节符”同“分页符”一样，并不是具体符号，而是将文档分隔成不同部分以便各部分独立设置格式的一种特殊“标记”。“节”就是Word文档中被“分节符”强行拆分成的各个部分。

Word分节符有四种类型，如图2-97所示。

插入什么样的分节符取决于为什么要分节：

（1）下一页：使新的一节从下一页开始。

（2）连续：使当前节与下一节共存于同一页面中。并不是所有种类的格式都能共存于同一页面中，所以，即使选择了“连续”，Word有时也会自动将不同格式的内容编排到新的一页开始。可以在同一页面中不同节共存的节格式，包括列数、左右页边距和行号。

（3）偶数页：使新的一节从下一个偶数页开始。如果下一页是奇数页，那么此奇数页将保持空白（页眉、页脚、水印会显示）。

（4）奇数页：使新的一节从下一个奇数页开始。如果下一页是偶数页，那么此偶数页将保持空白（页眉、页脚、水印会显示）。

四种类型的分节符在Word文档中具体显示为如图2-98所示的效果。

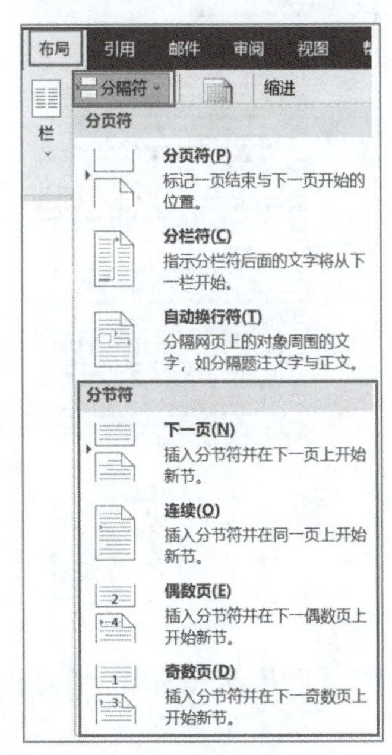

图 2-97　四种不同类型的分节符

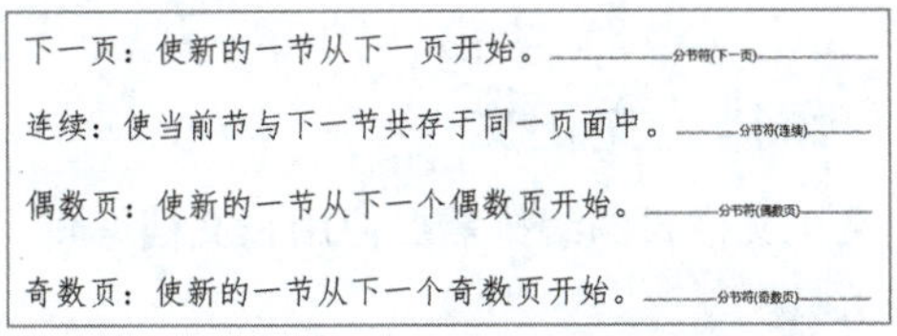

下一页：使新的一节从下一页开始。——分节符(下一页)——

连续：使当前节与下一节共存于同一页面中。——分节符(连续)——

偶数页：使新的一节从下一个偶数页开始。——分节符(偶数页)——

奇数页：使新的一节从下一个奇数页开始。——分节符(奇数页)——

图 2-98　文档中显示的四种类型分节符

2．使用分节符留出目录页

本案例的具体操作步骤如下：

将光标置于第3页标题文字“教育学——浅析如何开展青少年的钢琴教育”的前面，选择“布局”→“页面设置”→“分隔符”→“奇数页”分节符命令，插入分节符；重复此操作，再次插入“奇数页”分节符。完成后的效果如图2-99所示。

温馨提示　这里连续插入2个“奇数页分节符”，是因为正文与目录一样，通常都是从奇数页开始的，也就是从纸张的正面开始的。

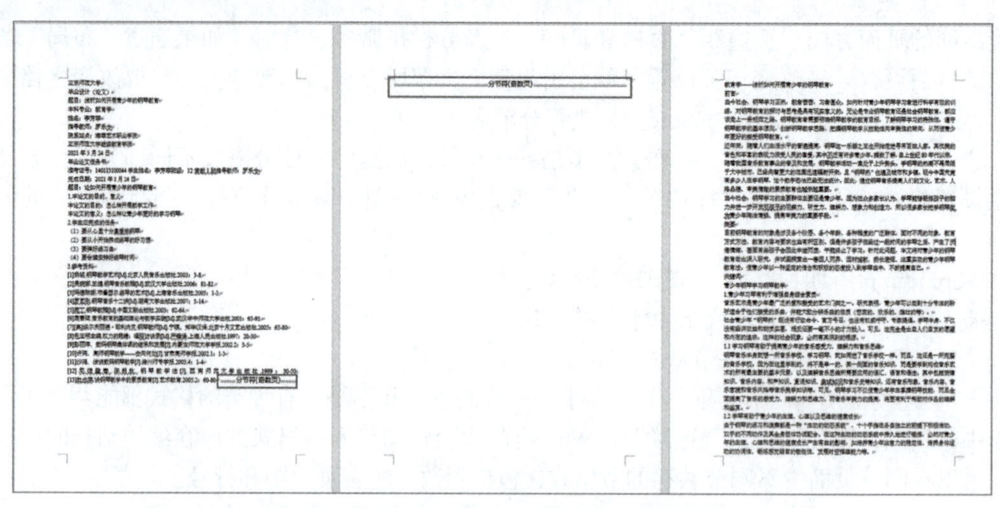

图 2-99　插入了两个奇数页分节符的页面效果

在空出来的页面上输入标题文字“目录”后，按【Enter】键录入一个空段落。设置“目录”的文本格式：黑体，二号字，居中。完成效果如图2-100所示。

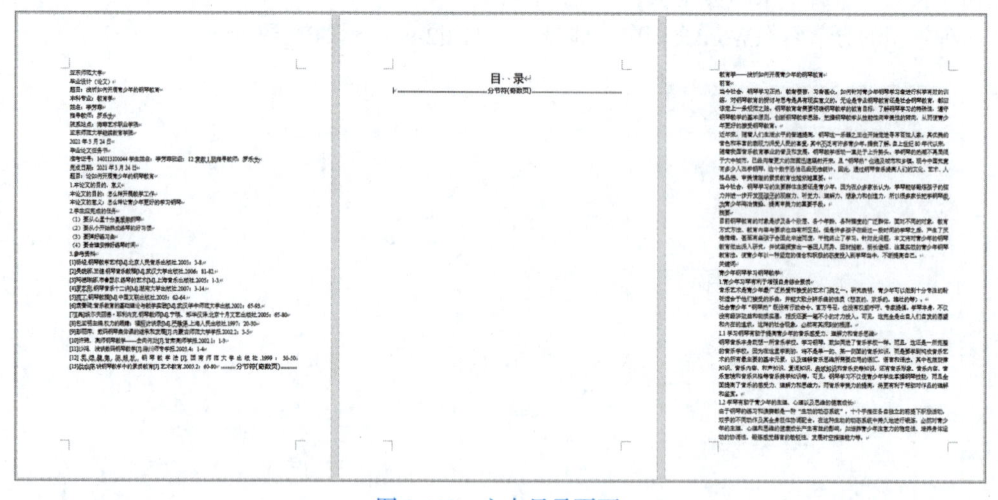

图 2-100　空白目录页面

2.5.4　编排论文正文

论文正文格式的编排需要使用长文档编辑、管理功能。“样式”是Word编辑、管理长文档的主要工具。

“样式”是指Word中定义好的一组文档格式，包括字体格式和段落格式，如字体、字号、颜色、对齐方式、大纲级别等。用户可以创建自己的样式，也可以使用Word中预设的样式。定义好样式后，用户可以对选中的内容应用样式，一次性快速将其设置为预定义格式；当用户需要改变文档中某种样式时，只需要直接修改样式设置，整个文档中应用了该样式的内容格式都会自动更新，从而大大减少了文档格式设置、修改工作量。

1. 新建样式

在编排毕业论文格式前，我们需要新建一组自定义样式，以便将相同级别或性质的文档内容设置成完全相同的格式。

新建样式的操作步骤如下：

（1）创建1级标题样式：选中文本“前言”，选择“开始”→“样式”→“其他”（样式列表右侧的下拉菜单按钮）→“创建样式”命令，打开图2-101所示的“根据格式化创建新样式”对话框，在名称框中输入“论文1级标题 居中”，单击“修改”按钮。

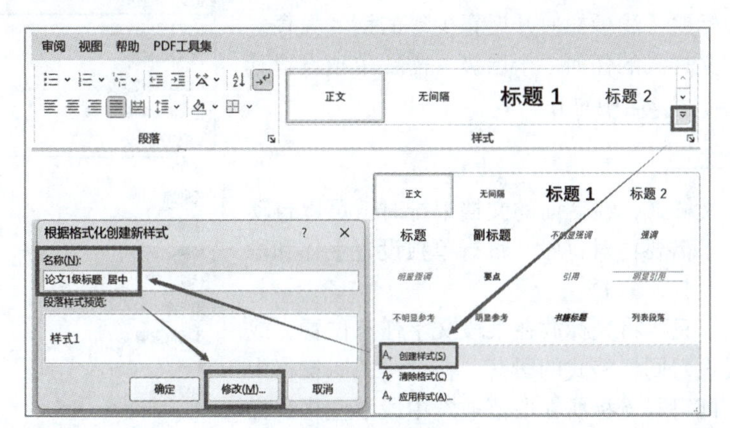

图 2-101　创建新样式

（2）修改1级标题样式参数：在打开的“根据格式化创建新样式”对话框中，设置字体格式为黑体、小三号，勾选“自动更新”复选框；单击“格式”→“段落”按钮，打开“段落”对话框，设置对齐方式为居中，大纲级别1级，段前空0.5行，行距为固定值22磅，如图2-102所示。

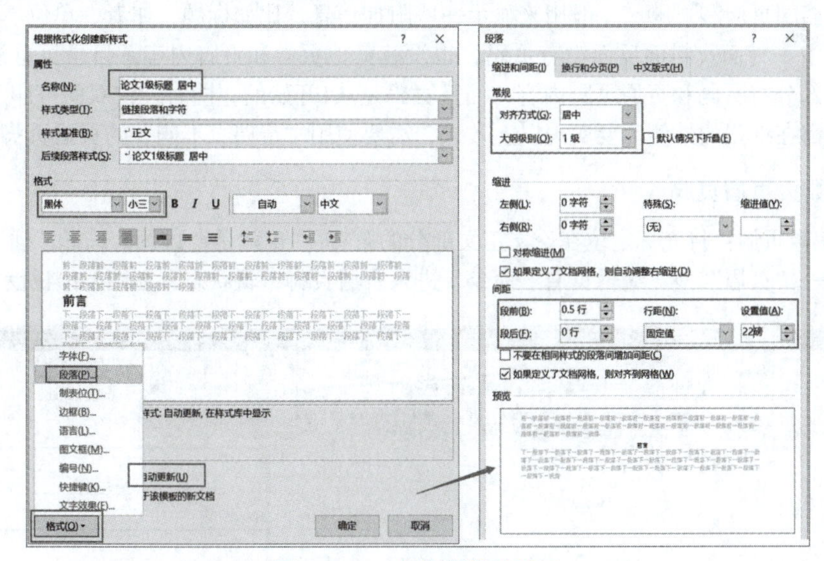

图 2-102　1 级标题样式设置

同样的方法，定义其他样式：

论文正文：宋体，小四号，大纲级别正文，首行缩进2字符，行间距22磅。

论文正文1级标题：黑体，四号，大纲级别1级，两端对齐，首行缩进2字符，段前空0.5行，段后空0.5行，行间距22磅。

论文正文2级标题：黑体，小四号，大纲级别2级，两端对齐，首行缩进2字符，段前空0.5行，段后空0.5行，行间距22磅。

论文正文3级标题：黑体，小四号，大纲级别3级，两端对齐，首行缩进2字符，段前空0.5行，行间距22磅。

论文正文4级标题：黑体，小四号，大纲级别4级，两端对齐，首行缩进2字符，行间距22磅。

设置完成后，单击“开始”→“样式”组右下角的对话框启动器按钮，打开“样式”任务窗格，可以看到刚才设置完成的六个快速样式，如图2-103所示。

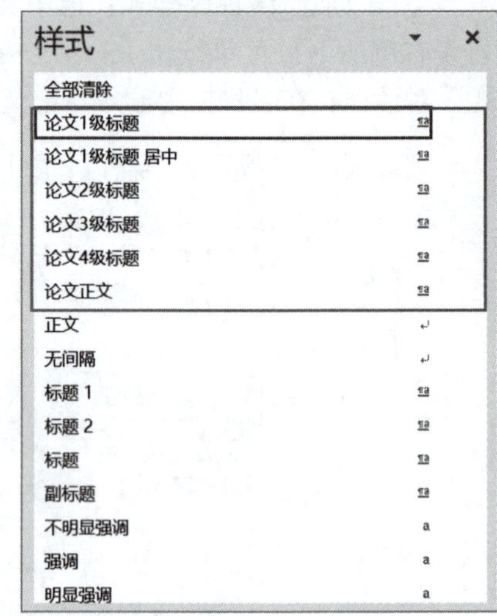

图 2-103　自定义的快速样式

因为论文大标题《浅析如何开展青少年的钢琴教育》不属于前面自定义样式的任何一个层级，需要单独设置其格式：黑体，二号字，居中对齐。

2．应用样式

设置好自定义样式，在后面的文档编排时就可以自动套用这些样式，不需要再对每段、每行单独设置字体和段落格式了。

要应用样式，只要将光标放在某段文字任意位置，或者选中多段需要设置同样格式的段落，在“样式”窗格中单击所需样式，即可对光标所在段落或选中段落应用该样式的所有格式。

通过这种方法，依次将论文各级标题和正文套用对应级别的样式。

2.5.5　设置页眉和页脚

论文文档的页眉和页脚，一般用来显示一些附加信息，比如标题、作者、单位、页码等。

本案例中，封面及封面反面没有页码，也没有其他页眉和页脚内容，目录页也没有页码。论文的正文部分有页码和页眉页脚内容，而且页码是从1开始的；同时，在双面打印、装订后，页眉和页脚都在纸张的外侧。要实现以上效果，需要使用“奇偶页不同”的页眉页脚。

1．奇数页页眉页脚

（1）编辑页眉：将光标定位在论文正文部分的第1页，也就是奇数页，选择“插入”→“页眉和页脚”→“页眉”→“编辑页眉”命令，进入页眉页脚编辑状态，如图2-104所示。

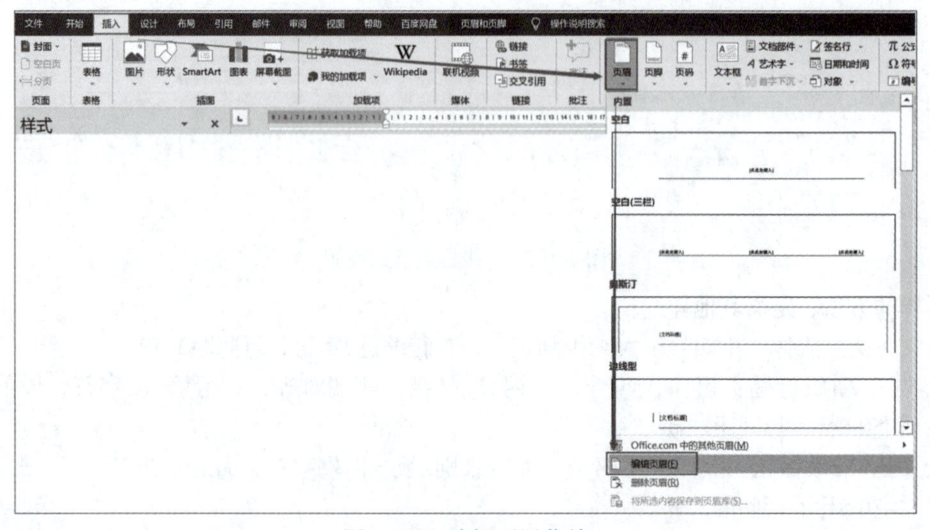

图 2-104　编辑页眉菜单

（2）设置“奇数页页眉”参数：此时光标默认是在“奇数页页眉”编辑区域，同时显示

“页眉和页脚工具”选项卡，勾选“奇偶页不同”复选框，取消“链接到前一节”。在页面处输入文本“海菲艺术职业学院”，设置为右对齐，如图2-105所示。

温馨提示　取消“链接到前一节”，就是为了不和前面两节（封面页和目录页）出现一样的页眉。

（3）切换页眉页脚：单击“转至页脚”按钮切换到页脚，或者直接将光标定位到页脚区域。

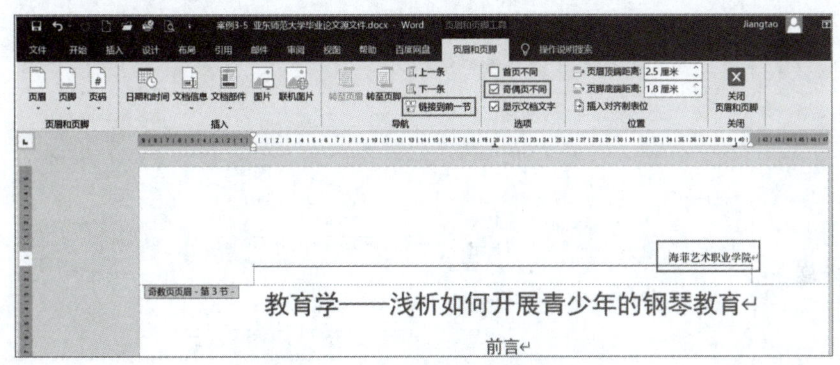

图 2-105　设置奇数页页眉参数

（4）设置“奇数页页脚”参数：勾选“奇偶页不同”复选框，取消“链接到前一节”，如图2-106所示。

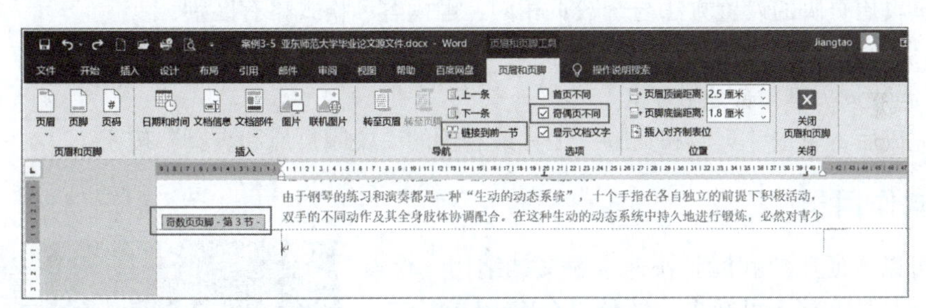

图 2-106　设置奇数页页脚参数

（5）设置页码格式：选择“插入”→“页眉和页脚”→“页码”→“设置页码格式”命令，打开“页码格式”对话框，设置编号格式为“1,2,3,…”，“起始页码”为“1”，如图2-107所示。

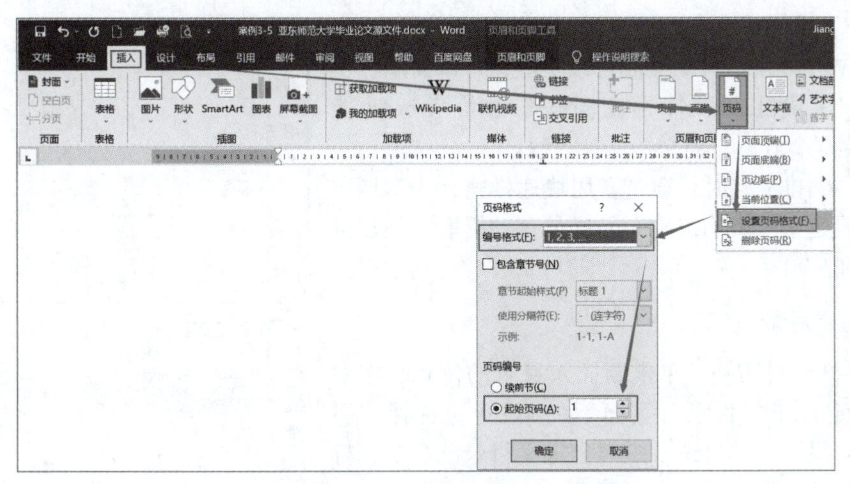

图 2-107　设置页码格式

（6）插入页码：选择“插入”→“页眉和页脚”→“页面底端”→“普通数字3”命令，如图2-108所示。

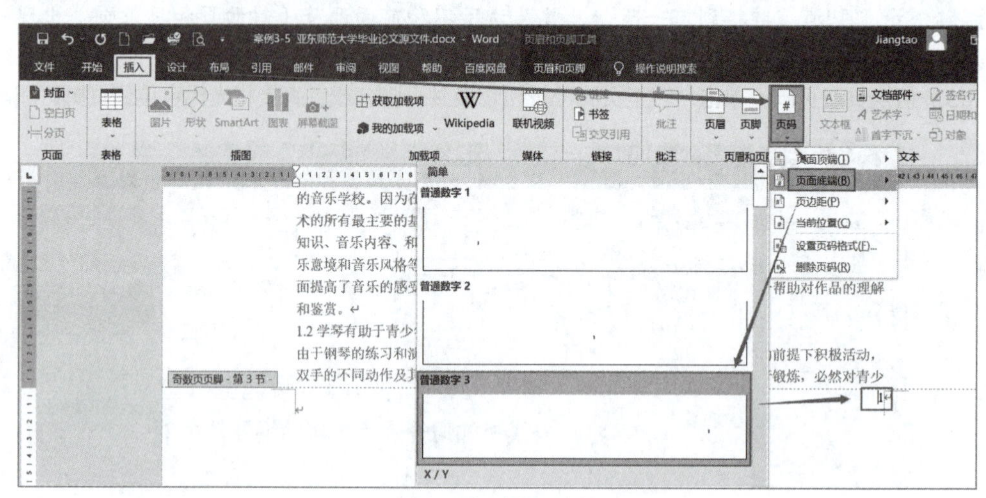

图 2-108　插入页码

2．偶数页页眉页脚

偶数页页眉页脚的设置方法与奇数页相同，但内容和格式略有区别：

（1）偶数页页眉：亚东师范大学，左对齐。

（2）偶数页页脚：普通数字1。

设置完成后，单击“页眉和页脚”工具最右侧的“关闭页眉和页脚”按钮。

2.5.6　制作目录

目录可以方便用户和读者快速了解文档结构、检索文档内容，是长文档不可缺少的部分。在Word文档中，可以像编写普通文档一样手工录入目录，但是，这样编写的目录经不起一丁点“风吹草动”，只要文档的内容、结构发生改变，用户就必须对整个目录加以改写，工作量相当大；稍一疏忽，就会忘记更改目录，导致目录与正文不对应。

利用Word提供的自动生成目录功能，可以简单、快速、可靠地完成目录编制，在文档被修改后，Word也能自动更新目录，让目录与文档保持一致。

前面在编排文档时，通过套用快速样式，为文档所有内容都设定了“大纲级别”，这是自动提取、创建目录的前提和基础。

1．创建目录

（1）打开对话框：单击要插入目录的位置，本案例将光标定位于“目录”页面下的第1行；选择“引用”→“目录”→“目录”→“自定义目录”命令，打开“目录”对话框，如图2-109所示。

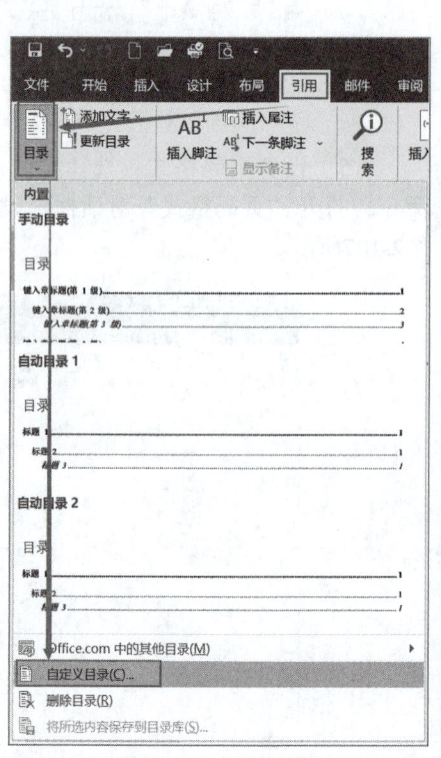

图 2-109　目录菜单

（2）设置参数：在“目录”选项卡中，勾选“显示页码”和“页码右对齐”复选框，“制表符前导符”不需要修改，格式选择“正式”，显示级别选择“3”，如图2-110所示。

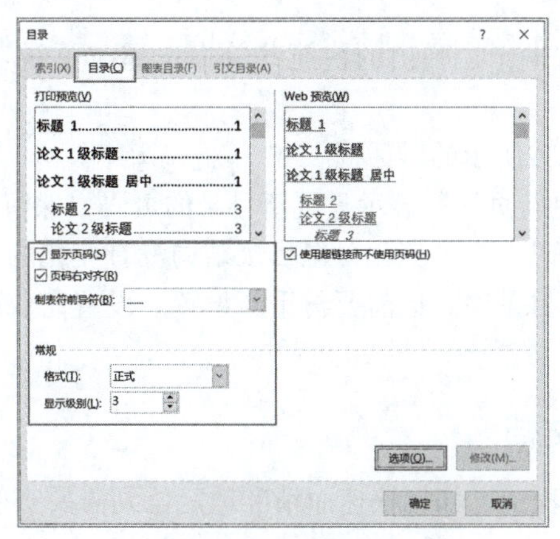

图 2-110　设置参数

（3）生成目录：单击“确定”按钮就会自动生成目录，如图2-111所示。

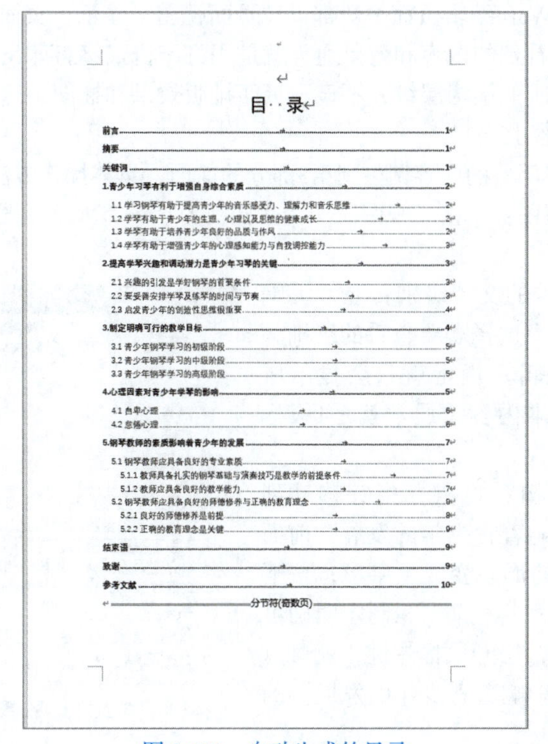

目　录

分节符(奇数页)

图 2-111　自动生成的目录

2. 更新目录

目录提取生成后，可以根据需要对目录的文字和段落格式进行设置。

如果文档内容被修改，引起了页码变化；或者在文档中修改了目录项（各级标题），改变了文档的结构，那么就需要更新目录。操作步骤如下：

（1）光标定位：将光标定位在目录区域，整个目录区域会显示灰色阴影。

（2）更新目录：更新目录有三种方法。

方法一：单击“引用”选项卡下的“更新目录”命令按钮。

方法二：按键盘上的【F9】键（笔记本或计算机需要使用【Fn+F9】组合键）。

方法三：在目录区域右击，在弹出的快捷菜单中选择“更新域”命令。

三种方法都将打开图2-112所示的对话框。

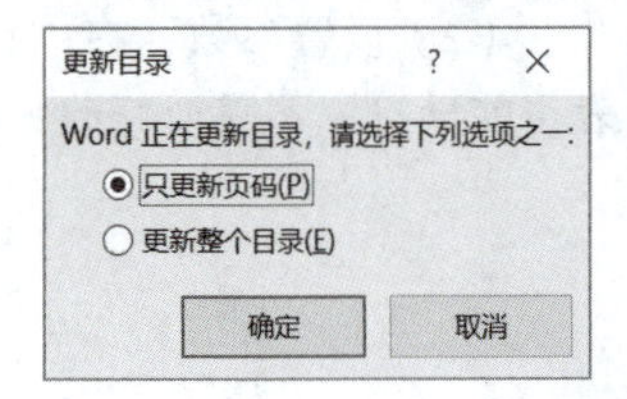

图 2-112 “更新目录”对话框

（3）设置参数：“只更新页码”表示只更新目录的页码，保留目录的内容和格式，此选项适用于文档内容变化导致页码发生了变化，但目录结构没有变化的情况；“更新整个目录”表示目录内容和页码都更新，目录格式也需要再重新设置。设置完成后单击“确定”按钮，即可更新目录。

2.5.7 管理和组织长文档

在长文档撰写、编排过程中，如何快速而精准地定位到需要查阅或修改的地方呢？Word提供了两种解决方案。

1. 大纲视图

如果不修改设置，Word编辑页面一般都以“页面视图”显示，页面视图是“所见即所得”模式——在页面视图中看到的内容和效果通常就是用打印机最终打印出来的效果。而大纲视图只呈现文字内容和它对应的结构层级，不显示页面排版效果和插图，这样便于编排者将精力集中在文档结构和文字内容上。

比如将论文中的第5部分的内容调整到第3部分的前面，具体操作方法如下：

（1）切换到大纲视图：单击“视图”→“文档视图”→“大纲视图”按钮，进入“大纲视图”模式。

（2）选择想要查看的文档级别：在“大纲工具”的“显示级别”中选择需要查看的级别，比如选择“1级”，编辑页面上就只会显示所有的“1级级别”的文本内容（通常就是1级标题），如图2-113所示。

（3）调整文档结构：将鼠标指针移动到“5.钢琴教师的素质影响着青少年的发展”前面的“+”上，鼠标指针的形态变成十字形；按下鼠标左键，向上拖动至目标位置“3.制定明确可行的教学目标”的上面，松开鼠标左键，就可以将“5.钢琴教师的素质影响着青少年的发展”的全部内容移动到新位置。

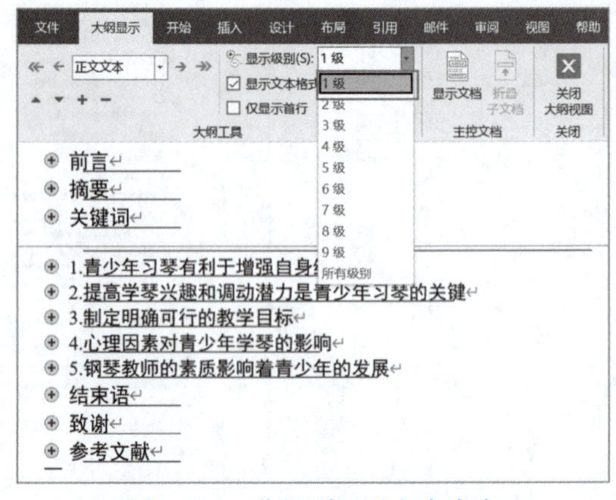

图 2-113 分级别显示文本内容

大纲视图中还有很多其他十分有用的功能，可以帮助用户提升文档编辑、排版效率。

因为本案例实际并不需要调整文档结构，所以在做完移动后请执行一次撤销还原。

2. 导航窗格

对于长达几十页甚至数百页的超长文档，定义了文档结构的不同级别后，除了“大纲视图”，“导航窗格”也可以为用户提供精确的导航功能，它相当于在编排文档时把文档的整体结构目录呈现在页面视图的左侧（也可以根据需要将导航窗格移动到其他区域，甚至Word窗口的外面）。

1）显示导航窗格

选中“视图”→“显示”→“导航窗格”复选框，如图2-114所示，就可以看到Word编辑区域的左侧多出了一个列出了文档各级标题的窗格。

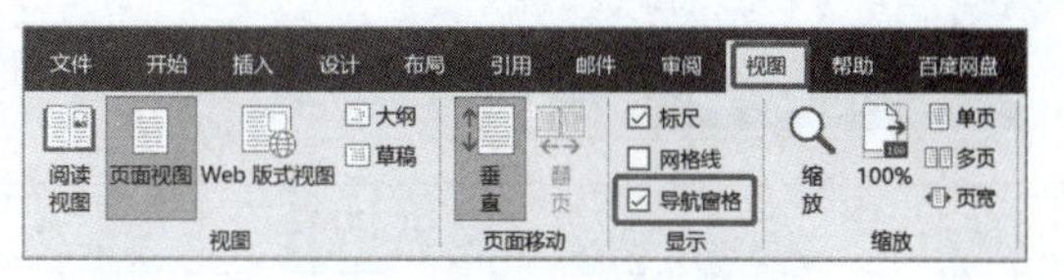

图 2-114　显示“导航窗格”

2）快速定位

在导航窗格中，单击任意级别的小标题，编辑区的光标都会快速跳转到该标题所在的位置。

3）管理长文档

单击导航窗格各级目录前面的三角形符号，可以使其包含的低级别标题在导航窗格中全部隐藏或显示。

用鼠标拖动此三角形符号，也可以将对应标题及其所属正文内容拖动到其他位置，以此方式调整文档结构。

4）搜索文档

在导航窗格顶端的“在文档中搜索”输入框中输入要搜索的文本内容，单击右侧的“放大镜”图标或者按【Enter】键，即可在文档中搜索指定内容。

搜索完成后，包含指定搜索内容的小标题就会以黄色背景显示在导航窗格中，左侧编辑区会跳转到搜索到的文字处，指定的文字会以黄色背景显示，如图2-115所示。

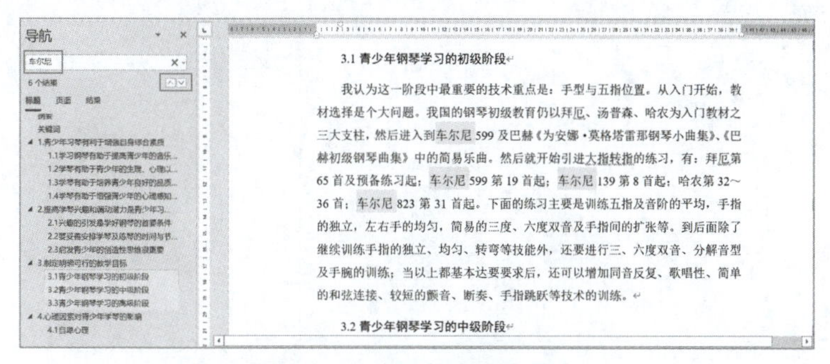

图 2-115　在导航窗格中搜索

案 例 小 结

通过这篇论文的编排，可以了解组织、管理长文档的一般方法，知道如何整体控制和快速调整整个文档的结构，如何为文档创建自动更新的目录。

本案例介绍的是如何对一篇已经写好内容的论文，后期进行格式和目录编排。如果是自己写一篇比较长的文章，可以在编写大纲时，就设置好大纲各级标题的“样式”，然后再进行内容的编写，在编写过程中通过应用“样式”来快速设置格式和大纲级别。这个过程中，导航窗格可以大大提高检索速度，让用户轻松掌控全文内容和结构。

实训 2.5 编排毕业论文

实训项目	实训记录
实训 2.5.1　完成一篇结构完整的毕业论文的格式编排 1．设置封面和毕业论文任务书的格式。 2．根据内容和编排需要，对全文合理分页、分节。 3．新建、使用快速样式。 4．为正文添加奇偶页不同的页眉和页码。 5．创建目录。	

学习与实训回顾

见：

请记下你认为有价值、有启发或容易遗忘的知识点，并注明知识点所在页码以便回顾。

感：

请记下你在学习了本案例并实践之后的收获和感受。

思：

本案例中的知识点可以关联到哪些你已掌握的知识内容（包含其他课程所学）？
你过去碰到的哪些任务、困难，可以用本案例中的知识点去完成、优化、解决？

行：

你对本案例的设计和制作是否有改进建议？
今后的学习和工作中，哪些情境可以用到本案例所学内容？

案例 2.6 《劳动最光荣》五一劳动节专题小报

知识目标

◎熟悉页面设置。
◎熟悉边框和底纹设置。
◎理解“栏”的概念。
◎熟悉图片工具。

技能目标

◎根据需要进行页面设置。
◎对页面分栏编排。
◎在 Word 中处理图片。
◎根据需要进行图文混排。

素质目标

◎强化劳模精神、劳动精神、工匠精神。
◎强化钻研意识、创新意识。
◎了解运用结构化思维解决问题的方法。

完成图2-116所示的《劳动最光荣》五一劳动节专题小报编排。

2022年5月1日 第35期 编辑部热线：072-61234**** 责任编辑：罗乐兮 美术编辑：罗乐兮 E-mail：123******@qq.com

江汉艺术学院《小荷》文学社

劳动节

国际劳动节又称“五一国际劳动节”，是世界上80多个国家的全国性节日，定在每年的五月一日，它是全世界劳动人民共同拥有的节日。

1889年7月，由恩格斯领导的第二国际在巴黎举行代表大会，会议通过决议，决定把5月1日这一天定为国际劳动节。

中央人民政府政务院于1949年12月做出决定，将5月1日确定为劳动节。1989年后，国务院基本上每5年表彰一次全国劳动模范和先进工作者，每次表彰3000人左右。

2021年10月25日，《国务院办公厅关于2022年部分节假日安排的通知》发布，2022年4月30日至5月4日放假调休，共5天。4月24日（星期日）、5月7日（星期六）上班。

劳动最光荣

1920年5月1日，《新青年》7卷6号“劳动节纪念号”出版，发表蔡元培“劳工神圣”的题词，孙中山“天下为公”的题词和李大钊的《“五一”运动史》，陈独秀的《上海厚生纱厂湖南女工问题》等文章。

新中国成立以后，中央人民政府政务院于1949年12月将5月1日定为法定的劳动节，全国放假一天。每年的这一天，举国欢庆，人们换上节日的盛装，兴高采烈地聚集在公园、剧院、广场，参加各种庆祝集会或文体娱乐活动，并对有突出贡献的劳动者进行表彰。

劳工神聖 蔡元培

全国五一劳动奖章和全国五一劳动奖状是中华全国总工会授予在中国特色社会主义建设中做出突出贡献的劳动者和企事业单位、机关团体的光荣称号，是中国工人阶级最高奖项之一。

“五一劳动奖章”和“五一劳动奖状”是中华全国总工会为表彰在技术创新、管理创新和体制创新中取得显著成绩，为经济建设和社会发展做出了突出贡献的先进个人和集体，是中国工人阶级最高奖项之一。

2022年，首次在评选通知中专门提出要注意推荐新就业形态劳动者，实际工作中，各单位积极推荐了货车司机、网约车司机、快递员、外卖配送员等一批先进典型，为这一新兴群体选树了榜样。值得提出的是，许多新就业形态劳动者为抗击疫情做出了贡献。

2022年4月28日，中华全国总工会发布“关于表彰2022年全国五一劳动奖和全国工人先锋号的决定”，授予北京奥林匹克公园管理委员会等200个单位全国五一劳动奖状，授予邹平等966名职工全国五一劳动奖章，授予北京市西城区疾病预防控制中心疫情防控应急队等956个集体全国工人先锋号。

2023年4月27日，全国总工会在北京召开2023 [illegible] 国际劳动节暨全国五一劳动奖和全国工人先 [illegible] 人被授予全国五一劳动奖章。

图 2-116 案例 2.6《劳动最光荣》五一劳动节专题小报编排效果

全文格式设置：宋体，五号字，首行缩进2字符，除了第1自然段，其他自然段段前空0.5行，行间距17磅。

2.6.1 设置页面

1.“布局”选项卡

在Word中，页面设置工具组位于“布局”选项卡下，该选项卡包含的工具组有页面设置、稿纸、段落、排列等，如图2-117所示。

页面设置：设置纸张和页面布局效果相关的参数。

稿纸：将页面设置为稿纸模板效果。

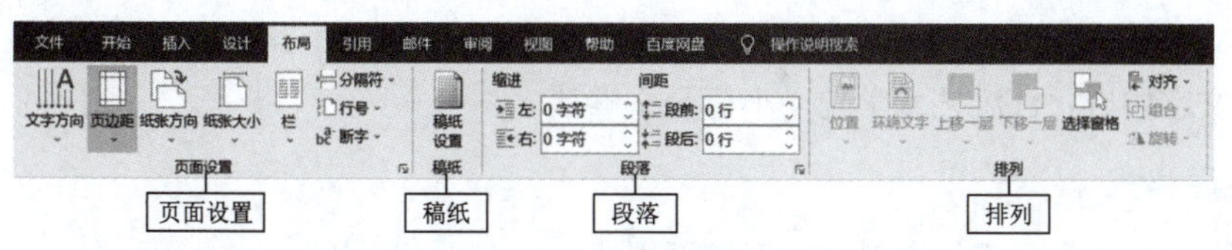

图 2-117 “布局”选项卡

段落：进行段落格式的快速设置。
排列：设置文本、图形、图片等对象的对齐、层叠、环绕、旋转等关系。
本案例需要设置页边距、页面方向和分栏等参数。

2. 页边距与页面方向

（1）打开对话框：选择“布局”→“页面设置”→“页边距”→“自定义页边距”命令，打开“页面设置”对话框。

（2）设置页边距：选择“页边距”选项卡，上、下、左、右页边均设置为2厘米。

（3）设置纸张方向：横向。相关参数如图2-118所示。

3. 分栏

“栏”是将文字或页面纵向拆分成多“列”显示。

本案例是全文分3栏，也就是将页面拆分成3“列”。具体操作步骤如下：

（1）选取分栏区域：选中要分栏的文字，本案例是全文分栏，则不需要选取具体范围。

（2）进入分栏设置状态：选择“布局”→“页面设置”→“栏”→“更多栏”命令，打开“栏”对话框。

（3）设置分栏参数：本案例选择“三栏”，取消“栏宽相等”选项，第1栏宽16字符、间距1.5字符，第2栏宽21字符、间距1.5字符，第3栏系统自动换算，单击“确定”按钮完成分栏设置。具体参数如图2-119所示。

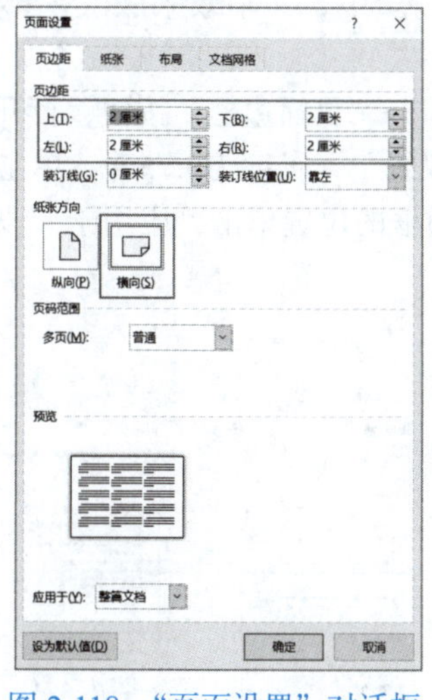
图 2-118 “页面设置”对话框

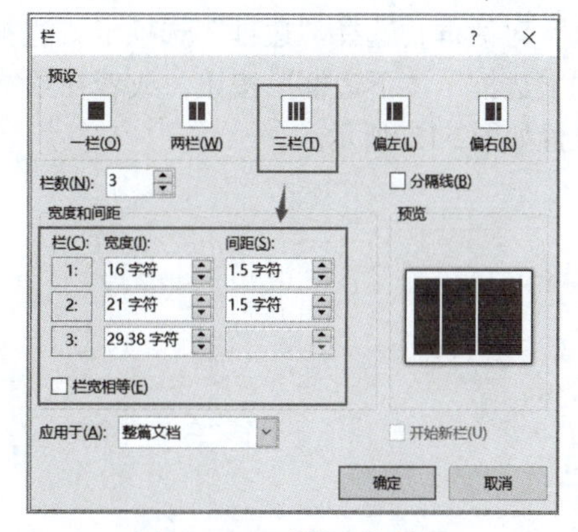
图 2-119 “栏”对话框

2.6.2 设置页眉

1. 页眉内容

第1行文字内容：2022年5月1日 第35期 编辑部热线：072-61234**** 责任编辑：罗乐兮

美术编辑：罗乐兮 E-mail：123*******@qq.com。

第2行文字内容：江汉艺术学院《小荷》文学社。

2. 页眉格式

第1行：宋体，六号字，左对齐，下带页眉线。

第2行：楷体，三号字，左对齐，无页眉线。

Word默认的页眉线是在页眉内容的最下面一行，本案例中，页眉线应该在第2行文字的下面，但实际删除了第2行页眉线，为第1行添加了页眉线。添加/删除页眉线的方法见本书2.4.2。

2.6.3 设置边框和底纹

1. 段落底纹设置

第1栏中，第1～3自然段设置了浅黄色的底纹。具体操作步骤如下：

（1）选中第1～3自然段：设置字体和段落格式为宋体、五号字、首行缩进2字符、行间距14磅。

（2）设置3个段落的底纹：单击“设计”→“页面背景”→“页面边框”按钮，打开“边框和底纹”对话框，选择“底纹”选项卡，在“填充”选区中选择“金色，个性色4，淡色80%”，应用于“段落”，单击“确定”按钮完成设置，如图2-120所示。

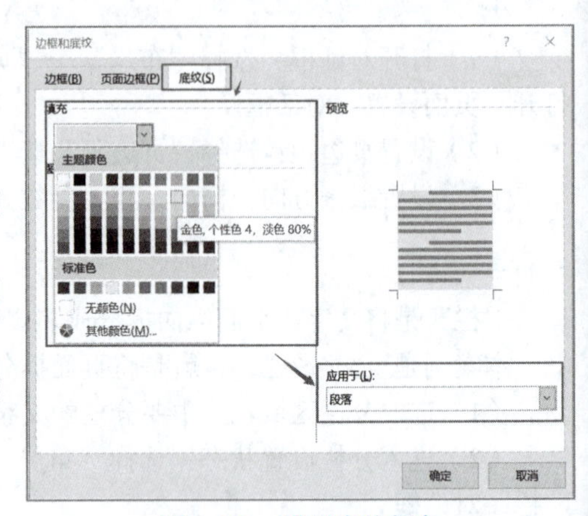

图 2-120　设置底纹颜色

2. 段落边框设置

第1～3自然段后面的小标题“劳动最光荣”设置了边框和底纹的装饰效果，如图2-121所示。

具体操作步骤如下：

（1）选中文本，设置字体格式效果：楷体，二号字，居中，文本效果版式（第1行第3个），字间距加宽3磅。

（2）设置段落边框效果：单击“设计”→“页面背景”→“页面边框”按钮，打开“边框和底纹”对话框；选择“边框”选项卡，边框样式选择“双线”，宽度为0.75磅，单击预览框中的“上边框”“下边框”按钮，或者在预览图中上、下边框的位置单击，应用于“段落”。具体设置如图2-122所示。

图 2-121　边框和底纹装饰

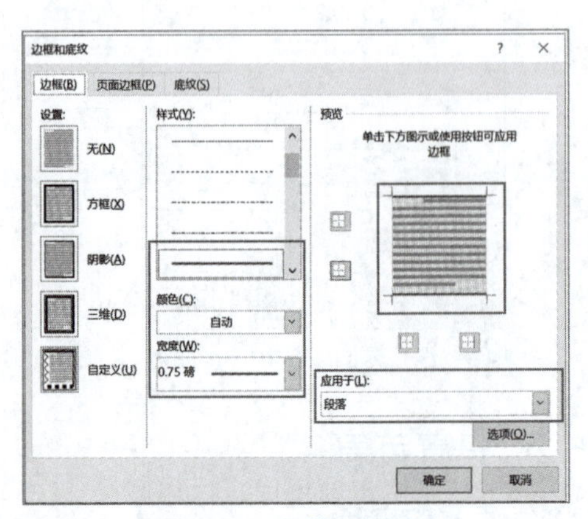

图 2-122　段落边框设置

（3）设置段落底纹效果：切换到“底纹”选项卡，设置图案样式为“浅色网格”，图案颜色为“橙色，个性色2，淡色60%”，应用于“段落”，单击“确定”按钮即可。具体设置如图2-123所示。

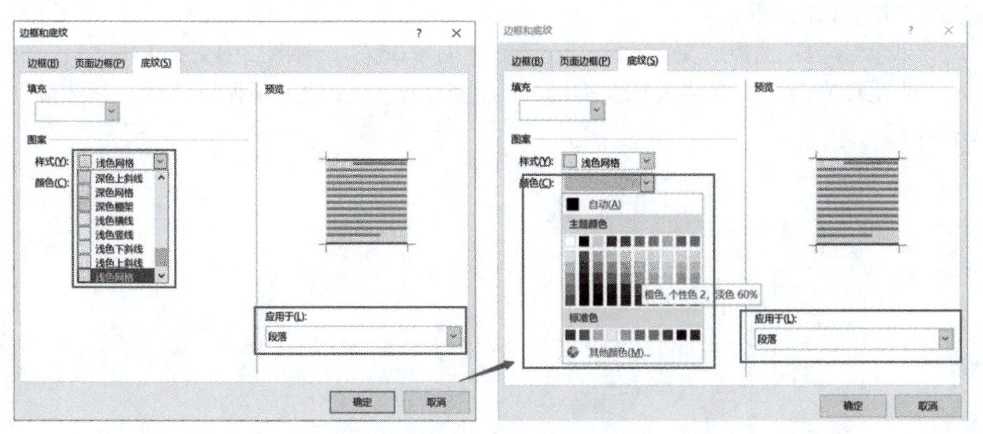

图 2-123　段落底纹设置

3. 页面边框设置

整个页面的下方有一组绿树边框，具体操作步骤如下：

（1）光标定位：光标定位在页面中的任一位置均可。

（2）设置页面边框效果：单击“设计”→“页面背景”→“页面边框”按钮，打开“边框和底纹”对话框。

（3）设置页面边框的参数：选择“页面边框”选项卡，在“艺术型”下拉列表中选择中“绿树”型边框，宽度为25磅，单击预览框中的“下边框”按钮，应用于页面底端。

（4）边距参数设置：单击“选项”按钮，打开“边框和底纹选项”对话框，测量基准选择“页边”，下边距为0磅。具体设置如图2-124所示。

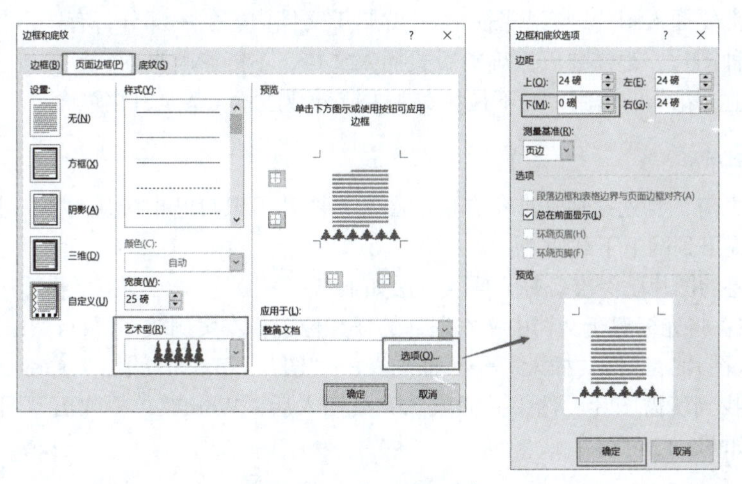

图 2-124　设置页面边框

4. 水印设置

水印，是作为文档背景的图案或者文字，若隐若现，仿佛水迹，所以，称为“水印”。水印通常用来添加标志、注明来源、声明版权、设置保密级别、装饰页面等。水印显示在正文文字和图片的下层，它是可视的，但又不影响正文文字和图片的阅读。

本案例设置的是自定义的文字水印，操作步骤如下：

（1）进入水印设置状态：选择“设计”→“页面背景”→“水印”→“自定义水印”命令，打开“水印”对话框；

（2）设置参数：选择“文字水印”，语言（国家/地区）选择“中文（中国）”，文字框中输入“劳动最光荣”，字体为华文行楷，颜色为金色，其他选项保持默认。具体设置如图2-125所示。

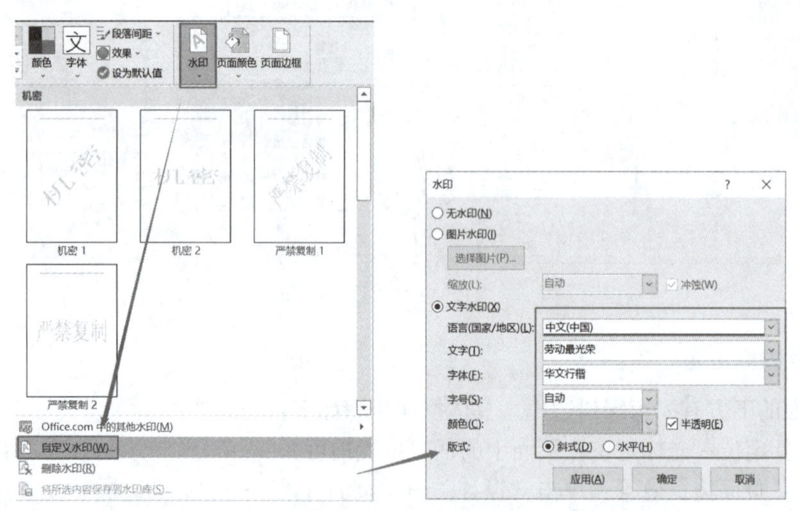

图 2-125　水印设置

温馨提示　在Word中，“页面背景”中设置的内容（水印、页面颜色、页面边框等），一篇文档只需要设置一次，设置完成之后，所有的页面上都会显示同样的效果。

2.6.4　插入图片

文档中经常要插入图片，有些图片本身就属于文档内容的一部分，有些图片是为了装饰页面。但无论哪种图片，都需要以正确的版式插入文档，不能影响页面文字的排版；也应对版面美化起到“锦上添花”的作用，而不是喧宾夺主或分散注意，甚至丑化页面。

1. 插入图片

插入图片之前，要先搜集、准备合适的图片，图片可以自己拍摄、制作，也可以在不侵犯他人版权的前提下到网上下载使用。

本案例需要的图片已经准备好，插入方法如下：

（1）定位：将光标置于文档中文本框外的任意位置，本案例放在第1自然段最前面。

（2）插入图片：选择“插入”→“插图”→“图片”→“此设备”命令，打开“插入图片”对话框，找到所需图片，选中并插入。完成插入后，Word菜单栏弹出“图片工具-图片格式”选项卡，如图2-126所示。

图 2-126　“图片工具 - 图片格式”选项卡

2．设置文字环绕方式

图片的文字环绕方式是指图片和周围文本的相对关系。

选中图片，在图片的右上角会出现一个“布局选项”按钮，单击按钮展开快捷菜单，可以快速设置文字环绕方式。图片默认的文字环绕方式为“嵌入型”，本案例中设置为“上下型环绕”，如图2-127所示。

图 2-127　图片快捷菜单显示的文字环绕方式

通过功能区的“环绕文字”工具组也可以设置文字环绕方式：单击“图片工具-图片格式”→“排列”→“环绕文字”按钮，就可以看到图2-128所示的下拉菜单。

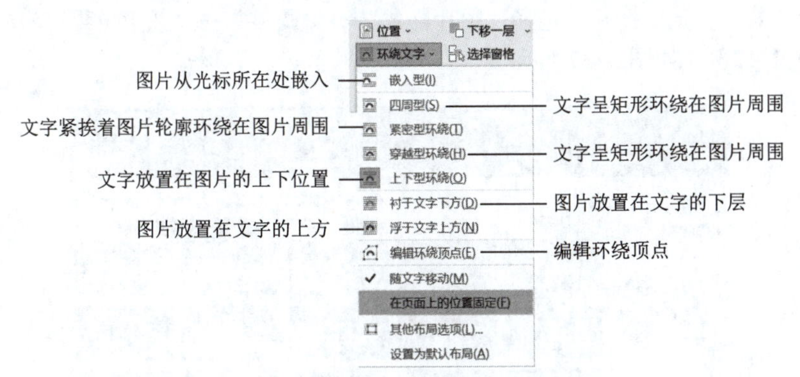

图 2-128　不同文字环绕方式的功能

3．裁剪图片

对图片质量和效果要求较高的文档，需要提前用专门软件将图片处理好。Word内也可以进行简单的图片处理。

裁剪图片的方法：选中图片，单击“图片格式”→“大小”→“裁剪”按钮的上半部分，图片进入裁剪状态，图片的四边四角都会出现图2-129所示的黑色裁剪调整控制柄，将鼠标指针移到裁剪调整控制柄处，鼠标指针会改变形状，并与指示标志重叠，拖动鼠标即可对图片进行裁剪。

单击“裁剪”按钮的下半部分，会出现图2-130所示的裁剪选项，可以满足特殊裁剪需求。

4．删除背景

本案例需要删除图片背景（抠图），只保留图片中的五个主体人物。图片背景删除（抠图）方法如下：

（1）进入图片编辑状态：双击图片，显示“图片工具-图片格式”选项卡。

（2）进入删除背景状态：单击选项卡下左起第1个按钮“删除背景”，弹出“背景消除”选项卡，如图2-131所示，图片显示为删除背景操作状态。

图 2-129　图片裁剪状态

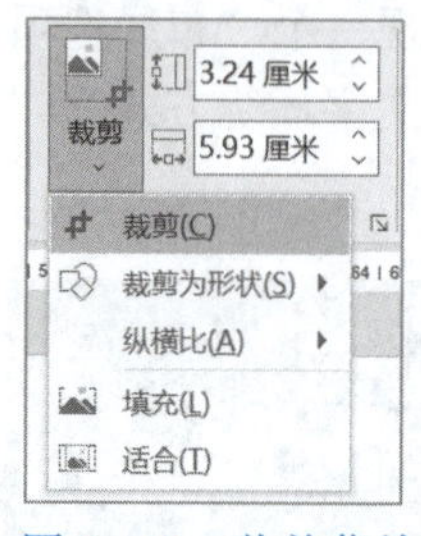

图 2-130　裁剪菜单

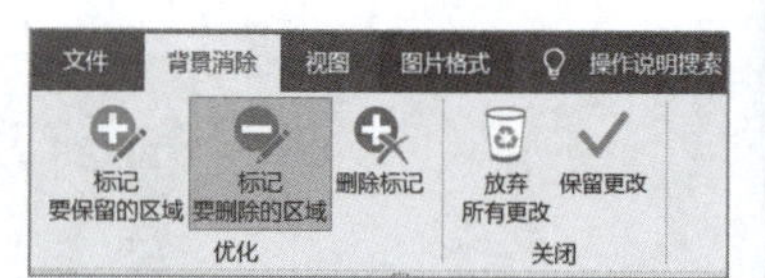

图 2-131　“背景消除”选项卡

（3）删除背景：在“背景消除”菜单中，分别使用“标记要保留的区域”“标记要删除的区域”“删除标记”三个命令按钮，将需要保留的图片区域和需要删除的图片区域标记出来。标记删除区域时，可以使用鼠标左键点击的方式，也可以使用按住鼠标左键拖动的方式，标记出来的删除区域显示为粉色。标记完成后，单击“保留更改”按钮即可完成背景删除（抠图）。

5．图片特效

在“图片样式”工具组中，可以为图片添加一些系统自带的特效。本案例的具体设置步骤如下：

（1）应用效果：选中图片，选择“图片格式”→“调整”→“艺术效果”→“纹理化”命令，选择第4行第2例，如图2-132所示。

图 2-132　为图片添加“纹理化”艺术效果

（2）设置属性参数：选择合适的艺术效果后，选择图2-132中的“艺术效果选项”命令，打开如图2-133所示的“设置图片格式”菜单，可以根据需要调整相关参数设置。本案例在“艺术效果选项”中将缩放调整为“40”。

本案例中的另外几张图片格式和效果设置如下：

“劳动节”图片：删除背景，添加橙色发光艺术效果，环绕方式为“浮于文字上方”。效果如图2-134所示。

“劳工光荣”图片：环绕方式为“四周型环绕”，调整为合适大小，添加柔化边缘矩形艺术效果，放置在第2栏的左下角。

“红色飘带”图片：环绕方式为“衬于文字下方”，调整为合适大小，置于页面右下角文本的底层。

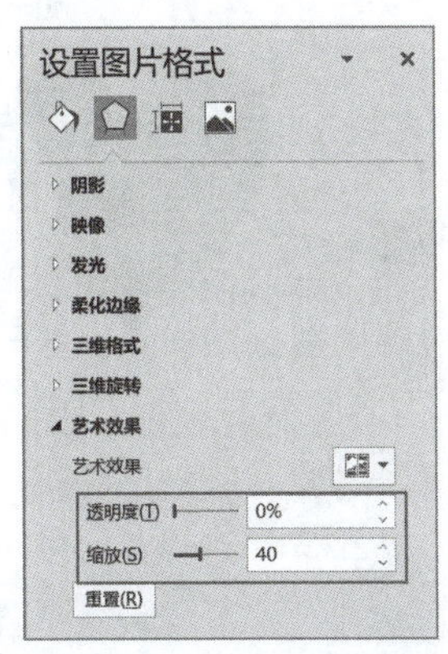

图 2-133　艺术效果参数

图 2-134　劳动节

温馨提示　应先调整好大小和位置，再设置为“衬于文字下方”，以免置于文字下方后，不方便选中、编辑。

6. 图片的排列组合

本案例的第3栏有一个由五张心形图片组合而成的一个图片组。组合方法如下：

1）将图片裁剪为形状

（1）插入所需图片：环绕方式为“浮于文字上方”，单击“裁剪”按钮下半截，选择“裁剪为形状”→“基本形状”→“心形”命令，如图2-135所示。

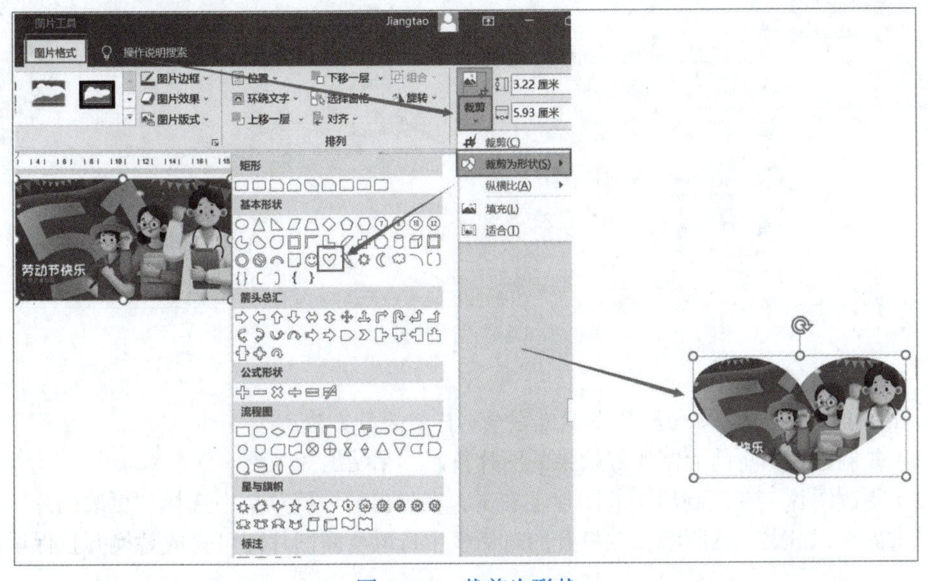

图 2-135　裁剪为形状

（2）设置裁剪纵横比：再次单击“裁剪”按钮下半截，选择“纵横比”→“1：1”命令，根据需要选取图片保留区域，如图2-136所示。

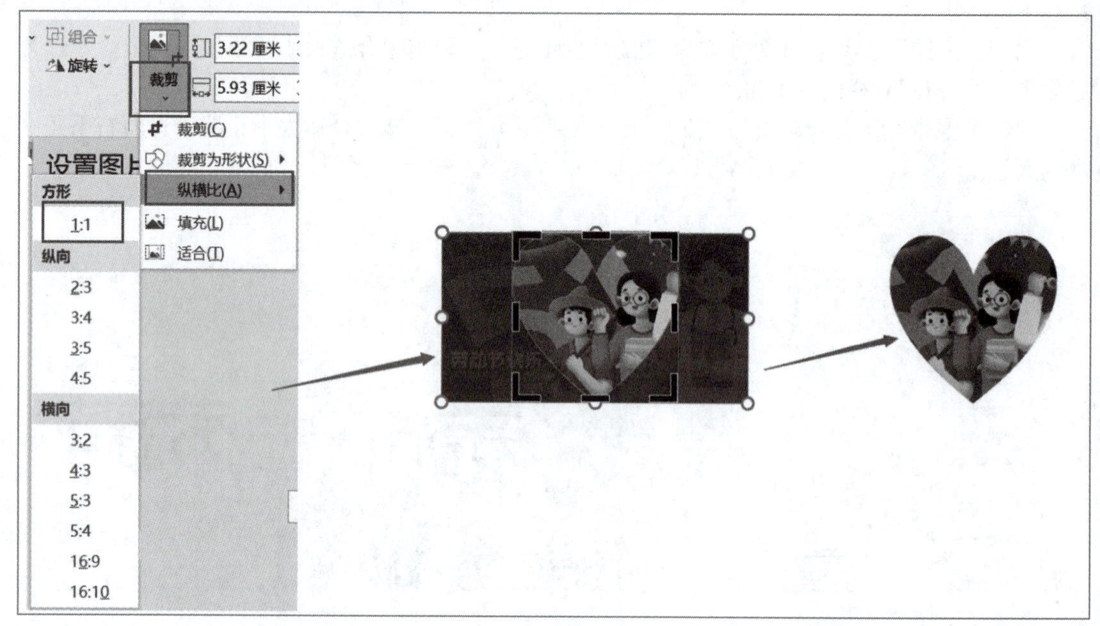

图 2-136　裁剪纵横比

（3）设置图片效果：本案例设置了两个图片特效，分别是“橙色”发光和“圆形”棱台，设置完成效果如图2-137所示。

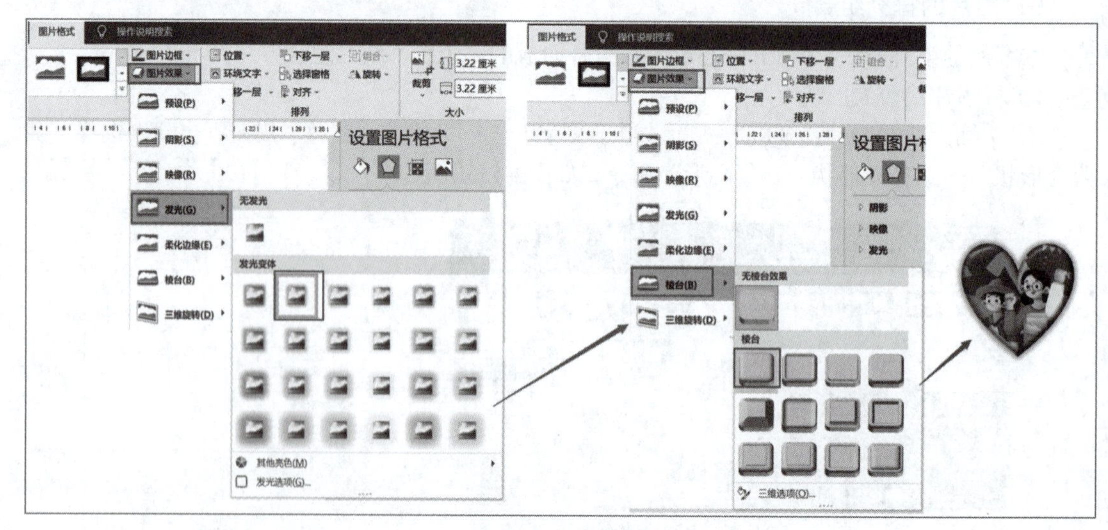

图 2-137　图片效果

2）“复制”图片效果

Word中有一种快速将多张图片设置成完全一样效果的方法：

（1）复制图片：将前面制作好效果的图片复制、粘贴出一张。

（2）更改图片：在复制出来的图片上右击，在弹出的快捷菜单中选择“更改图片”→“来自文件”命令，如图2-138所示，在打开的对话框中选取所需图片即可完成替换并且保留原图片效果。

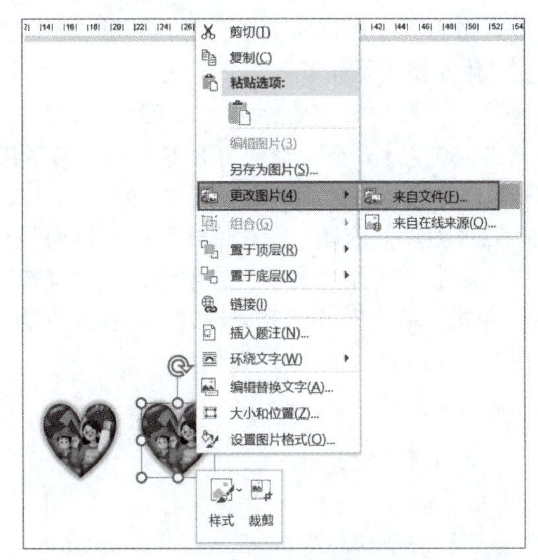

图 2-138　更改图片菜单

使用以上方法，制作出五张形状格式一样但内容不一样的图片，如图2-139所示。

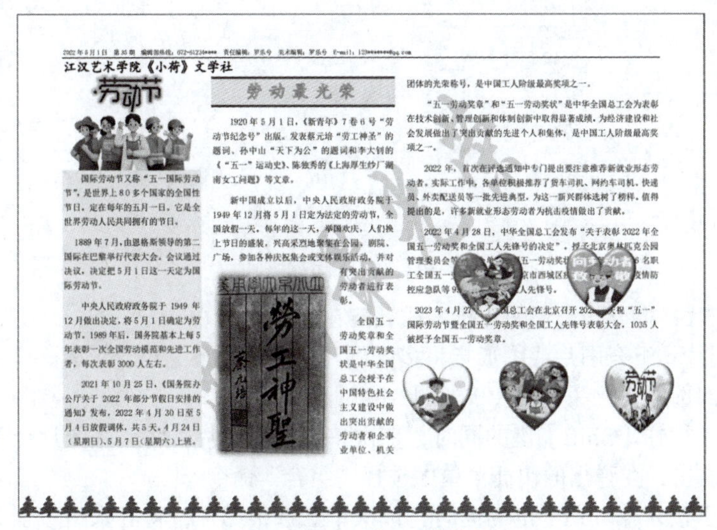

2022年5月1日　第35期　编辑部热线：072-61234****　责任编辑：罗乐兮　美术编辑：罗乐兮　E-mail：123*******@qq.com

江汉艺术学院《小荷》文学社

国际劳动节又称“五一国际劳动节”，是世界上80多个国家的全国性节日，定在每年的五月一日。它是全世界劳动人民共同拥有的节日。

1889年7月，由恩格斯领导的第二国际在巴黎举行代表大会。会议通过决议，决定把5月1日这一天定为国际劳动节。

中央人民政府政务院于1949年12月做出决定，将5月1日确定为劳动节。1989年后，国务院基本上每5年表彰一次全国劳动模范和先进工作者，每次表彰3000人左右。

2021年10月25日，《国务院办公厅关于2022年部分节假日安排的通知》发布，2022年4月30日至5月4日放假调休，共5天。4月24日（星期日）、5月7日（星期六）上班。

劳动最光荣

1920年5月1日，《新青年》7卷6号“劳动节纪念号”出版。发表蔡元培“劳工神圣”的题词、孙中山“天下为公”的题词和李大钊的《“五一”运动史》、陈独秀的《上海厚生纱厂湖南女工问题》等文章。

新中国成立以后，中央人民政府政务院于1949年12月将5月1日定为法定的劳动节，全国放假一天。每年的这一天，举国欢庆，人们换上节日的盛装，兴高采烈地聚集在公园、剧院、广场，参加各种庆祝集会或文体娱乐活动，并对有突出贡献的劳动者进行表彰。

全国五一劳动奖章和全国五一劳动奖状是中华全国总工会授予在中国特色社会主义建设中做出突出贡献的劳动者和企事业单位、机关团体的光荣称号，是中国工人阶级最高奖项之一。

“五一劳动奖章”和“五一劳动奖状”是中华全国总工会为表彰在技术创新、管理创新和体制创新中取得显著成绩，为经济建设和社会发展做出了突出贡献的先进个人和集体，是中国工人阶级最高奖项之一。

2022年，首次在评选通知中专门提出要注意推荐新就业形态劳动者。实际工作中，各单位积极推荐了货车司机、网约车司机、快递员、外卖配送员等一批先进典型，为这一新兴群体选树了榜样。值得提出的是，许多新就业形态劳动者为抗击疫情做出了贡献。

2022年4月28日，中华全国总工会发布“关于表彰2022年全国五一劳动奖和全国工人先锋号的决定”，授予北京奥林匹克公园管理委员会等……五一劳动奖状……名职工全国五一……京市西城区……疫情防控应急队等9……人先锋号。

2023年4月27……国总工会在北京召开202……庆祝“五一”国际劳动节暨全国五一劳动奖和全国工人先锋号表彰大会，1035人被授予全国五一劳动奖章。

图 2-139　五张心形图片

3）旋转图片

在Word中，图形图片可以旋转。常用旋转方法是用鼠标左键按住图形图片上方圆形箭头样式的“旋转”按钮，拖动鼠标转动图片；或者使用“图片格式”选项卡下“旋转”工具组，如图2-140所示。

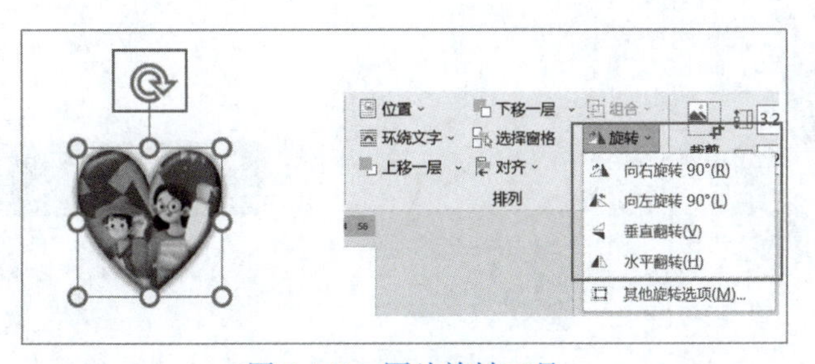

图 2-140　图片旋转工具

本案例要实现的效果是五张心形图片排成一个五瓣花的形状，需要用到“旋转”工具组中的“其他旋转选项”命令。具体操作步骤如下：

（1）换算旋转角度：五朵“花瓣”分别要旋转0°、72°、144°、216°、288°。

温馨提示 完整的一圈是360°，五个心形均匀分布，相邻两张图片的旋转角度应该相差72°（360÷5），因此，五张图片旋转的角度依次为0、72×1、72×2、72×3、72×4。

（2）旋转图片：选中第2张图片，选择“图片格式”→“排列”→“旋转”→“其他旋转选项”命令，打开“布局”对话框，选择“大小”选项卡，在“旋转”选区中设置旋转度数为“72°”，如图2-141所示，单击“确定”按钮完成设置。同样的方法，依次设置另外三张图片的旋转角度。

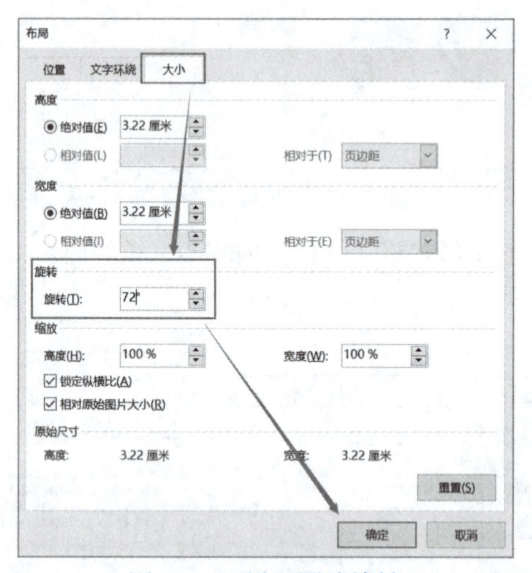

图 2-141　设置图片旋转

（3）排列图片：将五张心形图片排列成五瓣花的形状。

（4）组合图片：组合图片或图形指将多张图片或多个图形“组合”成一个“对象”，以便单击一次就可全部选中，方法有两种，如图2-142所示。

方法一：左手按住【Shift】键的同时，依次单击选中图片，将五张图片全部选中；然后在选中对象区域内右击，在弹出的快捷菜单中选择“组合”命令。

方法二：左手按住【Shift】键的同时，依次单击选中图片，将五张图片全部选中；然后选择“图片工具-图片格式”→“排列”→“组合”→“组合”命令。

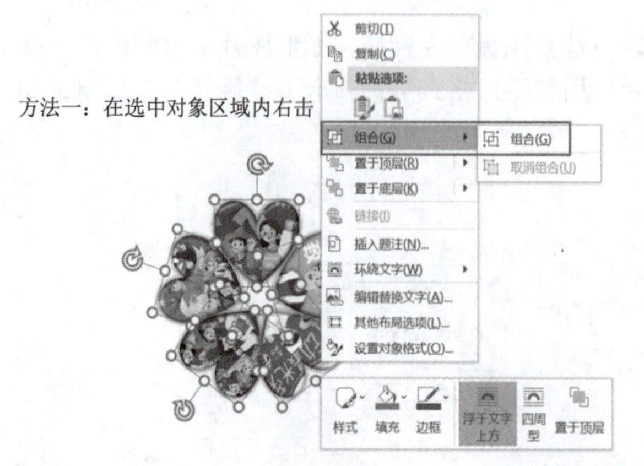

图 2-142　组合图片

（5）设置环绕方式、调整位置：将图片组合的环绕方式设置为“紧密型环绕”，移动到第3栏文本的中间。此时可能会有图片被“挤”到第2页，这是正常现象，可以通过调整图片大小、文本间距、段落间距等来优化版面布局。本案例以整篇文档完整地显示在一页纸上为宜。

（6）调整大小：每张图片或者每个组合，在选中后都会出现九个调控按钮，如图2-143所示，使用这九个按钮可以调整图片或组合的大小，也可以设置其环绕方式。

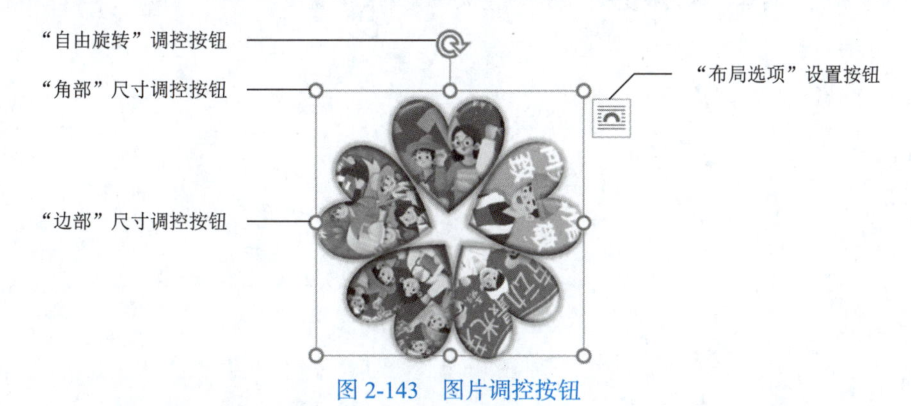

图 2-143　图片调控按钮

旋转按钮：按住并拖动图片上方自由旋转按钮，可以在垂直平面上任意旋转图片。

角部尺寸调控按钮：此按钮在图片的四个“角”上，按住并拖动它，可以同时调整当前角相邻两条边的长短。

边部尺寸调控按钮：此按钮在图片的四条“边”的中间，按住并拖动它，可以同时调整当前边相邻两条边的长短。

案 例 小 结

本案例是一份版面看起来比较复杂的小报，但这种“复杂”是针对版面整体而言，将版面拆解成小的页面元素和小的版块之后，这些小元素、小版块都很容易通过综合运用Word软件的各种功能和小技巧来实现。

在工作和生活中，我们也要善于运用结构化思维，将复杂的问题拆解成一个一个小问题。当我们将复杂的问题拆解后，我们就会发现真正的困难在哪里；集中力量克服困难，复杂问题就解决了一大半；解决所有小问题，复杂问题也就不存在了。

笔记栏

实训 2.6 设计制作小报

实训项目	实训记录
实训 2.6.1 完成《劳动最光荣》专题小报的格式编辑 按照案例介绍的内容、格式和步骤，编排《劳动最光荣》专题小报。	
实训 2.6.2 拓展实训：创意设计制作一份专题小报 自选内容,设计制作一份图文混排的《中秋节》专题小报。	

学习与实训回顾

见：

请记下你认为有价值、有启发或容易遗忘的知识点，并注明知识点所在页码以便回顾。

感：

请记下你在学习了本案例并实践之后的收获和感受。

思：

本案例中的知识点可以关联到哪些你已掌握的知识内容（包含其他课程所学）?

你过去碰到的哪些任务、困难，可以用本案例中的知识点去完成、优化、解决?

行：

你对本案例的设计和制作是否有改进建议?

今后的学习和工作中，哪些情境可以用到本案例所学内容?

案例 2.7 唐诗《出塞》

知识目标

◎掌握艺术字概念。
◎熟悉形状工具。
◎熟悉文本框工具。

技能目标

◎根据实际需要灵活使用“键盘＋鼠标”快捷操作。
◎插入艺术字并设置艺术字效果。
◎插入并编辑形状。
◎插入并编辑文本框。

素质目标

◎坚定爱国主义思想。
◎强化民族自豪感和文化自信。
◎强化钻研意识、创新意识。

完成图2-144所示的唐诗《出塞》的创意版面。

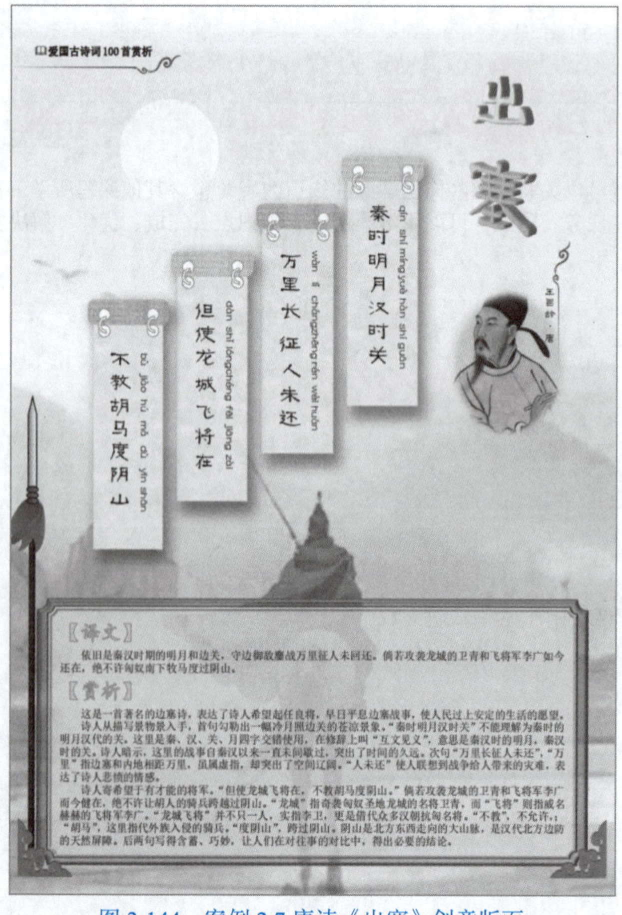

图 2-144　案例 2.7 唐诗《出塞》创意版面

整体版面风格为古典风格，整体背景为一位铁骑将军坚毅的背影。上半版面有与诗词内容相应的明月，以及挂在空中的四条字幅，文字应用了方正古隶字体；下半版面为模拟出的兵器架，兵器架上有展示牌。整体设计与本首古诗的意韵相得益彰。

2.7.1　插入图片水印

本案例设计了铺满全页面的图片水印，营造了贴合古诗意境的背景。具体操作步骤如下：

（1）进入“水印”设置状态：选择“设计”→“页面背景”→“水印”→“自定义水印”命令，打开“水印”对话框。

（2）插入图片水印：在“水印”对话框中，选择“图片水印”→“选择图片”命令；找到所需图片，单击“插入”按钮，返回“水印”对话框；取消“冲蚀”效果，单击“确定”按钮返回，如图2-145所示。

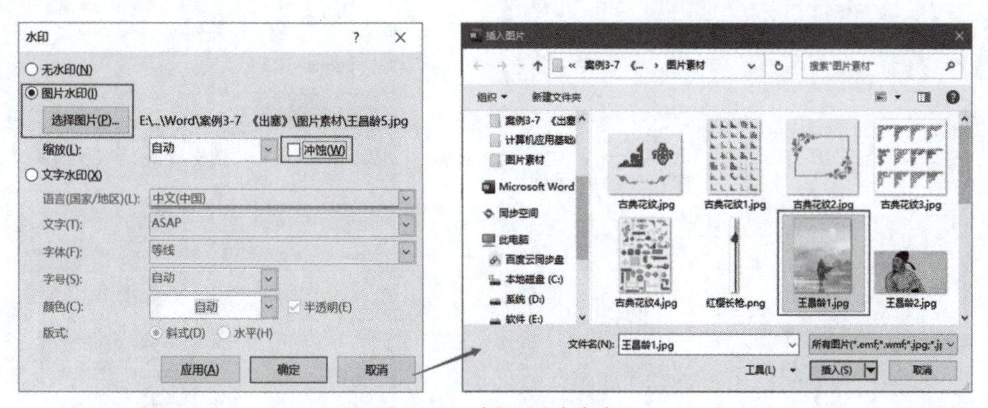

图 2-145　插入图片水印

（3）将图片铺满整个页面：双击页眉区域，进入页眉页脚编辑状态，选中水印图片；将图片放大，铺满整个页面；为了与整体版面协调，水印图片设置了“水平翻转”。

（4）删除页眉线：删除方法见2.4.2。删除完成后，关闭页眉页脚。

2.7.2　插入艺术字

艺术字是一种特殊的图形，它以图形的方式来显示文字，让图形具有了可读性，让文字具有了艺术性。艺术字可以增强装饰性，让页面更活泼、美观，更富有设计感和表现力。本案例古诗的标题采用的是三维效果的艺术字，效果如图2-146所示。

艺术字制作步骤如下：

（1）创建艺术字：单击“插入”→“文本”→“艺术字”按钮，选择第1行右起第1个“金色，主题色4，软棱台”（此艺术字自带了棱台效果），如图2-147所示。

图 2-146　三维效果艺术字

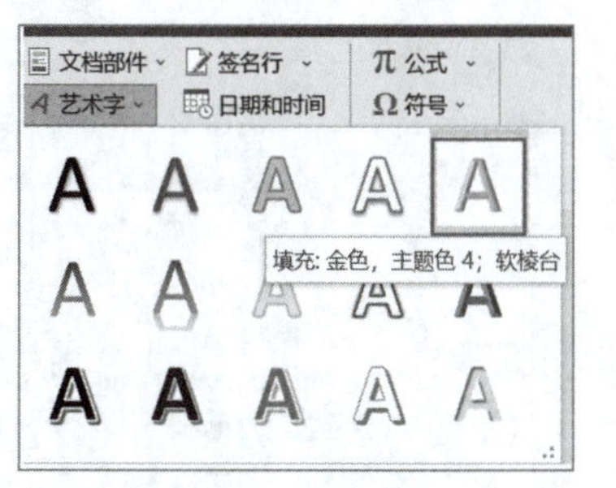

图 2-147　创建艺术字

（2）设置字体格式：在出现的艺术字文本框中输入文本内容“出塞”，设置为方正古隶字体，90号字。

（3）设置文本方向：双击艺术字，在弹出的“艺术字”菜单中，选择“文字方向”→“垂直”命令，如图2-148所示。

（4）设置三维旋转：依次单击“形状格式”→“艺术字样式”→“文字效果”→“三维旋转”→“角度”组“极左极大”（第3行左起第2个），如图2-149所示。

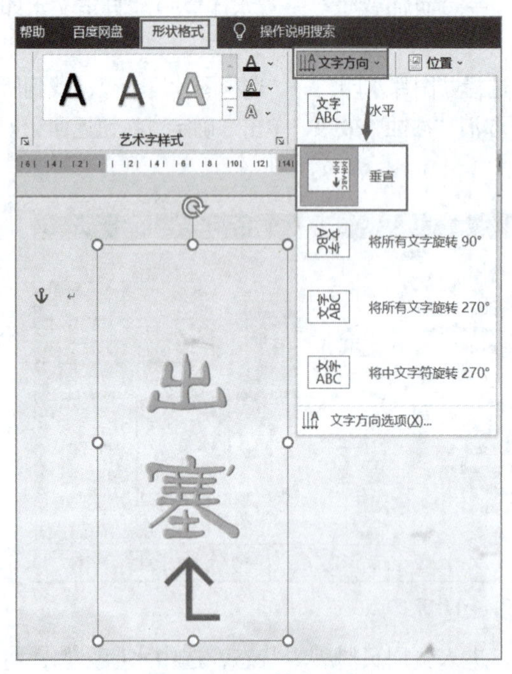

图 2-148　竖排艺术字

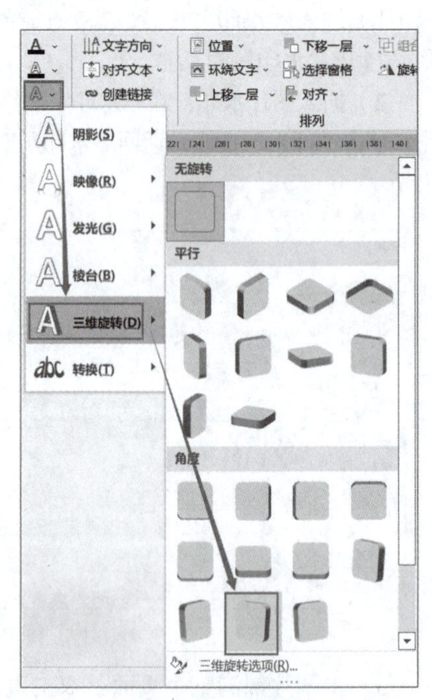

图 2-149　三维旋转

（5）设置“棱台”参数：选择“形状格式”→“艺术字样式”→“文字效果”→“棱台”→“三维选项”命令，在打开的任务窗格中，将“深度”的数据设置为10磅，如图2-150所示。

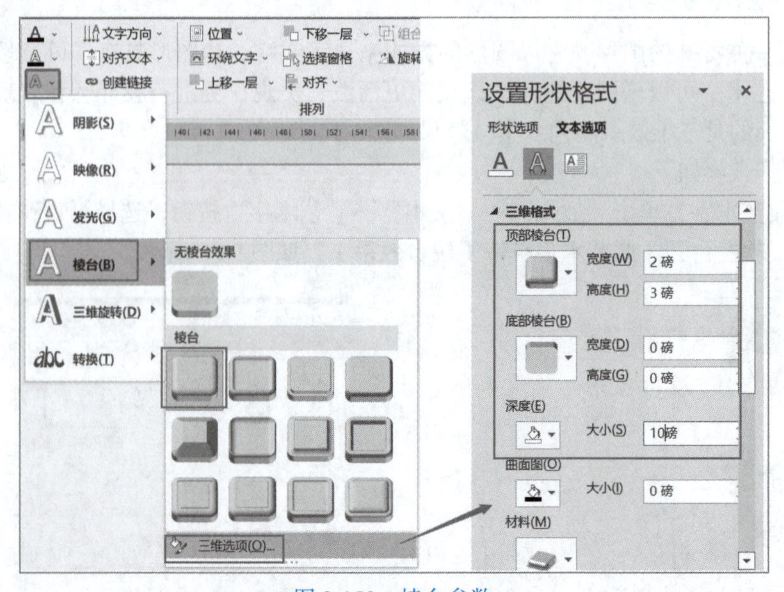

图 2-150　棱台参数

温馨提示　艺术字的三维立体效果往往需要叠加使用“三维旋转”“棱台”两种效果。由于前面选取的艺术字效果自带了棱台效果，所以，这里已经有了一些默认的参数：顶部宽2磅、高3磅。

（6）环绕方式设置：艺术字的环绕方式默认为“浮于文字上方”。

2.7.3　插入（绘制）形状

Microsoft Office自带的形状（以前的Office版本称之为“自选图形”）非常丰富，可以说是一座巨大的宝库，合理选用，可以让整个版面呈现鲜明的特色。

1.“键盘 + 鼠标”快捷操作

在文档中插入（绘制）一个形状（图形）很容易，但要将其绘制或调整成符合自己需要的样式，单纯依靠鼠标操作是很难实现的，这时候，使用“键盘+鼠标”快捷操作可以极大地提高操作速度和操作精度。

【Ctrl】【Shift】【Alt】三个键是大多数组合键的基础键，它们之间相互组合，或与其他键组合，可以实现不同的快捷操作，提高图形图片处理的效率和精准度。一般来说，使用组合键在移动或缩放图形图片时，【Ctrl】键主要控制以图形图片的中心点为基点进行调整，【Shift】键主要控制在水平或垂直方向进行调整，【Alt】键主要控制微移、微调。

1）选择时的常用快捷操作

【Shift+鼠标左键依次单击】：按住【Shift】键不放，用鼠标单击依次点选形状、图片、艺术字、占位符等多个任意对象，被点选的对象将被同时选中。

【Ctrl+鼠标左键依次单击】：就“选中对象”而言，与【Shift+鼠标左键依次单击】无区别。

2）绘制时的常用快捷操作

【Shift+鼠标左键拖动绘制】：绘制形状时，可以绘制正圆形、正方形等“理想形状”；绘制线条时，只能绘制水平、垂直、45度斜角的线条。

【Ctrl+鼠标左键拖动绘制】：绘制形状时，以形状的中心点为基点进行绘制。

【Alt+鼠标左键拖动绘制】：绘制形状的同时，微量控制形状大小。

【Shift+Ctrl+鼠标左键拖动绘制】：绘制形状时，以形状的中心点为基点，绘制出该形状的“理想形状”。

【Shift+Alt+鼠标左键拖动绘制】：绘制形状时，绘制出该形状的“理想形状”，同时微量控制形状大小。

【Ctrl+Alt+鼠标左键拖动绘制】：绘制形状时，以图形的中心点为基点进行绘制，同时微量控制形状大小。

【Ctrl+Shift+Alt+鼠标左键拖动绘制】：绘制形状时，以形状的中心点为基点，绘制出该形状的“理想形状”，同时微量控制图形大小。

3）编辑图形图片时的常用快捷操作

【Ctrl+鼠标左键拖动】：复制选中的对象。

【Ctrl+D】：复制选中的对象（在连续批量复制时使用，可以提高操作速度）。

【Ctrl+Shift+鼠标左键拖动】：水平或垂直复制对象。

【Ctrl+Shift+Alt+鼠标左键拖动】：水平或垂直复制对象的时候，同时控制复制出的对象的微距离。

【Ctrl+键盘上的“←→↑↓”】：对选中对象的位置进行微距调整。

【Shift+鼠标左键拖动】：拖动选中的对象在水平或垂直方向移动。

【Alt+鼠标左键拖动】：将选中对象的位置进行微移调整。

【Shift+Alt+鼠标左键拖动】：拖动选中对象在水平或垂直方向移动，同时控制对象移动的微距离。

【Shift+鼠标左键调节大小】：将鼠标指针放在形状、图片的角部尺寸调控钮上拖动，可以等比例缩放形状、图片。

【Ctrl+Shift+鼠标左键调节大小】：将鼠标指针放在形状、图片的角部尺寸调控钮上拖动，可以以此形状、图片的中心点为基点，等比例缩放图形图片。

【Ctrl+Shift+Alt+鼠标左键调节大小】：将鼠标指针放在形状、图片的角部尺寸调控钮上拖动，可以以此形状、图片的中心点为基点，等比例缩放图形图片，同时细微控制放大或缩小的尺寸。

上面列举的这些快捷操作方式，都是【Ctrl】【Shift】【Alt】三个辅助功能键的应用。我们在Word中熟练掌握它们后，在Office办公套件的其他组件中也可以通用，尤其是PowerPoint，需要大量使用这些快捷操作方式。

2. 对齐工具

Office办公软件提供了一组“对齐”工具，用于对所选对象进行对齐操作。它们的具体对齐效果如图2-151所示。

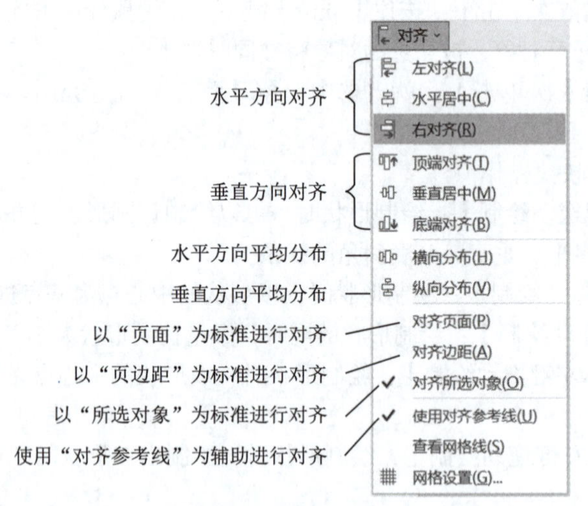

图 2-151 对齐工具组

温馨提示 在使用“对齐”工具时，要注意“对齐页面”“对齐边距”“对齐所选”的效果区别，所有的对齐设置都基于这三类中的某一类。

3. 绘制月亮

本案例中，版面上方有与诗词应景的明月和挂在空中的四幅字；版面下方为兵器架，兵器架上有展示牌，兵器架左侧竖有一柄长枪。我们首先使用“椭圆”形状绘制出“月亮”。

具体操作步骤如下：

（1）选取“椭圆”形状工具：选择“插入”→“插图”→“形状”→“椭圆”命令。

（2）创建：左手按住【Shift】键，右手按住鼠标左键，拖动鼠标，绘制出一个正圆形。此时会弹出如图2-152所示的“绘图工具-形状格式”选项卡，用其中的工具中可以设置形状的相关参数。

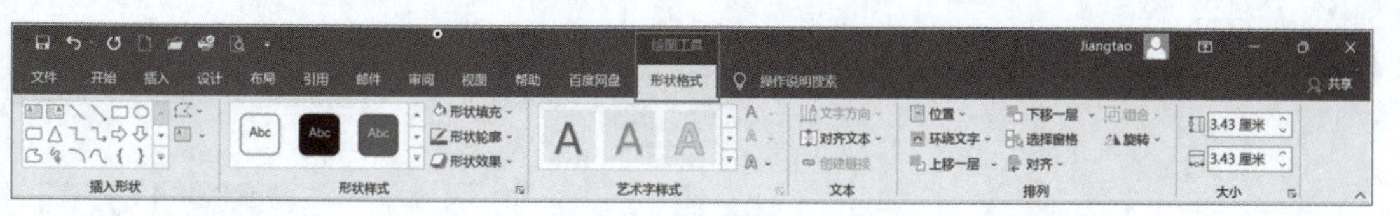

图 2-152　绘图工具

（3）填充颜色：选择“形状格式”→“形状填充”命令，选择黄色（标准色左起第4个），如图2-153所示。

（4）设置渐变色：选择“形状填充”→“形状填充”→“渐变”命令，本案例选择“变体”第1个，如图2-154所示。

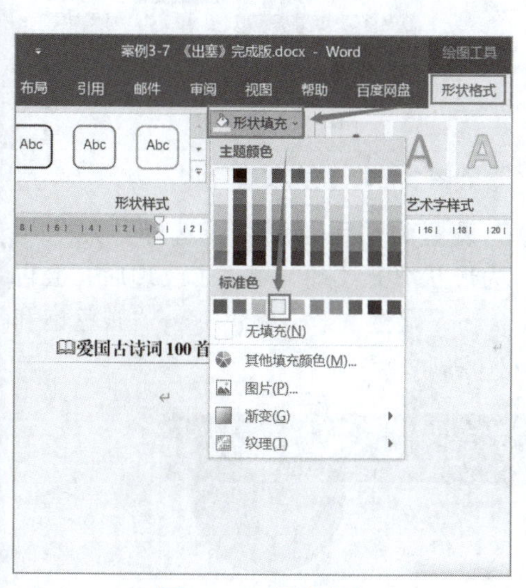

图 2-153　填充颜色

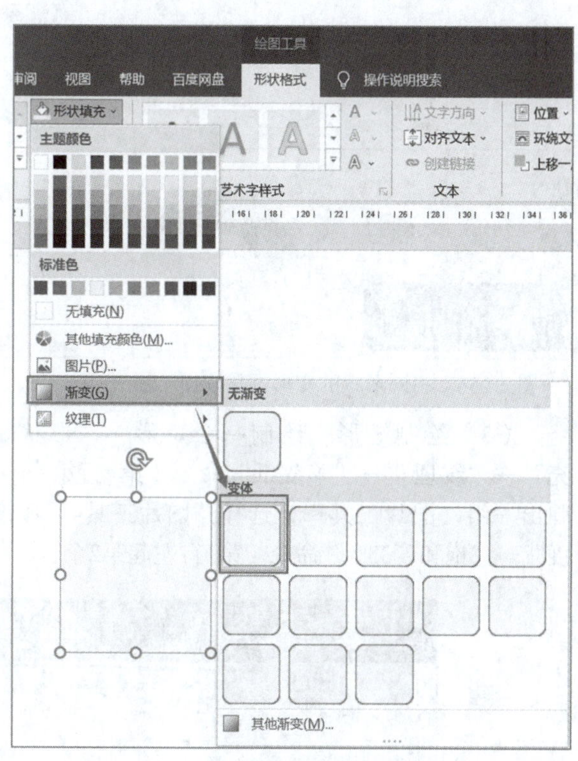

图 2-154　渐变填充

4. 绘制画幅

如图2-155所示的画幅效果，使用了四个形状，分别是圆角矩形、矩形、圆形、空心弧，需要分别绘制后再组合。

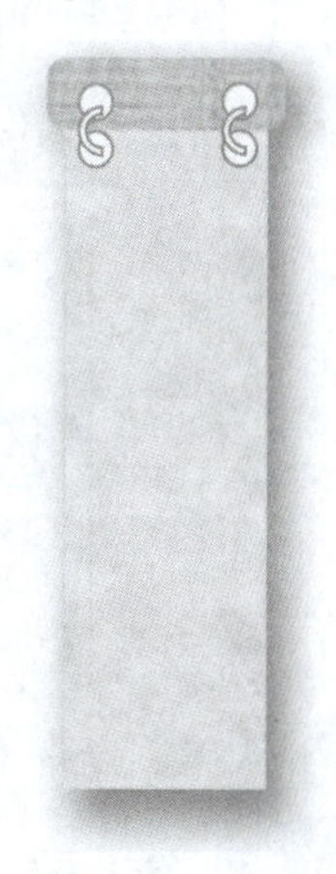

图 2-155　画幅

具体操作步骤如下：

（1）绘制圆角矩形：使用“圆角矩形”形状工具绘制出一个圆角矩形。此圆角矩形除了有前面讲过的旋转按钮、角部调整按钮、边部调整按钮之外，还有一个橙色的变形调整按钮。不同的形状，变形调整按钮的个数会不同，如图2-156所示。本案例中，使用圆角矩形的变形调整按钮，将圆角调整得稍微圆润了一些。

（2）为形状填充纹理：选择“形状填充”→“纹理”→“纸莎草纸”命令（第1行第1个），为形状填充纹理，如图2-157所示。“形状轮廓”设置为“无轮廓”。

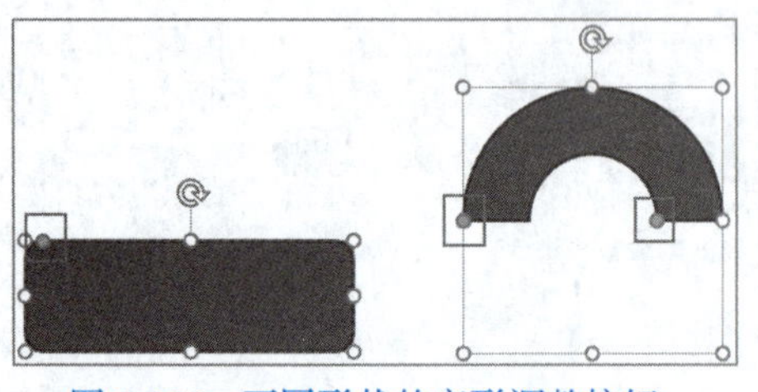

图 2-156　不同形状的变形调整按钮

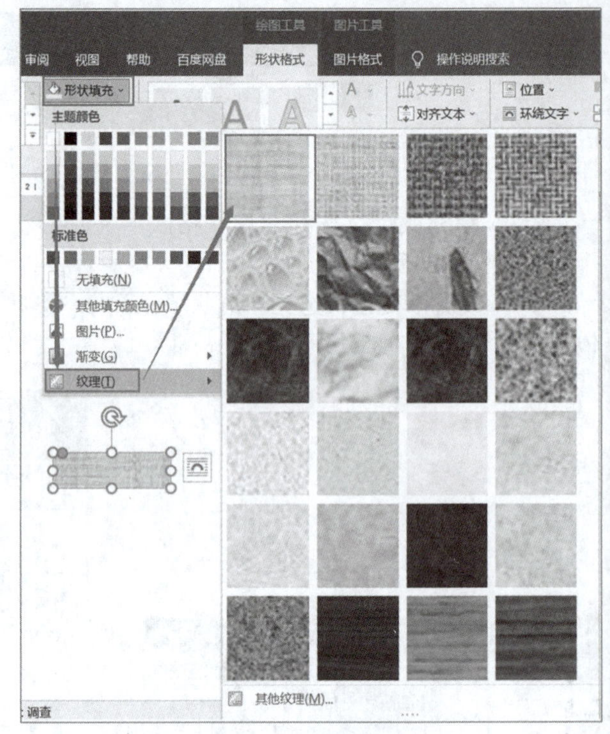

图 2-157　填充纹理

（3）绘制矩形：绘制一个矩形，“形状轮廓”设置为“无轮廓”；选择“形状填充”→“纹理”→“羊皮纸”命令（第4行第3个），为形状填充纹理。填充了纹理后，会再弹出一组“图片工具”，选择“图片工具-图片格式”→“调整”→“颜色”→“颜色饱和度”→“饱和度33%”命令（第1行左起第2个），如图2-158所示。

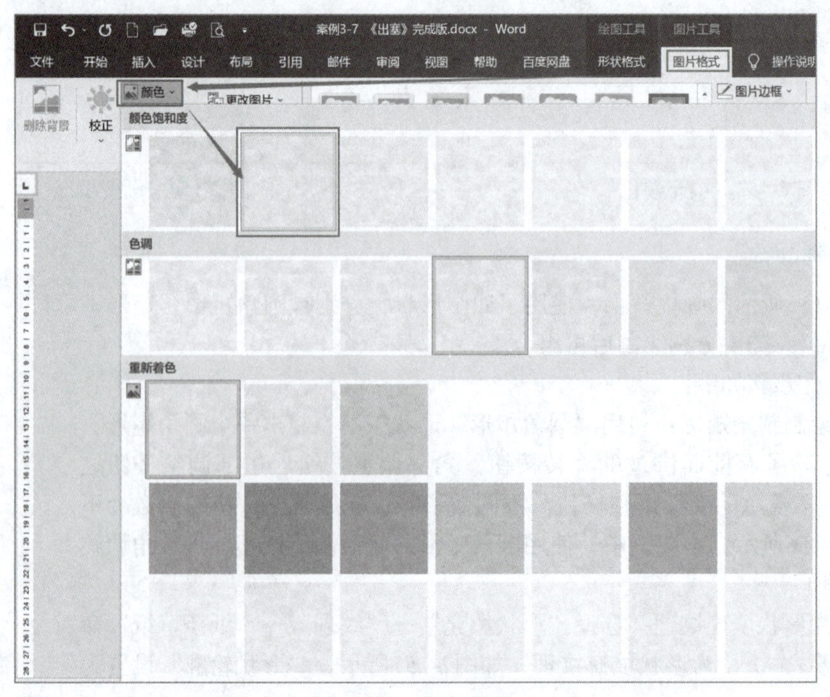

图 2-158　颜色调整

（4）绘制圆形：选择“椭圆”形状工具，按住【Shift】键的同时，使用鼠标左键拖动绘制出一个正圆形；填充为白色，轮廓色设置为第1列倒数第2个的灰色，如图2-159所示。左手中指、无名指、食指按住快捷键【Ctrl+Shift+Alt】的同时，使用鼠标左键向下拖动复制出一个一模一样的圆形。

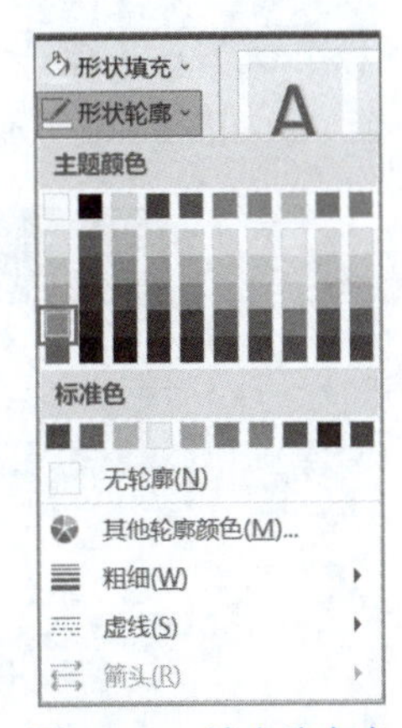

图 2-159　填充为灰色

（5）绘制空心弧：选择“空心弧”形状工具，左手中指按住【Shift】键的同时，使用鼠标左键拖动绘制出一个空心弧；填充为白色，轮廓色设置为第1列倒数第2个的灰色；拖动变形调控按钮将空心弧调整得纤细一些；使用“旋转”工具将空心弧“向左旋转90°”，如图2-160所示。

（6）组合“挂环”：将两个圆形和空心弧的位置按照效果需要摆放好；左手中指按住【Shift】键，右手持鼠标用左键依次单击两个圆形和空心弧；松开【Shift】键，选择“绘图工具-形状格式”→“排列”→“组合”→“组合”命令，将三个形状组合成一个整体，如图2-161所示。

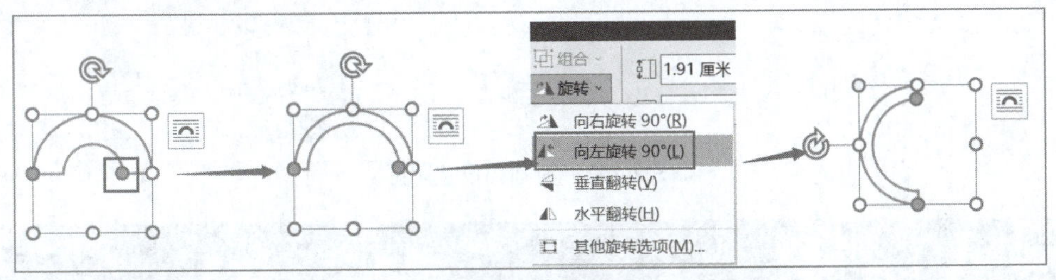

图 2-160　调整空心弧

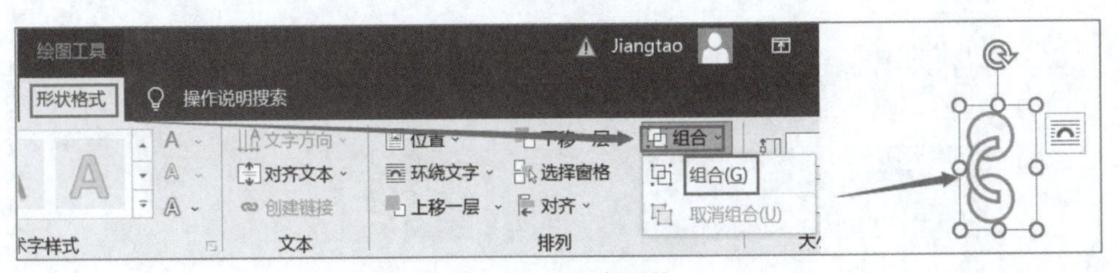

图 2-161　组合形状

温馨提示　在选中的形状区域右击，在弹出的快捷菜单中选择“组合”→“组合”命令，也可完成形状的组合。

（7）复制一组挂环：左手中指、无名指、食指按住【Ctrl+Shift+Alt】组合键的同时，使用鼠标左键向右拖动复制出一个一模一样的“挂环”。

（8）组装“画幅”：按照第（6）步的方法将圆角矩形、矩形、两个“挂环”组合成一个整体（“画幅”）。

（9）设置“阴影”效果：选中画幅，选择“绘图工具-形状格式”→“形状效果”→“阴影”→“外部”命令（第1个），如图2-162左图所示；选择“绘图工具-形状格式”→“形状效果”→“阴影”→“阴影选项”命令，打开选项窗格，在窗格中调整参数，如图2-162右图所示。

（10）复制画幅：左手无名指按住【Ctrl】键的同时，使用鼠标左键拖动复制出一个一模一样的“画幅”；松开【Ctrl】键，单击选中其中一个画幅上方的圆角矩形；选择“图片工具-图片格式”→“调整”→“颜色”→“颜色饱和度”→“颜色饱和度：0%”命令（第1行左起第1个），如图2-163所示。

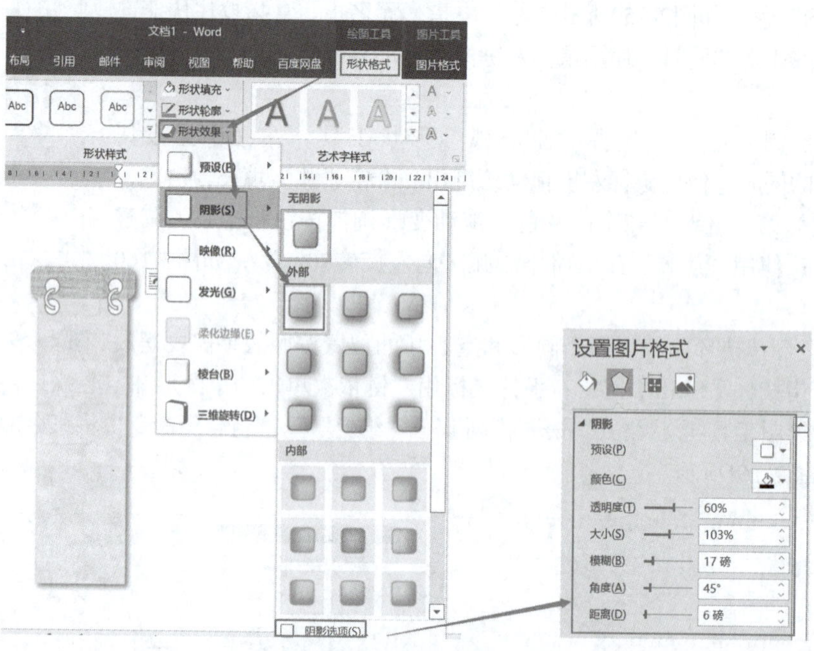

图 2-162　为画幅设置阴影

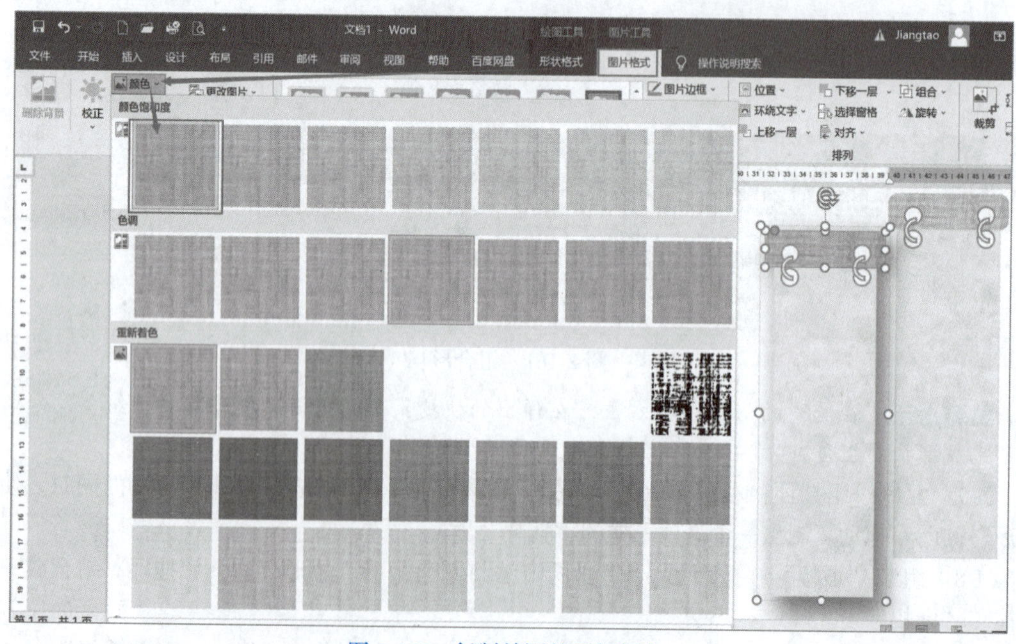

图 2-163　复制并调整画幅颜色

（11）复制出四个画幅：同时选中两个画幅，左手无名指按住【Ctrl】键的同时，使用鼠标左键拖动复制出两个一模一样的画幅。

（12）横向平均分布四个画幅的位置：先根据需要将四个画幅排个大致的位置，同时选中，选择“形状格式”→“排列”→“对齐”→“横向分布”命令，将四个画幅在横向距离上平均分布，如图2-164所示。

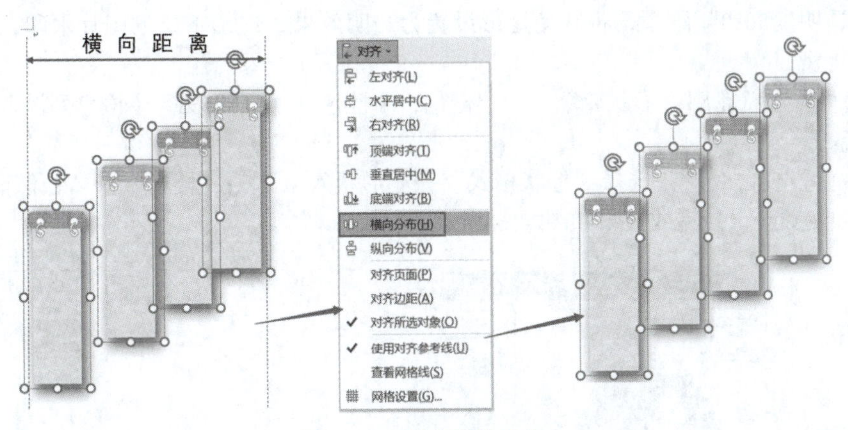

图 2-164　横向平均分布

温馨提示　图2-164中的“横向距离”由最左侧和最右侧画幅之间的距离决定。横向平均就是将“横向距离”平均分配给这四个画幅。

（13）纵向平均分布四个画幅的位置：选择“形状格式”→“排列”→“对齐”→“纵向分布”命令，将四个画幅在纵向距离上平均分布。完成效果如图2-165所示。

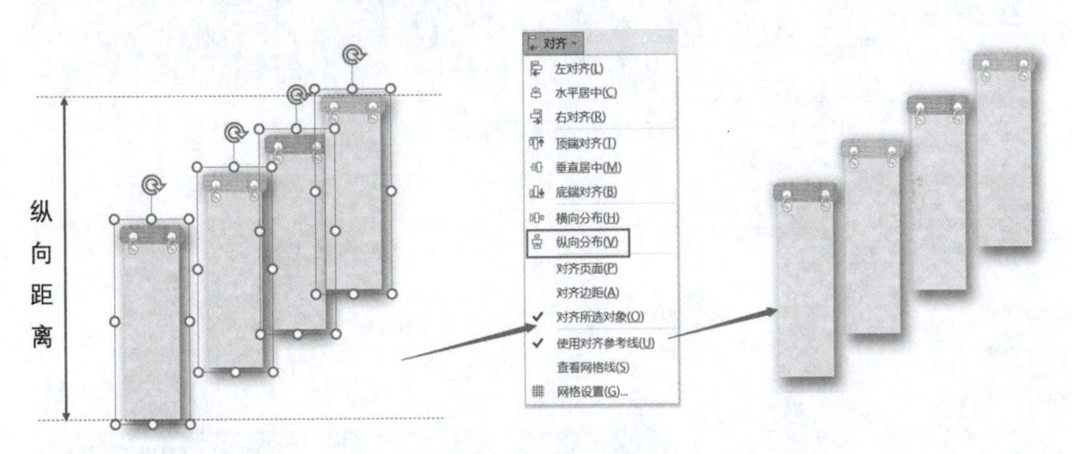

图 2-165　纵向平均分布

温馨提示　图2-165中的“纵向距离”由最低处和最高处画幅之间的距离决定。纵向平均就是将“纵向距离”平均分配给这四个画幅。

5. 绘制兵器架

本案例中的“译文”和“赏析”部分，创意设计为一个中国古代演武场上的兵器架。绘制此兵器架只用到了一个形状：缺角矩形。

（1）绘制缺角矩形：使用“缺角矩形”形状工具绘制出一个缺角矩形，即“基本形状”中第2行右起第2个，如图2-166所示。

（2）调整变形程度：拖动矩形左上角的橙色变形按钮，根据需要调整缺角程度。

（3）设置填充效果：填充为“橙色，个性色2，深色25%”（橙色列倒数第2个）；选择“形状填充”→“其他填充颜

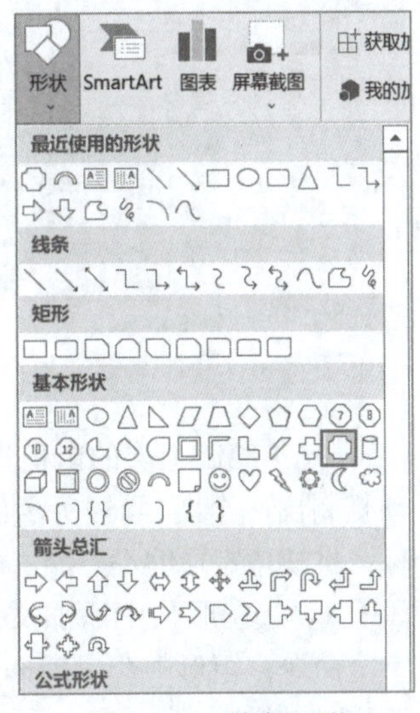

图 2-166　缺角矩形

色”→“透明度50%”命令，将缺角矩形设置为透明效果，透出下层的图片水印，如图2-167所示。

（4）设置形状轮廓：形状轮廓色为“橙色，个性色2，深色25%”（橙色列倒数第2个），粗细为3磅。

（5）设置棱台效果：选择“形状格式”→“形状效果”→“棱台”→“松散嵌入”命令（第1行左起第2个）。完成效果如图2-168所示。

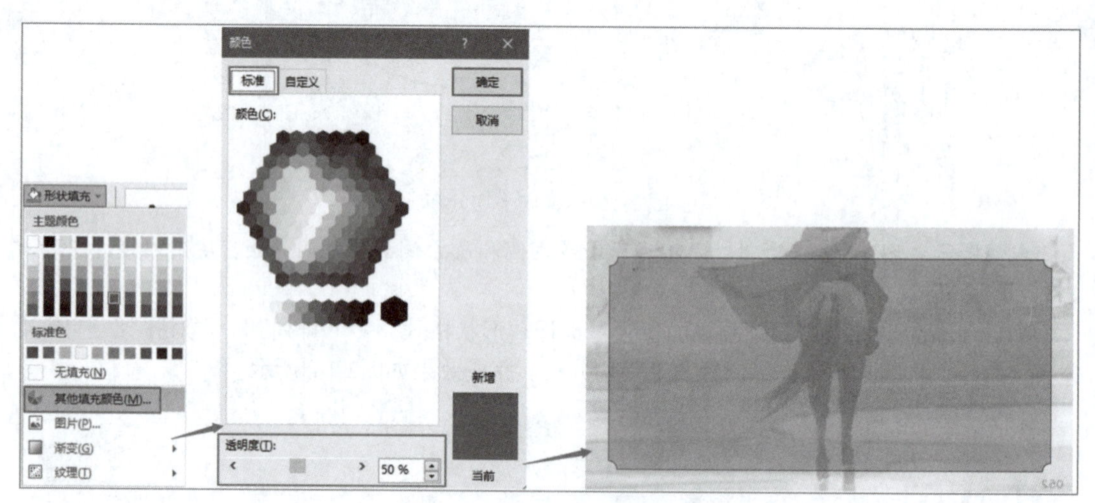

图 2-167　半透明的填充效果

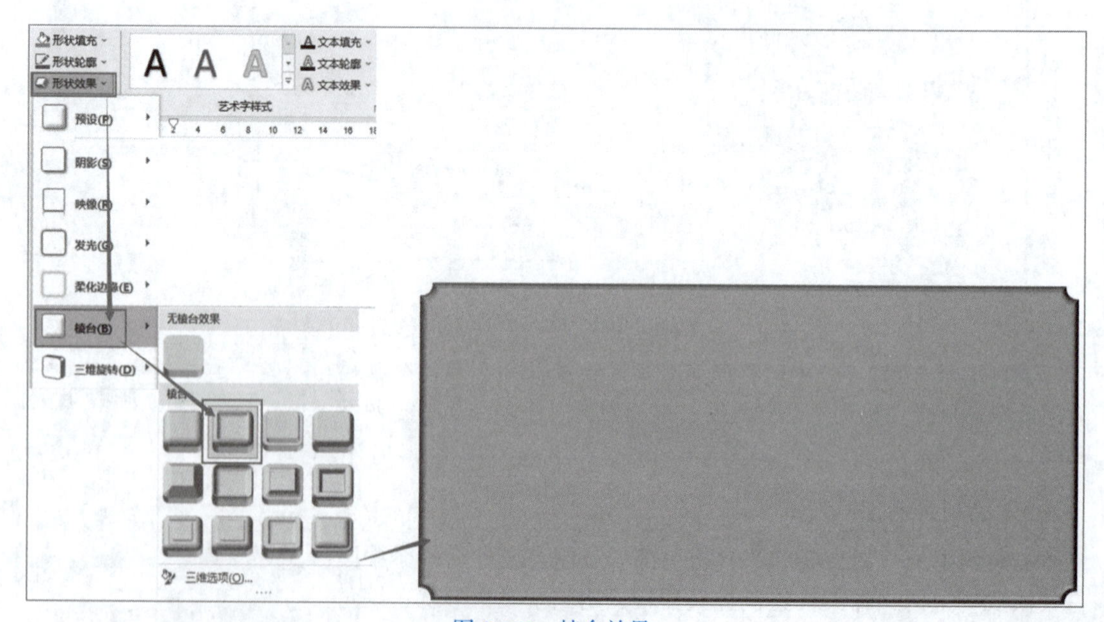

图 2-168　棱台效果

（6）绘制上层的白色透明缺角矩形：左手无名指按住【Ctrl】键的同时，使用鼠标左键拖动复制出一个图2-169所示的缺角矩形；使用鼠标左键按住缺角矩形的角部调控按钮，拖动鼠标，将缺角矩形缩小一圈；将缺角矩形的“填充颜色”调整为白色。

（7）在形状中添加文本：在白色缺角矩形上右击，在弹出的快捷菜单中选择“编辑文字”命令，矩形中会出现插入光标，可以按常规方式在矩形中输入、编辑文本内容，如图2-169所示。

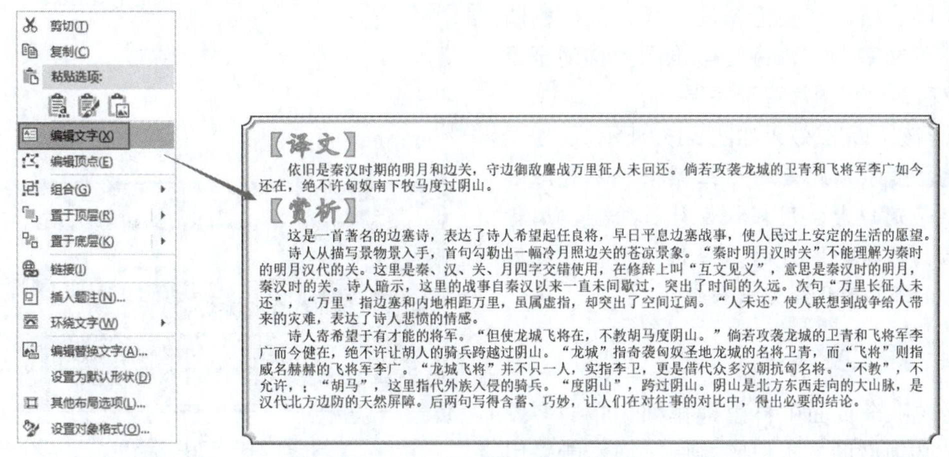

图 2-169　在形状中添加文本

（8）将两个缺角矩形居中重合：同时选中两个缺角矩形，选择“形状格式”→“排列”→“对齐”→“水平居中”命令，选择“形状格式”→“排列”→“对齐”→“垂直居中”命令，实现两个缺角矩形的居中重合。完成效果如图2-170所示。

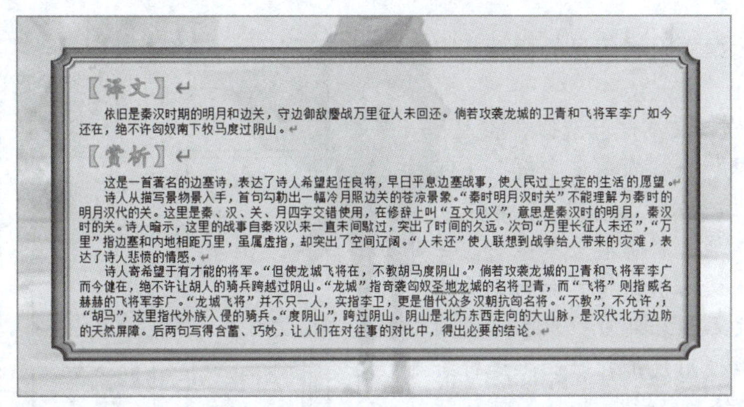

图 2-170　带文字的半透明缺角矩形

（9）插入、编辑装饰图片：插入所需装饰图片，文字环绕方式设置为“浮于文字上方”，图片格式设置为“橙色、个性色2深色”（倒数第2行左起第3个）；复制出一张装饰图片，水平翻转；将两张装饰图片分别放置在缺角矩形的左下角和右下角。完成效果如图2-171所示。

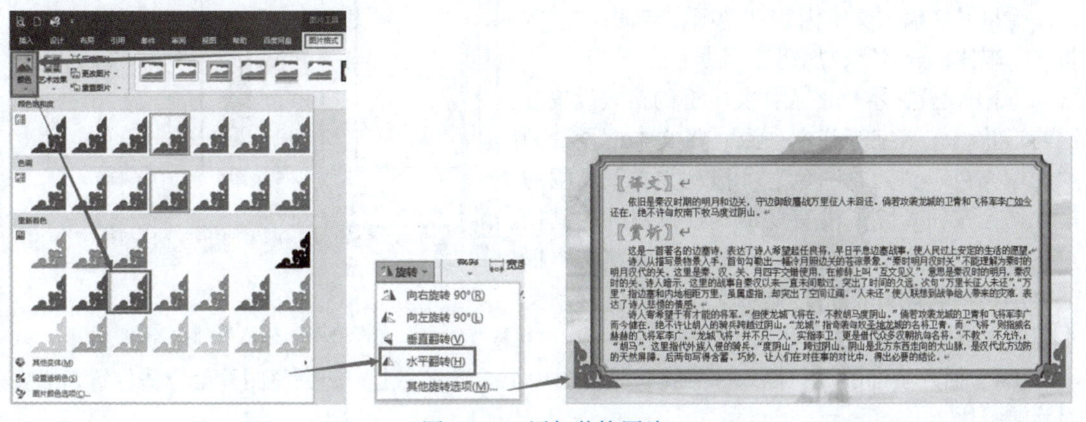

图 2-171　添加装饰图片

（10）插入红樱枪图片：插入红樱枪图片，浮于文字上方，将红樱枪图片移动至目标位置后，再将图片置于底层。

兵器架的完成效果如图2-172所示。

温馨提示　此处的“红樱枪”不是网络图片，而是作者使用形状设计、绘制、编辑出来后，另存为图片的。分析一下，“红樱枪”是由哪些形状绘制出来的？

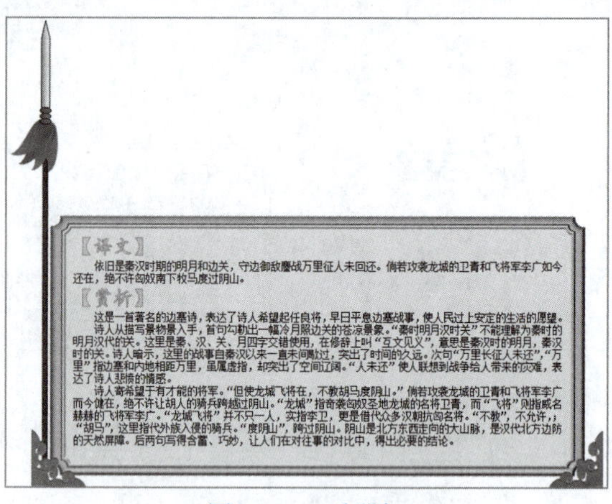

图2-172　兵器架

2.7.4　插入文本框

要在一个页面中自由地排列、布局多段文本，必须借助文本框来排版，而不能采用常规的段落排版方式。在图文混排的文档中，文本框更是必不可少的版面编排利器。

本案例中，有三处用到了文本框，分别是左上角的案例信息横排文本框、显示作者姓名的竖排文本框、显示诗句的四个竖排文本框。

1. 横排文本框

左上角显示案例附属信息的横排文本框，制作步骤如下：

（1）插入横排文本框：选择“插入”→“文本”→“文本框”→“简单文本框”（或者“绘制横排文本框”）命令，如图2-173所示。

温馨提示　单击“简单文本框”，会自动在页面上生成一个文本框，将里面的文本删掉，输入本案例中的文本内容即可；单击“绘制横排文本框”，则需要使用鼠标在页面上进行绘制，文本框绘制方法与绘制矩形一样。

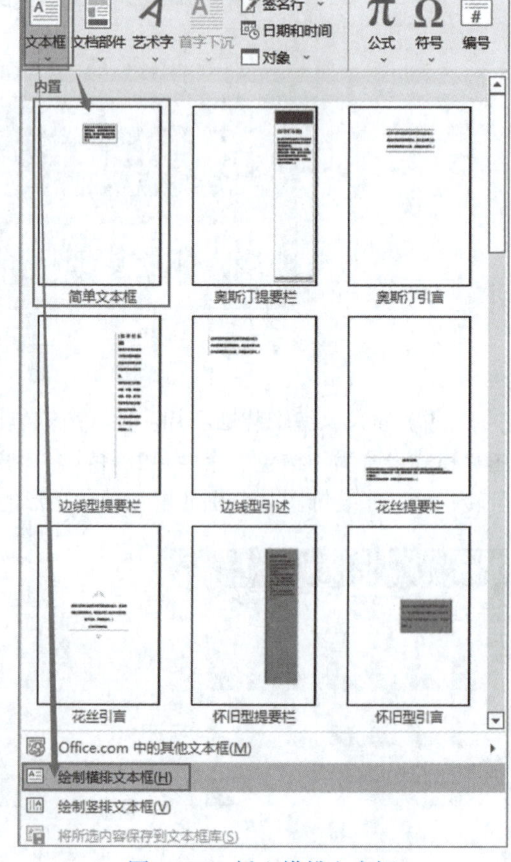

图2-173　插入横排文本框

（2）在文本框中输入文本：选择“插入”→“符号”→“其他符号”命令，打开“符号”对话框，选择“Wingdings”符号集，插入符号“🕮”（第1行左起第6个），如图2-174所示。在符号后输入文本内容“爱国古诗词100首赏析”，宋体，五号字，加粗。

（3）设置文本框格式：文本框的格式设置方法与形状、艺术字等基本一致。将文本框设置为“无填充色”“无轮廓色”；拖动文本框周围的尺寸调控按钮（除了没有变形调控按钮外，其他按钮与艺术字中的按钮功能相同），调整文本框的大小，使其刚好能完整显示文本内容，移动文本框到文档中的对应位置。

（4）插入装饰图片：插入如意纹状装饰图片，浮于文字上方，调整图片至合适位置，必要时旋转图片。

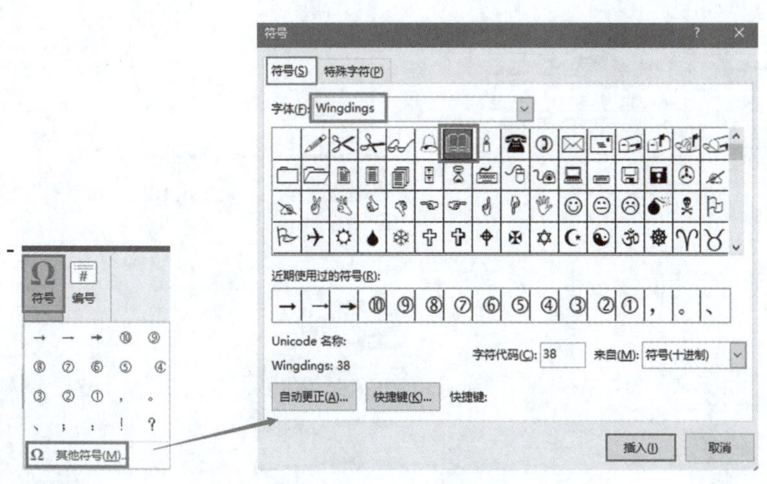

图 2-174　插入符号

（5）组合文本框与装饰图片：将文本框和如意纹状装饰图片组合，放置在页面的左上角。完成效果如图2-175所示。

图 2-175　左上角横排文本框

2. 竖排文本框

诗词标题下方是作者图片和姓名，姓名显示在竖排文本框中。制作步骤如下：

（1）插入竖排文本框：选择“插入”→“文本”→“文本框”→“绘制竖排文本框”命令。

（2）在文本框中输入文本：输入文本内容“王昌龄 · 唐”，方正古隶体，五号字。

（3）设置文本框格式：将文本框设置为“无填充色”“无轮廓色”。

（4）插入装饰图片：插入如意纹状装饰图片，浮于文字上方，调整图片至合适位置，必要时旋转图片。

（5）插入作者图片：插入王昌龄图片，浮于文字上方；双击图片，选择“图片工具-图片格式”→“大小”→“裁剪”按钮下半截→“裁剪为形状”→“基本形状”→“椭圆”命令；图片效果设置“柔化边缘”为10磅。作者图片完成效果如图2-176所示。

（6）组合文本框与装饰图片：将文本框、装饰图片和作者图片的相互位置调整好，将三个对象组合后放置在标题艺术字的下方。完成效果如图2-177所示。

3. 文本框链接

在编辑复杂文本时，经常需要用到多个文本框，在文本框之间创建链接，可以将多个文本框的内容联系起来，一个文本框无法完全显示的内容，会自动显示在建立链接的下一个文本框中。

本案例的四个画幅中，分别显示了《出塞》的四句诗句，可以使用文本框链接功能来实现。

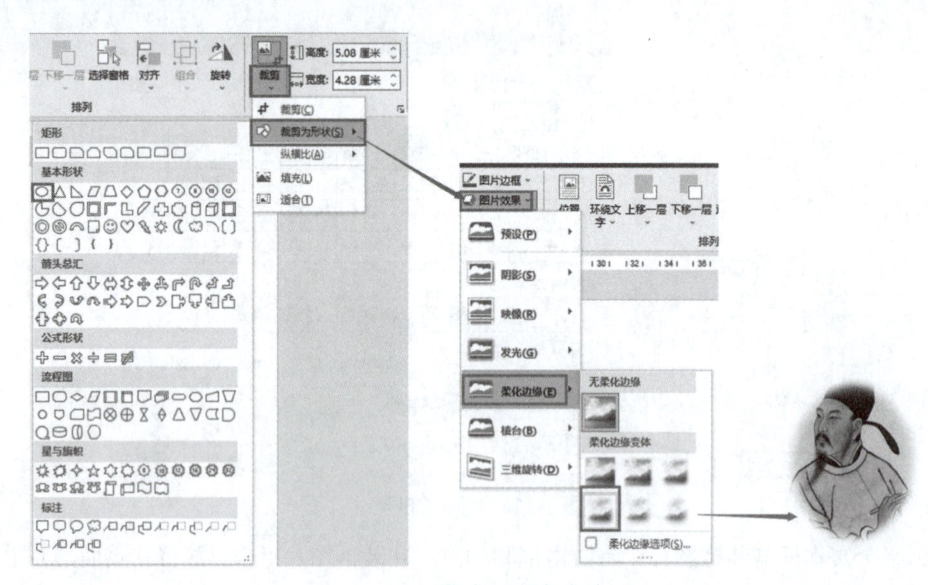

图 2-176　作者图片完成效果

图 2-177　作者

温馨提示　由于前面已经制作好的很多内容已经在页面上了，继续在页面上编辑很不方便，可能会误操作，这时可以新建一个Word文档，将文本框中的内容编辑完成后，再复制到本案例的页面中。

具体操作步骤如下：

（1）插入竖排文本框并输入文本：绘制一个竖排文本框，输入文本内容“秦时明月汉时关，万里长征人未还。但使龙城飞将在，不教胡马度阴山。”，将文本设置为方正古隶体，五号字。

（2）添加拼音：选中四句文本，单击“开始”→“字体”→“拼音指南”按钮，在弹出的“拼音指南”对话框中设置相关参数，对齐方式为居中，字体为方正舒体，偏移量为0磅，字号为11磅。完成效果如图2-178所示。

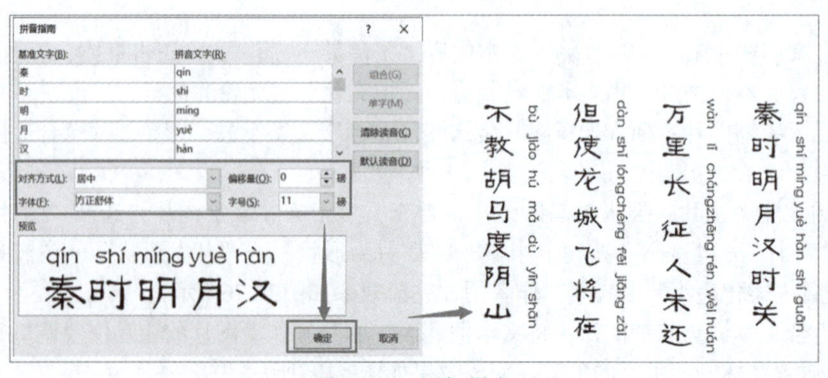

图 2-178　添加拼音

（3）绘制空白文本框：因为被链接的文本框必须是空白文本框，所以先要在页面上再绘制三个空白竖排文本框。

（4）创建文本框链接：将当前编辑位置（光标闪烁处）置于第1个文本框中任意位置，单击“形状格式”→“文本”→“创建链接”按钮，如图2-179所示，此时鼠标指针变成了一个“装满了字符的小杯子”形状。

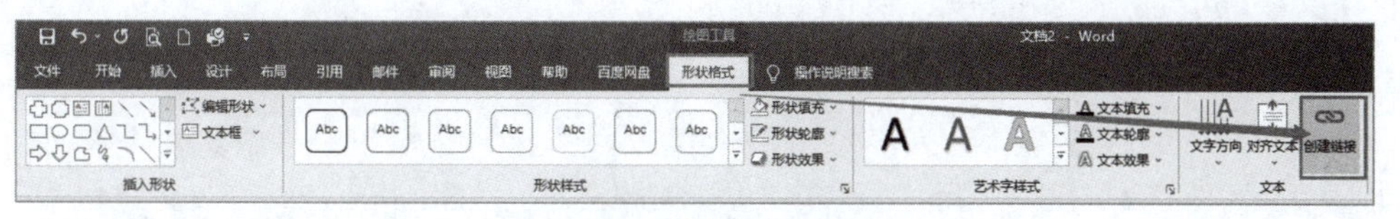

图 2-179　创建文本框链接

（5）链接至第1个空白文本框：将鼠标指针移动到第1个空白文本框上，鼠标指针变成了一个“倾斜的小杯子”，杯子中的字符仿佛正往下倾倒，如图2-180所示。在这种状态下，单击一下鼠标左键，两个文本框之间的链接就建立了。调整这两个文本框的大小，让两个文本框中分别显示第一、二句诗词。

（6）链接第2句与第3句的文本框：采用同样的方法链接第3句、第4句文本框，将所有的文本框都设置为“无填充色”“无轮廓”。

（7）摆放：将四个文本框分别放置在四个画幅中。完成效果如图2-181所示。

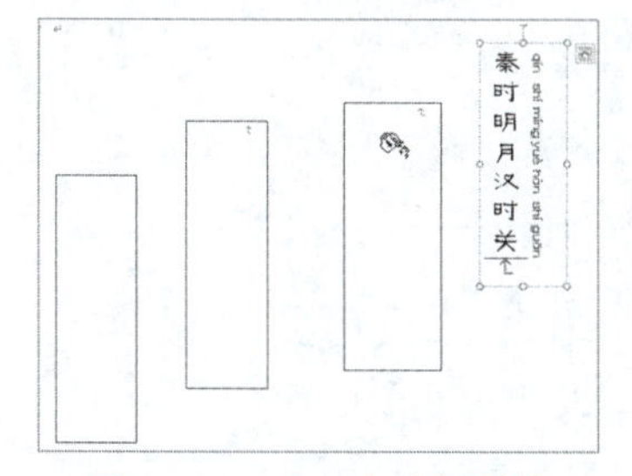

图 2-180　建立文本框链接

图 2-181　文本框链接完成效果

2.7.5　嵌入字体、保存文件

本案例用到了非系统自带的“方正古隶”字体，安装了相同字体的计算机可以正确显示本案例文档的字体效果，但未安装相同字体的计算机，将无法正确显示。因此在保存本案例文件时要嵌入字体，具体方法见本书2.3.7。

案 例 小 结

本案例介绍了水印的编辑、艺术字的制作、图形的绘制、文本框的编排等，重点是常用的“键盘+鼠标”快捷操作方式。从这个案例可以再次看出，很复杂的版面其实也是由一个一个很简单的元素构成。

陆游说：“汝果欲学诗，功夫在诗外。”——如果你真的想学作诗，那么你需要在作诗技巧之外花费更多时间、心思和精力。作诗技巧之外是些什么？思想认识、知识素养、生活阅历、思维想象、语言积累等。编排设计也一样，要在Word中设计制作一个好的作品，不仅仅需要技术，还要有意识地学习一些平面构成、色彩构成、版式设计、字体设计知识，提升自己的审美能力，将自己的图文混排能力提高到一个新的层次——做设计师，而不是打字员。

实训 2.7　利用图文混排创意编排古诗词

实训项目	实训记录
实训 2.7.1　编排唐诗《出塞》版式 按照案例介绍的格式和步骤，编排唐诗《出塞》版式。	
实训 2.7.2　拓展实训：利用图文混排创意编排一首爱国主题古诗词 建议使用功能与技巧： （1）设置水印； （2）插入艺术字、形状、图片、文本框； （3）添加边框和底纹。	

学习与实训回顾

见：

请记下你认为有价值、有启发或容易遗忘的知识点，并注明知识点所在页码以便回顾。

感：

请记下你在学习了本案例并实践之后的收获和感受。

思：

本案例中的知识点可以关联到哪些你已掌握的知识内容（包含其他课程所学）？
你过去碰到的哪些任务、困难，可以用本案例中的知识点去完成、优化、解决？

行：

你对本案例的设计和制作是否有改进建议？
今后的学习和工作中，哪些情境可以用到本案例所学内容？

模块 3 演示大师——PowerPoint 2016

学 习 评 价

学习基础和学习预期

关于本模块内容，已掌握的知识和经验有：

关于本模块内容，想掌握的知识和经验有：

演示文稿的主要功能就是将文字、图形图像、音频视频、图表、动画等不同类型的素材通过设计、制作，整合成一个完整文件，然后便捷地利用投影仪、显示屏等设备有序展示其中的内容。

随着信息技术条件的普及，演示文稿正越来越多地被应用于日常的工作、学习和生活中，教育培训、展示汇报、宣传推广、咨询答辩、会议庆典、活动演出……都可以使用，甚至是必须使用演示文稿。应用最广泛的演示文稿程序就是Microsoft PowerPoint。

PowerPoint是Microsoft Office办公软件系统中的一个组件，由于它的早期版本（2007版以前）创建的文件扩展名是“ppt”，所以很多人直接将它称为“PPT”，以“ppt”和“pptx”（2007以及后续版本）为扩展名的计算机文件称为“PPT文件”。

PPT设计、制作、播放时，同Word一样以“页”为单位，每一页就相当于一张传统胶片幻灯片，所以PPT中的“页”也叫“幻灯片”，一页就是一张幻灯片。

案例 3.1 我的自荐书

知识目标

◎了解幻灯片主题、版式。

◎理解演示文稿母版的作用、与模板的区别。

◎熟悉 SmartArt 图形、图片、表格相关工具。

技能目标

◎通过文档导入的方式创建演示文稿。

◎制作幻灯片母版。

◎插入 SmartArt 图形、图片、表格。

◎编辑页眉页脚。

◎设置幻灯片切换方式。

◎保存、打包演示文稿，通过演示文稿创建视频。

◎自定义幻灯片放映方式。

素质目标

◎强化勇于表达自己、展示自己的意识。

◎培养凡事认真准备、事前模拟演练的习惯。

创意设计制作图3-1所示的自我推荐书。

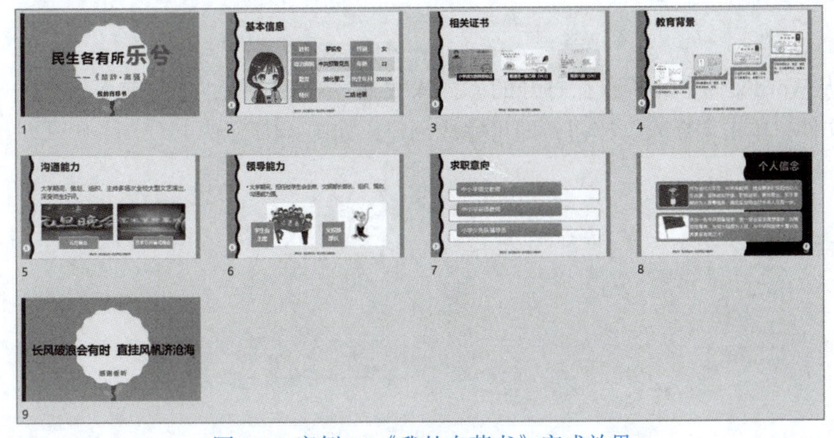

图 3-1 案例 3.1《我的自荐书》完成效果

3.1.1 通过文档导入创建演示文稿

在设计、制作PowerPoint演示文稿之前，通常会有一个Word文稿，比如计划、方案、总结、讲稿等，通过直接导入Word文档来创建演示文稿，可以省掉在PowerPoint中输入、编辑文字内容的步骤和时间。

1. 编辑拟导入文档

相对于普通文档，导入创建演示文稿的Word文档应具有更清晰的文档结构（大纲级别）。因此，在导入前，先要设置好Word文档《我的自荐书》的大纲级别：

将“基本信息”“相关证书”等文本的大纲级别设置为“1级”，如图3-2所示。

同样方法，将其他文本定义为“2级”。设置完成后，保存并关闭Word文档。

温馨提示　Word文档必须处于关闭状态才能执行后续导入操作。

2 导入文件创建演示文稿

（1）新建一个空白演示文稿。

（2）以“幻灯片（从大纲）”方式新建：单击“开始”中的“新建幻灯片”按钮的下半截，在打开的下拉面板中单击选择“幻灯片（从大纲）”，如图3-3所示。

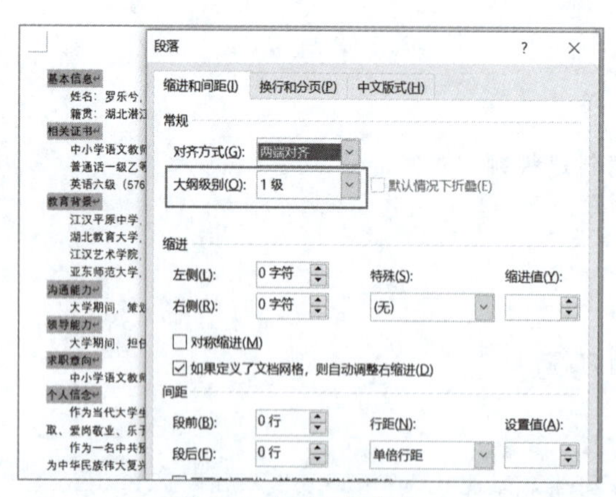

图 3-2　定义 1 级文本

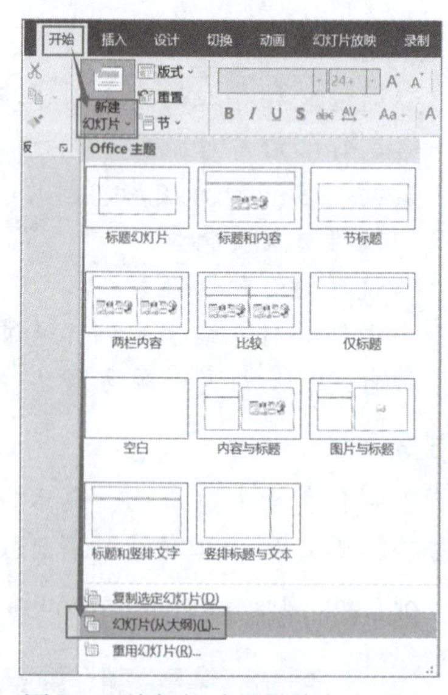

图 3-3　从幻灯片（从大纲）导入

（3）从Word文件中导入：在打开的“插入大纲”对话框中，选中前面保存的《我的自荐书》Word文件，单击“插入”按钮，即可完成创建，如图3-4所示。

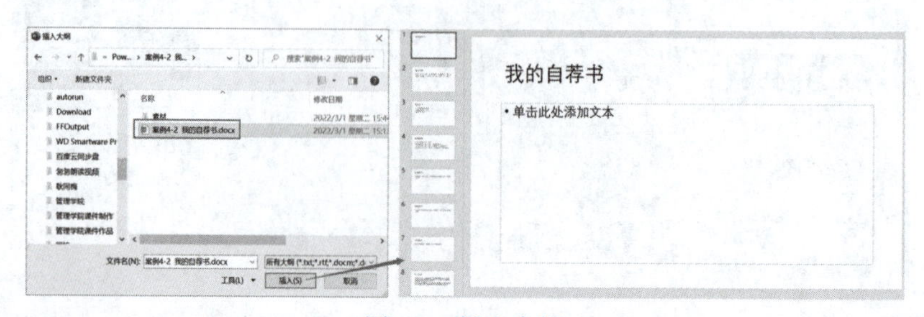

图 3-4　插入大纲

3.1.2　设计幻灯片主题

幻灯片设计包括主题、变体、幻灯片大小、设置背景格式四个方面，如图3-5所示。

图 3-5　幻灯片设计

幻灯片大小设置的其实是幻灯片的宽高比例。默认为“宽屏（16:9）”，这也是当前显示设备（投影仪、显示器、显示屏）的主流比例，所以一般不需要修改幻灯片大小设置。老式投影仪的显示比例则为“标准（4:3）”，可以根据需要选择。

背景格式属于幻灯片主题设计的一部分，在需要时，也可以单独设置。

本案例主要介绍“主题”和“变体”设计。

1. 应用主题

幻灯片主题是一组预定义的颜色、字体、背景和版式。为幻灯片应用某一主题后，系统会自动将预设的颜色、字体、效果等套用到幻灯片中的对应内容上，让整个演示文稿呈现一致的样式特点，看起来更加美观、协调、专业。本案例使用“徽章”主题：

单击“设计”→“主题”→“其他”按钮，打开下拉面板，选择、应用“徽章”主题，如图3-6所示。

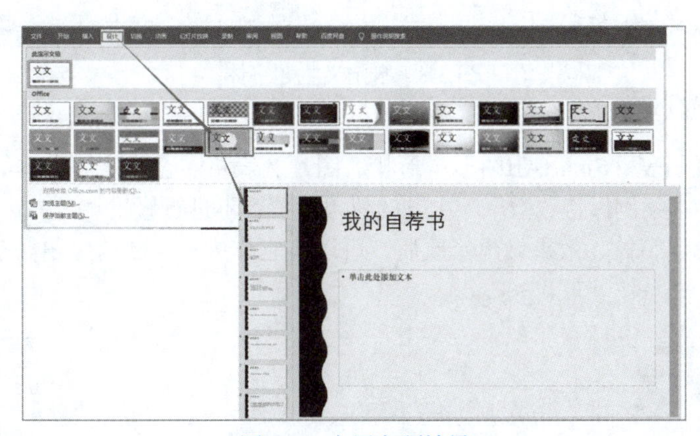

图 3-6　应用主题效果

2. 设置变体

变体是指基于选定的主题，对颜色、字体、效果、背景等格式进行适当的调整。

单击“设计”→“变体”→“其他”按钮，可以打开四组变体工具：颜色、字体、效果、背景样式，如图3-7所示。

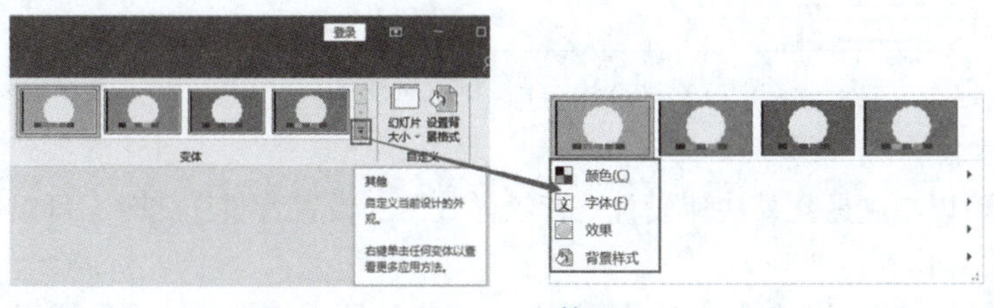

图 3-7　变体

1）颜色

选择主题后，PowerPoint中的相关内容会自动套用预设颜色，通过“颜色”也可以对颜色进行修改。本案例直接选择“徽章”主题的第2个“变体”：蓝色（左起第2个）。

2）字体

主题默认的字体也可以修改。可以在“字体”提供的列表中选择字体，也可以自定义字体。本案例选择自定义字体：选择“变体”→“字体”→“自定义字体”命令，打开“编辑主题字体”对话框，在“中文”工具组中设置“标题字体”与“正文字体”均为微软雅黑，如图3-8所示。

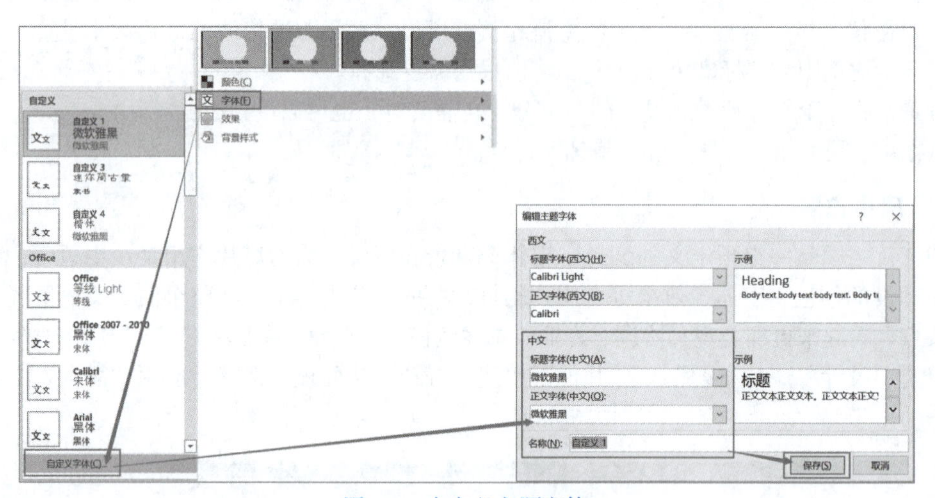

图 3-8　自定义主题字体

3）效果

效果主要设置图表、SmartArt图形、形状、图片、表格、艺术字和文本等的线条、填充和特殊效果等样式。本案例保持“徽章”主题的效果设置，不进行修改。

对主题的颜色、字体、效果做出修改后，可以将它作为一个新的主题保存，供以后选用，如图3-9所示。

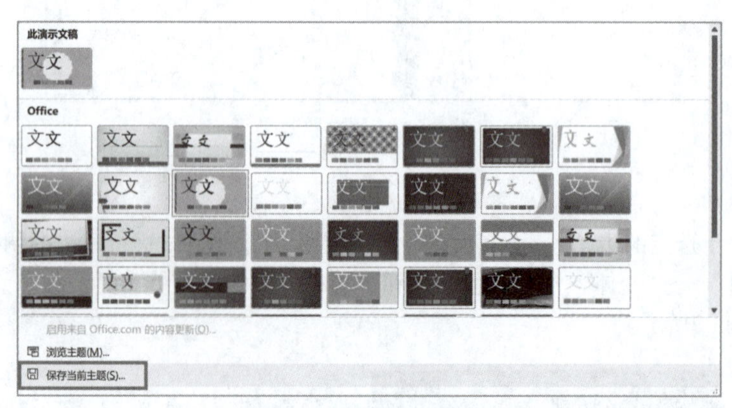

图 3-9　保存自定义主题

4）背景样式

PowerPoint可以在主题之外快速设置“背景样式”，设置背景样式时，可以选择是否隐藏主题中自带的背景图形。

主题和背景样式都可以选择是应用于演示文稿中的所有幻灯片，还是应用于单张幻灯片：

在准备选用的主题或背景样式上右击，在弹出的快捷菜单中可以选择“应用于所有幻灯片”或“应用于选定幻灯片”命令；如果直接单击主题或背景样式，默认应用于所有幻灯片。

本案例没有设置背景样式。

3. 应用主题版式

幻灯片版式也是主题的组成部分，指的是幻灯片上显示的所有内容的格式、版面布局，如图3-10右侧所示。应用统一的版式有助于保持演示文稿的一致性和专业性，同时也可以提升演示文稿的制作效率。

本案例有3张幻灯片会使用到“标题幻灯片”“内容与标题”这两种版式。

选中第1张幻灯片，选择“开始”→“幻灯片”→“版式”→“标题幻灯片”版式，如图3-10所示。

选中第8张幻灯片，选择“开始”→“幻灯片”→“版式”→“内容与标题”版式，如图3-11所示。

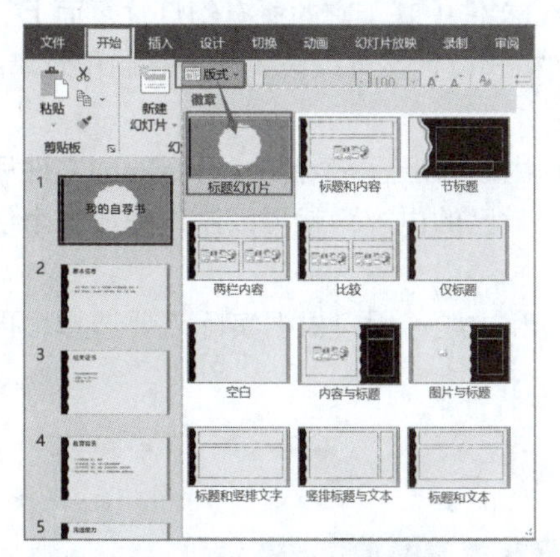

图 3-10　第 1 张：标题幻灯片

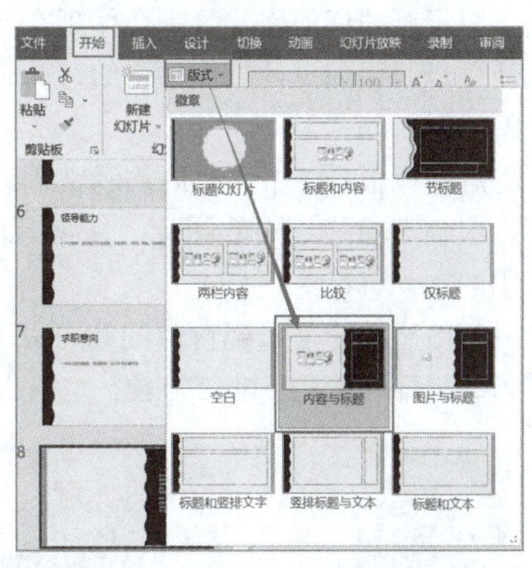

图 3-11　第 8 张：内容与标题

通过导入Word文档，只生成了8张幻灯片，没有结束页，需要在演示文稿最后插入一张结束页幻灯片，并且应用“标题幻灯片”版式：

选中第8张幻灯片，选择“开始”→“幻灯片”→“新建幻灯片”下拉列表中的“标题幻灯片”命令，如图3-12所示。

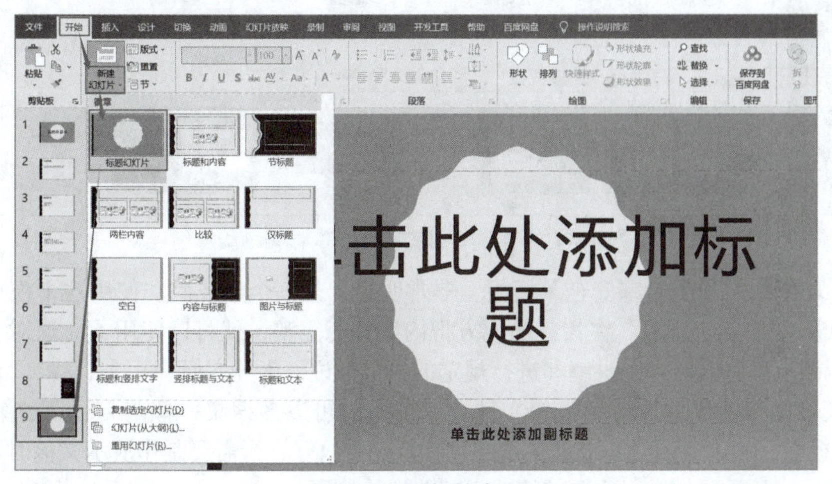

图 3-12　添加结束页

3.1.3 制作母版

1．母版与模板

1）母版

幻灯片母版相当于PowerPoint文件的底层框架，它存储着当前演示文稿的基本样式信息，包括各类文字和符号的字体设置、段落设置、各种占位符大小和位置、背景设计、配色方案等，它还可以存储同一个PowerPoint文件中所有幻灯片都需要显示的共同信息，如时间、页码、作者、单位、徽标、固定词组等。

温馨提示　占位符是幻灯片版式上的虚线“容器”，用于保存标题、正文文本、表格、图表、SmartArt图形、图片、剪贴画、视频和声音等内容。这个“容器”在母版设计时，是空的，只是用于在版面上标示位置和大小，实际制作幻灯片时，再往“容器”中填充具体内容。

幻灯片母版通常隐藏于PowerPoint文件中，只能在“母版视图”中看到。母版在后台规定了幻灯片的基本样式设置，部分设置（比如背景图片）在幻灯片编辑模式下无法修改；但在母版视图下对母版的任何修改，都会体现在同一个PowerPoint文件中基于它的所有幻灯片页面上。所以，使用母版提前设计制作每张幻灯片上的相同内容和格式设置，可以极大地提高制作效率。

2）模板

幻灯片模板是一个完整的演示文稿或者半成品，使用模板创建一个新的PowerPoint文件后，使用者只需要将模板中的图片、文字等内容要素替换为自己的内容，就可以制作完成一个供自己使用的PowerPoint文件。

图3-13显示的是系统自带的和可以联网下载的模板和主题，用户根据实际需要选择，再进行适当编辑即可使用，非常方便。

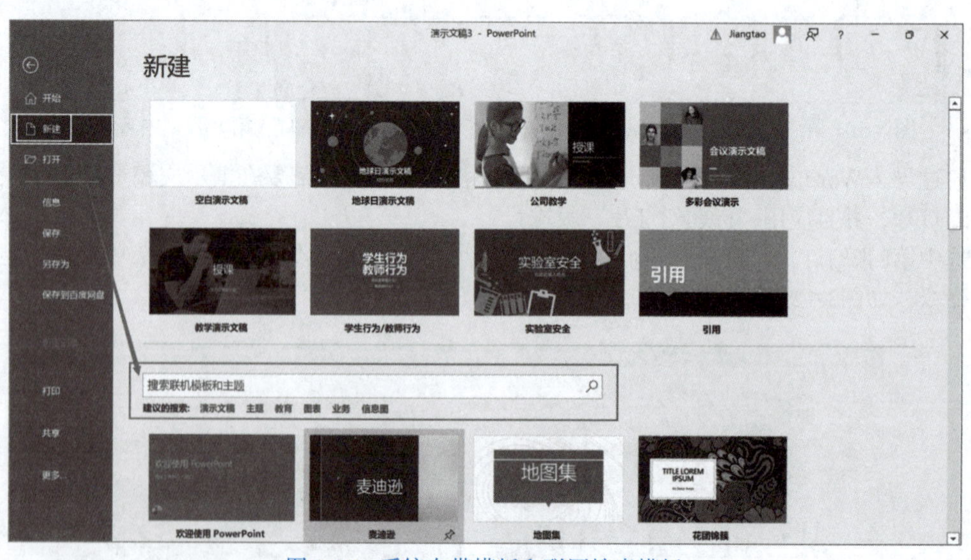

图 3-13　系统自带模板和联网搜索模板

如图3-14所示的《实验室安全》模板，非常明显，是一个半成品。使用这个模板，只需要根据具体实验室的安全要求，在相应的地方把内容补充完整，就可以使用了。这对于不清楚实验室安全应该从哪些方面入手讲解和进行规定的人员来说，十分方便。

由于模板能快速创建PowerPoint文件，所以平时可以多搜集一些与自己工作领域相关的PowerPoint模板，利用空闲时间根据自己的实际情况修改好，当需要制作演示文稿时，直接将相关的内容填入模板，再作适当的调整修改，就能播放使用。

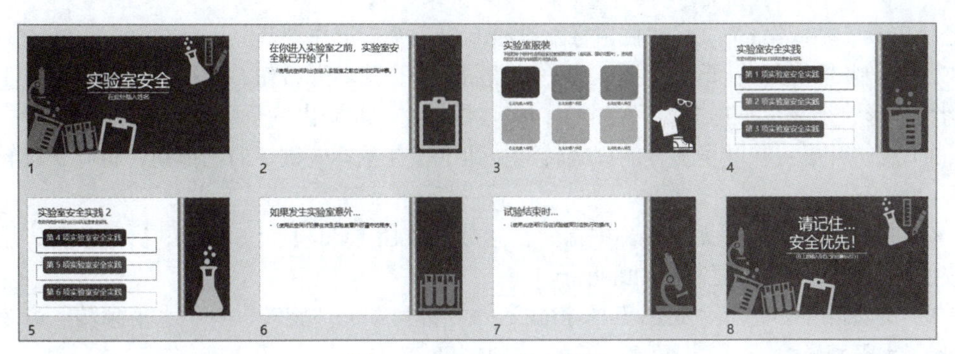

图 3-14　实验室安全模板

2．进入幻灯片母版

制作演示文稿要养成一个习惯，就是每次设计制作时，首先要想到设计制作母版。

在“视图”选项卡“母版视图”组中的母版包括“幻灯片母版”“讲义母版”“备注母版”，一般使用的是幻灯片母版。

单击“幻灯片母版”按钮，进入“幻灯片母版”视图。如图3-15所示，左侧是母版版式列表，默认有12张母版，列表中的第1张母版比其他母版都要大，在这张母版上添加的内容，也会出现在它下面的其他母版上，它是一张基础母版，相当于“母版的母版”。除第1张母版外，母版列表中的其他母版版式，分别与“普通视图”下的“开始”→“幻灯片”→“版式”或者“新建幻灯片”中显示的版式一一对应。

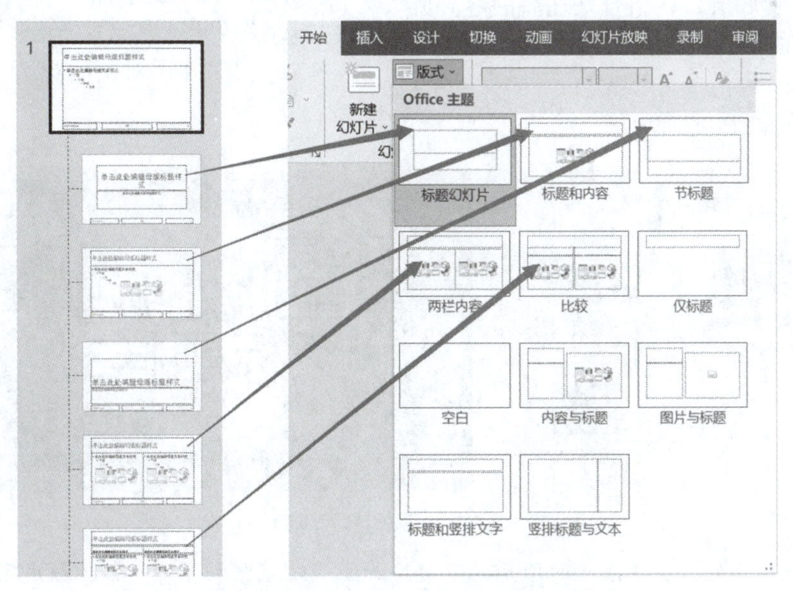

图 3-15　幻灯片母版和普通视图的对应关系

3．第 2 张母版：标题幻灯片母版

制作PowerPoint母版时，通常从第1张基础母版开始制作，但本案例的基础母版需要用到第2张母版中制作好的元素，所以本案例从第2张母版开始制作。

第2张标题幻灯片母版会被应用到本案例的封面页和结束页。

在标题幻灯片母版上，添加有1根“茎”和2片“叶子”。具体操作步骤如下：

（1）绘制“茎”：单击“插入”→“插图”→“形状”按钮，选择“矩形”工具组的“矩形”形状工具（左起第1个），按住鼠标左键绘制出一个矩形作“茎”。

（2）绘制“叶子”：单击“插入”→“插图”→“形状”按钮，选择“基本形状”工具组的“椭圆”形状工具（第1排左起第3个），按住鼠标左键绘制出一个椭圆形作“叶”。

（3）旋转叶子：在叶子上方的“旋转”按钮上按住鼠标左键，向左拖动，将叶子旋转一定的角度。

（4）复制叶子：左手无名指、中指、食指分别按住【Ctrl】、【Shift】、【Alt】键，用鼠标左键按住叶子向右拖动，复制出一片叶子。

（5）旋转叶子：选择“绘图工具-格式”→“排列”→“旋转”→“水平翻转”命令，将第2片叶子水平翻转。

（6）填充颜色：茎的填充颜色为“橄榄色，个性色3，深色50%”（橄榄色最后一个），无轮廓色；叶子的填充颜色为“橄榄色，个性3”（橄榄色第1个）。

（7）排列、组合：将茎和两片叶子排列好，按【Ctrl+G】组合键进行组合。

温馨提示　选中图形（形状）后，会弹出“形状格式”选项卡，选择“排列”工具组中的“对齐”命令，会打开图3-16所示的“对齐”下拉菜单，可以根据需要选择适宜对齐方式来将“茎”“叶”与页面上原有的白色波浪边圆形对齐。

对齐
水平方向对齐
左对齐(L)
水平居中(C)
右对齐(R)
垂直方向对齐
顶端对齐(T)
垂直居中(M)
底端对齐(B)
水平方向平均分布
横向分布(H)
垂直方向平均分布
纵向分布(V)
以“幻灯片页面”为标准进行对齐
对齐幻灯片(A)
以“所选对象”为标准进行对齐
对齐所选对象(O)
图 3-16　对齐下拉菜单

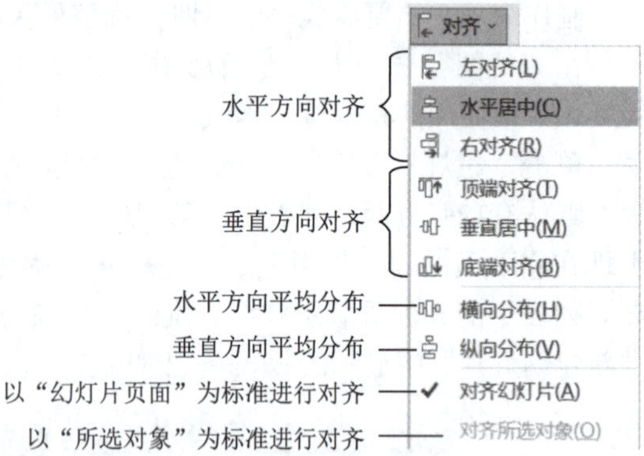

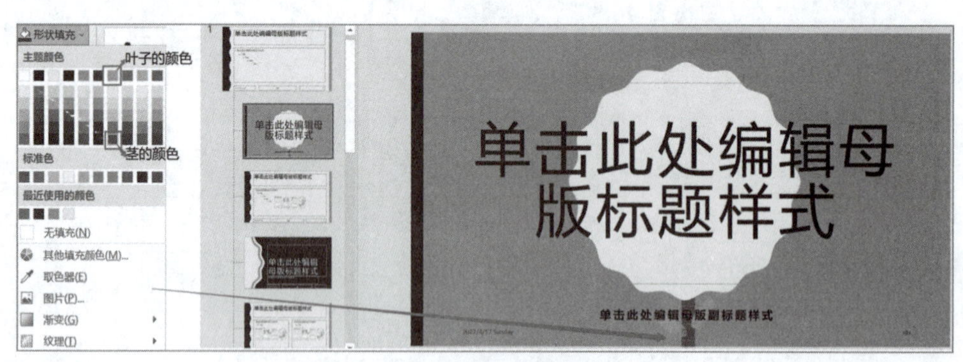

（8）置于底层：在组合好之后的茎和叶子上右击，在弹出的快捷菜单中选择“置于底层”命令。

完成效果如图3-17所示。

形状填充
主题颜色
叶子的颜色
茎的颜色
标准色
最近使用的颜色
无填充(N)
其他填充颜色(M)...
取色器(E)
图片(P)...
渐变(G)
纹理(T)
单击此处编辑母版标题样式
单击此处编辑母版副标题样式
图 3-17　标题幻灯片母版

温馨提示　此处，在波浪边的圆形的下边添加上了“茎”和“叶子”，组成了一个简洁的“蒲公英”造型，是想表达出个人的求职理念，像蒲公英一样，在哪里都能快速适应，茁壮成长。

4．第 1 张母版：基础母版

本案例使用了3张母版，第1张是基础母版。我们将为基础母版添加具有个性风格、包含个人或单位标识的页眉页脚。具体操作步骤如下：

（1）打开“页眉和页脚”对话框：单击“插入”→“文本”→“页眉和页脚”按钮，打开“页眉和页脚”对话框。

（2）编辑“页眉和页脚”：在“幻灯片”选项卡中，选中“幻灯片编号”“页脚”和“标题幻灯片中不显示”复选框；在“页脚”输入框中输入文本内容：“罗乐兮：我志愿成为一名光荣的人民教师！”。单击下方“全部应用”按钮完成设置，如图3-18所示。

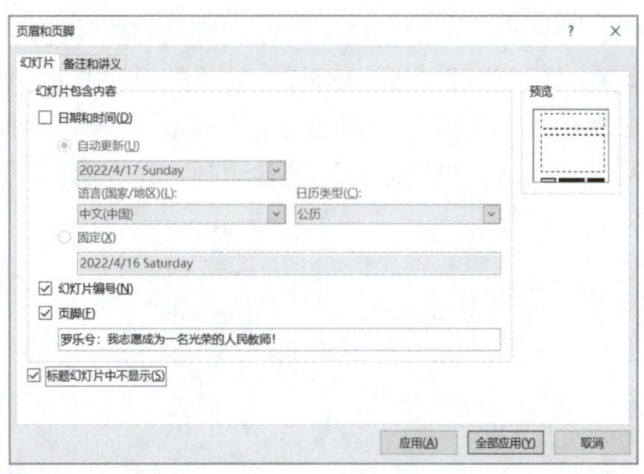

图 3-18　页眉和页脚内容

温馨提示　标题幻灯片中不显示页眉和页脚的内容，就和书籍的封面不显示页码一样的道理。“页眉和页脚”对话框右侧的预览图，可以看到下方一共3个矩形，分别对应着“日期和时间”“页脚”和“幻灯片编号”。目前，有2个黑色矩形，分别代表“页脚”区域和“幻灯片编号”区域是被显示的。此处是在基础母版中，单击“应用”和“全部应用”按钮起到的效果是一样的。

（3）创意设计幻灯片编号显示：

① 复制“蒲公英花冠”：进入标题幻灯片母版，选中页面中央的白色波浪边圆形，左手无名指按住【Ctrl】键，右手按下鼠标左键，拖动复制出一个波浪边圆形；左手无名指、中指、食指分别按住【Ctrl】、【Shift】、【Alt】键，右手按住鼠标左键在波浪边圆形的“角部编辑按钮”上向内拖动，在不改变纵横比例的情况下，缩小波浪边圆形至合适大小。

② 复制“蒲公英茎叶”组合：同样方法复制1份标题幻灯片中制作好的茎、叶组合。

③ 组合“花冠”和“茎叶”：进一步调整波浪边圆形和茎、叶大小至合适比例，成为一个新的“蒲公英”形状，然后组合成一个整体。

④ 摆放“蒲公英”位置：将新的蒲公英剪切、粘贴到基础母版中，放置在页面左下角合适的位置。

⑤ 摆放编号位置：将幻灯片编号占位符放置在花冠位置，置于顶层、居中对齐，字号为18号。完成效果如图3-19所示。

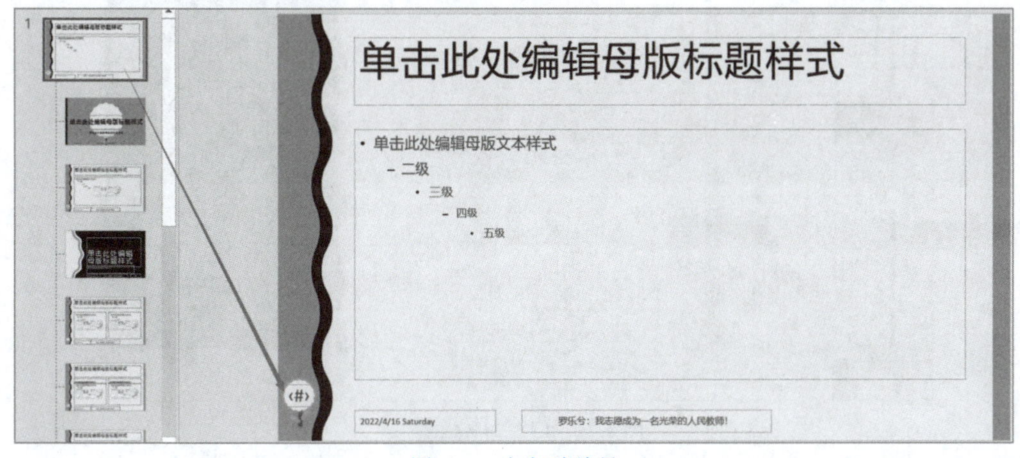

图 3-19　幻灯片编号

在幻灯片上摆放各类元素时，可以将幻灯片编辑区域视为“舞台”，周围的区域视为“后台”。将图形完整地放在“舞台”范围内，放映时就可以完整展示；放在“后台”，放映时就完全看不见；只有部分在“舞台”上时，放映时也就只能展示那一部分。如图3-20所示，A图中，“舞台”上的色块可以在左侧的幻灯片缩略图上显示出来，意味着它会被播放；B图中的色块在“后台”，左侧的幻灯片缩略图无法显示，它也不会被播放；C图中的色块，有一小部分在“舞台”上，所以左侧的示意图也就只显示了小部分色块，最后被播放的色块也只会是这一小部分。当然，也可以通过设置动画，让“后台”的内容，移动到“舞台”上展示。

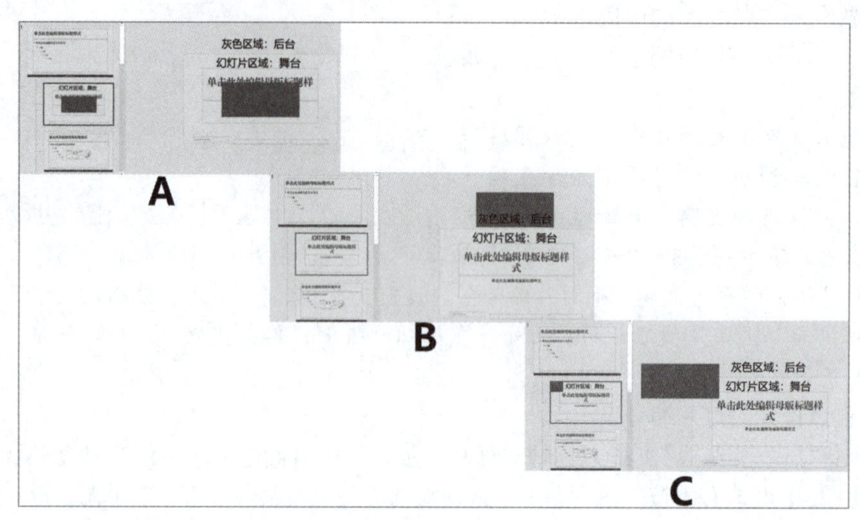

图 3-20 “舞台”与“后台”

5．第 9 张母版：内容与标题母版

本案例的第8张幻灯片用到了“内容与标题”版式，因此需要制作内容与标题母版，也就是母版视图中的第9张母版。

这张母版实际上只需要制作右下角带“蒲公英”图形的幻灯片编号显示效果，格式要求和制作过程与基础母版相同。完成效果如图3-21所示。

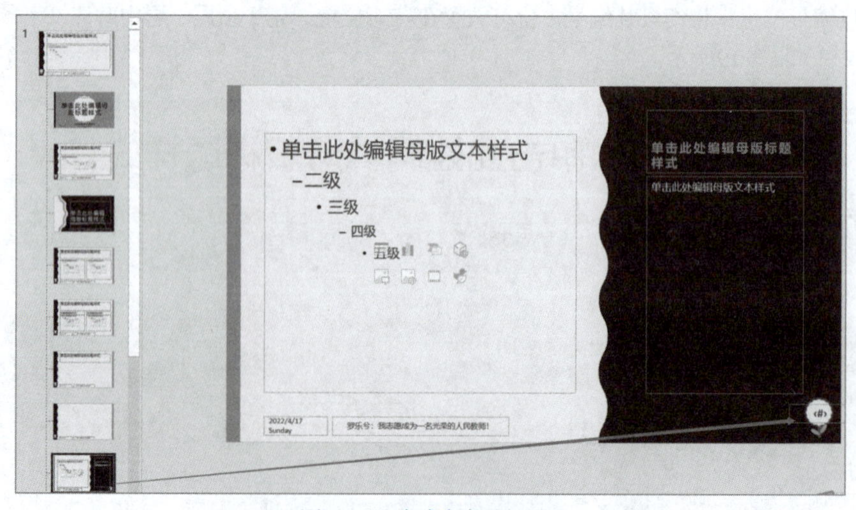

图 3-21 内容与标题母版

至此，需要的幻灯片母版编辑完成。单击“幻灯片母版”→“关闭”→“关闭母版视图”按钮，退出母版编辑状态，返回“普通视图”编辑状态，如图3-22所示。

温馨提示 刚开始接触母版的人员，在实际制作过程中经常会忘记退出母版，直接在母版中进行编辑，反而会浪费了母版的功能。

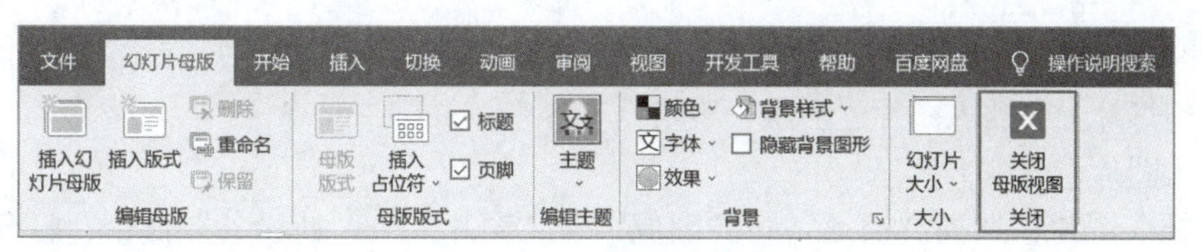

图 3-22　关闭母版视图

3.1.4　制作幻灯片

1. 第 1 张幻灯片：标题页

这是一张封面（标题）幻灯片，需要加上标题，设置标题格式。

1）标题

录入标题文本第1行："民生各有所乐兮"。

"民生各有所"：微软雅黑，72号，加粗，"蓝色，文字2"（颜色面板第1行左起第4个）。

"乐兮"：微软雅黑，115号，加粗，颜色的RGB值为（224，55，84），如图3-23所示。

录入标题第2行："——《楚辞・离骚》"。

设置格式：微软雅黑，36号字，加粗，"黑色，文字1，淡色50%"（颜色面板第2列上起第2个），如图3-24所示。

2）副标题

录入文本："我的自荐书"。

设置格式：微软雅黑，28号，加粗，"深蓝，文字2"（颜色面板第1行左起第4个），如图3-25所示。

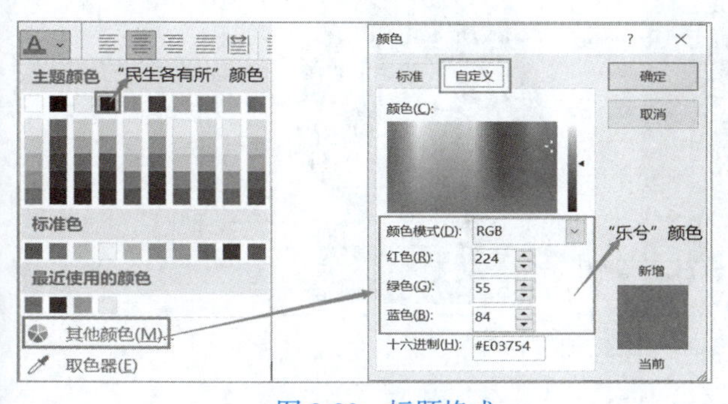

图 3-23　标题格式

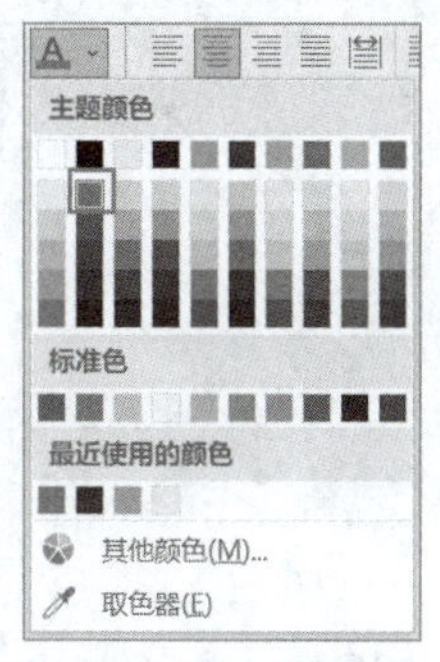

图 3-24　标题第 2 行

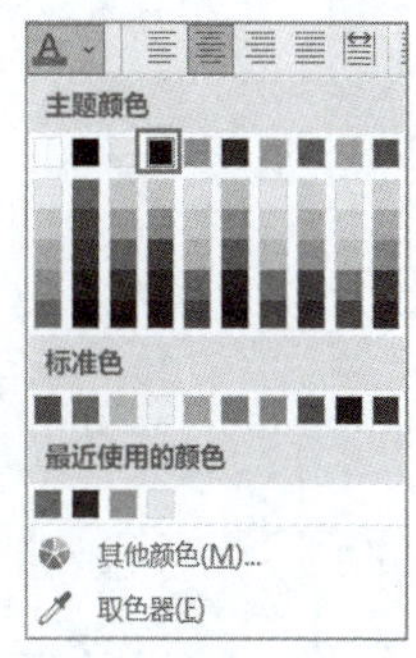

图 3-25　副标题颜色

第1张标题幻灯片完成效果如图3-26所示。

图 3-26　第 1 张幻灯片

2. 第 2 张幻灯片：基本信息

第2张幻灯片上会插入图片、形状、表格。

1）插入图片

（1）插入图片：选择“插入”→“图像”→“图片”→“此设备”命令，打开“插入图片”对话框，找到并插入所需图片，如图3-27所示。

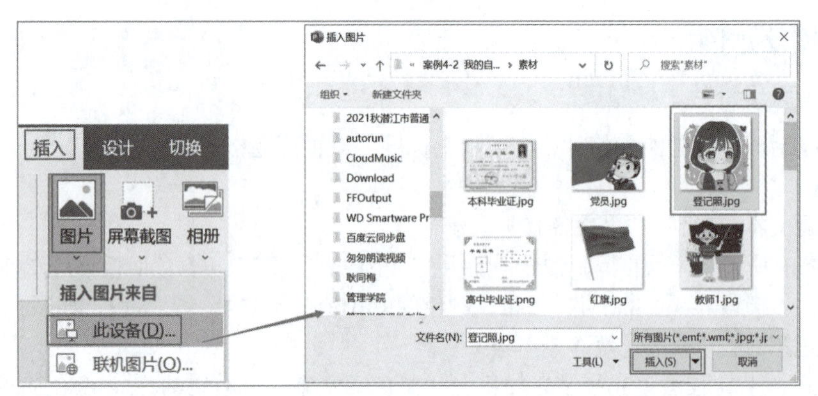

图 3-27　插入图片

（2）删除图片背景：PowerPoint中消除图片背景的方法与Word中相同。删除背景后的效果如图3-28所示。

图 3-28　背景删除

（3）绘制矩形：在图片上方绘制出一个矩形。

（4）填充矩形：填充颜色时选择“取色器”工具，鼠标指针会变成一个吸管形态，将鼠标移动到第2张幻灯片右侧的装饰条上，鼠标的“吸管”指针旁边出现一个色块指示的同时，还会出现这个色块的RGB值。此时，单击即可将矩形填充为与右侧装饰条一致的颜色，如图3-29所示。

（5）设置矩形渐变色：选中矩形，选择“形状填充”→“渐变”→“浅色变体”→“线性向下”命令（第1行左起第2个），为矩形设置渐变色效果；将矩形的叠放次序设置为“置于底层”，将矩形放置在图片的下方。完成效果如图3-30所示。

2）插入表格

表格是一种简明、概要的表达方式，能更加直观、条理清晰、逻辑分明地展示各方面的情况。本案例需要使用表格来展示求职者的基本信息。

（1）创建表格：与Word中创建表格的方法一样，本案例中，根据实际信息展示的需要创建一个4×4的表格，如图3-31所示。

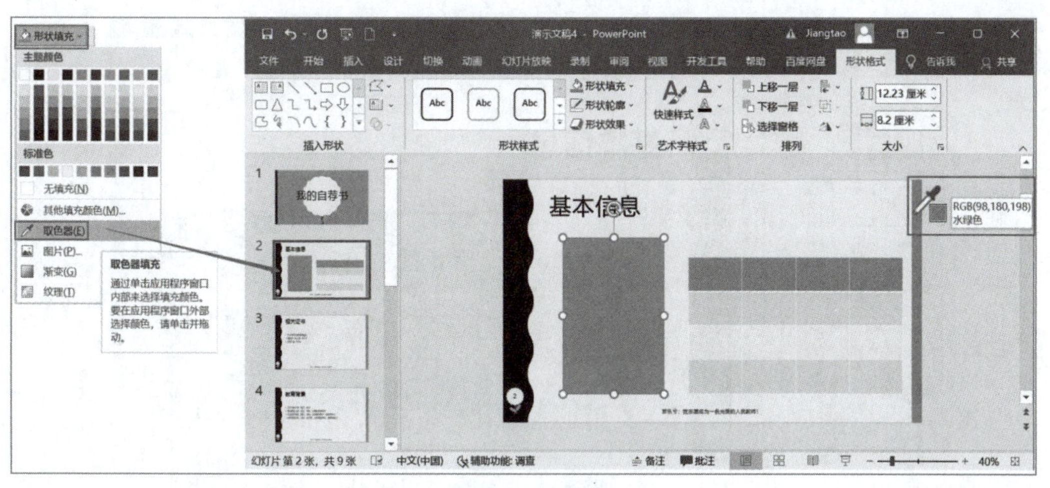

图 3-29　取色器

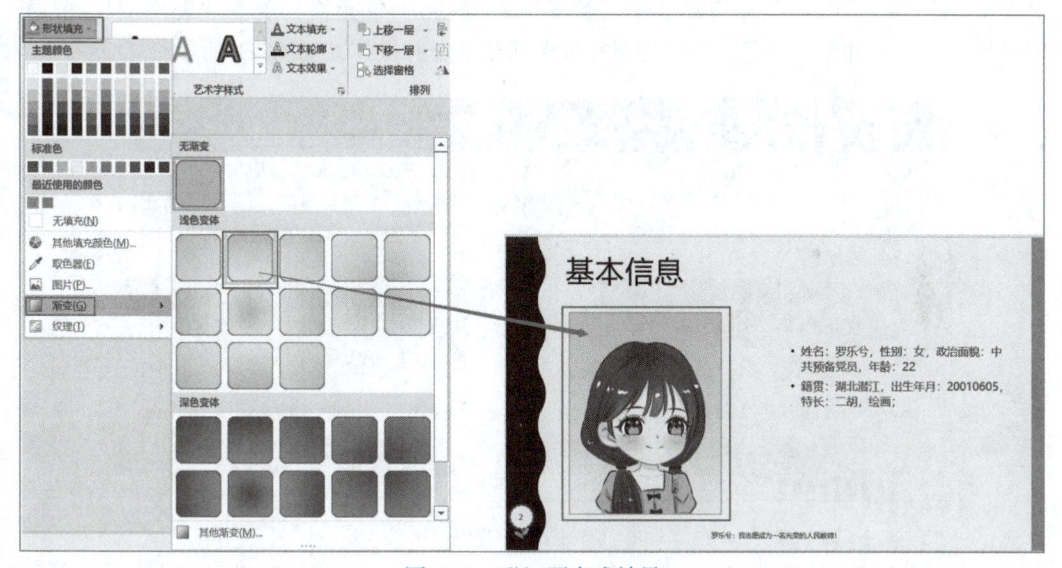

图 3-30　登记照完成效果

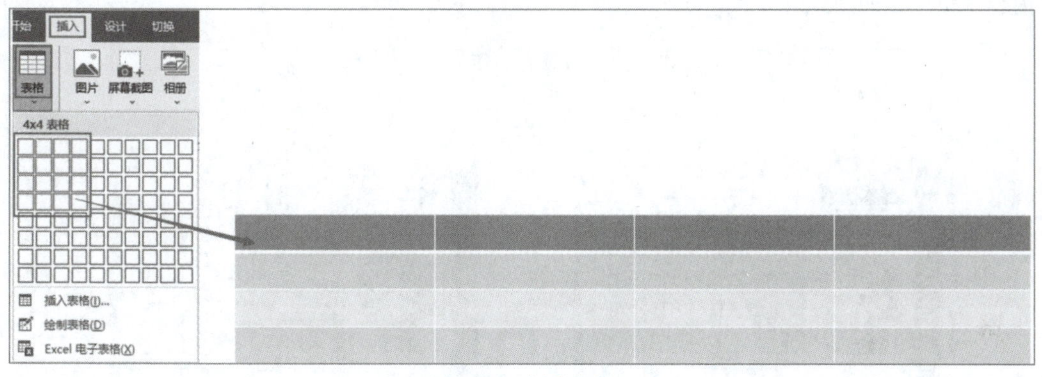

图 3-31　创建表格

（2）基本编辑：将文本内容放置于表格对应单元格内，调整表格大小，与左侧照片的上边和下边对齐。

（3）对齐方式：全选整个表格，水平居中，中部对齐，如图3-32所示。

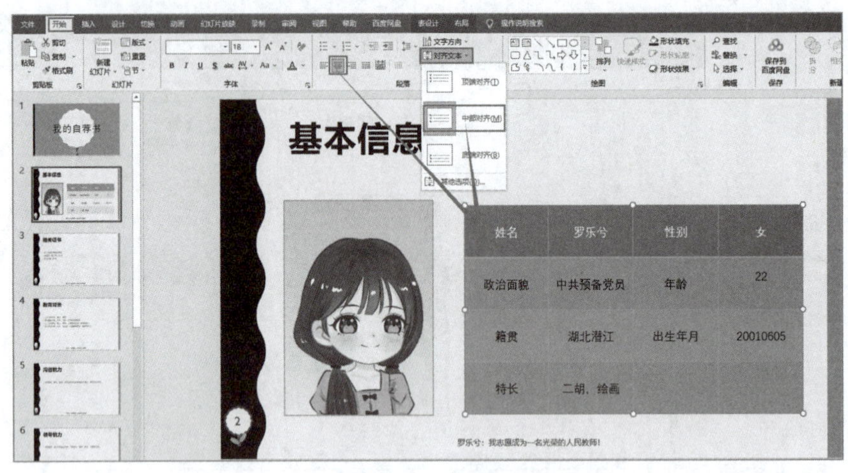

图 3-32　对齐方式

（4）合并单元格：鼠标拖动选中“特长”右侧的3个单元格，单击“表格工具-布局”→“合并”→“合并单元格”按钮，即可完成单元格的合并操作，如图3-33所示。

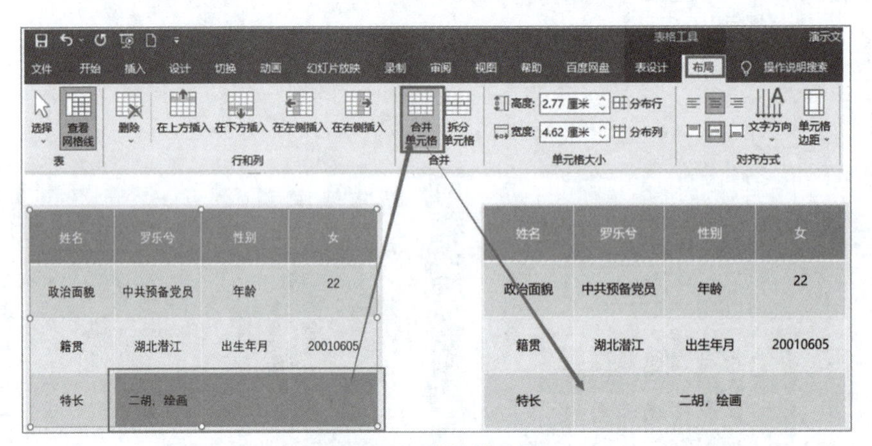

图 3-33　合并单元格

（5）设置格式：使用“格式刷”按钮，将表格中同类别的文本设置为同样的格式，突出表格内容逻辑性，如图3-34所示。

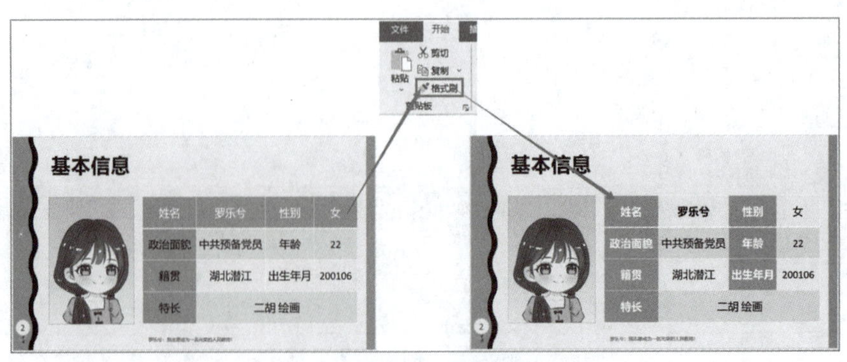

图 3-34　表格逻辑调整

3．第 3 张幻灯片：相关证书

第3张幻灯片展示的内容是“罗乐兮”同学的相关证书。幻灯片上已经从Word中导入了证书文本信息，现在需要借助SmartArt图形进行图文混排。

SmartArt是信息和观点的视觉表示形式，是Microsoft Office 2007中新加入的功能，用户可在PowerPoint、Word、Excel中使用该功能创建各种图形图表，将具有某种内在逻辑结构的内容转换成SmartArt图形来表现，直观地呈现内容内在逻辑关系，方便观众直观阅览、快速理解。

本案例中的具体操作方法如下：

（1）创建SmartArt图形：在正文文本占位符的边框上单击，或者在占位符边框上的圆形编辑按钮上单击，选中占位符；单击“开始”→“段落”→“SmartArt图形”按钮，打开下拉面板，会看到一些常用SmartArt图形，如果找不到适合的，可以选择最下方的“其他SmartArt图形”命令。本案例选择“其他SmartArt图形”命令，如图3-35所示，会打开“选择SmartArt图形”对话框。

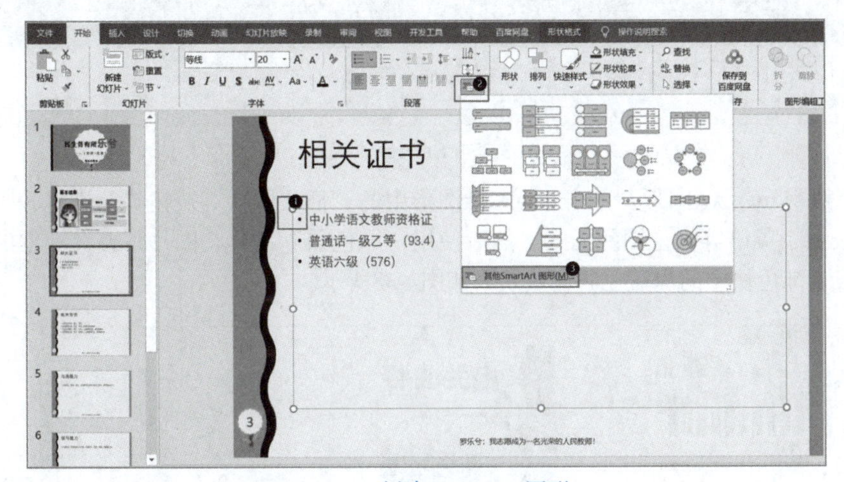

图 3-35　创建 SmartArt 图形

（2）选择SmartArt图形：“选择SmartArt图形”对话框分为三个板块，左侧是SmartArt图形的分类，中间是缩略图，右侧是预览效果与图形表达解析。本案例选择“图片”类别中表达并列关系的“蛇形图片题注”（第2行左起第3个），单击选中后，单击“确定”按钮即可看到自动做好的图形，如图3-36所示。

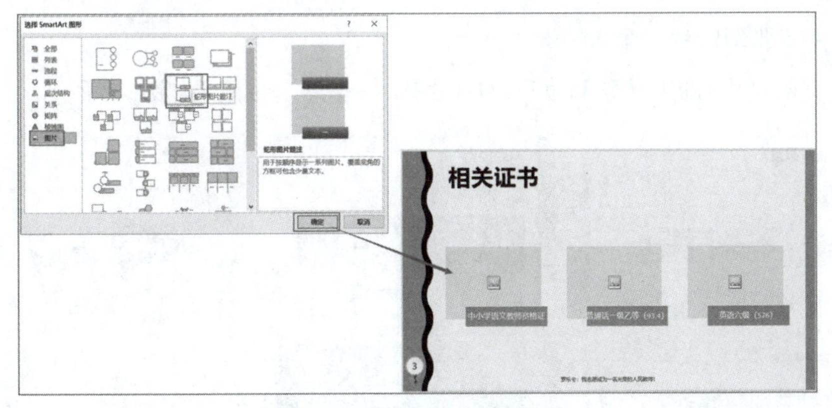

图 3-36　选择 SmartArt 图形

温馨提示　在选择SmartArt图形时，一定要根据内容内在的逻辑关系选取适合的SmartArt图形。很多人在使用SmartArt图形时，单纯追求样式新颖或编排简便，忽视内容内在逻辑关系，这样的SmartArt图形让人不明就里，起不到辅助表达的作用。

（3）设置SmartArt图形格式：选中SmartArt图形区域，会弹出“SmartArt工具-SmartArt设计”和“SmartArt工具-格式”选项卡。在“SmartArt设计”这一工具组中，提供了“创建图形”“版式”“SmartArt”和“重置”等四组工具；在“格式”这一工具组中，提供了“形状”“形状样式”“艺术字样式”“排列”“大小”等五组工具。可以根据需要选取合适的工具来调整SmartArt图形格式，以达到最佳演示效果，如图3-37所示。

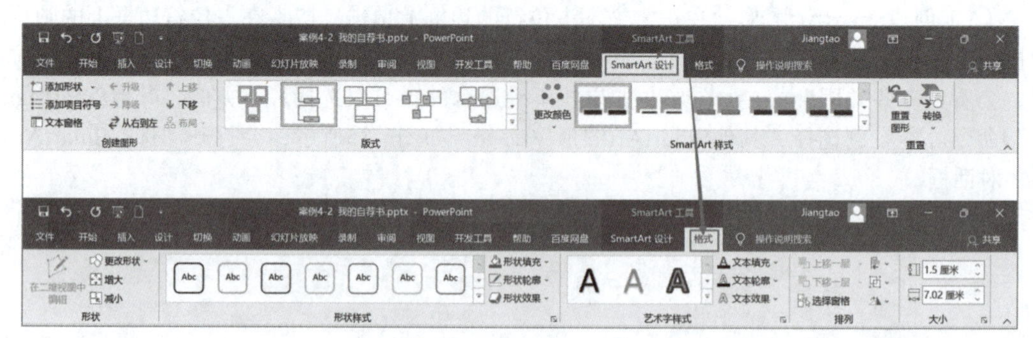

图 3-37　SmartArt 工具

（4）编辑SmartArt图形：单击SmartArt图形中的“插入图片”按钮，分别将教师资格证、普通话等级证、英语等级证图片插入，然后使用“取色器”工具将图片下方文本框的底色填充为左侧波浪装饰色块中的深蓝色。完成效果如图3-38所示。

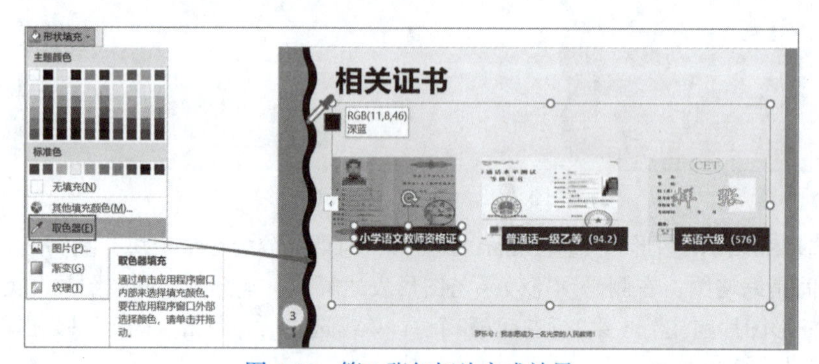

图 3-38　第 3 张幻灯片完成效果

4．第 4-8 张幻灯片：个人情况

第4～8张幻灯片的制作方法与第3张幻灯片基本一样。完成效果如图3-39所示。

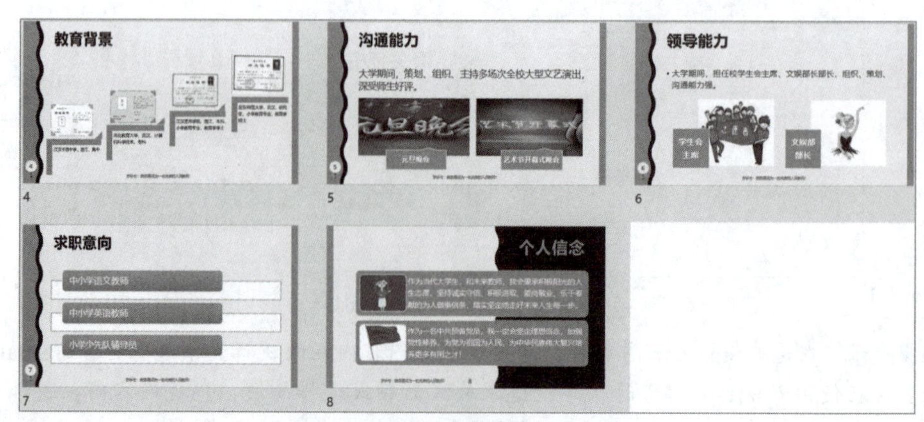

图 3-39　第 4 ～ 8 张幻灯片完成效果

温馨提示　使用SmartArt图形来展示多张图片时，既可以按上面的方法先插入SmartArt图形，然后导入图片；也可以先插入多幅图片，再同时选中这些图片，在“图片工具”组中的“图片版式”中选择适合的SmartArt图形。相对来说，后一种方法操作更便捷。

5．第 9 张幻灯片：结束页

第9张幻灯片，是本案例的结束页。一般来说，演示文稿的最后一页幻灯片与第1页幻灯片应该是首尾呼应的关系，给人一种形式上的结束感、圆满感。

本案例的主题是个人推介，最后一页可以写上一句意味隽永、积极向上的句子，展示个人理念、抱负。

（1）标题文本：录入“长风破浪会有时 直挂风帆济沧海”。

格式设置为微软雅黑，加粗，60号字，“蓝色，文字2”（颜色面板第1行左起第4个），与标题页中“民生各有所”颜色一致。

（2）副标题文本：录入“感谢垂听”。

格式设置为微软雅黑，25号字，加粗，颜色的RGB值为（224，55，84），与标题页中的“乐兮”颜色一致。

温馨提示　“垂听”和“聆听”都是谦辞或敬辞。“聆听”是听讲人的谦辞（对讲话人的敬辞），表示主动将自己的身份置于讲话人之下，主讲人自己不宜用在演示文稿之中；“垂听”是主讲人的谦辞，表示主动将自己的身份置于听讲人之下。当然，如果主讲、听讲双方身份本来就有明确的上下之分（如教师与学生），也不能刻意自谦。

第9张幻灯片的完成效果如图3-40所示。

图 3-40　第 9 张幻灯片

3.1.5　设置幻灯片切换效果

幻灯片切换，是指从一张幻灯片向另一张幻灯片过渡时所呈现的效果。默认的是“无”切换效果。设计、制作演示文稿时，设置优美、合适的切换效果，可以给人一种“精通PowerPoint软件操作”的印象。

在“切换”选项卡下，可看到幻灯片切换的三组工具：“预览”“切换到此幻灯片”“计时”，如图3-41所示。

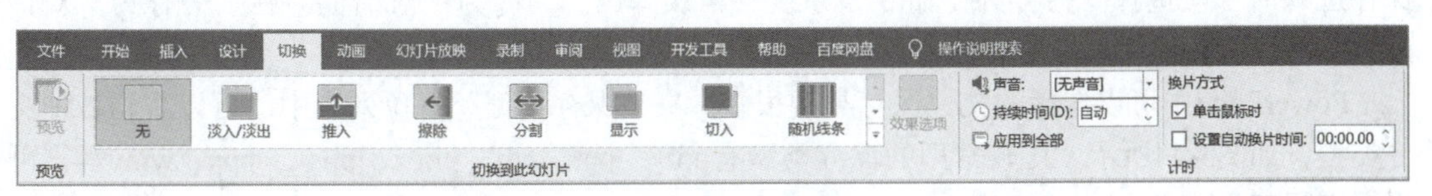

图 3-41　幻灯片切换

本案例中，每一张幻灯片都应用了幻灯片切换效果。具体操作步骤如下：

（1）添加幻灯片切换动画效果：选择第1张幻灯片，单击“切换”→“切换到此幻灯片”→右下角的“其他”按钮，打开下拉面板，选择“华丽”分组中的“风”特效幻灯片切换效果，如图3-42所示。

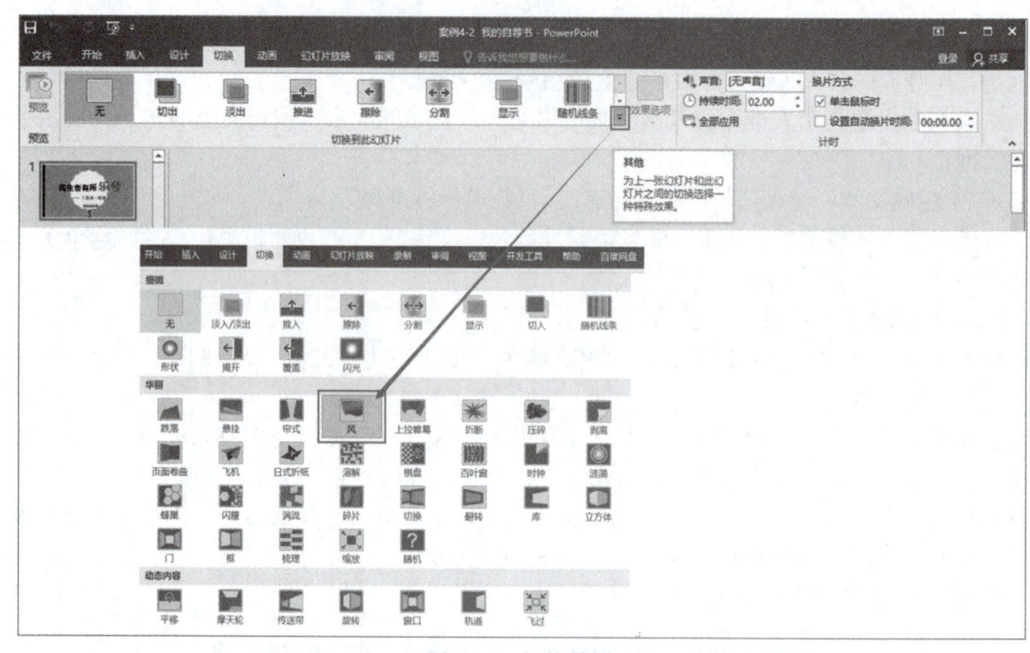

图 3-42　切换效果

（2）设置切换效果参数：在“效果选项”和“计时”工具组中可以细致设置切换效果参数。本案例选择默认参数：“效果选项”向右，“持续时间”02.00，“换片方式”设置为“单击鼠标时”，如图3-43所示。

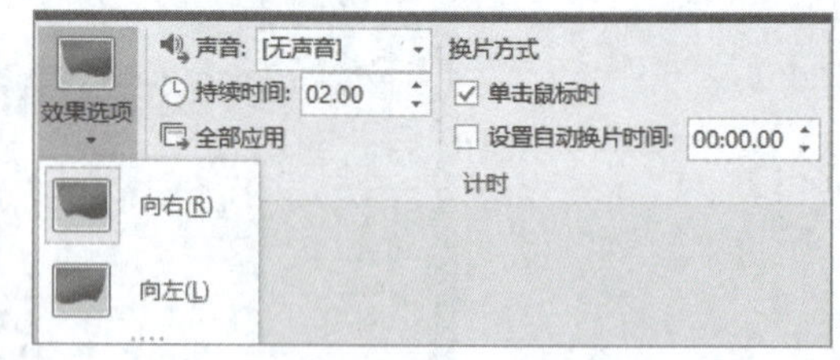

图 3-43　“风”切换效果参数设置

（3）统一设置：单击“计时”组中的“全部应用”按钮，将所有幻灯片的切换设置成一致效果。必要时，也可以为每页幻灯片设置不同的切换效果。

3.1.6　保存与打包文件

1．保存文件

在幻灯片制作过程要及时保存文件，防止因断电、死机、程序出错等原因导致未存盘的内容丢失而前功尽弃。

文件初次保存时，会弹出“另存为”对话框；初次保存后，再单击“保存”按钮，不再弹出对话框，系统直接保存文件；要将文件换名保存、换个地址保存、更改保存类型或选择其他保存选项时，应选择“另存为”命令，系统会再次弹出“另存为”对话框。在“另存为”对话框中，可以选择保存地址、文件名、文件类型、保存选项。

PowerPoint中可以选择的文件保存类型很多，在“保存类型”下拉列表中，可以看到各种文件类型，如图3-44所示。比较常用的保存类型有pptx、ppt、pdf、ppox、ppsx、pps、wmv等，可根据实际需要选择。

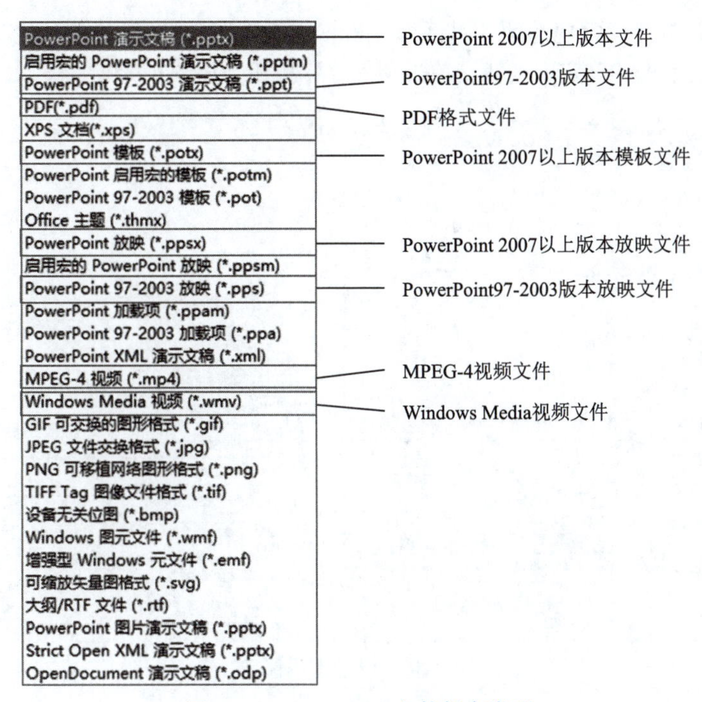

图 3-44　PowerPoint 文件保存类型

2. 嵌入字体

为了防止PowerPoint文件被复制到别的计算机上播放时不能正确显示字体，同Word一样，需要将PowerPoint文件中使用的特殊字体嵌入文件中。

单击“另存为”对话框中“保存”按钮左侧的“工具”按钮，选择“保存选项”命令，打开“PowerPoint选项”对话框，勾选“将字体嵌入文件”复选框，选中“仅嵌入演示文稿中使用的字符（适用于减小文件大小）”单选按钮，单击“确定”按钮，单击“保存”按钮，如图3-45所示。

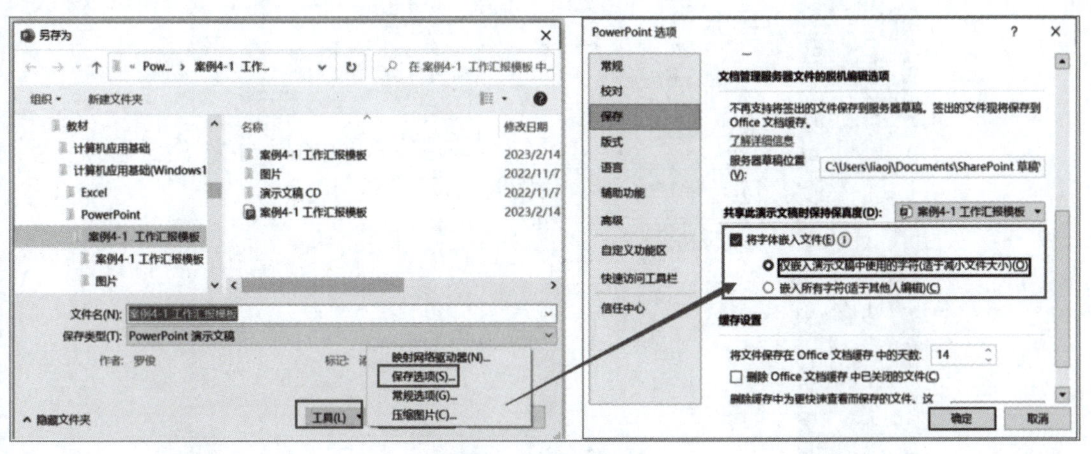

图 3-45　嵌入字体

3. 设置密码

PowerPoint、Word、Excel等Office文件都可以设置密码进行加密。选择“保存选项”下方的“常规选项”，打开“常规选项”对话框，根据需要设置“打开权限密码”和“修改仅限密码”，设置完成后单击“确定”按钮，单击“保存”按钮，如图3-46所示。

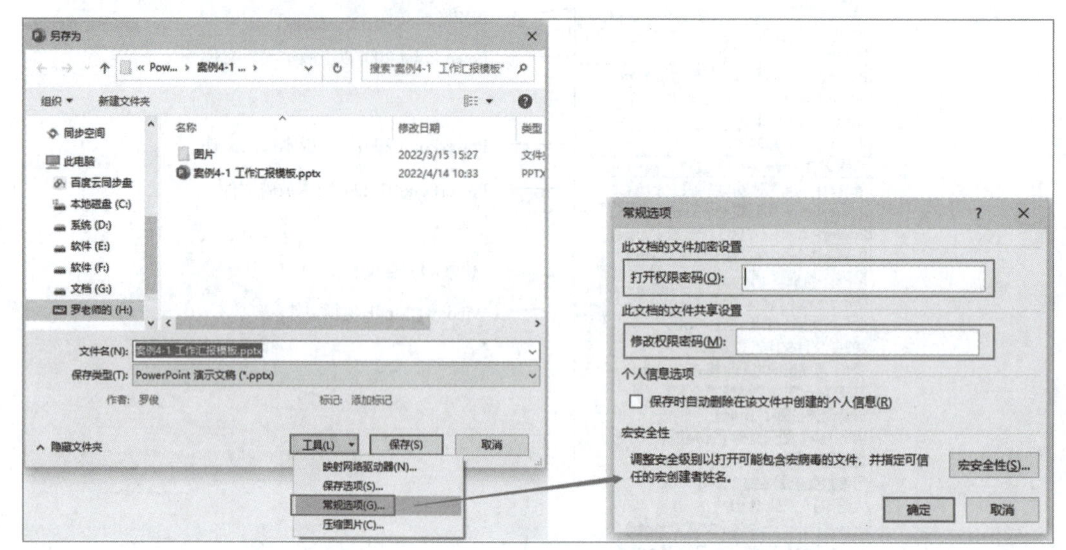

图 3-46　设置密码保护

4. 打包 PowerPoint 文件

并不是所有的计算机上都安装了相同版本的Office办公软件，为了保证所制作的PowerPoint文件在任何一台Windows计算机上都能被正常播放，可以将PowerPoint文件打包成“CD”，并且将所有的字体文件、多媒体文件等都打包在一起。

具体操作步骤如下：

（1）进入打包状态：选择“文件”→“导出”→“将演示文稿打包成CD”→“打包成CD”命令，打开“打包成CD”对话框，如图3-47所示。

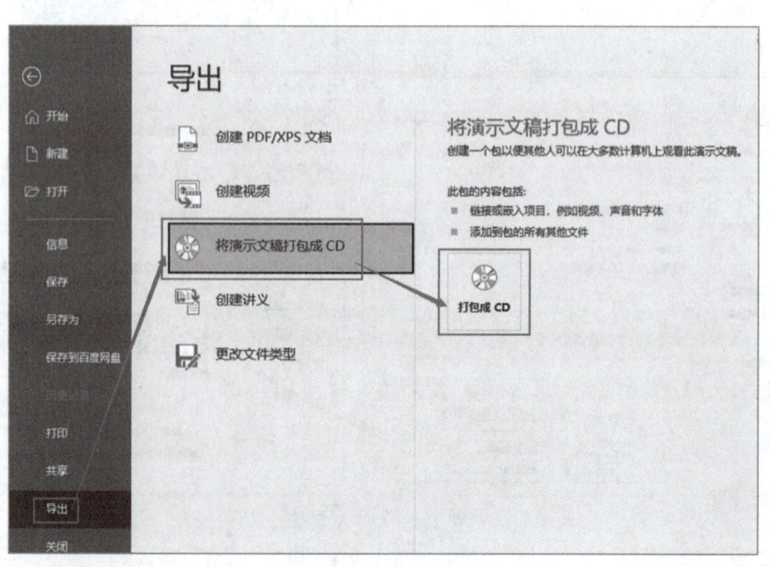

图 3-47　打包成 CD

（2）打包选项设置：单击“添加”/“删除”按钮可以添加或者删除演示文稿，单击“选项”按钮可以设置打开和修改密码的选项，如图3-48所示。

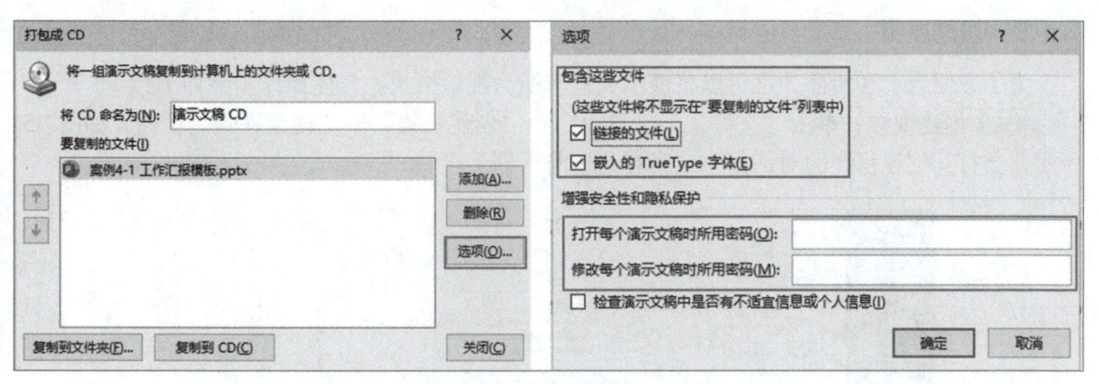

图 3-48　打包选项设置

温馨提示　勾选“链接的文件”和“嵌入的TrueType字体”复选框，会自动包含链接的文件和字体，不需要另外添加。

（3）设置打包文件夹的名称：单击“复制到文件夹”按钮，打开“复制到文件夹”对话框，设置文件夹名称及存放位置，单击“确定”按钮后开始进行打包，如图3-49所示。

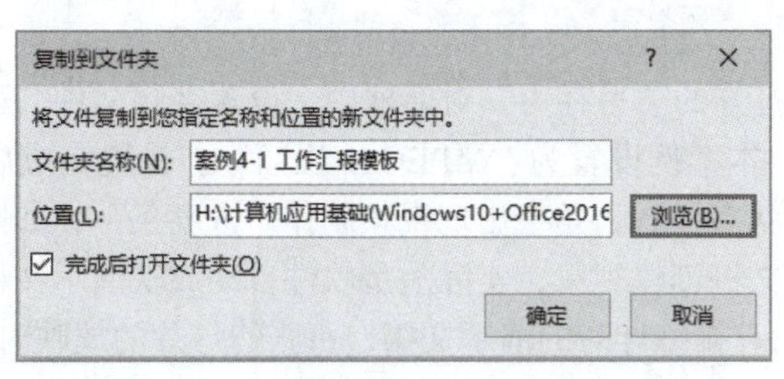

图 3-49　设置打包文件名和打包位置

（4）完成打包：打包前，系统会弹出一个确认提示框，需要确认是否信任所有链接。系统自动完成打包后，会使用上一步设置的名称生成一个文件夹，文件夹中除了PowerPoint文件外，还有一个文件夹和一个AUTORUN.INF自动运行文件，如果打包到光盘，AUTORUN.INF文件能引导光盘自动播放，如图3-50所示。

完成打包后，如果要将此PowerPoint文件复制到其他计算机播放，只需要将该文件夹复制到U盘、移动硬盘或者光盘上，以后不管目标计算机上是否安装有PowerPoint或需要的字体，幻灯片都可以正常播放。

图 3-50　完成打包

5. 创建视频

为了方便展示和传播，也可以将演示文稿转换为视频格式。具体操作步骤如下：

（1）创建视频：单击“文件”→“导出”→“创建视频”→“创建视频”按钮，如图3-51所示，会打开创建视频的对话框（“另存为”对话框）。

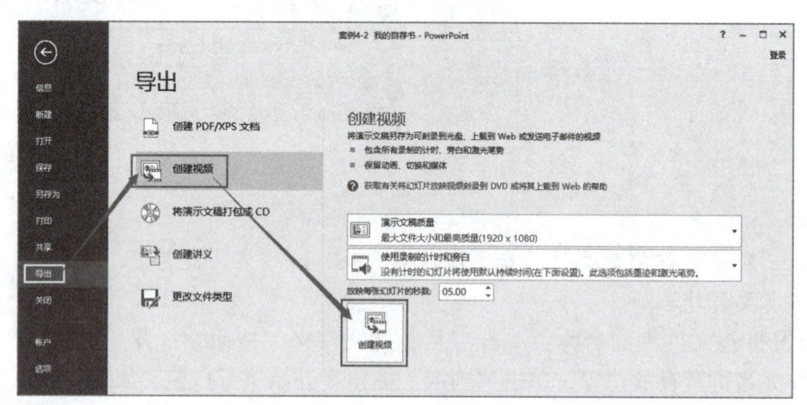

图 3-51　创建视频

（2）设置参数：在打开的“另存为”对话框中，设置视频文件名称和保存位置，保存类型可以根据实际需要设置，本案例设置为“MPEG-4 视频”。设置完成后，单击“保存”按钮，此时，PowerPoint主界面状态栏右下角会出现视频制作“进度条”，如图3-52所示。

利用PowerPoint演示文稿创建视频，实际上是软件自动放映演示文稿，同时将播放过程“录制”成视频。录制时，没有排练计时的演示文稿，每张幻灯片的放映时长默认为5秒；设置了排练计时的，会按排练计时的时间自动控制放映时长。

创建好的视频，可以使用视频播放软件进行播放。

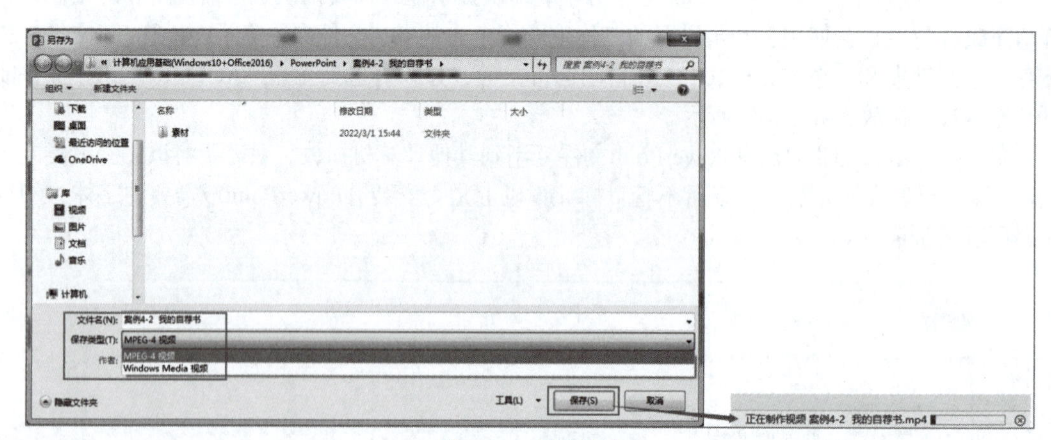

图 3-52　参数设置

3.1.7　放映幻灯片

1. 幻灯片放映方法

幻灯片常用放映（播放、演示）方法主要有3种：

1）从头开始放映

单击“幻灯片放映”→“开始放映幻灯片”→“从头开始”按钮，那么不管当前位置是在第几张幻灯片，都会从第1张开始播放，快捷键为【F5】，如图3-53所示。

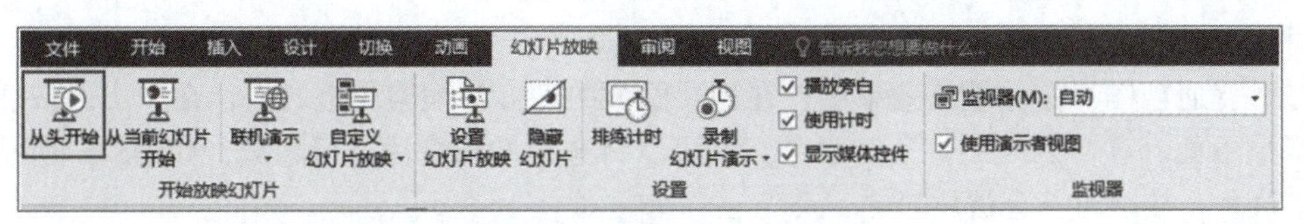

图 3-53　“从头开始”放映

2）从当前幻灯片开始放映

单击“幻灯片放映”→“开始放映幻灯片”→“从当前幻灯片开始”按钮，快捷键为【Shift+F5】，或者单击右下角的“幻灯片放映”按钮，如图3-54所示，就可以从当前幻灯片开始放映。

图 3-54　从当前幻灯片开始放映

在幻灯片制作过程中，每做一张幻灯片，甚至每完成一步制作、设置，都可以用这种方法放映当前幻灯片，检验制作出来的效果是否满意。在实际放映幻灯片时，如果放映被中途打断，可以使用这种方法从中断处开始放映，而不必从头开始。

3）自定义幻灯片放映

单击“幻灯片放映”→“开始放映幻灯片”→“自定义幻灯片放映”按钮，打开“自定义放映”对话框，单击“新建”按钮，将要放映的幻灯片页面在左侧列表中选中，添加到右侧的放映列表中，还可以调整放映列表中幻灯片的放映顺序，设置好后，可以自定义放映名称，保存放映方案，如图3-55所示。

设置好自定义放映后，在需要放映的时候单击“自定义放映”中的放映名称就可以按预设顺序放映幻灯片。

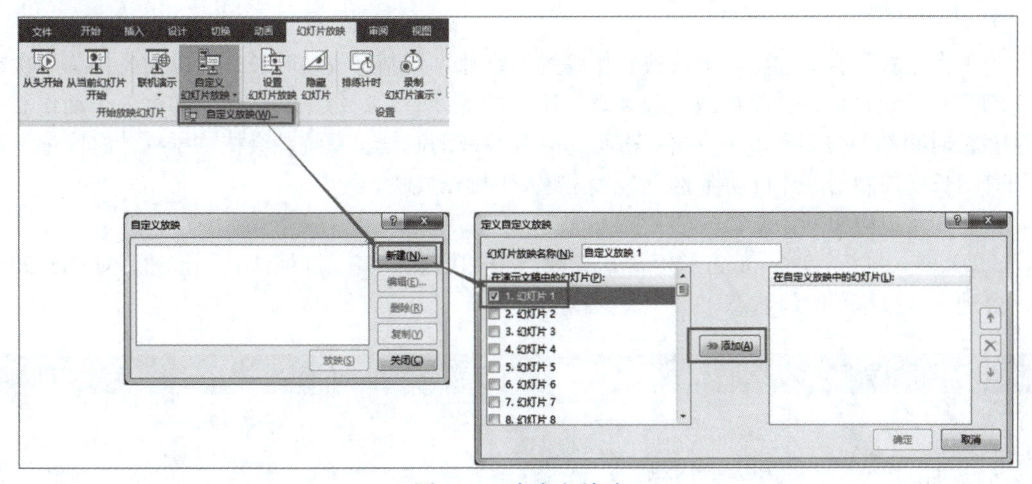

图 3-55　自定义放映

2．设置放映方式

单击“幻灯片放映”→“设置”→“设置幻灯片放映”按钮，打开如图3-56所示的“设置放映方式”对话框，根据实际需要设置。

3．隐藏幻灯片

同一个演示文稿，可能会在不同场合、面向不同对象放映，放映的内容也可能不尽相同。

必要时，可以“隐藏”部分幻灯片。具体设置方法如下：

在“普通视图”左侧缩略效果中，在需要隐藏的幻灯片缩略图上右击，在弹出的快捷菜单中选择最下面一项“隐藏幻灯片”命令，就可以将选中的幻灯片进行隐藏，如图3-57所示。隐藏的幻灯片，放映时不会被放映。

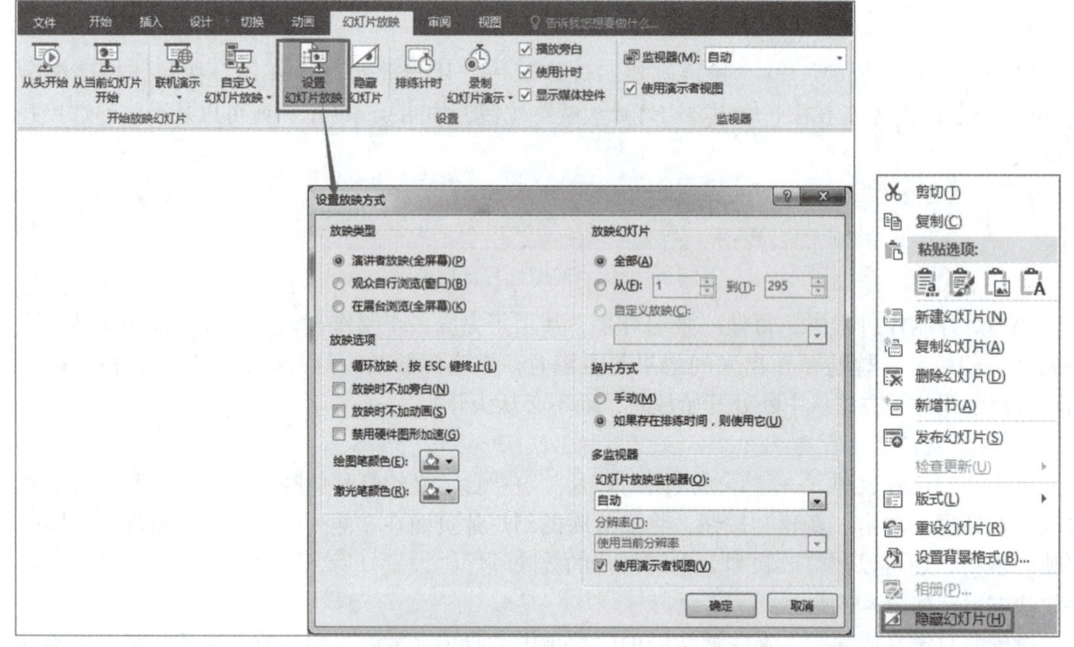

图 3-56　设置放映方式　　　　图 3-57　隐藏幻灯片

4. 排练计时

为了在正式场合更加熟练地放映制作好的幻灯片，控制好放映时长，可以预先排练一次或多次幻灯片放映过程，并将放映过程计时。执行排练计时后，每张幻灯片上的每一个动作需要放映多长时间都会被记录下来，再次进行幻灯片放映的时候，系统就会按“排练计时”记录下来的时间长度控制幻灯片自动播放，不再需要人工操作放映。

具体操作步骤如下：

（1）进入排练计时：单击“幻灯片放映”→“设置”→“排练计时”按钮，如图3-58所示，会进入“排练计时”状态。

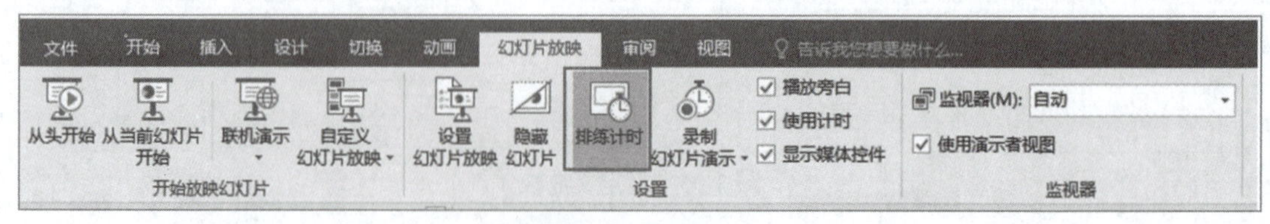

图 3-58　排练计时

（2）“排练计时”工具栏：进入“排练计时”状态后，在屏幕左上角会出现“录制”工具栏，工具栏各按钮的功能如图3-59所示。

（3）排练计时录制：根据实际放映需要，使用“录制”工具栏，完成排练计时。

（4）确认排练计时：完成排练计时的录制后，会弹出一个确认排练计时的对话框，如图3-60所示。如果确认，单击“是”按钮；如果要重新进行排练计时，则单击“否”按钮。

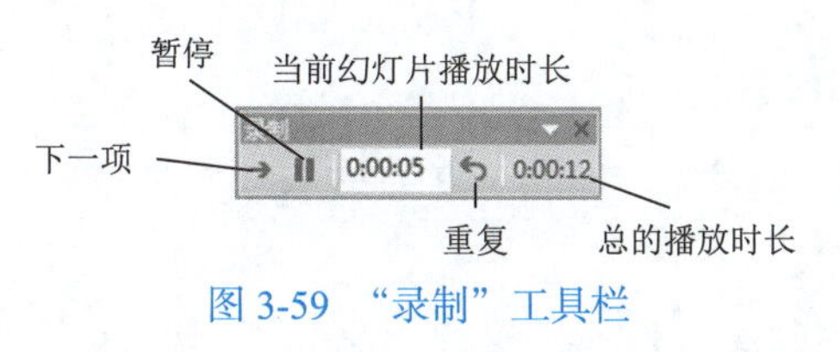

图 3-59　“录制”工具栏

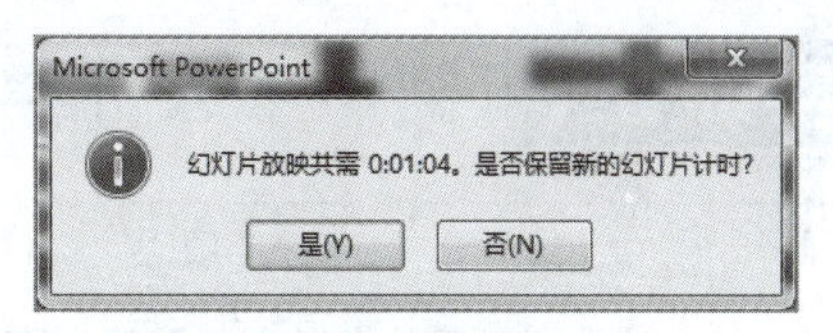

图 3-60　确认排练计时

（5）排练计时完成效果：排练计时完成后，会自动切换到“幻灯片浏览视图”，每张幻灯片的右下角都会显示当前幻灯片的放映时长，如图3-61所示。

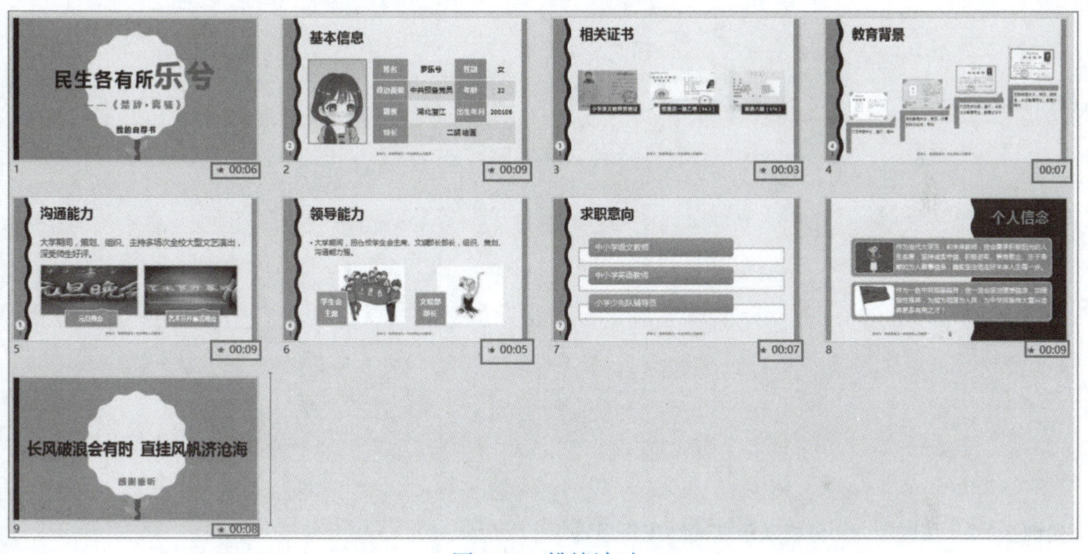

图 3-61　排练计时

温馨提示　用“排练计时”功能，可以制作出歌词与背景音乐同步的MV。

案 例 小 结

本案例涉及的操作技能主要是将Word文档内容导入PowerPoint创建演示文稿、主题的使用、母版的编辑、形状图片的处理、表格的处理、取色器使用、SmartArt图形选用与设置、幻灯片的切换与放映设置、从PowerPoint导出视频等，是一个相对综合且流程完整的案例。

要提高演示文稿的综合设计制作能力，除了掌握上面这些技能技巧，还要多分析、借鉴各种平面设计作品和优秀的演示 文稿作品，经常尝试用PowerPoint自带图形实现各种创意设计，自己设计制作“专业化”的PPT作品，让PPT彻底摆脱“纯文字”或“文字+图片”的“初学者”样式。

笔记栏

实训 3.1 制作个人自荐演示文稿

实训项目	实训记录
实训 3.1.1 制作《我的自荐书》演示文稿 根据自己的实际情况和需要，按照案例介绍的格式和步骤，创建 Word 文档，导入 PowerPoint 制作成《我的自荐书》演示文稿。 **实训 3.1.2 拓展实训：分析演示文稿结束页用语** 演示文稿结束页通常会写上一句谢词，对听众表示感谢，比如“谢谢大家”“谢谢观看”“Thanks”；有时会写上一句谦辞，表示谦虚，比如“不当之处，敬请批评指正”“一家之言，欢迎交流”。“感谢垂听”既是谢词，也是谦辞。请分析： （1）“感谢垂听”适用于哪些场合？教师上课用的课件是否适合使用“感谢垂听”？ （2）为什么说“感谢聆听”不适合用于演示文稿结束页？	

学习与实训回顾

见：

请记下你认为有价值、有启发或容易遗忘的知识点，并注明知识点所在页码以便回顾。

感：

请记下你在学习了本案例并实践之后的收获和感受。

思：

本案例中的知识点可以关联到哪些你已掌握的知识内容（包含其他课程所学）？

你过去碰到的哪些任务、困难，可以用本案例中的知识点去完成、优化、解决?

行：

你对本案例的设计和制作是否有改进建议？

今后的学习和工作中，哪些情境可以用到本案例所学内容?

案例 3.2 中国经典神话故事

知识目标

◎熟悉演示文稿常用字体。

◎熟悉图形工具。

◎掌握常用图片特效、文字特效工具。

技能目标

◎根据演示文稿内容和使用场合选择字体组合。

◎调取并使用图形编辑工具。

◎设置幻灯片页脚。

◎根据需要编辑图片特效。

◎根据需要创意设计制作艺术字。

◎利用顶点编辑功能创意制作文字和图形特效。

◎用鼠标创意绘制图形、图像。

素质目标

◎坚定文化自信、历史自信。

◎强化钻研意识、创新意识。

◎提升审美水平。

完成图3-62所示的演示文稿《中国经典神话故事》。

图 3-62 案例 3.2《中国经典神话故事》完成效果

文字的产生标志着人类文明史的开始，华夏文明的传承发展，汉字的作用不可或缺。汉字在长期的发展过程中，产生了丰富的艺术变体，这就是书法。汉字独特的形式和书法独特的艺术魅力可以极大地丰富演示文稿的表现力。所谓“字如其人”，正是因为不同的字体所传递出的信息与气质是不同的。PowerPoint在呈现文本内容时，要充分利用文字的造型特点和书法的艺术特点，尽可能优化呈现形式，让文字变得更有美感、更容易阅读理解，让人亲近并快速把握内容要点。

除了文字，图形图片也是PowerPoint演示中不可或缺的元素。人的文字阅读理解能力需要后天习得，但读图识图能力几乎与生俱来，所以一般情况下，人们更愿意看图读图。在演示文稿中，图形图片具有装饰页面、美化文字和图形、优化版面、增强页面冲击力、吸引观众注意、营造情境、表现内容、突出重点等诸多作用，还可以将文字进行图像化处理以辅助表达。鉴于此，掌握图形图片的处理技巧对制作高质量的演示文稿显得尤为重要。

本案例主要展示文字特效的制作，图片效果的设计、处理，形状的创意、绘制。

3.2.1　演示文稿常用字体

PowerPoint中的文本，为什么常常选用“微软雅黑”作正文字体，而不是像图书一样选用“宋体”？

要理解这个问题，先要了解两个与字体有关的概念：字重与衬线。

字重是指字体笔画的粗细，笔画越粗，字重越大。一般来说，字重大的字体更醒目，适合做标题；字重小的字体在字号很小的时候通常也能看清楚，因此适合做正文。

衬线是指字型笔画开始和末端的细节装饰部分。这些细节装饰的作用是让文字更美观，同时也可以突出文字笔画，方便文字识读。

1．宋体

印刷术是中国古代四大发明之一。雕版印刷术起源于唐朝，是将文字用刀刻在整块木版上；发明于宋仁宗时期的活字印刷术则是将单个文字刻在一个独立的字模上，印刷前先将字模按内容组合在一起。为了便于雕刻，印刷用的字体逐渐与手写书法字体脱离，变得更加方正规整、笔画尽量平直，这种字形在南宋时基本稳定。明朝时，文人追捧宋刻本书籍，将这种字体称为“宋体”。刻版工匠为了提高雕版利用率，防止刻版磨损，加粗了宋体的竖线和笔画的端点，但依旧将这种字体称为“宋体”。

宋体字的字重小，笔画首尾两端都有明显的衬线装饰，如图3-63所示，方便文字识读；笔画细，即使文字很小，也容易辨认，能支持人眼长时间阅读而不会觉得疲累，因此书籍等长篇文档通常都会使用宋体字。也正是因为宋体字的这些特点，所以在现代印刷工业诞生后，它依然被用作汉字印刷的标准字体。

但宋体字的缺陷也很明显，它的横笔画很细，竖笔画相对较粗，距离太远时，很细的横笔画识别会比较困难，影响阅读；另外，它的字形过于方正、呆板，影响版面美观，所以宋体并不适合用作课件页面的正文字体。

2．微软雅黑

微软雅黑字体是一种典型的无衬线字体，字形稍扁，端正典雅，笔画不粗不细，字重适中，如图3-64所示。即使小号字体，在较远距离观看时，微软雅黑字体也能较清晰地被识读；加粗后，字重增加，也适合用作标题。

1. 圆圈圈出来的地方：笔画开始与结束处有额外装饰
2. 横细竖粗。

图 3-63　宋体

微软雅黑

1. 笔画无衬线装饰 2. 笔画粗细基本无差别 3. 末端和转折均为直角

图 3-64　微软雅黑

但是微软雅黑字体的笔画粗细均匀，没有起笔、落笔、转折处的衬线，比较平实，缺少力度和变化，不适合用作装饰性字体。

3．楷体

楷体是在手写书法字体基础上规范后的印刷字体，字形端正，笔画秀美，让人感觉自然、亲近、舒适。

楷体虽然很漂亮，但笔画粗细自由，横不平、竖不直，如图3-65所示，不像宋体、微软雅黑那么规整。用于大段文字时，会让页面显得杂乱，导致人眼阅读时容易疲累。所以，PowerPoint页面中不太适合使用楷体，但在特定场合，比如中小学语文课件中，用于示范时，就必须用楷体了。

4．小标宋

小标宋字体保留了宋体的衬线装饰，进一步加粗了竖向笔画，增加了字重。《党政机关公文格式》将小标宋字体规定为标题的标准字体。因为其“公文”“标题”属性，所以也经常被用于严肃场合的演示文稿中。图3-66所示为方正小标宋字体。

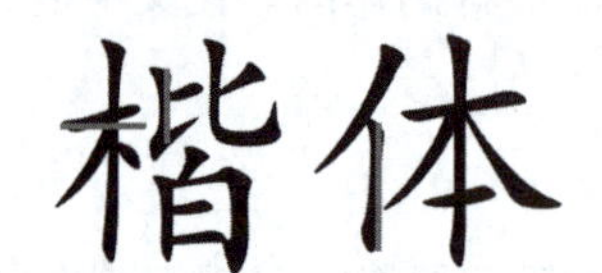

图 3-65　楷体

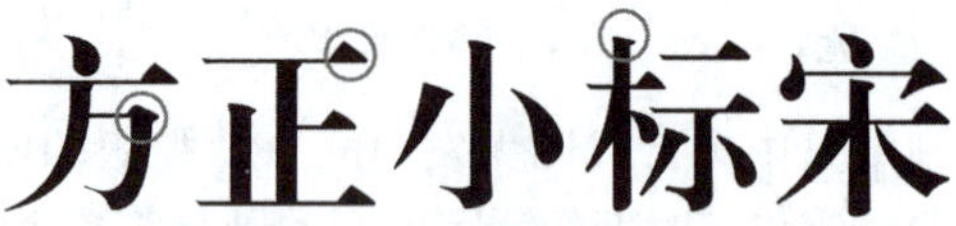

方正小标宋

图 3-66　方正小标宋字体

5．常用字体组合

宋体、楷体、微软雅黑是Windows系统或Office软件自带的字体，方正小标宋需要单独安装，这几种字体基本可以满足PowerPoint演示文稿的制作需要。但在社会培训、学术报告、商务培训等场合，要让演示文稿更加生动、美观，更具有艺术设计感，更吸引人，只使用这四种字体显然不够，还需要使用更加丰富多样的字体。

图3-67中列出了六组常用的中文字体搭配。

标题字体	正文字体	使用场合
微软雅黑	微软雅黑	**万能搭配**
方正综艺简体	微软雅黑	课题汇报、咨询报告、学术研讨等 **专业场合**
方正粗倩简体	微软雅黑	企业宣传、产品展示等 **商业场合**
方正小标宋简体	微软雅黑	政府汇报、政治会议等 **严肃场合**
方正胖娃简体	方正卡通简体	卡通、动漫、娱乐等 **轻松场合和儿童对象**
微软雅黑	微软雅黑+楷体	**教学课件**

图 3-67　演示文稿常用字体搭配

当然，字体成千上万，仅方正字库网站上就提供近14 400多种字体下载，而且还在不断增加，可根据内容特性、观看对象、使用场合等灵活选择、搭配字体，进而形成自己独特的字体搭配风格。

相对来说，黑体是最适宜屏幕放大显示、远距离阅读的字体，像行体、草体、隶体、篆体类型的字体，拉“扁”、拉“长”、变形的字体，还有繁体字，“阅读成本”都比较高，不适宜幻灯片使用。

温馨提示　*有的设计者认为，字体应该越简单越好，建议一个演示文稿中使用的字体不要超过三种，字体颜色也不要超过三种。*

本案例中，结合演示文稿主题“中国经典神话故事”，安装了非常有古韵的“方正古隶”字体。

3.2.2　使用图形编辑工具

制作PowerPoint文件时，有时需要使用到系统自带的自选图形库中没有的特殊形状，这个时候，可以调用一组隐藏的图形编辑工具，制作出自己想要的特殊图形。这一组图形编辑工具默认不显示在功能区，需要将其调取出来。

1. 图形编辑工具的调取

（1）单击主窗口左上角“自定义快速访问工具栏”按钮，选择“其他命令”选项，如图3-68所示。

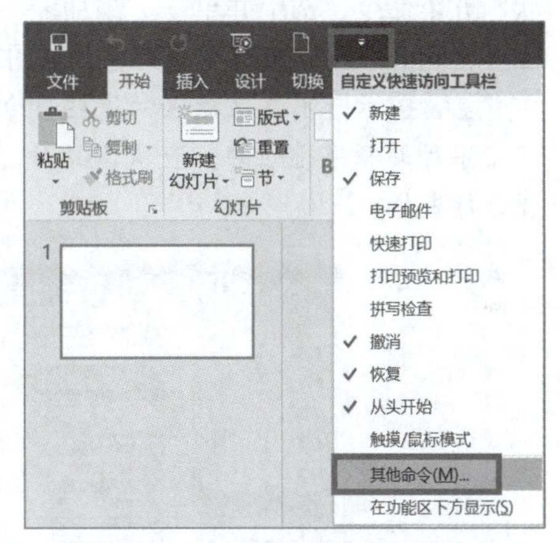

图 3-68　自定义快速访问工具菜单

（2）在打开的“PowerPoint选项”对话框左侧选择“自定义功能区”标签，然后在右侧选择“主选项卡”，选中“开始”选项卡最下面的“编辑”工具组，单击对话框右下角的“新建组”按钮，在“编辑”工具组下方新建一个组，如图3-69所示。此时，新建的工具组中是空的，还没有工具按钮。

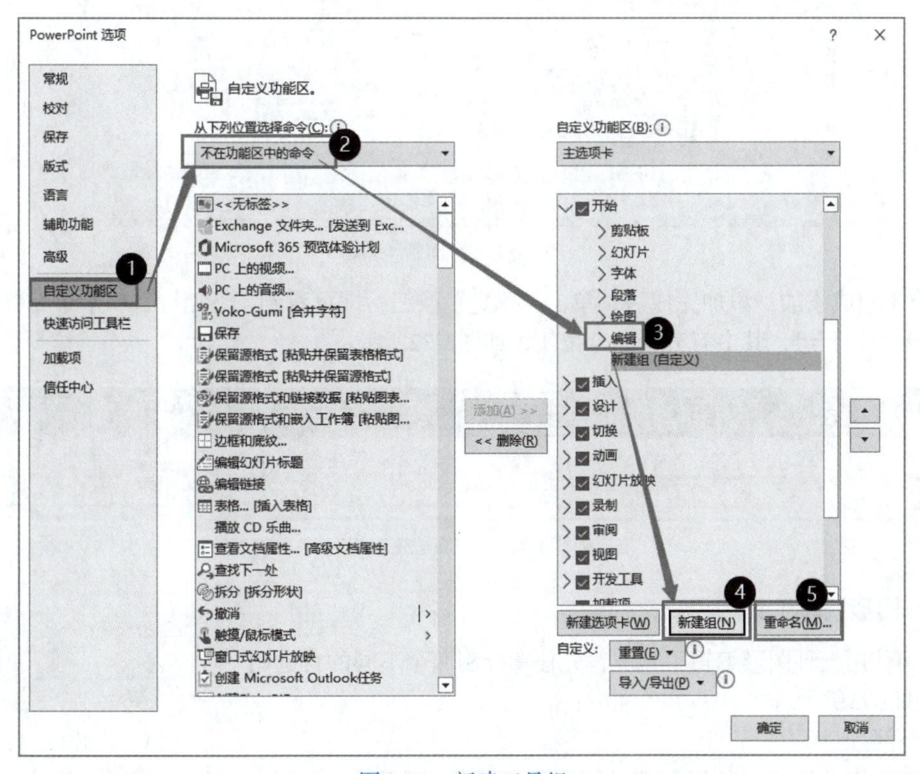

图 3-69　新建工具组

（3）单击“重命名”按钮，打开“重命名”对话框，录入新组名“图形编辑”后，单击“确定”按钮完成重命名，如图3-70所示。

图 3-70　“重命名”对话框

（4）从“从下列位置选择命令”下拉列表中选取“不在功能区的命令”选项，接下来从下方的工具命令中依次找到“拆分形状”“剪除形状”“联合形状”“相交形状”“组合形状”五个命令，选中并单击“添加>>”按钮，将这五个工具添加至右侧的“图形编辑”工具组，如图3-71所示。

温馨提示　不在功能区的这些命令，按钮名称是按照26个英文字母的顺序排列的，查找工具时可以根据按钮名称首字母序进行查找。

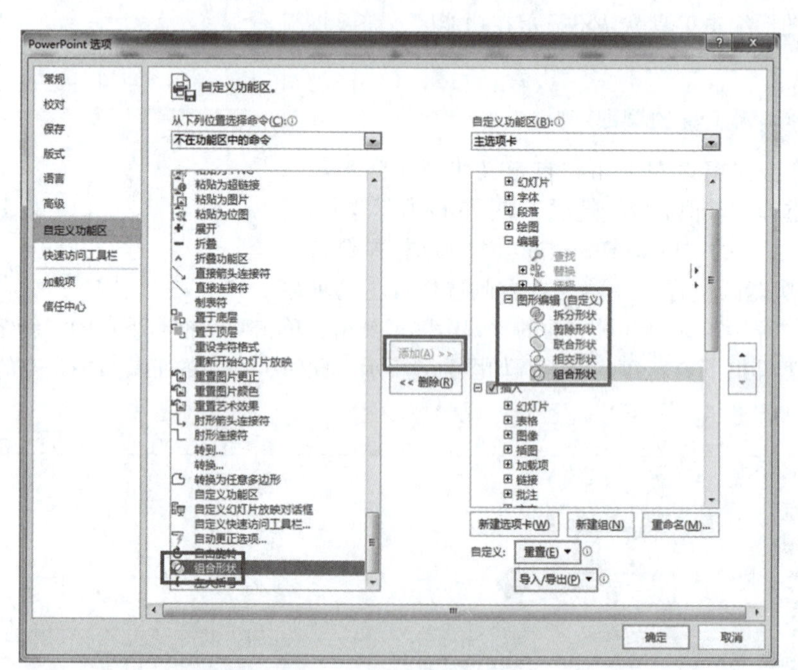

图 3-71　添加新工具

（5）完成添加：添加完成后，单击“确定”按钮，即可看到“开始”选项卡最右侧多了一个“图形编辑”组，其中有五个命令按钮，如图3-72所示。

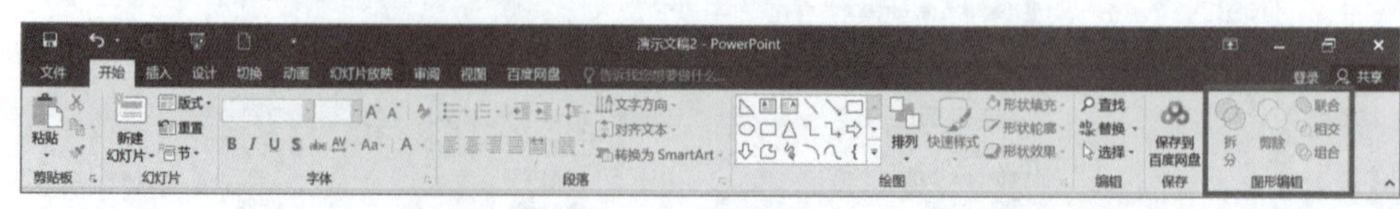

图 3-72　添加完成效果

2. 图形编辑工具的用法

练习使用五种图形编辑工具前，先任意绘制两个不同的自选图形，如图3-73所示。

图 3-73　绘制 2 个自选图形

1）剪除形状

将两个自选图形的位置调整成部分重合后，一起选中，单击“剪除”按钮，就可以剪出如

图3-74、图3-75所示的图形。

同样的图形、同样的重叠位置，之所以“剪”出来的效果不一样，是因为上下层次关系的不同或者选中先后次序的不同，导致两个同样的图形，可以剪出完全不一样的结果图形。采用同时“框选”的方法选中两个图形，默认的剪除效果是保留底层的那个自选图形。

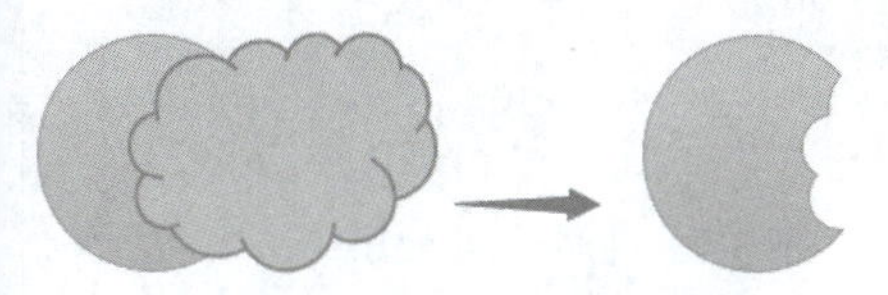

图 3-74　剪除形状效果：保留圆形

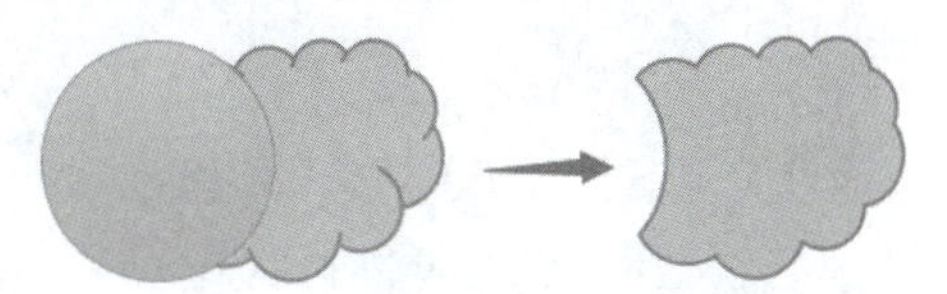

图 3-75　剪除形状效果：保留云形

温馨提示　在PowerPoint中，选中对象时，可以使用鼠标拖动框选的方式选中对象。被鼠标拖动绘制出的范围完全框选在内的对象才会被选中，如图3-76所示。

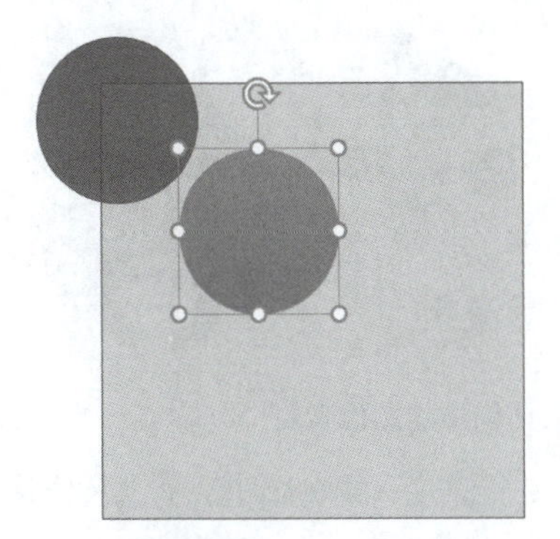

橙色圆形被选中：
蓝色圆形没有被完全框选在内

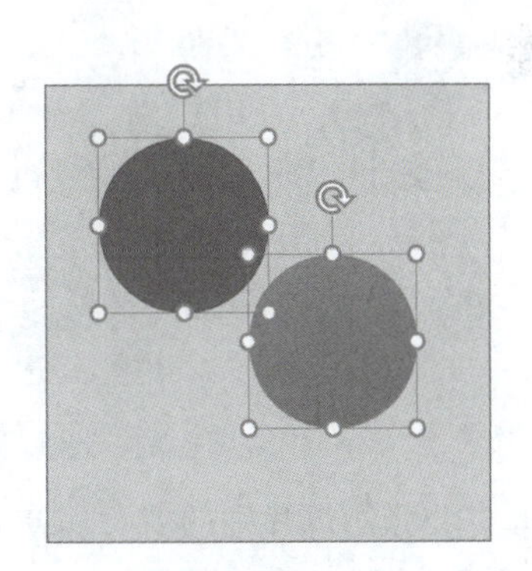

蓝色、橙色圆形均被选中：
蓝色、橙色圆形均被完全框先在内

图 3-76　鼠标框选

采用先后“点选”的方法选中两个图形，先选中的图形是保留图形，即使它在上层；后选中的图形决定剪影形状，即使它在下层。比如，云形在上一层，但想保留云形，可以先单击选中云形，按住【Ctrl】后单击选中下层的圆形，剪除后，保留下来的就是云形的部分。

当页面上的自选图形比较多，不适合框选时，可以采用先后“点选”的方法决定保留图形。

2）相交形状

将两个自选图形的位置调整成部分重合后，一起选中，单击“相交”按钮，就可以将两个自选图形相交的部分保留下来，如图3-77所示。

3）联合形状

将两个自选图形的位置调整成部分重合后，一起选中，单击“联合”按钮，就可以将两个图形联合成一个图形，如图3-78所示。

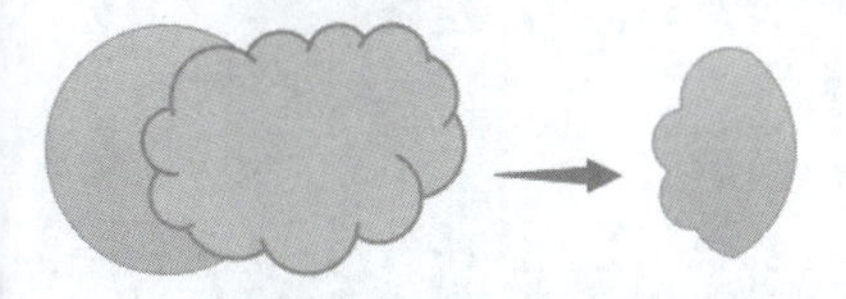

图 3-77　相交形状效果

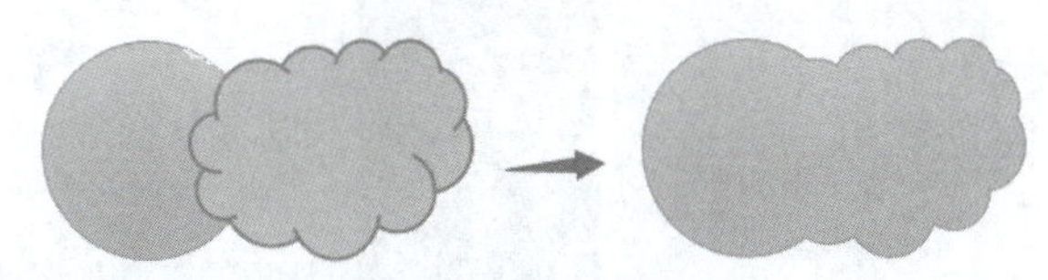

图 3-78　联合形状效果

4）组合形状

将两个自选图形的位置调整成部分重合后，一起选中，单击“组合”按钮，就可以将两个图形的重叠部分镂空，联合成一个带镂空部分的图形，如图3-79所示。

5）拆分形状

将两个自选图形的位置调整成部分重合后，一起选中，单击“拆分”按钮，就可以将两个图形拆分成三部分，拆分完之后，三部分是挨着的，图3-80是手动拖开后的效果。

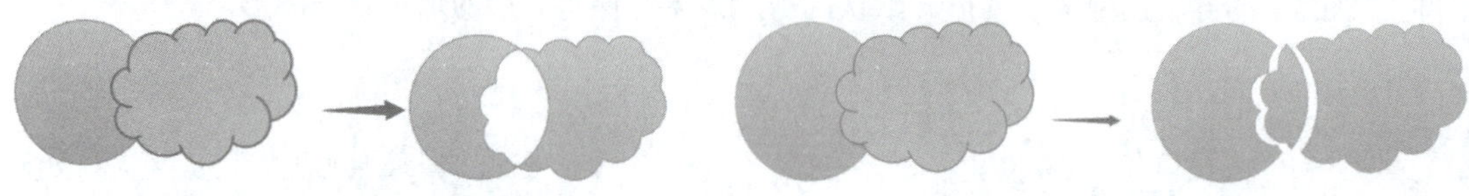

图 3-79　组合形状效果　　　　图 3-80　拆分形状效果

创造性地运用这四个图形编辑工具，可以直接在PowerPoint中绘制出需要的课件素材。图3-81所示的五个动画形象，都是在PowerPoint中用图形编辑工具创作出来的。

图 3-81　图形编辑工具创作的图像素材

本案例中，第5张幻灯片中的“女娲补天”文字特效、第6张幻灯片“愚公移山”的画面，均用到了这组工具。

3.2.3　制作母版

1．选择主题

本案例的主题选择“环保”，变体选择第2个，如图3-82所示。

图 3-82　主题

2．制作母版

1）基础母版

打开“页眉和页脚”对话框，勾选“幻灯片编号”“页脚”“标题幻灯片中不显示”，输入页脚内容“PPT设计制作：**”。设置页脚文本字体为隶书、16号字，放置在靠近下页边的位置。完成效果如图3-83所示。

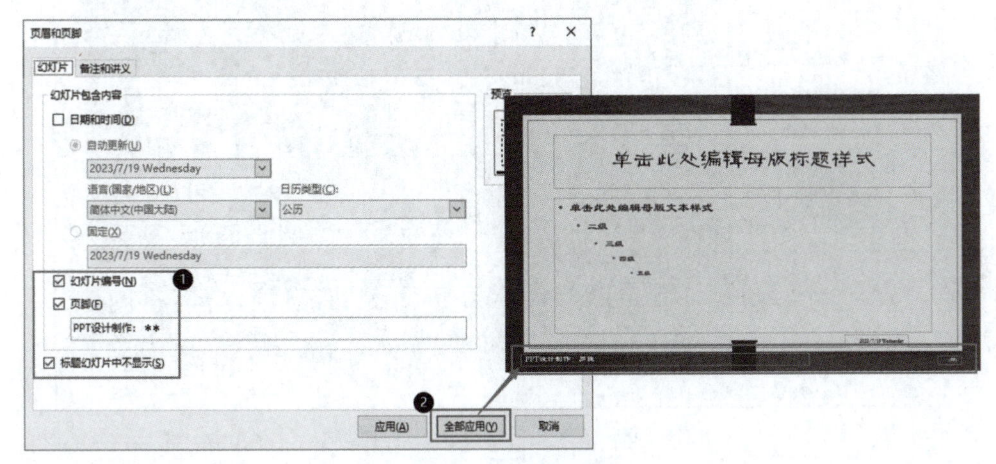

图 3-83　基础母版页脚

设置标题占位符字体为方正古隶，副标题字体为隶书。完成效果如图3-84所示。

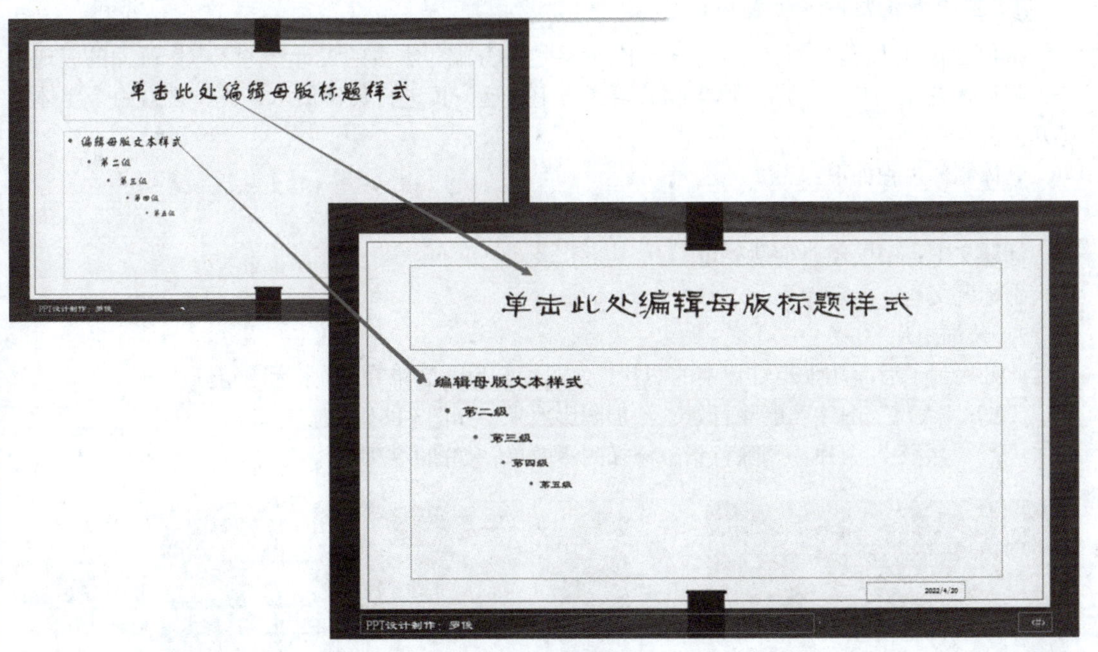

图 3-84　基础母版完成效果

2）其他幻灯片母版

选定“标题和内容”幻灯片母版（从基础母版开始计数的第3张），勾选“背景”工具组中的“隐藏背景图形”复选框，将背景全部隐藏；再将母版上的其他装饰和占位符删除，只留下左下角的页脚内容和右下角的页码两个占位符，如图3-85所示。

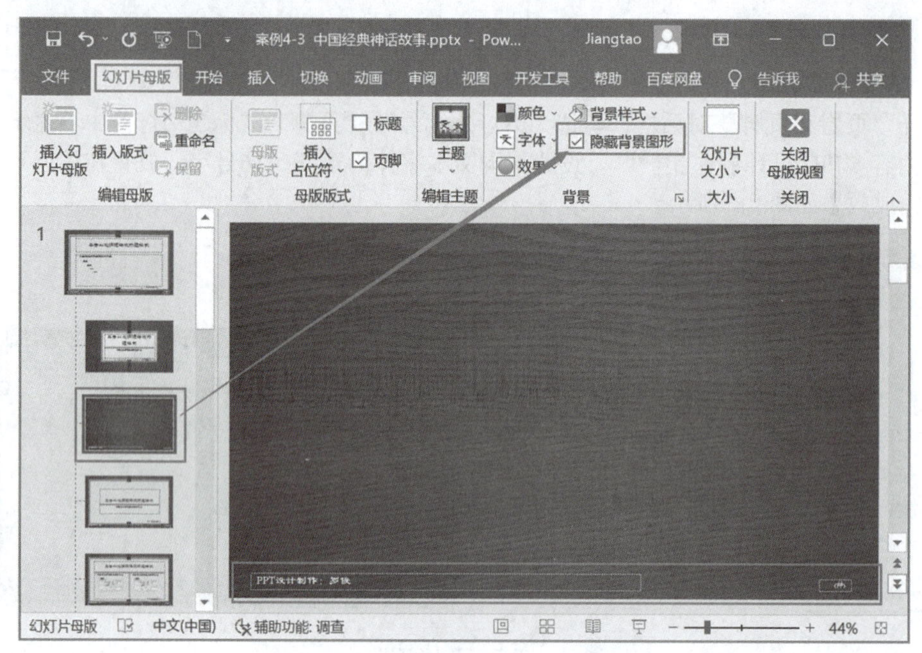

图 3-85 “标题与内容”幻灯片母版

3.2.4 制作幻灯片

1. 第 1 张幻灯片：标题页

第1张幻灯片既是封面，也是整个幻灯片主题的开端。本页的设计参考了电影画面的表现手法：将后面几张幻灯片中的主体人物和要素集中在这一页进行集体展示，先给观众一个整体的感知。

具体制作过程如下：

1）输入文本

标题文本：中国经典神话故事。

副标题文本：人定胜天。

2）装饰图片

此处用到了后面几张幻灯片中的图片，经过编辑后，装饰在第1张标题幻灯片中。

（1）“大禹”图片：删除背景，添加阴影效果，如图3-86所示。

（2）“精卫”图片：删除背景，添加阴影效果，如图3-87所示。

图 3-86 大禹

图 3-87 精卫

（3）“夸父”图片：删除背景，添加阴影效果，如图3-88所示。

（4）“女娲”图片：删除背景，添加阴影效果，如图3-89所示。

图 3-88　夸父

图 3-89　女娲

（5）“愚公”图片：此图片来自第6张幻灯片，是使用形状工具绘制出来的，如图3-90所示。具体制作方法见第6张幻灯片。

图 3-90　愚公

2．第 2 张幻灯片：大禹治水

第2张幻灯片的主题是“大禹治水”，使用了创意艺术字和添加了艺术效果的图片来表现主题。

1）新建幻灯片

依次单击“开始”→“幻灯片”→“新建幻灯片”按钮的下部，选择“空白”版式（第2行左起第3个），如图3-91所示。

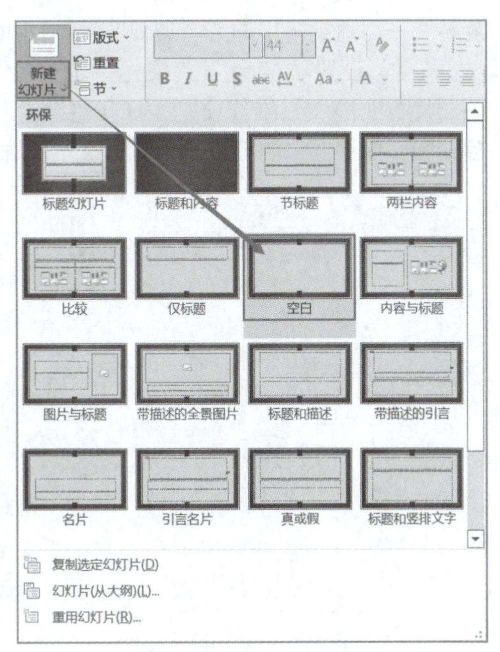

图 3-91　空白版式

2）艺术字

本页幻灯片中，“大禹治水”的艺术字效果是竖排的，而且有立体效果。

（1）创建文本：绘制竖排文本框，输入文本“大禹治水”，设置字体为“方正古隶”，加粗；“大禹”字号为104号，“治水”字号为70号，如图3-92所示。

（2）设置文本轮廓与填充：文本轮廓颜色设置为“褐色，个性色1，深色50%”（第5列倒数第1个），0.25磅；填充“大禹治水”图片。完成效果如图3-93所示。

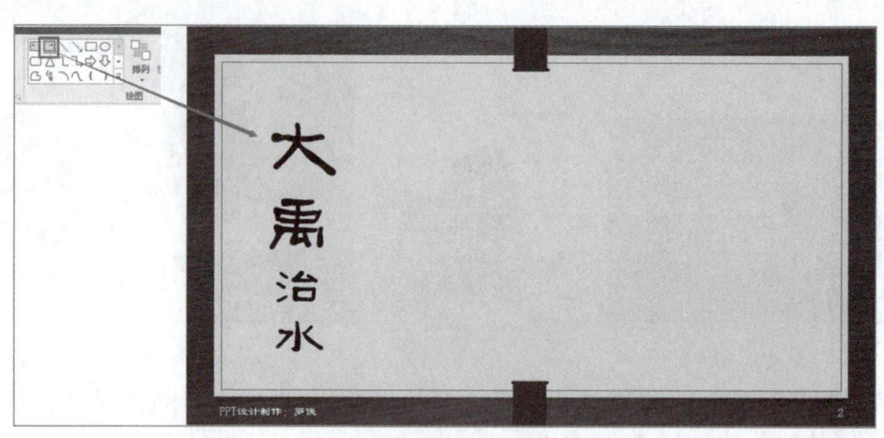

图 3-92　创建文本

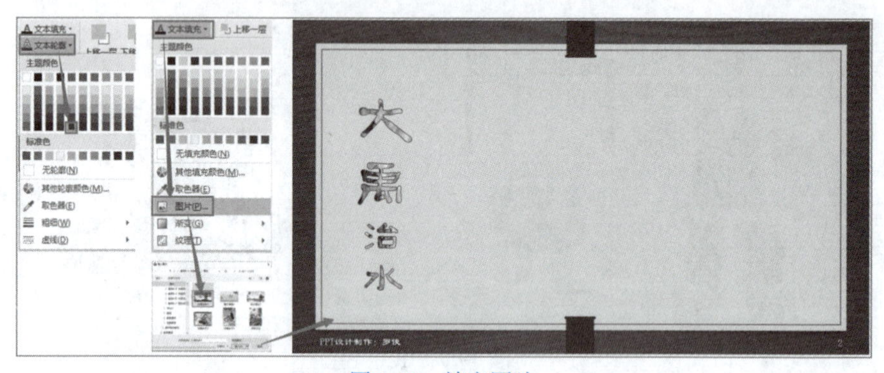

图 3-93　填充图片

（3）设置三维旋转：单击“绘图工具-格式”→“艺术字样式”→“文本效果”→“三维旋转”→“透视”中的“右透视”（第1行右起第2个），如图3-94所示。

（4）设置“棱台”效果：单击“绘图工具-格式”→“艺术字样式”→“文本效果”→“棱台”→“三维选项”，打开“设置形状格式”任务窗格，将“深度”设置为25磅，“深度”和“曲面图”的颜色均设置为文本轮廓一致的颜色，如图3-95所示。

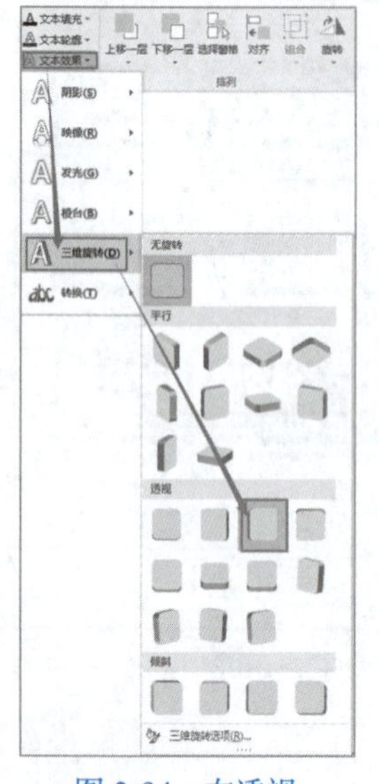
图 3-94　右透视

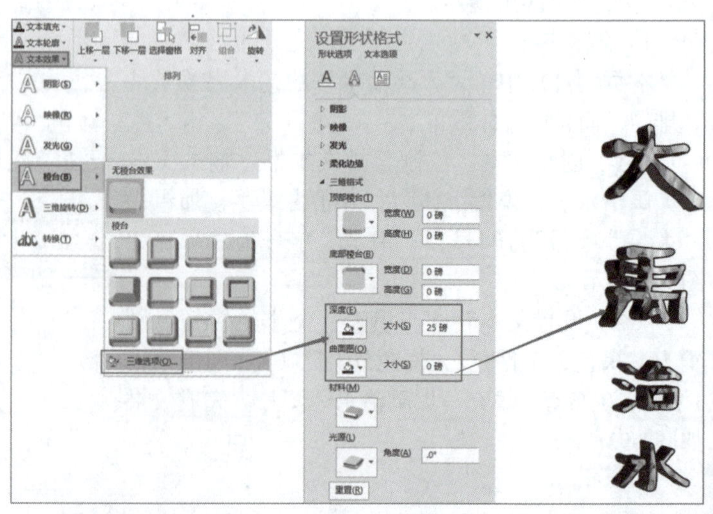

图 3-95　艺术字完成效果

3）图片

第2张幻灯片中“大禹治水”的图片效果，是给原图添加了具有纹理、且带有边缘的效果，表现与经典神话故事相匹配的肌理感和厚重感。

（1）插入“大禹治水”图片，设置“棱台”效果为“硬边缘”（第3行左起第3个），单击“图片工具-格式”→“图片效果”→“棱台”→“三维选项”，打开“设置图片格式”任务窗格，修改“顶部棱台”工具组的宽度为15磅、高度为15磅，如图3-96所示。

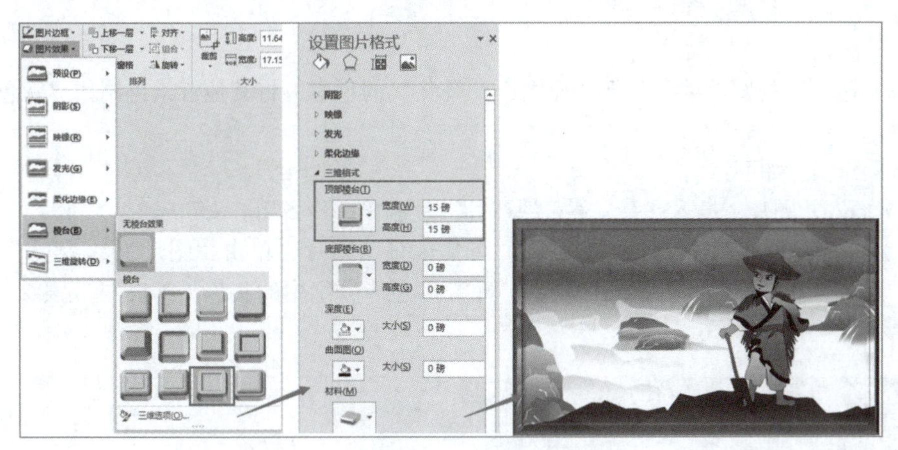

图 3-96　棱台

（2）单击“图片工具-格式”→“调整”→“艺术效果”→“纹理化”（第4行左起第2个）；单击“图片工具-格式”→“调整”→“艺术效果”→“艺术效果选项”，打开“设置图片格式”任务窗格，在“艺术效果”选区中将“缩放”参数调整为100，如图3-97所示。

图 3-97　艺术效果

第2张幻灯片“大禹治水”的完成效果如图3-98所示。

图 3-98　第 2 张幻灯片完成效果

3．第 3 张幻灯片：夸父逐日

第3页幻灯片的主题是“夸父逐日”，艺术字设计的出发点是将静态的文字做出动感，图片的设计效果是将“夸父”形象作为主体突显出来。

1）新建幻灯片

新建“空白”版式幻灯片。

2）图片

“夸父逐日”的图片效果是保留原图中“夸父”的色彩，将其他背景色制作成灰色，突出主体人物。

具体操作步骤如下：

（1）插入并图片：插入“夸父逐日”图片，复制出一份备用。

（2）重新着色：双击下层的那一张“夸父逐日”图片，单击“图片工具-格式”→“调整”→“颜色”按钮，在下拉面板中选择“重新着色”分组中的灰色（第1排左起第2个），如图3-99所示。

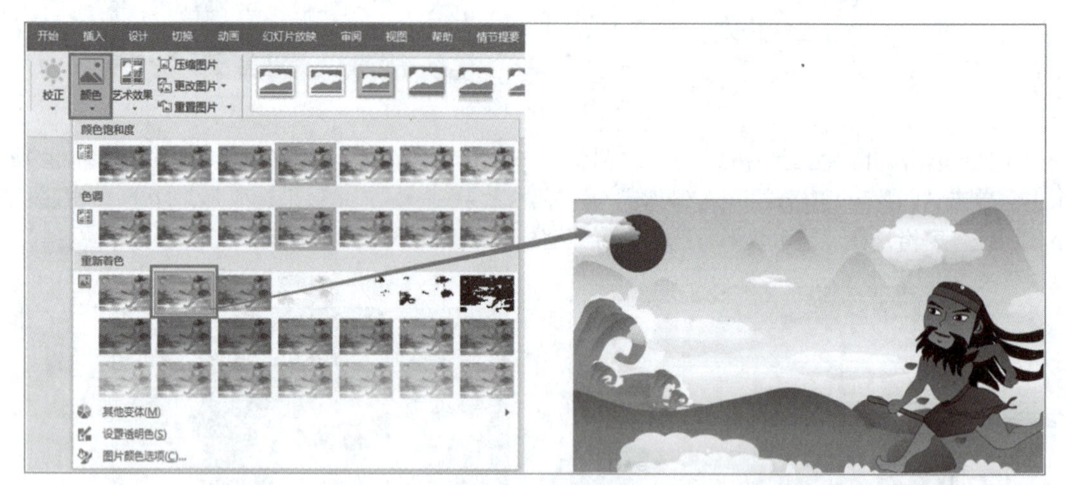

图 3-99　修订图片颜色

（3）删除背景：对复制出的那张“夸父逐日”图片执行删除背景操作。

（4）图片合成：同时选中两张图片，水平居中、垂直居中，将两张图片完全重叠。完成效果如图3-100所示。

图 3-100　背景变灰后的完成效果

3）艺术字

本页幻灯片中，艺术字“夸父逐日”是横排的，有立体效果和古朴感，并体现出一种“动态”。

具体操作步骤如下：

（1）创建文本：绘制横排文本框，输入文本“夸父逐日”，设置字体为“方正古隶”，加粗。

（2）设置文本轮廓与填充：文本轮廓为黑色、0.25磅；文本填充为“纹理”→“褐色大理石”（第3行左起第3个），如图3-101所示。

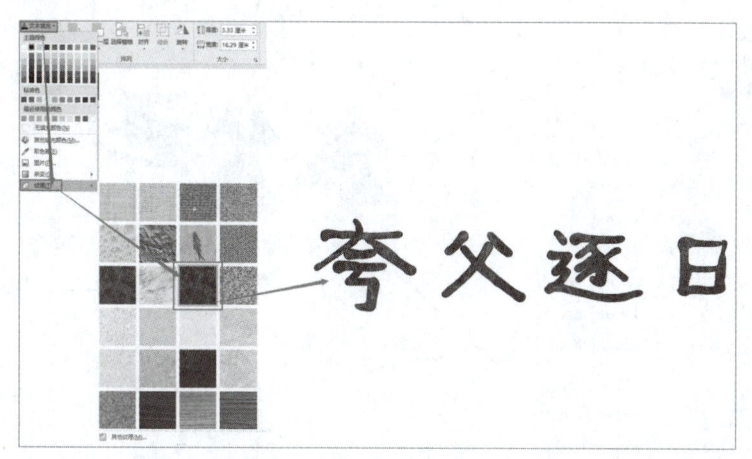

图 3-101　填充纹理

（3）设置三维旋转与棱台效果：单击“绘图工具-格式”→“艺术字样式”→“文本效果”→“三维旋转”→“透视”组中的“左透视”（第1行左起第2个）；单击“绘图工具-格式”→“艺术字样式”→“文本效果”→“棱台”→“三维选项”，打开“设置形状格式”任务窗格，“深度”值设为25磅，用取色器工具将“深度”的颜色设置为“夸父”皮肤的颜色，如图3-102所示。

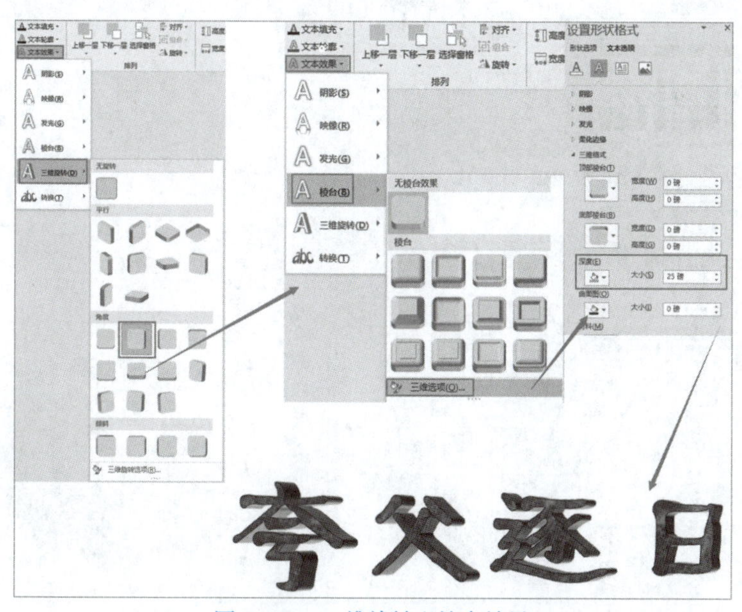

图 3-102　三维旋转和棱台效果

（4）设置文本形状：依次单击“绘图工具-格式”→“艺术字样式”→“文本效果”→“转换”→“弯曲”组中的“前近后远”（倒数第1行左起第3个）。此时文字进入变形状态，在文字的右边线上出现了一个黄色的圆形“变形”编辑按钮，此按钮的功能是编辑文本的“变形程度”。本案例中，用鼠标左键向上拖动“变形”按钮，将文本的“前近后远”变形程度拖动到最大。完成效果如图3-103所示。

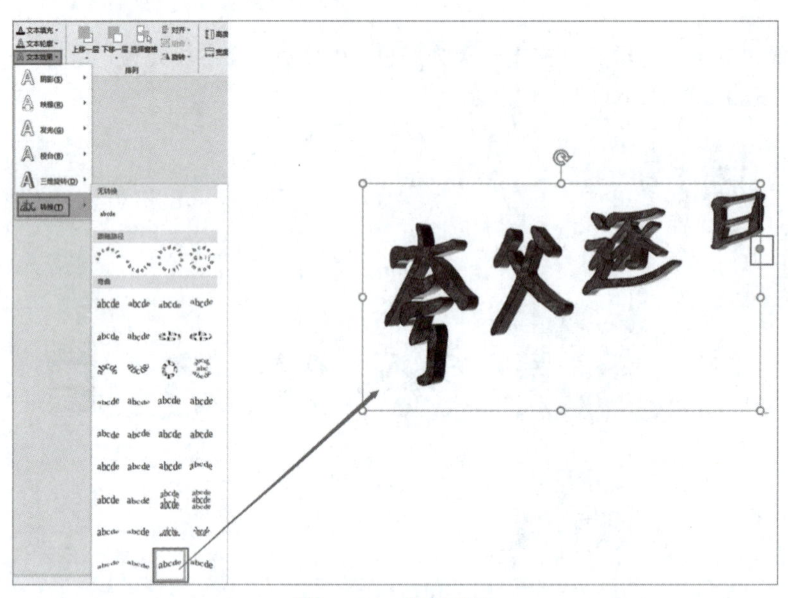

图 3-103　前近后远

4）透明质感的“白云”

本案例中，需要在“夸父逐日”艺术字的周边放置有透明质感的白云。

（1）绘制“白云”：使用“形状”中“云形”形状，绘制出一个云形的基本形状，无轮廓色，填充白色，“渐变”为“线性向上”（第3行左起第2个），如图3-104所示。

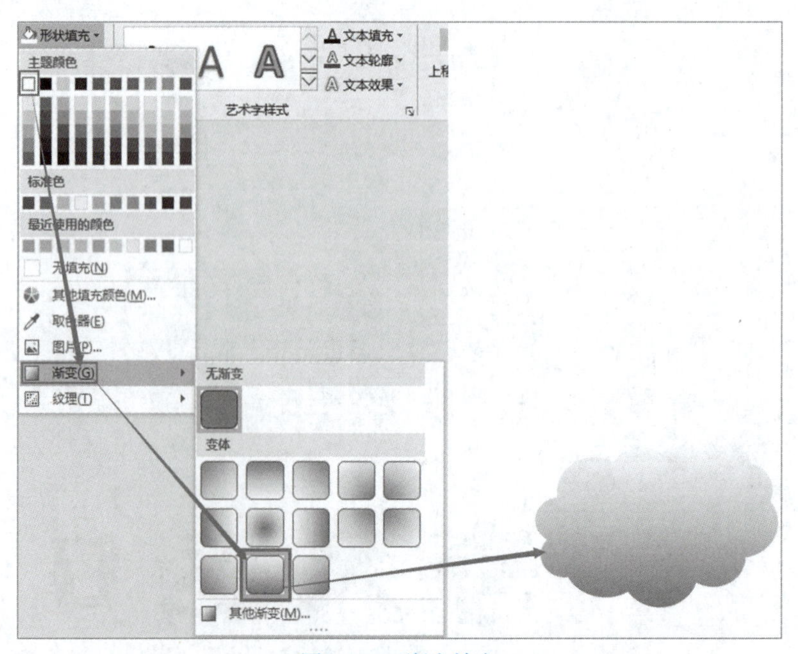

图 3-104　渐变填充

（2）透明质感的白云：将“渐变光圈”中间的“光圈”按钮选中，单击右侧的“删除渐变光圈”按钮，删除光圈；选中右侧光圈，将“透明度”设置为83%左右；选中左侧光圈，填充为白色，将“透明度”设置为20%左右，如图3-105所示。

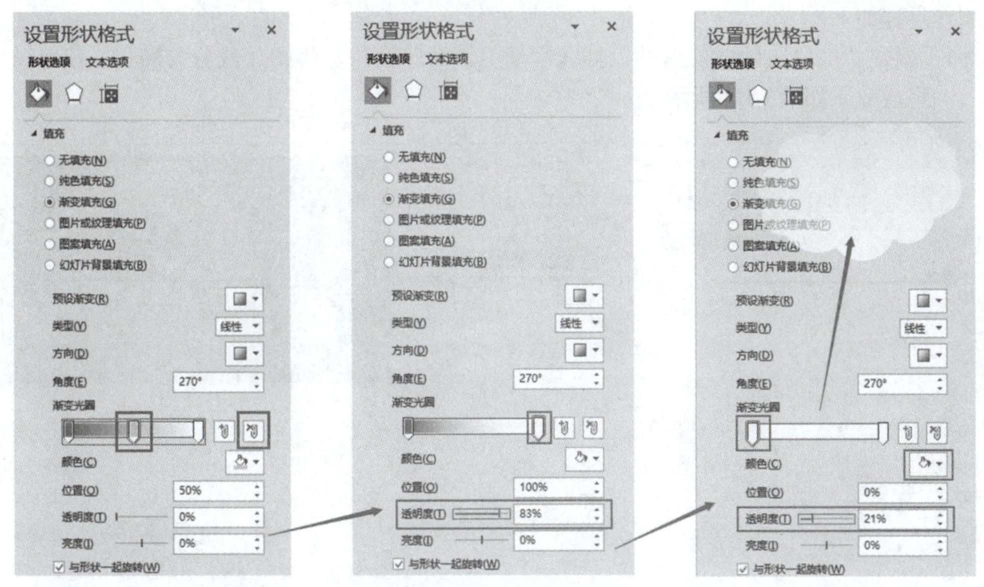

图 3-105　透明质感的白云

温馨提示　此处将透明质感的白云置于灰色图片上，就是为了反衬显示出白云的质感与效果。

（3）边缘柔软的白云：选择单击“形状效果”→“柔化边缘”→“柔化边缘变体”中的“5磅”（第1行右起第1个），如图3-106所示。

温馨提示　柔化边缘变体的数值需要根据形状或者图片的大小，结合实际效果需要进行适当设置。

将完成好的“白云”复制多份，摆放在“夸父逐日”艺术字周边，结合艺术字的特效，使静态的艺术字呈现出“追云逐风”的动感。第3张幻灯片“夸父逐日”的效果如图3-107所示。

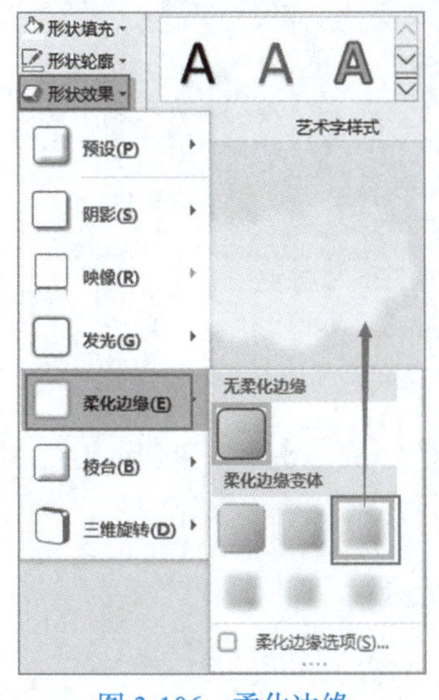

图 3-106　柔化边缘

图 3-107　第 3 张幻灯片完成效果

4．第 4 张幻灯片：精卫填海

第4张幻灯片的主题是“精卫填海”，用到方圆结合（幻灯片的“方”+图片的“圆”）的方式来体现传统的美感，同时，圆形还有聚焦的作用。

制作过程如下：

（1）新建“空白”版式幻灯片，插入“精卫填海”图片。将图片裁剪为椭圆，裁剪纵横比为1：1。完成效果如图3-108所示。

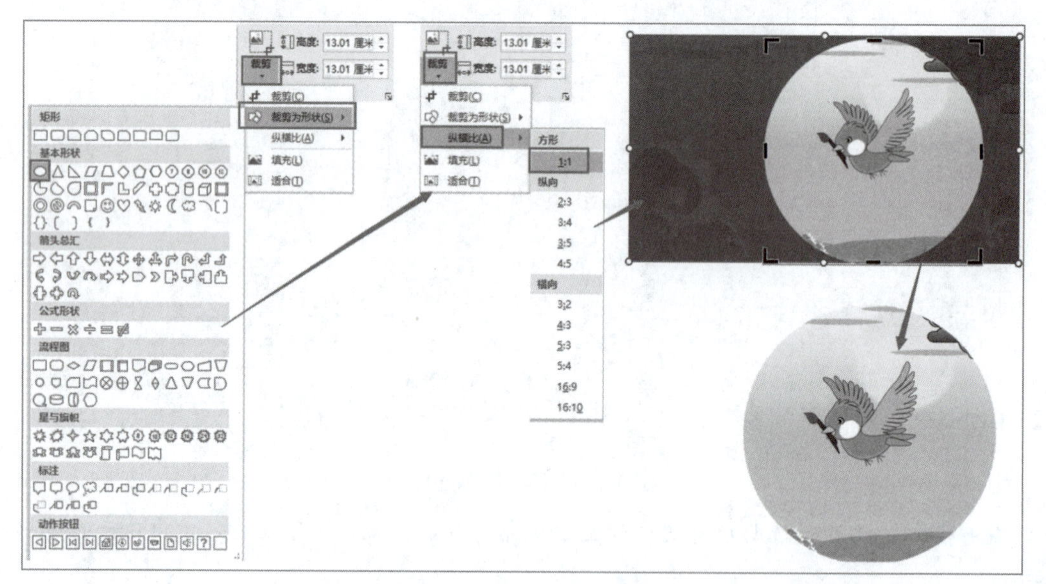

图 3-108　裁剪图片为椭圆

（2）双击图片，单击“图片工具-格式”→“图片样式”→“图片效果”→“阴影”→“内部”中的“中部居中”（第2行左起第2个）；选择“阴影选项”命令，打开“设置图片格式”任务窗格，将“模糊”参数调整为30磅，是一种从圆形窗口看出去的视觉效果，如图3-109所示。

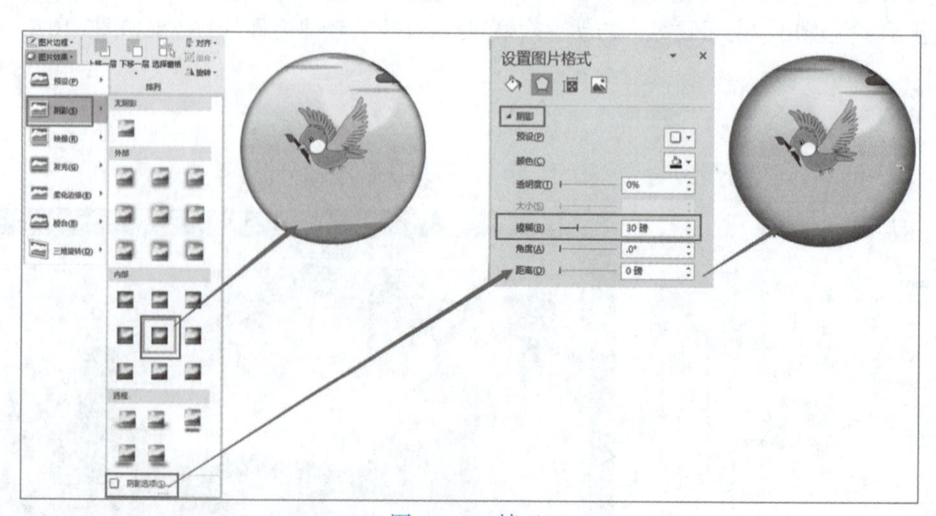

图 3-109　精卫

（3）制作左下角海浪：使用删除背景功能，得到海浪图片，如图3-110所示。

（4）制作右上角祥云：使用删除背景功能，得到祥云图片，如图3-111所示。

图 3-110　海浪

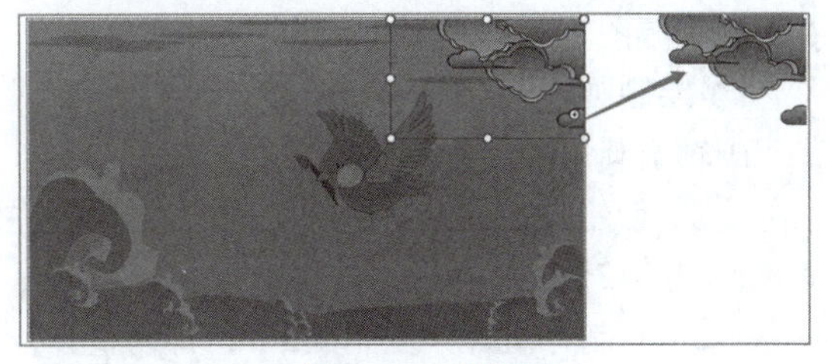

图 3-111　祥云

（5）制作艺术字“精卫填海”，结合“海”的主题设置了倒影效果。

绘制文本框“精卫填海”，设置为方正古隶字体、加粗、94号字，添加阴影。

① 文本轮廓：使用“取色器”取精卫鸟翅膀上的颜色为文本轮廓颜色。

② 文本填充：为文本填充“精卫填海”图片。

③ 棱台效果：“棱台”效果为“角度”（第2行左起第1个）。

④ 映像效果：“映像”效果为“半映像接触”（第1行左起第2个）。

完成效果如图3-112所示。

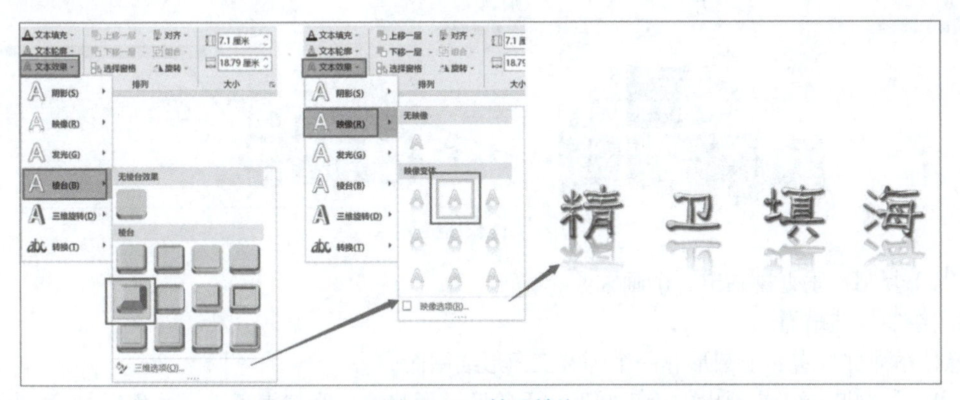

图 3-112　精卫填海

第4张幻灯片“精卫填海”完成效果如图3-113所示。

图 3-113　第 4 张幻灯片完成效果

5．第 5 张幻灯片：女娲补天

第5张幻灯片基于“空白”版式幻灯片制作，主题是“女娲补天”，图片制作成了一幅画轴挂在版面中，文本则制作成了与“女娲补天”这幅画相呼应的凌空飘飞的动态效果。

这个画幅的制作由如下几个部分组成：椭圆、等腰三角形、圆角矩形、矩形，加上“女娲补天”这幅图。

1）绘制画轴

画轴由圆角矩形绘制而成。

（1）创建：绘制出一个圆角矩形（第1行左起第2个），无轮廓，“纹理”为“胡桃”（最后1行左起第2个）。

（2）复制并组合：复制出3个，排列整齐，组合成一个整体。

（3）棱台：“棱台”效果为“圆形”（第1行左起第1个），如图3-114所示。

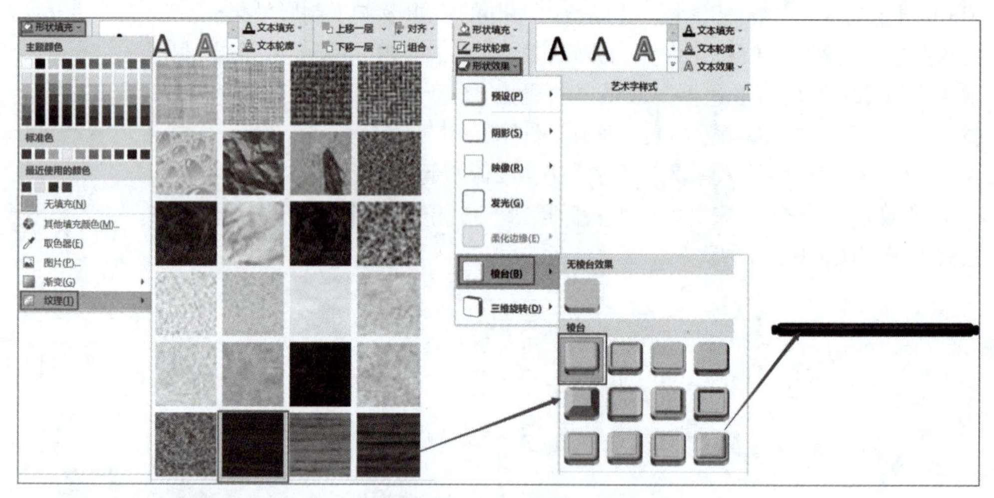

图 3-114　画轴

（4）复制：垂直复制出一个画轴。

2）绘制悬挂吊绳

悬挂吊绳部分由一个圆形和一个等腰三角形绘制而成。

（1）绘制圆形：绘制出一个正圆形，无轮廓，形状填充为“褐色，个性色1”（第1行左起第5个），棱台效果为“凸圆形”（第3行右起第1个），如图3-115所示。

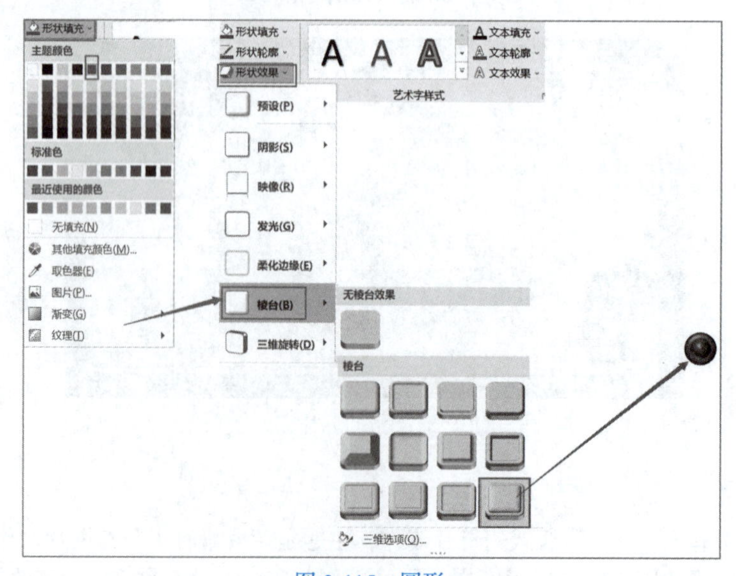

图 3-115　圆形

（2）绘制等腰三角形：绘制等腰三角形（第1行左起第4个），轮廓为“褐色，个性色1”（第1行左起第5个），无填充，棱台效果为“圆形”（第1行左起第1个）。

（3）排列：将圆形和等腰三角形排列好位置和层次，组合在一起，效果如图3-116所示。

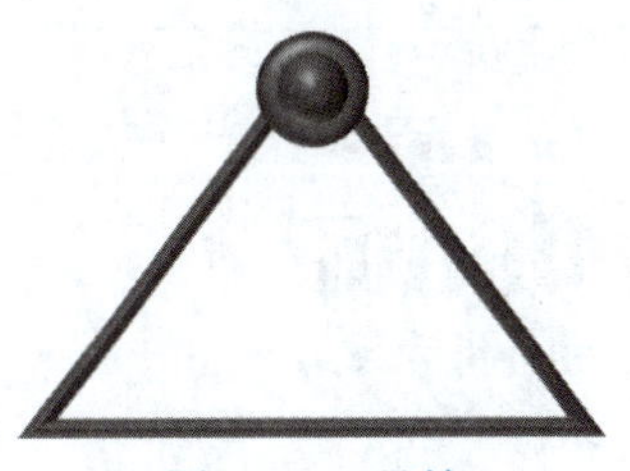

图 3-116 悬挂

3）绘制画布

（1）绘制：绘制出一个矩形。

（2）设置格式：单击“绘图工具-格式”→“形状样式”→“其他”按钮，在弹出的下拉面板中选择“强调效果-褐色，强调颜色1”（第6行左起第2个）。效果如图3-117所示。

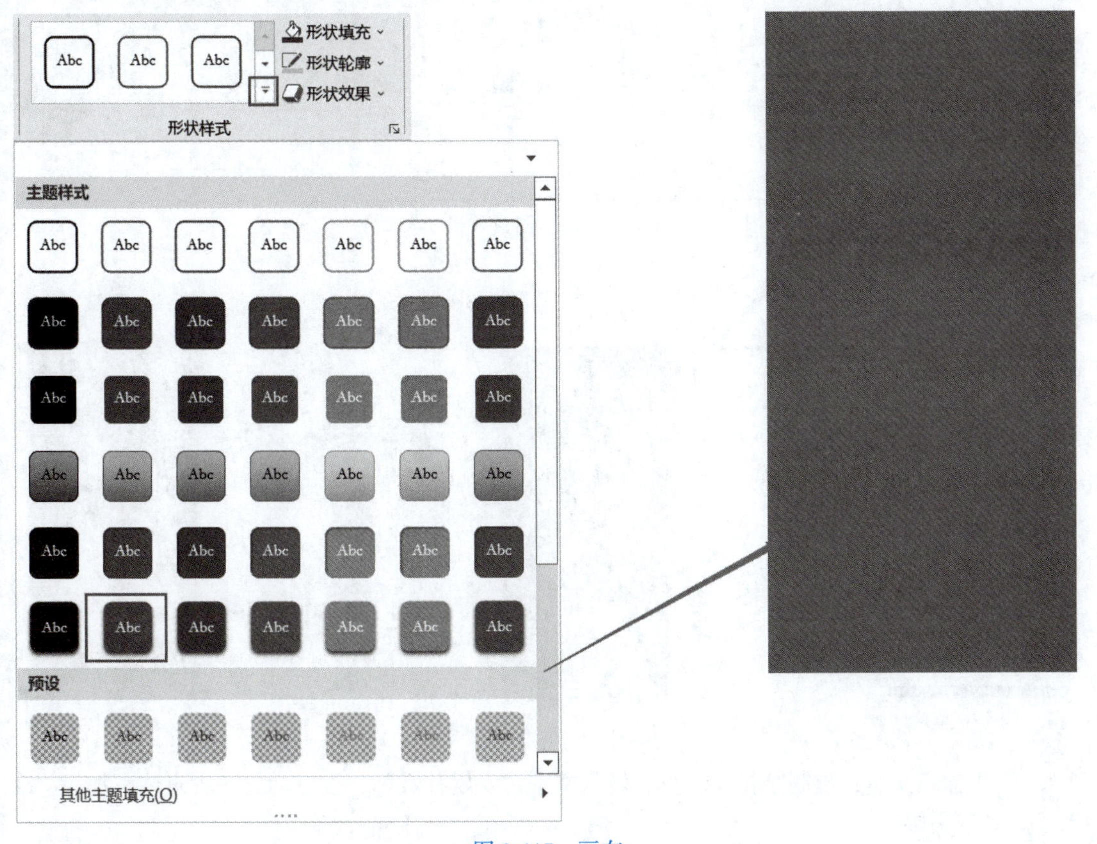

图 3-117 画布

4）插入图片

（1）插入图片：插入“女娲补天”图片，图片边框为“白色，背景1，深色15%”（第1列上起第3个），粗细为3磅。

（2）设置阴影：设置“图片效果”中的“阴影”为“外部”分组中的“偏移：中”，如图3-118所示。

5）组合

将制作好效果的画轴、悬挂、画布、图片按层叠关系和位置关系排列好后，组合成一个整体，如图3-119所示。

6）插入艺术字

本案例中的文本制作成了与“女娲补天”这幅画相呼应的凌空飘飞的动态效果。

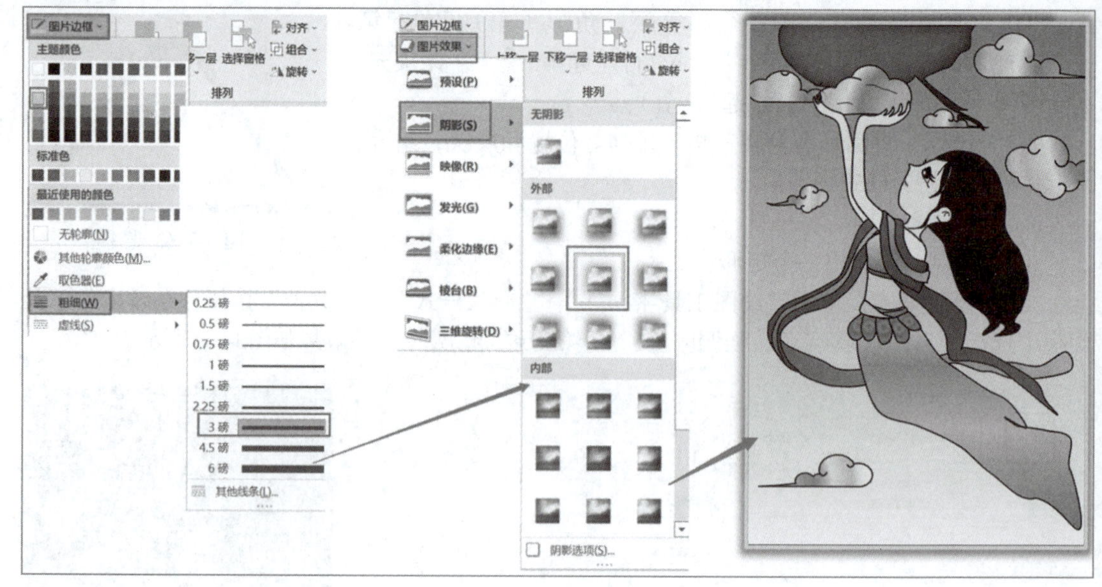

图 3-118　图片效果

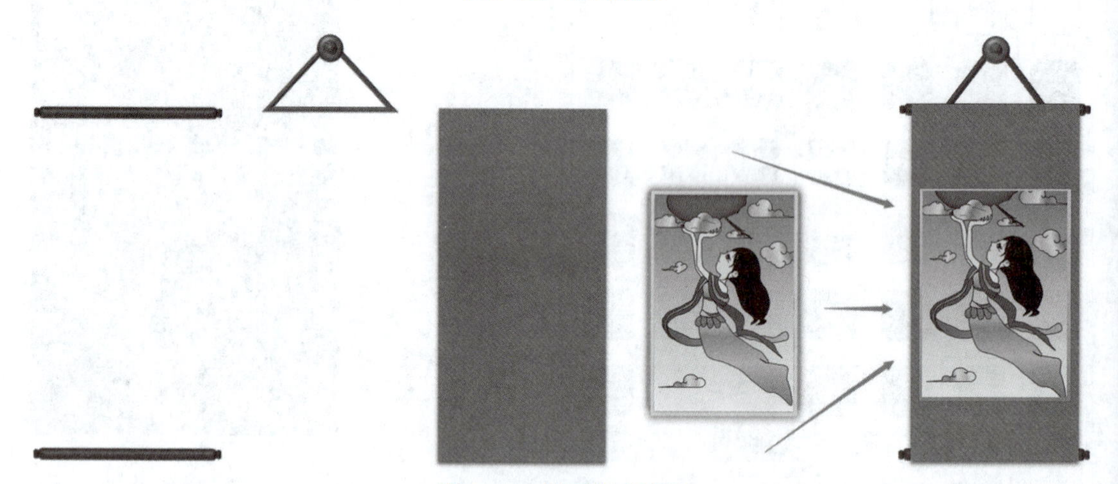

图 3-119　挂画完成效果

（1）插入文本：绘制竖排文本框，输入文本“女娲补天”，设置为方正古隶体、加粗、80号字，添加阴影。

（2）设置文本轮廓和文本填充：文本轮廓色为“褐色，个性色1，深色50%”（第5列倒数第1个），0.25磅；填充“女娲补天”图片。

（3）剪除：绘制一个矩形，同时选中艺术字“女娲补天”和“矩形”，单击“剪除”按钮，艺术字“女娲补天”进入形状可编辑状态，如图3-120所示。

温馨提示　在PowerPoint 2016版中，“剪除”“拆分”“结合”“相交”“组合”这一组图形编辑工具，不仅能编辑图形，对文字也可以编辑。执行上面的“剪除”操作后，艺术字已经从“字”变成了“形状”，这从弹出的“绘图工具-格式”选项卡可看出来。

（4）进入顶点编辑：在“女娲补天”形状上右击，在弹出的快捷菜单中选择“编辑顶点”命令，进入顶点编辑状态。可以看到，每一个转角的地方，都出现了一个编辑点，如图3-121所示。

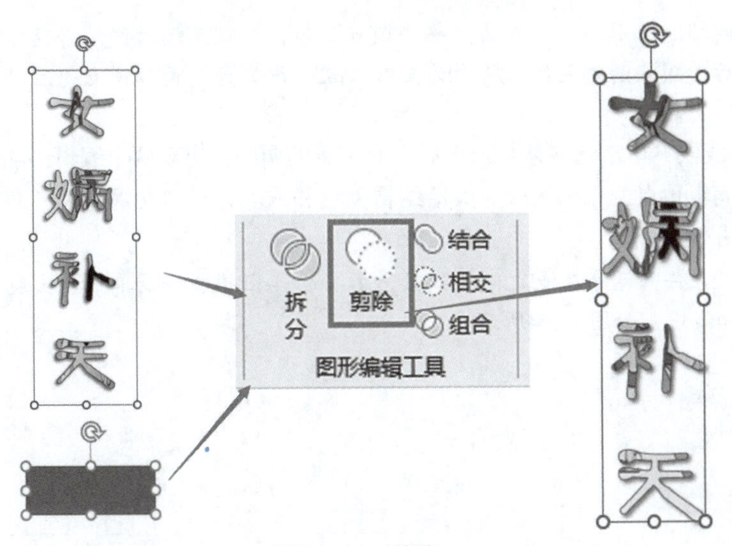

图 3-120　剪除

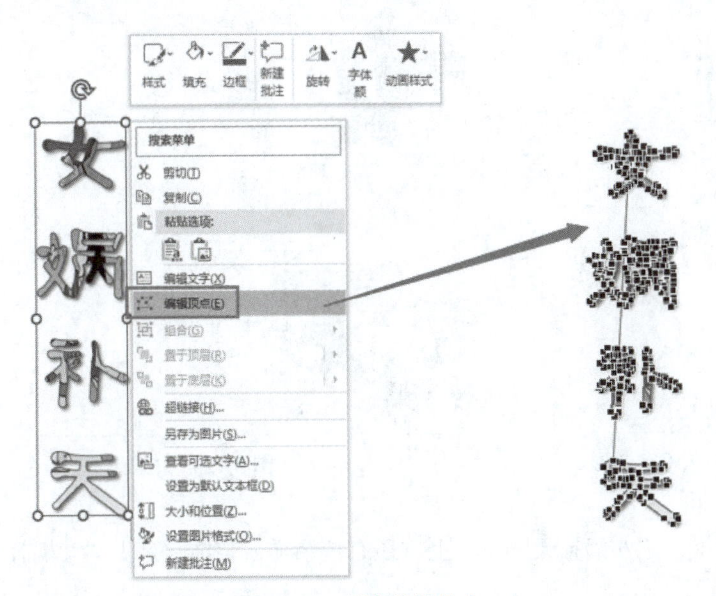

图 3-121　顶点编辑状态

（5）编辑顶点：使用鼠标左键按下并拖动的方式，将顶点拖动到合适的位置，如图3-122所示。

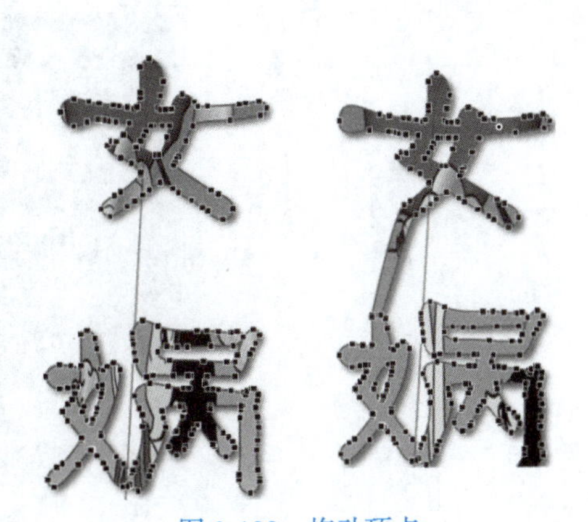

图 3-122　拖动顶点

温馨提示　用鼠标左键在需要添加顶点的地方拖动一下即可添加一个顶点，或者在需要添加顶点的地方右击，在弹出的快捷菜单中选择“添加顶点”命令。删除顶点的方法有两种，一种是将鼠标移动到需要删除的顶点上，左手无名指按住【Ctrl】键，鼠标指针变成黑色“×”形态，在此形态下，单击鼠标左键即可删除该顶点；另外一种是在需要删除的顶点上右击，在弹出的快捷菜单中选择“删除顶点”命令即可。通过快捷菜单，还可以设置顶点和两端线段形态，设置为“平滑顶点”后，顶点两端的线段将变为圆润效果；设置为“直线点”后，顶点两端的线段将变为直线效果；设置为“角部顶点”后，顶点两端的线段将变为带角度的效果。

（6）编辑线段：单击选中某个顶点后，此顶点的两侧会出现两个编辑小触手，拖动这两个小触手就可以编辑顶点两端的线段。灵活编辑顶点和线段，将“女娲补天”文本编辑成如同飞天的形态，如图3-123所示。

温馨提示　在任意两个顶点之间的线段上右击，弹出的快捷菜单中会出现不同的命令，也可以编辑顶点和线段，如图3-124所示。

图 3-123　艺术字变形

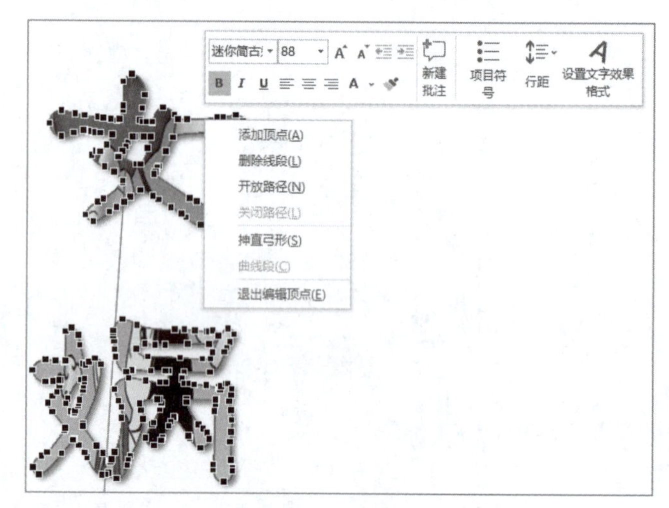

图 3-124　线段编辑

（7）祥云

本张幻灯片上，“女娲补天”文字上方还有一朵祥云装饰，是由“女娲补天”图片删除背景而成，如图3-125所示。

图 3-125　祥云

将所有组件按照设计的位置排列好，就完成了第5张幻灯片，效果如图3-126所示。

图 3-126　第 5 张幻灯片“女娲补天”

温馨提示　挂画完成后，将挂画挂在版面中间的装饰块上，视觉效果造成这幅画是挂在这个装饰块上的。

6. 第 6 张幻灯片：愚公移山

图3-127所示的“愚公移山”的画面是由不同形状编辑、制作而成。

图 3-127　形状

第6张幻灯片的具体制作过程如下：

（1）新建幻灯片

选择“标题和描述”版式（第1行左起第2个）新建幻灯片。

（2）设置背景

第6张幻灯片的背景是渐变的蓝天。

① 打开任务窗格：在第6张幻灯片上右击，通过快捷菜单打开“设置背景格式”任务窗格。

② 设置背景参数：选择“渐变填充”，类型为线性，方向为“线性向上”，“光圈1”选择白色，“光圈2”选择蓝色（标准色左起第7个，上蓝下白渐变背景），如图3-128所示。

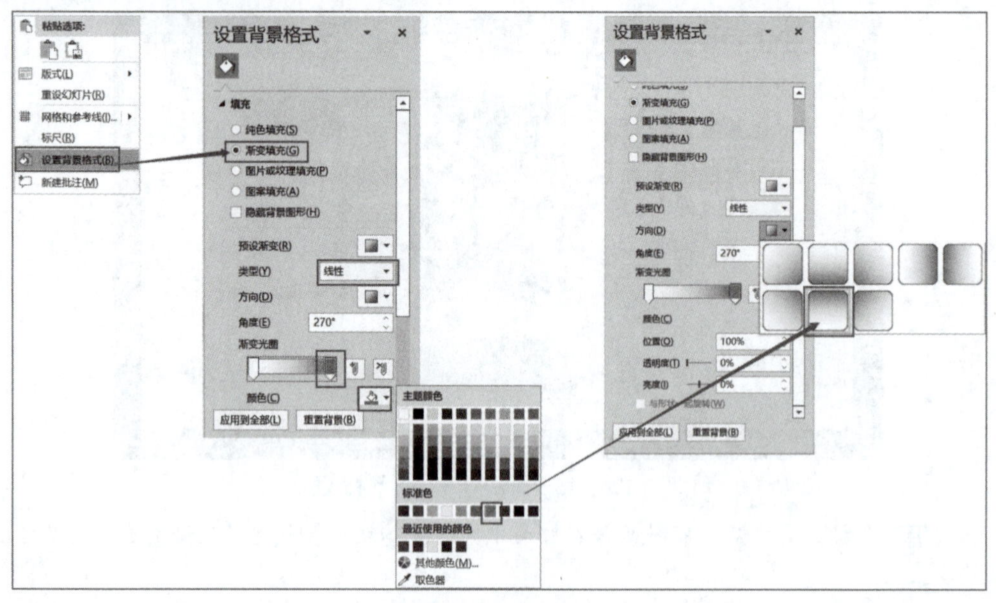

图 3-128　渐变参数

渐变蓝天背景设置完成后的效果如图3-129所示。

图 3-129　渐变蓝天背景

（3）鼠绘：太行山与王屋山

鼠绘就是操作鼠标绘制图形，并用绘制的图形组合成图像。鼠绘是PowerPoint学习中绕不开的技能技巧，熟练掌握这项技能技巧，可以让PowerPoint在手中生花。本案例中愚公要移走的太行山和王屋山就是靠鼠绘完成。

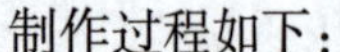

制作过程如下：

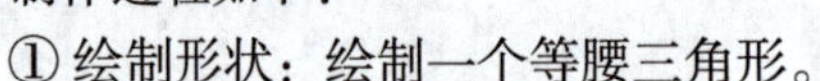

① 绘制形状：绘制一个等腰三角形。

② 进入形状顶点编辑状态：右击三角形，在弹出的快捷菜单中选择“编辑顶点”命令，进入自选图形的顶点编辑状态，用鼠标左键拖动顶点，可以自由移动其位置，单击选中顶点，会出现两个“小触手”，如图3-130所示。

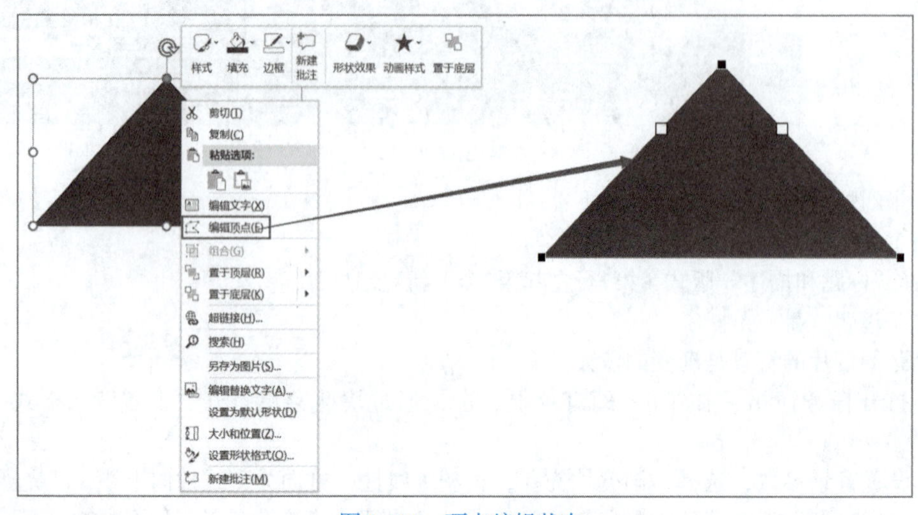

图 3-130　顶点编辑状态

③ 编辑山顶形状顶点：此处的小山顶是有弧度的，单击选中山顶的顶点（顶点的默认状态为“角部顶点”），在这个顶点上右击，在弹出的快捷菜单中选择“平滑顶点”命令，此时两个小触手会变成一条线，拖动其中一个小触手，另外那个也会一起变化，保持平滑状态，如图3-131所示。

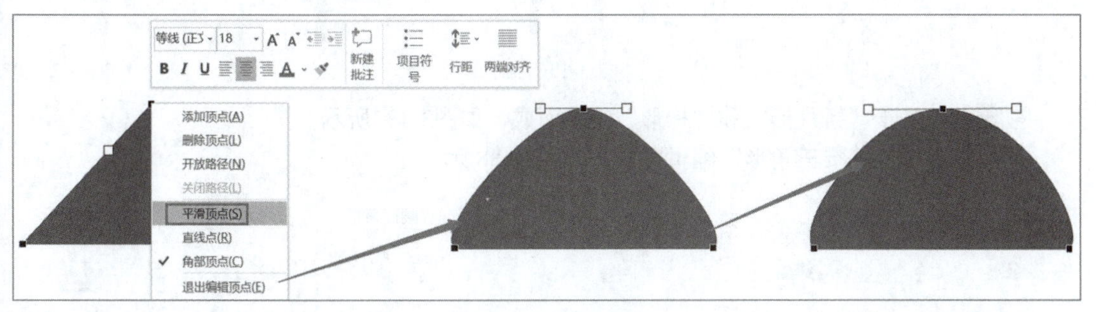

图 3-131　平滑顶点

④ 编辑山角顶点：单击左下角的顶点，将左侧的小触手向右拖动；单击右下角的顶点，将右侧的小触手向左拖动；完成顶点编辑，给小山填充颜色为“白色，文字1，背景35%”（第1列倒数第2个），无轮廓色，如图3-132所示。

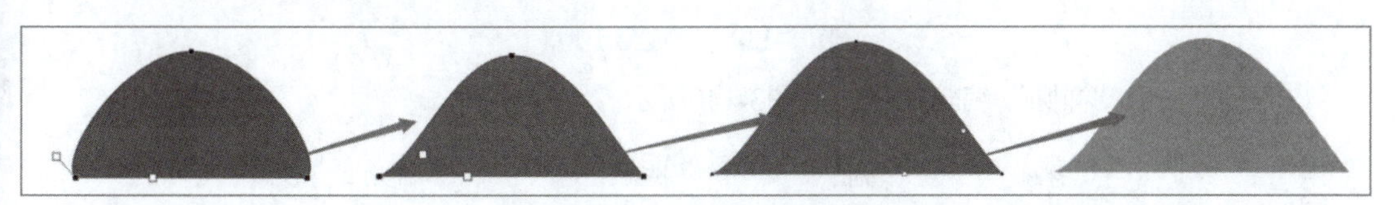
图 3-132　编辑顶点

⑤ 远山：将小山复制1座，调整至适宜的大小和填充颜色，如图3-133所示。

图 3-133　两座大山

（4）其他鼠绘

① 太阳：由“太阳形”形状编辑而成，如图3-134所示。

② 树1：基于“等腰三角形”和“圆角矩形”编辑而成，如图3-135所示。

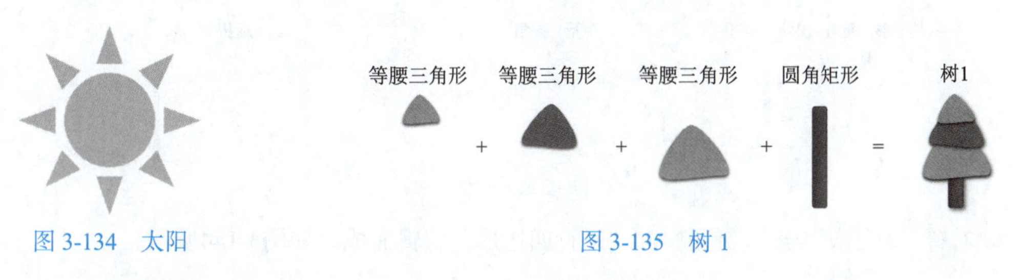

图 3-134　太阳　　图 3-135　树 1

③ 树2：基于“云形”和“圆角矩形”编辑而成，如图3-136所示。

图 3-136　树 2

④ 蘑菇：基于“新月形”和“梯形”编辑而成，如图3-137所示。
⑤ 小草：由“等腰三角形”编辑而成，如图3-138所示。

图 3-137　蘑菇　　图 3-138　小草

⑥ 草地与土地：由“矩形”编辑而成，如图3-139所示。

图 3-139　草地与土地

⑦ 石头1：由“椭圆”编辑而成，如图3-140所示。

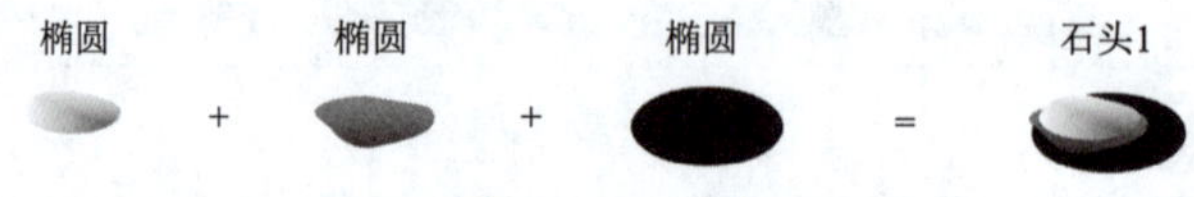

图 3-140　石头 1

⑧ 石头2：由“矩形：对角圆角”编辑而成，如图3-141所示。

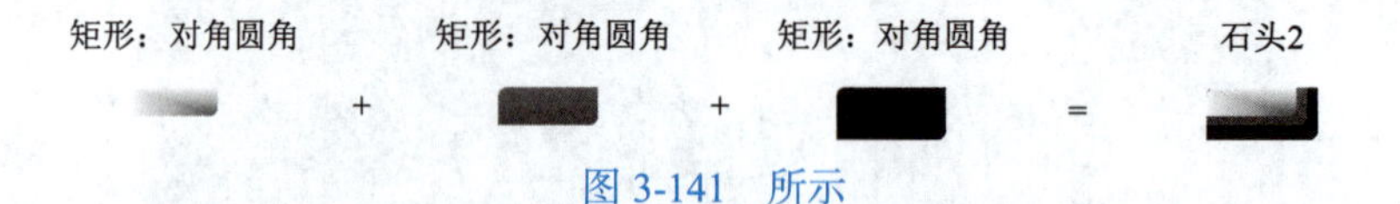

图 3-141　所示

⑨ 筐：基于“空心弧”“椭圆”“矩形：圆顶角”编辑而成，如图3-142所示。

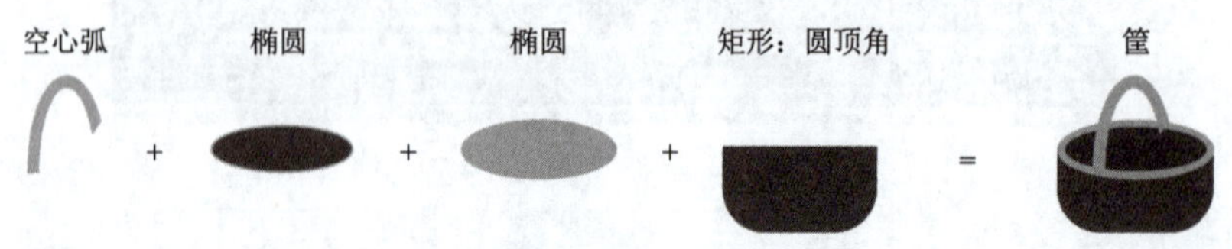

图 3-142　筐

⑩ 扁担：由“矩形：圆角”编辑而成，如图3-143所示。

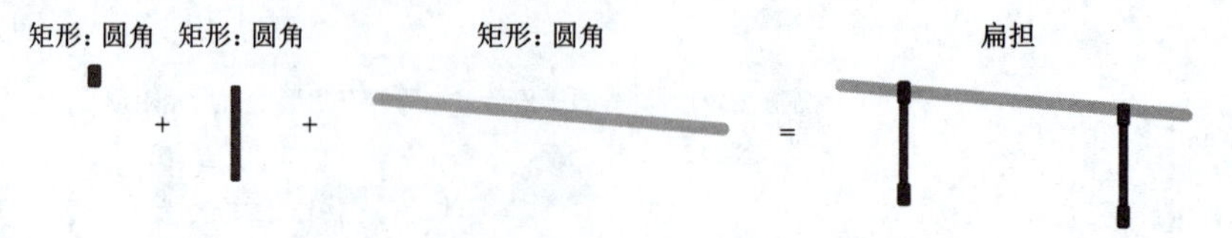

图 3-143　扁担

⑪ 右臂：基于“矩形：圆角”和“平行四边形”编辑而成，如图3-144所示。

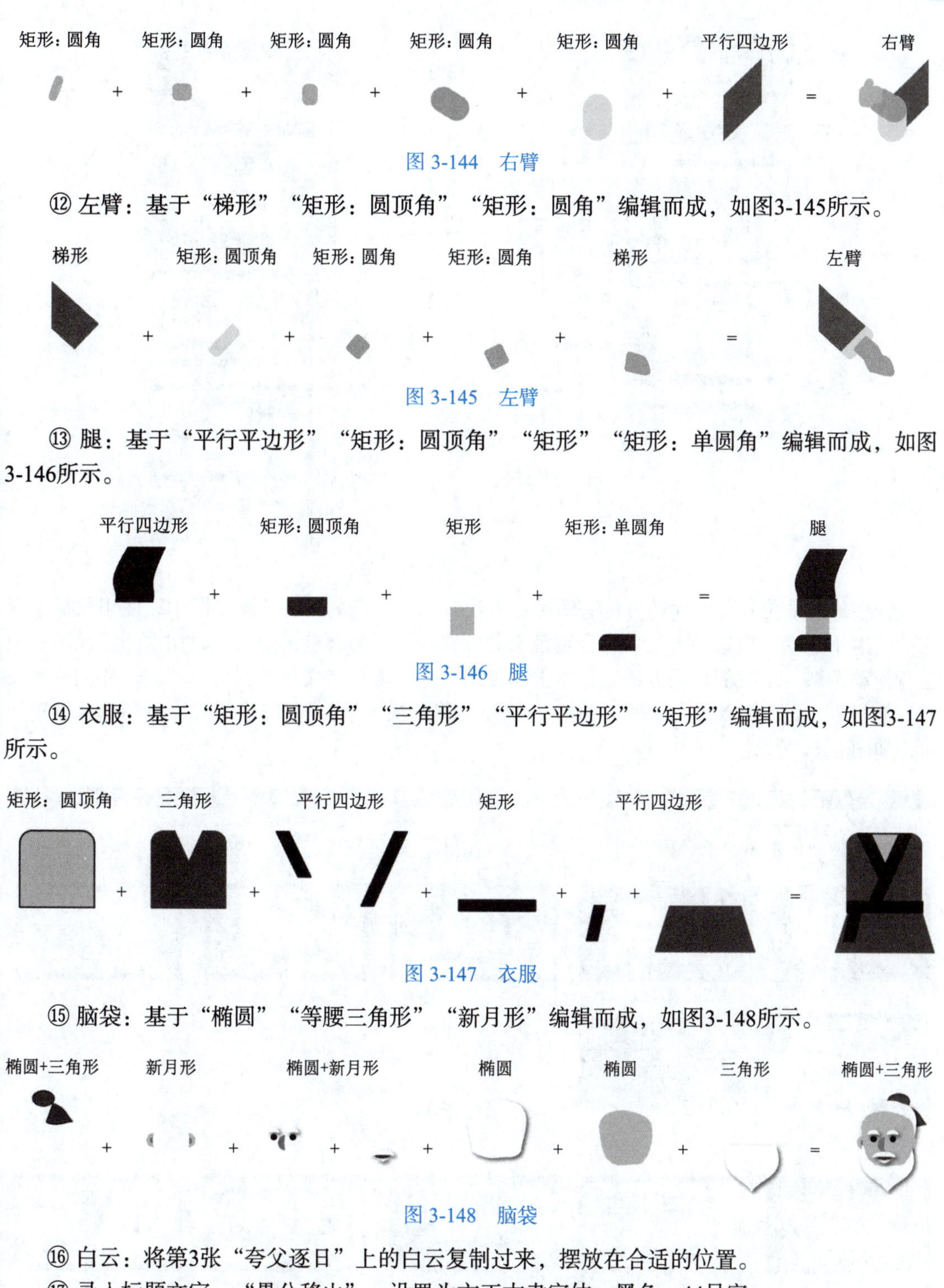

图 3-144　右臂

⑫ 左臂：基于“梯形”“矩形：圆顶角”“矩形：圆角”编辑而成，如图3-145所示。

图 3-145　左臂

⑬ 腿：基于“平行平边形”“矩形：圆顶角”“矩形”“矩形：单圆角”编辑而成，如图3-146所示。

图 3-146　腿

⑭ 衣服：基于“矩形：圆顶角”“三角形”“平行平边形”“矩形”编辑而成，如图3-147所示。

图 3-147　衣服

⑮ 脑袋：基于“椭圆”“等腰三角形”“新月形”编辑而成，如图3-148所示。

图 3-148　脑袋

⑯ 白云：将第3张“夸父逐日”上的白云复制过来，摆放在合适的位置。

⑰ 录入标题文字：“愚公移山”，设置为方正古隶字体、黑色、44号字。

将以上各个部分有序组合，完成第6张幻灯片制作，最终效果如图3-127所示。

7. 第 7 张幻灯片：结束页

第7张幻灯片与第1张幻灯片版式一致，只是文本内容不同，可以直接复制第1张幻灯片后修改，如图3-149所示。

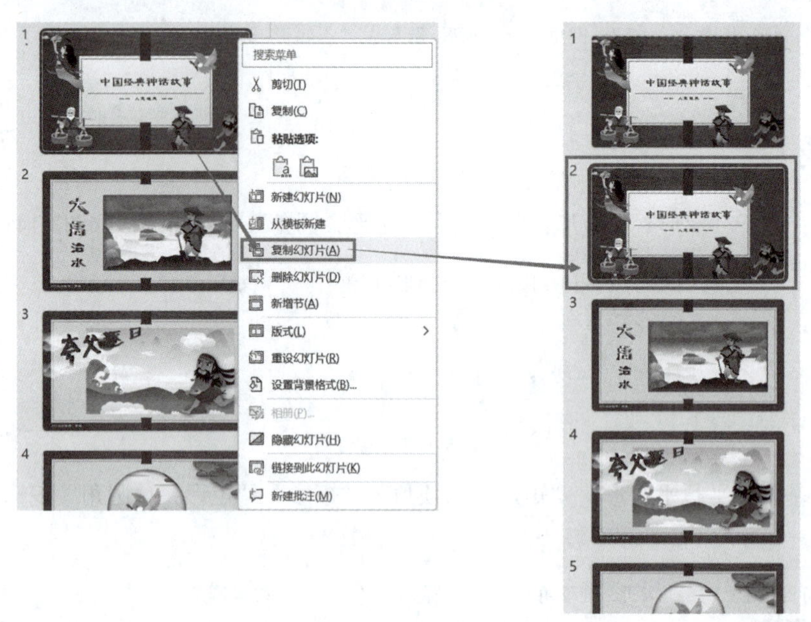

图 3-149　复制幻灯片

调整幻灯片位置与次序的方法有两种：方法一，在左侧的幻灯片缩略图中，使用鼠标左键选中后上下拖动，但这种方法只适合短距离的位置和次序的调整；方法二，在“浏览视图”中进行拖动调整。本案例采用方法二，单击“视图”→“演示者文稿视图”→“幻灯片浏览”按钮，切换到“幻灯片浏览”视图；在“幻灯片浏览”视图中，将第2张幻灯片拖到最后位置即可，如图3-150所示。

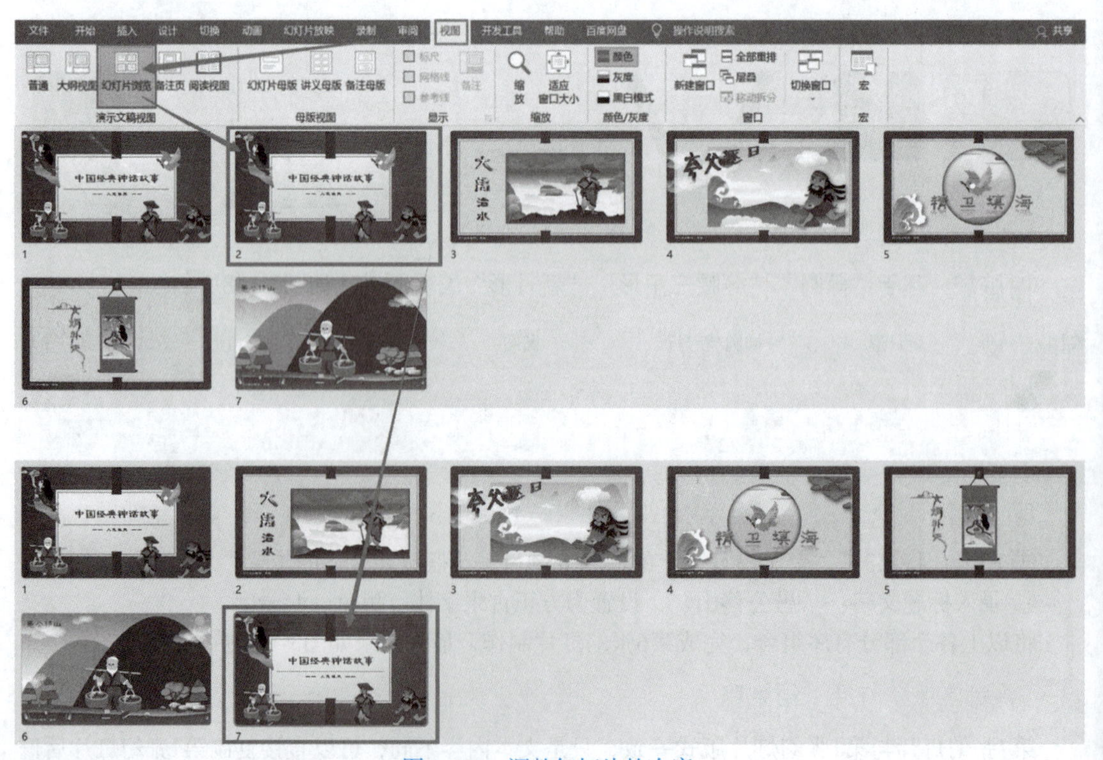

图 3-150　调整幻灯片的次序

温馨提示　PowerPoint主界面的右下角，也有“视图”切换按钮，如图3-151所示，单击“视图”按钮可以在“普通”视图和“幻灯片浏览”视图之间快速切换。

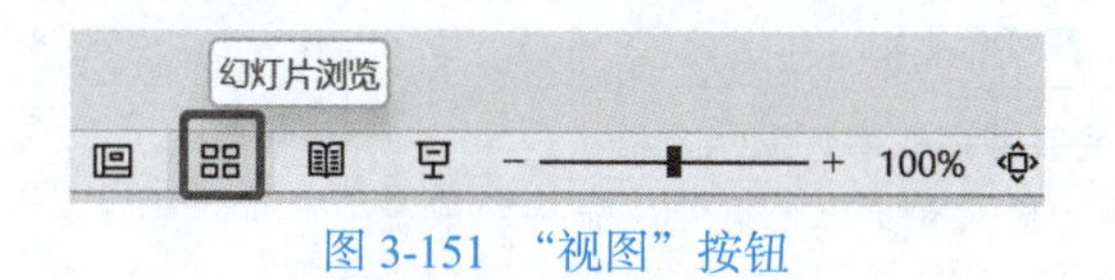

图 3-151　“视图”按钮

调整好幻灯片位次后，切换回“普通”视图，修改第7张幻灯片上的标题文本内容为“期待您的补充”，副标题文本为“二〇二二年二月”。

温馨提示　PowerPoint不能直接插入案例所示的中文日期格式，只能逐字输入，也可以在Word中插入日期并应用中文日期格式后，复制过来。

至此，案例3.2制作完成。

案例小结

本案例主要讲解了文字的创意美化、图片的创意特效编辑、形状的创意设计与编辑等技能技巧。技巧可以通过勤加练习掌握，配色和构图知识也可以通过学习而习得，最重要的其实是“创意”。这种能力，需要较高的文化素养和审美能力；要提高这种能力，需要我们广泛学习、持续学习，需要多欣赏、多积累、多思考、多实践。好的技术只是“技”，用高超的技术实现优秀的创意、表达深刻的思想，是“艺”。我们既要“技艺兼修”，更要“德艺双馨”。

笔记栏

实训 3.2 制作中国经典神话故事演示文稿

实训项目	实训记录
实训 3.2.1　制作《中国经典神话故事》演示文稿 按照案例介绍的内容、格式和步骤，制作《中国经典神话故事》演示文稿。	
实训 3.2.2　拓展实训：创意设计制作演示文稿 “一个有希望的民族不能没有英雄，一个有前途的国家不能没有先锋。”在争取民族独立、人民解放和实现国家富强、人民幸福的伟大事业中，中华民族涌现出无数英雄。请选择不少于两名英雄，综合利用文本和图形、图像等元素，创意设计制作一个演示文稿。	

学习与实训回顾

见：

请记下你认为有价值、有启发或容易遗忘的知识点，并注明知识点所在页码以便回顾。

感：

请记下你在学习了本案例并实践之后的收获和感受。

思：

本案例中的知识点可以关联到哪些你已掌握的知识内容（包含其他课程所学）？
你过去碰到的哪些任务、困难，可以用本案例中的知识点去完成、优化、解决？

行：

你对本案例的设计和制作是否有改进建议？
今后的学习和工作中，哪些情境可以用到本案例所学内容？

案例 3.3 中国传统佳节

知识目标

◎掌握页面排版原则：亲密性、对齐、对比、重复。

◎理解演示文稿分节。

技能目标

◎应用四大排版原则进行页面的图文混排。

◎分节管理 PowerPoint 演示文稿。

素质目标

◎认识到中国传统节日是中国文化的重要组成部分，蕴含深邃丰厚的历史文化内涵。

◎了解传统节日仪式与封建迷信的区别。

◎坚定文化自信。

完成图3-152所示的演示文稿《中国传统佳节》。

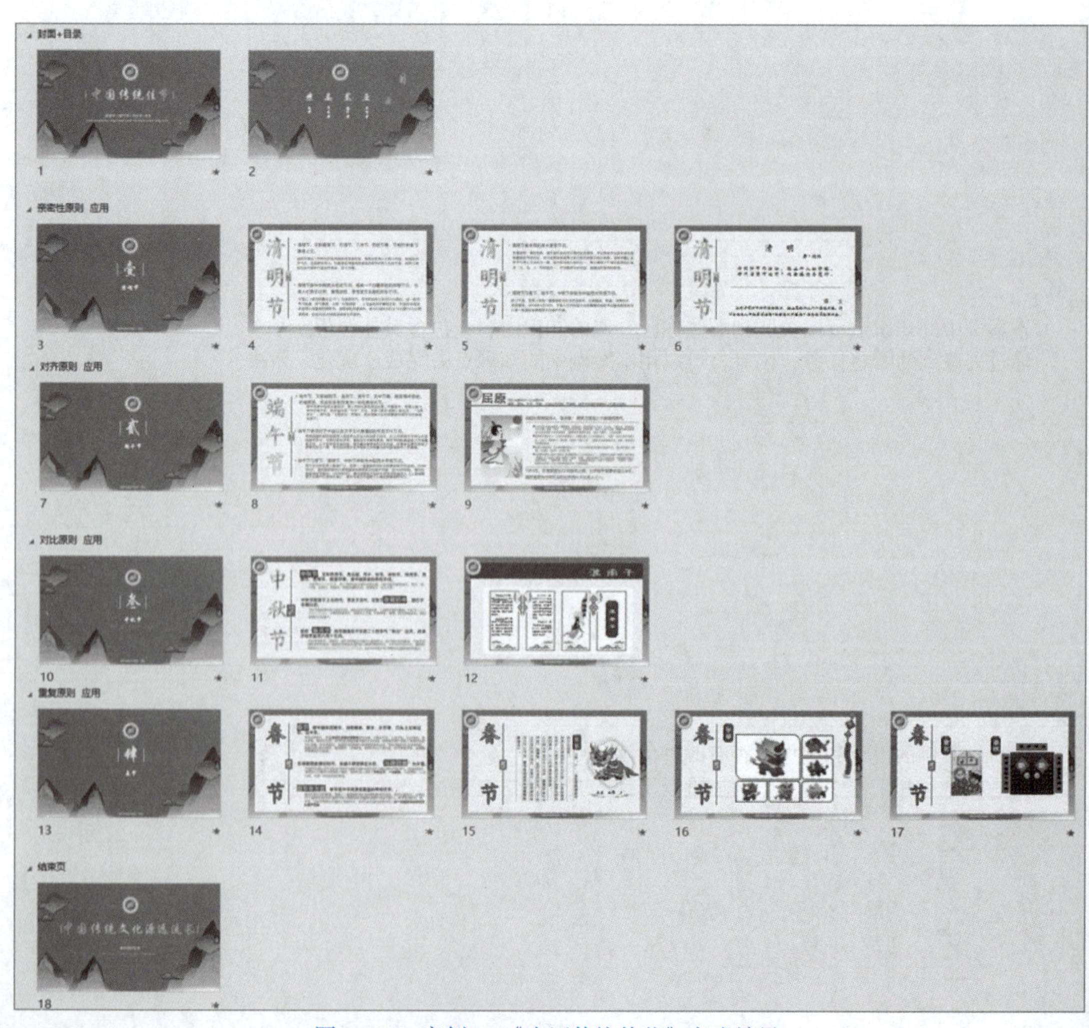

图 3-152　案例 3.3《中国传统佳节》完成效果

很多演示文稿设计者和制作者没有版面设计意识。如图3-153所示的演示文稿页面，密密麻麻的全是文字，没有任何辅助理解的页面元素，也没有突出重点，观众在观看这样的演示文稿时，注意力主要集中在页面内容理解上，既会感觉吃力，也会忽略主讲人的讲解声音。所以，这种演示文稿表面上增加了信息量，但观众实际接受并理解的信息量反而会减少。

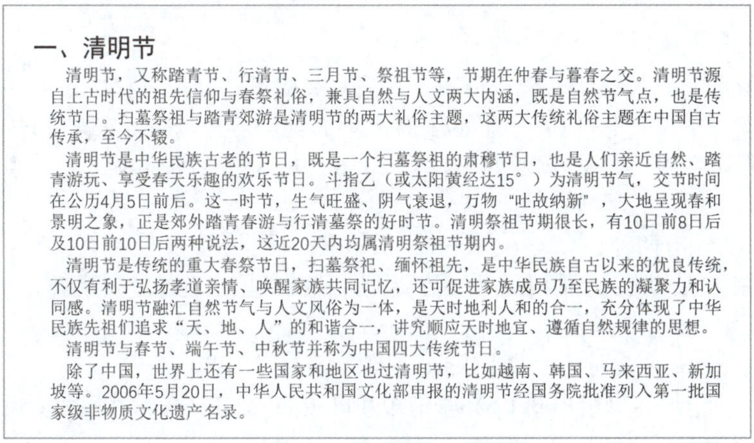

一、清明节

清明节，又称踏青节、行清节、三月节、祭祖节等，节期在仲春与暮春之交。清明节源自上古时代的祖先信仰与春祭礼俗，兼具自然与人文两大内涵，既是自然节气点，也是传统节日。扫墓祭祖与踏青郊游是清明节的两大礼俗主题，这两大传统礼俗主题在中国自古传承，至今不辍。

清明节是中华民族古老的节日，既是一个扫墓祭祖的肃穆节日，也是人们亲近自然、踏青游玩、享受春天乐趣的欢乐节日。斗指乙（或太阳黄经达15°）为清明节气，交节时间在公历4月5日前后。这一时节，生气旺盛、阴气衰退，万物“吐故纳新”，大地呈现春和景明之象，正是郊外踏青春游与行清墓祭的好时节。清明祭祖节期很长，有10日前8日后及10日前10日后两种说法，这近20天内均属清明祭祖节期内。

清明节是传统的重大春祭节日，扫墓祭祀、缅怀祖先，是中华民族自古以来的优良传统，不仅有利于弘扬孝道亲情、唤醒家族共同记忆，还可促进家族成员乃至民族的凝聚力和认同感。清明节融汇自然节气与人文风俗为一体，是天时地利人和的合一，充分体现了中华民族先祖们追求“天、地、人”的和谐合一，讲究顺应天时地宜、遵循自然规律的思想。

清明节与春节、端午节、中秋节并称为中国四大传统节日。

除了中国，世界上还有一些国家和地区也过清明节，比如越南、韩国、马来西亚、新加坡等。2006年5月20日，中华人民共和国文化部申报的清明节经国务院批准列入第一批国家级非物质文化遗产名录。

图 3-153　全文本演示文稿页面

温馨提示　幻灯片页面上的文字、文本框、图片、图形、音频、视频、按钮等内容，我们统称为页面内容元素，也称为页面对象，简称“元素”或“对象”。

图3-154所示的页面，也是我们经常见到的一种演示文稿页面。这个页面相对图3-153来说，配上了装饰图片，但背景图片和前景文字互相干扰，观众根本就没有办法看清楚页面内容。

图 3-154　整图背景演示文稿页面

我们要认识到演示文稿并不是一节课、一场报告、一次演讲的中心，主讲人才是中心，演示文稿只是吸引观众、突出重点、辅助表达和理解的工具，而不是目的。因此我们必须对演示文稿页面进行精心设计，让它既能辅助表达，又不喧宾夺主。

本案例主要讲解PowerPoint页面的排版与美化技巧，这也是演示文稿设计制作人员必须掌握的基础技能。

演示文稿的页面排版主要包括两个方面的内容：一是信息的组织；二是页面的美化。通常是指在不删减页面核心信息的前提下，对文字、图片、图表等内容元素进行编排，使内容更清晰、层次更分明、重点更突出、页面更美观。

设计大师Robin Williams在《写给大家看的设计书》一书中，将版面设计的要求提炼为四个基本原则“亲密性、对齐、对比、重复”，将这四个原则应用到演示文稿页面排版设计中，可以对演示文稿的版面进行快速有效的设计或改造。

3.3.1 制作母版

1．删除多余母版

每个新建演示文稿都默认有12张母版，在演示文稿设计制作过程中，可以根据需要一边设计母版一边删除不需要的母版，也可以在需要时新增幻灯片母版。本案例只需要用到5张母版（包括基础母版在内），可以删除第3、4、5、6、9、10、11张母版，留下第1、2、7、8、12张。

删除母版的方法有两种：

方法一：在第3张幻灯片母版上右击，在弹出的快捷菜单中选择“删除版式”命令即可，如图3-155所示。

方法二：选中不需要的母版，按【Delete】键删除。

删除完成后，幻灯片母版中剩下的5张幻灯片母版如图3-156所示。后面所说的母版编号，也以图3-156显示的幻灯片母版顺序为准。

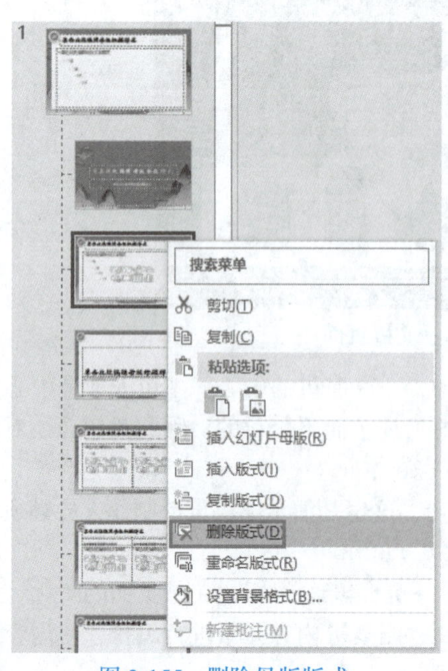

图 3-155　删除母版版式

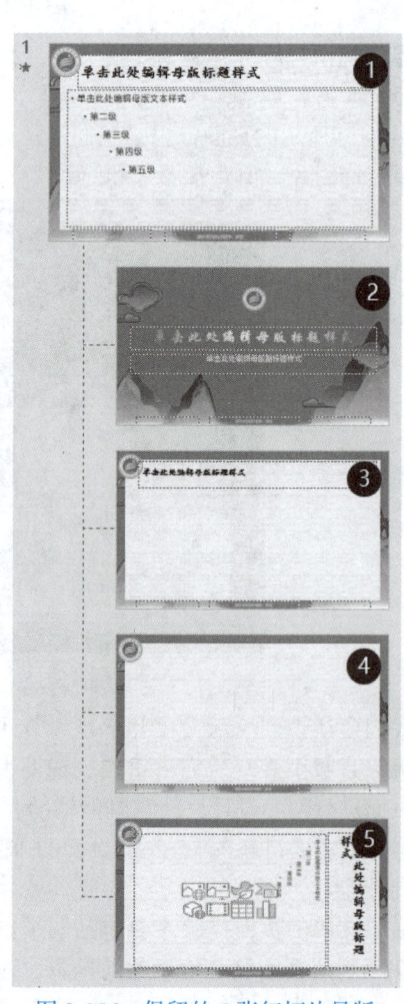

图 3-156　保留的 5 张幻灯片母版

2. 第 1 张母版：基础母版

（1）添加背景图片：进入母版视图，插入所需背景图片，即可给所有母版设置同样的图片背景，如图3-157所示。

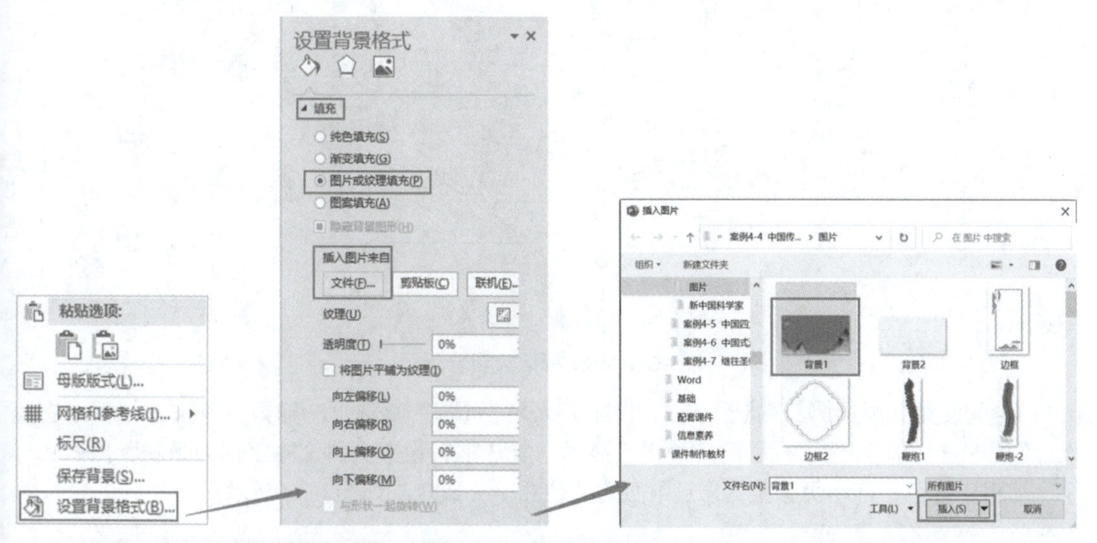

图 3-157　添加背景图片

（2）添加装饰背景图片：插入所需装饰图片，调整好图片大小与位置。完成效果如图3-158所示。

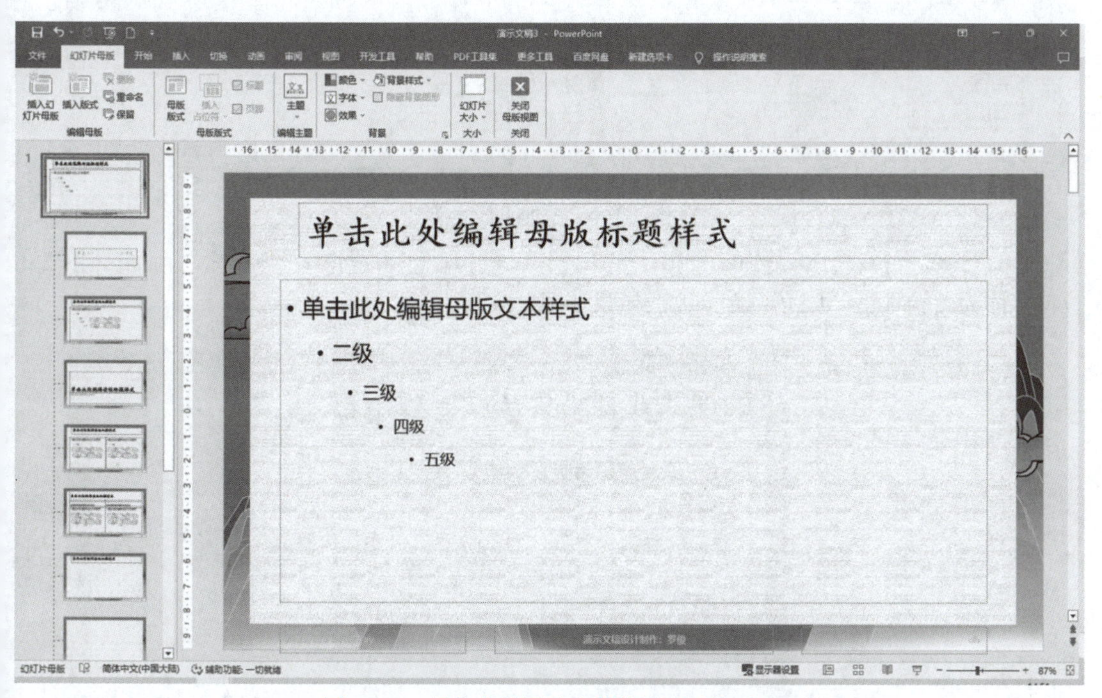

图 3-158　添加背景图片和装饰图片后的页面

（3）添加标志图片：插入校徽图片，双击图片，单击“图片工具-格式”→“调整”→“颜色”按钮，在下拉面板中选择“重新着色”分组中的褐色（第1行左起第3个），如图3-159所示。调整标志图片至适宜大小，摆放在页面左上角。

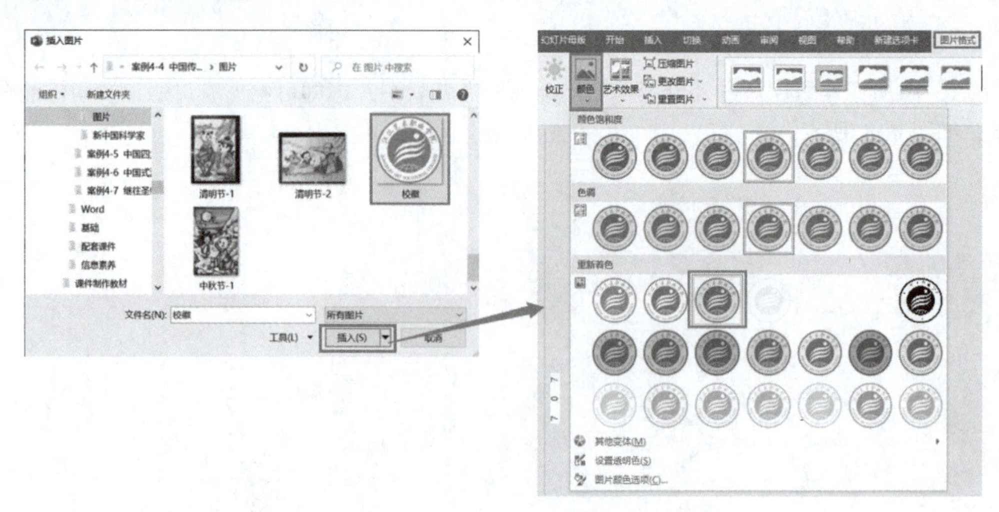

图 3-159　校徽重新着色

（4）设置页眉页脚：勾选“幻灯片编号”及“页脚”复选框，输入页脚文本“演示文稿设计制作：**”，勾选“标题幻灯片中不显示”复选框，设置页脚文本字体为微软雅黑、12号字、加粗、金色，移动页脚至更靠近下页边的位置。完成效果如图3-160所示。

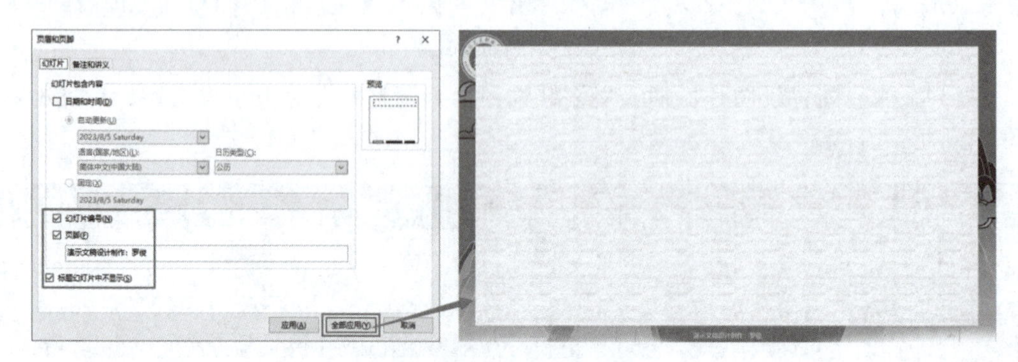

图 3-160　添加页眉页脚

（5）设置占位符：将装饰背景图片置于底层，设置标题占位符字体为楷体、加粗，正文占位符字体为微软雅黑、1.5倍行距。完成效果如图3-161所示。

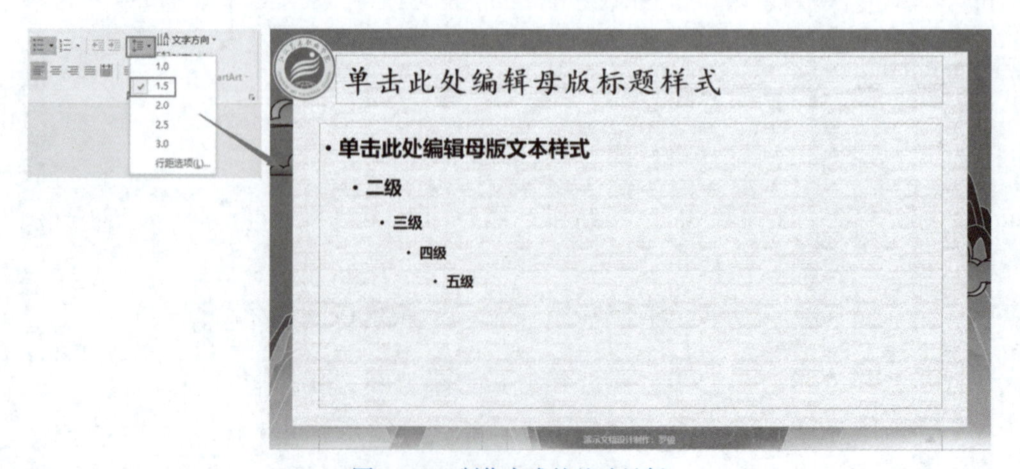

图 3-161　制作完成的基础母版

3. 第 2 张母版：标题幻灯片母版

（1）重新设置背景：选中标题幻灯片母版，勾选“背景”组中的“隐藏背景图形”复选框。

（2）设置标题占位符格式：单击占位符边框，单击“绘图工具-格式”→“艺术字样式”→“文本填充”→“渐变”→“从中心”（第2行左起第2个），打开“设置形状格式”任务窗格；设置“渐变光圈1”为“金色，个性色4，淡色80%”（倒数第3列第2个），使用“取色器”在祥云上取一种灰色设置为“渐变光圈2”的颜色，如图3-162所示。

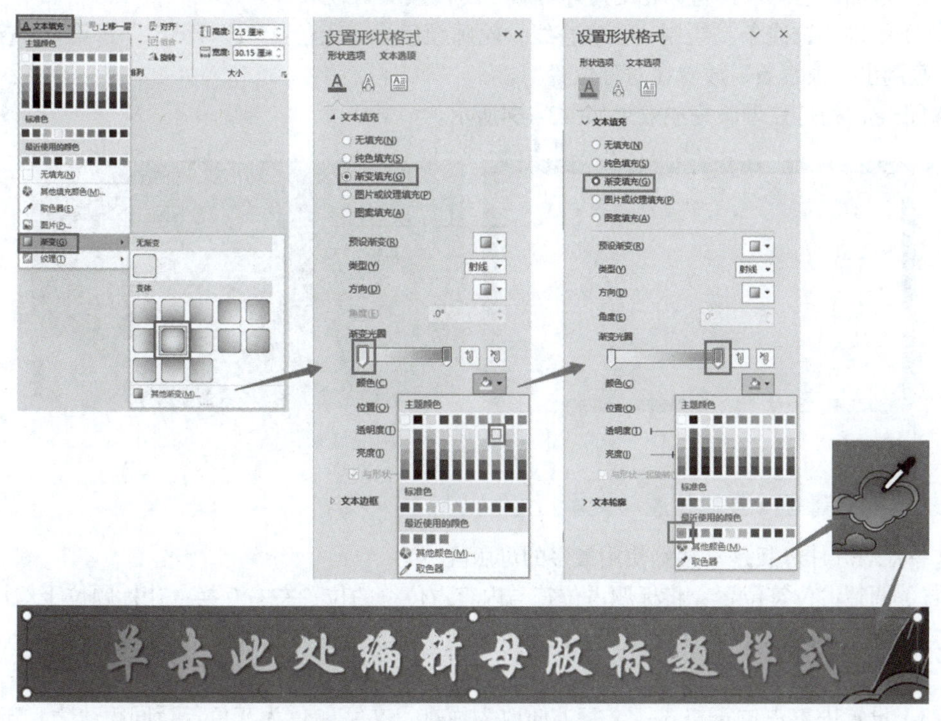

图 3-162 设置标题占位符格式

（3）设置副标题占位符：字体颜色设置为“金色，个性色4，淡色80%”（倒数第3列第2个，与标题占位符中“渐变光圈1”的颜色一致）。

（4）添加校徽：将基础母版中的校徽复制过来，放在标题占位符的上方，页面居中对齐。

标题幻灯片母版的完成效果如图3-163所示。

图 3-163 标题幻灯片母版完成效果

4．第 3 张母版：仅标题版式幻灯片母版

这一张幻灯片母版保留原始样式，不做修改。

5．第 4 张母版：空白版式幻灯片母版

第4张幻灯片母版是空白版式幻灯片母版，由于这张版式上没有占位符，一般用来制作幻灯片的转场页。在本案例中还需要修改：

（1）隐藏背景：勾选“背景”组中的“隐藏背景图形”复选框。

（2）添加标志图片：将标题幻灯片母版中的校徽复制过来。

（3）绘制装饰线条：绘制一条竖直线，轮廓颜色为“灰色-25%，背景2”（第1行左起第3个）；复制出一根线条，放置在对称位置。

第4张空白幻灯片母版完成效果如图3-164所示。

图 3-164　第 4 张幻灯片母版完成效果

6．第 5 张母版：竖排标题与文本幻灯片母版

这一张幻灯片母版是本案例使用最多的母版。

（1）调整占位符位置：将标题占位符与内容占位符的位置左右互换，让标题位于幻灯片左侧，与其他母版的横排标题保持阅读方向上的一致，都是从左向右阅读。

（2）设置标题占位符格式：居中对齐，楷体，44号字，加粗，阴影。

（3）设置内容占位符格式：文字方向改为横排，文字颜色为灰色，行间距改为1.3倍，段后10磅，如图3-165所示。

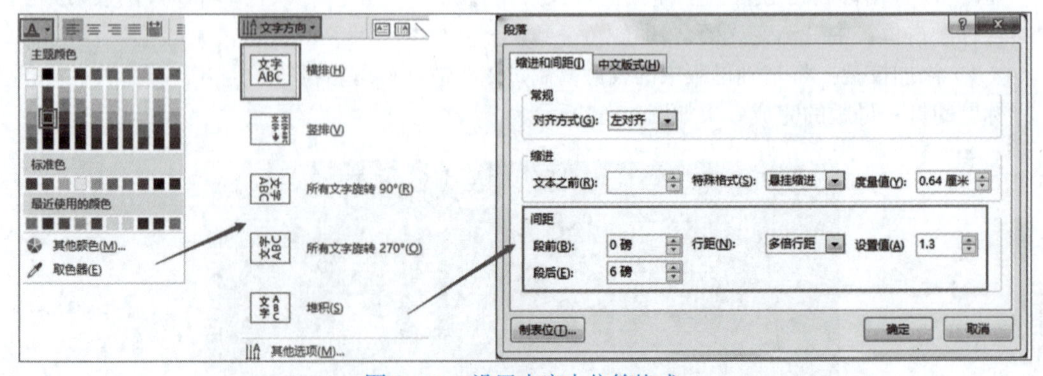

图 3-165　设置内容占位符格式

（4）添加装饰线条：在标题占位符和内容占位符中间绘制一条竖直装饰线，长度与左侧的标题占位符基本保持一致；线条粗细为1磅；设置填充颜色时，使用“取色器”工具在青色山峰上选择一种适宜的颜色。

第5张幻灯片母版的完成效果如图3-166所示。

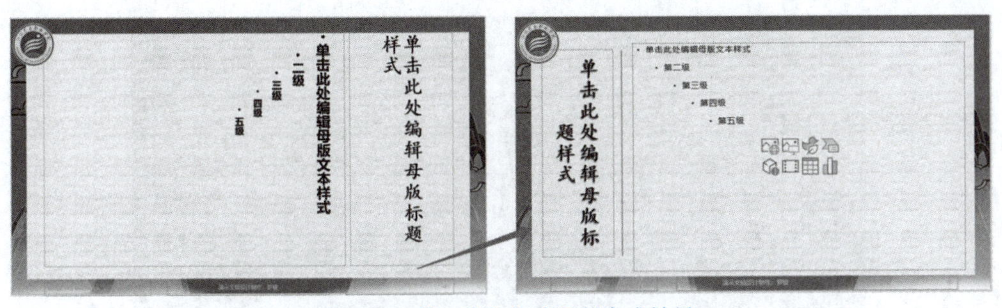

图 3-166　第 5 张幻灯片母版完成效果

5张幻灯片母版完成效果如图3-167所示。

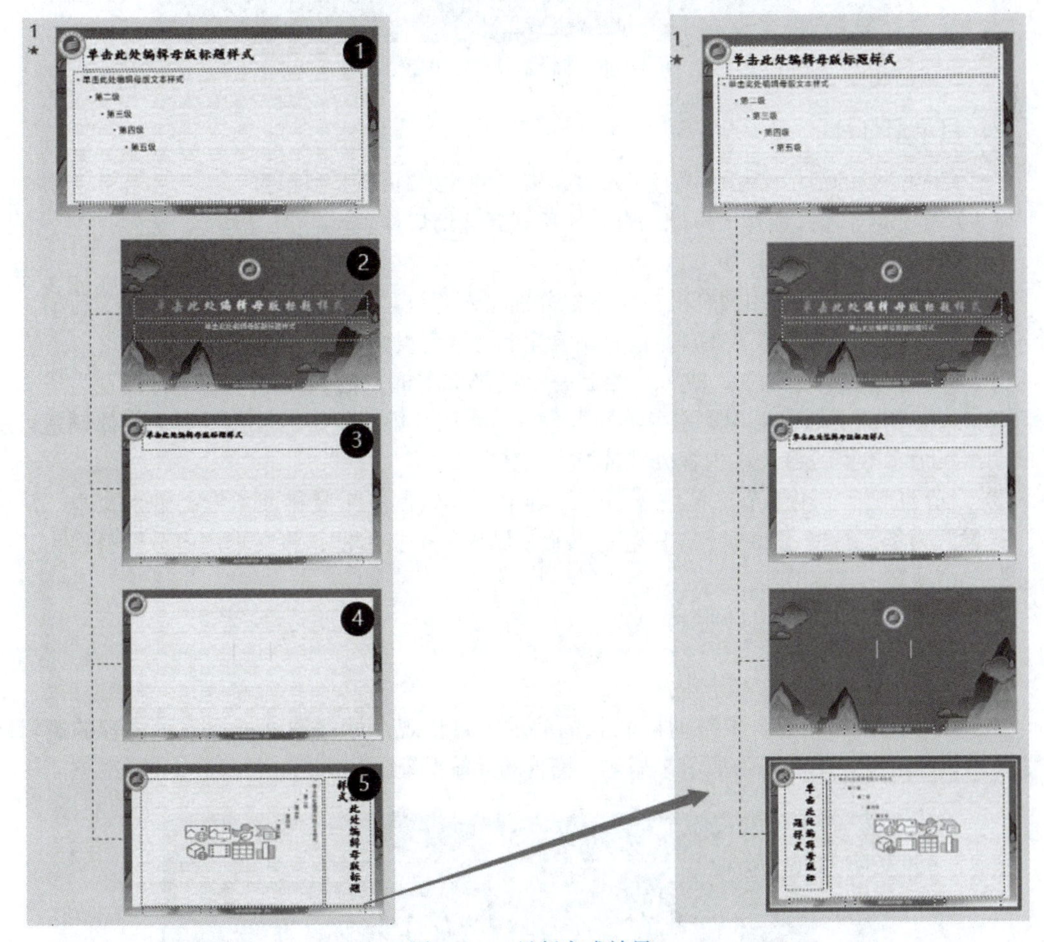

图 3-167　母版完成效果

3.3.2　制作幻灯片

1．标题幻灯片

第1张幻灯片已在母版中设置好格式，现在只需要录入文本内容。

在对应占位符中分别录入文本：“中国传统佳节”，“清明节 / 端午节/ 中秋节/ 春节”以及对应英文翻译。

第1张幻灯片完成效果如图3-168所示。

图 3-168　标题幻灯片完成效果

2．目录幻灯片

一个结构完整的演示文稿应该有目录页，本案例的第2页就是目录页。

（1）新建幻灯片：选择“标题幻灯片”版式新建幻灯片。

（2）利用横排文本框排版文字：

①“目”“录”：利用两个横排文本框分别输入“目”“录”二字，字体为华文行楷，字号大小不一致，用“取色器”在背景图片山峰轮廓上取色设置为字体颜色。

②“壹”“贰”“叁”“肆”：绘制一个横排文本框，输入文本“壹”，设置为华文行楷，40号字，添加下划线，用“取色器”取一个背景图片山峰轮廓的颜色设置为字体颜色；水平复制出三个文本框，将文本内容分别替换为“贰”“叁”“肆”。

③“清明节”“端午节”“中秋节”“春节”：绘制一个竖排文本框，输入文本“清明节”，设置为华文行楷，20号字，白色；水平复制出三个文本框，将文本内容分别替换为“端午节”“中秋节”“春节”。

目录页完成效果如图3-169所示。

3．转场幻灯片

如果演示文稿比较长，要在时间较长的演示中，让观众始终清晰把握演示内容的逻辑结构、重点以及进度，就需要为演示文稿建立完善的导航系统。

图 3-169　目录页完成效果

其实PowerPoint中一直都在使用导航，比如，为幻灯片添加页码或者为演示文稿添加目录，只不过，仅仅这些还不够。一个完整的幻灯片导航系统，应该包括目录页、转场页和进度显示元素，在实际使用中，这三个要素不一定都出现，只要能清晰反映演示文稿的结构和进度就行，具体情况要根据演示文稿的内容长度、逻辑结构复杂程度等来确定。

转场页的作用不仅仅是导航，在演示过程中，还会让观众无意识中形成以下感觉：阶段性结束，思维放松，承上启下，等待新的环节（内容模块）开始，重新调动注意力，再次集中精神观看。

本案例的导航系统由目录页、转场页、页码等元素构成。第3张幻灯片即为典型的转场页。

具体制作步骤如下：

（1）新建幻灯片：选择“空白”版式新建幻灯片。

（2）输入文本内容：

壹：将目录页的“壹”文本复制过来，文本框放置在两条竖线中间，相对页面水平居中，字号改为88号，其他不变。

清明节：将目录页的“清明节”文本复制过来，文本方向调整为横向，文本框在页面水平居中，字号改为32号，文本在文本框中水平居中，其他不变。

清明节英文：将标题页中清明节的英文文本复制过来，文本框在页面水平居中，字号改为6号，文本在文本框中分散对齐，其他不变。

第3张幻灯片的完成效果如图3-170所示。

第7张幻灯片是第2个传统佳节（端午节）部分开始的转场页，与第4张幻灯片的版面一致，可以直接将第4张幻灯片复制一张，再将标题、副标题、英文文本进行对应修改即可完成。完成效果如图3-171所示。

中秋节和春节部分的转场页制作方法也一样。完成效果如图3-172所示。

图 3-170　转场页完成效果

图 3-171　第 7 张幻灯片

图 3-172　其他两张转场页

4．“清明节”幻灯片：亲密性原则

亲密性原则要求将同一页面内有关联的内容元素相互靠近或显著关联，在页面局部组合成一个小的整体（视觉单元）。应用亲密性原则可以让版面更整洁，重点更突出，所要传递的信息更集中。亲密性原则在版面设计基本原则中最为重要，后面三个原则实际上也在帮助实现亲密性。

这个原则与人的注意力品质相关。根据心理学研究，每个人注意的广度是不一样的，在同一时间把注意分配给不同对象的数量也是有限的。当页面上的内容元素过多、过散，注意力就越难集中；当页面上的内容元素分类集中后，分配给每个内容分组的注意力就会增加，就能更快、更准确地把握页面所要传达的深层次信息。

现实生活中也是一样，只要涉及人的活动，往往会有意、无意地形成一个一个“组合”，所谓“物以类聚，人以群分”。绘画作品中经常能看到亲密性原则的应用，如五代十国时期南唐画家顾闳中创作的传世名画《韩熙载夜宴图》，全画分成五个部分，用屏风作区隔，每个部分虽然人物众多，但各类人物相对集中，疏密有致、宾主分明，展示出了高超的构图技巧。图3-173所示为作品第三部分管乐合奏。

图 3-173 《韩熙载夜宴图》（局部）

本案例中的“清明节”部分包括第4～6张幻灯片，页面排版时会用到亲密性原则。具体制作过程如下：

（1）新建幻灯片：选择“标题和内容”版式新建幻灯片。

（2）制作标题：标题要醒目突出，格式上应该尽量与内容主题相契合。

① 输入文本：在标题占位符中输入文本“清明节”。

② 格式编辑：115号字，分散对齐。

③ 文本轮廓：文本轮廓设置为浅绿色（标准色左起第5个），如图3-174所示。

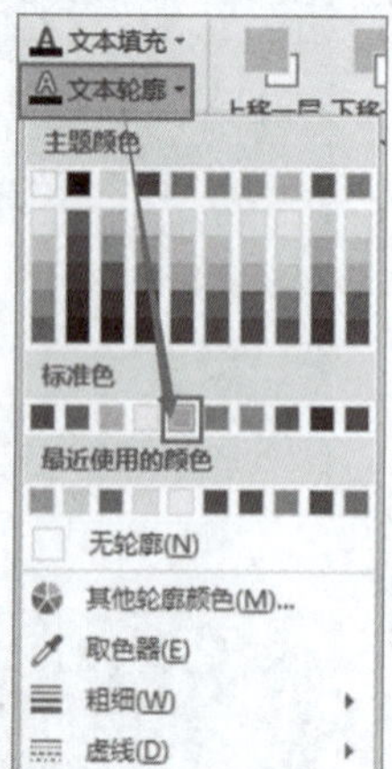

图 3-174

本案例四个节日的标题文本，都填充了相匹配的图片，“清明节”的文本填充了清明节的图片，如图3-175所示。

④ 装饰图片：插入装饰图片，缩小后放置在标题文本右侧的装饰竖线中间。

（3）正文文字排版：

亲密性原则要求将相关内容元素组织在一起。它有两个作用：一是将杂乱无章的元素进行分组，在同一页面上物理位置接近的元素，读者通常会认为它们之间存在意义上的关联，因此“接近”就是将相关的项目放在一起，形成一个视觉单元，帮助观众完成前期的信息组织，减少阅读阻力；二是通过相近元素的聚拢为页面留出更多空白，避免页面拥挤。

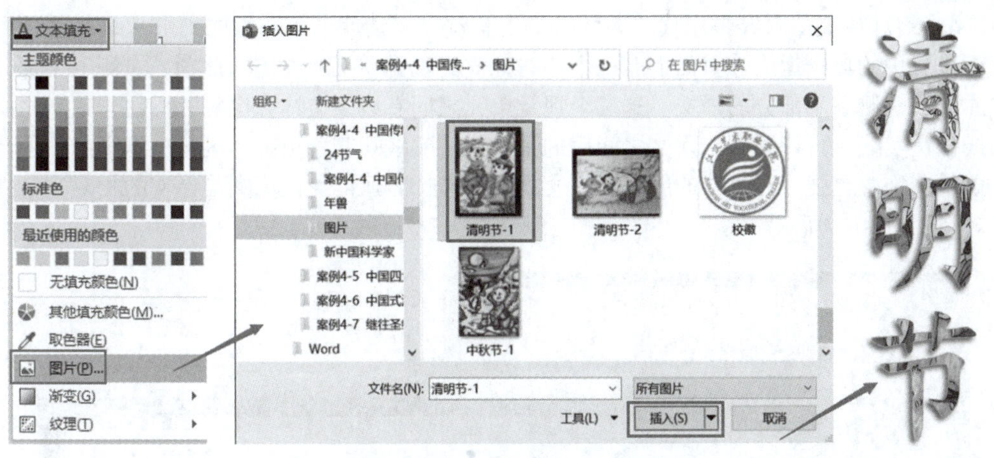

图 3-175　标题文本填充图片

对于以文字内容为主的页面，接近原则要求尽量不让观众费心地去区分段落。如果页面太过拥挤，那就适当缩小字号后再将段落拉开，然后通过添加编号或者首字放大将段落区分得更明显。

本页幻灯片中，标题文本采用了竖排样式。竖排文本非常适合中国古典风格页面排版，但由于不符合当代人的横排阅读习惯，所以不适合用于大量文本展示。本案例的正文部分仍采用横排排版，并且与标题之间留出了明显距离，段落与段落之间也有明显间距，体现出“亲疏远近”，这就是“亲密性”原则的实际应用。

当页面上的内容太多太挤，已经影响到正常排版、显示时，要么删减部分不重要的内容，要么将内容拆分成两页，甚至更多页。分页时，要注意保证每一页幻灯片上内容的相对完整性。本案例中，清明节的介绍文字被分成两页。

分页后，再次运用亲密性原则，对这两页中的文本进行编排，文本段落之间留出明显的间距，就像是教室中间小组与小组之间的走廊，这就是留白的设计手法，用留白来形成一个一个独立的视觉单元。第4、5张幻灯片完成效果如图3-176所示。

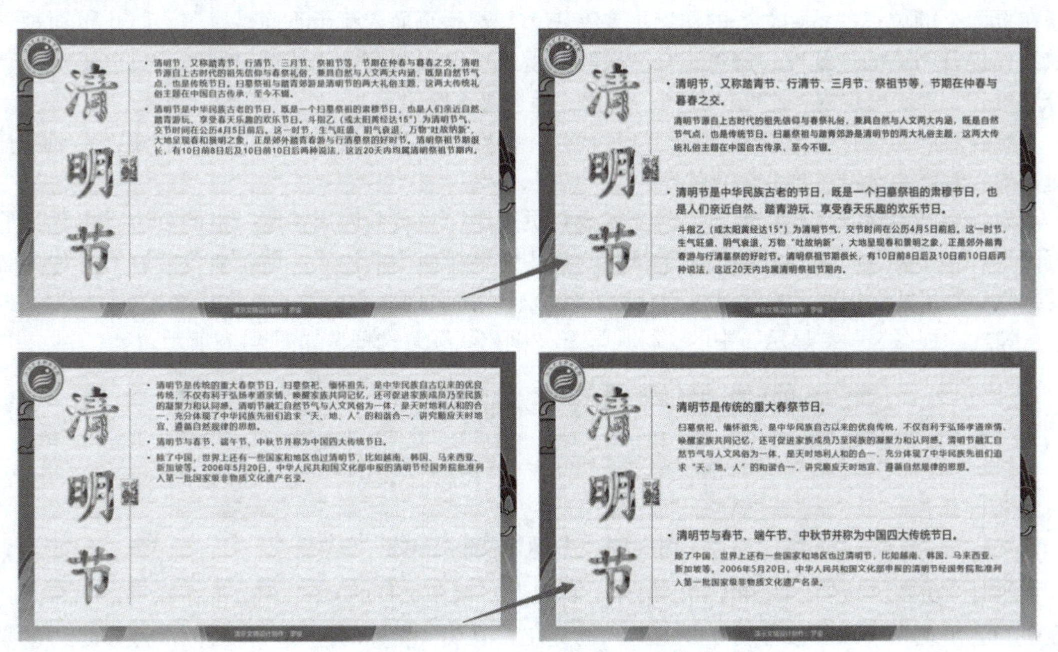

图 3-176　第 4、5 张幻灯片完成效果

第6张幻灯片上的内容是唐代诗人杜牧的七言绝句《清明节》，这张幻灯片是亲密性原则在页面排版中的典型运用。页面上有三个相对独立的视觉单元：左侧的标题、右侧上半部分的诗歌原文、右侧下半部分的译文。这三个视觉单元之间有线条装饰并区隔，标题与正文之间的装饰线条是实线，古诗原文与译文之间用的是虚线。实线切割感更强，区分出本页的标题与正文；虚线装饰感更强，在古诗的原文和译文之间做装饰，还能保证原文与译文的相对完整性。完成效果如图3-177所示。

图 3-177　第 6 张幻灯片完成效果

5．“端午节”幻灯片：对齐原则

对齐原则要求把页面上内容元素都对齐，任何元素都不能在页面上随意摆放，元素之间一定要存在某种视觉联系。“亲密性”主要解决的是内容关联的问题，“对齐”主要处理内容元素在页面上的位置关系。对齐的作用主要有三个：规整页面，赋予页面秩序美，防止页面过于散乱；提升阅读的连续性，避免观众视线频繁跳跃；增强内容之间的逻辑性，通过分类对齐、分层对齐，准确呈现内容之间的并列、包含、递进等逻辑关系。

对齐对版面设计十分重要，在幻灯片设计、制作时，甚至要像“强迫症”一样，看到没有对齐的元素就会忍不住要将它们对齐。

为了更好地对齐，在排版前，需要先设置页边距，为页面四周预留一定的页边空白，除了页面页脚，不要在页边距外的位置上排版。换用文档排版中的说法，就是要设置好幻灯片页面的“版心”尺寸，内容元素尽量排版在版心区域。设置页面版心尺寸的具体步骤如下：

勾选“视图”→“显示”中的“标尺”和“网格线”复选框，如图3-178所示。

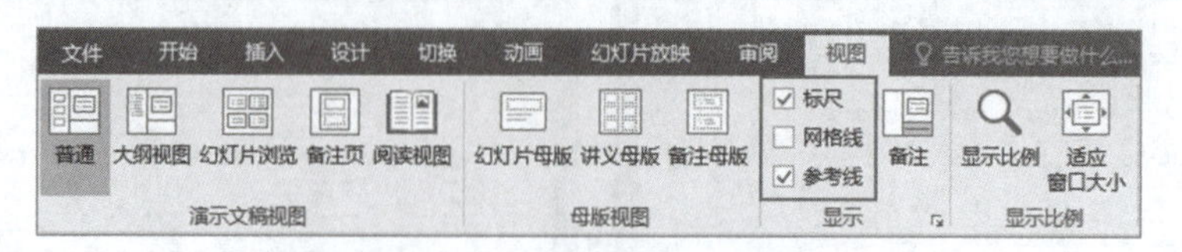

图 3-178　显示标尺和网格线

此时，编辑区域的上方和左边会显示“标尺”，两条标尺的“0”刻度都在标尺正中间，页面中心会出现纵横两条参考线（虚线），相交在“0，0”坐标的位置；将鼠标指针移动到参考线上方，按住鼠标左键，鼠标指针会变成数字，这个数字对应标尺的刻度，在拖动它之前，它显示为“0.0”；按住【Ctrl】键，按住鼠标左键向左拖动纵参考线，到刻度“15.5-16.0”之间，松开鼠标，复制出一条纵参考线，再在右边同样位置复制一条纵参考线；同样方法，复制横参考线，上下横参考线的位置在“8.0-8.5”之间。图3-179中，上下左右四条参考线框出来的区域为版心位置。

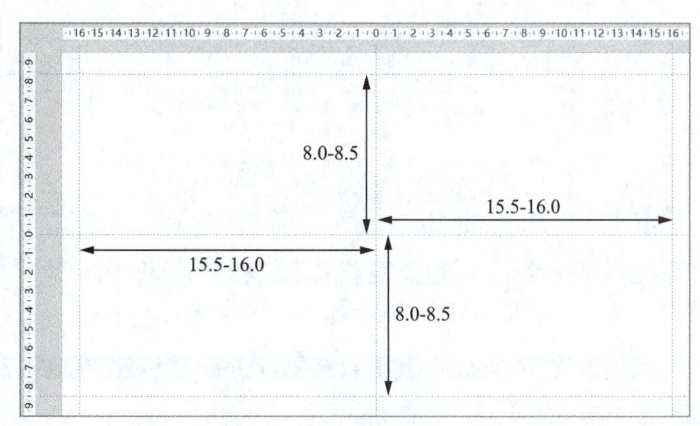

图 3-179　设置版心尺寸

1）第8张幻灯片

第8张幻灯片中的标题文本，制作方法与第4张幻灯片中的“清明节”标题一致，只是将文本替换成了“端午节”，文本填充的图片为端午节相关图片，如图3-180所示。

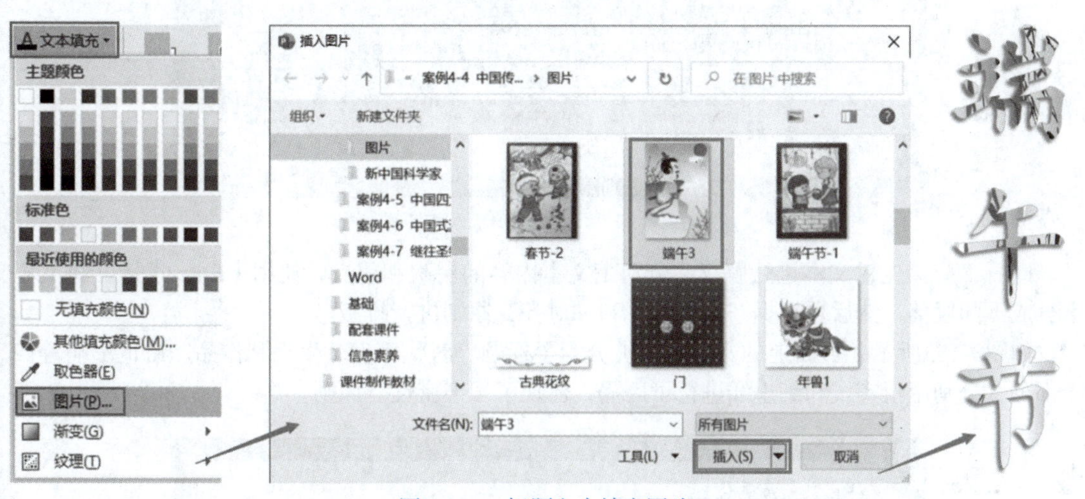

图 3-180　标题文本填充图片

标题文本右侧竖线中间的装饰图片也是端午节相关图片。

幻灯片中的正文内容排版，应用了“亲密性”原则：先分析文字内容，根据“亲密性”原则将中心内容相同的文本在物理位置上“接近”，形成三个明显的独立视觉单元，再分层次分别对齐。完成效果如图3-181所示。

2）第9张幻灯片

第9张幻灯片是关于伟大浪漫主义诗人屈原的介绍，页面上配有图片。

图3-182是第9张幻灯片的一种常见但并不符合排版原则的页面样式。这张幻灯片中，图片和文字都紧贴页面边线，虽然版面中有空白，但仍然给人以十分拥挤的视觉感受。此外，密集的文本内容主次、重点不清，让人感觉不太愿意去阅读。

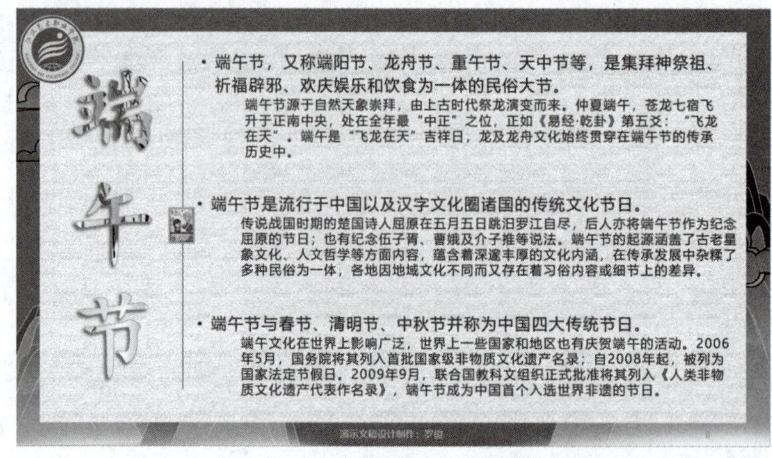

图 3-181 第 8 张幻灯片完成效果

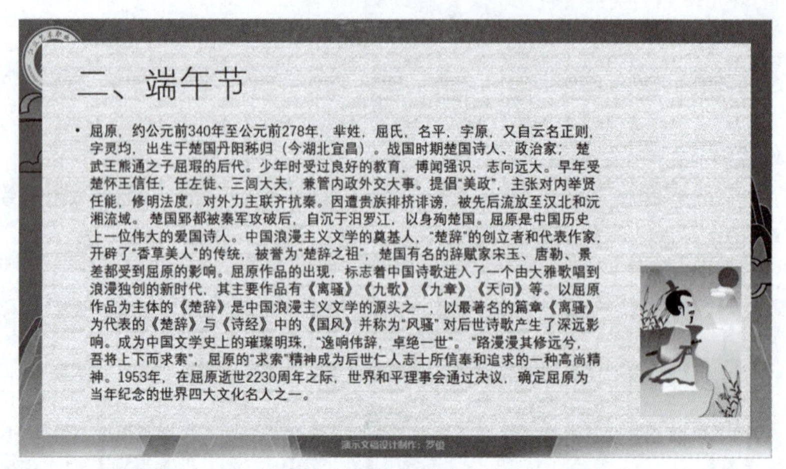

图 3-182 常见但并不符合排版原则的页面样式

此时，应该先对文本进行解读，分清楚文本内容的层次和重点，使用【Enter】键，将文本区分成不同段落，然后再根据"亲密性"和"对齐"原则进行排版。

如图3-183所示，页面上的文字内容被分为了标题、时代家世、生平和作品、后世影响等四个部分，分别用粗实线和细虚线进行了区隔，体现了"亲密性"原则。

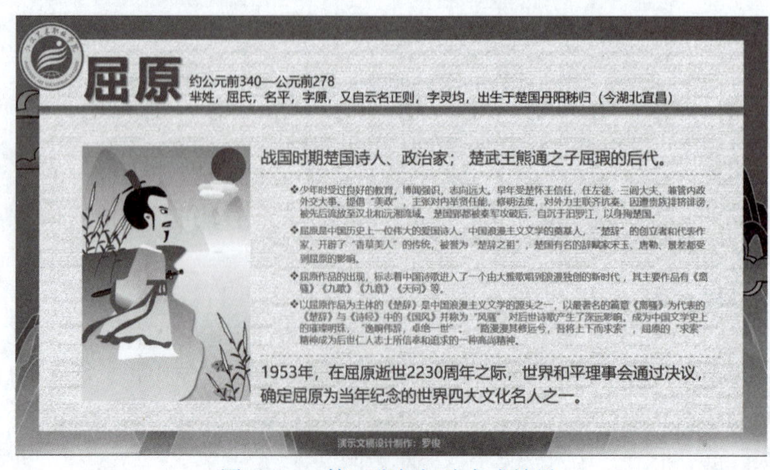

图 3-183 第 9 张幻灯片完成效果

页面上，图片左侧与标题左侧对齐，图片上方与正文文本上方对齐，图片下方与正文文本下方对齐。通过让图片边缘与文本对齐，可以让页面中的图片与文本相互融合，这也是幻灯片图文混排的常用方法。所有文字内容左侧按层级缩进对齐，右侧则全部对齐（除了没有占满一行的文本）。不同的缩进对齐再配合不同的字体、字号、字体颜色，可以让文字内容层次分明、重点突出。

如图3-184上红色数字所示，制作第9张幻灯片时，页面上添加了不少“参考线”，这些参考线是插入的直线，在幻灯片制作时起辅助作用，幻灯片制作完成后，删除即可。

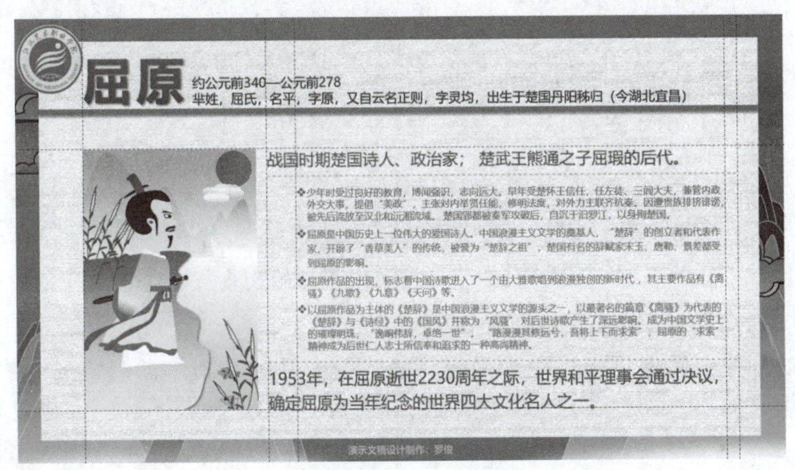

图 3-184　借助参考线进行图文对齐

第9张幻灯片上只插入了一幅图片。当同一页面上出现多幅图片时，可以将图片裁剪成相同大小后对齐，但这只是从“形式”上将图片对齐了，并没有将图片从“视觉”上对齐，如图3-185左侧图片。这是因为，人们在面对一个人或物时，会有一个视觉上的焦点，对于人来说，这个焦点就是眼睛，这一组图片中的人物眼睛并不在同一水平上，所以虽然图片大小相同，但仍然让人觉得凌乱。调整之后的效果如图3-185右侧图片。

图 3-185　对齐人物眼睛

在页面上，所有的元素之间，一定要有一根看不见的线，把它们串连起来并且对齐，让版面呈现出一种层次清晰、秩序井然、重点突出、整洁清爽的视觉效果。

6.“中秋节”幻灯片：对比原则

“亲密性”原则和“对齐”原则重在体现页面各元素间的关联，“对比”原则的作用则是区分元素之间的不同，对不同层次、不同类型的内容元素应用不同的设置，让元素之间的层次关系一目了然，让内容元素相互之间形成比较显著的区分，让重点元素更加突出。

图3-186是第11张幻灯片的原始排版效果。幻灯片上，文本内容没有主次对比，图片与文本的混合排列看不出意图，或者相互干扰，影响阅读，或者相互游离，插图作用不明。

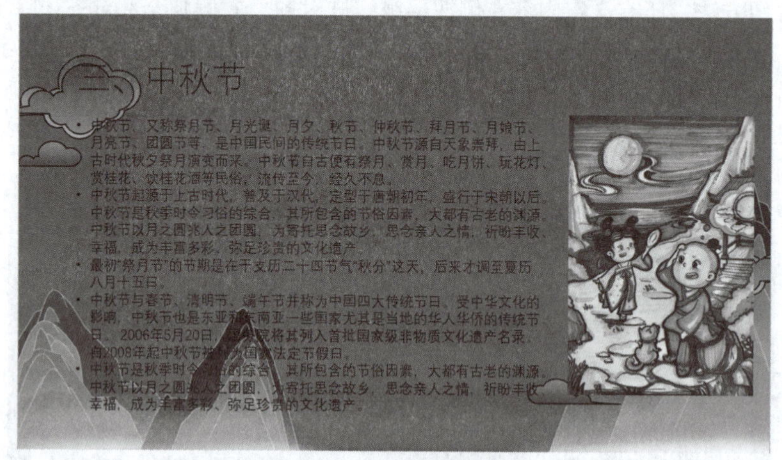

图 3-186　第 11 张幻灯片原始效果

1）第11张幻灯片

这一张幻灯片仍然使用“标题和内容”版式作为母版来制作，标题文本替换成“中秋节”，文本填充的图片和标题右侧竖线中间的装饰图片为中秋节图片。完成效果如图3-187所示。

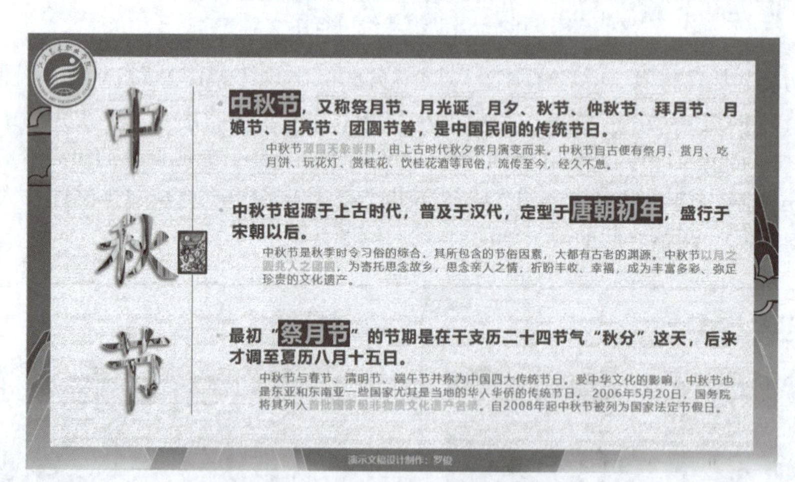

图 3-187　第 11 张幻灯片完成效果

图3-187中的正文部分，应用了“亲密性”和“对齐”原则，以区分层次、突出重点。为了进一步进行区分和突出，还应用了“对比”原则。具体体现在以下方面：

（1）文本格式。

一级文本的格式为：微软雅黑，20号字，加粗，深灰色，无缩进。

二级文本的格式为：微软雅黑，14号字，浅灰色；向右缩进，“段前”间距为6磅（设置间距的单位就是“6磅”），如图3-188所示。

（2）项目符号。一级文本的项目符号，更改了颜色：将光标置于一级文本段落的任意位置，选择“开始”→“段落”→“项目符号”→“项目符号和编号”命令，在对话框中选择颜色为金色（标准色左起第3个），如图3-189所示。

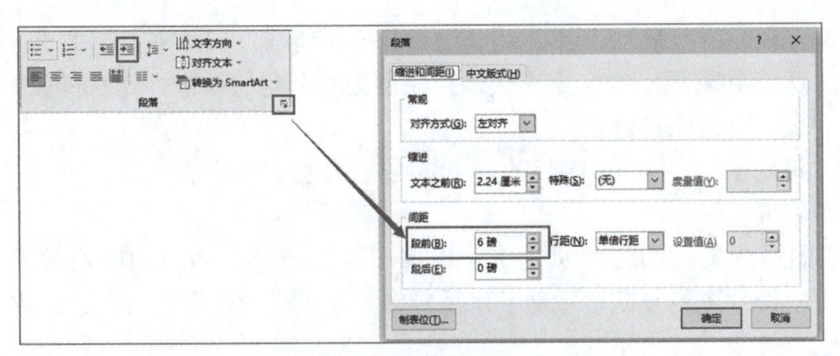

图 3-188　设置段落缩进与间距

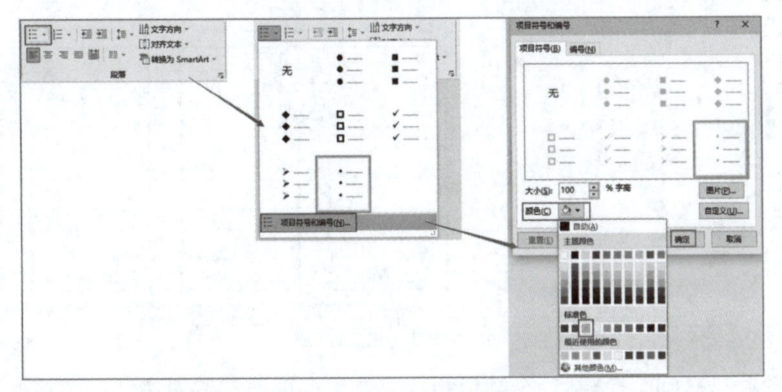

图 3-189　设置项目符号

（3）文本关键词。对一级文本中的“中秋节”“唐朝初年”“祭月节”等关键信息主要采用背景衬托、颜色区分、字号加粗放大等方法来进行对比突出，方便观众快速捕捉关键信息：颜色为金色（与标题文本的轮廓色一致），微软雅黑，加粗，比段落中其他文本的字号要大；背景装饰色块的颜色使用“取色器”取“中秋节”标题文本的紫色。

将二级文本中的“源自天象崇拜”“以月之圆兆人之团圆”“首批国家级非物质文化遗产名录”等关键信息也设置为金色，加粗。

2）第12张幻灯片

第12张幻灯片使用的是“仅标题”版式，完成效果如图3-190所示，展示的内容是上古神话故事《嫦娥奔月》，标题文本字体为方正古隶体。

图 3-190　第 12 页幻灯片完成效果

（1）制作标题。在标题位置绘制一个矩形，“形状填充”颜色使用“取色器”工具吸取嫦娥衣服的颜色，无形状轮廓。这个矩形会遮挡住母版左上角的校徽，要从母版中复制校徽后重新粘贴在幻灯片页面上的原来位置。

输入文本“淮南子”，方正古隶字体，60号字，加粗，阴影，金色，分散对齐，根据实际需要缩小占位符宽度。

（2）制作图册背景。幻灯片页面上，模拟了《淮南子》图书的图册效果：插入边框图片，再根据需要对图片进行复制、裁剪、水平翻转、设置阴影效果、对齐，完成效果如图3-191所示。

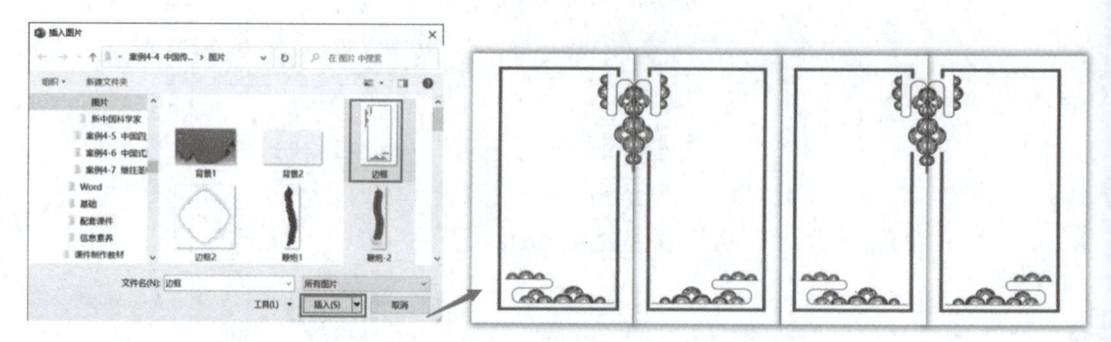

图 3-191　装饰背景

（3）制作右起第1页。绘制一个缺角矩形，使用变形调整按钮将“缺角矩形”的缺角调整得小一些；填充颜色使用“取色器”工具吸取嫦娥衣服的颜色，无形状轮廓，“棱台”效果为“图样”（第2行右起第1个）。如图3-192所示。

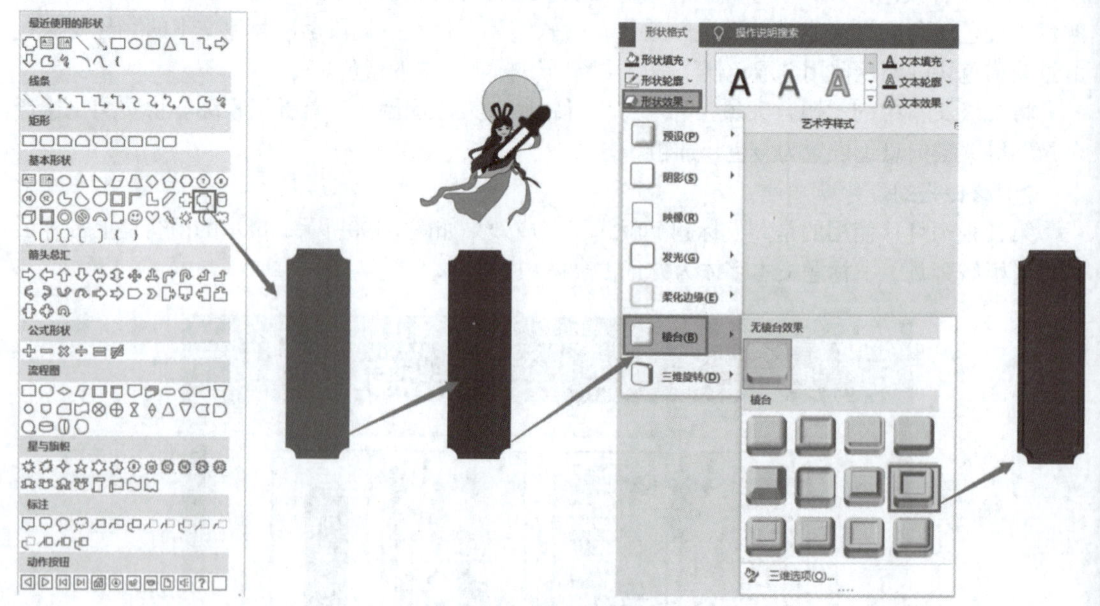

图 3-192　插入缺角矩形

在缺角矩形上右击，在弹出的快捷菜单中选择“编辑文字”命令，缺角矩形中会出现插入光标，输入文本“淮南子”，设置为方正古隶，32号字，加粗，阴影，金色。完成效果如图3-193所示。

（4）制作图册右起第2页。插入嫦娥图片，调整好大小，摆放在右起第2页图册上。绘制一个椭圆；“形状填充”颜色使用“取色器”工具吸取嫦娥裙子的颜色，“形状轮廓”颜色为无，“柔化边缘”变体设置为5磅。

在椭圆形位置绘制一个竖排文本框，输入文本“嫦娥奔月”，设置为方正隶体，20号字，加粗，阴影，黑色。调整好椭圆形大小和文本框位置。

《淮南子》图册右起第1、2页完成效果如图3-194所示。

图 3-193　图册封面完成效果

图 3-194　图册右起第 1、2 页完成效果

（5）制作图册右起第3、4页。绘制文本框，在文本框中添加文本内容，设置文本格式为楷体，11号字，首行缩进0.75厘米（默认），段前间距6磅，行距1.2倍，如图3-195所示。

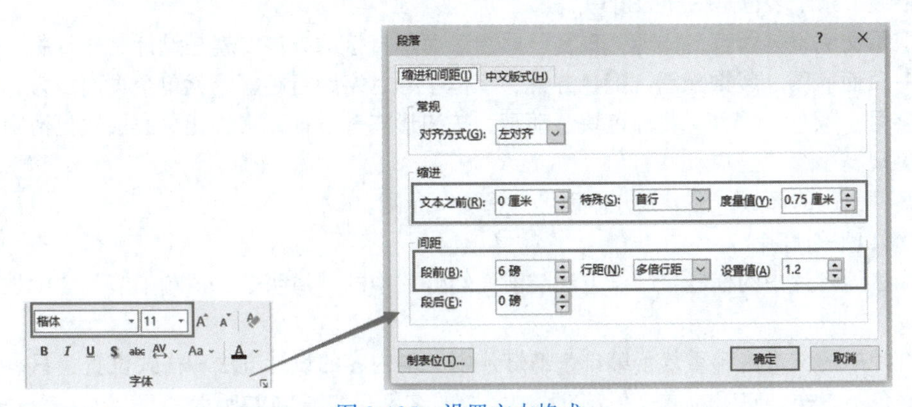

图 3-195　设置文本格式

将关键词颜色设置为金色（标准色左起第3个）；绘制矩形，“形状填充”颜色使用“取色器”工具吸取嫦娥衣服的颜色，无形状轮廓，根据关键词长度调整矩形框的大小，并放置在对应关键词的下层。

《淮南子》图册右起第3、4页完成效果如图3-196所示。

整张幻灯片的完成效果如图3-190所示。可以看到，在文字下层添加装饰色块后，标题文本和关键词文本更加醒目。用深色的装饰色块反衬突显上层文字，这种方法叫“反白”，是“对比”原则在排版中的经典应用。相对于“白底黑字”（浅底深字），“黑底白字”（深底浅字）更醒目，更能吸引观众注意力。

图 3-196　图册右起第 3、4 页完成效果

7.“春节”幻灯片：重复原则

重复原则是指，在版面设计中，对不同页面，重复使用相同的设计元素（保持风格统一），或者对同一页面或不同页面中相同、相近、相关的内容元素使用相同的设置（形成亲密性）。

日常生活中，重复原则有广泛的应用。比如，一些综艺节目或者大型文艺晚会，往往会使用多个主持人，这些主持人服装不同，但服装上一定会有共同的元素，比如共同的色调、花纹、花色、点缀等，这样的设计可以让整个主持团队的形象看起来更统一、和谐。演员较多的文艺节目也一样，同一节目中的不同演员小组会有不同的服装、化妆、道具，但也一定会利用共同的元素，让观众一眼就能看出这是同一个节目的演员，只是不同小组、不同角色定位罢了。情侣装、亲子装也是一样的道理。

就演示文稿整体而言，体现“重复”原则最简单直接的方法，就是设计制作母版，在母版中，统一页面底图、装饰配图、配色方案、字体字号、字距行距等。就单个页面而言，可以重复字体字号、颜色、符号、装饰色块、动画、按钮形态等设计元素，让页面层次更清晰、版面更整洁美观。

本案例使用的母版，已经充分体现了“重复”原则。

1）第14张幻灯片

第14张幻灯片中的标题，制作方法与前面幻灯片中的“清明节”“端午节”“中秋节”标题一致。

幻灯片中的文本内容重复了第11张幻灯片中文本内容的设计方法和格式设置，只有关键词颜色和底色不一样，使用的是从春节图片中吸取的红色，如图3-197所示。

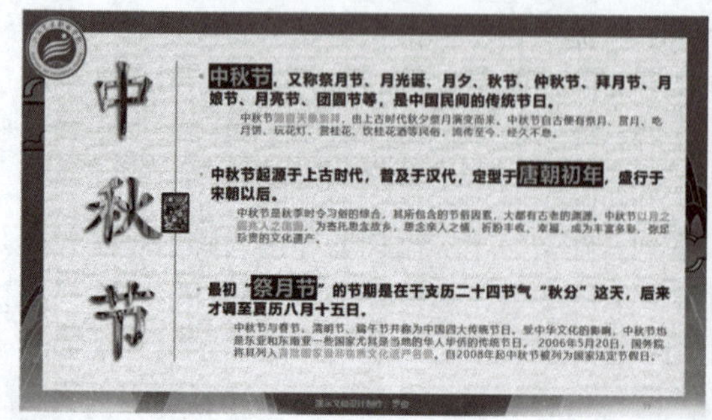

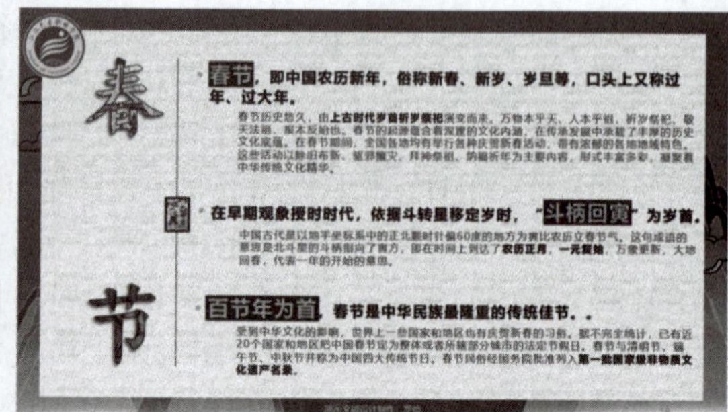

图 3-197　第 11 张与第 14 张幻灯片

2）第15张幻灯片

复制第14张幻灯片，粘贴为第15张幻灯片，将幻灯片右侧的正文部分全部删除。

绘制一个竖排文本框，将“年兽”介绍的文本复制、粘贴进去，设置文本格式为微软雅黑，14号，1.5倍行距。

使用“取色器”吸取春节图片中的红色，设置为“放爆竹”“贴春联”“春节由此成为中华民族的象征之一”等关键词的颜色。

设置文本首词“年兽”格式为方正古隶、32号字、金色。将第11张幻灯片《淮南子》图册封面中的“缺角矩形”复制过来，调整为合适大小，置于“年兽”文字的下层。

插入所需的边框、古典花纹、年兽图片，必要时，作删除背景处理；绘制一个横排文本框，输入文本“年兽，又称‘夕’”，设置为华文行楷、20号字、水平居中对齐。调整好这些元素的层次和位置，如图3-198所示。

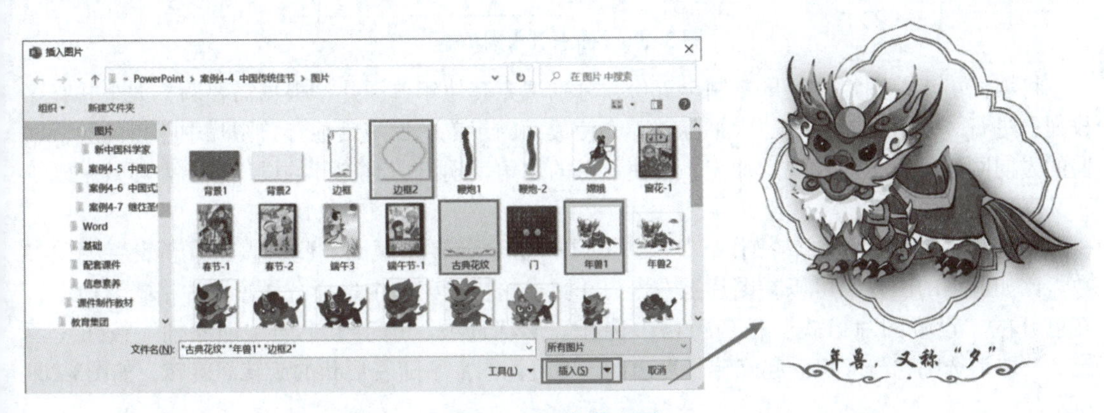

图 3-198　年兽配图

第15张幻灯片的完成效果如图3-199所示。

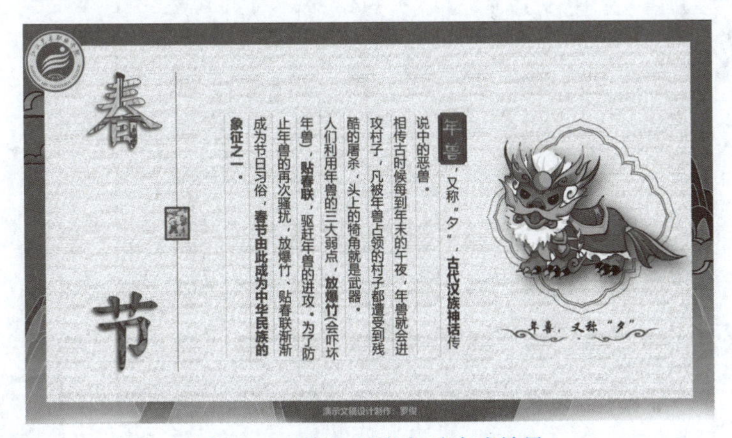

图 3-199　第 15 张幻灯片完成效果

3）第16张幻灯片

复制第15张幻灯片，粘贴为第16张幻灯片，将幻灯片右侧的正文部分，除了“年兽”文本与下方面的缺角矩形，其余全部删除。

绘制一个“矩形：对角圆角”，形状轮廓粗细为3磅，轮廓颜色与“年兽”下方的缺角矩形的填充颜色一致，“棱台”效果选择“松散嵌入”（第1行左起第2个），为矩形填充年兽图片，如图3-200所示。

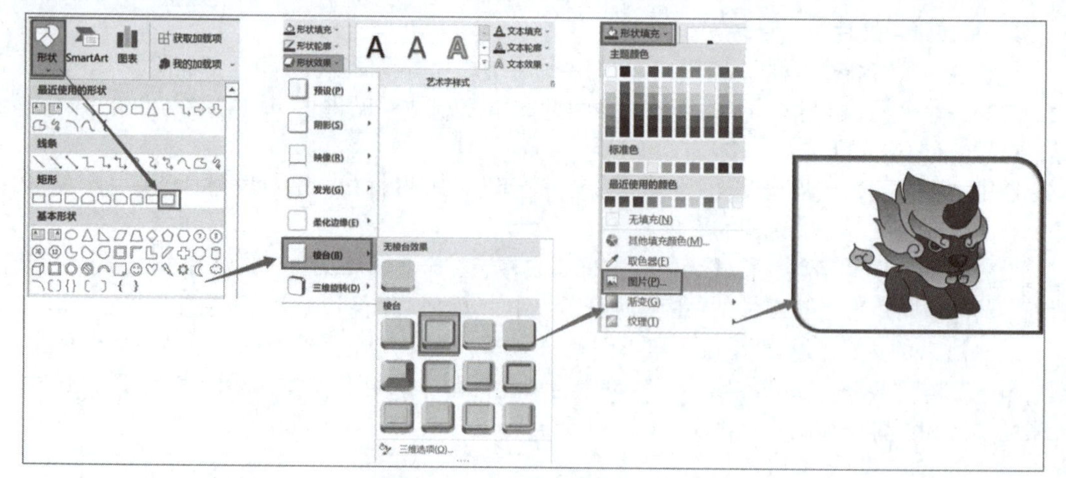

图 3-200　插入对角圆角矩形

将填充了年兽图片的矩形复制出五份，分别填充其他年兽图片，根据需要调整大小并有序排列；进行“垂直翻转”和“水平翻转”，使最大的年兽图片与其他年兽图片中年兽的脸所朝向的方向刚好相反，形成视觉冲突，也使形状的边角呈现出“对称”的设计感，整体效果既统一又富有变化。

在垂直翻转和水平翻转操作后，会发现图片也会翻转或颠倒，此时需要重新设置相关参数。比如颠倒的图片，可以在图片上右击，在弹出的快捷菜单中选择“设置图片格式”命令，在打开的“设置图片格式”任务窗格中选择“形状选项”选项卡中的“油漆桶”按钮（填充），取消选中“与形状一起旋转”复选框，即可让图片不随着形状的旋转而旋转，如图3-201所示。

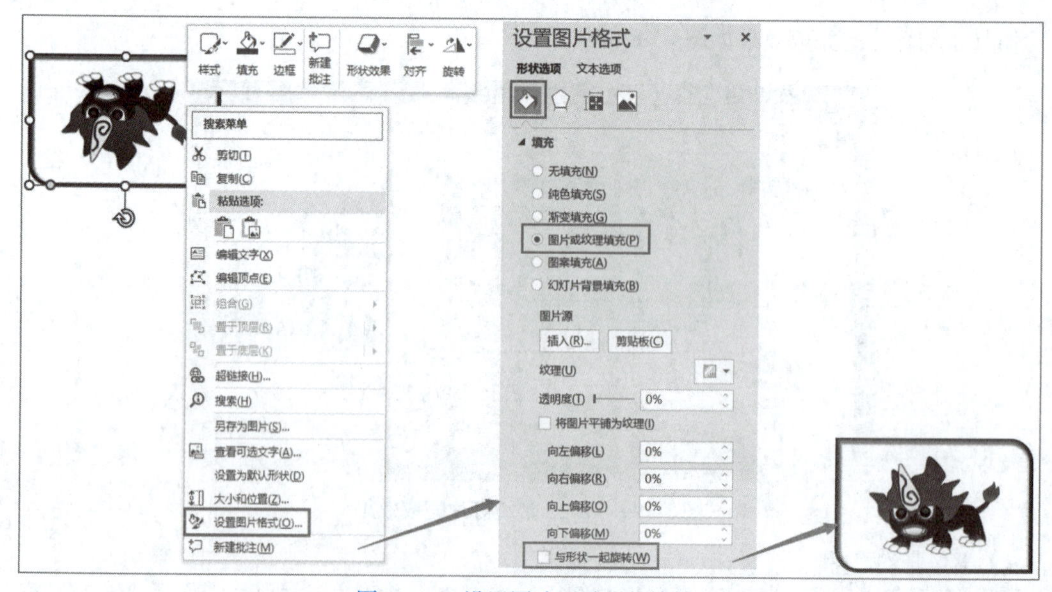

图 3-201　设置图片不随形状旋转

“年兽”组图的完成效果如图3-202所示。

在版面右侧插入鞭炮图片，代表放爆竹会吓跑年兽。

左手中指按住【Shift】键，绘制出一个菱形装饰，菱形填充为红色，无轮廓色；在菱形中添加文本“过”，字体为“方正古隶”，24号字，加粗，阴影，颜色为金色。

图 3-202 年兽组图

复制出第2个菱形，将复制出的菱形中的文本改为“啦”。

复制出第3个菱形，将第3个菱形填充色重新填充为与缺角矩形一致的深红色，形状轮廓颜色设置为金色，4.5磅，复合线型（由粗到细）；将菱形等比例放大，菱形中的文本改为“年”，40号字，如图3-203所示。

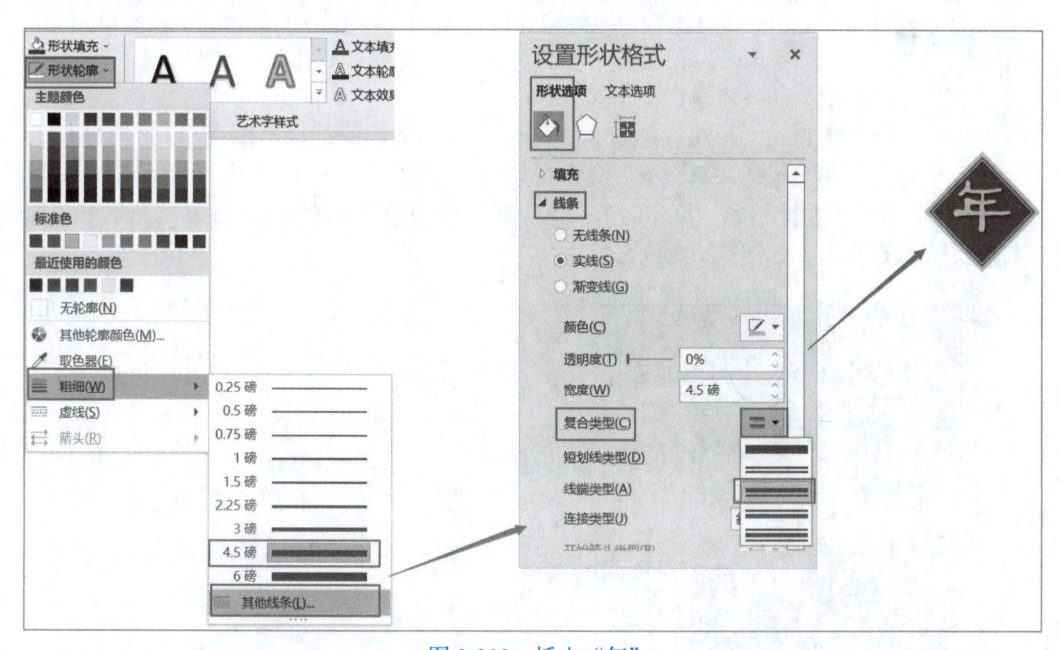

图 3-203 插入“年”

绘制一条曲线，形状轮廓为深红色（标准色左起第1个），4.5磅；将绘制的曲线衬于“过年啦”和鞭炮图片下层，调整好这些元素的位置。

第16张幻灯片的完成效果如图3-204所示。

4）第17张幻灯片

复制第16张幻灯片，粘贴为第17张幻灯片，将版面上除了“年兽”文本以外的内容元素全部删掉。

根据需要绘制形状，插入图片，编辑文本内容，完成如图3-205所示的第17张幻灯片的制作。

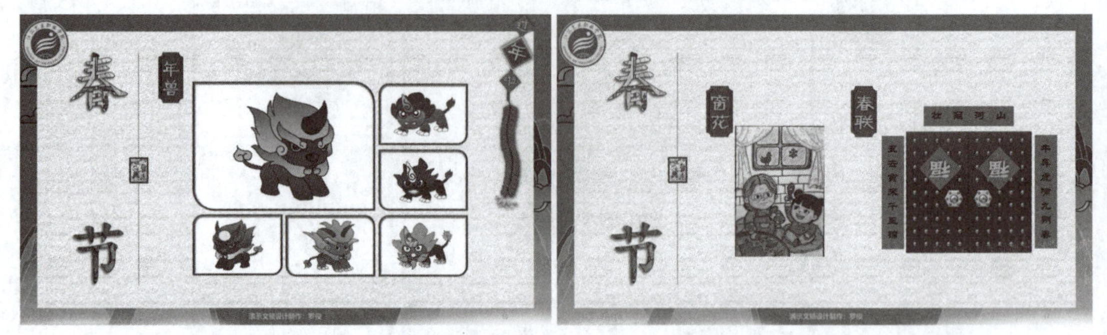

图 3-204　第 16 张幻灯片完成效果　　　　图 3-205　第 17 张幻灯片的完成效果

至此，《中国传统佳节》这个作品的制作就完成了。

3.3.3　对演示文稿分“节”

在Word中，可以将文档分成多个“节”，以便对同一文档中的不同部分设置不同的页面格式。PowerPoint文件同样可以分“节”。将演示文稿分成多个小“节”，可以更加清晰地梳理演示文档的结构和逻辑，更方便地进行编辑和修改，避免修改时出现混乱和误操作；可以更好地把握演示进度，避免时间不够或时间过长的情况发生。

1. 新增节

在本案例中，新增节的具体操作步骤如下：

（1）定位并新增节：“普通视图”状态下，在左侧的幻灯片缩略图中第1张幻灯片上右击，在弹出的快捷菜单中选择“新增节”命令，如图3-206所示。

（2）重命名节：在弹出的“重命名节”对话框，输入节名称“封面+目录”，单击“重命名”按钮，完成重命名，如图3-207所示。

图 3-206　新增节

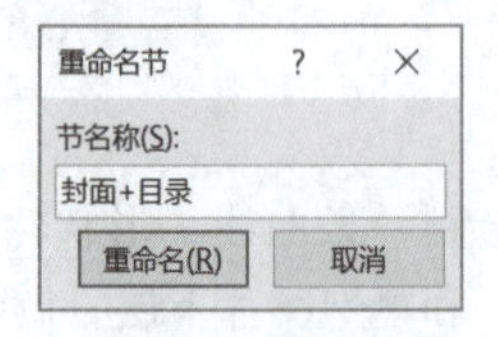

图 3-207　重命名节

（3）折叠/展开节：新增节后，在左侧缩略图的第1页幻灯片上端，会出现新增的节标题名称和管理按钮（三角形），如图3-208所示，单击管理按钮可以折叠/展开节，拖动节标题可以快速调整本节在整体演示文稿中的位置。

图 3-208　折叠 / 展开节

（4）新建其他节：重复第①②步，新建其他节，并为其重命名。

第2节：第3张幻灯片前，命名为“亲密性原则 应用”。

第3节：第7张幻灯片前，命名为“对齐原则 应用”。

第4节：第10张幻灯片前，命名为“对比原则 应用”。

第5节：第13张幻灯片前，命名为“重复原则 应用”。

第6节：第18张幻灯片前，命名为“结束页”。

（5）管理、调整幻灯片结构：切换到“浏览视图”，可以更加方便直观地使用“节”来管理和调整幻灯片结构，如图3-209所示。

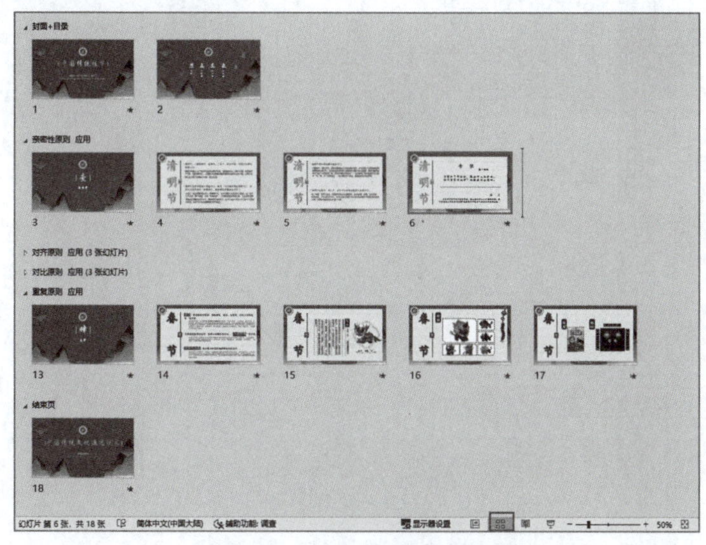

图 3-209　浏览视图下的节

2. 管理节

“普通视图”状态下，左侧的幻灯片缩略图中，在幻灯片上右击，在弹出的快捷菜单中选择相应命令，可根据实际需要管理节，如图3-210所示。

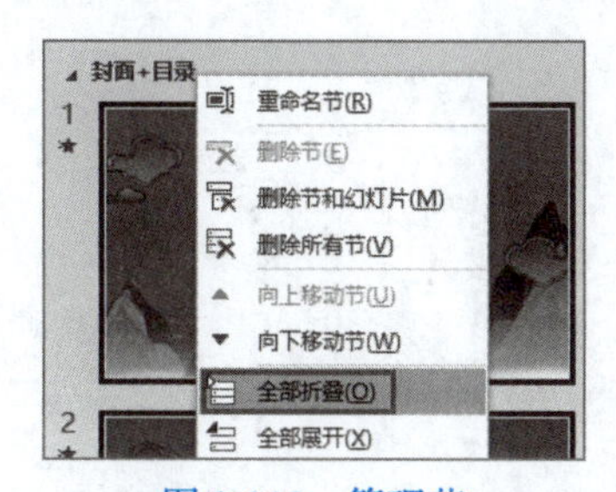

图 3-210　管理节

案例小结

绝大多数演示文稿，并不需要使用复杂的设计技巧，也不涉及PowerPoint的高级功能，只需要灵活应用版面设计的基本原则，就可以轻松地设计制作出一个逻辑结构清晰、重点突出、画面整洁美观、富有视觉冲击力的幻灯片页面，就能够快速让演示文稿作品由“业余级”蜕变为“专业级”。

笔记栏

实训 3.3　制作中国传统佳节演示文稿

实训项目	实训记录
实训 3.3.1　制作《中国传统佳节》演示文稿 按照案例介绍的内容、格式和步骤，制作《中国传统佳节》演示文稿。	
实训 3.3.2　拓展实训：创意设计制作演示文稿 请在以下三个主题中选择一个主题，搜集相关文本资料与图片资料，创意设计制作演示文稿：二十四节气、中国古代四大发明、中国科学家。	

学习与实训回顾

见：

请记下你认为有价值、有启发或容易遗忘的知识点，并注明知识点所在页码以便回顾。

感：

请记下你在学习了本案例并实践之后的收获和感受。

思：

本案例中的知识点可以关联到哪些你已掌握的知识内容（包含其他课程所学）？
你过去碰到的哪些任务、困难，可以用本案例中的知识点去完成、优化、解决？

行：

你对本案例的设计和制作是否有改进建议？
今后的学习和工作中，哪些情境可以用到本案例所学内容？

案例 3.4　中国古代四大美女

知识目标

◎熟悉选择窗格。

◎熟悉 PowerPoint 动画类型。

◎熟悉动画参数设置。

◎掌握动画刷功能和用法。

技能目标

◎使用“选择窗格”。

◎添加、设置动画。

◎使用动画刷复制动画。

◎正确插入与播放背景音乐。

◎转换音视频格式。

素质目标

◎提升审美能力。

◎强化创新意识。

完成图3-211所示的《中国古代四大美女》演示文稿。

图 3-211　案例 3.4《中国古代四大美女》完成效果

动画是演示文稿丰富演示内容和演示效果的必要手段。在演示文稿中编辑内容后，可以根据演示文稿的整体风格，来进行动画效果的设计和设置。本案例展示的是“中国古代四大美女”，即享有“沉鱼落雁之容，闭月羞花之貌”美誉的西施、王昭君、貂蝉、杨玉环，因此整体设计为古典风格，以达到形式与内容的统一。

3.4.1　选择窗格

幻灯片页面上通常有很多对象（内容元素），如文本框、形状、图片、视频等，这些对象有时会出现重叠、遮盖的现象，如果要对其中一个对象进行编辑、设置，难以准确区分、选中、操作时，可以借助“选择窗格”来进行相关操作。

打开“选择窗格”的方法是：单击“开始”→“绘图”→“排列”按钮，在弹出的列表中选择最下方“选择窗格”命令，如图3-212所示。

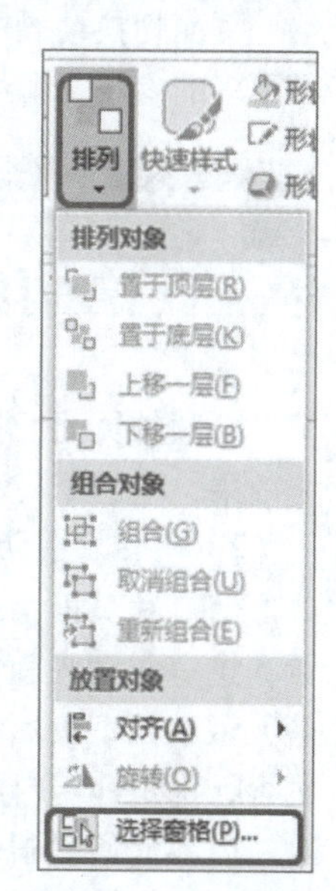

图 3-212　选择窗格

在“选择窗格”中，可以进行以下三种操作：

1. 重命名对象

双击“选中窗格”中的对象名称，可以为其重新取一个有意义的名字，避免“组合159”“图片26”这样的序号名称造成的含混不清。如果页面上的内容元素较多，为了便于后续设置，最好对各内容元素重命名；如果内容元素不多，也可以保留默认名称。重命名后，后期对这些对象添加动画效果、调整层次关系时会更加一目了然，更加方便。

2. 调整对象的上下层叠关系

要调整页面对象的上下位置，可以直接在页面对象上右击，在弹出的快捷菜单中选择“上移一层”“置于顶部”“置于底部”等命令，但当对象比较多、相互重叠时，这种操作就比较困难了。这种时候，在“选择窗格”中，除了可以十分直观地看到各个对象的上下层叠关系，还可以直接单击图3-213中的向上或者向下按钮，快速调整各个对象之间的层次关系，调整后的层次效果可以实时看到。

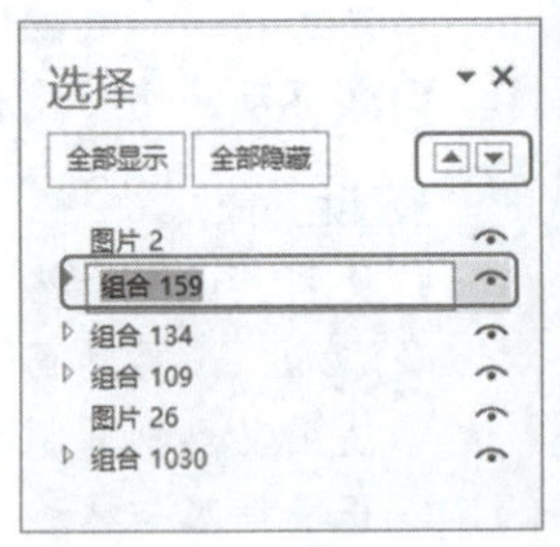

图 3-213　选择窗格

3. 隐藏 / 显示对象

同一个版面的对象如果过多，在操作时，会相互干扰，这种时候，可以在“选择窗格”中根据实际需要，隐藏或者显示特定对象。如图3-213所示，单击对象右侧类似于“眼睛”的图标，即可让该对象显示或者隐藏。

3.4.2 PowerPoint 中的动画

1. 动画分类

PowerPoint提供了两类动画，一类是页面（幻灯片）的转场动画，PowerPoint菜单栏有一个“切换”选项卡，就是专门设置、控制页面之间转场动画效果的；另一类是控制页面上内容元素运动的动画，可以称为内容元素动画，PowerPoint菜单栏同样也有一个专门的“动画”选项卡。

1）页面切换动画

页面切换动画的设置相对比较简单，在“切换”菜单中选取所需转场动画后，设置一下为数不多的参数，即可完成，如图3-214所示。

图 3-214　页面切换动画

新颖的页面切换动画，配合上界面的创意设计，可以增加艺术性，取得让人眼前一亮的视觉效果，也会令演示看起来更加流畅自然。

2）内容元素动画

幻灯片页面上的文字、图形、图表、图片等各类内容元素，如果要动起来，就要设置动画，这一类动画就是我们所说的内容元素动画。我们平常所说的“PPT动画”，通常也是指内容元素动画，页面切换动画一般直接称为“切换”。本章节所介绍的动画设计、设置、控制等内容，都是针对内容元素动画。

内容元素动画效果非常多，主要分为四大类，面板中的常用动画不能满足需要时，可以选择面板下方的“更多……效果”，如图3-215所示。

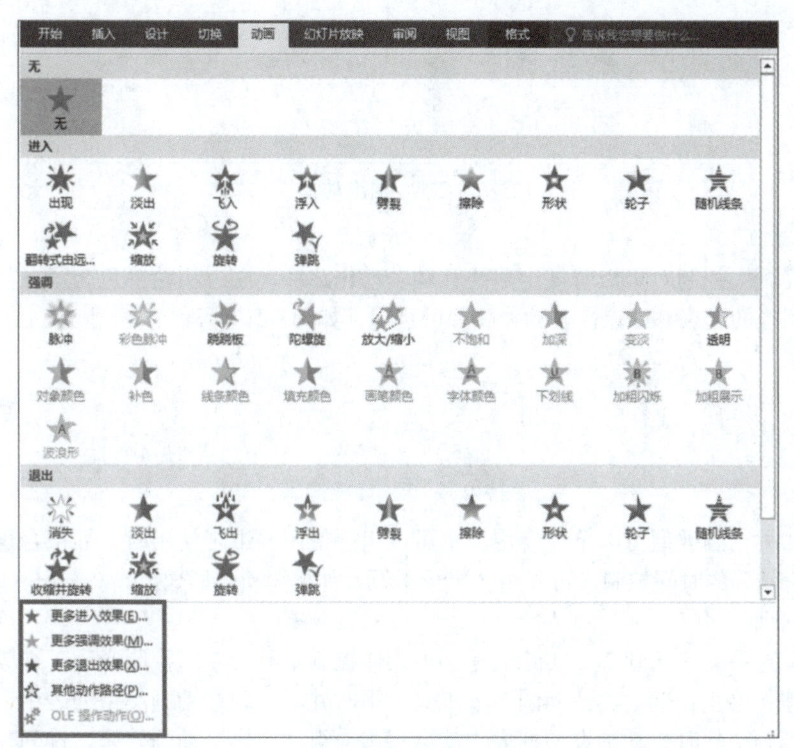

图 3-215　动画类型

3）进入动画

进入动画，用“绿色”星星表示，如图3-216所示。“进入动画”控制的是，事先放映时不在“舞台”（显示屏）的对象，从无到有出现在“舞台”（显示屏）上的方式。

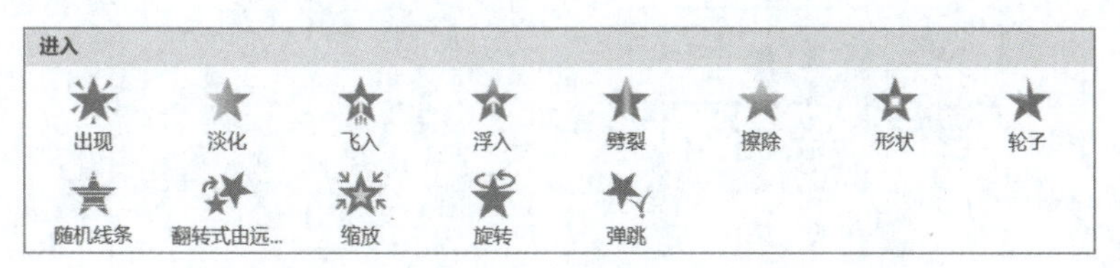

图 3-216　进入动画

4）强调动画

强调动画，用“黄色”星星表示，如图3-217所示。“强调动画”控制的是，本来就在“舞台”（显示屏）上的对象，在“舞台”（显示屏）上的变化方式，目的是引起注意。

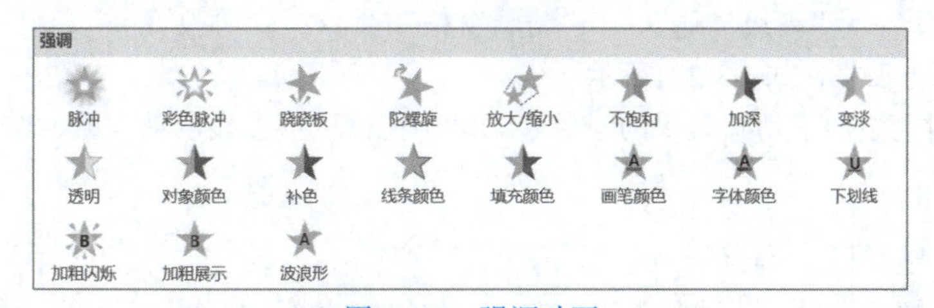

图 3-217　强调动画

5）退出动画

退出动画，用“红色”星星表示，如图3-218所示。“退出动画”控制的是，本来就在“舞台”（显示屏）上的对象，退出“舞台”（显示屏）的方式。

图 3-218 退出动画

6）路径动画

“路径动画”控制对象沿着规定路线移动。动作路径动画，用轮廓色表示，轮廓色上的绿点代表动作路径的起点，红点代表动作路径的终点，如图3-219所示。

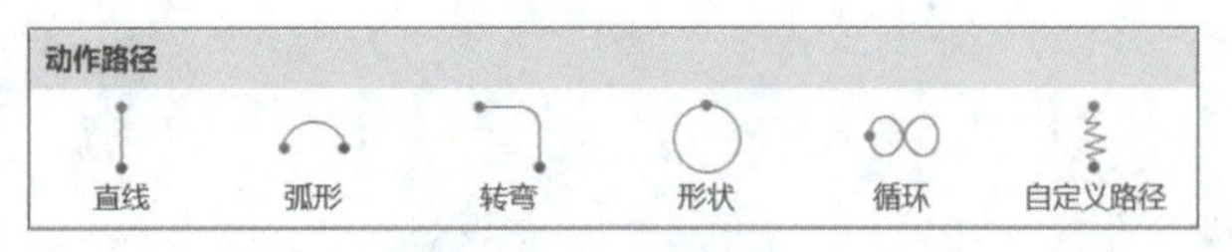

图 3-219 动作路径动画

上面这四种动画类型可以单独使用，也可以组合使用。组合使用时，如果合理设置动画属性参数，配合精确的时间控制，可以组合出千千万万种具体动画形式。

7）媒体动画

“媒体”这一类“动画”，实际上是一组媒体控制工具，专门控制音频、视频等媒体文件的播放、暂停、停止，这一类“动画”（工具）平时并不出现在动画类型列表中，当选中页面上的音频或视频文件时，动画类型列表中就会多出一组“媒体”动画效果，排列在“进入”动画类型之前，如图3-220所示。

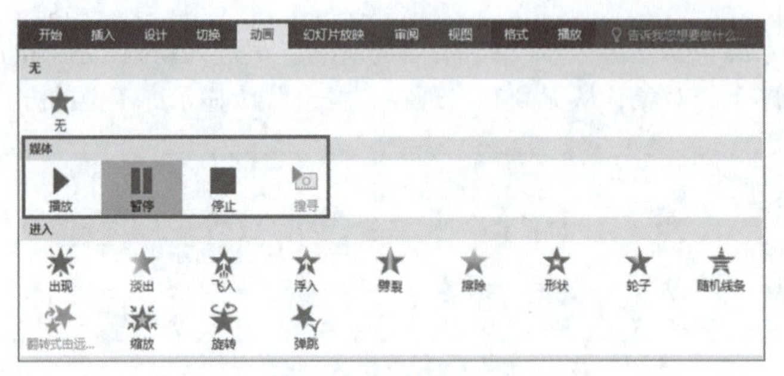

图 3-220 媒体动画

2. 动画窗格

动画窗格会按照动画顺序列出幻灯片上的对象添加的所有动画效果。选择“动画”→“高级动画”→“动画窗格”命令，即可打开“动画窗格”任务窗格，如图3-221所示。

图 3-221 打开动画窗格

幻灯片页面上添加了动画效果的对象在“动画窗格”都会显示动画标记。

3. 添加动画

在“动画”选项卡“高级动画”组中有一个“添加动画”按钮。当一个对象上需要添加多个动画效果时，就需要使用这个按钮。

4. 动画刷

“动画刷”与“格式刷”的作用和使用方法相同，用于复制动画效果。

3.4.3 制作母版

本案例只需要制作基础母版。

1. 添加图片背景

进入幻灯片母版视图，在“基础母版”中插入背景图片，将图片铺满整个页面。单击“图片工具-格式”→“调整”→“颜色”按钮，选择“饱和度”分组中的“饱和度 0%”（第1行左起第1个），“艺术效果”选择“虚化”（第2行右起第1个）。最终效果如图3-224所示。

温馨提示 由于在幻灯片空白处右击，使用快捷菜单中的“设置背景格式”命令设置的背景图片不能设置艺术效果，故此处采用插入图片作为背景的方式。

2. 插入标志图片

插入校徽图片，选择“重新着色”分组中的褐色，如图3-222所示。

“阴影”选择“偏移：中”（第2行左起第2个），如图3-223所示。

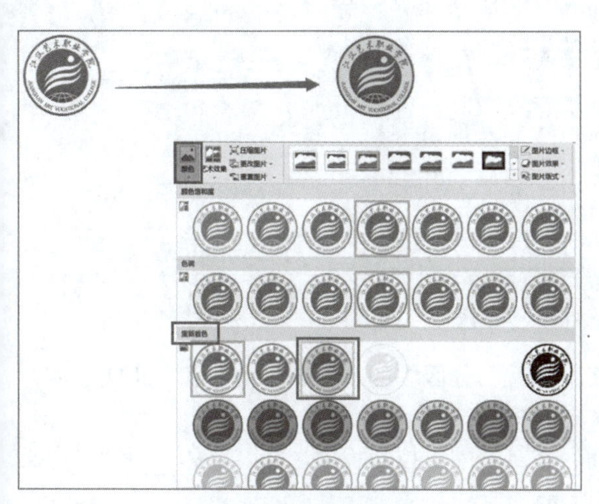

图 3-222 重新着色

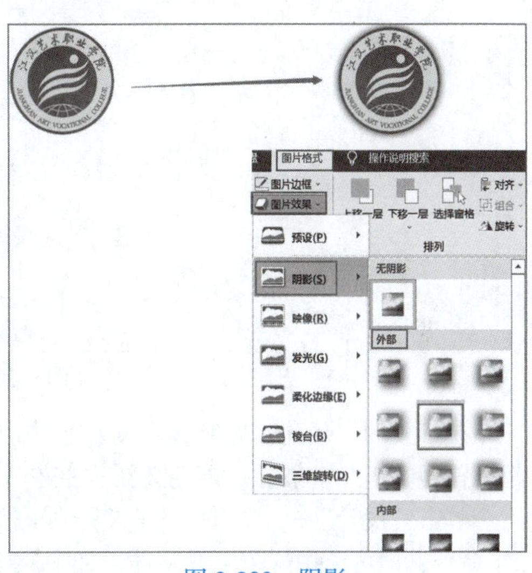

图 3-223 阴影

将调整好效果的校徽摆放在页面的右上角。

3. 添加页眉和页脚

页眉页脚设置中，勾选“幻灯片编号”“标题幻灯片中不显示”；输入页脚文本，文本颜色改为黑色。母版完成效果如图3-224所示。

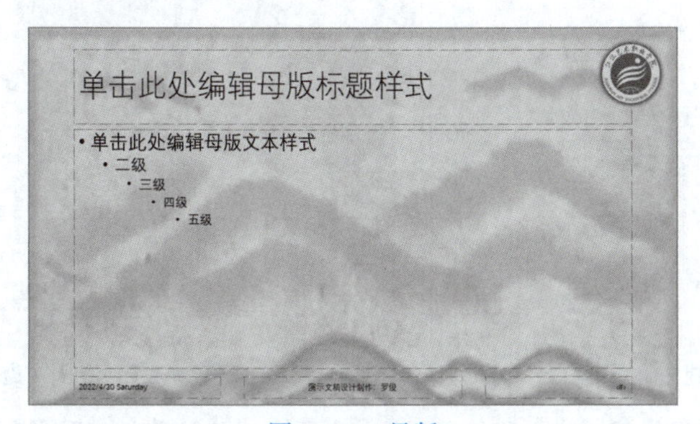

图 3-224 母版

3.4.4 主题设计

本案例的主题设计只需要设置字体。

单击“设计”→“变体”→“其他”按钮，在打开的下拉面板中选择“字体”→“自定义字体”命令，如图3-225所示。

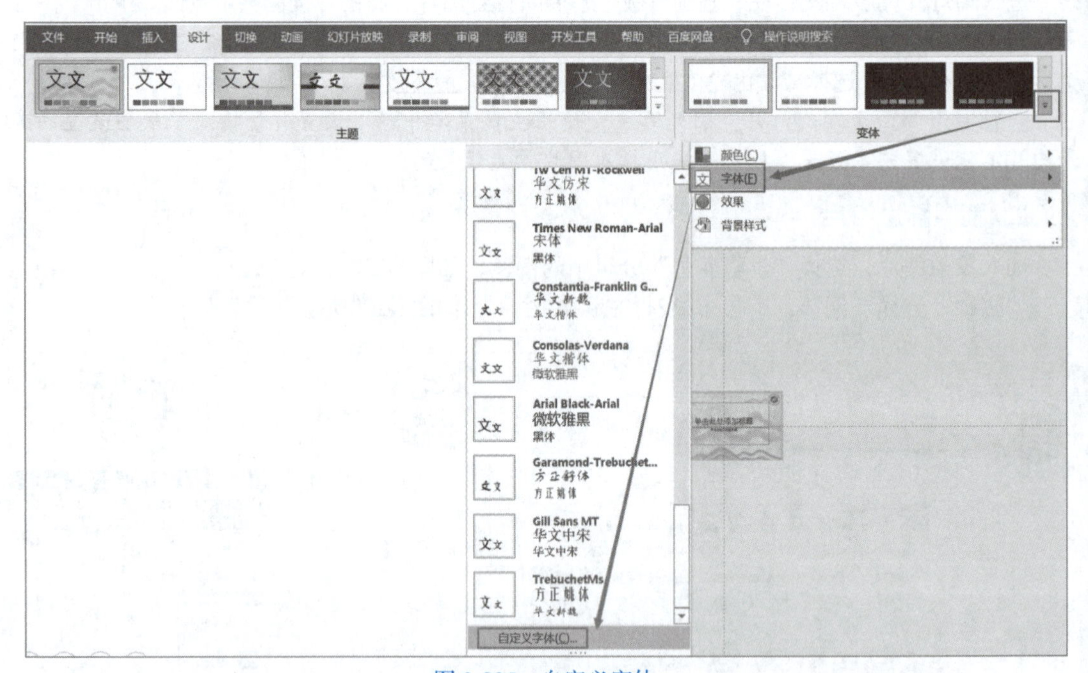

图 3-225　自定义字体

在打开的“新建主题字体”对话框中，将“中文”分区中的“标题字体”和“正文字体”都设置为“华文隶书”，再定义新建主题名称。如图3-226所示。

单击“设计”→“变体”→“其他”按钮，在打开的下拉面板中选择“字体”→“自定义5”命令，即可应用这个主题字体，如图3-227所示。

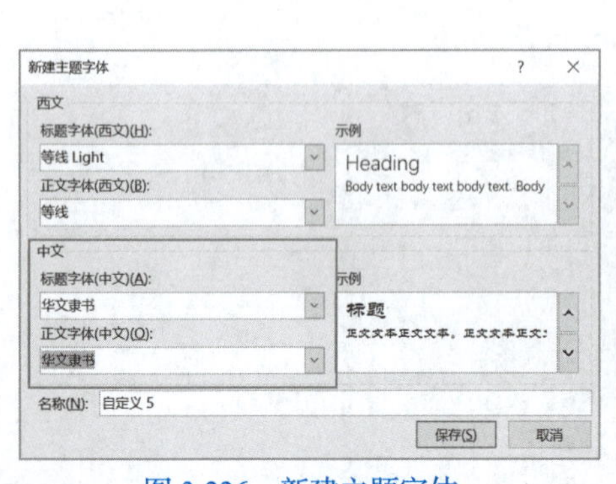

图 3-226　新建主题字体

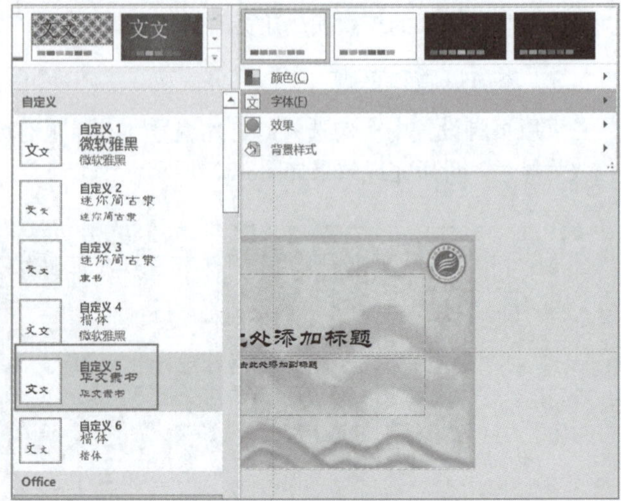

图 3-227　应用主题字体

温馨提示　主题字体可以应用到所有幻灯片页面中，包括母版、页眉和页脚。

3.4.5　第 1 张幻灯片：标题页

第1张标题幻灯片中，是一个卷轴的动画效果。

1. 准备素材

制作幻灯片前，首先需要将素材准备好。

（1）插入图片：插入背景图片，此时插入的图片是放置在幻灯片页面的水平、垂直方向的正中间。

（2）缩小：配合【Ctrl+Shift+Alt】组合键，将图片等比例缩小至合适大小。

温馨提示　使用这种方法缩小，可以保证图片仍然是在幻灯片页面的正中间。否则，就需要使用“对齐”工具再次进行对齐编辑。

（3）裁剪：裁剪掉图片的上半部分。

（4）边框：使用“取色器”工具，将图片的边框设置为山峰轮廓的颜色。

（5）阴影：设置“阴影”为“外部”分组中的“偏移：中”（第2行左起第2个）。

（6）层次：将图片置于底层，完成效果如图3-228所示。

（7）插入图片：插入“轴”图片。

（8）复制轴：配合【Ctrl+Shift+Alt】组合键，复制出第2根轴。

（9）摆放轴：左轴与右轴分别放置在水平参考线“0”的两侧，如图3-229所示。

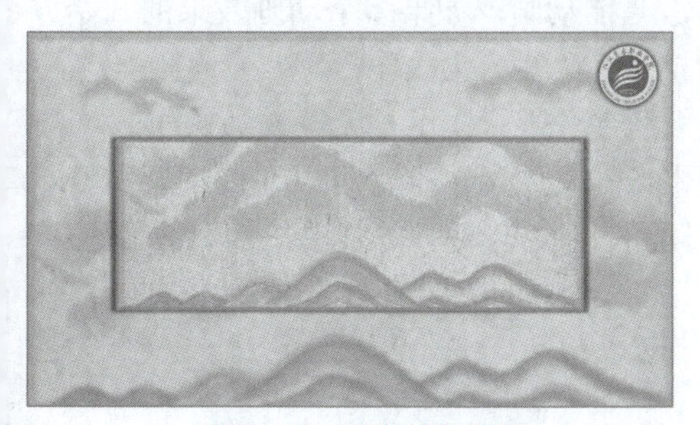

图 3-228　边框与阴影

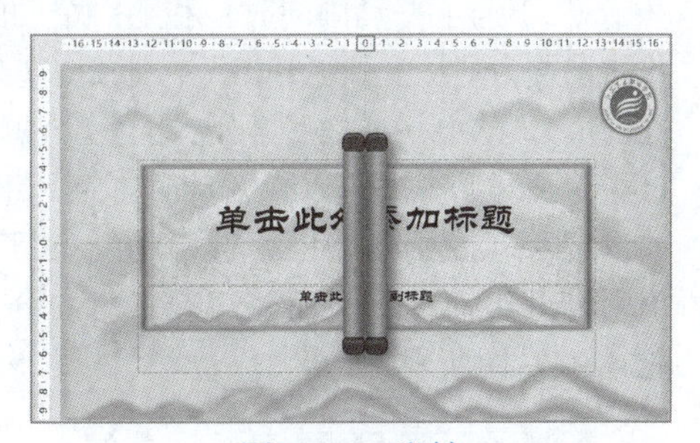

图 3-229　卷轴

（10）添加文本：输入文本“中国古代四大美女”，格式设置为72号字、白色、加粗、分散对齐；选中标题占位符，设置“阴影”效果为“外部”分组中的“偏移：中”。完成效果如图3-230所示。

温馨提示　副标题占位符中没有文本内容，可以删除，也可维持原样。由于没有输入文本内容，放映时不会显示。

2. 重命名对象

使用“选择窗格”，将页面对象重新定义为具体的名称，如图3-231所示。

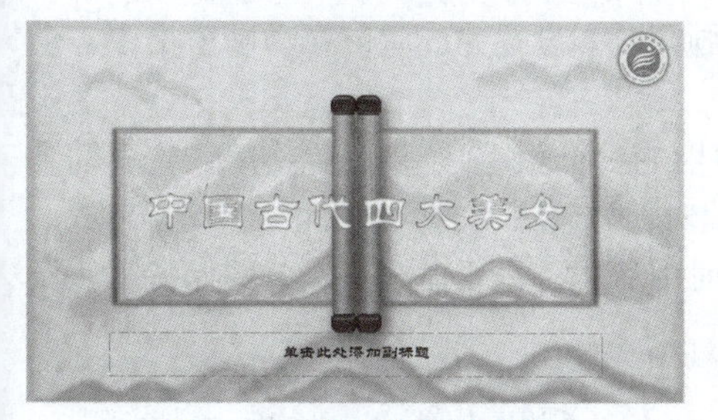

图 3-230　标题幻灯片素材

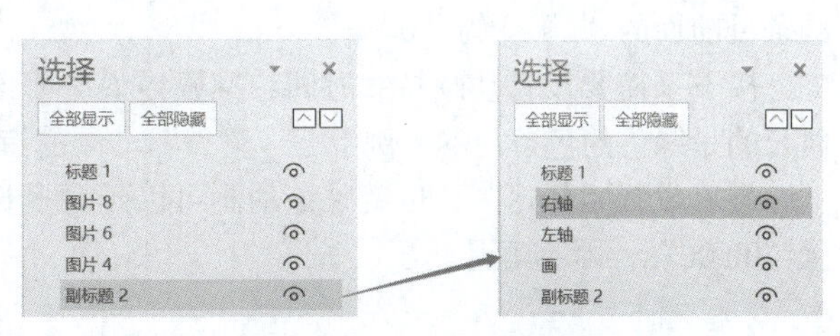

图 3-231　重命名页面对象

3. 设置动画

1）画

选中对象“画”，添加“进入”动画类型中的“劈裂”动画。此时“动画窗格”会出现一个动画条目，如图3-232所示。

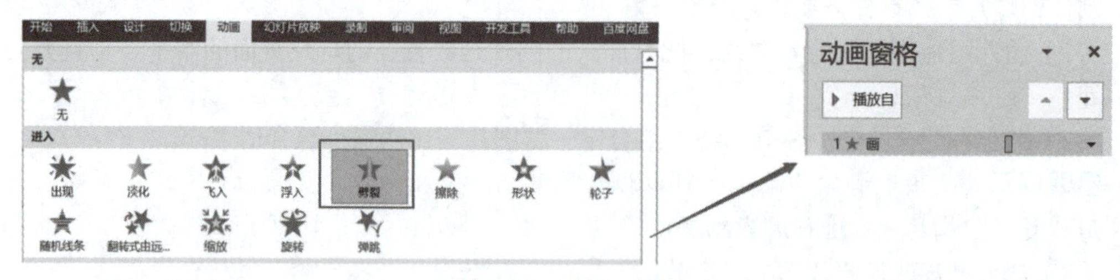

图 3-232　添加动画

每一个动画效果都有效果选项，通过设置不同的效果选项参数，可以带来不一样的动画显示效果。本案例中，“劈裂”动画的效果选项设置为“中央向左右展开”，如图3-233所示。

在PowerPoint中，单个动画的开始方式有三种：

（1）单击时：单击鼠标才开始播放当前动画。一般为了匹配演讲者的讲话时，会优先选择这种动画开始方式。

（2）与上一动画同时：和上一个动画同时开始播放当前动画。如果多个动画效果的开始方式均设置为“从上一项开始”，那么这些动画将会同时演示，无需人为操作。

（3）从上一项之后开始：上一个动画效果演示结束后接着进行演示，无需人为操作。

动画开始方式可以在“计时”工具组中设置，如图3-234左图所示；也可以在“动画窗格”中设置。在动画窗格中，选中动画条目，该动画条目的右侧会出现下拉菜单按钮，该下拉菜单中有两组命令，上面一组有三个命令，与“计时”工具组中的三个开始选项一一对应，如图3-234右图所示。

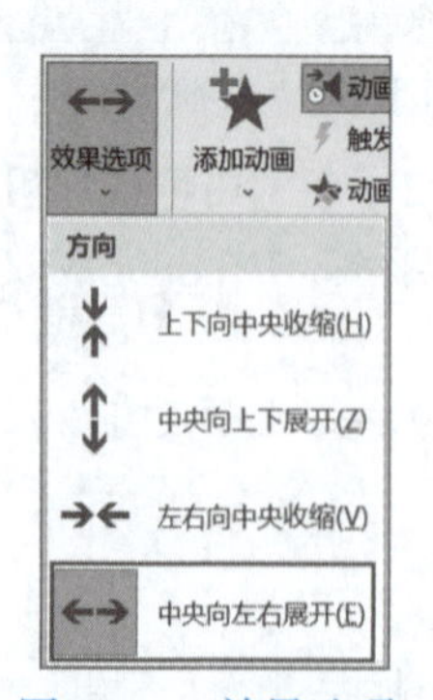

图 3-233　效果选项

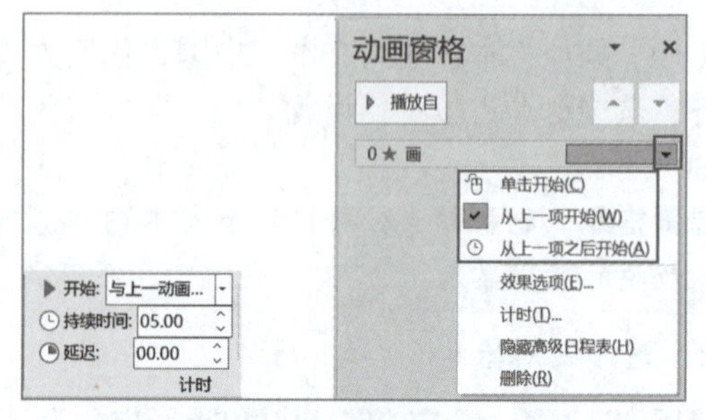

图 3-234　动画参数

本案例中，“劈裂”动画的开始方式为与上一动画同时。设置完成后，在动画窗格中，动画条目前面的“1”变为“0”。

接下来需要设置动画持续时间，准确地说，应该叫“持续时长”。动画窗格中，代表动画时长的是绿色的色条。本案例中，“劈裂”动画的持续时长为5秒。

最后设置“延迟”，也就是该动画可以延时多长时间后，再进行播放。本案例保持默认设置“00.00”，即不延迟。

2）左轴

选中左轴，添加进入“动作路径”动画类型中的“直线”动画。此时“动画窗格”会出现

第2个动画条目。将“直线”动画的方向设置为“靠左”，如图3-235所示。

“开始方式”：上一动画之后。动画窗格中，动画条目前面的“1”变为“0”。

“持续时长”：持续时长5秒。动画窗格中，代表动画时长的绿色色条变长。

此时，左轴上会显示动作路径的线条，绿色三角形是动作路径的起点，以对象的中心作为起点。红色三角形为动作路径的终点，以对象的中心作为终点。一般情况下，起点不用调整，终点需要调整。

单击选中动作路径线条，可以看到动作路径的终点位置上有一个半透明的左轴图片，不在底层画幅的边界位置，所以需要调整动作路径的终点。

单击选中动作路径线条，左手中指按住【Shift】键，右手操作鼠标左键拖动红色三角形（路径终点）至“画”的左边界，如图3-236所示。在拖动过程中，可以预览到左轴的运动轨迹。

温馨提示　调整结束后，先松开左键，再松开【Shift】键。

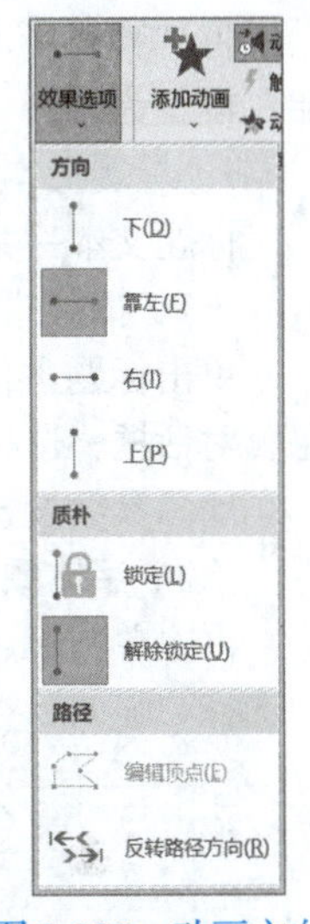

图 3-235　动画方向

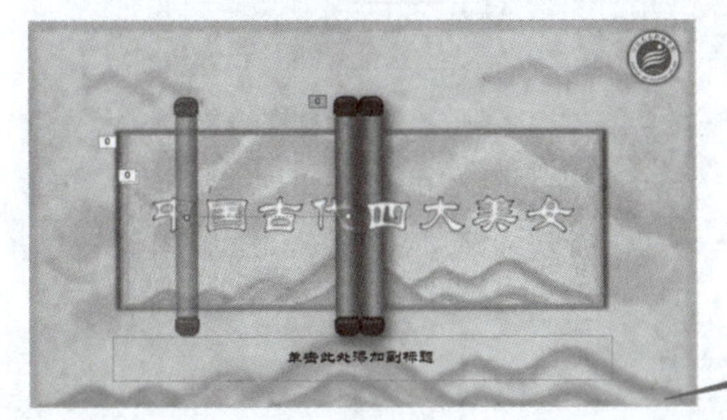

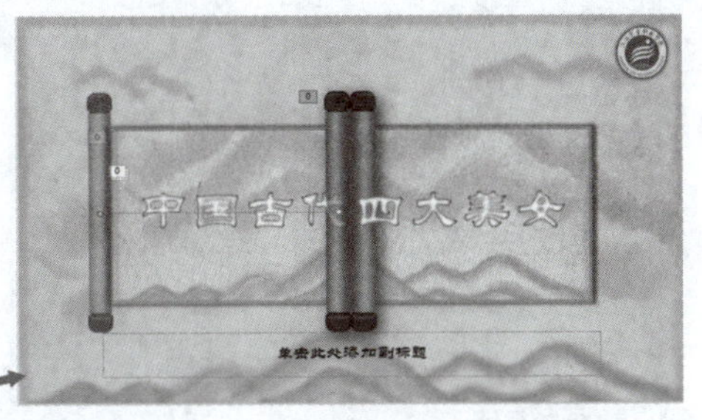

图 3-236　调整动作路径

在“动画窗格”中，双击左轴的动作路径动画条目，打开对话框；在“效果”选项中，将“平滑开始”设置为0秒，“平滑结束”设置为0.5秒，如图3-237所示，完成左轴与画的动画匹配。

温馨提示　本案例中，“平滑开始”设置为0秒，可以让“左轴”与“画”的动画保持同步；为了让动画更自然，通常“平滑结束”设置为“动画时长×0.1”，“左轴”的路径动画时长为5秒，所以“平滑结束”调整为0.5秒。

3）右轴

右轴动画与左轴动画的设置方法一致，只是动画方向相反。

选中左轴，单击“动画”→“高级动画”→“动画刷”按钮，复制动画，如图3-238所示。

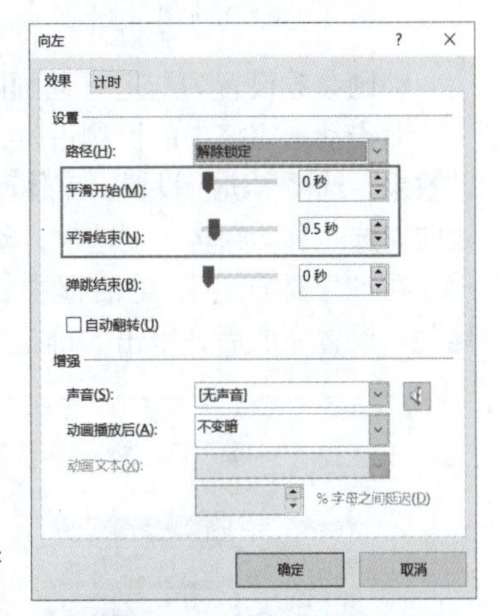

图 3-237　路径动画的平滑设置

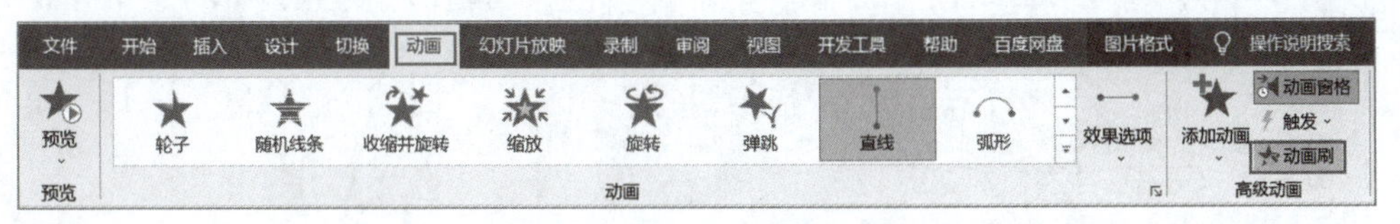

图 3-238　动画刷

单击“动画刷”后，鼠标指针变成了动画刷的模式，单击右轴，即可将左轴的动画复制到右轴上。

将“直线”动画的方向设置为“靠右”，拖动动作路径终点至“画”的右边界，“平滑开始”设置为0秒，“平滑结束”设置为0.5秒。

4）标题文本

标题文本一共设置了两个动画效果。具体操作步骤如下：

（1）挥鞭式进入动画

单击标题占位符边框，选中标题占位符。选择“更多进入动画”命令，打开“添加进入效果”对话框，选择“华丽型”分组中的“挥鞭式”动画效果，如图3-239所示。

动画参数设置为与上一动画同时开始，持续时长2秒，延迟4秒。

（2）字体颜色强调动画

再次单击标题占位符边框，选中标题占位符。单击“添加动画”按钮，在打开的下拉面板中选择“强调”类型中的“字体颜色”动画，如图3-240所示。

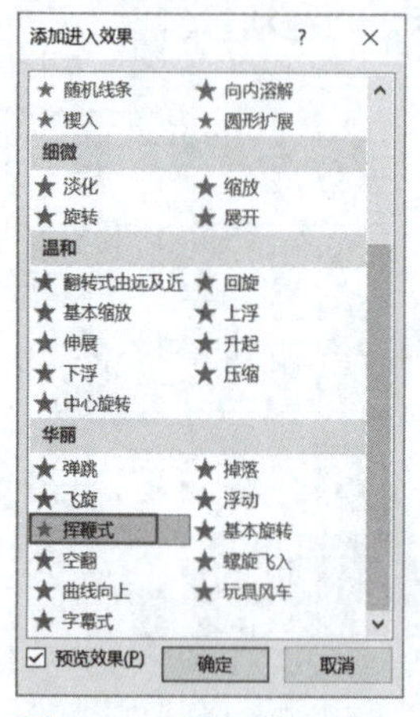

图 3-239　添加进入动画

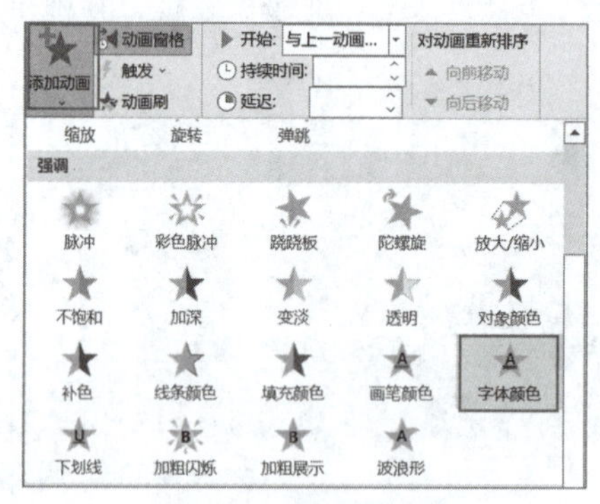

图 3-240　添加强调动画

动画参数设置为与上一动画同时开始，持续时长3秒，延迟4秒。

双击动画窗格中的标题占位符对应的“字体颜色”动画条目，弹出“字体颜色”对话框，在“效果”选项卡进行设置：字体颜色为褐色，样式为第4个（最后一个，颜色最多的选项），动画走向勾选“自动翻转”复选框，动画文本为按字母顺序，10%字母之间延迟，如图3-241所示。

在“字体颜色”对话框中，选择“计时”选项卡，“重复”参数选择“直到幻灯片末尾”。设置完成后，单击“确定”按钮，如图3-242所示。

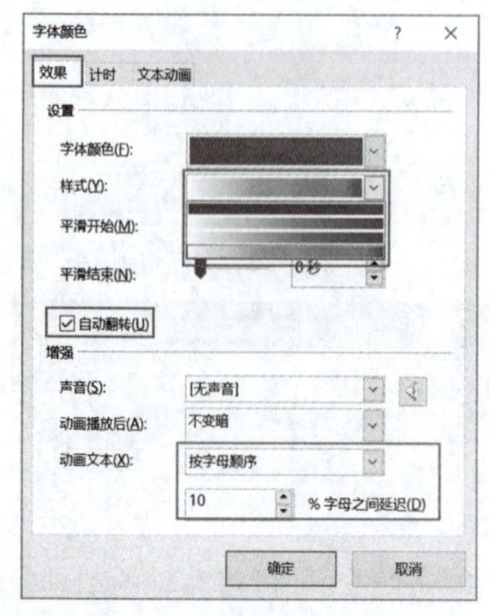

图 3-241　字体颜色动画效果参数

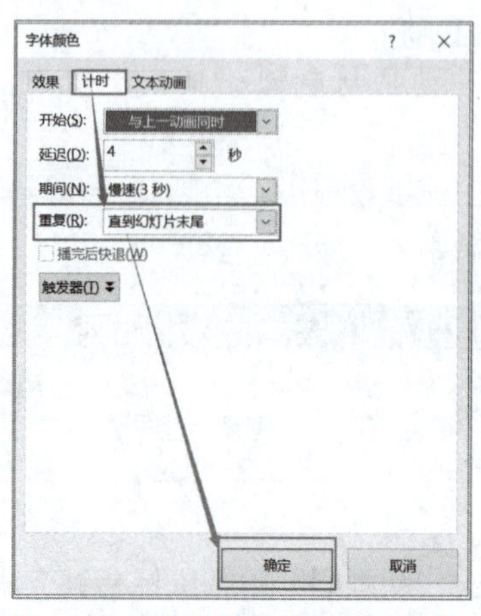

图 3-242　字体颜色动画计时参数

至此，第1张幻灯片的动画制作完成，最终页面效果如图3-243所示。

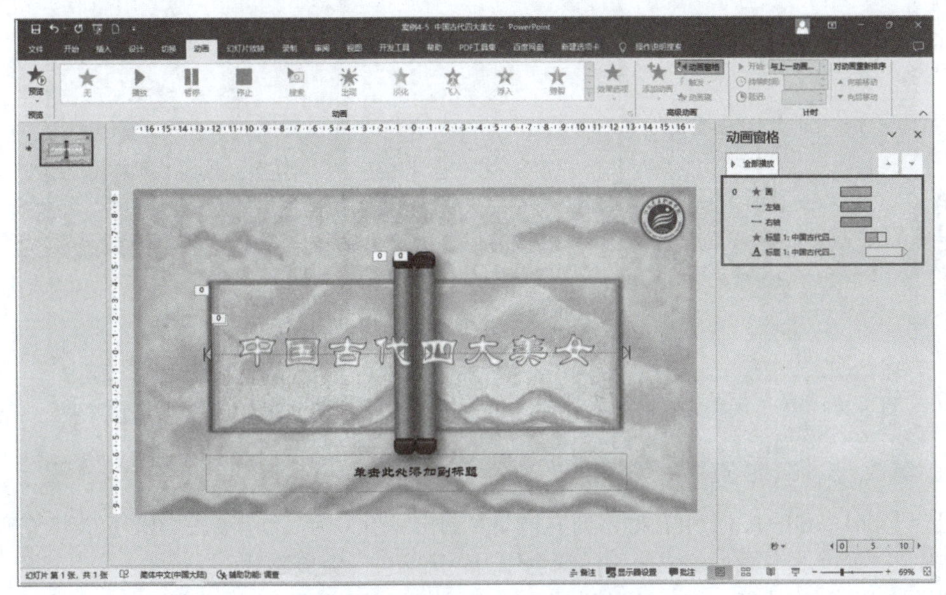

图 3-243 第 1 张幻灯片的动画设置

3.4.6 第 2 张幻灯片：内容页

第2张幻灯片设计制作了书本的动态翻页动画。

在制作动画之前，需要进行素材准备：作为一本书，一般会有正面，也就是奇数页，还会有反面，也就是偶数页。

1. 第 1 页

第1页是封面页，制作步骤如下：

1）缺角矩形

绘制一个缺角矩形，拖动“变形”调节按钮，将缺角适度减小。格式、效果设置如下：

形状大小：高11厘米，宽8厘米。

填充图片：为“缺角矩形”填充背景图片。

轮廓颜色：使用“取色器”取一下校徽中间的深色作为轮廓颜色。

棱台：选择“棱台”效果中的“硬边缘”效果。

2）竖排文本框

绘制一个竖排文本框，输入文本“中国古代四大美女”，加粗，阴影，36号字，分散对齐。

3）组装

同时选中缺角矩形和竖排文本框，执行水平居中、垂直居中，将两个对象以中心点为标准居中对齐，然后组合成一个整体。完成效果如图3-244所示。

2. 第 2 页

第2页是偶数页，也就是第1页反面。

配合【Ctrl+Shift+Alt】组合键，向左拖动复制出一份，将文本内容修改为“沉鱼 落雁 闭月 羞花”。完成效果如图3-245所示。

图 3-244　第 1 页完成效果

图 3-245　第 2 页完成效果

3．第 3、5、7、9 页

配合【Ctrl+Shift+Alt】组合键，向右拖动复制出一份，为复制出来的图形重新填充西施图片，并使用“取色器”取西施衣服中的深色作为轮廓颜色，完成第3页。

同样的方法，完成第5、7、9页的制作。全部完成后的效果如图3-246所示。

图 3-246　第 3、5、7、9 页完成效果

4．第 4、6、8、10 页

第4、6、8、10页，分别是第3、5、7、9页的反面，每一页都有一首古诗，分别对应着“正面”的主题人物。制作步骤如下：

配合【Ctrl+Shift+Alt】组合键，向左拖动复制出一份，在复制出的页面上，将文本内容修改为对应古诗词。

第4页为唐代罗隐的《西施》：家国兴亡自有时，吴人何苦怨西施。西施若解倾吴国，越国亡来又是谁。

第6页为《三国演义》原著中的无题诗：红牙催拍燕飞忙，一片行云到画堂。眉黛促成游子恨，脸容初断故人肠。

第8页为唐代李白的《于阗采花》：明妃一朝西入胡，胡中美女多羞死。乃知汉地多名姝，胡中无花可方比。

第10页为唐代李白的《清平调》：云想衣裳花想容，春风拂槛露华浓。若非群玉山头见，会向瑶台月下逢。

第4、6、8、10页的完成效果如图3-247所示。

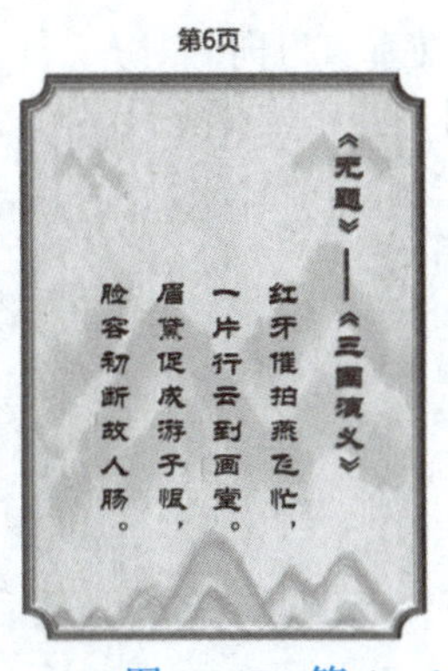

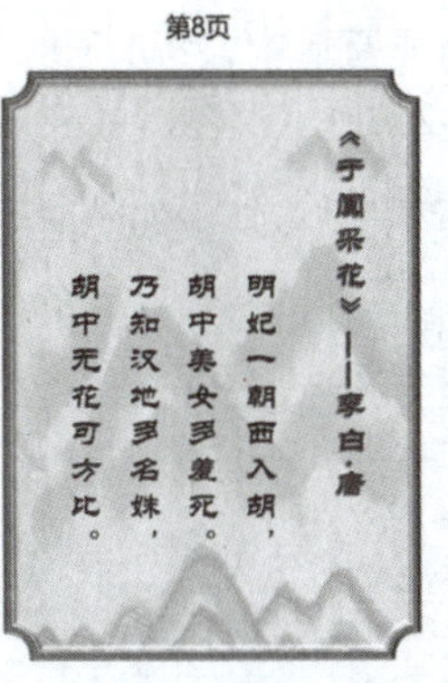

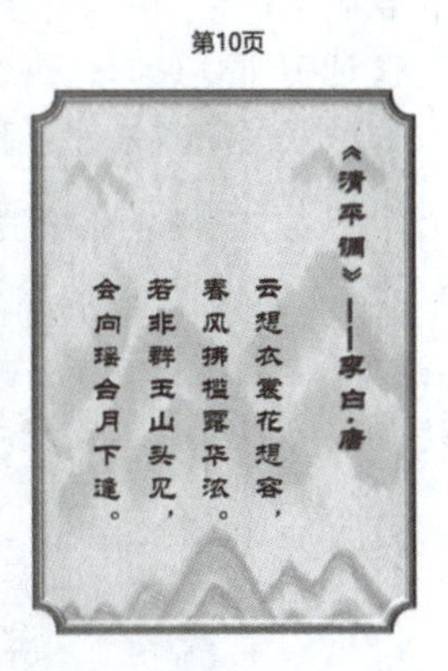

图 3-247　第 4、6、8、10 页完成效果

5. 第 11 页

第11页是作者信息页，制作步骤如下：

将第1页向左复制出一份，在复制出的页面上，将文本内容修改为“**设计制作”。完成效果如图3-248所示。

图 3-248　第 11 页完成效果

6. 调整层叠关系

要演示为书册翻页动画，先要调整各页面（缺角矩形）的层叠关系。

先在选择窗格中将各个页面按照前面的页码设计进行重命名。

在选择窗格中拖动页面对象，调整好上下关系：偶数页，小号在下，大号在上；奇数页，小号在上，大号在下。完成后的层叠关系如图3-249所示。

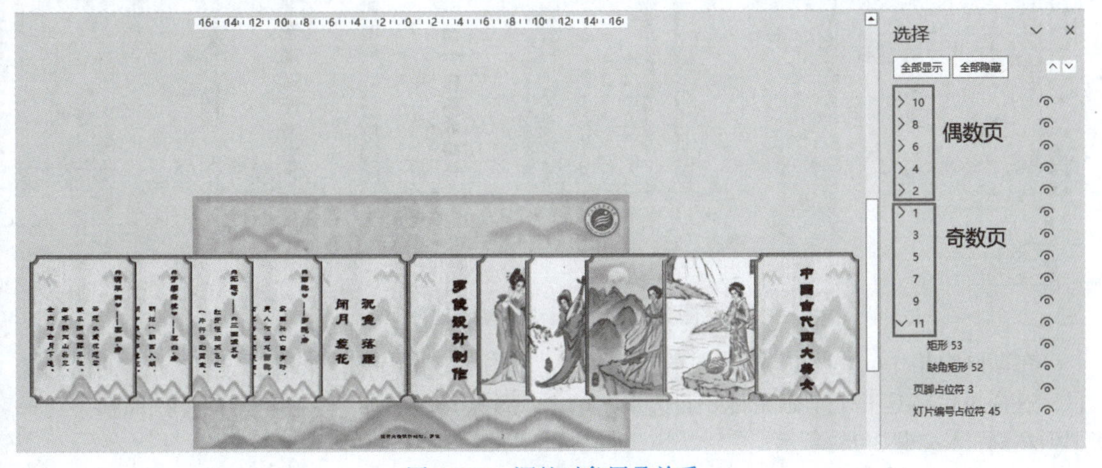

图 3-249　调整对象层叠关系

7. 对齐与摆放

选中第11页以外的所有奇数页，执行水平居中、垂直居中，将它们完全重合，并摆放在页面上合适的位置。

选中所有的偶数页，执行水平居中、垂直居中，将它们完全重合，并摆放在页面上合适的位置。

选中所有页面，执行垂直居中，将所有页面在垂直方向上对齐。

最终完成效果如图3-250所示。

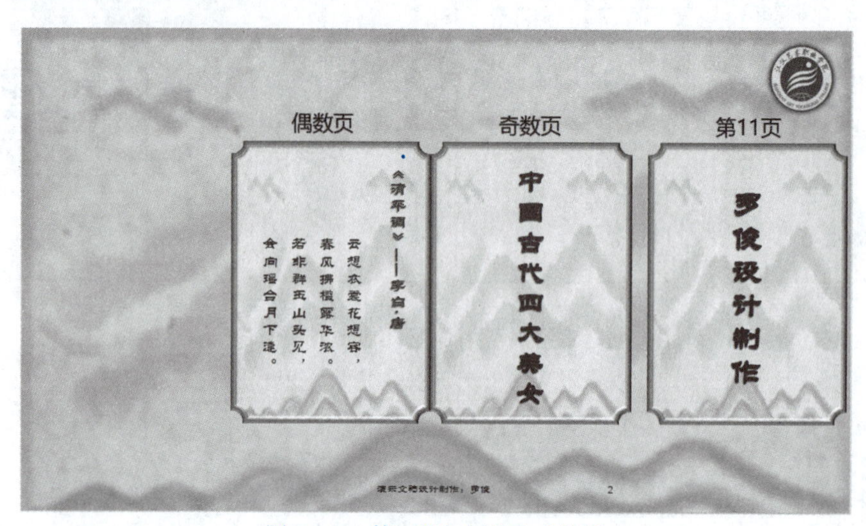

图 3-250　第 2 张幻灯片完成效果

8. 设置奇数页动画

框选1、3、5、7、9页，在“添加退出效果”对话框中，选择“温和”分组中的“层叠”动画效果（第1个）。

此时，会看到动画窗格中五个页面同时添加了动画效果，如图3-251所示。

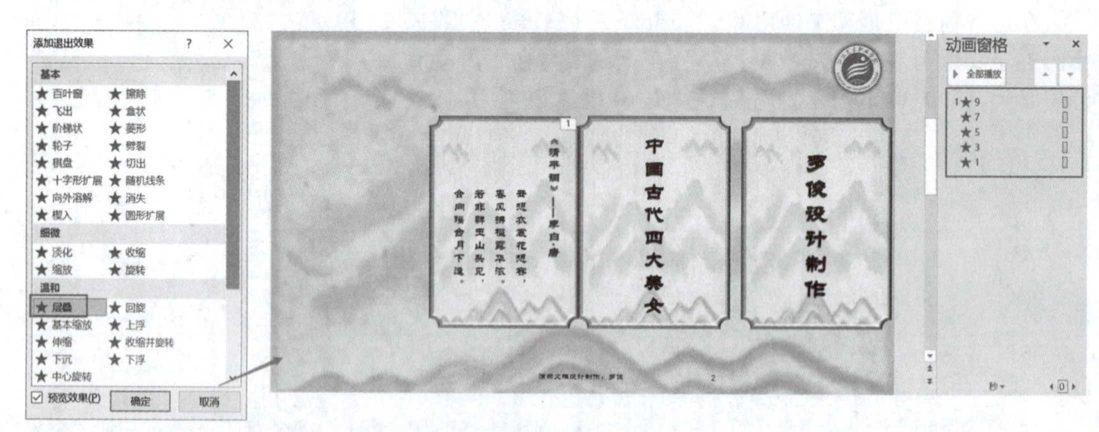

图 3-251　批量添加动画效果

在动画窗格中，单击选中“9”的动画条目，按住【Shift】键，再单击选择“1”的动画条目，这样可以将这五个动画条目一起选中；单击“效果选项”命令，在打开的下拉面板中选择“到左侧”。如图3-252所示。

按照动画效果的实际运行顺序，直接在动画窗格中使用鼠标上下拖动动画条目，调整为1、3、5、7、9的顺序。将这5个动画条目一起选中，将持续时长调整为2秒。

开始方式与延迟：

第1页：与上一动画同时，延迟3秒。

第3、5、7、9页：上一动画之后，延迟3秒。

至此，第1、3、5、7、9奇数页的动画效果就制作完成了。选择窗格中的动画条目状态，以及计时工具组的参数状态，如图3-253所示。

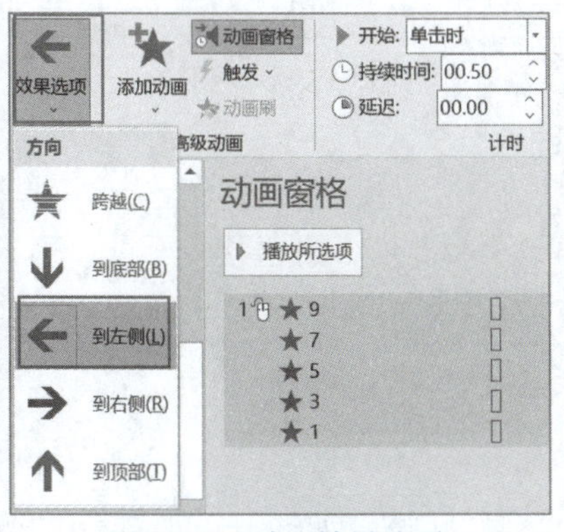

图 3-252　动画效果选项

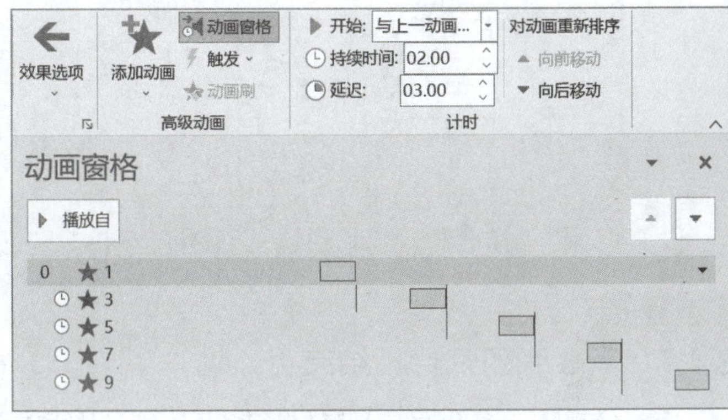

图 3-253　动画条目状态

9. 设置偶数页动画

框选2、4、6、8、10页，在“添加进入效果”对话框中，选择“温和”分组中的“伸展”动画效果（纵向第3个）。

此时，会看到动画窗格中五个页面同时添加了动画效果，如图3-254所示。

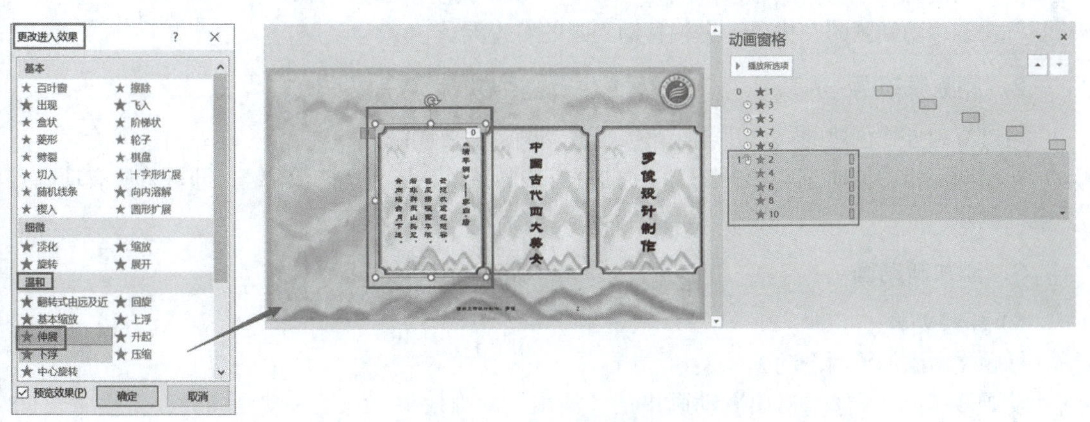

图 3-254　批量添加动画效果

同时选中5个动画条目，设置“效果选项”为“自右侧”，如图3-255所示。

将五个动画条目的持续时长调整为2秒，开始方式设置为“上一动画之后”。

在动画窗格中拖动调整动画条目顺序，形成1、2、3、4、5、6、7、8、9、10的完整动画顺序。动画窗格中看到的动画条目状态，如图3-256所示。

第11页不需要动画，只需要将它与其他奇数页执行“左对齐”，并且确保它在动画窗格中位于最下方。

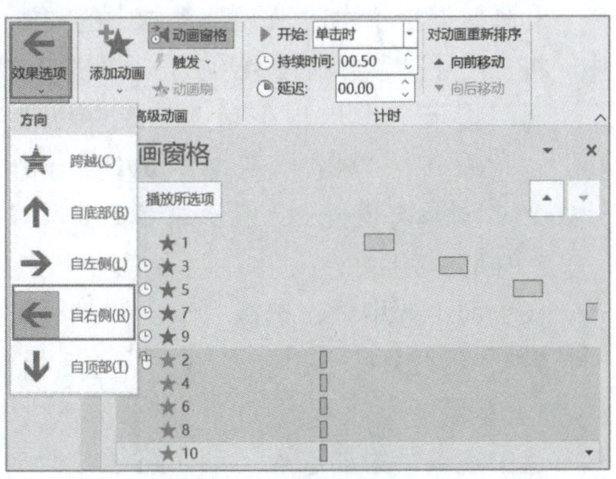

图 3-255　动画效果选项

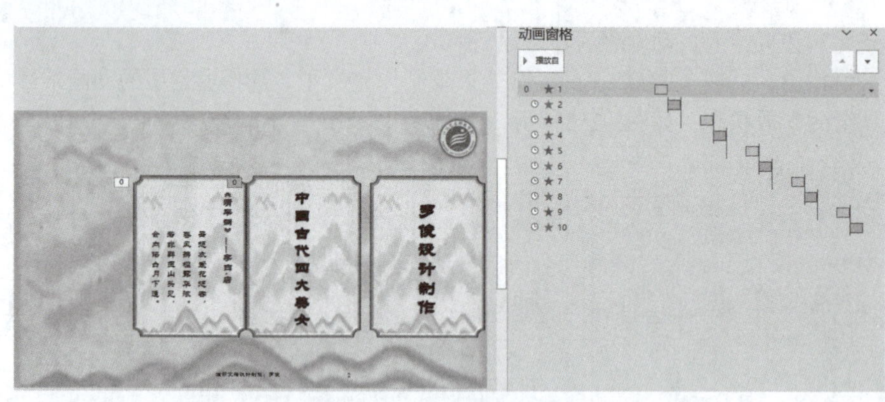

图 3-256　完整的动画顺序

3.4.7　第 3 张幻灯片：结束页

第3张幻灯片是结束页，与第1张幻灯片不管是从版式上还是动画效果的设计上，都是相互呼应的。

1. 创建幻灯片

复制第1张幻灯片，拖动调整至第3张的位置。

将幻灯片上的文本内容修改为“恭请方家雅正”，使用“取色器”工具将文本颜色设置为左右轴中间的绸缎颜色，阴影效果改为“外部”分组中的“偏移：右下”。

将左轴移动到画的左边界，右轴移动到画的右边界。

2. 删除原动画

通过复制方式创建的幻灯片会保留原来的动画，需要删除。

在动画窗格中同时选中第3张幻灯片的所有动画条目，按【Delete】键，即可将所有动画条目全部删除。

3. 添加新动画

1）标题文本

标题文本添加了两个动画效果。

动画效果1：添加“退出”动画中的“淡出”动画效果，与上一动画同时，持续时长1.5秒，延迟1秒。

动画效果2：添加“强调”动画中的“放大/缩小”动画效果；双击动画条目，在弹出的对话框中，将“尺寸”参数调整为200%，如图3-257所示；与上一动画同时，持续时长1.5秒，延迟1秒。

温馨提示　放大/缩小动画参数中的“尺寸”参数直接决定动画效果是“放大”还是“缩小”：“微小”“较小”或者参数小于100%，对象会慢慢变小；“较大”“巨大”或者参数大于100%，对象会慢慢变大；如果参数直接设置为100%，对象不会发生变化。

2）画

在页面中选中画，选择“退出”动画类型中的“劈裂”动画效果，与上一动画同时，持续时长5秒，延迟3秒。

3）左轴

选中左轴，添加进入“动作路径”动画类型中的“直线”动画，将“直线”动画的方向设置为“靠右”，与上一动画同时，持续时长5秒。

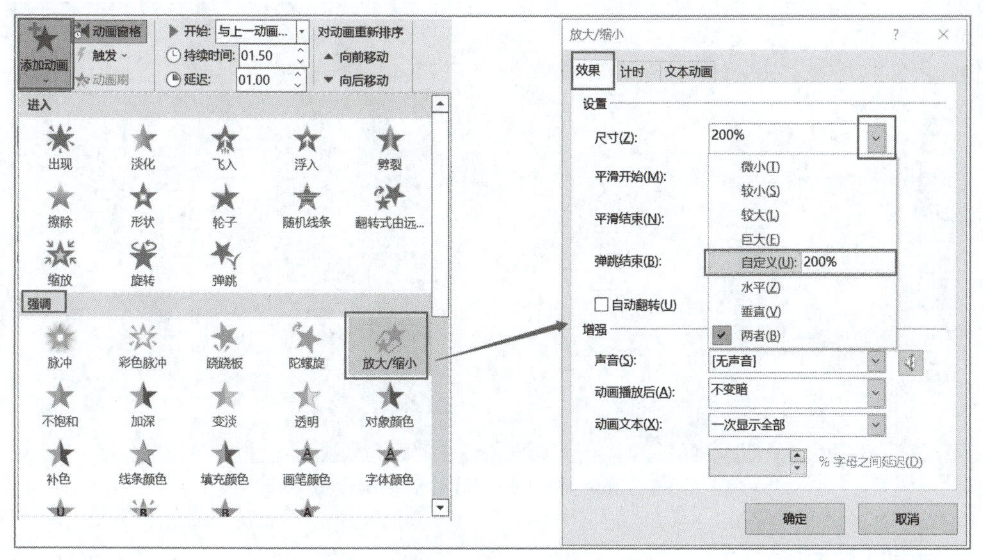

图 3-257　自定义尺寸

温馨提示　与上一动画同时，就会和上一个“画”的动画效果一样，也延迟3秒。

单击动作路径线条，左手中指按住【Shift】键，右手操作鼠标左键拖动红色三角形（路径终点）至“画”的水平中心线位置，让左轴的右边界对齐水平参考线“0”的位置，如图3-258所示。

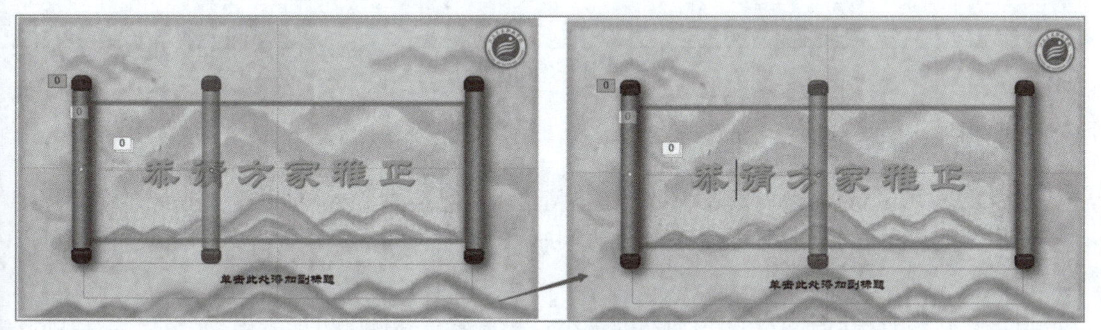

图 3-258　调整动作路径

在“动画窗格”中，双击左轴的动作路径动画条目，打开对话框，在“效果”选项中，将“平滑开始”设置为0秒，“平滑结束”设置为0.5秒，如图3-259所示。此处的设置是为了让“左轴”与“画”的动画匹配。

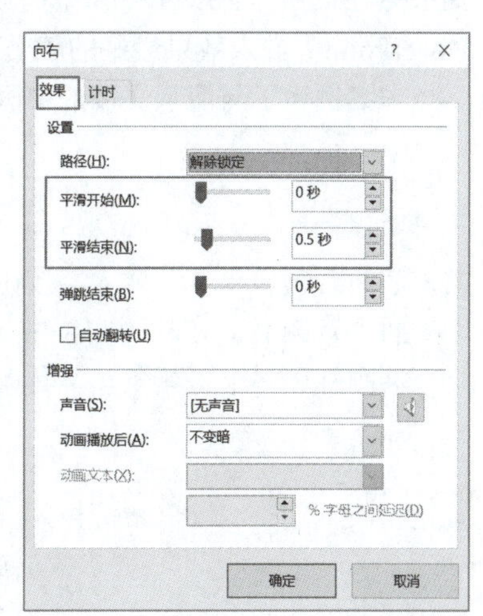

图 3-259　路径动画的平滑设置

4）右轴

右轴的动画与左轴动画的设置方法一致，只是动画方向相反：

使用“动画刷”将左轴动画复制到右轴；将“直线”动画的方向设置为“靠左”；拖动动作路径终点，使右轴的左边界至“画”的水平中间（参考线“0”的位置）；将“平滑开始”设置为0秒，“平滑结束”设置为0.5秒。

至此，第3张幻灯片上的动画设计制作就完成了。动画窗格如图3-260所示。

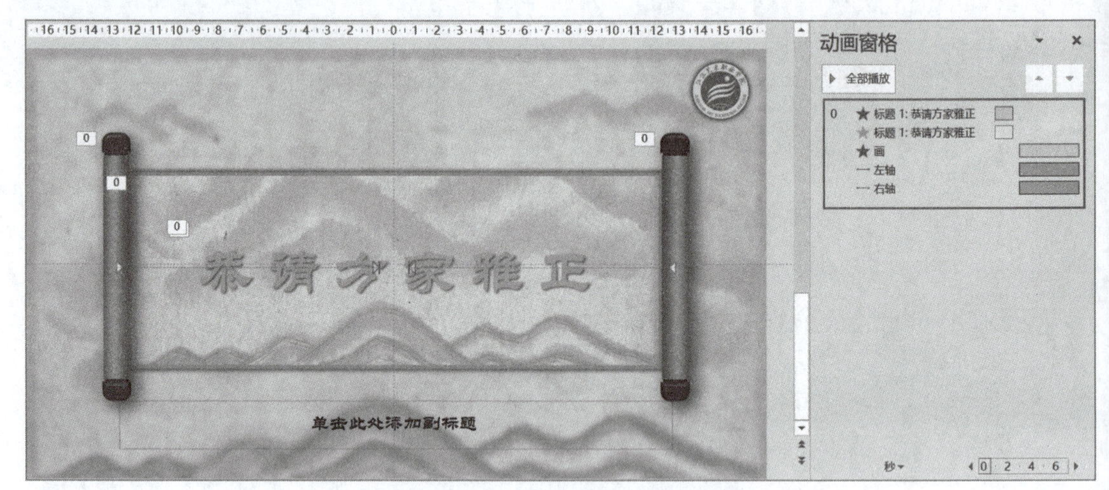

图 3-260　第 3 张幻灯片的动画设置

3.4.8　幻灯片切换

本案例中，3张幻灯片的幻灯片切换方式全部都应用为“风”，其他参数为默认，如图3-261所示。

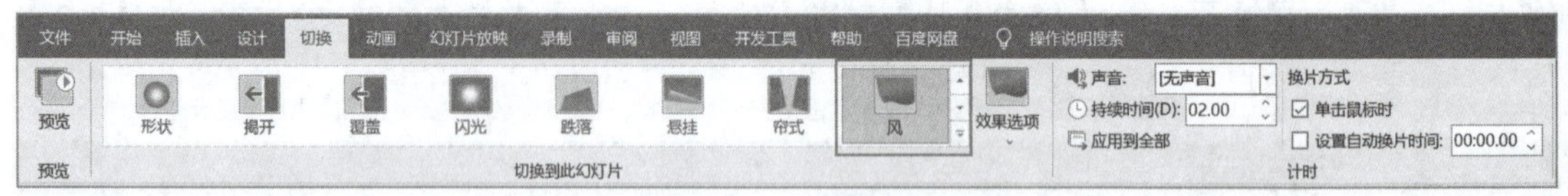

图 3-261　幻灯片切换

3.4.9　插入背景音频

演示文稿中添加适宜的背景音乐可以渲染情绪，烘托氛围。PowerPoint 2016版本支持直接将音频嵌入演示文稿中，这样即便删除了计算机中的原始音频文件，演示文稿中的音频也可以正常播放。

但是，在高版本PowerPoint中插入的音乐，在低版本软件中可能会出现不兼容的情况。如果想在低版本PowerPoint中播放高版本的音频，可以在演示文稿中使用wav格式音频，目前PowerPoint中嵌入效果最好的就是wav格式音频。

本案例为了与演示文稿的中国古典风格相匹配，插入了一首古筝曲作为背景音乐。

1. 插入音乐

选择“插入”→“媒体”→“音频”→“PC上的音频”命令，在打开的对话框中，找到所需古筝曲音频，单击“插入”按钮插入音频。

插入音频后，在动画窗格中会多出一条音频动画条目，幻灯片页面的正中间也会出现一个扬声器图标和一个工具条。工具条的按钮功能如图3-262所示。

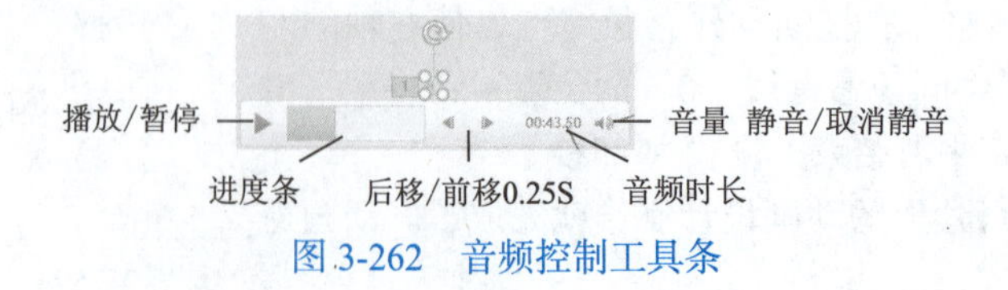

图 3-262　音频控制工具条

2. 编辑音频

1）音频顺序

在动画窗格中，将音频动画拖动到第1顺位。

2）音频效果

右击声音动画条目，选择“效果选项”命令，打开“播放音频”对话框，选择“从头开始”播放，在999张幻灯片后停止播放，如图3-263所示。

温馨提示　这里的“在999张幻灯片后”停止播放，设置的是一个概数。因为很多时候，开始制作演示文稿时并不知道一共会做出多少张幻灯片，如果背景音乐需要从头播放到尾，就可以输入一个相对大一点的数字，以免音乐在演示文稿播放过程中停止。“在…张幻灯片之后”，指的是从音乐插入的这张开始算起。一个演示文稿中若插入了多首背景音乐时，需要在这里精确设置，也可避免同一页面中有多首乐曲播放。

3）计时

切换到“计时”选项卡，设置为与上一动画同时，直到幻灯片末尾。其他参数保持默认。如图3-264所示。

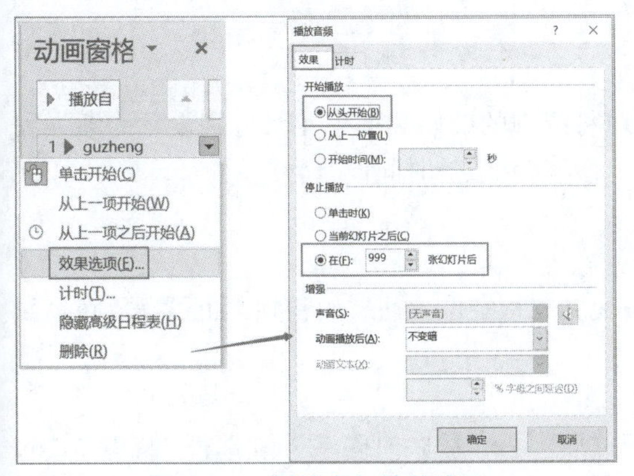

图 3-263　播放音频效果设置

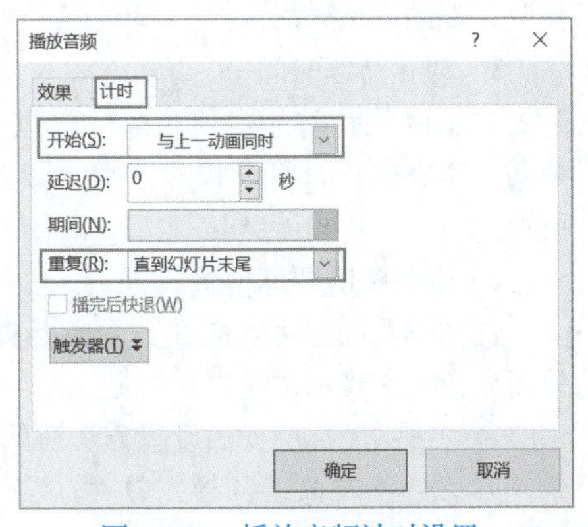

图 3-264　播放音频计时设置

温馨提示　这里设置的重复“直到幻灯片末尾”是为了避免音乐长度不够，导致不能覆盖全部幻灯片。

3. 音频编辑工具

PowerPoint集成了比较简单但很实用的音频编辑处理功能，能够满足用户基本的音频编辑处理需求。

1）音频工具

选中幻灯片页面上的音频文件图标，PowerPoint的菜单栏会出现一组“音频工具”选项卡。一个是“格式”子选项卡，包含的工具命令与“图片工具-格式”菜单几乎完全一样（“图片版式”命令按钮变灰不可用），使用这些命令可以将音频文件的扬声器图标当作图片进行格式美化设计，如图3-265所示。

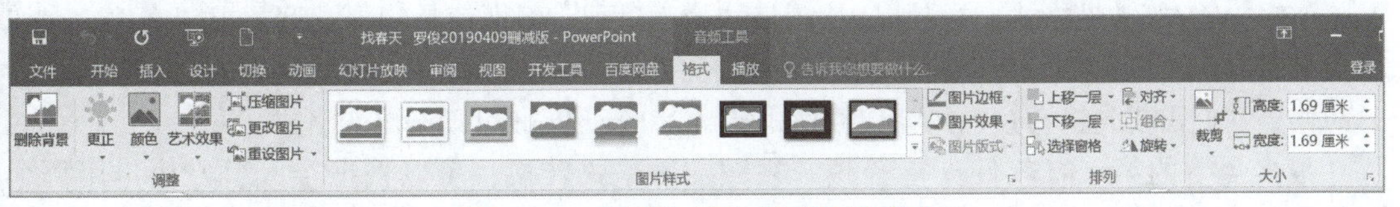

图 3-265　“音频工具 - 格式”选项卡

另一个是“播放”子选项卡，下面的工具命令可以用来对音频进行编辑处理和播放控制，如图3-266所示。

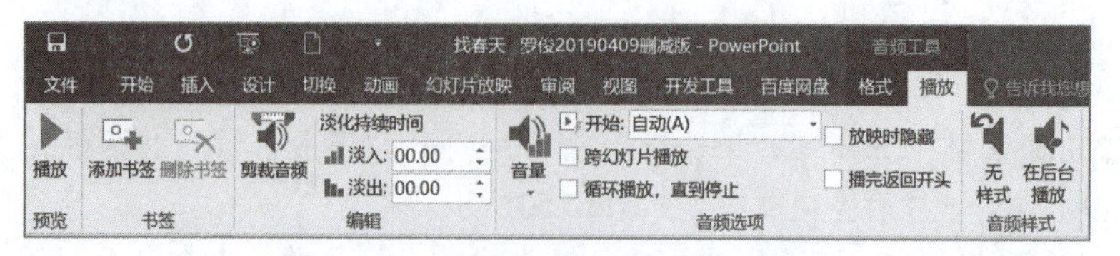

图 3-266 “音频工具 - 播放”选项卡

2）剪裁音频

制作演示文稿时，我们可能只需要使用音频中的某一段，这时可以使用“音频工具-播放”→“编辑”→“剪裁音频”工具，剪裁掉不需要的部分。

选中插入的音频文件喇叭图标后，单击图3-266中的“剪裁音频”按钮，打开“剪裁音频”工具，根据实际需要，拖动音频波形图左侧的绿色起始游标和右侧的红色结束游标到合适位置，两个指示条中间的波形图，就是保留下来的音频，单击“确定”按钮完成剪裁。

本案例中，由于插入的音频前面有一小段空白，所以将音频的“开始时间”调整为“3秒”，如图3-267所示。

3）淡化持续时间

为了避免音频开始和结束得太过突兀，可以将音频的开始和结束音量分别设置为渐强和渐弱。本案例中，将音频的开始设置为“渐强”，从弱到强的时间设置为“3秒”，如图3-268所示。

4）音频喇叭图标位置

音频喇叭图标可摆放在页面上起提示作用，比如在指定位置播放的音频；也可摆放在页面外面，让其在演示过程中不可见。

音频喇叭图标位置的设置方法有两种：

方法一：勾选“音频工具-播放”→“音频选项”→“放映时隐藏”复选框，如图3-269所示。

图 3-267 剪裁音频

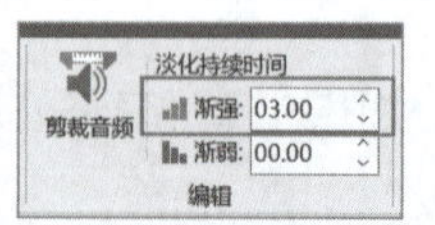
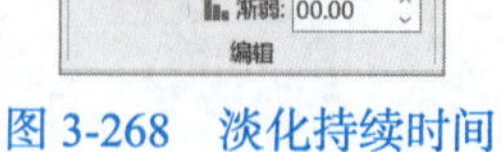

图 3-268 淡化持续时间

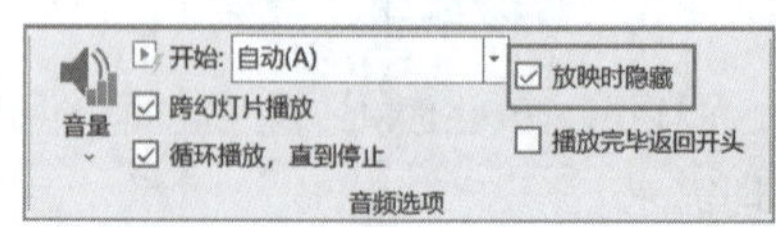

图 3-269 放映时隐藏

方法二：直接将音频扬声器图片拖动到幻灯片页面外，这样更直观。

3.4.10 音频和视频格式转换

PowerPoint支持的音频、视频格式十分有限，一般可以插入MP3、MP4、WMV、MPEG-1、AVI、WAV等常见格式，视频以WMV格式最为适配。但即使是相同类型的视频文件，比如扩展名都是mp4的视频，因为编码方式不一样，有的在PowerPoint中能播放，有的却不能播放。这时候，我们需要先将音频、视频文件格式转换为PowerPoint可以播放的格式。

很多免费的第三方软件支持音频、视频文件格式转换，可以根据个人喜好决定用哪个软件。

案例小结

本案例的制作，涉及选择窗格的使用、幻灯片母版的设计制作、字体变体的运用、动画的设计制作、音频文件的插入与编辑等技能技巧，灵活运用这些技能技巧，可以设计制作出非常富有创意的演示效果。

希望本案例能抛砖引玉，带领大家插上想象的翅膀，设计制作出更有创意、更富感染力的演示效果。

笔记栏

实训 3.4 制作《中国古代四大美女》演示文稿

实训项目	实训记录
实训 3.4.1　制作《中国古代四大美女》演示文稿 按照案例介绍的内容、格式和步骤，制作《中国古代四大美女》演示文稿。 **实训 3.4.2　拓展实训：创意设计制作演示文稿** 在实训 3.3.2 所完成的作品基础上，完成动画效果的创意设计制作。	

学习与实训回顾

见：

请记下你认为有价值、有启发或容易遗忘的知识点，并注明知识点所在页码以便回顾。

感：

请记下你在学习了本案例并实践之后的收获和感受。

思：

本案例中的知识点可以关联到哪些你已掌握的知识内容（包含其他课程所学）？

你过去碰到的哪些任务、困难，可以用本案例中的知识点去完成、优化、解决？

行：

你对本案例的设计和制作是否有改进建议？

今后的学习和工作中，哪些情境可以用到本案例所学内容？

案例 3.5　继往圣绝学　开万世太平

知识目标

◎掌握触发器、超链接、控件等演示文稿常用交互工具。

◎理解超链接与触发器的区别。

技能目标

◎正解设置、使用触发器、超链接。

◎录制和插入音频，插入视频，使用控件控制音视频播放。

◎利用触发器、超链接管理演示文档结构，控制演示过程。

素质目标

◎增强民族自豪感，坚定文化自信。

◎增强传承和发展中华优秀传统文化的使命感。

完成图3-270所示的《继往圣绝学 开万世太平》演示文稿。

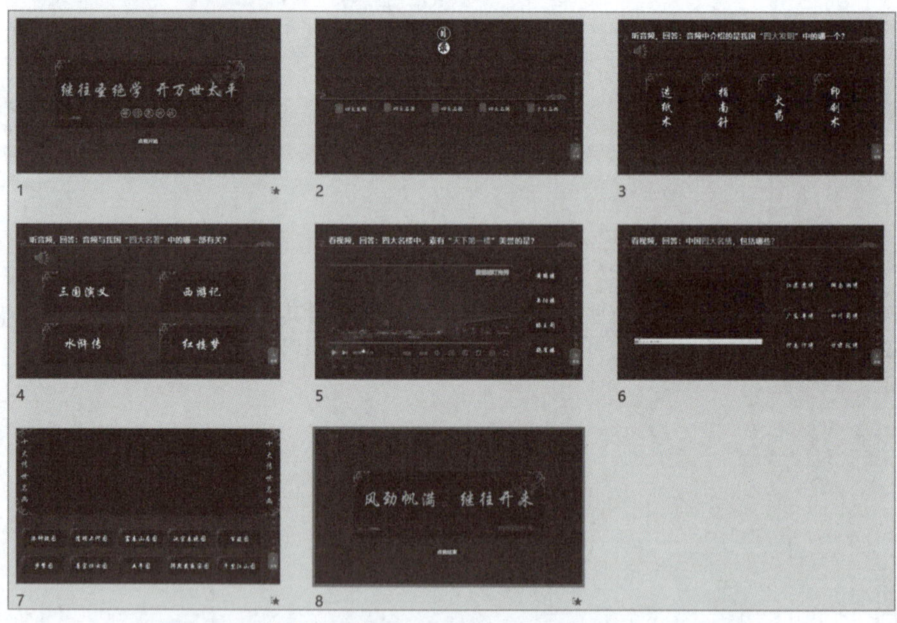

图 3-270　案例 3.5《继往圣绝学　开万世太平》完成效果

多数时候，演示文稿都是按页面顺序和内容顺序一页一页、一段一段、一项一项单向线性放映的，例如报告、汇报、展示类演示文稿。但有些特殊的场景，比如课堂教学，需要根据学生现场反馈，改变线性的演示顺序，根据教师的操作，放映、演示特定页面或内容。这个过程，我们称之为“交互”。直白点说，交互就是让演示文稿与用户（主讲人、观众）发生“交流互动”，让用户不仅仅是被动地接受演示文稿单向线性呈现的内容。

PowerPoint软件中最常用的交互工具有触发器、超链接、控件，本案例将介绍这些工具在演示文稿中的应用方法。

本案例的创意灵感，来源于中央电视台早些年的一档十分火爆的益智类综艺节目《开心辞典》。节目中，主持人负责判定答案是否正确，控制节目进程，但本案例直接由“系统”来判断答案、控制进程，相当于用计算机充当主持人来控制交互过程。

3.5.1 制作幻灯片母版

本案例需要制作5张幻灯片母版（包括基础母版）。

1．基础母版

设置背景格式为“纯色填充”，背景颜色RGB值为“29，38，58”，如图3-271所示。

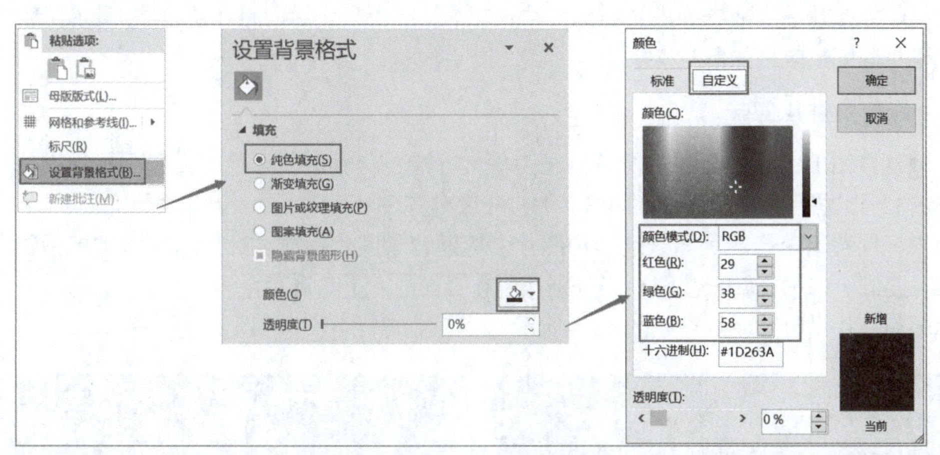

图 3-271 设置背景格式

温馨提示 此处的背景颜色，实际上是选取深蓝色后，再在“自定义”框中将右侧的滑块向下滑动得到的。为了精准定义颜色，直接说明了选中颜色的RGB值。

设置标题占位符格式为微软雅黑、28号字、加粗、白色，内容占位符颜色为白色。

插入线状装饰图片和红灯笼图片。线状装饰图片摆放在标题占位符下方，左对齐；红灯笼图片摆放在页面右下角。

温馨提示 本案例所使用的装饰性图片，大部分都是事先制作好的素材，少部分是平常收集的素材。经常制作演示文稿的人，要有意识收集素材，不时制作一些具有个人风格特点的素材，集中分类保存，需要时可以随时选用。

在“页眉和页脚”对话框中输入页脚文本“演示文稿设计制作：**”，勾选“幻灯片编号”“标题幻灯片中不显示”复选框，如图3-272所示。设置完成后，单击“全部应用”按钮退出对话框。

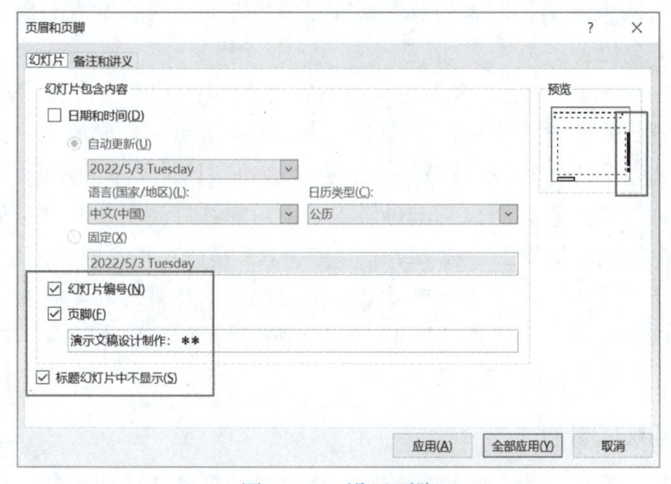

图 3-272 设置页脚

设置幻灯片编号格式为微软雅黑、加粗、16号、金色，页脚文本格式为微软雅黑、分散对齐、竖排文本。

将页脚文本框摆放在页面右页边的位置，幻灯片编号放在“红灯笼”的上半部分。

温馨提示 制作完成后，如果再回到“页眉和页脚”对话框中，可以看到“页脚”和“幻灯片编号”是竖排在页面右页边的位置，如图3-272右侧预览区所示。

在红灯笼图片下半部分插入文本框，输入文本“结束”，后面将在这里添加超链接。

基础母版完成效果如图3-273所示。

2. 标题幻灯片母版

隐藏背景图形，设置标题占位符格式为华文行楷、54号字、金色，设置副标题占位符格式为楷体、32号、橙色（橙色列倒数第3个）、分散对齐。

插入标题背景装饰图片和云纹装饰图片。标题背景图片摆放在标题占位符和副标题占位符的底层。复制、水平旋转云纹图片，分别摆放在页面的左上角和右上角。

标题幻灯片母版完成效果如图3-274所示。

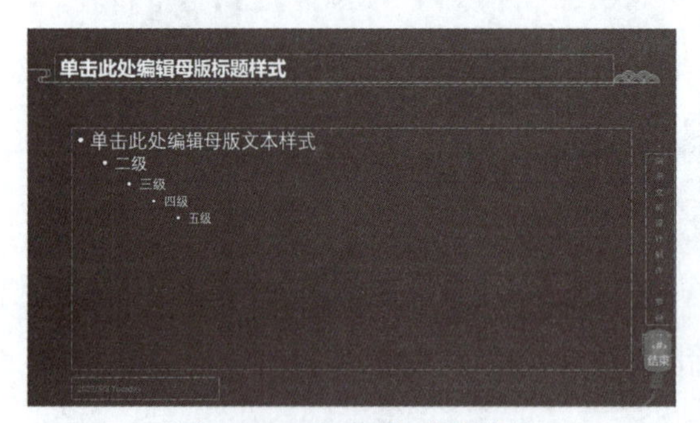

图 3-273　基础母版完成效果

图 3-274　标题幻灯片母版完成效果

3. 标题和内容母版

第3张标题和内容幻灯片母版，不用重新编辑，保留基础母版中的设计即可。

4. 空白版式母版

勾选“隐藏背景图形”复选框。

输入目录文本：四大发明、四大名著、四大名楼、四大名绣、十大名画。目录文本格式为楷体、24号、加粗、金色。

插入装饰图片：云纹图片分别摆放在页面的左上角和右上角（执行“水平翻转”后）；“目录”文本底图摆放在页面水平中间，靠上页边；线状装饰图片摆放在页面垂直中间，靠左页边；红灯笼图片调整至合适大小，复制，分别摆放在每项目录文本的左侧。

因为隐藏了页面背景图形，所以基础母版中右下角的红灯笼图片和“结束”文本框一起隐藏了。从基础母版中复制红灯笼图片和“结束”文本框，摆放在本页面相同位置。

温馨提示 其实“结束”文本框此时最好不复制过来，待对应的超链接制作完成之后再复制过来，那样就可以连同超链接设置一起复制过来，避免重复设置。

空白版式母版完成效果如图3-275所示。

5. 内容与标题版式母版

这一张母版可以选择“内容与标题版式”，也可以选择其他版式母版，或者复制前面的空白版式母版，只需要将母版上不需要的占位符删除后重新制作就可以了。

将标题占位符摆放在页面中间。插入装饰图片，纯黑底图横向铺满，摆放在页面的上半部分；线状装饰图片摆放在标题占位符下方。

从基础母版或空白版式母版中复制红灯笼图片和“结束”文本框，摆放在本页面相同位置。完成效果如图3-276所示。

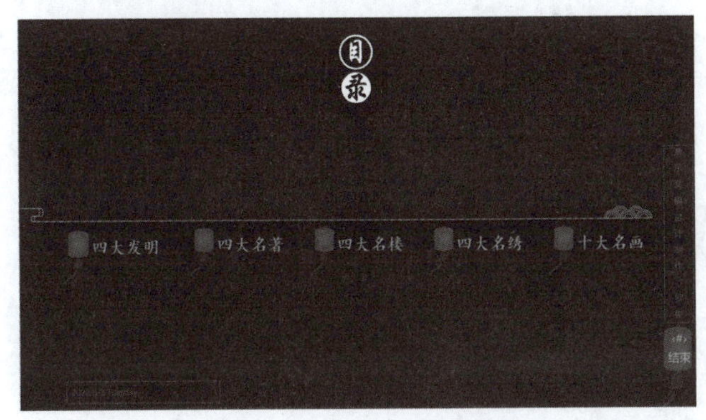

图 3-275 空白版式母版完成效果

图 3-276 内容和标题版式母版

删除其他不用的母版后，母版就制作完成了。母版完成效果整体如图3-277所示。

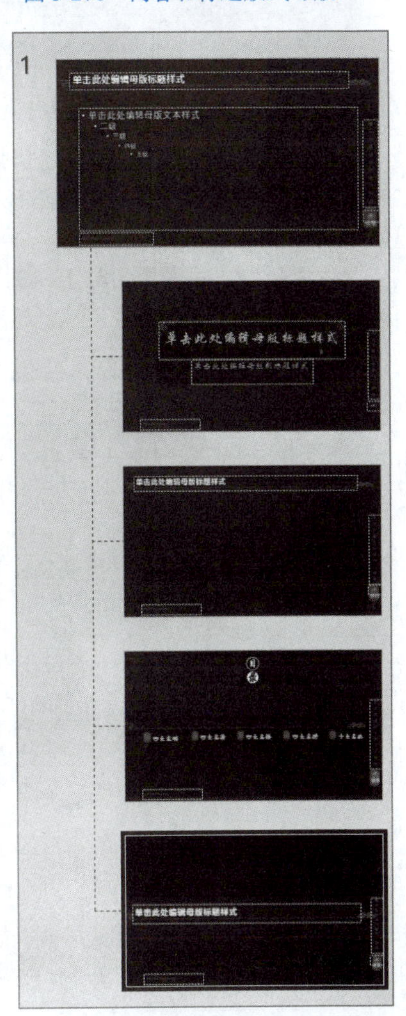

图 3-277 5 张幻灯片母版

3.5.2 第 1 张幻灯片：标题页

1. 输入标题

输入标题文本“继往圣绝学 开万世太平”，副标题文本“等您来挑战”。

为副标题逐字添加圆形装饰形状，无填充，形状轮廓为浅灰色（第3列上起第2个）、粗细1磅。

2. 创建超链接

1）创建按钮

单击“插入”→“插图”→“形状”按钮，在打开的下拉面板中，选择最后一组“动作按钮”形状中的“动作按钮：空白”（右起第1个），同绘制矩形一样绘制出一个矩形按钮。

2）创建超链接

绘制结束会弹出“操作设置”对话框，在对话框的“单击鼠标”选项卡中，设置“超链接到”为“下一张幻灯片”，“播放声音”为“单击”，如图3-278所示。

3）美化按钮

设置按钮轮廓为无，根据需要为按钮填充装饰图片。

在按钮上右击，在弹出的快捷菜单中选择“编辑文本”，按钮中就会出现插入光标，输入文本“点我开始”，文本格式为微软雅黑、18号字、加粗、白色。

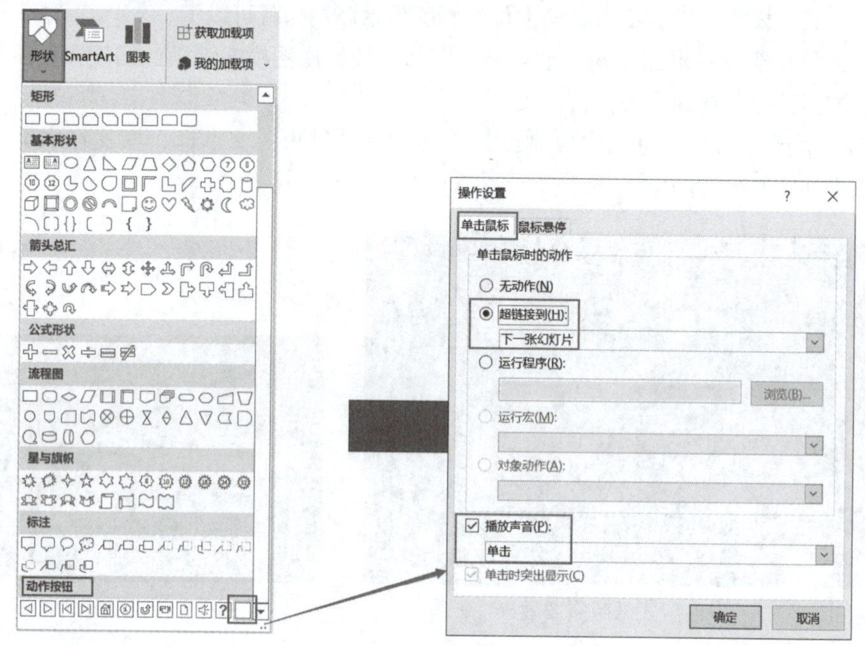

图 3-278　设置按钮参数

3. 制作动画

选中五个副标题装饰圆圈，添加“进入”类型的“轮子”动画，与上一动画同时。

选中按钮，在“添加动作路径”对话框中选择添加“特殊”分组中的“正方形结”动画。如图3-279所示。

动画开始方式设置为与上一动画同时，其他默认。拖动动作路径右下角的角部尺寸调控按钮，将路径调整得小一些，不要超出页面边界。完成效果如图3-280所示。

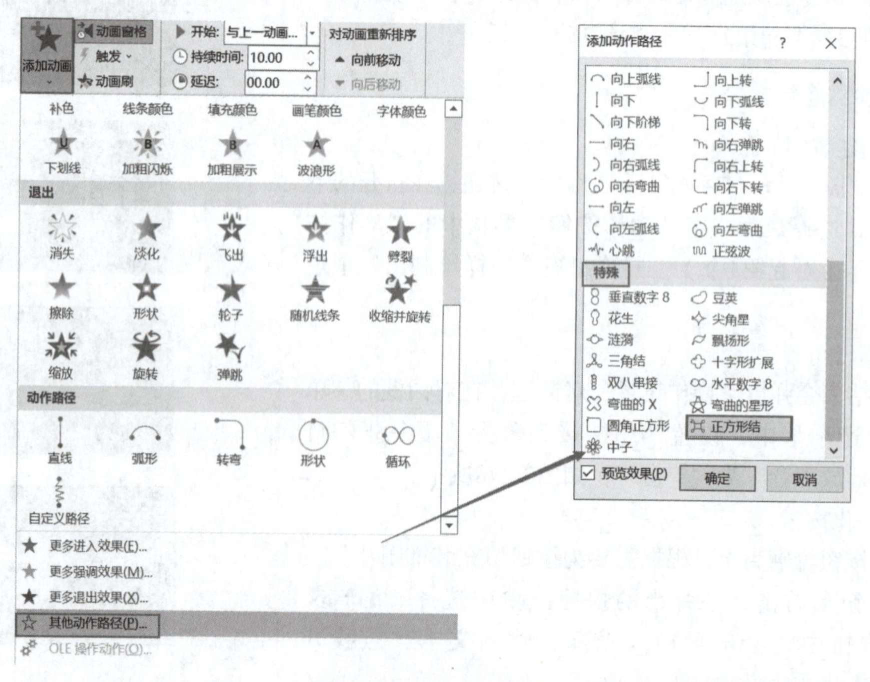

图 3-279　正方形结动画

图 3-280　第 1 张幻灯片：标题页

3.5.3　第 2 张幻灯片：目录页

使用“空白”版式创建目录页幻灯片，暂不编辑，等其他幻灯片制作完成后，再为各目录项制作超链接。

3.5.4　第 3 张幻灯片：四大发明

1. 创建幻灯片

使用“标题和文本”版式创建新幻灯片。

在页面上方标题处录入文本内容：“听音频，回答：音频中介绍的是我国‘四大发明’中的哪一个？”

将文本“听音频”设置为金色，“四大发明”设置为红色（标准色左起第2个）。

2. 制作答案选项

绘制矩形，无轮廓色，填充装饰图片。在矩形上右击，在弹出的快捷菜单中选择“编辑文本”命令，矩形中即会出现插入光标，输入文本“造纸术”，格式为华文行楷、48号字、白色、竖排文本。

将“造纸术”选项矩形复制出三份，分别将文本内容修改为“指南针”“火药”“印刷术”。

本题的正确答案是“火药”选项，该选项需要制作答案解析。将“火药”选项再复制出一份，删除原装饰图片和文本，重新填充为与页面颜色对比鲜明的黄色装饰图片，输入答案解析内容，如图3-281所示。

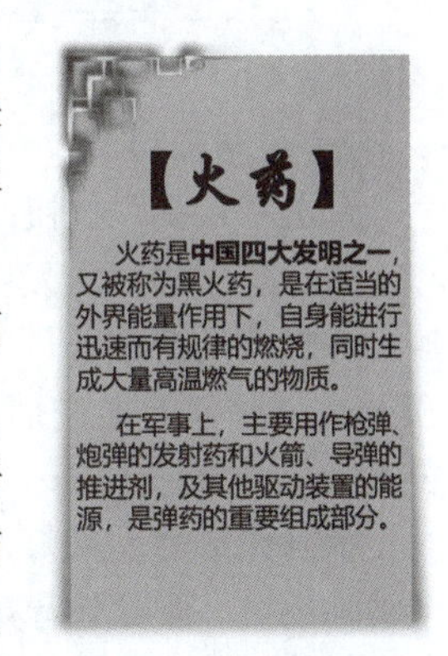

图 3-281　本题答案解析

在“选择窗格”中重新命名页面对象，以便识别和区分。其中“火药”选项文本框命名为“火药：蓝”，“火药”答案补充信息文本框命名为“火药：金”。

温馨提示　此命名仅为识别页面对象，不具备特定意义。也可以命名为其他名称。

将页面对象在页面上有序摆好，答案补充信息文本框置于“火药”选项文本框的下方隐藏，如图3-282所示。

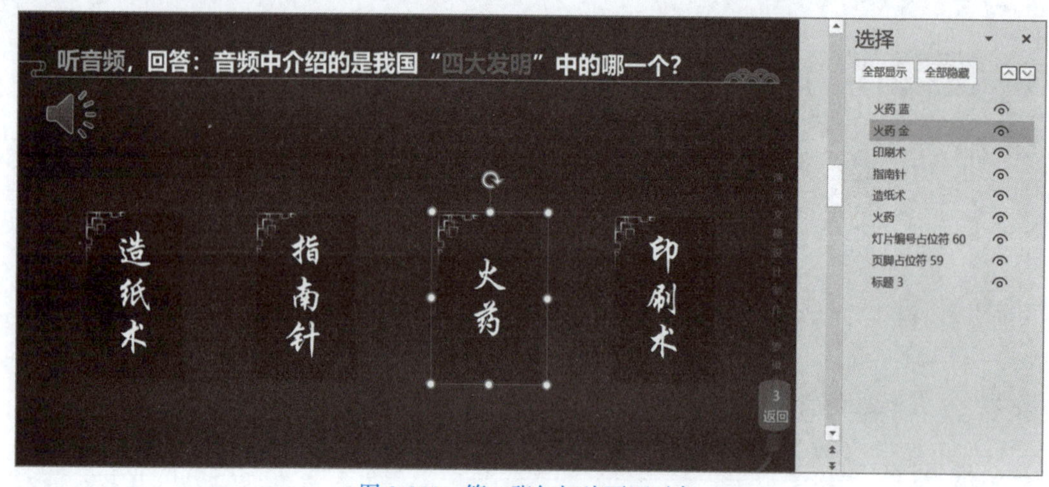

图 3-282　第 3 张幻灯片页面对象

3. 录制音频

第3张幻灯片上的问题包含一段音频，可以利用笔记本计算机的内置扬声器或台式机的外接耳麦，直接在PowerPoint中录制。具体操作步骤如下：

1）启动录制

单击“插入”→“媒体”→“音频”按钮，在打开的下拉列表中选择“录制音频”命令，如图3-283所示。

此时会打开“录制声音”对话框，各按钮的功能如图3-284所示。

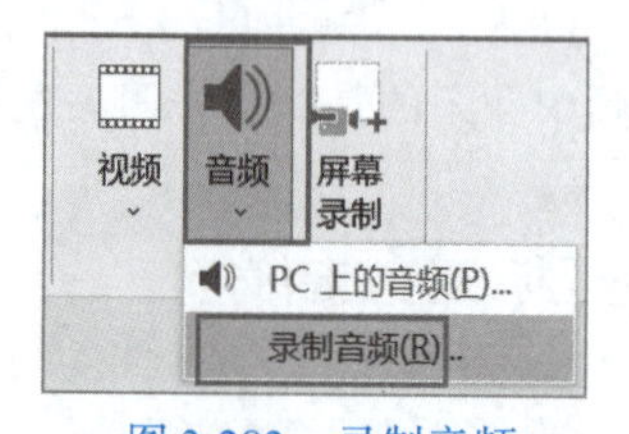

图 3-283　录制音频

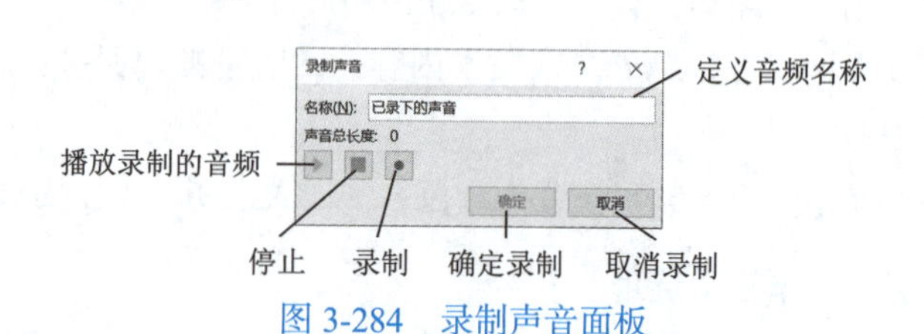

图 3-284　录制声音面板

2）录制音频

单击“录制”按钮，即可启动录制。音频文本内容如下：

火药是中国四大发明之一，又被称为黑火药，是在适当的外界能量作用下，自身能进行迅速而有规律的燃烧，同时生成大量高温燃气的物质。在军事上，主要用作枪弹、炮弹的发射药和火箭、导弹的推进剂，及其他驱动装置的能源，是弹药的重要组成部分。改变了人类的战争史。

录制完成后，幻灯片页面上会出现一个音频扬声器图标，“动画窗格”中也会同步出现一个动画条目。删除该音频动画条目。

用设置图片格式的方式，将音频扬声器图标设置为“金色，个性色4深色”（重新着色选区第2行右起第3个），“艺术效果”为“混凝土”（第4行左起第1个）。美化完成后，摆放在题目“听音频”文本的下方。

4. 制作动画

为了展示答案解析、展示后返回页面，需要为“火药：蓝”文本框和“火药：金”文本框各设置1个动画。

选中“火药:蓝”文本框，在“添加退出效果”对话框中选择添加“温和”分组中的“层叠”动画，如图3-285所示。动画持续时长为0.25秒。

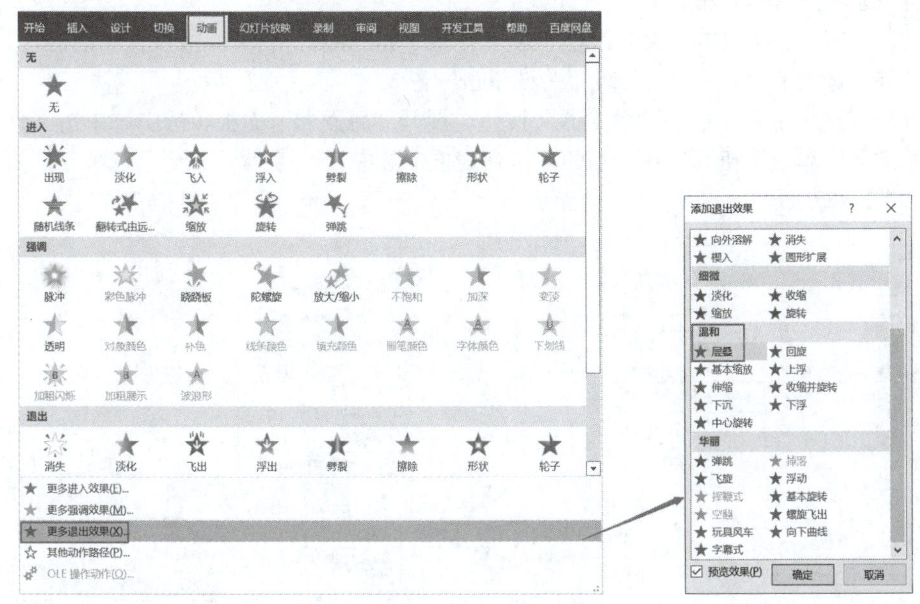

图 3-285　退出动画：层叠

选中“火药:金”文本框，在“添加进入效果”对话框选择添加“温和”分组中的“伸展”动画（纵列第3个），如图3-286所示。动画持续时长0.25秒。

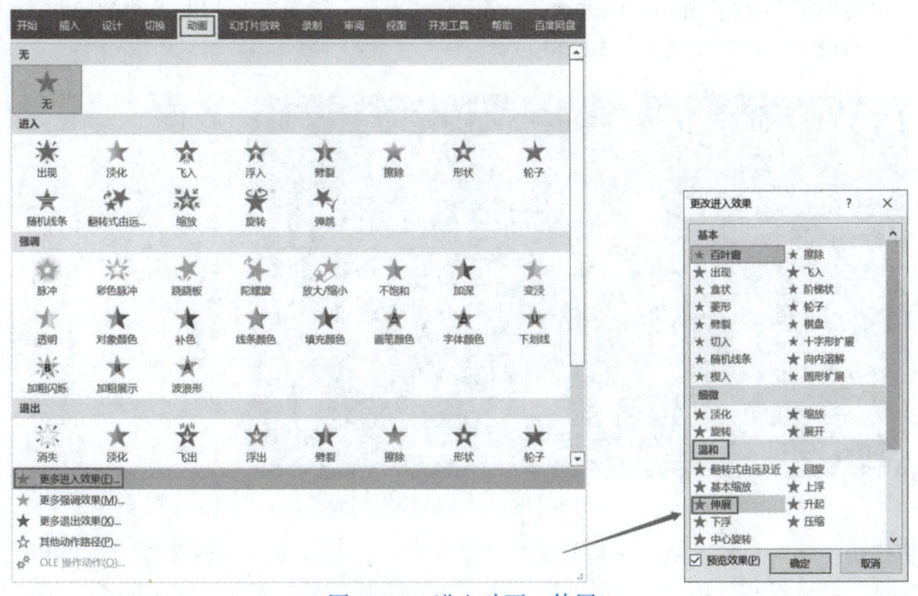

图 3-286　进入动画：伸展

5. 设置触发器

触发器，是指通过单击其他对象来触发动画演示，可以简单理解为动画效果的“开关”，也就是说，需要触发指定“开关”，动画才会执行。而这个“开关”可以是该动画所属的页面对象自身，也可以是其他对象。

本页中，动画的“开关”就是对象本身，单击“火药：蓝”文本框，会触发“火药：蓝”文本框的“层叠”动画。

设置触发器的具体方法如下：

在“动画窗格”中双击“火药：蓝”的“层叠”动画条目，打开参数设置对话框。

“效果”选项卡下，“声音”设置为“单击”音效。

“计时”选项卡下，单击“触发器”按钮，展开“触发器”面板，选中“单击下列对象时启动动画效果”单选按钮后，在右侧的下拉列表框中选中“火药 蓝：火药”选项，即可添加触发器，如图3-287所示。

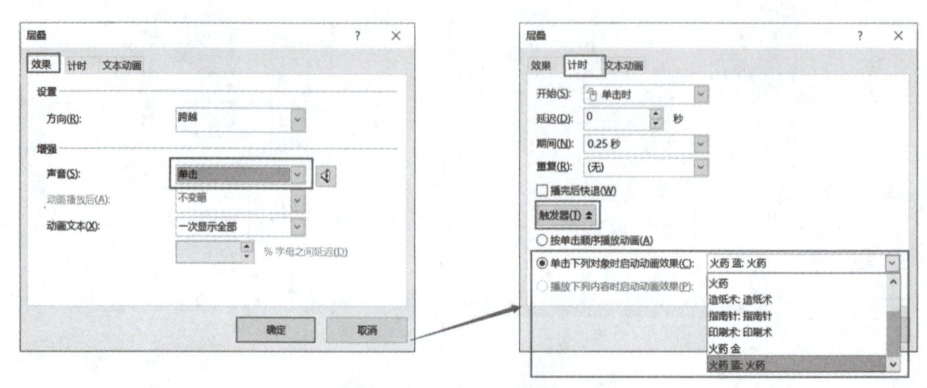

图 3-287　添加触发器

触发器添加后，在动画窗格中，添加了触发器的动画条目上方会多出一个触发器提示；幻灯片页面上，添加了触发器的对象左上角也会多出一个触发器提示。

将“火药 金”动画条目向下拖动至“火药 蓝：火药”的下方，与上一动画同时，延迟0.25秒。完成后的页面和动画窗格如图3-288所示。

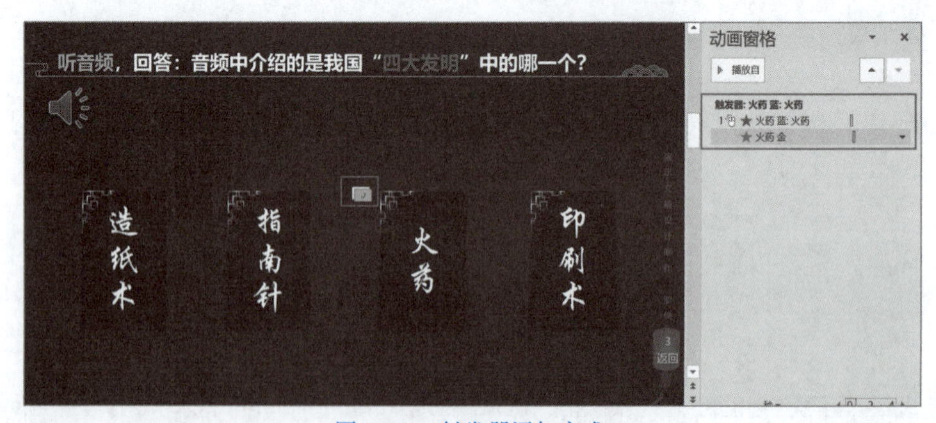

图 3-288　触发器添加完成

温馨提示　添加触发器后，在幻灯片的播放过程中，将鼠标指针移动到“火药 蓝：火药”文本框上时，指针形态会从“白色箭头”变成“白色手形”，代表这里可以交互（点击）。

3.5.5　第 4 张幻灯片：四大名著

1．创建幻灯片

使用“标题和文本”版式创建新幻灯片。

在页面上方标题处录入文本内容：“听音频，回答：音频与我国‘四大名著’中的哪一部有关？”

将文本“听音频”设置为金色，“四大名著”设置为红色。

2. 制作答案选项

本页的答案选项、答案解析等页面对象的制作，与第3张幻灯片基本相同。

不同的是，选项变成横向文本框，选项内容为“三国演义”“西游记”“水浒传”“红楼梦”。答案补充信息文本框如图3-289所示。

图 3-289　本题答案解析

页面内容元素摆放好后的效果如图3-290所示。

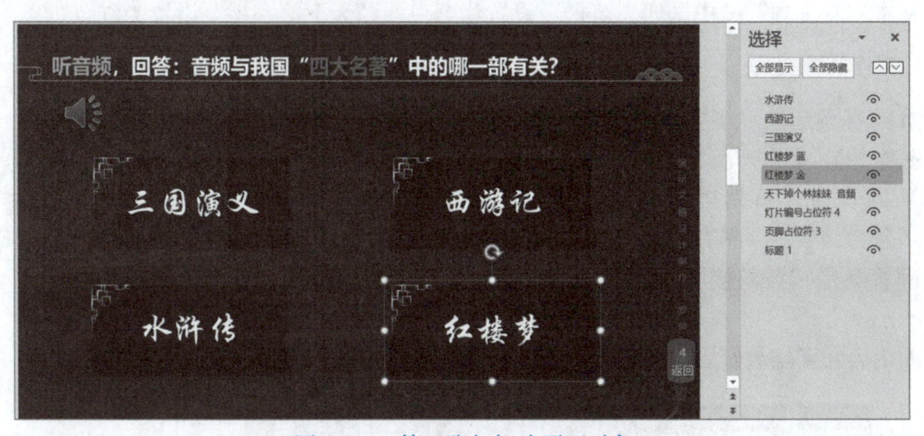

图 3-290　第 4 张幻灯片页面对象

3. 插入音频

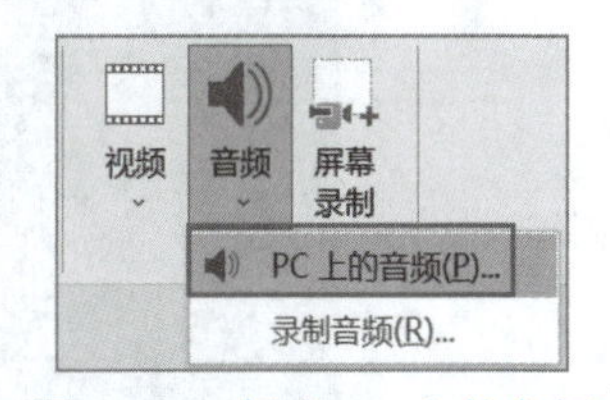

图 3-291　插入 PC 上的音频

第3张幻灯片上的音频是直接录制的，这里则是插入外部音频文件。具体方法如下：

单击“插入”→“媒体”→“音频”按钮，打开下拉列表，选择“PC上的音频”命令，如图3-291所示。

此时会打开“插入音频”对话框，插入音频文件“天下掉个林妹妹.wav”。删除该音频动画条目。

用设置图片格式的方式，将音频喇叭图标设置为“金色，个性色4深色”，“艺术效果”为“混凝土”。美化完成后，摆放在题目“听音频”文本的下方。

4. 设置触发器

本页的动画制作过程、触发器设置，与第3张幻灯片完全一样。

最终完成效果如图3-292所示。

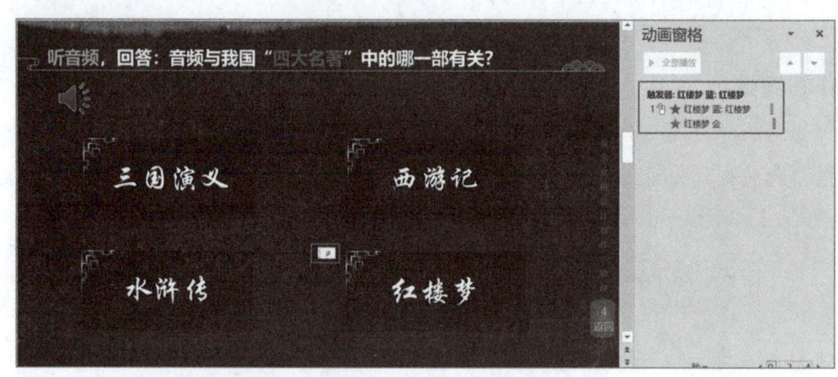

图 3-292　触发器

3.5.6　第 5 张幻灯片：四大名楼

1. 创建幻灯片

使用“标题和文本”版式创建新幻灯片。

在页面上方标题处录入文本内容：“看视频，回答：中国四大名楼中，素有‘天下第一楼’美誉的是？”

将文本“看视频”“中国四大名楼”设置为金色，“天下第一楼”设置为红色。

2. 制作答案选项

本页的答案选项、答案解析等页面对象的制作，与第3张幻灯片基本相同。

选项内容为“黄鹤楼”“岳阳楼”“滕王阁”“鹳雀楼”，字号为24号字，靠右有序摆放。

正确答案是“黄鹤楼”。答案补充信息文本框如图3-293所示。

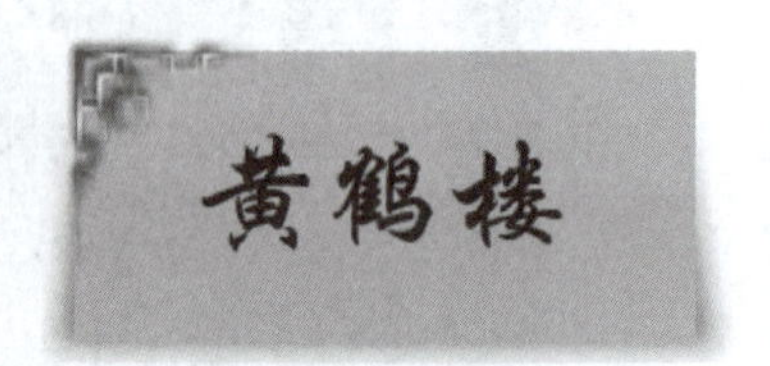

图 3-293　本题答案解析

页面内容元素摆放好后的效果如图3-294所示。

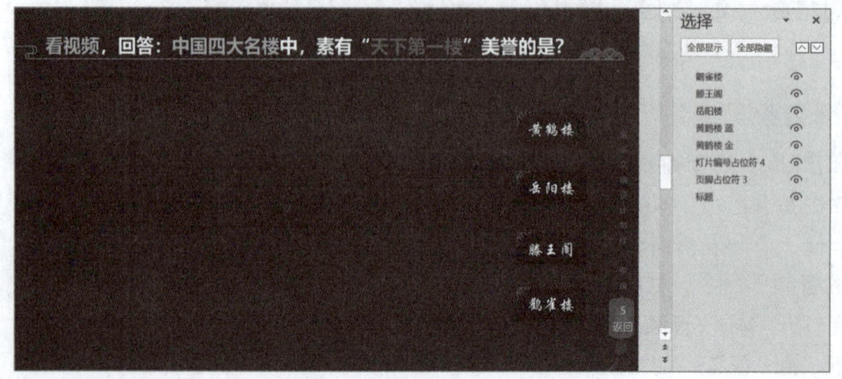

图 3-294　第 6 张幻灯片页面对象

3. 插入视频

同插入音频一样，插入黄鹤楼视频。插入视频后，PowerPoint程序主界面会自动增加“视频工具”选项卡，一共有两组子选项卡，“视频格式”子选项卡中的命令主要是对视频画面进行和图片一样的美化，“播放”子选项卡中的命令主要是对视频的播放细节进行设置，如图3-295所示。

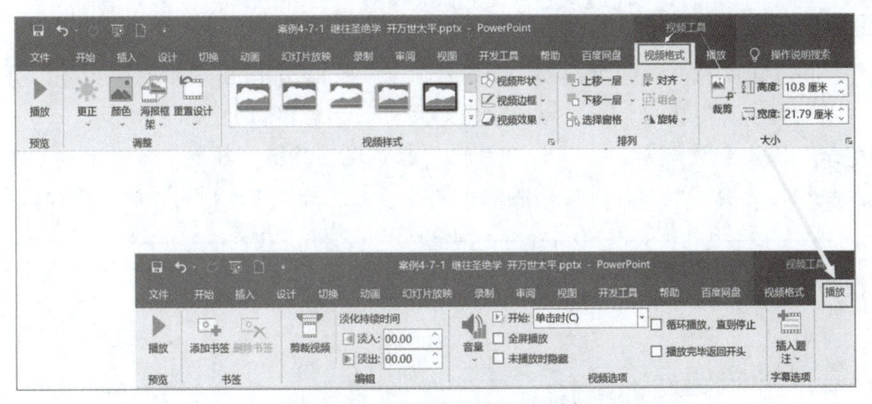

图 3-295　“视频工具”选项卡

本案例中的视频需要进行如下编辑：

调整大小：与调整图片的方法一样，调整视频画面的大小。

剪裁视频大小：与剪裁图片的方法一样，将视频上下的黑色矩形剪裁掉。

视频形状：调整为“矩形：圆角”。

视频边框：使用“取色器”工具取视频中“黄鹤楼”檐角的颜色。

视频效果：“棱台”中的“圆形”（第1行左起第1个），“映像”中的“紧密映像：接触”，并将参数调整得更透明一些、更小一些，如图3-296所示。

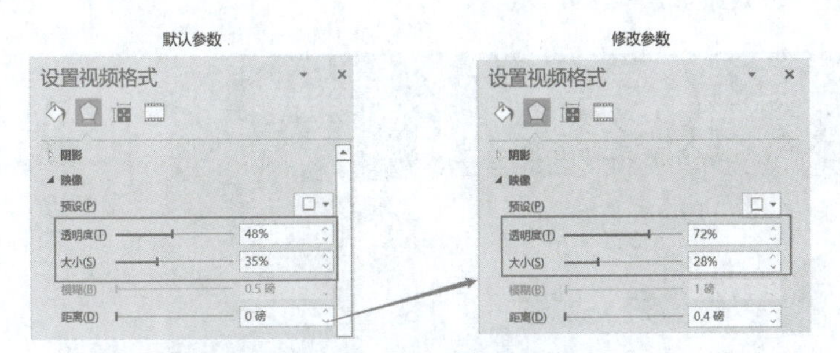

图 3-296　视频“映像”参数

美化完成后，摆放至页面合适位置，如图3-297所示。

图 3-297　第 5 张幻灯片页面对象

温馨提示　此时动画窗格有两条视频动画条目：一条是视频播放动画；一条是带触发器的视频动画。第2条动画可以删除，并不影响视频播放控制；如果动画窗格中的动画条目比较少，不影响动画条目分辨，也可以保留。本案例删除了带触发器的视频动画。

4．设置触发器

按照第3张幻灯片的方法，为选项“黄鹤楼：蓝”和答案解析“黄鹤楼：金”分别设置动画，并为“黄鹤楼：蓝”的“层叠”动画设置触发器。参数设置如图3-298所示。

温馨提示 添加触发器后，本张幻灯片就可以实现两种视频控制：可以直接单击视频区域自带的播放按钮，先观看视频，再选择答案；也可以先单击答案选项，再观看视频进行验证。

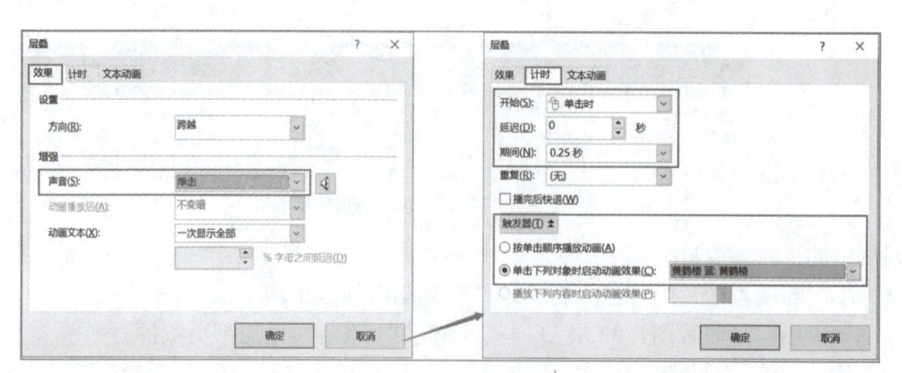

图 3-298 设置触发器

同样按照第3张幻灯片的方法，调整“黄鹤楼：金”和“黄鹤楼：蓝”的动画顺序、开始方式、延迟时间。

第5张幻灯片完成效果如图3-299所示。

图 3-299 第 5 张幻灯片完成效果

3.5.7 第 6 张幻灯片：四大名绣

1．创建幻灯片

使用“标题和文本”版式创建新幻灯片。

录入文本内容：“看视频，回答：中国四大名绣，包括哪些？”

分别为文本“看视频”和“中国四大名绣”设置颜色。

2．制作答案选项

在页面上创建6个选项文本框，选项内容分别为“江苏 苏绣”“湖南 湘绣”“广东 粤绣”“四川 蜀绣”“河南 汴绣”“甘肃 陇绣”，文本格式为华文行楷、24号字、白色。

本题正确答案为“江苏 苏绣”“湖南 湘绣”“广东 粤绣”“四川 蜀绣”，需要分别为它们制作答案补充信息文本框。完成效果如图3-300所示。

江苏苏绣　湖南湘绣　广东粤绣　四川蜀绣

图 3-300　本题答案解析

在“选择窗格”重命名页面对象为好识记的名字，在页面上排列好各对象，答案解析隐藏到对应的答案选项下方。完成效果如图3-301所示。

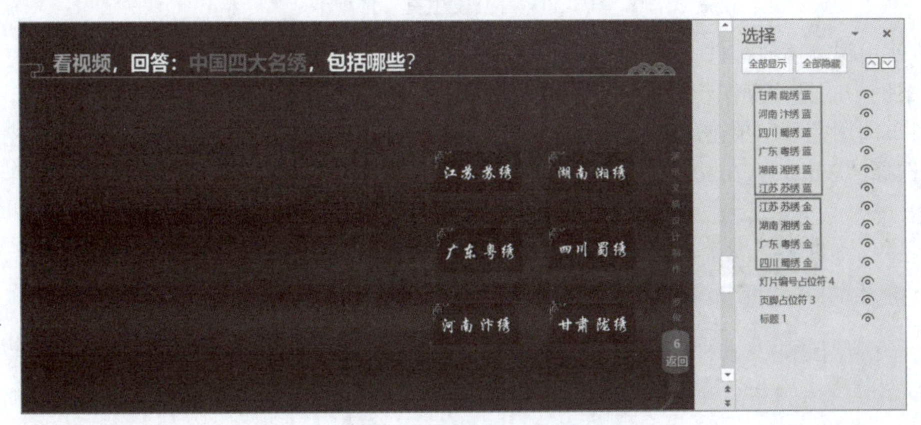

图 3-301　第 7 张幻灯片页面对象

3．插入视频

与第5张幻灯片不同，第6张幻灯片使用“Windows Media Player”控件来进行视频播放。

1）调用“开发工具”

控件是PowerPoint常用交互设计工具之一。“控件”工具组在“开发工具”主选项卡下，但“开发工具”选项卡平常是隐藏的，使用前要先将其显示在菜单栏。方法如下：

选择“文件”→“更多”→“选项”命令，在弹出的“PowerPoint选项”对话框中选择左侧“自定义功能区”标签，在右侧窗格的“主选项卡”中勾选“开发工具”复选框，单击“确定”按钮退出设置，如图3-302所示。

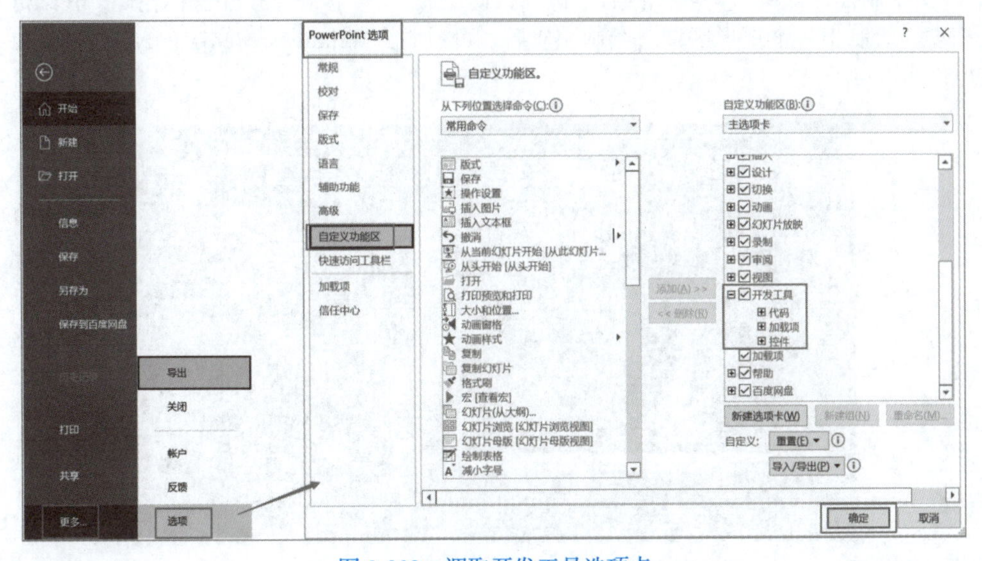

图 3-302　调取开发工具选项卡

设置完成后，程序主界面会多出一个“开发工具”主选项卡，包含三个工具组：“代码”“加载项”“控件”，如图3-303所示。

图 3-303 “开发工具”选项卡

2）使用视频播放控件

本案例中的具体操作步骤如下：

（1）调用控件：单击“开发工具”→“控件”→“其他控件”按钮，打开“其他控件”对话框，选择“Windows Media Player”控件，如图3-304所示。

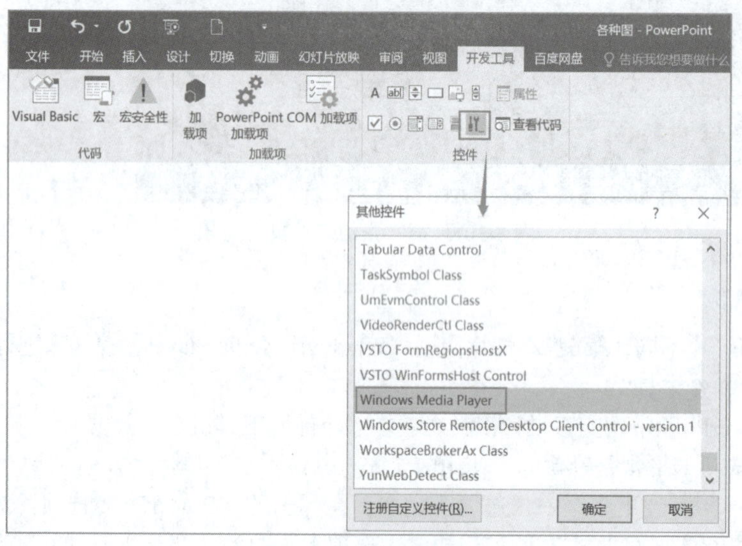

图 3-304 调用控件

（2）绘制控件区域：调取控件后，鼠标指针变成“+”状态，按住鼠标左键，在幻灯片页面上拖动，绘制出一个矩形区域。绘制完成后，可以看到Windows Media Player控件窗口，如图3-305所示。

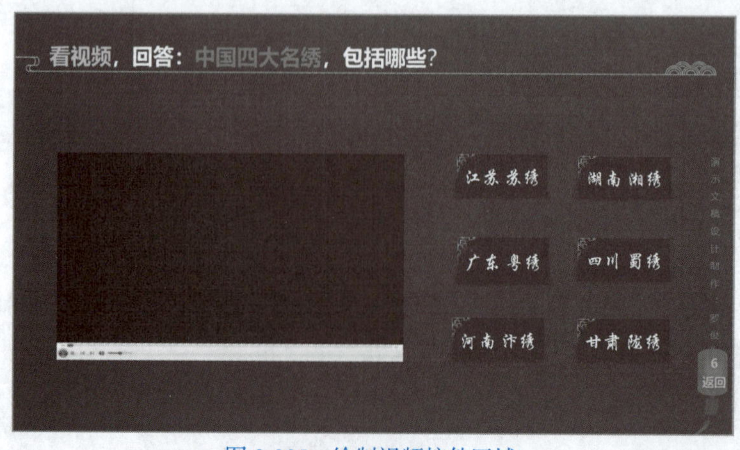

图 3-305 绘制视频控件区域

（3）设置控件属性：在Windows Media Player控件区域右击，在弹出的快捷菜单中选择“属性表”命令，打开“属性”设置对话框，如图3-306所示。

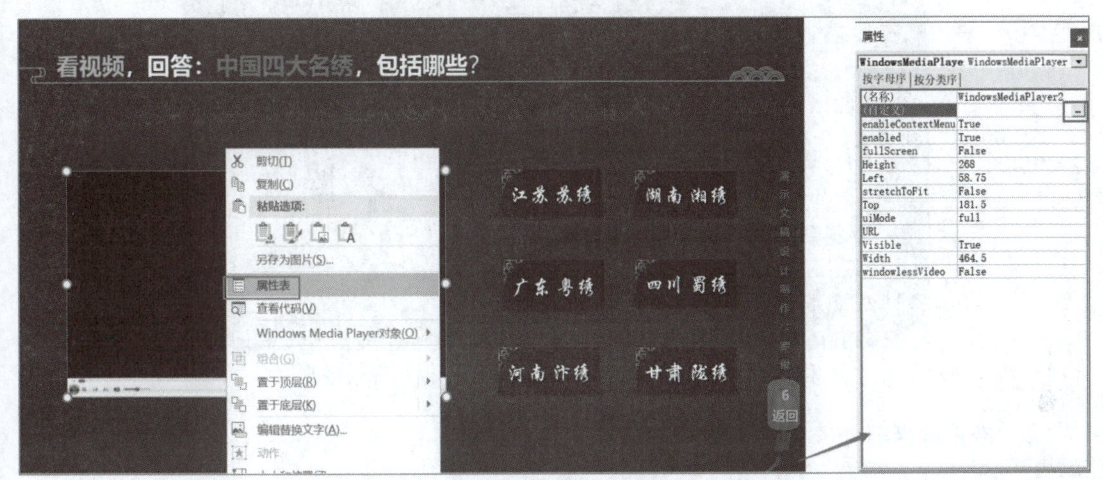

图 3-306　设置控件属性

（4）导入视频：单击“属性”设置对话框中“（自定义）”选项右侧的“…”按钮，打开“Windows Media Player属性”对话框；在“源”区域中，单击“浏览”按钮，在“打开”对话框中找到需要的视频文件，选中后，单击“打开”按钮将视频文件导入，如图3-307所示。

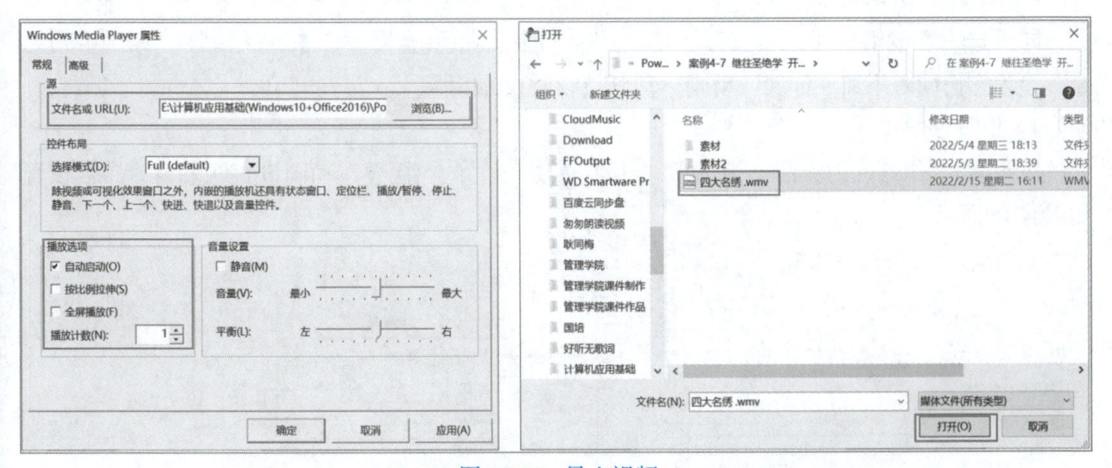

图 3-307　导入视频

（5）设置播放选项和音量：根据实际需要，在图3-307左图的对话框中设置“播放选项”和“音量设置”。

（6）控制播放：设置完成后，在放映状态下，就由Windows Media Player控件控制视频的播放，如图3-308所示。

Windows Media Player控件不仅可以插入、播放视频，也可以插入、播放音频，方法与上面介绍的一样。

需要注意的是，Windows Media Player支持的格式比较有限，而且windows media player控件不能将视频文件本身插入PowerPoint，只是在视频文件和演示文稿之间建立引用关系，所以最好将引用的视频文件与PowerPoint文件保存在同一文件夹内，方便存取。

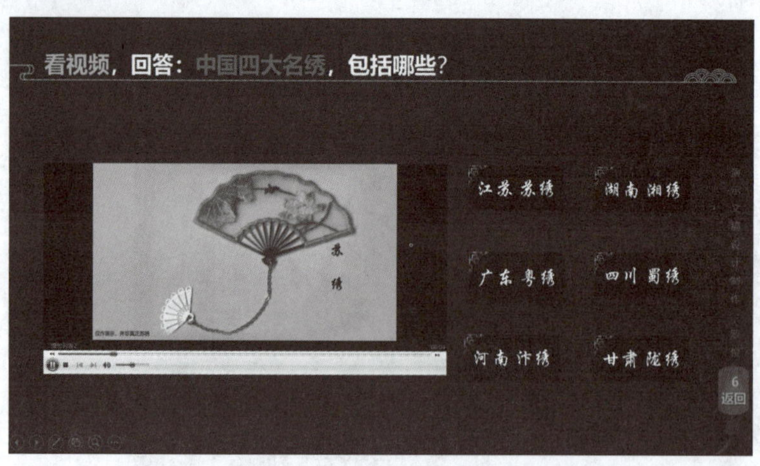

图 3-308　Windows Media Player 控件控制视频播放

4．设置触发器

本题的正确答案有四个，可以成组制作动画。

1）制作第1组动画

同时选中页面上的答案选项“江苏 苏绣 蓝”“湖南 湘绣 蓝”“广东 粤绣 蓝”“四川 蜀绣 蓝”，为它们同时添加“层叠”动画，动画持续时长0.25秒。

2）制作第2组动画

同时选中答案解析对象“江苏 苏绣 金”“湖南 湘绣 金”“广东 粤绣 金”“四川 蜀绣 金”，为它们同时添加“伸展”动画，动画持续时长0.25秒。

3）设置触发器

按照第3张幻灯片的方法，为选项“江苏 苏绣 蓝”的“层叠”动画设置触发器。参数设置如图3-309所示。

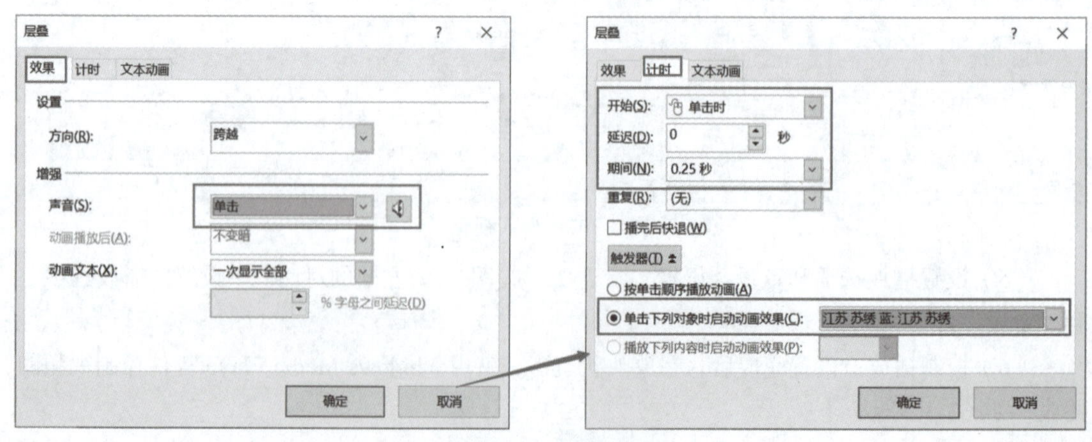

图 3-309　添加触发器

将“江苏 苏绣 金”动画条目向下拖动至“江苏 苏绣 蓝”动画条目的下方，开始方式为与上一动画同时，延迟0.25秒。此时，动画窗格中的动画条目如图3-310所示。

重复前面的步骤，设置好其他三个正确答案选项的动画触发器。制作完成后的第6张幻灯片及对应动画窗格如图3-311所示。

图 3-310 触发器条目

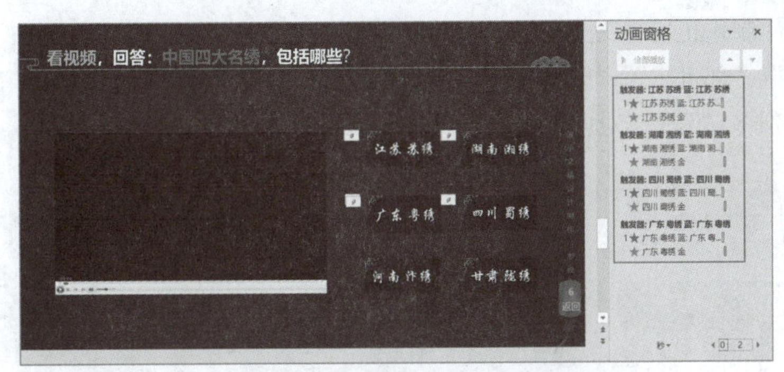

图 3-311 第 6 张幻灯片完成效果

3.5.8 第 7 张幻灯片：十大名画

1．创建幻灯片

使用“内容与标题”版式创建新幻灯片。

录入标题文本：“欣赏完图片后，回答：中国十大传世名画的作者分别是谁？”

将文本“中国十大传世名画”设置为金色，文本“作者”设置为红色。

将预先制作好的两张装饰图片“中国十大名画”（左、右）插入页面。

按图3-312所示摆放好装饰图片和标题文本框。

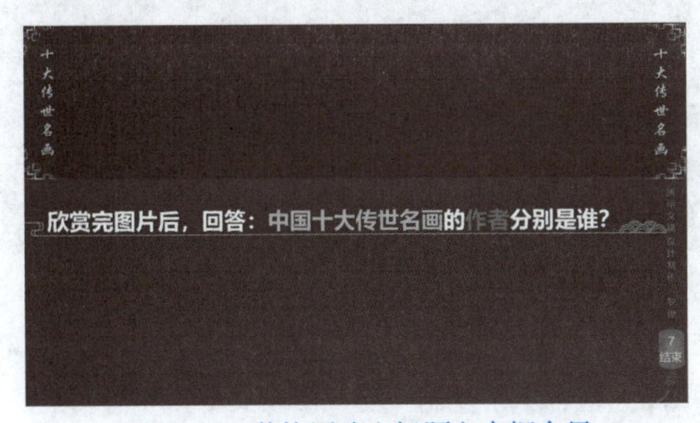

图 3-312 装饰图片和标题文本框布局

2．制作答案选项

制作答案选项，文本内容分别为“洛神赋图”“清明上河图”“富春山居图”“汉宫春晓图”“百骏图”“步辇图”“唐宫仕女图”“五牛图”“韩熙载夜宴图”“千里江山图”，文本格式为华文行楷、20号字、白色。完成效果如图3-313所示。

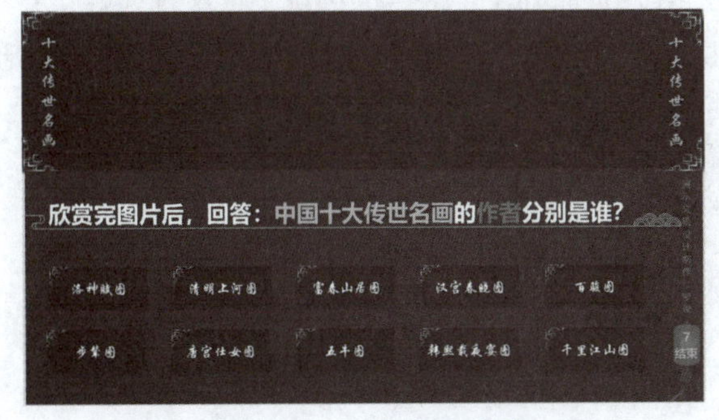

图 3-313 十大名画选项

制作正确答案文本框，插入预先制作好的作者图片“顾恺之”“张择端”“黄公望”“仇英”“郎世宁”“闫立本”“张萱、周昉”“韩滉”“顾闳中”“王希孟”，如图3-314所示。分别将它们置于对应答案选项下层。

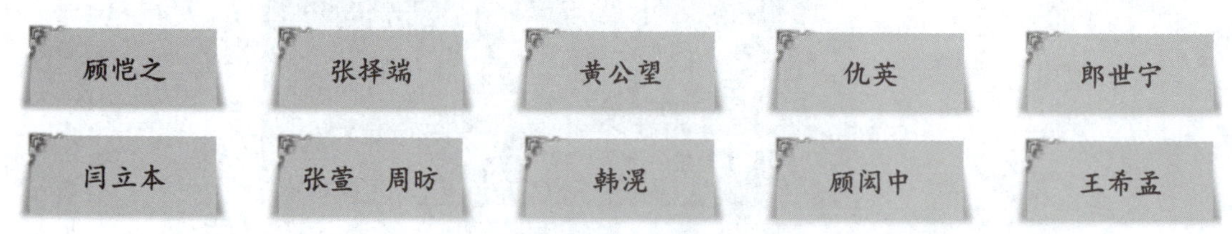

图 3-314　本题答案

3．制作名画展示效果

插入图片《洛神赋图》，根据需要进行剪裁。绘制竖排文本框，输入文本“洛神赋图 顾恺之”，设置为微软雅黑、14号字、加粗，画名（洛神赋图）为白色，作者姓名（顾恺之）为金色。将剪裁后的名画图片与竖排文本框排列好后组合在一起，如图3-315所示。

图 3-315　名画展示效果

温馨提示　图3-315中，由于画名是白色，没有深色底图衬托时看不见。

将制作好的《洛神赋图》组合水平复制一份，修改文本为“清明上河图 张择端”。在图片上右击，在弹出的快捷菜单中选择“更改图片”→“来自文件”命令，在打开的对话框中，选择《清明上河图》图片，单击“插入”按钮，即可将《洛神赋图》替换为《清明上河图》。

温馨提示　用这种方式更改图片，前面对图片所做的设置都会保留，就不用再去剪裁调整了，可以提高工作效率。

重复上面的操作，快速完成另外8幅名画展示效果的制作。

将全部十幅名画在幻灯片页面外（“后台”区域）依次排列好，并组合成一个整体，将组合后的十大名画置于底层。第7张幻灯片的页面对象完成效果如图3-316所示。

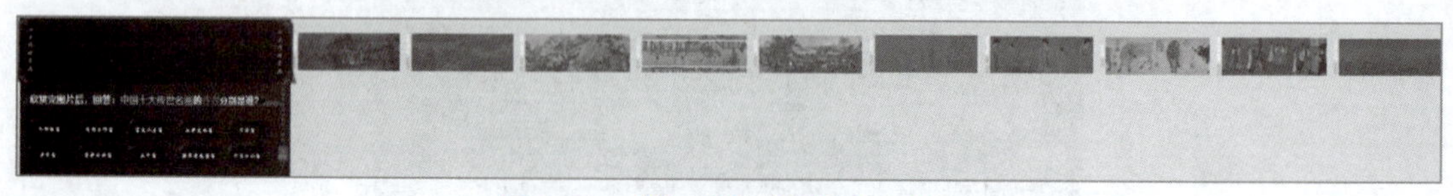

图 3-316　第 7 张幻灯片页面对象

在“选择窗格”中重命名页面对象，调整好它们在“选择窗格”中的顺序，如图3-317所示。

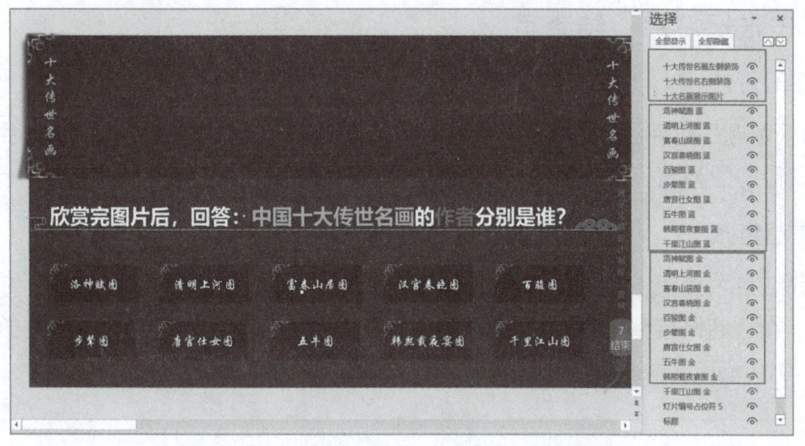

图 3-317　页面对象在选择窗格中的顺序

4．制作动画

1）第1组动画：十大名画图片展示

选中“十大名画”组图，添加“退出”动画类型的“飞出”动画。参数设置为：到左侧，与上一动画同时，持续时长50秒。

2）第2组动画：10个答案选项

同时选中“洛神赋图 蓝”“清明上河图 蓝”“富春山居图 蓝”“汉宫春晓图 蓝”“百骏图 蓝”“步辇图 蓝”“唐宫仕女图 蓝”“五牛图 蓝”“韩熙载夜宴图 蓝”“千里江山图蓝”，为它们同时添加“更多退出效果”中的“层叠”动画，持续时长为0.25秒。

3）第3组动画：10个答案提示

在“选择窗格”隐藏所有蓝色对象之后，同时选中“洛神赋图 金”“清明上河图 金”“富春山居图 金”“汉宫春晓图 金”“百骏图 金”“步辇图 金”“唐宫仕女图 金”“五牛图金”“韩熙载夜宴图 金”“千里江山图 金”，为它们同时添加“更多进入效果”中的“伸展”动画，持续时长0.25秒。

5．设置触发器

本页需要为10个蓝色对象设置触发器，触发器设置方法与前面几张幻灯片完全一样。设置完成后的动画窗格条目如图3-318所示。

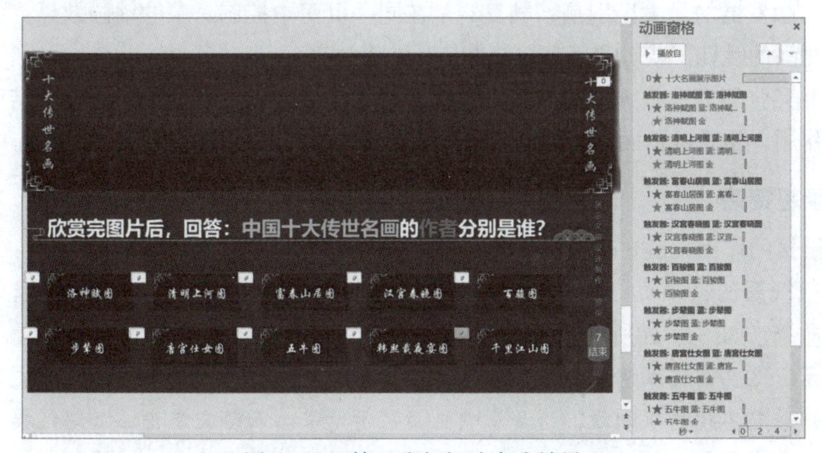

图 3-318　第 7 张幻灯片完成效果

3.5.9 第8张幻灯片：结束页

1. 创建幻灯片

复制第1张标题幻灯片，粘贴为第8张幻灯片。修改标题文本为“风劲帆满 继往开来”，副标题文本“期待您的补充……”，按钮上的文本“点我结束”。

2. 设置超链接

在“点我结束”按钮上右击，在弹出的快捷菜单中选择“编辑链接”命令，打开“操作设置”对话框，在“超链接到”下拉面板中选择“结束放映”命令，设置为单击按钮结束放映的效果，如图3-319所示。

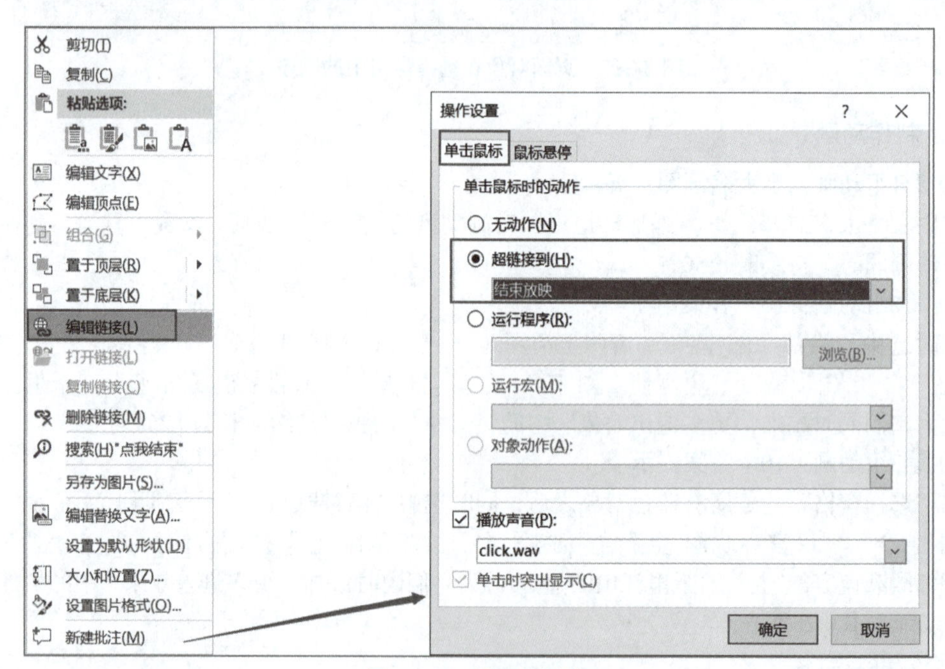

图 3-319 设置超链接

3.5.10 设置页面超链接

超链接与触发器的最大区别是，触发器是在同一页面中控制对象的动画效果，而超链接实现的是页面之间的跳转，或者调用其他软件打开外部内容。

第1张和第8张幻灯片中为“动作按钮”制作了超链接，以实现简单的跳转和结束。但超链接更重要的作用，是通过页面之间的链接跳转来管理演示文稿结构，控制放映过程。

1. 目录超链接

目录超链接的作用，是在单击目录项后，直接跳转到对应页面。制作方法如下：

进入母版视图的目录页，在“四大文明”文本框边框上右击，在弹出的快捷菜单中选择“超链接”命令，如图3-320所示。

温馨提示 这里需要注意，如果在文字上右击添加超链接，添加了超链接的文字会变成蓝色，还会有一条删不掉的下划线，这会影响页面显示效果。而给文本框添加超链接不会出现这种情况，而且文本框超链接的鼠标点击范围比文本超链接的范围要大，不局限于文本本身，而是整个文本框的范围，在放映操作时也会更自由一些。因此，除了特殊需要，一般不要给文字添加超链接。

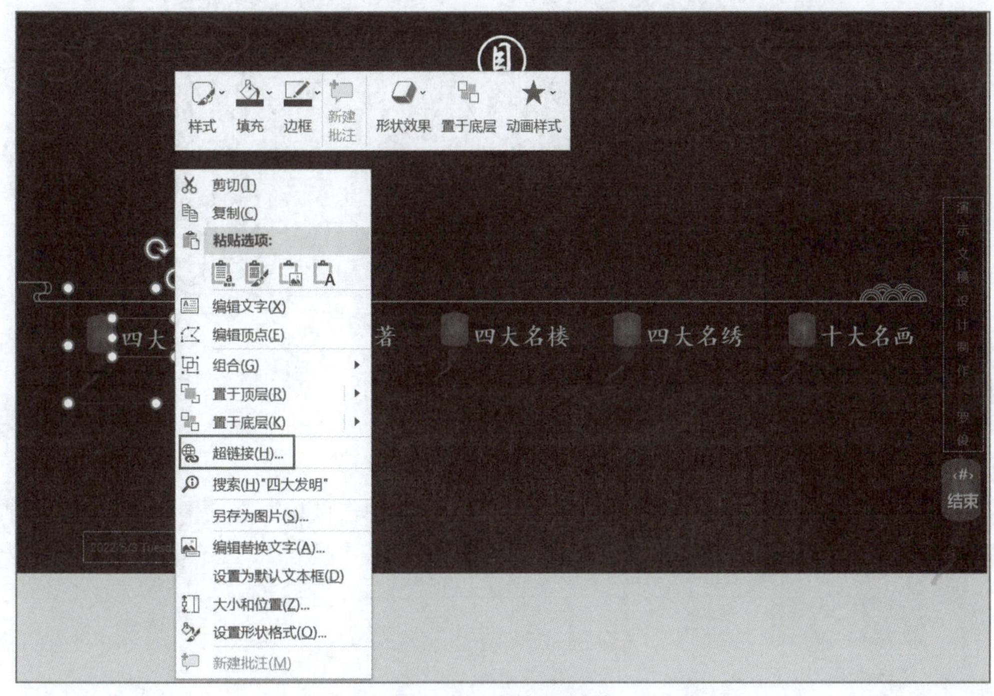

图 3-320　添加超链接

此时会打开“插入超链接”对话框，先选择左侧的“本文档中的位置”，再选择目录项对应的第3页，在右侧的“幻灯片预览”区域中也可以再次确认一下链接页面是否正确。单击“确定”按钮返回，就完成了超链接设置，如图3-321所示。

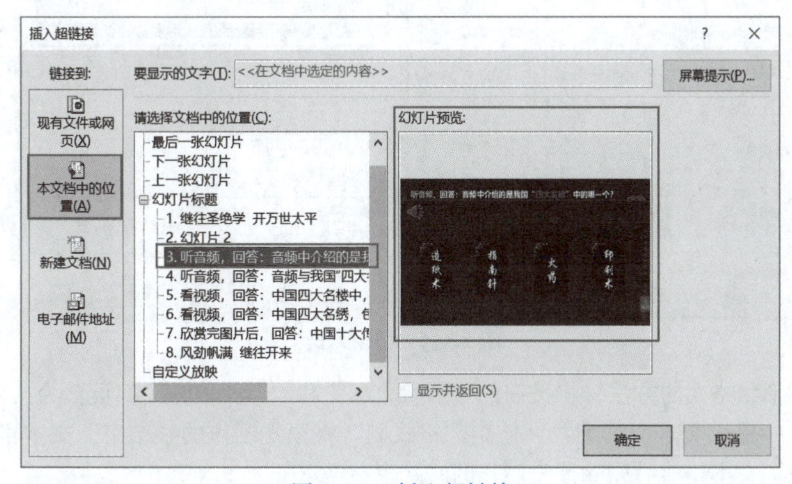

图 3-321　插入超链接

温馨提示　图3-321左侧的“链接到”选区中可以看到，可以链接的对象还包括现有文件或网页、新建文档、电子邮件地址，可以根据实际制作需要选择。

使用同样的方法，完成其他目录项的超链接制作。制作了超链接的幻灯片，放映时，鼠标指针移动到超链接处，会变成手形，如图3-322所示。

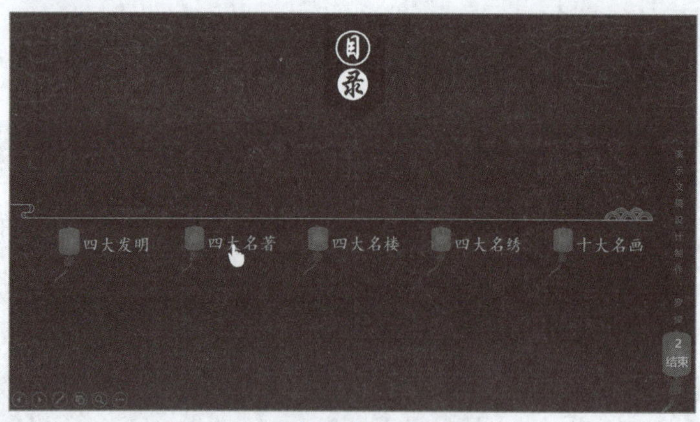

图 3-322　超链接处的手形鼠标指针

2. 结束超链接

目录页右下角，有一个预留在这里、设置好了格式的“结束”文本。这里需要添加一个结束“按钮”，单击“按钮”就直接结束放映。制作方法如下：

在页面右下角区域绘制一个“动作按钮：空白”，“单击鼠标”选项中设置“超链接到”参数为“结束放映”，“播放声音”参数为“单击”，如图3-323所示。

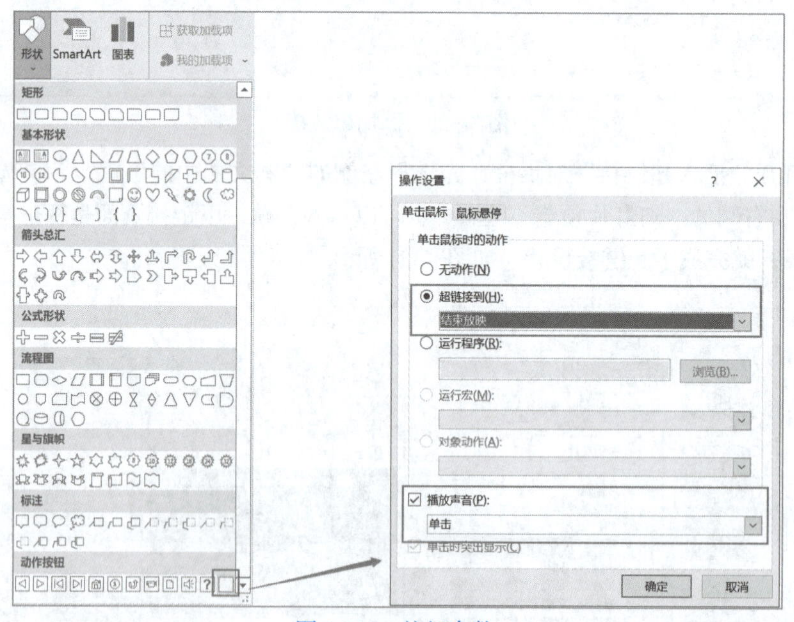

图 3-323　按钮参数

按照设置形状格式的方法，将按钮的“形状轮廓”和“形状填充”都设置为“无”。

在按钮上中输入文本“结束”，使用“格式刷”将预先制作的“结束”文本格式复制到按钮上的“结束”文本，然后删除预先制作的“结束”文本框。

温馨提示　此处也可以直接设置按钮上的文本格式：微软雅黑，16号字，加粗，阴影，金色，居中对齐。按钮覆盖预先制作的“结束”文本框后，也可以不删除该文本框。

将制作完成的“结束”按钮，复制到基础母版（第1张母版）、内容与标题母版（第5张母版，十大传世名画所用版式），这样在演示文稿放映中途也可以退出放映。

温馨提示　复制带有超链接的对象到其他页面，超链接设置会同时复制过去。

3．返回超链接

在标题和内容母版（第3张母版）右下角，有一个“返回”文本，要实现的功能是通过超链接返回目录页幻灯片，目录超链接（页面链接）和结束超链接（按钮链接）中介绍的超链接设置方法都可以实现这一功能。不过，按钮超链接可以添加音效，所以这里还是使用按钮超链接。

在进行后续操作之前，可以先将预留的“返回”文本框删掉，直接将前面设置好的“结束”按钮复制一个过来，将“结束”文本修改为“返回”。

在“返回”按钮上右击，在弹出的快捷菜单中选择“编辑链接”命令，打开“操作设置”对话框，选择“超链接到”下拉面板中的“幻灯片”命令，打开“超链接到幻灯片”对话框，选择“2.幻灯片2”（目录页），在右侧的“预览”区域中确认后，单击“确定”按钮，返回上一级对话框，再次单击“确定”按钮完成设置，如图3-324所示。

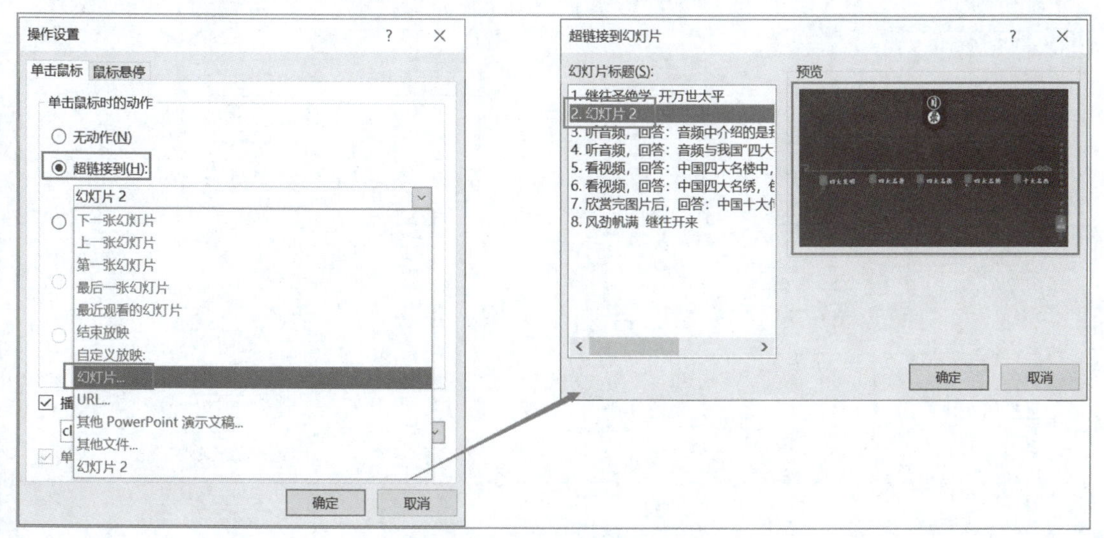

图 3-324　编辑超链接设置

3.5.11　幻灯片切换

这个演示文稿要求只能通过按钮和链接控制幻灯片放映，那么默认的幻灯片切换方式就要取消，以免发生冲突，使按钮和链接失效。设置方法如下：

在“切换”选项卡下，选择“淡入/淡出”切换方式，取消选中“计时”组中的“单击鼠标时”复选框，单击“应用到全部”按钮完成设置。如图3-325所示。

图 3-325　设置幻灯片切换

完成以上设置后，这个演示文稿在放映时就不能用鼠标单击方式切换幻灯片了。放映中如果确实需要强制退出放映，可以直接按键盘左上角的【Esc】键。

温馨提示　在幻灯片放映时，操作鼠标中间的滚轮向前、后滚动，也可以实现幻灯片的切换。

案例小结

这个案例的重点是音视频的插入和控制、超链接和触发器的应用。用好这些功能，可以让演示文稿内容更加丰富多样，让演示文稿打破传统线性结构局限，让制作人、主讲人更加灵活自由地管理演示文稿结构，控制放映过程。

这个演示文稿的内容撷取了中华民族优秀文化遗产中的几朵浪花，这些优秀遗产是我们自信自立于世界的底气。

笔记栏

实训 3.5　制作《继往圣绝学　开万世太平》演示文稿

实训项目	实训记录

实训 3.5.1　制作《继往圣绝学　开万世太平》演示文稿

按照案例介绍的内容、格式和步骤，制作《继往圣绝学　开万世太平》演示文稿。

实训 3.5.2　拓展实训：创意设计制作幻灯片

仿制下面两张幻灯片，要求根据鼠标点击区域返回不同显示内容：

（1）判断选择结果对错，如图 3-326 所示，选择正确拼音时返回“√”，选择错误拼音时返回“×”；

（2）判断选择结果对错并返回选项提示，如图 3-327 所示，选择正确选项时，选项格式发生变化，选择错误选项时，返回选项提示。

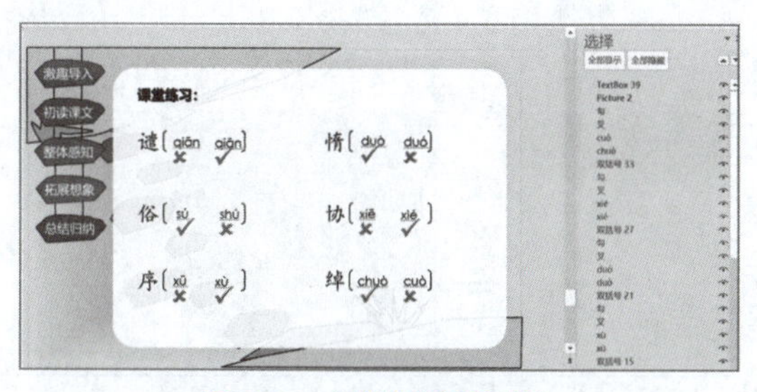

图 3-326　判断选择结果对错

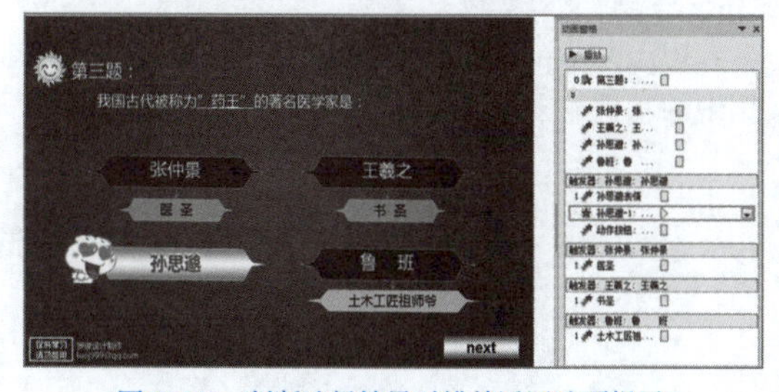

图 3-327　判断选择结果对错并返回选项提示

实训 3.5.3　拓展实训：创意设计制作演示文稿

仿照本案例，制作一个知识问答型演示文稿，不限于如下选题：

（1）提出“为中华之崛起而读书”的革命家是？

（2）我国第一位进入太空的宇航员是？

（3）我国获得诺贝尔医学奖的是？

（4）连线题：孔子 - 儒家，老子 - 道家，韩非子 - 法家，墨子 - 墨家，孙武 - 兵家，公孙龙 - 名家，邹衍 - 阴阳家。

实训 3.5.4　综合实训：制作《我的伟大祖国》演示文稿

综合运用 PowerPoint 功能，自选内容，设计制作名为《我的伟大祖国》的主题演示文稿，可以自定副标题。

学习与实训回顾

见：

请记下你认为有价值、有启发或容易遗忘的知识点，并注明知识点所在页码以便回顾。

感：

请记下你在学习了本案例并实践之后的收获和感受。

思：

本案例中的知识点可以关联到哪些你已掌握的知识内容（包含其他课程所学）？

你过去碰到的哪些任务、困难，可以用本案例中的知识点去完成、优化、解决？

行：

你对本案例的设计和制作是否有改进建议？

今后的学习和工作中，哪些情境可以用到本案例所学内容？

模块 4 报表奇才——Excel 2016

学习评价

案例清单	页码	自我学习评价
案例 4.5　雅居家电销售统计图表	4-50	☆☆☆☆☆
4.5.1　创建图表	4-50	☆☆☆☆☆
4.5.2　增 / 删图表数据	4-52	☆☆☆☆☆
4.5.3　美化图表	4-53	☆☆☆☆☆
4.5.4　其他图表样式	4-56	☆☆☆☆☆
4.5.5　在 PowerPoint 中展示图表	4-58	☆☆☆☆☆
实训 4.5　制作销售统计图表	4-60	☆☆☆☆☆
案例 4.6　千百汇超市销售情况统计表	4-62	☆☆☆☆☆
4.6.1　筛选类别	4-62	☆☆☆☆☆
4.6.2　按值列表筛选	4-63	☆☆☆☆☆
4.6.3　按条件筛选	4-63	☆☆☆☆☆
4.6.4　高级筛选	4-64	☆☆☆☆☆
实训 4.6　完成千百汇超市销售数据的指定筛选任务	4-66	☆☆☆☆☆
案例 4.7　各大院线电影票房情况汇总	4-68	☆☆☆☆☆
4.7.1　数据排序	4-68	☆☆☆☆☆
4.7.2　分类汇总	4-70	☆☆☆☆☆
实训 4.7　对数据进行分类汇总	4-72	☆☆☆☆☆
案例 4.8　整理分析员工数据	4-74	☆☆☆☆☆
4.8.1　数据透视表	4-74	☆☆☆☆☆
4.8.2　统计博士平均工资	4-75	☆☆☆☆☆
4.8.3　统计员工学历层次结构	4-79	☆☆☆☆☆
实训 4.8　分析员工数据	4-81	☆☆☆☆☆

学习基础和学习预期

关于本模块内容，已掌握的知识和经验有：

关于本模块内容，想掌握的知识和经验有：

Excel是Microsoft Office办公套件的重要组件，是一种电子表格处理软件，所以有时会直接称它为“电子表格”。它具有创建表格、管理数据、计算数据、统计分析、制作图表、打印输出等功能，能满足财务、统计、工程计算、文秘等各方面的日常制表需求。

Excel不同于数据库软件，虽然它本身具有非常丰富的命令和函数功能，但对于大多数普通办公用户来说，并不需要去记忆这些命令和函数，就能对各种数据进行汇总、统计、分析，并以“所见即所得”的方式将数据制成可直接打印的表格和图表。

案例 4.1　罗乐兮同学课表

知识目标

◎熟悉 Excel 2016 工作界面。

◎掌握不同鼠标指针形态对应的操作状态。

◎理解工作表、工作簿、电子表格之间的关系。

◎掌握不同单元格区域的选中方法。

◎掌握不同视图的作用。

技能目标

◎准确、快速地录入和编辑数据。

◎设置单元格格式，使用格式刷复制格式，美化表格。

◎编辑工作表。

◎设置打印区域，设置页面，分页。

素质目标

◎认识到基础知识学习的重要性。

完成图4-1所示的“罗乐兮同学课表”。

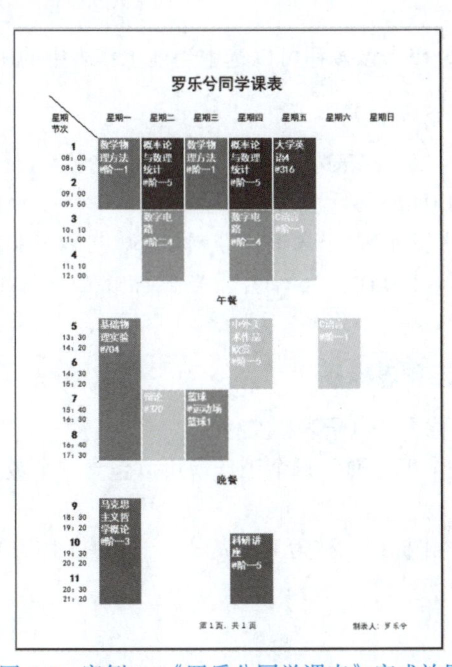

罗乐兮同学课表

星期 节次	星期一	星期二	星期三	星期四	星期五	星期六	星期日
1 08：00 08：50	数学物理方法 #阶一1	概率论与数理统计 #阶一5	数学物理方法 #阶一1	概率论与数理统计 #阶一5	大学英语4 #316		
2 09：00 09：50							
3 10：10 11：00		数字电路 #阶二4		数字电路 #阶二4	C语言 #阶一1		
4 11：10 12：00							
午餐							
5 13：30 14：20	基础物理实验 #704			中外美术作品欣赏 #阶一5		C语言 #阶一1	
6 14：30 15：20							
7 15：40 16：30		[illegible] #320	篮球 #运动场篮球1				
8 16：40 17：30							
晚餐							
9 18：30 19：20	马克思主义哲学概论 #阶一3						
10 19：30 20：20				科研讲座 #阶一5			
11 20：30 21：20							

第1页，共1页　　制表人：罗乐兮

图 4-1　案例 4.1《罗乐兮同学课表》完成效果

4.1.1 Excel 2016 的工作界面

Excel 2016的工作界面组成如图4-2所示。

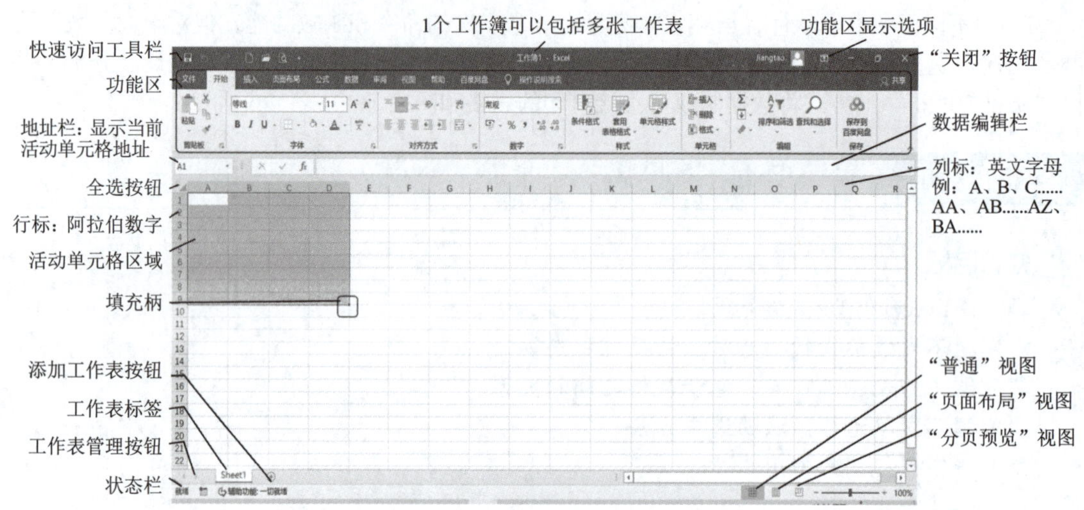

图 4-2　Excel 2016 工作界面

Excel的功能区界面与Word、PowerPoint基本一样，不同的是编辑区。

1. 数据编辑栏

数据编辑栏用于输入或编辑当前单元格的值或公式，它的左边是"插入函数"按钮"fx"。在单元格处于编辑状态时，"插入函数"按钮左边还会出现取消按钮"×"和确认按钮"√"。

数据编辑栏最左边是地址栏，用于显示当前单元格的地址或名称。

2. 全选按钮

表格左上角是全选按钮，单击该按钮可以选中当前工作表中的所有单元格。

3. 行号、列标

Excel工作表的行号用1、2、3…表示，列标用A、B…Z、AA、AB…AZ…、AAA…XFD表示。一张工作表最多可以有1 048 576行、16 384列。

温馨提示　【Ctrl】与上下左右4个方向键分别组合，可以直接跳转到当前列最上一行（第1行）、当前列最下一行（第1 048 576行）、当前行最左一列（A列）、当前行最右一列（XFD列）。

4. 工作簿、工作表和工作表标签

Excel文件经常会被直接称为"电子表格文件"。

一个Excel文件称之为一个工作簿。每个工作簿可以包含一个或多个表格，这些表格称为工作表。

每张工作表都用一个标签来标识，称为工作表名，显示在工作表的下方，默认为"Sheet1"。工作表标签可以设置颜色。

5. 工作表管理按钮

当工作表太多，工作表标签显示区域无法同时显示所有标签时，单击工作表管理按钮可以

滚动工作表标签，定位到需要的工作表标签，单击该标签即可将工作表显示在工作窗口。

6. 单元格

工作表是一个二维表格，由行和列组成。行列交汇处的区域称为单元格。不同的数据存放在不同的单元格中。每个单元格都用一个唯一的代号来表示，这个代号称为单元格地址，它由该单元格所处位置的行号和列标的坐标组成，列标在前，行号在后。如A1、D9、AB56等。

7. 填充柄

当前单元格或选中的单元格区域右下角有一个小方点，称为填充柄。用鼠标拖动单元格的填充柄，可以快速把该单元格的数据或格式向其他单元格填充，填充方式有复制单元格、填充序列、仅填充格式、不带格式填充、快速填充等五种，如图4-3所示。

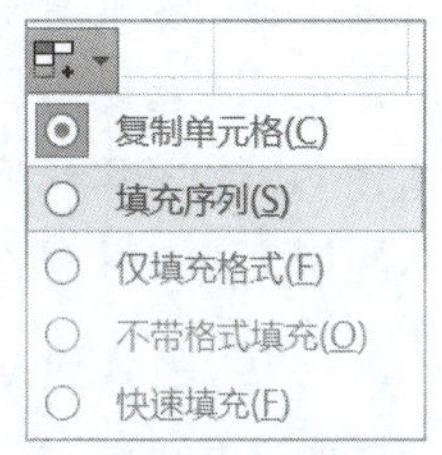

图 4-3　填充柄的填充方式

8. 状态栏

状态栏位于窗口底部，用于显示当前正在进行的操作和状态信息。

4.1.2　Excel 操作中鼠标指针形态

在Excel中，鼠标指针的形态有很多种，每种指针形态对应不同的操作状态。具体如下：

：单元格正在输入、编辑时，光标在单元格内闪烁。

：除了位于正在输入、编辑的单元格上方，鼠标指针移动到任何单元格上方时，都呈现为空心十字形态。此时单击，可以选中当前单元格；按下左键并拖动，可以选中相邻单元格区域；按住【Ctrl】键，多次单击鼠标，或多次按住左键拖动鼠标，可以选中不连续单元格区域；按住【Shift】键，多次单击鼠标后，会选中以第1个单元格和最后一个单元格为对角的连续区域。

：鼠标指针移到当前单元格或选中区域边框上时，鼠标指针变为带箭头十字形，通过鼠标拖动，可以移动当前单元格或单元格区域中的内容到其他单元格。

温馨提示　按住【Ctrl】键的同时移动单元格内容，可以直接将单元格内容复制到其他单元格。

：鼠标指针停在填充柄上时，指针会变成黑色十字形状，这时按住左键向外拖动鼠标，可以复制数据，或填充序列、格式等，向内拖动，可以清除当前单元格或区域的数据。

：鼠标指针位于行号上方时，变为向右箭头，单击，会选中当前行，拖动鼠标可以选择连续行。

：鼠标指针位于列标上方时，变为向下箭头，单击，会选中当前列，拖动鼠标可以选择连续列。

C ✛ D：鼠标指针位于列号之间时，形态为带左右箭头的十字，拖动鼠标可以改变列宽。

温馨提示　选中多列后再拖动鼠标改变列宽，可以同时改变所有选中列的列宽。

：鼠标指针位于行号之间时，形态为带上下箭头的十字，拖动鼠标可以改变行高。

温馨提示　选中多行后再拖动鼠标改变行高，可以同时改变所有选中行的行高。

：格式刷，与Word、PowerPoint中的格式刷一样，用于格式的复制、应用。

4.1.3　录入数据

记录在Excel表格中的内容，我们统称为“数据”。

1. 录入文字信息

先录入表格标题和字段名。

输入标题：单击选中A1单元格，输入表格标题文字“罗乐兮同学课表”；输入完成后，敲【Enter】键确认，光标自动定位到下一行A2单元格。

在同一个单元格中输入多行文本：在A2单元格中输入文本“星期”，按住【Alt】键不放，按一下【Enter】键，光标换行，松开【Alt】键后，输入文本“节次”。按【Tab】键确认录入，光标自动右移定位至B2单元格。

温馨提示　录入数据时，如果是向下切换单元格，按【Enter】键；如果是向右侧切换，则按【Tab】键。不要用鼠标定位单元格之后，再用键盘输入，这样反复地在键盘与鼠标之间切换比较麻烦，效率也低。也可以通过选项设置改变按【Enter】键后光标的移动方向，如图4-4所示。

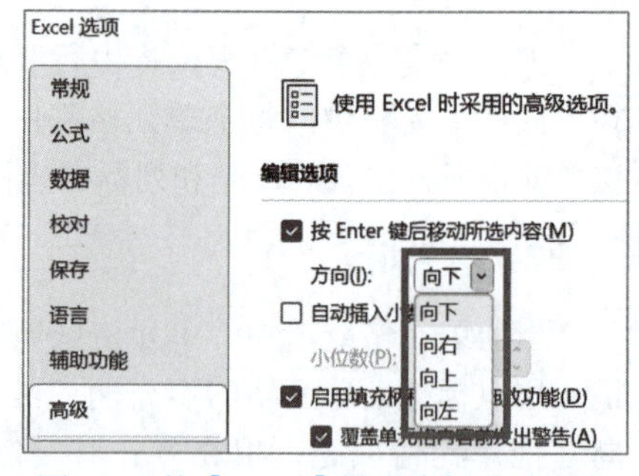

图 4-4　按【Enter】键后光标移动方向

2. 录入序列数据

星期一至星期日、第1节至第10节都是连续序列，可以使用填充柄来快捷“录入”：

在B2单元格中输入“星期一”，将鼠标指针定位在B2单元格右下角的填充柄上，向右拖动填充柄至H2单元格，文字“星期一”至“星期日”就会自动填充到所经过的单元格。

在A3单元格中输入“第1节”，将鼠标指针定位在A3单元格右下角的填充柄上；向下拖动填充柄至A13单元格，文字“第1节”到“第10节”也自动填充到了所经过的单元格。

4.1.4　编辑表格

本案例制作的课表是为了查看、打印，要美观、清晰，这就需要进行必要的格式设置和美化。

1. 合并单元格

（1）选中：从A1单元格开始，按住鼠标左键，拖动鼠标到H1单元格，A1至H1单元格区域呈现被选中状态，被选中的区域称为“A1:H1”，松开鼠标左键。

（2）合并：单击“开始”“对齐方式”→“合并后居中”按钮，完成单元格合并，标题自动在合并后的单元格居中显示。

（3）设置字体：黑体，22号字。

同样的方法，按课程对应的节次合并单元格，录入课程名称、教室信息。

2. 设置自动换行

单元格中的文字默认呈单行显示。当文字内容超过单元格宽度时，要让单元格容纳下文字内容，可以按住【Alt】键不放，按一下【Enter】键，将单元格中的文字手动换行。也可以设置单元格格式的“文本控制”为“自动换行”或“缩小字体填充”（二选一），如图4-5所示。

本案例课表中的课程名称较长，需要设置自动换行，以完整显示课程信息。课程名称和教室信息之间则采用手动方式换行。

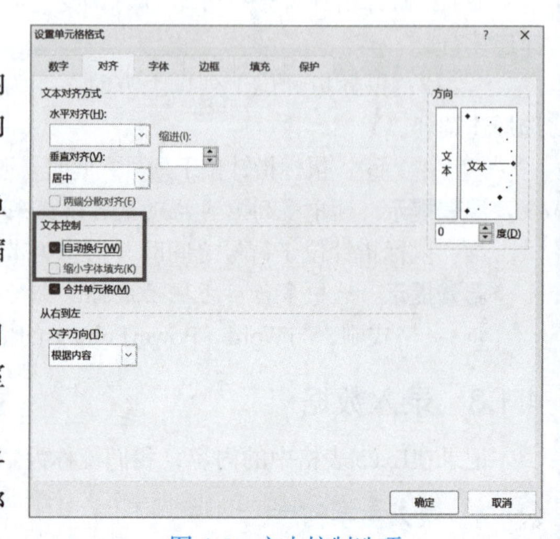

图 4-5　文本控制选项

温馨提示　如果单元格中的内容是数值，单元格容纳不下时，无论是否设置了自动换行，都会自动将数值转换为科学计数法显示。图4-6中，

A1、B1单元格中的数值相同，B1因宽度不够而转换为科学计数法显示；C1中的数字为文本格式（单元格左上角有绿色标记），设置了自动换行，所以换行显示。

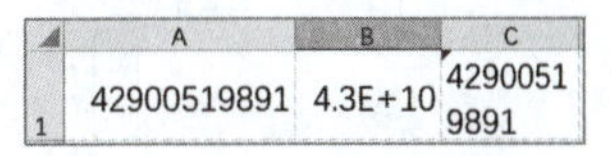

图 4-6　科学计数法显示数值

3. 批量调整列宽 / 行高

选中若干列，可以批量调整列宽：

方法一，双击自动调整列宽适应数据长度：选中A至H列，在选中区域任意两列的交界线上，双击鼠标左键，A至H列的宽度自动调整，适应各列中最长的那个数据长度。

方法二，拖动调整至相同列宽：选中A至H列，鼠标指针移至选中区域任意两列交界线上，指标变为带左右箭头的十字形，按住左键拖动鼠标，调整列宽，所有选中列都会调整为相同列宽。

方法三，精确设置列宽：选中A至H列，在选中区域任一列标上右击，在弹出的快捷菜单中选择“列宽”命令，输入要求的数据即可将所有选中列调整为指定列宽。本案例列宽为10，如图4-7所示。

调整行高的方法与调整列宽相同。

4. 设置单元格对齐方式

Excel单元格中的数据可以在垂直方向和水平方向上对齐。默认的对齐方式为：

垂直方向：居中对齐。

水平方向：文本是“左对齐”，数字是“右对齐”。

本案例对齐设置如下：

1）星期和节次

使用鼠标拖动选取星期和节次区域，单击“开始”→“对齐方式”→“水平居中”→“垂直居中”按钮，如图4-8所示。

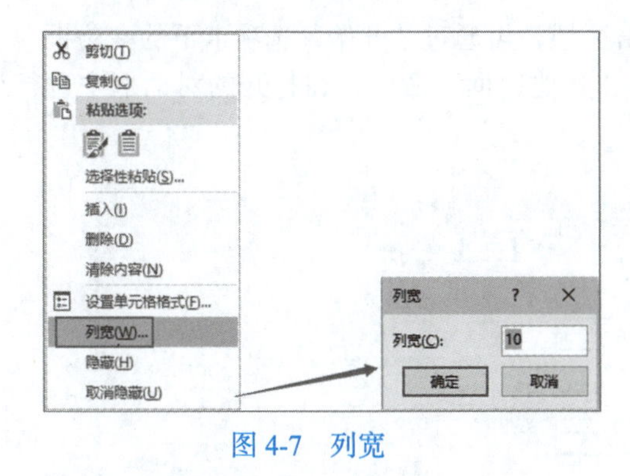

图 4-7　列宽

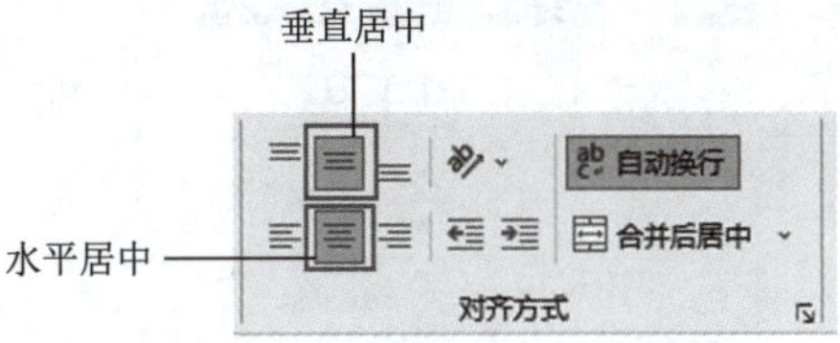

图 4-8　居中对齐

2）课程和教室信息

使用鼠标拖动选中课程和教室信息区域，单击“开始”→“对齐方式”→“左对齐”→“顶端居中”按钮，如图4-9所示。

5. 插入行 / 列

本案例要在第6行和第7行之间，第10行和第11行之间各插入1行，输入“午餐”和“晚餐”。具体操作步骤如下：

（1）定位：在第7行的行标上右击。

（2）插入：在弹出的快捷菜单中选择“插入”命令，就可以在第7行上方插入1行。

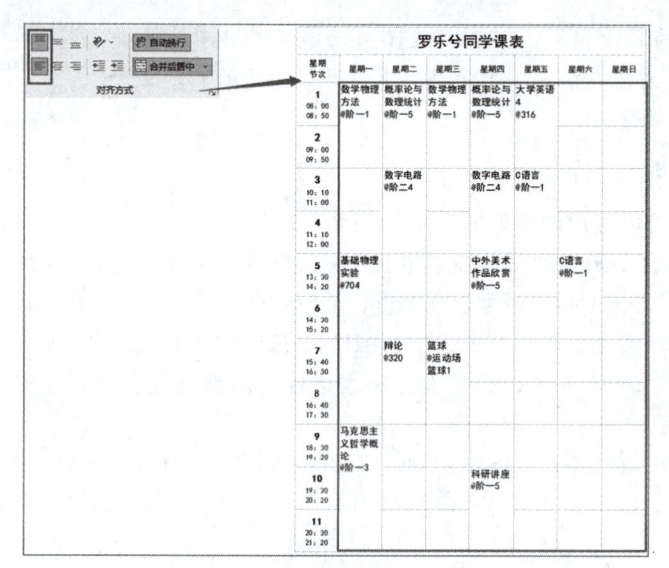

图 4-9　左对齐和顶端居中对齐

温馨提示　如果要插入2行，除了连续点击插入命令外，还有一种方法，先选中第7、8行，选择“插入”，就可以在第7行上方插入2行。也就是说，选中几行，通过“插入”命令就可以插入几行。“列”的插入操作同理。

（3）合并后居中：合并A7:H7单元格区域，输入文本“午餐”。

同样的方法，完成“晚餐”行的制作。

6．设置边框

屏幕上显示的Excel单元格的灰色线条都只是辅助线，默认不打印，真正的表格边框需要用户自己设置。

要设置边框，要先选中需要设置边框的表格区域，再通过“开始”选项卡下的“边框”下拉列表进行快捷设置，或者选择列表最下方的“其他边框”命令，在打开的对话框中进行设置，如图4-10所示。

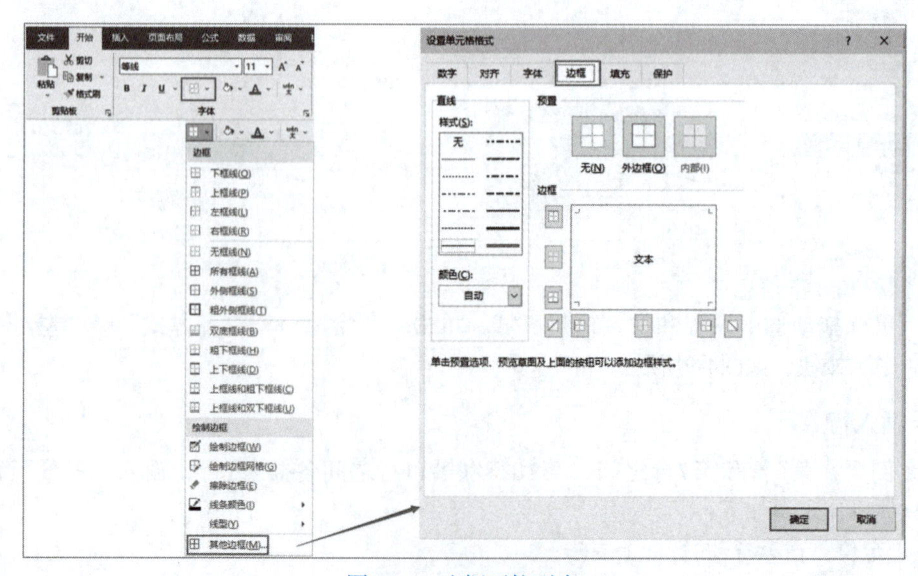

图 4-10　边框下拉列表

本案例中，A2单元格中有一条特殊的“边框”——斜线。添加方法如下：

（1）打开对话框：在A2单元格上右击，在弹出的快捷菜单中选择“设置单元格格式”命令，打开“设置单元格格式”对话框，切换到“边框”选项卡。

（2）设置参数，如图4-11所示：

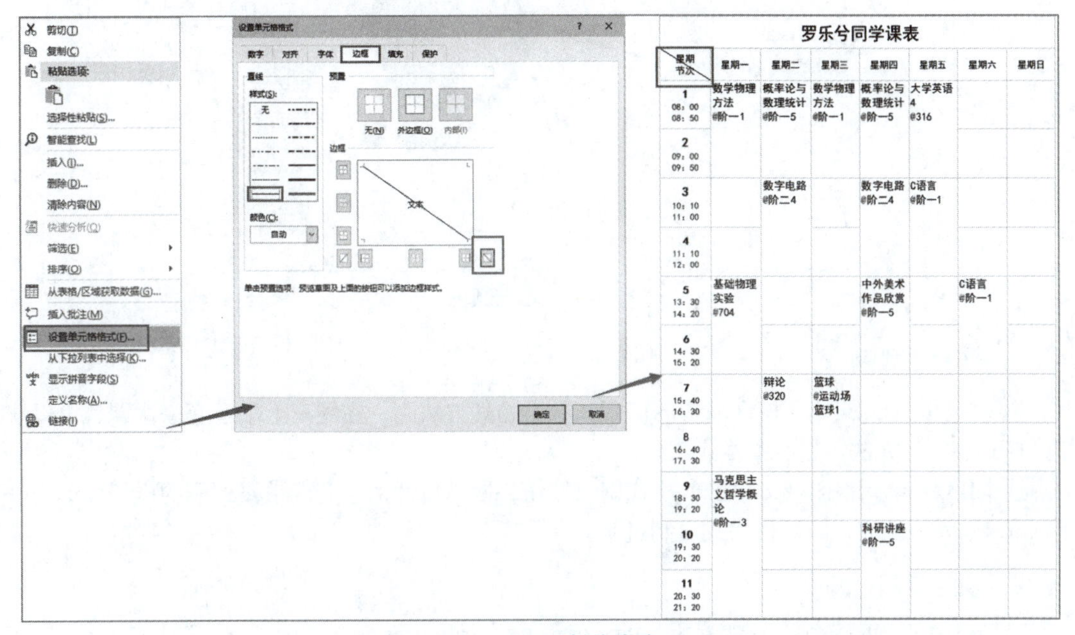

图 4-11　设置斜线表头

① 样式：单击“样式”区域中的“细直线”（第1列倒数第1个）。

② 边框：单击“右斜线”（边框区域右下角按钮）。

温馨提示　单击对话框“边框”示意图（标注“文本”处）的右下或者左上的空白处，也可添加右斜线。

③ 对齐：将A2单元格设置为左对齐，在“星期”左侧连续按【Space】键，使“星期”在单元中右对齐。

温馨提示　同一个单元格中的多行文本只能设置一种对齐方式，因此需要按【Space】键来让“星期”右对齐。

7. 设置颜色

为数据区域填充颜色，可以区分相邻数据，便于准确读取数据，以免看错行列位置，也可以让表格更美观。

本案例中，单元格的颜色填充与课程有关，同一门课程一周内多次上课的，填充相同的颜色。此时，颜色也起到了辅助信息表达的意义。具体设置方法如下：

（1）定位：选中合并过的B3:B4单元格区域。

（2）填充颜色：依次单击“开始”→“字体”工具组→“填充颜色”（油漆桶形状按钮）右侧的三角形按钮，打开下拉面板，选择最下方的“其他颜色”命令；在打开的调色板中，选择适合的颜色，本案例选择的填充颜色如图4-12所示。

（3）设置文本颜色：根据填充颜色，将文本颜色调整为白色，14号字，加粗。

（4）设置边框颜色：白色，粗线。

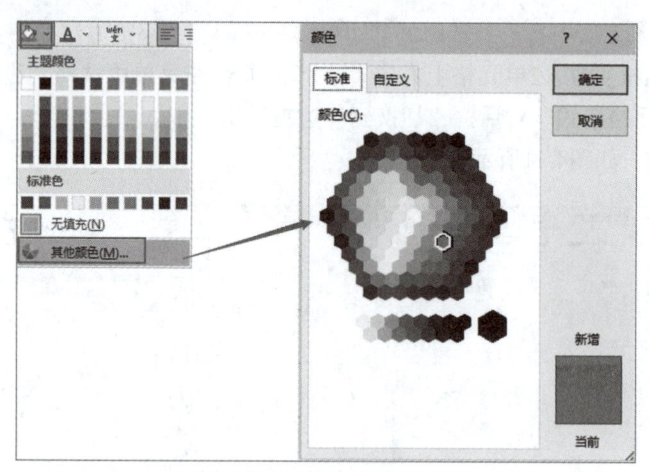

图 4-12　填充颜色

8．使用格式刷

本案例中，B3:B4单元格区域中的课程“数学物理方法”，在周三上午还有一次课，可以使用“格式刷”的方法快速设置格式：

选中B3:B4单元格区域，单击“格式刷”按钮，鼠标指针也会变成带格式刷的样子，单击一下D3:D4单元格区域，即可将格式复制过来。

9．快速复制数据

除了传统的数据复制、粘贴方法，Excel中还有一种快速复制数据的方法。

本案例中，周二上午1、2节与周四上午1、2节的课程、教室一样，可以在设置了周二上午的格式后，再直接将周二上午1、2节课的内容复制到周四上午1、2节。具体操作步骤如下：

选中周二上午1、2节所在的C3:C4单元格区域，左手按住【Ctrl】键不放，右手操作鼠标，将鼠标指针移动到C3:C4单元格区域的边框线上，按住左键并拖动至周四上午1、2节所在的E3:E4单元格区域，先松开鼠标左键，再松开【Ctrl】键。操作完成后，C3:C4单元格区域的数据和格式就完整复制到了E3:E4单元格区域。

温馨提示　鼠标拖动的过程中如果松开【Ctrl】键，就会变成移动数据操作。

4.1.5　编辑工作表

1．重命名工作表

为了让工作表名称更直观地反映表格内容，需要对工作表重命名：

在“Sheet1”工作表标签上右击，在弹出的快捷菜单中选择“重命名”命令，工作表标签进入重命名状态（文字呈灰色底纹状态，出现闪烁的插入光标），输入工作表名称“罗乐兮同学课表”，按【Enter】键确认修改。

温馨提示　双击工作表标签，也可以进入工作表标签重命名状态。

2．移动/复制工作表

工作表可以整体移动或者复制，既可以直接在本工作簿中移动、复制，也可将当前工作表移动、复制到其他工作簿中去。

1）通过菜单命令复制

在“罗乐兮同学课表”工作表标签上右击，在弹出的快捷菜单中选择“移动或复制”命令，打开对话框，根据需要设置参数：

“工作簿”：默认为当前工作簿，不作修改，如果需要复制或移动到其他打开的工作簿或者新建一个工作簿，可以重新选择。

“下列选定工作表之前”：选择“移至最后”。

“建立副本”：勾选，表示将当前工作表复制一份；如果不勾选，当前工作表会被移动。

单击“确定”按钮，完成工作表复制。过程如图4-13所示。

将复制出的工作表重命名为“***同学课表”，再根据需要修改课表内容。

2）通过鼠标拖动复制

在同一个工作簿中复制工作表，可以直接通过鼠标拖动快速复制：

选中《罗乐兮同学课表》工作表标签，左手按住【Ctrl】键，右手按住鼠标左键向旁边拖动，可以看到一个黑色三角形，这个黑色三角形在哪个地方停下，就代表复制出的工作表会从哪里插进去。

如果不需要复制，只是移动工作表的顺序，可以直接用左键拖动工作表左右移动（不按【Ctrl】键）。

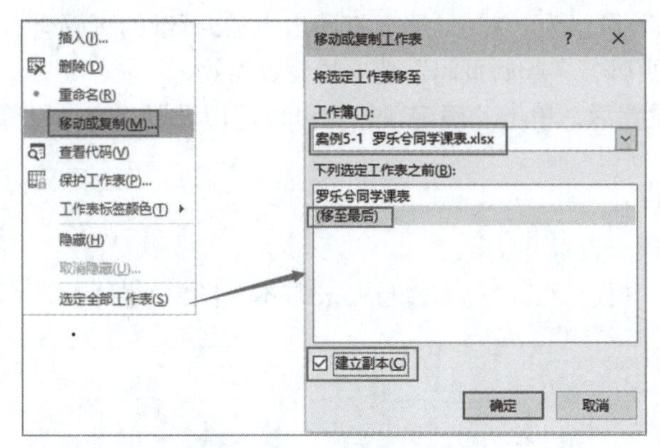

图 4-13　移动 / 复制工作表

4.1.6　设置页面

工作表打印之前，需要先进行打印区域设置和页面设置。

1. 设置打印区域

如果不设置打印区域，系统会默认把当前工作表中所有数据区域，以及数据区域之间的空白区域，全部打印出来。设置打印区域，可以控制只打印工作表的某一部分。设置方法如下：

选中需要打印的区域，选择“页面布局”→“页面设置”→“打印区域”→“设置打印区域”命令，如图4-14所示。

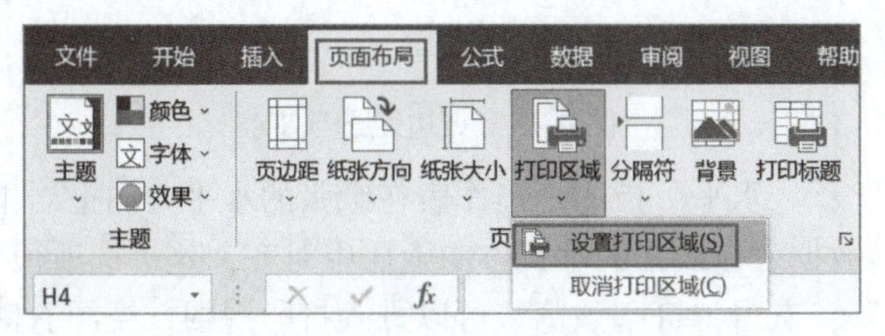

图 4-14　设置打印区域

本案例中，工作表中的数据比较少，而且需要全部打印，因此可以不设置打印区域。

2. 页面设置与打印设置

页面设置直接决定工作表的打印效果。如果不先进行打印预览，然后根据需要进行页面设置，很有可能出现，应该打印在一页中的内容，分散打印到了其他页上的情况。

单击“页面布局”→“页面设置”组右下角的对话框启动器按钮，打开“页面设置”对话框，在对话框中可以对页面选项和打印选项进行设置。

1）“页面”选项卡设置

“方向”：用户可根据需要设置打印出来的纸张方向，默认为纵向打印。

“缩放”：如果要将更多表格区域打印在一张纸上，或者将较少表格区域放大打印在一张纸上，可以“缩放比例”右侧输入目标百分比；如果要设置“几页高”和“几页宽”，则选中“调整为”单选按钮，然后设置宽、高页数。

“纸张大小”：选择所需的纸张大小，默认为A4纸张。

“打印质量”：一般不作调整，保持默认。

“起始页码”：默认为“自动”，也就是第1页的页码打印出来仍然是“1”。如果设置为其他数字，那么第1页的页码打印出来就会显示为修改后的数字。比如，工作表打印出来一共5页，如果“起始页码”设置为“3”，那么打印出来的5页纸的页码会显示为“3、4、5、6、7”。如果未设置页眉页脚，“起始页码”选项的设置无效。

“确定”：完成设置后，单击“确定”按钮可以应用设置，也可以等完成页面设置的全部设置项之后再确定。

本案例均使用默认值。

2）“页边距”选项卡设置

（1）“页边距”：页边距的设置方式与Word基本一样，如图4-15所示。

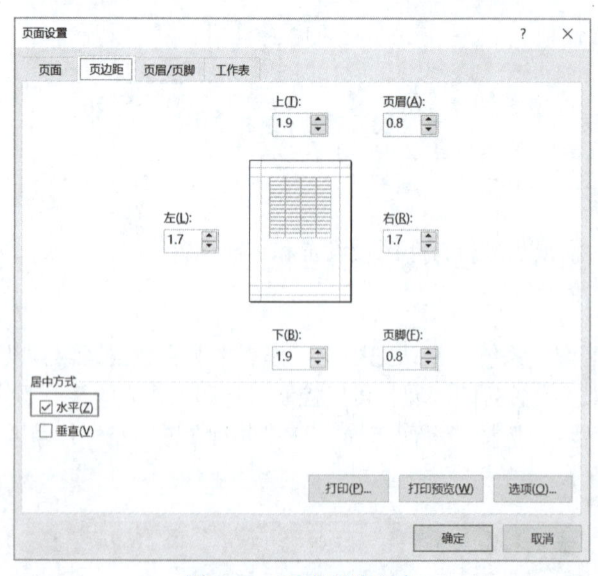

图 4-15　页边距选项卡

（2）“居中方式”：“水平”指的是工作表在纸张的水平方向上居中对齐，这个选项比较常用；“垂直”指的是数据表在纸张的垂直方向上居中对齐，这个选项很少使用。

（3）“打印预览”：点击“打印预览”可以进入打印视图，视图右侧为预览区域，右下角有两个按钮，第1个按钮是“显示边距”按钮，第2个按钮是“缩放到页面”按钮。单击“显示边距”按钮，可以看到四条“页边距”和两条“页眉页脚”的调整线，拖动这些调整线也可以直接调整页边距和页眉页脚位置；单击“缩放到页面”按钮，可以将预览区域的显示比例迅速调整为整页效果。如图4-16所示。

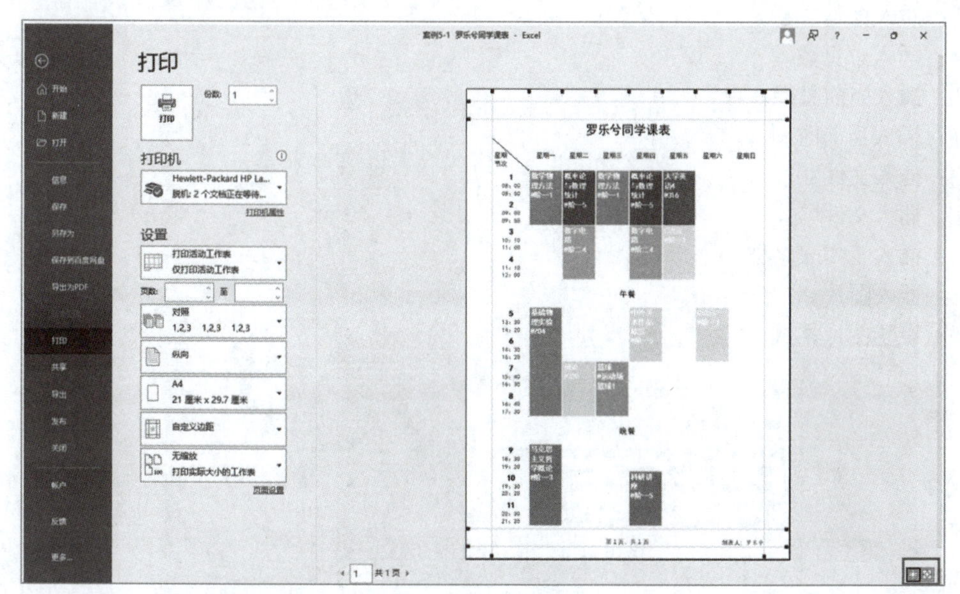

图 4-16　打印预览

3）“页眉和页脚”选项卡设置

Excel提供了两种页眉页脚设置方法，一种是直接使用内置页眉和页脚，另一种是自定义页眉和页脚，使用两种方法设置的页眉页脚可以同时显示出来。本案例的页脚设置方法如下：

（1）使用内置页脚：单击“页脚”下拉列表框右边的下拉列表按钮，在打开的列表中选择内置的页脚格式“第1页，共？页”，如图4-17所示。

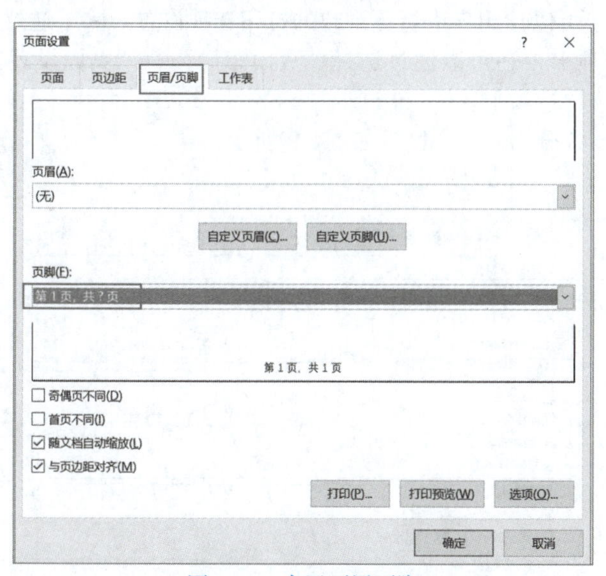

图 4-17　内置页眉页脚

（2）自定义页脚：单击“自定义页脚”命令，打开“页脚”对话框，对话框中可以看到已经添加的内置页脚；在“右部”页脚框中输入文本“制表人：罗乐兮”；使用“格式文本”按钮（左起第1个按钮）将字体设置为楷体，如图4-18所示。

图4-18中自定义设置按钮的功能分别如下：

- ：格式文本，设置页眉页脚字体格式。
- ：插入页码。
- ：插入总页数。
- ：插入当前日期。
- ：插入当前时间。
- ：插入文件路径。
- ：插入文件名。
- ：插入工作表名称。
- ：插入图片。
- ：设置图片格式。

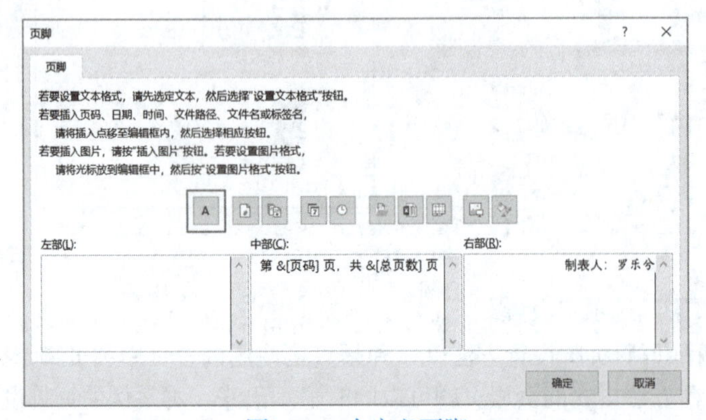

图 4-18　自定义页脚

4）“工作表”选项卡设置

“工作表”选项卡可以让用户进行更细致的打印选项设置。除了通过“页面设置”对话框切换到“工作表”选项卡，还可以通过选择“页面布局”→“页面设置”→“打印标题”命令，直接打开“工作表”选项卡。

“工作表”选项卡，分为四个选区，如图4-19所示。

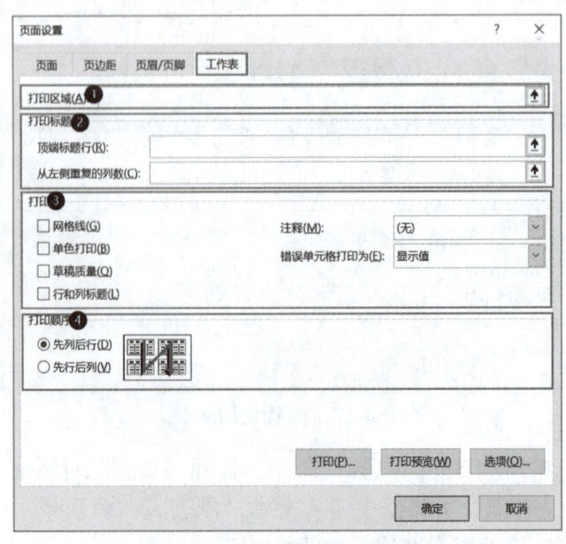

图 4-19　“工作表”选项卡

“打印区域”：单击“打印区域”右端的向上箭头按钮，打开“页面设置-打印区域”对话框，在工作表中按住鼠标左键拖动选中打印区域，然后单击对话框右端向下箭头按钮返回。

“打印标题”：当工作表中的数据较多，一页纸无法打印完整时，为了能让顶端标题行或左端标题列出现在每一页纸上，需要设置“打印标题”。单击“顶端标题行”文本框右边的向上箭头按钮，鼠标指针变为向右的实心箭头形状，单击行号或在行号上拖动选中准备作为工作表行标题的1行或多行，单击向下箭头按钮返回，完成“顶端标题行”的设置。“左端标题行”的设置方法与之相同，区别是在列标上进行操作。

温馨提示　标题行/列可以是多行/多列，既可以包含首行/首列，也可以跳过首行/首列，按需设置即可。

“网格线”：如果没有为表格设置边框，选中此框后，打印时也会自动为表格打印出网格线，这个选项在打印数据量较大的表格时比较实用。

“单色打印”：勾选后，打印时忽略彩色，对工作表进行黑白处理。

“草稿品质”：勾选后，图形以简化方式输出，打印时不打印网格线、边框、设置的颜色等。

“行号列标”：勾选后，打印时打印出行号和列标。

“注释”：确定打印时是否包含批注和注释，以及批注和注释的显示方式。

“错误单元格打印为”：对于有错误的单元格，默认打印为“显示值”，也可以显示为“<空白>”或“- -”或“#N/A”。

“打印顺序”：如果一张工作表的内容不能在一页纸上打印完，横向被分为2页或更多页，纵向也被分为了2页或更多页，这时就要考虑设置打印顺序。“打印顺序”选项可以控制页码的编排和打印次序，如果选中“先列后行”，那么系统从第1页向下纵向编排页码和打印，第1纵列的页面打印完后，再打印第2纵列，依次打印；如果选中“先行后列”，那么系统从第1页向右横向编排页码和打印，第1横排的页面打印完后，再打印第2横排，依次打印。

温馨提示　如果正在处理的是图表，那么“页面设置”对话框中的“工作表”选项卡会变为“图表”选项卡。

3. 分页

一个Excel工作表可能很大，但用来打印表格的纸张面积总是有限的，对于超过一页信息的工作表，系统能够自动插入分页符，为表格分页。自动分页的标准是，当前页面已经不足以容纳下一行或下一列时，立即分页。如果要将一页上的内容打印成两页或更多，或者要将多页上的内容打印在同一页上，就需要手动调整分页符位置或者插入分页符，强制表格分页。

具体分页方法如下：

1）进入分页预览

单击“视图”→“工作簿视图”→“分页预览”按钮，如图4-20所示，进入分页预览视图。

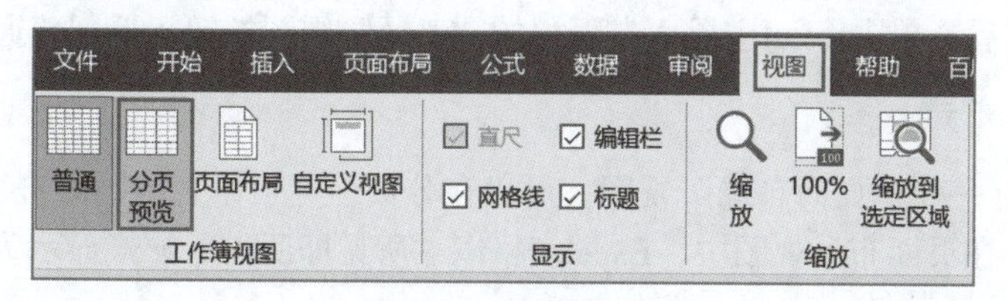

图 4-20　分页预览

温馨提示　Excel主界面右下角“缩放级别”标尺左侧共有三个按钮，左起第1个是普通视图，第2个是页面布局，第3个是分页预览。点击的“分页预览”按钮，可以直接进入分页预览视图。

分页预览视图中，工作表中会显示出用蓝色粗线标示的分页符，如图4-21所示，视图中的白色区域会被打印出来，灰色区域不会被打印。

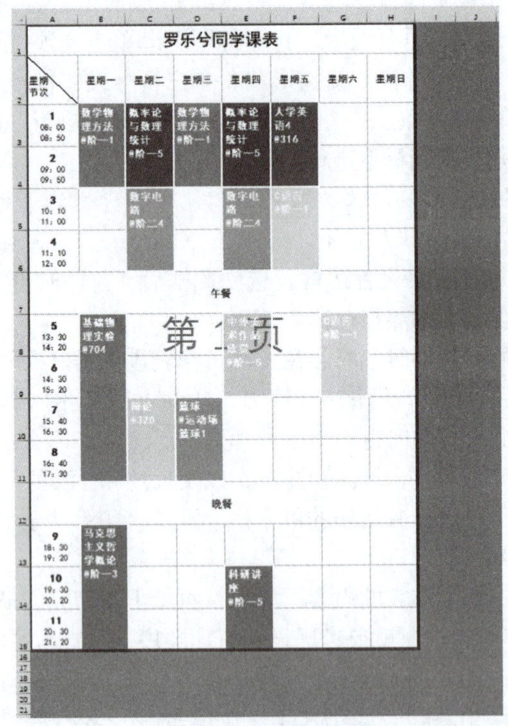

图 4-21　分页预览视图

2）移动、调整分页符

移动鼠标到分页符（蓝色实线）上方，鼠标指针变为双向箭头，按住鼠标左键，将分页符拖到需要的位置。

3）插入分页符

将光标定位在需要强行分页的位置，右击，在弹出的快捷菜单中选择“插入分页符”命令，插入的分页符位于当前单元格的上方和左侧。如果左侧无单元格，则只在上方插入分页符；如果上方无单元格，则只在左侧插入分页符。

4）删除分页符

右击垂直分页符右侧或水平分页符下方的单元格，在弹出的快捷菜单中选择“删除分页符”命令，即可将分页符删除。如果单元格左侧和上方均有分页符，则同时删除这两条分页符。

完成分页操作后，单击Excel主界面右下角的“普通”视图按钮，返回普通视图。

4. 设置页面布局

在Excel中，有一种“页面布局”视图，可以在分页预览工作表的同时进行编辑数据、设置页眉页脚等工作。在页面布局视图中，Excel表格以“所见即所得”方式显示为打印预览状态。

1）切换页面布局视图

单击Excel主界面右下角的“页面布局”按钮（位于“普通”视图按钮和“分页预览”按钮之间），即可切换到“页面布局”视图。

温馨提示　通过“视图”选项卡下“工作簿视图”工具组中的命令按钮也可以切换。

2）在页面布局视图中编辑

在页面布局视图中，可以直接编辑单元格数据。单击页眉或页脚位置，也会显示3个单元格，可以直接在单元格中编辑左、中、右页眉或页脚。页面布局视图显示效果如图4-22所示。

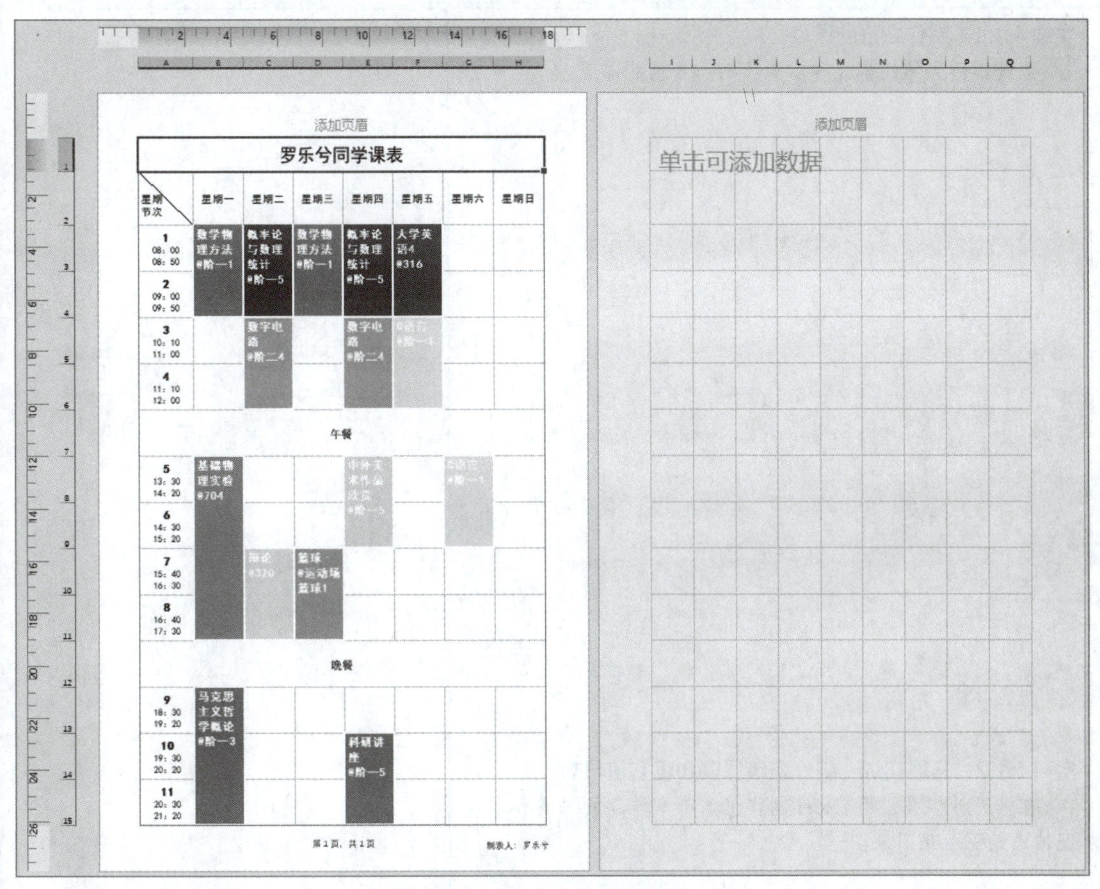

图 4-22　页面布局视图

设置好页面参数后，就可以放心地保存或打印了。

温馨提示　Excel的保存方法、打印方法与Word和PowerPoint相同。

案例小结

基础不牢，地动山摇。本案例主要介绍了Excel的工作界面、数据录入和编辑、格式设置、工作表操作、页面设置等基础内容，只有掌握了这些基础内容，后面才能更快地学习、掌握Excel软件的高阶操作技巧。

笔记栏

实训 4.1 制作课表

实训项目	实训记录
实训 4.1.1 制作自己的课表 按照案例介绍的格式和步骤，制作自己的课表。	
实训 4.1.2 拓展实训：制作班级课表和寝室值日表 自主设计样式，用 Excel 制作出本班本学期的课表和本寝室的清洁卫生值日表。	

学习与实训回顾

见：

请记下你认为有价值、有启发或容易遗忘的知识点，并注明知识点所在页码以便回顾。

感：

请记下你在学习了本案例并实践之后的收获和感受。

思：

本案例中的知识点可以关联到哪些你已掌握的知识内容（包含其他课程所学）？

你过去碰到的哪些任务、困难，可以用本案例中的知识点去完成、优化、解决？

行：

你对本案例的设计和制作是否有改进建议？

今后的学习和工作中，哪些情境可以用到本案例所学内容？

案例 4.2 学生信息统计表

知识目标

◎理解二维表、字段、数据记录等概念。
◎理解数据有效性。
◎掌握电子表格常用数据格式。
◎了解表格样式。
◎掌握公式和函数的基本格式。

技能目标

◎录入非常规数据，设置和转换数据格式。
◎设置数据验证条件。
◎套用表格样式。
◎添加和编辑批注。
◎使用 MID 函数、文本连接符 & 提取和连接文本。
◎对行 / 列执行隐藏和冻结操作。
◎保护 Excel 数据。

素质目标

◎强化规范意识、信息意识、计算思维。
◎培养细致严谨的作风。
◎强化法制观念和保密意识。

制作图4-23所示的“学生信息统计表”。

2021级计算机科学与技术1班学生信息统计表

学号	姓 名	性别	民族	年龄	出生年月日	生源省份	市/县	身份证号码	家庭电话	学费缴纳	备注
1	罗乐兮	女	汉	18	20031106	湖北	云梦	45082120031106[illegible]	0766-987[illegible]	¥5,500.00	
2	李歌飞	女	汉	18	20030225	山东	青岛	13068220030225[illegible]	0733-635[illegible]	¥5,500.00	
3	游清荷	女	汉	18	20030627	河南	洛阳	63012120030627[illegible]	866[illegible]	¥5,500.00	
4	苏翊青	女	汉	17	20041005	陕西	咸阳	13068220041005[illegible]	1582692[illegible]	¥5,500.00	
5	刘乐天	男	汉	18	20030921	河北	保定	42120220030921[illegible]	1369736[illegible]	¥5,500.00	
6	陆恒毅	男	汉	19	20020929	四川	成都	42112720020929[illegible]	1321232[illegible]	¥5,500.00	
7	余沐岚	女	汉	18	20030817	广东	珠海	34082620030817[illegible]	010-897[illegible]	¥5,500.00	
8	马 乐	男	汉	18	20030116	湖北	十堰	37048120030116[illegible]	020-876[illegible]	¥5,500.00	
9	易湘君	男	汉	18	20030623	湖南	浏阳	61252220030623[illegible]	1592603[illegible]	¥5,500.00	
10	段小青	女	布依	20	20010622	贵州	遵义	13110220010622[illegible]	1368723[illegible]	¥2,000.00	低保

图 4-23 案例 4.2《学生信息统计表》完成效果

温馨提示 以上学生信息均为随机编制的虚拟数据。个人信息受法律保护，法律授权的信息公开事项，也应对姓名、身份证号、电话号码、住址、照片和其他生物识别信息等个人关键信息进行模糊处理。

4.2.1 二维表

首行是字段名，字段名下（字段名所在列）的各个单元格都是字段属性，没有空行、空列、合并单元格，这样的表格称为“二维表”。二维表是数据库中最基本的数据结构之一，可以用来存储和组织大量结构化数据，如员工信息、产品价格、订单等。

通常情况下，二维表的每一行代表一个记录，每一列代表一个属性或字段。如图4-24所示的员工信息表，每一列代表一个字段，第1行的“姓名”“性别”等，称为“字段名”；每一行代表一条数据记录，这张表共有五条记录，对应五位员工的信息。

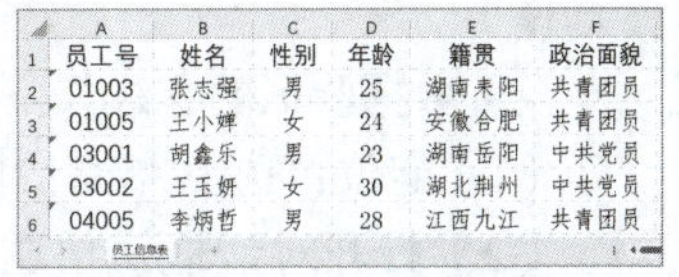

	A	B	C	D	E	F
1	员工号	姓名	性别	年龄	籍贯	政治面貌
2	01003	张志强	男	25	湖南耒阳	共青团员
3	01005	王小婵	女	24	安徽合肥	共青团员
4	03001	胡鑫乐	男	23	湖南岳阳	中共党员
5	03002	王玉妍	女	30	湖北荆州	中共党员
6	04005	李炳哲	男	28	江西九江	共青团员

员工信息表

图 4-24　员工信息二维表

二维表最大的优势就是便于后期进行数据分析和格式美化，比如筛选、分类汇总、生成数据透视表、导入数据库软件或信息管理系统、套用表格样式。主要用于记录数据信息的表格，尤其是数据量比较大的表格，最好做成标准二维表的形式，不要出现合并单元格，不要有不属于数据记录的内容。图4-25所示的部门信息表，包含大量合并单元格，字段名称复杂，多次合计，这样的表格没办法进行后期数据分析，美化格式也比较麻烦。

客户服务部基本情况												
序号		大区	省市区	经理		员工	性别		本地		派驻	
				专职	代理	人数	男	女	男	女	男	女
1	1	华中	湖北		张安红	5	2	3	1	2	1	1
2	2		湖南	刘若馨		6	3	3	2	3	1	0
			合计			11	5	6	3	5	2	1
3	1	华东	上海	张强		11	4	7	3	5	1	2
4	2		浙江	艾中华		8	3	5	1	5	2	0
			合计			19	7	12	4	10	3	2
			合计			30	12	18	7	15	5	3

销售部基本情况												
序号		大区	省市区	经理		员工	性别		本地		派驻	
				专职	代理	人数	男	女	男	女	男	女
1	1	华中	湖北	李文奎		13	9	4	8	4	1	0
			湖南		刘传德	15	9	6	7	4	2	2
			合计			28	18	10	15	8	3	2
2	1	华东	上海	段安峰		22	14	8	11	8	3	3
3	2		浙江	刘大广		20	11	9	10	9	1	0
			合计			42	25	17	21	17	4	3
			合计			70	43	27	36	25	7	5
			合计			100	55	45	43	40	12	8

图 4-25　格式复杂的部门信息表（局部）

当然，主要用于日常查看和打印，数据量不大的表格，比如课表、班级学生信息表，可以添加表格标题，但表格格式仍然越简单越好。本案例所制作的《学生信息统计表》，保持了二维表的基本格式，只是在首行合并单元格后添加了表格标题。

4.2.2 录入数据

1. 性别：快速录入

“性别”字段只有“男”和“女”两种情形，可以采用快捷方法来批量录入。

1）方法一：填充、复制

填充连续数据：先在C3单元格中输入“女”，拖动填充柄至C6，完成连续数据的填充。

复制粘贴非连续数据：后面不连续相同的数据，采用复制、粘贴的方式录入。

2）方法二：选中非连续区域快速录入

拖动鼠标选中【C3:C6】，再按住【Ctrl】键，依次单击C9、C12单元格，将所有需要填入“女”的单元格全部同时选中。松开【Ctrl】键和鼠标，输入“女”，此时可以看到，只有C12单元格中输入了数据。按住【Ctrl】键，按【Enter】键，即可将文本“女”一次性录入所有选中的单元格。

2. 籍贯：数据验证

为了防止单元格中被输入错误数据，可为单元格设置“数据验证”，设置后，每次输入的数据都会自动被验证，验证不合格时，会自动提示、报错。

数据验证功能还可以提供下拉列表，供用户快捷输入（选择）。

设置数据验证的方法如下：

（1）定位：选中G3:G12单元格区域（生源省份）。

（2）打开对话框：单击“数据”→“数据工具”→“数据验证”按钮，打开“数据验证”对话框。

（3）设置验证条件：在“设置”选项卡中设置“允许”条件为“序列”，录入序列内容“湖北,湖南,山东,广东,河南,河北,陕西,四川,贵州”，如图4-26所示。

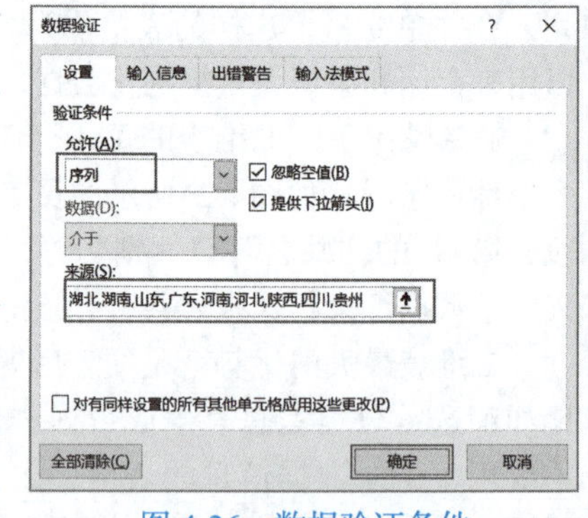

图 4-26　数据验证条件

温馨提示　来源序列中的逗号必须是“英文逗号”（半角逗号）。Excel中，有运算意义的符号都必须是半角符号。

（4）输入提示信息：在“输入信息”选项卡的“标题”处输入文本“【温馨提示】”，“输入信息”处输入文本“请输入正确省份信息”，如图4-27所示。设置完成后，在输入数据时，会出现提示信息。

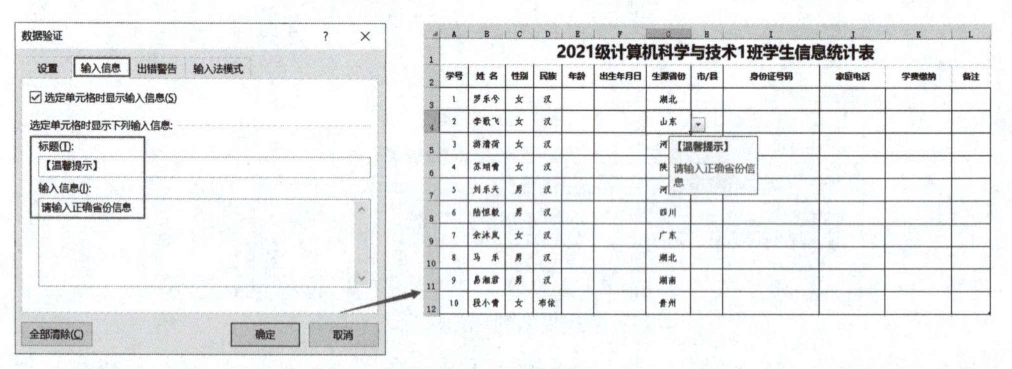

图 4-27　提示信息

（5）输入警告信息：在“出错警告”选项卡中勾选“输入无效数据时显示出错警告”复选框，“样式”处选择“停止”，“标题”处输入文本“您输错了”，“错误信息”处输入文本“只能输入‘省份’哦”（“省份”用双引号），如图4-28所示。

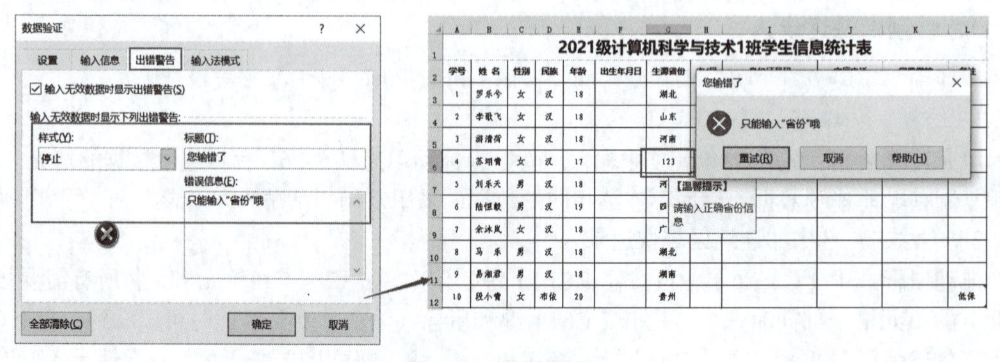

图 4-28　出错警告

设置完成后，单击“确定”按钮返回。

设置了数据验证后，单击G3:G12单元格区域的任意单元格，在单元格右侧就会出现一个下拉列表按钮，选择正确的选项就可以直接填入选项数据，如图4-29所示。

学号	姓名	性别	民族	年龄	出生年月日	生源省份	市/县	身份证号码	家庭电话	学费缴纳	备注
1	罗乐兮	女	汉	18		湖北					
2	李歌飞	女	汉	18							
3	游清荷	女	汉	18							
4	苏翊霄	女	汉	17							
5	刘乐天	男	汉	18		河北					
6	陆恒毅	男	汉	19		四川					
7	余沐岚	女	汉	18		广东					
8	马乐	男	汉	18		湖北					
9	易湘君	男	汉	18		湖南					
10	段小青	女	布依	20		贵州					

图 4-29　使用下拉列表录入数据

“市/县”列数据也可以采用这种方法来录入和验证。

3．身份证号码：转换数据格式

在Excel中，单元格中的数字超过11位将以科学计数法来显示。身份证号码共18位，为了避免身份证号码被误认为是“数字”，需要将数据类型转换为“文本”，这样才能保证身份证号码被完整显示。

数据类型转换的方法如下：

（1）定位：在I列的列标上单击选中全列。

（2）打开对话框：单击“开始”→“数字”工具组右下角的对话框启动器按钮，打开“设置单元格格式”对话框。

（3）设置数据类型：选择“数字”选项卡，“分类”选择“文本”。单击“确定”按钮返回。

设置完成以后，输入身份证号码就能完整显示了，如图4-30所示。

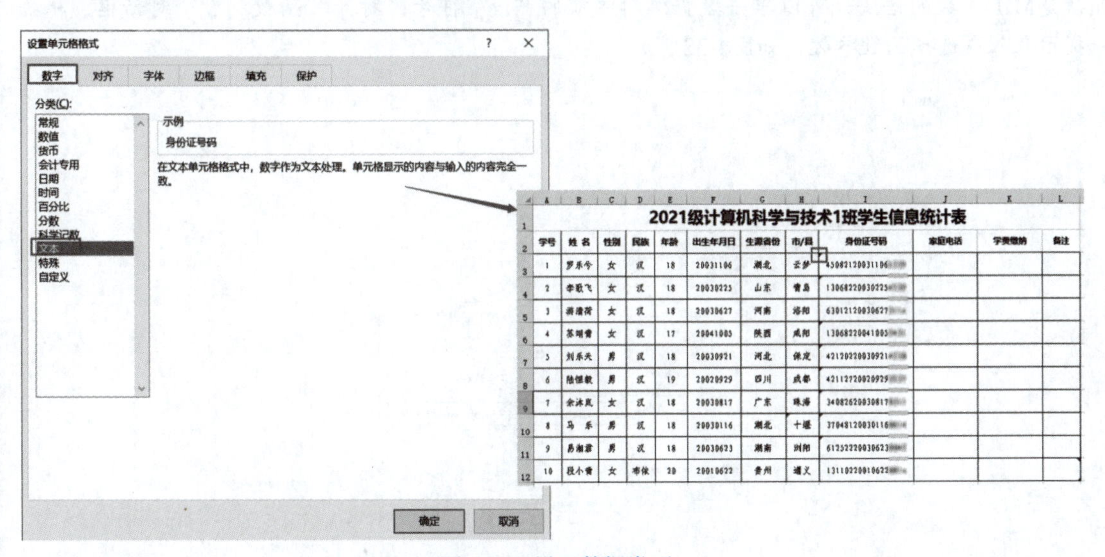

图 4-30　设置数据类型

温馨提示　以文本形式存储的数字，单元格左上角会出现绿色三角形标志，将鼠标指针移动到绿色三角形标志上，会出现一个智能选项标记，单击该智能标记，会弹出下拉菜单，菜单中可以看到当前的状态是“以文本形式存储的数字”。

4. 出生年月日：使用 MID 函数

如果表格数据中需要同时录入人员的身份证号码和出生年月日，那么可以先录入“身份证号码”，再使用函数直接从“身份证号码”中提取“出生年月日”，避免重复录入。方法如下：

（1）定位：选中F3单元格。

（2）输入公式：在F3单元格中输入公式“=mid(h3,7,8)”（实际录入时不要带引号），如图4-31所示。

在“数据编辑栏”中输入，效果也一样

SUM　=MID(I3,7,8)

所有的运算都是以“=”号开头。

2021级计算机科学与技术1班学生信息统计表

学号	姓 名	性别	民族	年龄	出生年月日	生源省份	市/县	身份证号码	家庭电话	学费缴纳	备注
1	罗乐兮	女	汉		=MID(I3,7,8)		云梦	45082120031106			
2	李歌飞	女	汉	18	MID(text, start_num, num_chars)			8220030225			
3	游清荷	女	汉	18		河南	洛阳	63012120030627			
4	苏翊青	女	汉	17		陕西	咸阳	13068220041005			
5	刘乐天	男	汉	18		河北	保定	42120220030921			
6	陆恒毅	男	汉	19		四川	成都	42112720020929			
7	余沐岚	女	汉	18		广东	珠海	34082620030817			
8	马　乐	男	汉	18		湖北	十堰	37048120030116			
9	易湘君	男	汉	18		湖南	浏阳	61252220030623			
10	段小青	女	布依	20		贵州	遵义	13110220010622			

图 4-31　MID 函数

温馨提示　用小写字母输入的函数，Excel会自动转换为大写。这个公式的作用是，在I3单元格提取字符，从第7位开始提取，一共提取8个字符。如果是在表格上方的数据编辑栏中输入公式，输入完成后，可以单击前面的“√”确认录入，也可以直接按【Enter】键确认。如果不清楚MID函数的语法，可以单击数据编辑栏前的“fx”符号，打开“函数参数”对话框，根据提示录入或选择函数参数，如图4-32所示。

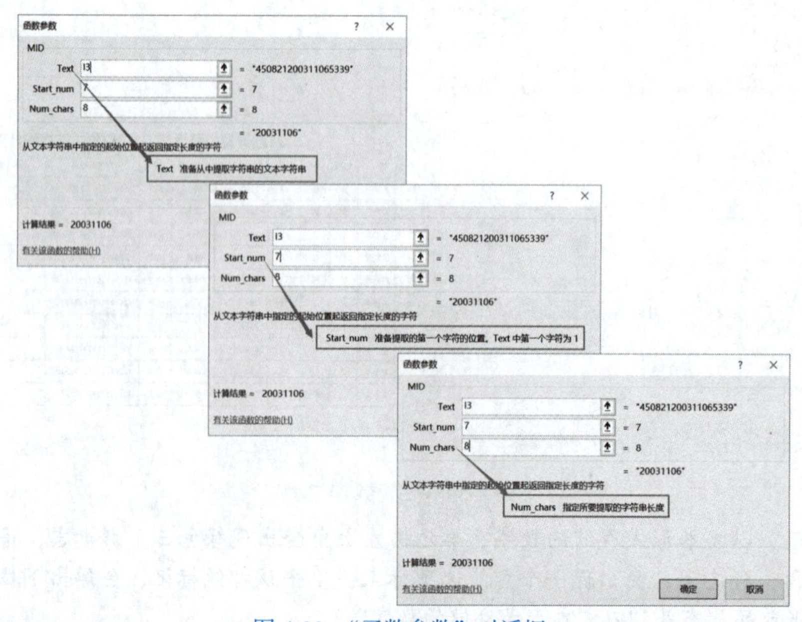

图 4-32　“函数参数”对话框

（3）执行：公式录入完成后，按【Enter】键确认执行公式。

（4）复制公式：向下拖动填充柄，将函数公式套用到其他人的“出生年月日”单元格，完成信息的自动提取。

4.2.3　套用表格样式

表格样式是为表格预设的一组格式，包括字体样式、对齐、边框、填充色等设定，为表格套用样式后，该表格将自动设置相关格式。Excel软件预定义了一些表格样式，可以直接套用，提高工作效率。

套用表格样式的方法如下：

选中A2:L12单元格区域，选择“开始”→“样式”→“套用表格样式”→“中等色”→“表样式中等深浅5”命令，如图4-33所示。

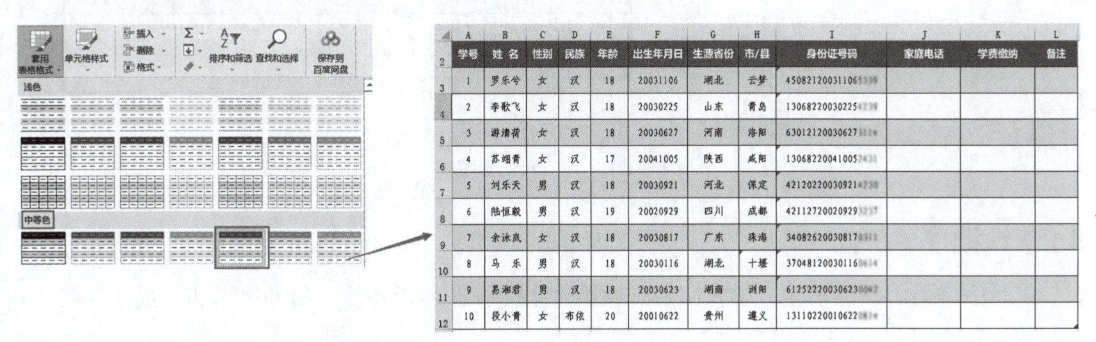

学号	姓 名	性别	民族	年龄	出生年月日	生源省份	市/县	身份证号码	家庭电话	学费缴纳	备注
1	罗乐兮	女	汉	18	20031106	湖北	云梦	45082120031106			
2	李歌飞	女	汉	18	20030225	山东	青岛	13068220030225			
3	游清荷	女	汉	18	20030627	河南	洛阳	63012120030627			
4	苏翊青	女	汉	17	20041005	陕西	咸阳	13068220041005			
5	刘乐天	男	汉	18	20030921	河北	保定	42120220030921			
6	陆恒毅	男	汉	19	20020929	四川	成都	42112720020929			
7	余沐岚	女	汉	18	20030817	广东	珠海	34082620030817			
8	马　乐	男	汉	18	20030116	湖北	十堰	37048120030116			
9	易湘君	男	汉	18	20030623	湖南	浏阳	61252220030623			
10	段小青	女	布依	20	20010622	贵州	遵义	13110220010622			

图 4-33　套用表格样式

套用了表格样式后，仍然可以对表格进行设置、美化。

温馨提示　选中套用表格样式区域时，不要包含合并了单元格的表格标题，否则样式会出错，这也是案例前面强调尽量让表格保持标准二维表格式的原因。套用表格样式后，表格会自动进入数据“筛选”状态，每个字段名单元格的右下角都会出现一个“筛选”按钮。如果想退出“筛选”状态，可以单击“数据”→“排序和筛选”→“筛选”，取消选中“筛选”。

4.2.4　数字格式

本案例中，除了身份证号要设置为文本格式，K列的学费缴纳情况也设置成了带人民币符号的货币格式

具体设置步骤如下：

（1）定位：选中K3:K12单元格区域。

（2）打开对话框：单击“开始”→“数据”组右下角的对话框启动器按钮，如图4-34所示，打开“设置单元格格式”对话框，选择“数字”选项卡。

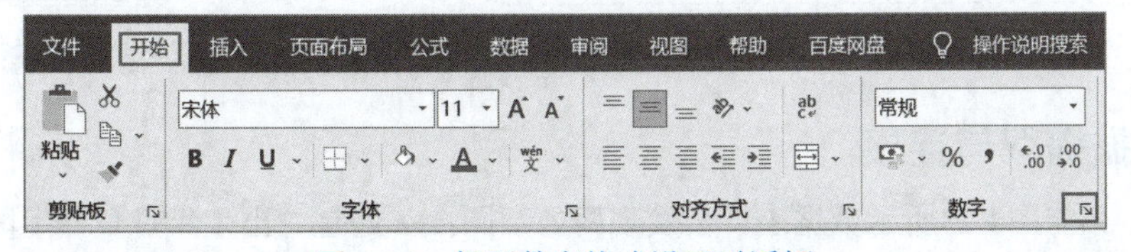

图 4-34　打开数字格式设置对话框

温馨提示　图4-34中显示“常规”的下拉列表框，可以进行数字格式的快速设置。

（3）设置参数：

“分类”：选择“货币”。

“小数位数”：默认2位。

“货币符号”：默认为人民币符号。

单击“确定”按钮完成设置。完成效果如图4-35所示。

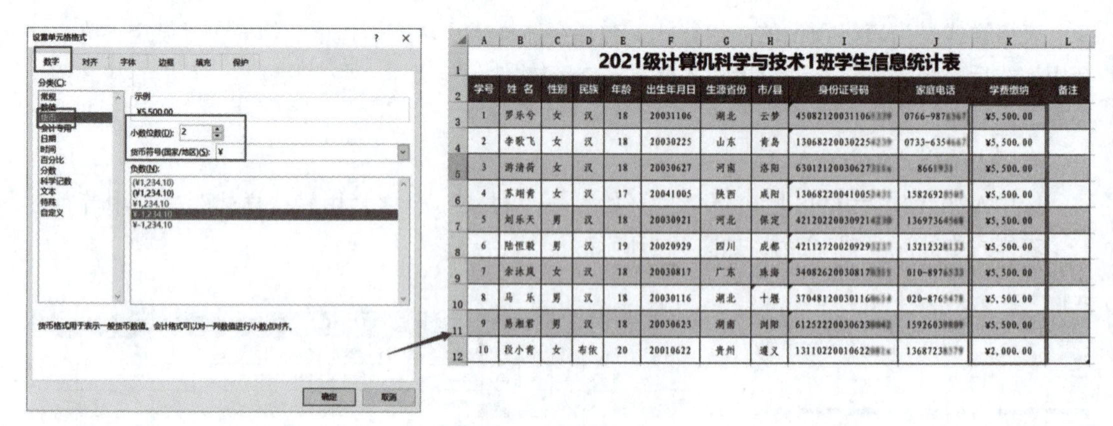

图 4-35　设置货币样式

4.2.5　批注

统计表中最后一位学生，学费因特殊原因暂未交齐，加了备注，另外也添加了批注说明。

1. 添加批注

（1）打开批注编辑框：在L12单元格上右击，在弹出的快捷菜单中选择“添加批注”命令后，单元格上会出现一个批注编辑框。

（2）编辑批注：在批注编辑框中输入批注内容“多加关心。欠学费3500，提醒、协助该生申请助学金。”，如图4-36所示。

（3）完成插入：输入完成后，单击表格其他位置即可。

温馨提示　批注默认隐藏。添加了批注的单元格右上角，会出现一个红色小三角形。鼠标指针滑过该单元格时，批注会自动浮现。

2. 编辑批注

在添加了批注的单元格上右击，在弹出的快捷菜单中，可以根据实际需要，对已有批注进行“编辑批注”“删除批注”“显示/隐藏批注”操作，如图4-37所示。

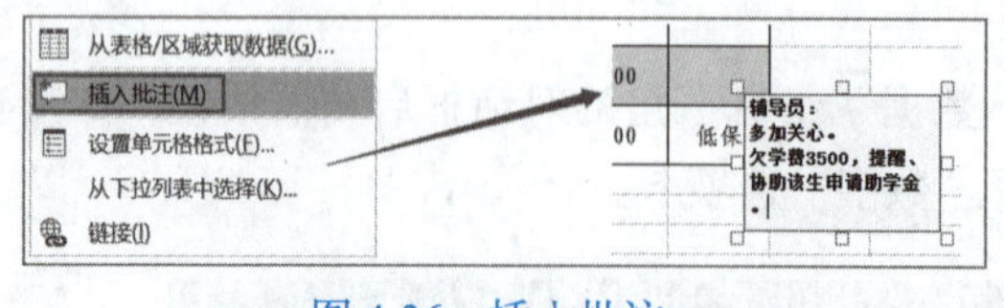

图 4-36　插入批注

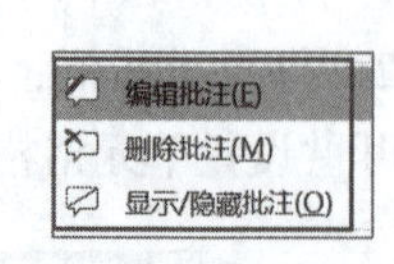

图 4-37　编辑批注

4.2.6　数据提取与连接

对比图4-38与图4-23所示数据表，会发现两处不同：一处是“出生年月日”字段，年、月、日数据之间加了连字符“-”；第二处是将“生源省份”“市/县”两个字段合并成了一个字段“籍贯”。图4-38的这两个字段中的数据都是在图4-23数据表的基础上提取、连接而成。

2021级计算机科学与技术1班学生信息统计表

学号	姓 名	性别	民族	年龄	出生年月日	籍贯	身份证号码	家庭电话	学费缴纳	备注
1	罗乐兮	女	汉	18	2003-11-06	湖北云梦	45082120031106	0766-987	¥5,500.00	
2	李歌飞	女	汉	18	2003-02-25	山东青岛	13068220030225	0733-635	¥5,500.00	
3	游清荷	女	汉	18	2003-06-27	河南洛阳	63012120030627	866	¥5,500.00	
4	苏翊青	女	汉	17	2004-10-05	陕西咸阳	13068220041005	1582692	¥5,500.00	
5	刘乐天	男	汉	18	2003-09-21	河北保定	42120220030921	1369736	¥5,500.00	
6	陆恒毅	男	汉	19	2002-09-29	四川成都	42112720020929	1321232	¥5,500.00	
7	余沐岚	女	汉	18	2003-08-17	广东珠海	34082620030817	010-897	¥5,500.00	
8	马　乐	男	汉	18	2003-01-16	湖北十堰	37048120030116	020-876	¥5,500.00	
9	易湘君	男	汉	18	2003-06-23	湖南浏阳	61252220030623	1592603	¥5,500.00	
10	段小青	女	布依	20	2001-06-22	贵州遵义	13110220010622	1368723	¥2,000.00	低保

图 4-38　出生年月日与籍贯信息

1．连接文本数据

在G列前插入一列，录入字段名“籍贯”；选中G3单元格，输入公式“=F3&G3”，按【Enter】键执行公式。

温馨提示　在套用表格样式后，录入的公式会自动套用到全列有效单元格，不需要再使用填充柄复制填充数据。

2．重设生日格式

图4-38工作表中的“出生年月日”字段格式，比起图4-23，更加清晰，更加符合阅读习惯。要从身份证号码中提取并同时生成这样格式的出生年月日信息，需要同时使用“MID”函数和“&”运算符。

具体步骤如下：

（1）定位：单击E3单元格。

（2）输入公式：=MID(H3,7,4)&"-"&MID(H3,11,2)&"-"&MID(H3,13,2)。

（3）执行：公式录入完成后，按【Enter】键确认执行。

这个公式的作用是，用三个MID函数将身份证号码中的“年”“月”“日”分别提取出来，然后用文本连接运算符“&”在年、月、日数据的中间同时添加连字符“-”。公式中英文双引号的作用是将“-”当作横杠符号使用，以免被公式识别为减号。

温馨提示　“&”是文本连接运算符，它只能连接文本，不能连接数字。

4.2.7　隐藏行 / 列

数据表中的行和列都可以隐藏起来，隐藏的行与列也不会打印出来。

图4-38中增加“籍贯”列后，原表中的“生源省份”“市/县”就不需要再显示和打印。因为“籍贯”字段依赖这两列数据提取，所以也不能删除这两列，只能隐藏。

1．隐藏列

在列标上同时选中H列和I列，在这两列的列标范围上右击，在弹出的快捷菜单中选择“隐藏”命令，即可将H列和I列隐藏，如图4-39所示。

温馨提示　包含隐藏列的数据表，列标会显示不连贯。本案例的列标就从G列直接到了J列，G列和J列之间变成了两条竖线，如图4-38所示。

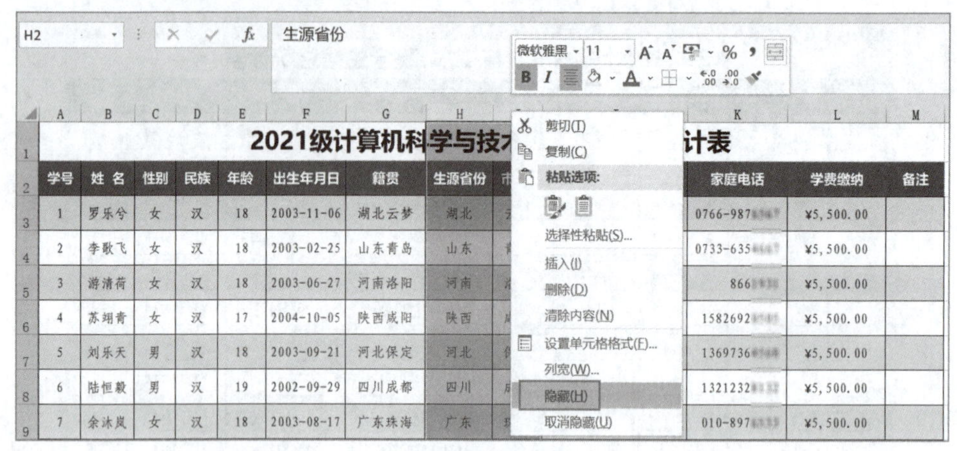

图 4-39　隐藏列

2. 取消隐藏

在列标上同时选中G列和J列（前后2列），在这2列的列标范围上右击，在弹出的快捷菜单中选择“取消隐藏”命令，即可将G列和J列取消隐藏。

温馨提示　如果要显示工作表中全部的隐藏列，可以直接点击工作表左上角的“全选”按钮（空白按钮），选中整个工作表，再在列标区域右击，在弹出的快捷菜单中选择“取消隐藏”命令。

隐藏行和取消隐藏行的操作方法与列的操作方法一样。

4.2.8 冻结行 / 列

如果表格中的数据量很大，滚动表格时，第1行的字段名也会随着滚动隐藏，导致后面的数据不知道到底对应的是什么字段。为了便于查看，可以通过“冻结行/列”的方式，将表格最上面的1行或数行、最左边的1列或数列冻结，始终显示在屏幕上，不随着滚动而消失。

1. 冻结

选中C3单元格，单击“视图”→“窗口”→“冻结窗格”按钮，在打开的下拉列表中选择“冻结窗格”命令，即可将C3单元格上方的1、2行、左侧的A、B列冻结，如图4-40所示。

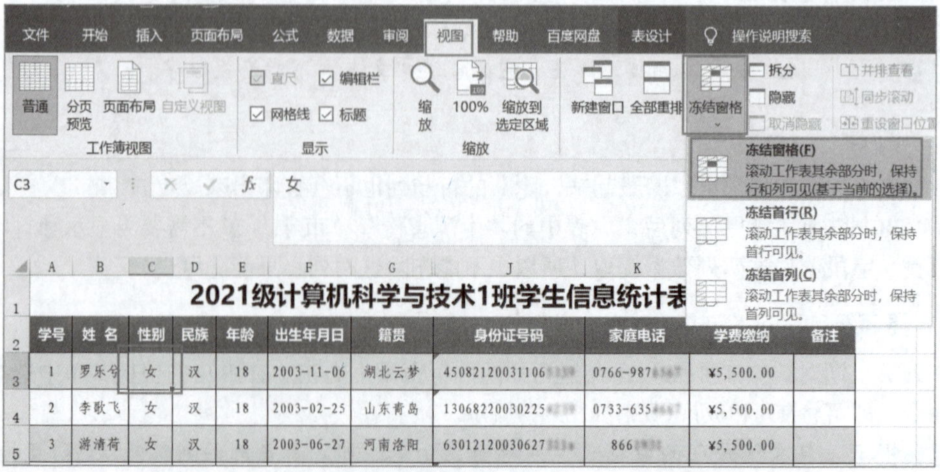

图 4-40　冻结窗格

冻结窗格后，向下或向右滚动表格时，第1、2行和第A、B列始终显示在屏幕上，不再受表格滚动影响。此时，C3单元格的左侧和上方各会出现一条淡淡的灰线，如图4-41所示。

2021级计算机科学与技术1班学生信息统计表

学号	姓 名	性别	民族	年龄	出生年月日	籍贯	身份证号码	家庭电话	学费缴纳	备注
7	余沐岚	女	汉	18	2003-08-17	广东珠海	34082620030817	010-897	¥5,500.00	
8	马　乐	男	汉	18	2003-01-16	湖北十堰	37048120030116	020-876	¥5,500.00	
9	易湘君	男	汉	18	2003-06-23	湖南浏阳	61252220030623	1592603	¥5,500.00	
10	段小青	女	布依	20	2001-06-22	贵州遵义	13110220010622	1368723	¥2,000.00	低保

图 4-41　冻结行列后的表格

温馨提示　如果只想冻结第2行，不想显示第1行，可以先滚动表格，将第2行滚动到表格最上方，让第1行消失，再执行冻结操作。

2．取消冻结

选择“视图”→“窗口”→“冻结窗格”→“取消冻结窗格”命令，即可取消窗格的冻结效果。

4.2.9　数据保护

Excel有数据保护功能，用以保护数据不被查看或修改，这种保护分为三个级别：工作簿的保护，工作表的保护，单元格的保护。单元格的保护功能平常并不实用，这里不作介绍。

1．保护工作簿

单击“审阅”→“保护”→“保护工作簿”按钮，如图4-42所示。

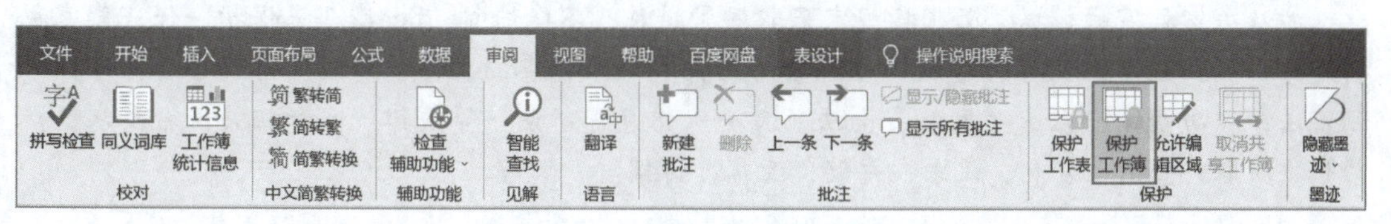

图 4-42　“保护工作簿”按钮

在弹出的“保护结构和窗口”对话框中，勾选“结构”复选框，输入密码，单击“确定”按钮即可。如图4-43所示。

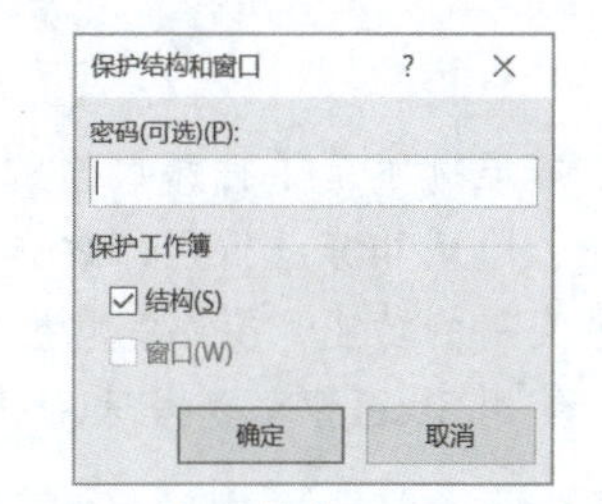

图 4-43　“保护结构和窗口”对话框

2．保护工作表

本案例选中身份证号码J4:J12单元格区域，单击“审阅”→“保护”→“保护工作表”按钮。在弹出的“保护工作表”对话框中，勾选相应选项，本案例选择默认。设置密码后单击“确定”按钮，此时会弹出“确认密码”对话框，重新输入相同密码，单击“确定”按钮即可完成设置，如图4-44所示。

温馨提示　为Office文档设置的密码，是无法“找回”的，如果忘记了密码，文档将无法打开。

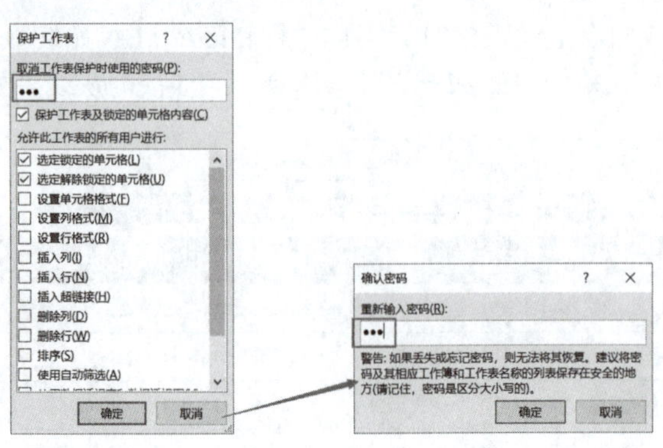

图 4-44　保护工作表

在被保护的工作表区域，很多菜单命令都不能使用。如果有人试图修改保护数据，就会弹出图4-45所示的警示框。

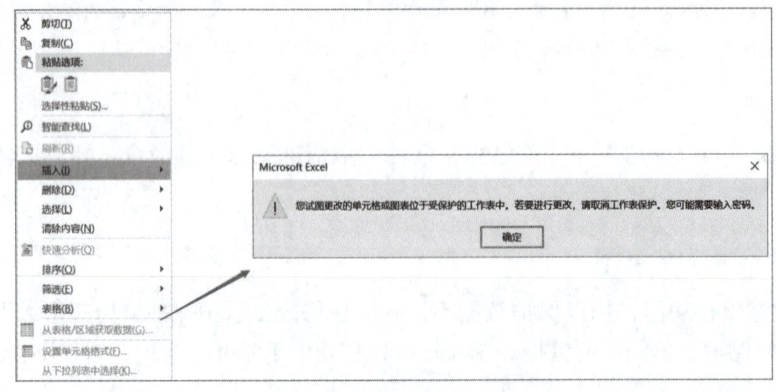

图 4-45　数据保护警示框

温馨提示　所有格式的Office文档设置的密码，很容易被破解，只能起简单保护作用。因此，涉及关键秘密的数据，必须按规定采取保护措施，不能依靠Office密码来保护。保守国家秘密是每位公民应尽的义务，涉及国家秘密的文件和个人信息的文件，必须严格遵守《保守国家秘密法》《数据安全法》《网络安全法》《个人信息保护法》等法律规定和相关保密要求，严禁非法获取、查看、复制、记录、存储、泄露、传播。

案例小结

本案例示范了特殊数据录入、数据格式转换、函数应用、数据验证设置、表格样式套用、批注、隐藏和冻结行列、数据保护等操作，这都是Excel软件最常用的功能，也是日常使用场景中最实用的功能，要熟练掌握。

使用Excel管理数据时，一定要强化法制观念和保密意识，避免知法违法、无知违法、疏忽违法。

笔记栏

实训 4.2　制作学生信息统计表

实训项目	实训记录
实训 4.2.1　制作学生信息统计表 按照案例介绍的格式和步骤，制作学生信息统计表。 **实训 4.2.2　拓展实训：计算年龄** 1．在学生信息统计表中，插入“年龄”字段，依据身份证信息，使用函数、公式计算出学生年龄，自动填充到“年龄”字段，要求年龄随文件打开的时间自动更新。 2．向同桌讲解所用函数和公式的具体用法。	

学习与实训回顾

见：

请记下你认为有价值、有启发或容易遗忘的知识点，并注明知识点所在页码以便回顾。

感：

请记下你在学习了本案例并实践之后的收获和感受。

思：

本案例中的知识点可以关联到哪些你已掌握的知识内容（包含其他课程所学）？

你过去碰到的哪些任务、困难，可以用本案例中的知识点去完成、优化、解决？

行：

你对本案例的设计和制作是否有改进建议？

今后的学习和工作中，哪些情境可以用到本案例所学内容？

案例 4.3　学生成绩表

知识目标

◎掌握公式中的运算符和运算顺序。

◎理解并区分相对引用与绝对引用。

◎掌握常用函数表达式。

技能目标

◎正确使用函数、输入公式、引用单元格（区域）。

◎使用函数和公式求和、求最大值和最小值、计算平均值、排名、排等级。

◎跨工作表运算。

◎创建单元格（区域）名称，使用名称进行运算。

◎自定义数字格式。

◎设置条件格式。

素质目标

◎强化信息意识、计算思维。

◎提升数字化创新与发展能力。

◎培养严谨细致、不急不躁的品质。

制作图4-46所示的学生成绩表。

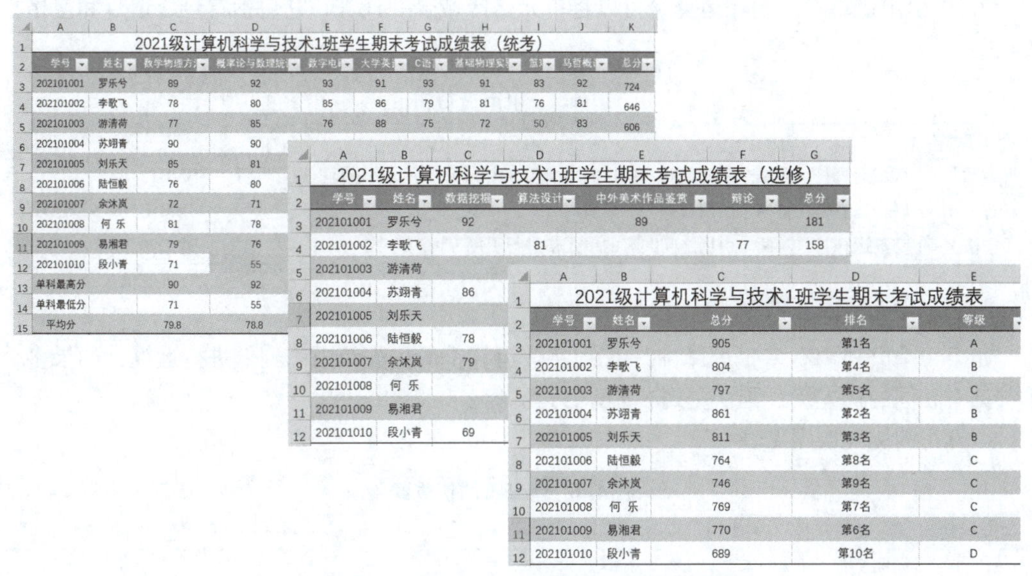

图 4-46　案例 4.3“学生成绩表”完成效果

4.3.1　输入公式

1. 公式中的运算符

Excel中的公式就是一种方程式，它可以执行计算、返回信息、操作其他单元格的内容、测试条件等等。公式始终以一个等号（=）作为开头，在一个公式中可以包含有各种运算符、常量、变量、函数以及单元格引用。公式中的所有符号都必须是半角符号。

运算符用于指定对公式中的元素执行的计算类型，运算符分为四种类型：算术运算符、比较运算符、文本连接运算符和引用运算符。

（1）算术运算符。算术运算符用于实现加法、减法、乘法和除法等基本的数学运算，见表4-1。

表 4-1　算术运算符

算术运算符	含　义	算术运算符	含　义
+（加号）	加法	/（正斜杠）	除法
–（减号）	减法 / 负数	%（百分号）	百分比
*（星号）	乘法	^（脱字号）	乘方

（2）比较运算符。用于比较两个数值并返回逻辑值，其值只能是“TRUE”或“FALSE”。比较运算符见表4-2。

表 4-2　比较运算符

比较运算符	含　义	比较运算符	含　义
=（等号）	等于	>=（大于等于号）	大于或等于
>（大于号）	大于	<=（小于等于号）	小于或等于
<（小于号）	小于	<>（不等号）	不等于

（3）文本连接运算符。文本连接运算符就是与号“&”，它可以将多个字符串连接成一串文本。

例如：“hello”&“kitty”产生新的字符串“hellokitty”。

（4）引用运算符。引用运算符可以将单元格区域合并计算，它包括冒号、逗号和空格，见表4-3。

表 4-3　引用运算符

引用运算符	含　义	示　例
:（冒号）	区域运算符，对两个引用之间，包括两个引用在内的所有单元格进行引用	B5:B15
,（逗号）	联合运算符，将多个引用合并为一个引用	SUM(B5:B15,D5:D15)
（空格）	交集运算符，对两个引用之间共有的单元格进行引用	B7:D7 C6:C8

2. 公式中的运算顺序

如果一个公式中有多个运算符，Excel将按运算符的优先级由高到低进行运算；如果多个运算符具有相同的优先级，则从左到右计算各运算符。

运算符的优先次序见表4-4。

表 4-4　运算符的优先级

运　算　符	说　明	优　先　级
:（冒号） ,（逗号） （单个空格）	引用运算符	1
–	负数（如 –1）	2
%	百分比	3
^	乘方	4
* 和 /	乘和除	5
+ 和 –	加和减	6
&	连接 2 个文本字符串（串连）	7

续表

运　算　符	说　明	优　先　级
= > < >= <= <>	比较运算符	8

4.3.2　使用函数

函数是预定义的公式，它通过使用一些称为参数的特定数值来按特定的顺序和结构执行计算。在函数中，参数可以是数字、文本、TRUE或FALSE等逻辑值、数组、单元格引用等，也可以是常量、公式或其他函数。

函数的结构以等号（=）开始，后面紧跟函数名称和左括号，然后以逗号分隔输入该函数的参数，最后是右括号。

1. 常用函数

本案例和下一个案例将使用以下常用函数，见表4-5。

表 4-5　部分常用函数

函数名称	语　法	作　用
SUM	=SUM(number1,[number2],...)	将指定为参数的所有数字相加。
AVERAGE	=AVERAGE(number1,[number2],...)	计算所有参数的算术平均值。
IF	=IF(logical_test,[value_if_true],[value_if_false])	判断指定条件真假，根据真假值返回不同结果。
COUNT	=COUNT(value1,[value2],...)	计算包含数字的单元格以及参数列表中数字的个数。
MAX	=MAX(number1,[number2],...)	返回一组参数的最大值。
MIN	=MIN(number1,[number2],...)	返回一组参数的最小值。
RANK	=RANK(number,ref,[order])	返回一个数字在数字列表中的排位。

温馨提示　函数语法中，方括号“[]”中的参数是非必要参数，其他参数均为必要参数。

2. 输入函数

用户可以在单元格中像输入英文单词、公式一样直接输入函数，也可以通过函数列表选择函数，然后再根据提示输入或选择参数。

本案例中，统考课程总分需要使用求和函数（SUM）来计算。

1）方法一

单击“统考”工作表的K3单元格，输入公式“=SUM(C3:J3)”，按【Enter】键确认函数输入并计算。

温馨提示　在输入“C3:J3”时，可使用鼠标拖动选定单元格区域C3:H3，此时所引用的单元格或区域会自动填充，如图4-47所示。

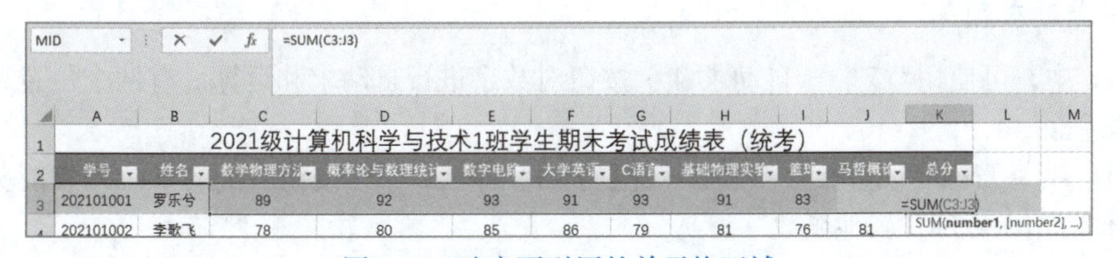

图 4-47　选定要引用的单元格区域

2）方法二

单击“统考”工作表的K3单元格，在单元格中输入等号“=”，功能区下方、单元格全选按钮上方的地址栏自动变换为函数栏，点击函数栏右边的下三角按钮，从打开的下拉列表中选择所需函数名即可直接插入函数并打开“函数参数”对话框。

如果在下拉列表中没有所需要的函数，可以选择最下方的“其他函数”命令，或者单击数据编辑栏中的“fx”（插入函数）按钮，打开“插入函数”对话框，如图4-48所示。

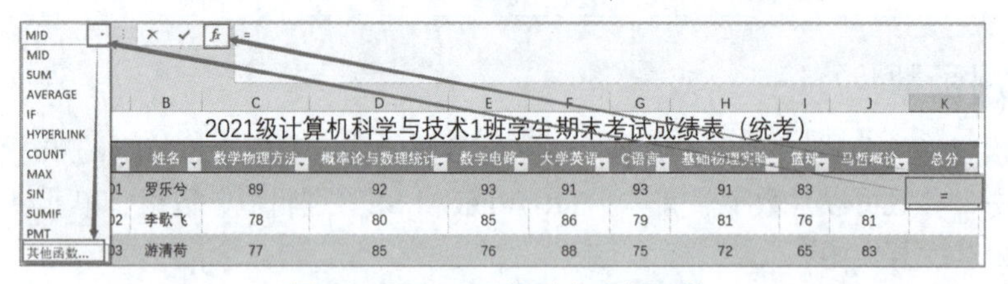

图 4-48　通过函数列表选择函数

在“插入函数”对话框中，可以直接输入所需函数名，或者输入关键词，比如求和、计数、求平均，来搜索函数；也可以通过“或选择类别”下拉列表确定所需的函数类别，然后在“选择函数”列表框中选择所需的函数，如图4-49所示。

本案例选择“SUM”函数，单击“确定”按钮插入函数并打开“函数参数”对话框。

在“函数参数”对话框中，可以在参数文本框输入参数值、单元格引用区域，也可用鼠标直接在工作表中选取单元格区域。本案例选定C3:J3单元格区域，如图4-50所示。完成函数选择和参数设置后，单击“确定”按钮返回单元格。

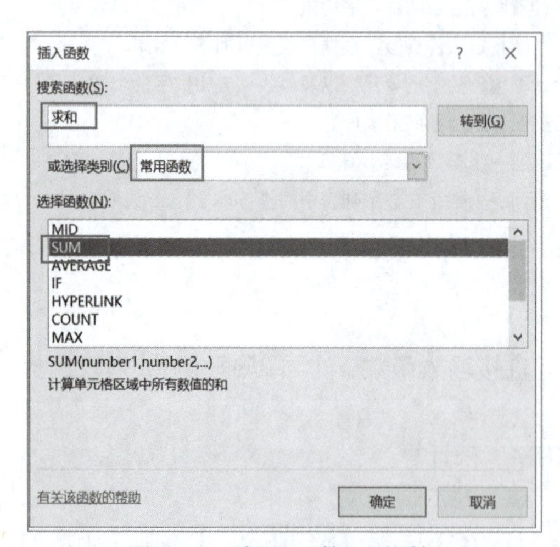

图 4-49　“插入函数”对话框

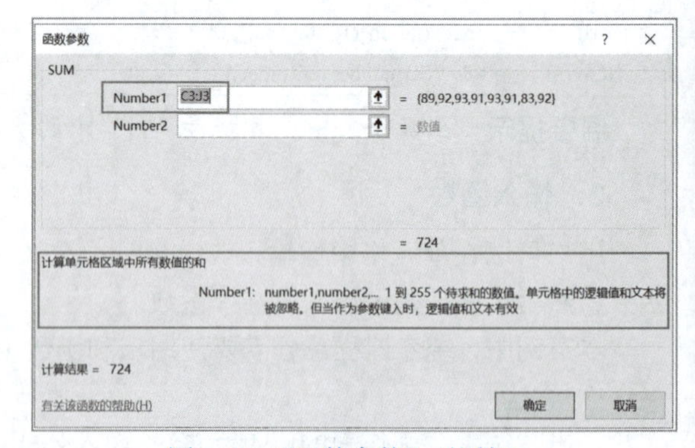

图 4-50　“函数参数”对话框

在图4-49、图4-50的左下角，有函数帮助链接，对于不清楚用途和语法的函数，可以单击此链接，打开该函数的详细说明，说明中包含很多案例的详细视频讲解。

3. 自动求和

Excel中，可使用“∑”（自动求和）按钮对数字进行自动求和运算。有两个位置可以找到“∑”按钮：

位置一：“开始”选项卡“编辑”组左上方。单击“∑”按钮右侧的下拉列表箭头，可以看到其他常用函数和“其他函数”。

位置二：“公式”选项卡“函数库”组左侧。单击“∑”按钮下方的下拉列表箭头，可以看到其他常用函数和“其他函数”。

操作过程如下：

单击“统考”工作表的K3单元格，单击“∑”按钮，此时K3单元格中将自动出现公式“=SUM(C3:J3)”，按【Enter】键确认，完成K3单元格的求和计算，然后拖动填充柄，计算出其他同学的总分。

温馨提示　如果出现的求和区域不是所需区域，可以输入或选择新的求和数据区域。

除了计算总分，本案例还需要求科目最高分、最低分、平均分，分别使用MAX、MIN、AVERAGE函数，这三个常用函数都可以在“∑自动求和”下拉列表中找到。

4.3.3 跨工作表运算

每个同学的总分由“统考”成绩和“选修”成绩两部分组成，“统考”成绩和“选修”成绩分别在两个不同的工作表中。针对这种情况，在Excel中可以实现跨工作表运算。

具体操作步骤如下：

（1）区域定位：选中“总分”工作表中的C3:C12单元格区域。

（2）公式定位：输入“=”号。

温馨提示　虽然选中的是单元格区域C3:C12，但是输入“=”的时候，仍然是在首先选中的C3单元格中。

（3）输入公式：单击“统考”工作表标签，切换“统考”工作表，可以看到“总分”工作表标签和“统考”工作表标签都呈选中状态；单击K3单元格，数据编辑栏中的公式填充为“=统考!K3”，如图4-51所示。

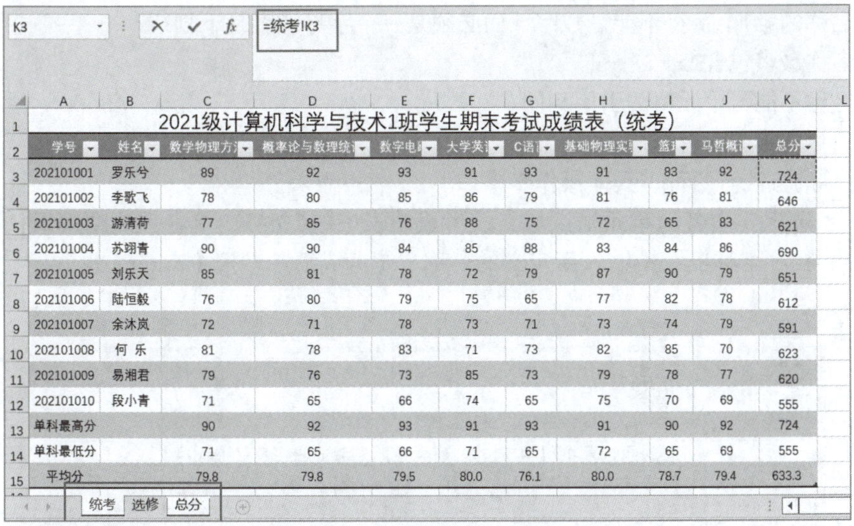

K3　=统考!K3

2021级计算机科学与技术1班学生期末考试成绩表（统考）

学号	姓名	数学物理方	概率论与数理统	数字电	大学英	C语	基础物理实	篮	马哲概	总分
202101001	罗乐兮	89	92	93	91	93	91	83	92	724
202101002	李歌飞	78	80	85	86	79	81	76	81	646
202101003	游清荷	77	85	76	88	75	72	65	83	621
202101004	苏翊青	90	90	84	85	88	83	84	86	690
202101005	刘乐天	85	81	78	72	79	87	90	79	651
202101006	陆恒毅	76	80	79	75	65	77	82	78	612
202101007	余沐岚	72	71	78	73	71	73	74	79	591
202101008	何 乐	81	78	83	71	73	82	85	70	623
202101009	易湘君	79	76	73	85	73	79	78	77	620
202101010	段小青	71	65	66	74	65	75	70	69	555
单科最高分		90	92	93	91	93	91	90	92	724
单科最低分		71	65	66	71	65	72	65	69	555
平均分		79.8	79.8	79.5	80.0	76.1	80.0	78.7	79.4	633.3

统考　选修　总分

图 4-51　跨工作表选中计算区域

（4）输入运算符：从键盘录入运算符号“+”号，公式会继续补充。

（5）补充公式：单击“选修”工作表标签，切换到“选修”工作表，单击G3单元格，数据编辑栏中的公式继续填充为“=统考!K3+选修!G3”，如图4-52所示。

（6）确认公式：使用【Ctrl+Enter】组合键确认公式，界面自动返回“总分”工作表，C3:C12单元格区域中所有的总分都已计算完成。

温馨提示　此处先选中全部运算结果区域，再使用【Ctrl+Enter】组合键完成计算、填充。也可以先计算C3单元格总分，再拖动填充柄计算其他单元格总分。

G3 =统考!K3+选修!G3

	A	B	C	D	E	F	G
1	2021级计算机科学与技术1班学生期末考试成绩表（选修）						
2	学号	姓名	数据挖掘	算法设计	中外美术作品鉴赏	辩论	总分
3	202101001	罗乐兮	92		89		181
4	202101002	李歌飞		81		77	158
5	202101003	游清荷		90	86		176
6	202101004	苏翊青	86		85		171
7	202101005	刘乐天			78	82	160
8	202101006	陆恒毅	78			74	152
9	202101007	余沐岚	79			76	155
10	202101008	何 乐			71	75	146
11	202101009	易湘君		77	73		150
12	202101010	段小青	69			65	134

统考 选修 总分

图 4-52　跨工作表求和

4.3.4　使用单元格名称

K3、G12、C3:C12等代号比较抽象。在实际工作中，可以对工作表中的单元格或单元格区域重新命名，让它们有一个更有意义、更容易被记住的名称。这些名称在数据运算时，可以直接引用，从而便于更准确、快捷地输入公式。

1. 创建名称

在创建单元格或单元格区域名称时，应当遵循下列规则：

（1）名称可以包含大小写字母、数字、汉字以及下划线字符“_”等。

（2）名称的第1个字符不能是数字，而必须是一个字母或者是下划线。

（3）名称最多包含256个字符。

（4）名称不能与单元格的引用相同。

（5）名称中不能含有空格。

创建名称的方法有两种，具体操作步骤如下：

方法一：选定要命名的单元格区域，统考成绩表中的C3:J3；单击“数据编辑栏”左边的“名称框”，在“名称框”中输入新定义的名称“统考成绩”，按【Enter】键确定，如图4-53所示。

统考成绩 =SUM(C3:J3)

	A	B	C	D	E	F	G	H	I	J	K
1	2021级计算机科学与技术1班学生期末考试成绩表（统考）										
2	学号	姓名	数学物理方	概率论与数理统	数字电	大学英	C语	基础物理实	篮	马哲概	总分
3	202101001	罗乐兮	89	92	93	91	93	91	83	92	724
4	202101002	李歌飞	78	80	85	86	79	81	76	81	646
5	202101003	游清荷	77	85	76	88	75	72	50	83	606
6	202101004	苏翊青	90	90	84	85	88	83	84	86	690
7	202101005	刘乐天	85	81	78	72	79	87	90	79	651
8	202101006	陆恒毅	76	80	79	75	50	77	82	78	597
9	202101007	余沐岚	72	71	78	73	71	73	74	79	591
10	202101008	何 乐	81	78	83	71	73	82	85	70	623
11	202101009	易湘君	79	76	73	85	73	79	78	77	620
12	202101010	段小青	71	55	66	74	65	75	70	69	545
13	单科最高分		90	92	93	91	93	91	90	92	724
14	单科最低分		71	55	66	71	50	72	50	69	545
15	平均分		79.8	78.8	79.5	80.0	74.6	80.0	77.2	79.4	629.3

图 4-53　在名称框中定义名称

方法二：选定要命名的单元格区域，选修成绩表中的G3:G12；单击“公式”→“定义的名称”→“定义名称”按钮，打开“新建名称”对话框，在“名称”中输入新定义的名称“选修成绩”，单击“确定”按钮返回，如图4-54所示。

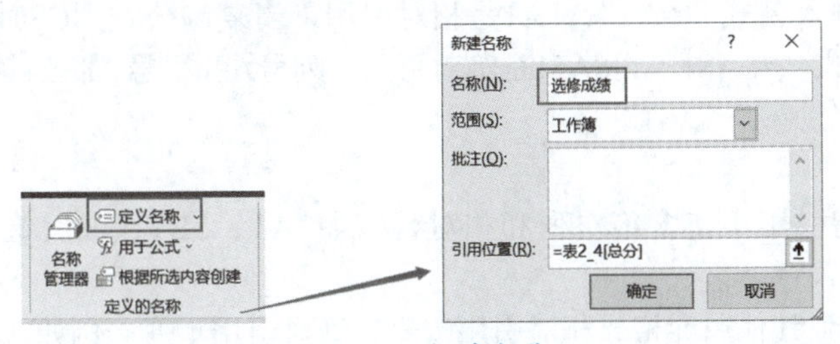

图 4-54　新建名称

2. 管理名称

创建名称后，可以使用“名称管理器”管理名称：

单击“公式”→“定义的名称”→“名称管理器”按钮，打开“名称管理器”对话框，根据需要点击“新建”“编辑”“删除”按钮进行相应操作，如图4-55所示。

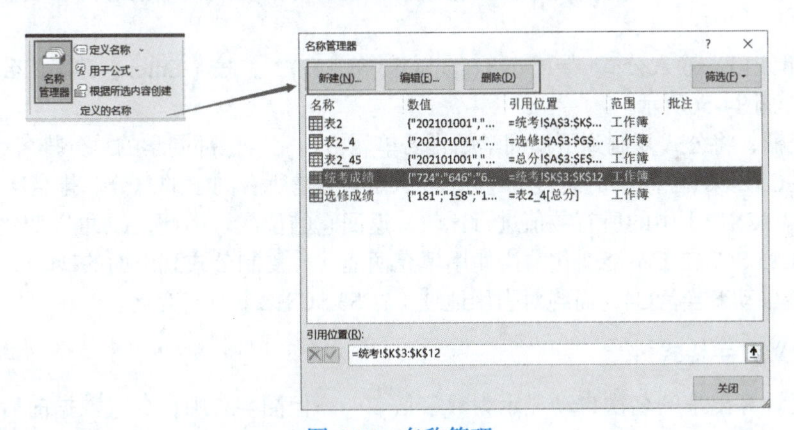

图 4-55　名称管理

3. 运算中使用名称

使用名称计算总分的方法如下：

单击“总分”工作表中的C3单元格，输入公式“=统考成绩+选修成绩”，按【Enter】键确认公式、完成计算，拖动填充柄完成其他单元格总分计算。

4.3.5　编排名次

在“总分”工作表中，会根据最后的总分来自动编排名次，这里需要用到“绝对引用”。

1. 引用单元格

1）相对引用

相对引用，指公式中引用的目标单元格（区域）位置，是基于公式所在单元格的相对位置，如果公式所在单元格改变，公式引用的目标单元格也会随之改变。例如复制粘贴公式、拖动填充柄自动填充公式，引用的目标单元格都会自动调整。

相对引用是Excel中最常用的单元格引用方式，默认情况下，新公式都使用相对引用。

2）绝对引用

绝对引用，是指在Excel中创建公式时，所引用的单元格地址一直保持不变。Excel中使用符号“$”来“锁定”引用地址的行或列。

例如，在C1中输入公式“=A1”，A1是相对引用，当复制公式到C3时，公式会自动变为“=A3”；而输入公式“=$A$1”，$A$1是绝对引用，列号A和行号1都被$锁定，当公式复制到其他位置时，公式始终是“=$A$1”。

3）混合引用

混合引用，是指引用中包含绝对列和相对行，如$A1、$B1；或者绝对行和相对列，如A$1、B$1。

如果公式被复制到其他单元格，相对引用改变，绝对引用不变。例如，公式“=$A1”，列号A被锁定，当公式复制到下一行时，“=$A1”会变为“=$A2”，当公式复制到下一列时，“=$A1”不会发生改变；公式“=A$1”，行号1被锁定，当公式复制到下一行时，“=A$1”不会发生改变，当公式复制到下一列时，“=A$1”会变为“=B$1”。

2. 编排名次

“总分”工作表中的“排名”字段，将用公式自动计算并返回当前总分在全班的名次。具体方法如下：

单击D3单元格，输入公式“=RANK(C3,$C$3:$C$12)”，按【Enter】键确认公式并返回当前学生名次，如图4-56所示。

拖动填充柄，将公式复制到下面同学的排名单元格，完成全部同学的总分排名计算。

公式中的C3是第1位同学的总分，【$C$3:$C$12】是所有同学的总分。排名次，将C3中的数值与【$C$3:$C$12】中的所有数值进行比较，返回它的位次。因此，C3可以变化，但作为比较标准的【$C$3:$C$12】不能变化。当使用填充柄拖动、复制公式到下面的D4单元格时，相对引用地址C3会自动变换为C4，而绝对引用地址【$C$3:$C$12】不会变化。

3. 自定义数字格式

使用公式计算出来的名次自动显示为数字1、2……但图4-57中，名次数据前后都统一添加了汉字，变成了第1名、第2名……这并不是手工输入的结果，而是修改了数字显示格式。

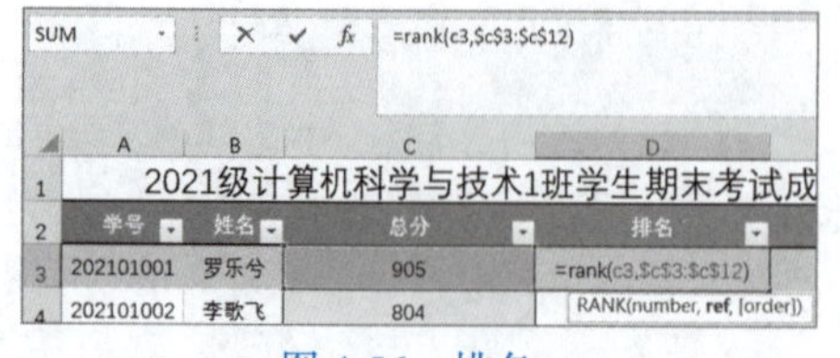

图4-56 排名

	A	B	C	D	E
1	2021级计算机科学与技术1班学生期末考试成绩表				
2	学号	姓名	总分	排名	等级
3	202101001	罗乐兮	905	第1名	A
4	202101002	李歌飞	804	第4名	B
5	202101003	游清荷	782	第5名	C
6	202101004	苏翊青	861	第2名	B
7	202101005	刘乐天	811	第3名	B
8	202101006	陆恒毅	749	第8名	C
9	202101007	余沐岚	746	第9名	C
10	202101008	何 乐	769	第7名	C
11	202101009	易湘君	770	第6名	C
12	202101010	段小青	679	第10名	D

图4-57 自定义数字格式

方法如下：

（1）启动对话框：完成排名后，选中D3:D12单元格区域，单击“开始”→“数字”组右下角的对话框启动器按钮，打开“设置单元格格式”对话框，选择“数字”选项卡。

（2）设置数字格式：

① 分类：左侧的“分类”列表中选择“自定义”。

②类型：右侧的“类型”列表框中选择“0”。

③自定义：在“类型”输入框中“0”的前后分别输入“第”和“名”，上方的“示例”会显示为“第1名”。

④确认：单击“确定”按钮完成设置，如图4-58所示。

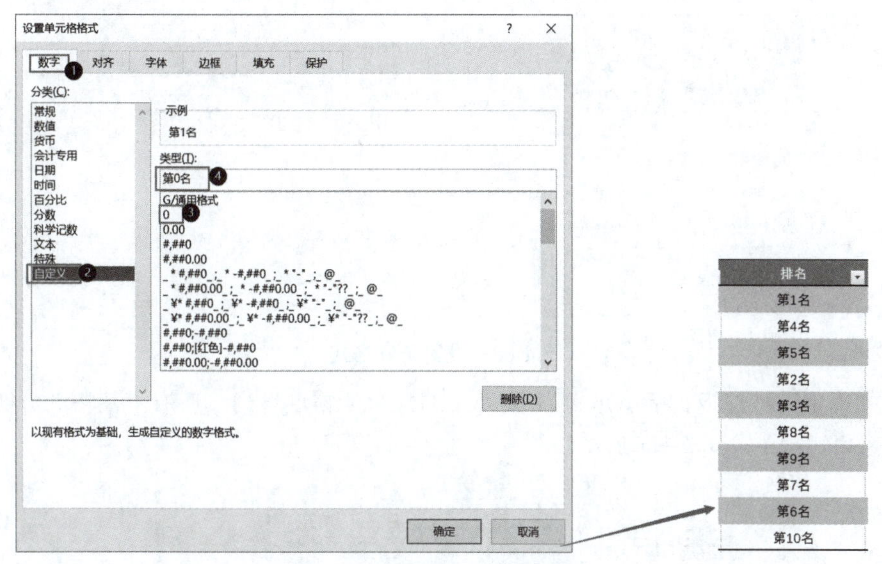

图 4-58　自定义数字格式

4.3.6　编排等级

排等级用到的是逻辑判断函数“IF”。本案例的判断条件如下：

如果总分>=900，返回“A”；如果总分>=800，返回“B”；如果总分>=700，返回“C”；都不符合则返回“D”。

具体操作步骤如下：

输入公式：切换到“总成绩表”工作表，单击“等级”列中的E3单元格，在此处显示等级结果。输入公式“=IF(C3>=900,"A",IF(C3>=800,"B",IF(C3>=700,"C","D")))”，如图4-59所示。

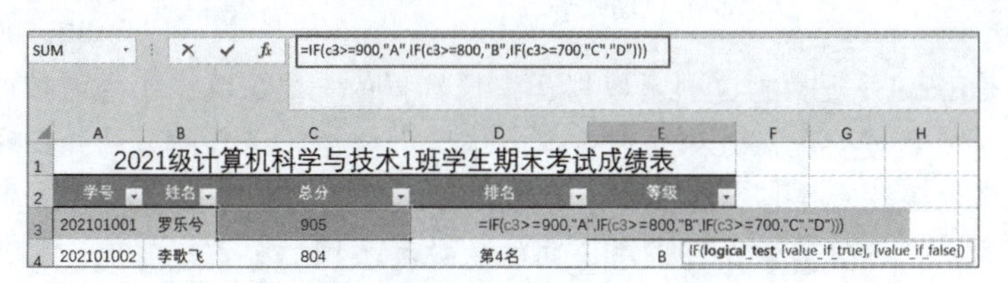

图 4-59　输入公式

这个公式的运算过程是：判断C3单元格中的数据，如果满足第1个条件“>=900”，则返回“A”，并且退出公式；如果不满足第1个条件，则继续判断是否满足第2个条件“>=800”，依此类推；如果前3个条件都不满足，则直接返回最后一个值“D”。

公式输入完成后按【Enter】键确认，第1位同学的等级就判断出来了。拖动填充柄，计算出其他同学的等级。

4.3.7　条件格式

本案例中，还需要将不及格的分数用红色醒目地标识出来。

（1）打开对话框：选中“统考”工作表中的C3:G12区域（单科分数），选择“开始”→“样式”→“条件格式”→“突出显示单元格规则”→“小于”命令，打开“小于”对话框。

（2）设置参数：在左侧空白框中填入数值“60”，右侧下拉列表保持默认的“浅红填充色深红色文本”，如图4-60所示。

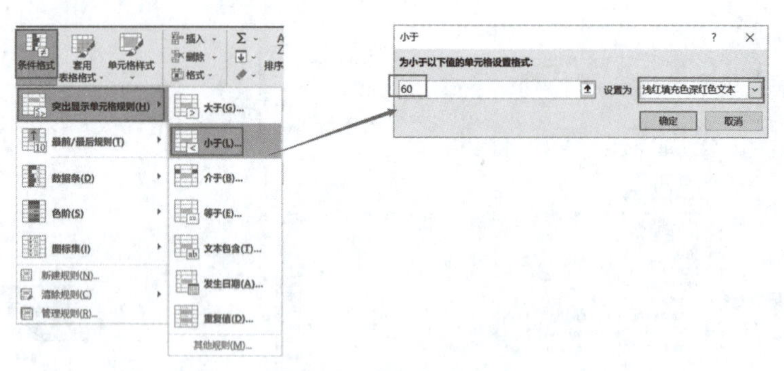

图 4-60　设置条件格式

单击“确定”按钮返回后，就可以看到C3:G12单元格区域内，所有不及格的分数（小于60分）都突出显示了，如图4-61所示。

2021级计算机科学与技术1班学生期末考试成绩表（统考）

学号	姓名	数学物理方	概率论与数理统	数字电	大学英	C语	基础物理实	[illegible]	马哲概	总分
202101001	罗乐兮	89	92	93	91	93	91	83	92	724
202101002	李歌飞	78	80	85	86	79	81	76	81	646
202101003	游清荷	77	85	76	88	75	72	50	83	606
202101004	苏翊青	90	90	84	85	88	83	84	86	690
202101005	刘乐天	85	81	78	72	79	87	90	79	651
202101006	陆恒毅	76	80	79	75	50	77	82	78	597
202101007	余沐岚	72	71	78	73	71	73	74	79	591
202101008	何 乐	81	78	83	71	73	82	85	70	623
202101009	易湘君	79	76	73	85	73	79	78	77	620
202101010	段小青	71	55	66	74	65	75	70	69	545
单科最高分		90	92	93	91	93	91	90	92	724
单科最低分		71	55	66	71	50	72	50	69	545
平均分		79.8	78.8	79.5	80.0	74.6	80.0	77.2	79.4	629.3

图 4-61　突出显示不及格分数

案例小结

函数和公式是Excel处理数据、利用数据、挖掘数据的重要工具，掌握函数的多少、简化公式的能力直接关系着数据处理能力和处理效率。本案例介绍了函数的基础知识和几个常用函数的使用方法，更多的函数需要自己在实际工作中慢慢学习。网上可以查询到大量Excel函数和公式的实用案例，同一个计算需求，可以用不同的函数和不同的公式来实现，要认真分析、积极思考，不要生搬硬套。

同时，在使用函数，输入公式时，一定要严谨细致、不急不躁，如果疏忽出错，轻则返回无效结果，重则返回错误结果、影响工作。

实训 4.3　制作学生成绩表

实训项目	实训记录
实训 4.3.1　制作学生成绩表 按照案例介绍的步骤，制作学生成绩表，完成相关统计和格式设置。 **实训 4.3.2　拓展实训：计算质量系数、突出显示前 3 名和后 3 名成绩** 1．计算班级每门统考课程的质量系数：及格率（60 分及以上）*6+ 优分率（80 分及以上）*2+ 平均分（忽略缺考同学，包含取消成绩的 0 分同学）*0.02。 2．将每门课程前三名成绩突出显示为绿色，后三名成绩显示为红色。	

学习与实训回顾

见：

请记下你认为有价值、有启发或容易遗忘的知识点，并注明知识点所在页码以便回顾。

感：

请记下你在学习了本案例并实践之后的收获和感受。

思：

本案例中的知识点可以关联到哪些你已掌握的知识内容（包含其他课程所学）？

你过去碰到的哪些任务、困难，可以用本案例中的知识点去完成、优化、解决？

行：

你对本案例的设计和制作是否有改进建议？

今后的学习和工作中，哪些情境可以用到本案例所学内容？

案例 4.4　创新创业大赛路演环节评分表

知识目标

◎理解函数嵌套。

技能目标

◎分析运算过程，根据需要选用函数。

◎嵌套使用多个不同函数。

素质目标

◎强化信息意识、计算思维。

◎强化数字化创新意识。

◎强化严谨细致、精益求精的品质。

完成图4-62所示的“互联网+”创新创业大赛路演环节评分表。

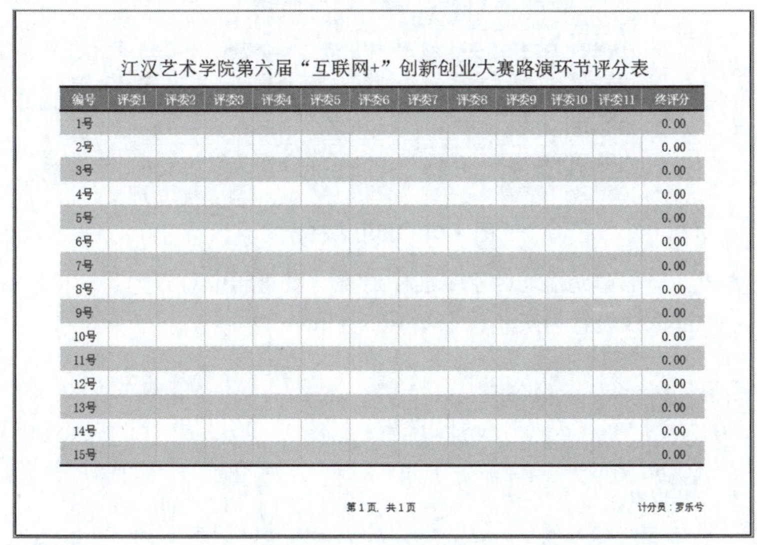

江汉艺术学院第六届“互联网+”创新创业大赛路演环节评分表

编号	评委1	评委2	评委3	评委4	评委5	评委6	评委7	评委8	评委9	评委10	评委11	终评分
1号												0.00
2号												0.00
3号												0.00
4号												0.00
5号												0.00
6号												0.00
7号												0.00
8号												0.00
9号												0.00
10号												0.00
11号												0.00
12号												0.00
13号												0.00
14号												0.00
15号												0.00

第1页，共1页　　计分员：罗乐兮

图 4-62　案例 4.4《创新创业大赛路演环节评分表》完成效果

当一场比赛有多个评委时，通常采用的计分规则是：去掉一个最高分，去掉一个最低分，取剩余分数的平均分作为选手成绩。

这个规则听起来不复杂，如果用计算器和纸笔统计、计算，却很麻烦，而且容易出错。但在Excel中，只需要一个公式和几个函数就可以轻松完成这项工作。

4.4.1　准备表格

1．制作基础表格

根据评委人数、参赛项目数制作好基础表格，如图4-63所示。

2．美化表格

（1）表格标题：合并居中，方正小标宋，22号字。

（2）表格数据区域：宋体，14号字。

（3）表格样式：套用“橙色，表样式中等深浅17”表格样式，如图4-64所示。

	A	B	C	D	E	F	G	H	I	J	K	L	M
1	江汉艺术学院第六届 互联网+"创新创业大赛路演环节评分表												
2	编号	评委1	评委2	评委3	评委4	评委5	评委6	评委7	评委8	评委9	评委10	评委11	终评分
3	1号												
4	2号												
5	3号												
6	4号												
7	5号												
8	6号												
9	7号												
10	8号												
11	9号												
12	10号												

图 4-63　评分表

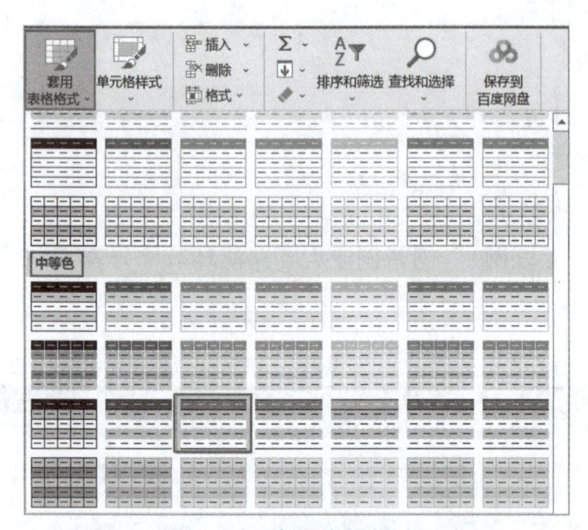

图 4-64　套用表格样式

（4）对齐方式：全部单元格均为水平居中对齐、垂直居中对齐。

（5）边框：内部框线设置为灰色，如图4-65所示。

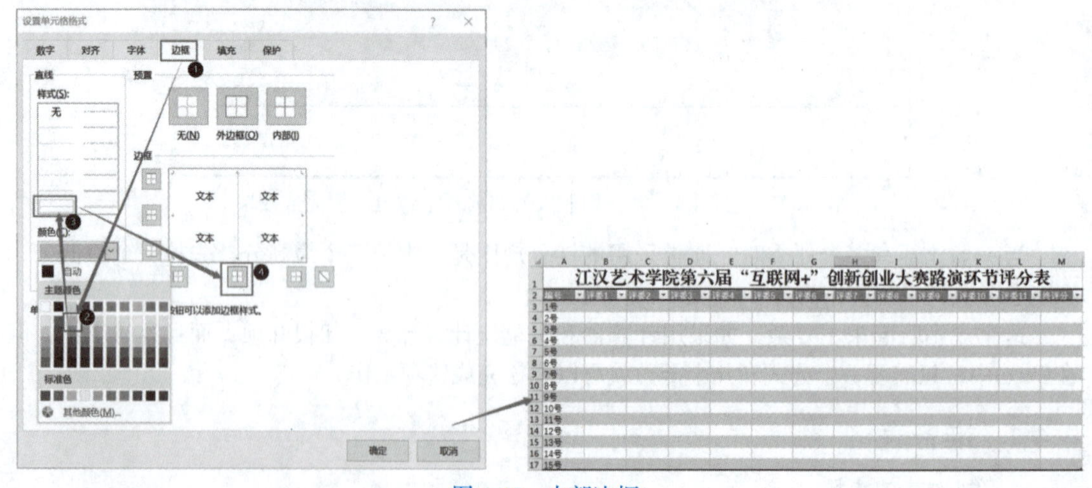

图 4-65　内部边框

（6）行高：第1行行高50，第2～17行行高30。

（7）列宽：A～L列列宽9，M列列宽12。

3．页面设置

（1）纸张方向：横向。

（2）页面对齐方式：水平对齐。

（3）页边距：保持默认，不作修改。

（4）页脚：

页脚中间：在内置页脚中选择“第1页，共?页”选项。

页脚右侧：输入文本“制作表：***”。

4.4.2 输入公式

1. 运算分析

计分规则所反映出来的基本运算思路是：去掉“最高分”和“最低分”，用“平均函数”求剩下的平均分。

但实际情形是，工作人员无法提前确定哪两个评委的分数应该去掉，因此无法确定需要计算平均分的数据单元格。

因此需要转换运算思路：先计算全部评委的总分，再减去最高分和最低分，最后除以减去2人后的评委人数。

根据这一思路，公式中需要使用三个函数：求总分函数SUM，求最大值函数MAX（最高分），求最小值函数MIN（最低分）。

2. 输入公式

选中M3:M17单元格区域（“终评分”字段），在数据编辑栏中输入公式“=(SUM(B3:L3)-MAX(B3:L3)-MIN(B3:L3))/（11-2）”；按【Ctrl+Enter】组合键，完成公式录入，并将公式套用到整个M3:M17单元格区域。

在单元格设置中将M3:M17单元格区域的数字保留两位小数。

3. 优化公式

在实际比赛过程中，可能会出现评委中途错过给个别选手打分的情形，这个时候，如果仍然用总评委数减2来计算平均分，显然不正确。因此，需要在公式中使用COUNT函数直接统计有分数的评委人数。

优化后的公式为：=(SUM(B3:L3)-MAX(B3:L3)-MIN(B3:L3))/(COUNT(B3:L3)-2)。

至此，这份“互联网+”创新创业大赛路演环节评分表就制作完成了。比赛现场实时录入评委分数到此表中，就可以立即精确地得到选手的最终得分。

当然，为了保证表格绝对正确，我们需要在表格制作完成后，先模拟录入分数，验证一下最终得分是否正确。确认正确无误后，再删除模拟数据。

案 例 小 结

本案例的重点并不在于几个具体函数的用法，而是为了说明，现实生活中的各种计算和统计工作，只要认真分析实际需要，分步确定运算过程，灵活选择函数，合理设计公式，通常都可以找到更简便、更智能、更精准的解决办法。

实训 4.4 制作创新创业大赛路演环节评分表

实训项目	实训记录
实训 4.4.1　制作创新创业大赛路演环节评分表 按照案例介绍的格式和步骤，制作创新创业大赛路演环节评分表。 **实训 4.4.2　拓展实训：计算选手名次和所获奖次** 1. 为表格增加两列：名次、奖次。 2. 重新设置列宽，确保评分表能用一张 A4 纸横向完整打印出来。 3. 使用函数和公式标注选手名次。 4. 使用函数和公式标注选手所获奖次：一等奖 2 名，二等奖 5 名，三等奖 8 名。	

学习与实训回顾

见：

请记下你认为有价值、有启发或容易遗忘的知识点，并注明知识点所在页码以便回顾。

感：

请记下你在学习了本案例并实践之后的收获和感受。

思：

本案例中的知识点可以关联到哪些你已掌握的知识内容（包含其他课程所学）？
你过去碰到的哪些任务、困难，可以用本案例中的知识点去完成、优化、解决？

行：

你对本案例的设计和制作是否有改进建议？
今后的学习和工作中，哪些情境可以用到本案例所学内容？

案例 4.5　雅居家电销售统计图表

知识目标

◎理解图表作用。

◎了解常见图表类型。

◎了解图表的一般构成要素。

技能目标

◎根据数据展示需要选择图表类型。

◎根据关注重点和需要，编辑图表、设置图表参数、美化图表。

◎转换图表类型，切换行 / 列展示方式。

◎利用 Excel 数据和图表制作演示文稿，根据需要设置图表动画。

素质目标

◎强化目标导向、问题导向意识。

◎提升审美能力。

◎强化数字化创新意识。

根据数据分析和展示的需要，完成图4-66所示的图表。

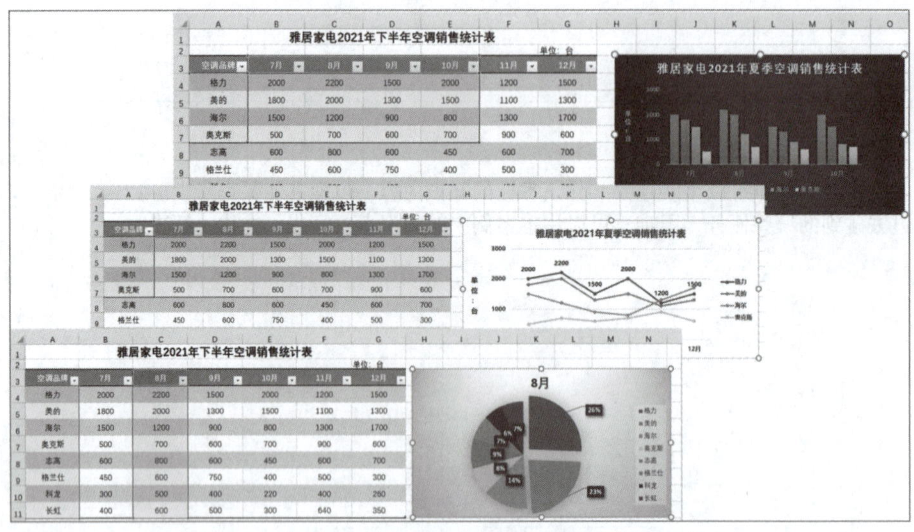

图 4-66　案例 4.5《雅居家电销售统计图表》完成效果

4.5.1　创建图表

1. 认识 Excel 图表

图表，顾名思义，它既像“图”，又像“表”，它是用图示、表格等可视化的图形结构来直观、形象地展示统计信息的相关属性。

在Excel中，图表是数据的一种可视化表示形式。图表的图形格式可以让用户更容易理解大量数据和不同数据系列之间的关系，比如，柱形图通常用来比较数据间的大小关系，饼图可以表现数据间的比例分配关系。图表还可以显示数据的全貌，以便用户分析数据并找出重要趋势，比如折线图就可以用来反映数据间的趋势关系。

图4-67展示的是“簇状柱形图”一般构成元素，不同的图表类型在构成上会有差异。

图表区
雅居家电2021年夏季空调销售统计表
图表标题
绘图区
数值轴
数值轴标题
单位：台
2500
2000
1500
1000
500
0
图例
■7月
■8月
数据标志
刻度标签
分类轴
格力 美的 海尔 奥克斯 志高 格兰仕 科龙 长虹
分类标签
分类轴标题
空调品牌

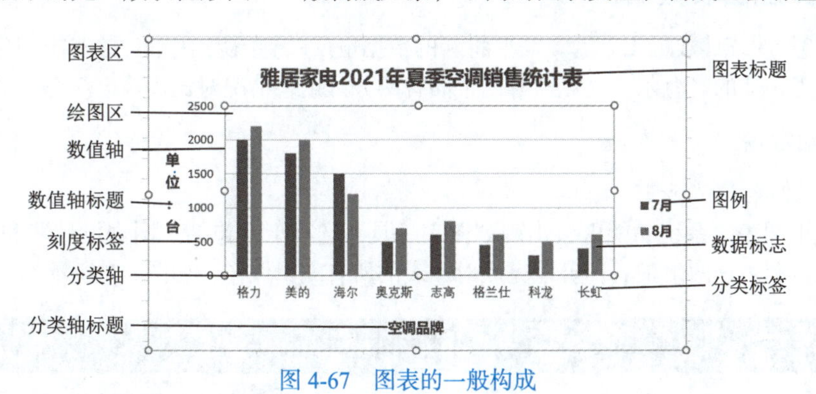

图 4-67　图表的一般构成

2．创建数据表

对于已经制作完成的Excel电子表格，通过“插入”选项卡下“图表”工具组中的“图表类型”按钮，可以快速创建图表。本案例需要先创建雅居家电销售情况表。

3．创建图表

（1）选择数据区域：假设目前只有7～8月数据，选中“A3:C11”单元格区域。

（2）选择图表类型：选择“插入”→“图表”→“柱形图”→“二维柱形图”→“簇状柱形图”（第1个），如图4-68所示。

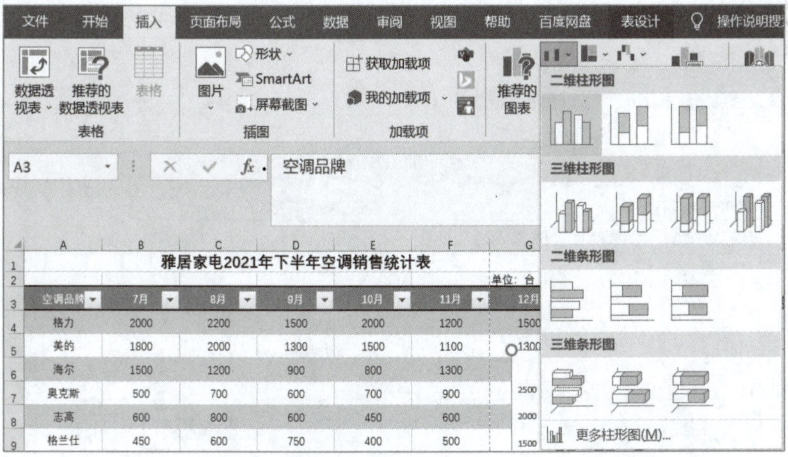

文件 开始 插入 页面布局 公式 数据 审阅 视图 帮助 百度网盘 表设计 操作说明搜
数据透视表 推荐的数据透视表 表格
表格
图片 形状 SmartArt 屏幕截图
插图
获取加载项 我的加载项
加载项
推荐的图表
二维柱形图
三维柱形图
二维条形图
三维条形图
更多柱形图(M)...
A3
空调品牌
雅居家电2021年下半年空调销售统计表
单位：台
空调品牌 7月 8月 9月 10月 11月 12月
格力 2000 2200 1500 2000 1200 1500
美的 1800 2000 1300 1500 1100 1300
海尔 1500 1200 900 800 1300
奥克斯 500 700 600 700 900
志高 600 800 600 450 600
格兰仕 450 600 750 400 500

图 4-68　图表类型

（3）完成创建：图表在工作表中创建完成，如图4-69所示。

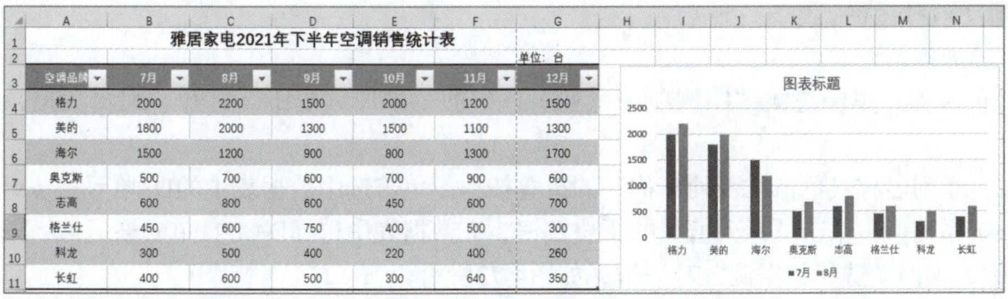

雅居家电2021年下半年空调销售统计表
单位：台
空调品牌 7月 8月 9月 10月 11月 12月
格力 2000 2200 1500 2000 1200 1500
美的 1800 2000 1300 1500 1100 1300
海尔 1500 1200 900 800 1300 1700
奥克斯 500 700 600 700 900 600
志高 600 800 600 450 600 700
格兰仕 450 600 750 400 500 300
科龙 300 500 400 220 400 260
长虹 400 600 500 300 640 350
图表标题
格力 美的 海尔 奥克斯 志高 格兰仕 科龙 长虹
■7月 ■8月

图 4-69　簇状柱形图

4.5.2 增/删图表数据

当9～10月的统计数据出来后，需要将新的数据也反映到图表中去，主管部门还要求只在图表中反映格力、美的、海尔、奥克斯等四个品牌的分月销售情况对比。

1. 增加数据

1）选择数据源

单击选中图表，系统功能区会出现“图表工具”选项卡，包括“图表设计”和“格式”两个子选项卡，利用这两组工具，可以完成对图表的所有编辑操作，如图4-70所示。

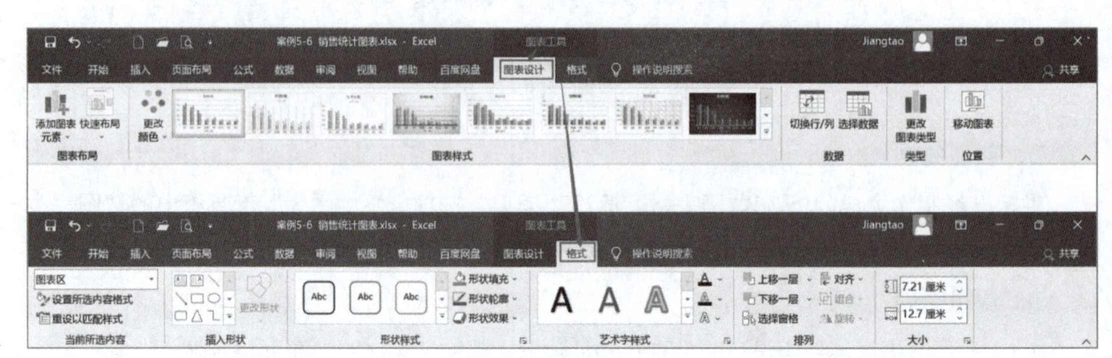

图 4-70 图表工具

单击“图表工具-图表设计”→“数据”→“选择数据”按钮，打开“选择数据源”对话框，如图4-71所示。

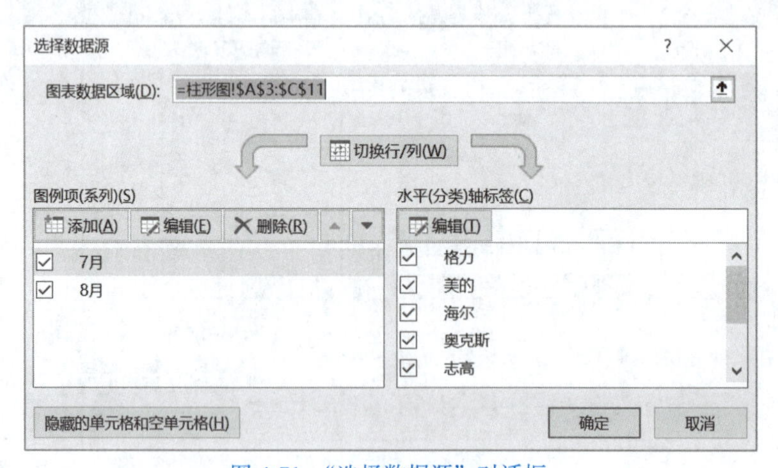

图 4-71 “选择数据源”对话框

温馨提示 在图表区域右击，在弹出的快捷菜单中选择“选择数据”命令，也可以打开图4-71所示的对话框。

2）添加数据

（1）添加：单击左侧“图例项（系列）”中的“添加”按钮，打开“编辑数据系列”对话框。

（2）系列名称：单击“系列名称”的折叠按钮，单击选中数据表中的D3单元格（9月）。

（3）系列值：单击“系列值”的折叠按钮，在数据表中选择D4:D11单元格区域，单击“确定”按钮，返回“选择数据源”对话框，如图4-72所示。

（4）添加10月：重复前面步骤，添加10月数据。

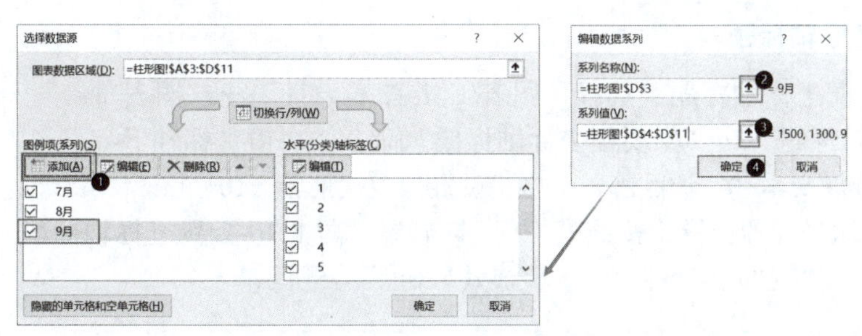

图 4-72　添加数据

2. 切换行 / 列

在图4-69中，“一簇”是一个品牌，对应数据表中的“一行”；在“簇”中，“一柱”就是一个月，对应数据表中的“一列”。由此可以看到同一品牌分月销售数据的对比关系。

根据主管部门要求，现在要分月呈现格力、美的、海尔、奥克斯四个品牌销量对比关系。也就是说，“一簇”就是一个月，对应数据表中的“一列”；在“簇”中，“一柱”就是一个品牌，对应数据表中的“一列”。正好将图4-69的行列显示方式进行了对换。

具体操作比较简单：单击“选择源数据”对话框中的“切换行/列”按钮，即可切换行与列的数据显示方式。

转换完成后，空调品牌数据系列转换到了对话框左侧的“图例项（系列）”列表框中，月份数据则转换到了对话框右侧的“水平（分类）轴标签”列表框中，如图4-73所示。

3. 删除数据

主管部门要求图表中只显示四个品牌的数据，删除其他品牌数据。操作步骤如下：

（1）选定：选择左侧“图例项（系列）”框中的“志高”。

（2）删除：单击“删除”按钮，即可将其数据删除。

（3）删除其他项：重复前面步骤，删除格兰仕、科龙、长虹品牌数据。

删除后，只保留需要展示的四个品牌数据，如图4-74所示。

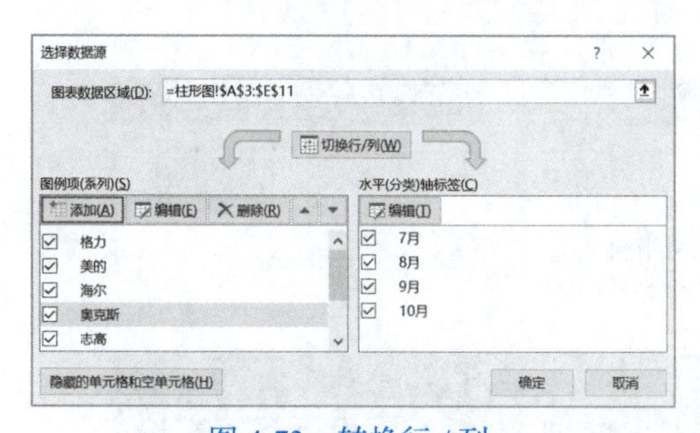

图 4-73　转换行 / 列

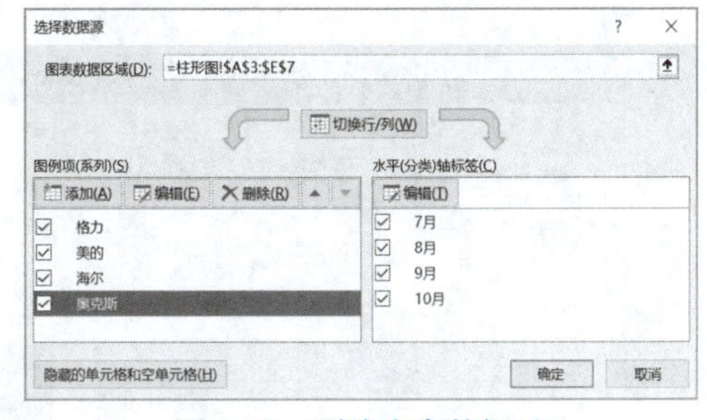

图 4-74　删除多余数据后

4.5.3　美化图表

为了让图表更美观、直观，可以对默认的图表样式进行适当美化，将销售最好的数据系列醒目地显示出来。

1. 添加图表标题

（1）创建标题：创建图表后，会自动出现图表标题，默认的图表标题文本是“图表标题”。

（2）修改内容：重新输入标题文本“雅居家电2021年夏季空调销售统计表”。

（3）设置格式：微软雅黑，18号字。

2. 添加坐标轴标题

（1）添加横坐标轴标题：选择“图表工具-图表设计”→“图表布局”→“添加图表元素”→“坐标轴标题”→“主要横坐标轴标题”命令，在横坐标轴下方出现“坐标轴标题”框；重新输入标题文本“空调品牌”，格式设置为微软雅黑、10号字。

（2）添加纵坐标轴标题：按照第（1）步方法，添加“主要纵坐标轴标题”，文本内容为“单位：台”，文字方向为竖排文字。完成效果如图4-75所示。

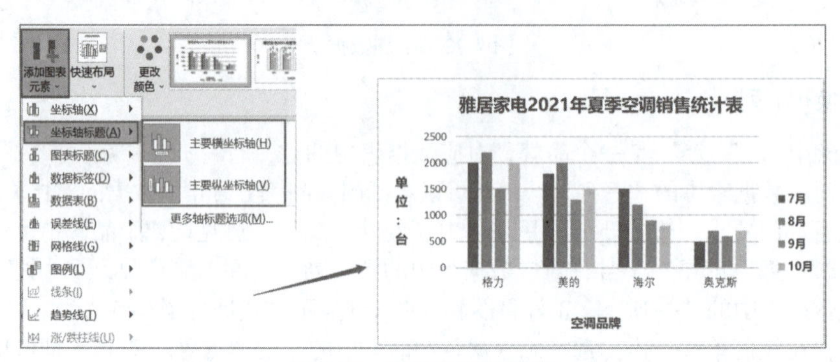

图 4-75 添加坐标轴标题

3. 调整图表大小和位置

将鼠标指针移动到图表边框上，鼠标指针变成十字箭头时，可拖动移动图表的位置；将鼠标指针移动到图表的角上，鼠标指针变成双向箭头时，可拖动调整图表的大小。

图表中的各元素的大小和位置也可以调整。

4. 设置图表样式

通过调整图表样式，可以让受关注的数据更直观。

（1）图表样式：选择“图表工具-图表设计”→“图表样式”→“样式8”选项，如图4-76所示。

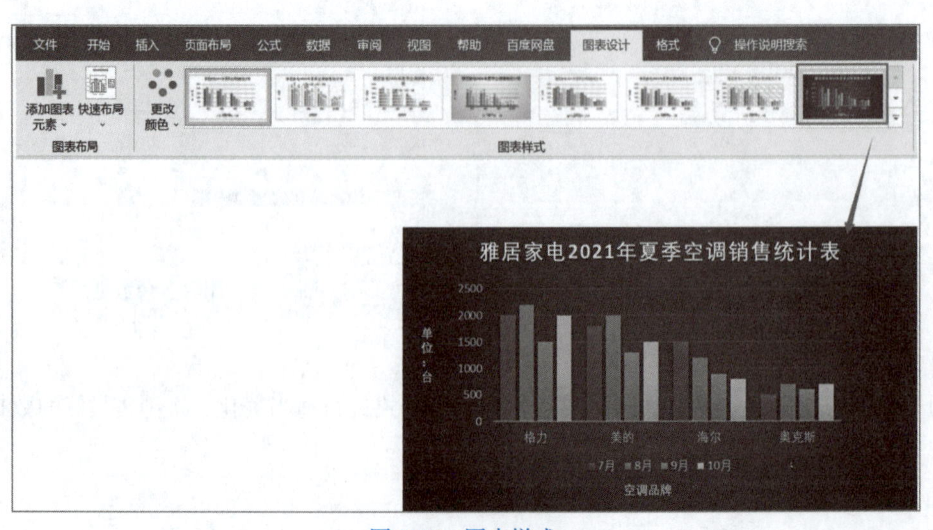

图 4-76 图表样式

（2）更改颜色：单击“更改颜色”按钮，在下拉面板中选择“单色”分组中的“单色调色板3”，如图4-77所示。

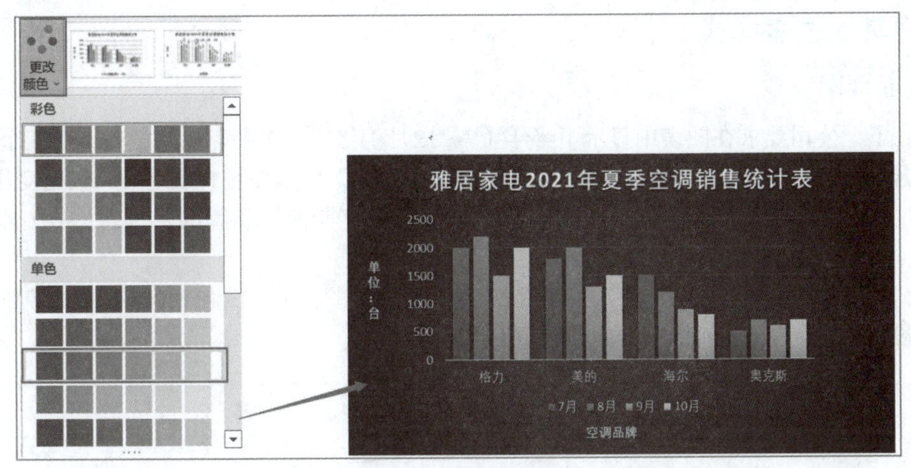

图 4-77　更改颜色

（3）强调数据：切换行/列，突出显示销量最好的品牌；单击任一月份最长的那根“柱形”，系统会选中相同品牌的所有“柱形”（如果单击两次，就只会选中当前月份那根“柱形”，其他月份相同品牌的“柱形”不会被选中）；选择“图表工具-格式”→“形状样式”→“主题样式”→“强烈效果-橙色，强调颜色2”选项（橙色列倒数第1个），突出显示受关注的数据，如图4-78所示。

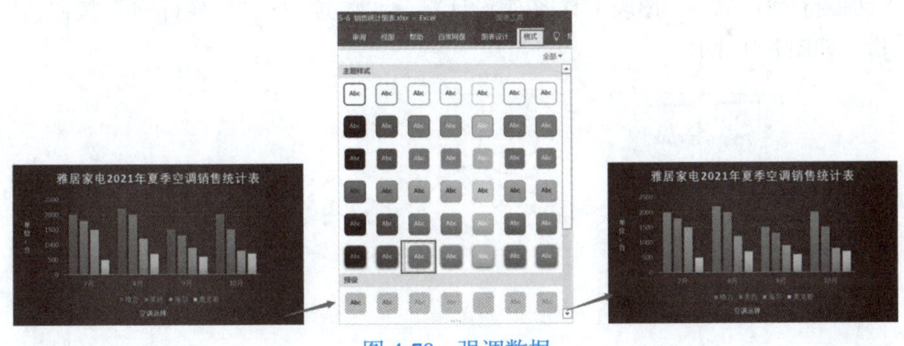

图 4-78　强调数据

5．修改纵轴刻度

（1）打开：在纵轴（Y轴）刻度区域右击，在弹出的快捷菜单中选择“设置坐标轴格式”命令，打开“设置坐标轴格式”任务窗格。

（2）设置参数：最小值0，最大值3 000，主要刻度单位1 000，其他选项默认，如图4-79所示。

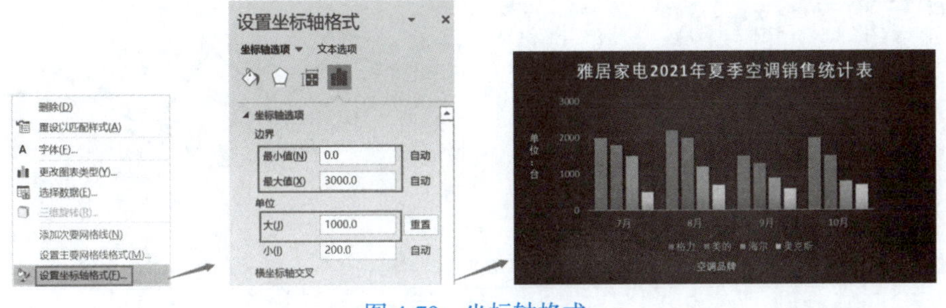

图 4-79　坐标轴格式

4.5.4 其他图表样式

1．折线图

年底了，公司要求在图表中显示下半年（7～12月）格力、美的、海尔、奥克斯四个品牌的销售数据变化情况。这时，可以更换图表类型为“折线图”，以便更直观地显示数据变化。

（1）定位：选中数据表中格力、美的、海尔、奥克斯四个品牌的7～12月份数据单元格区域。

（2）创建图表：选择“插入”→“图表”→“折线图”→“二维折线图”→“带数据标记的折线图”选项（左起第4个），如图4-80所示。

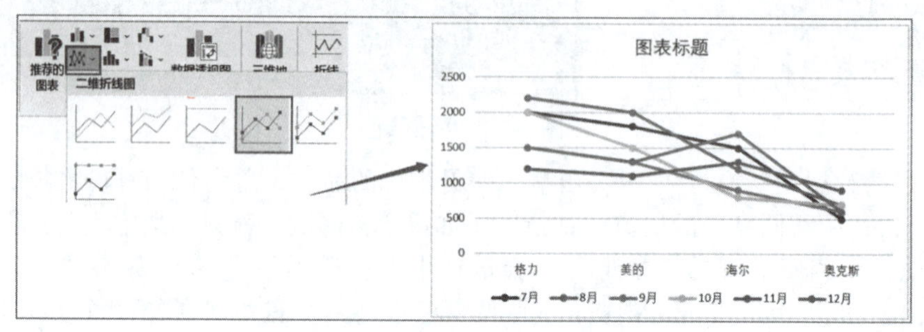

图 4-80　带数据标记的折线图

（3）切换行/列：单击“图表工具-图表设计”→“数据”→“切换行/列”按钮，让横坐标轴显示月份，如图4-81所示。

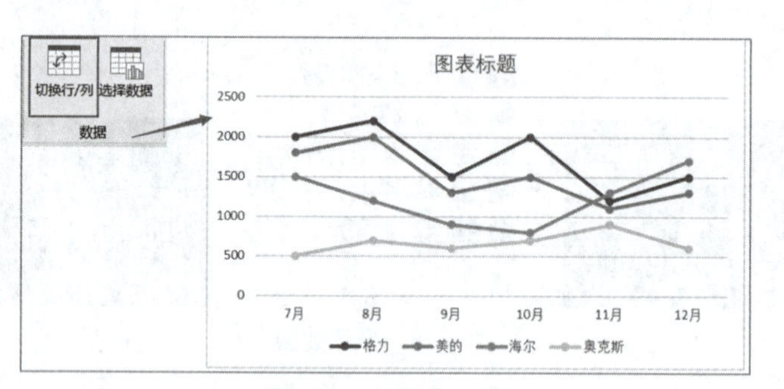

图 4-81　切换行 / 列

（4）快速调整布局：选择“图表工具-图表设计”→“图表布局”→“快速布局”→“布局1”选项，如图4-82所示。

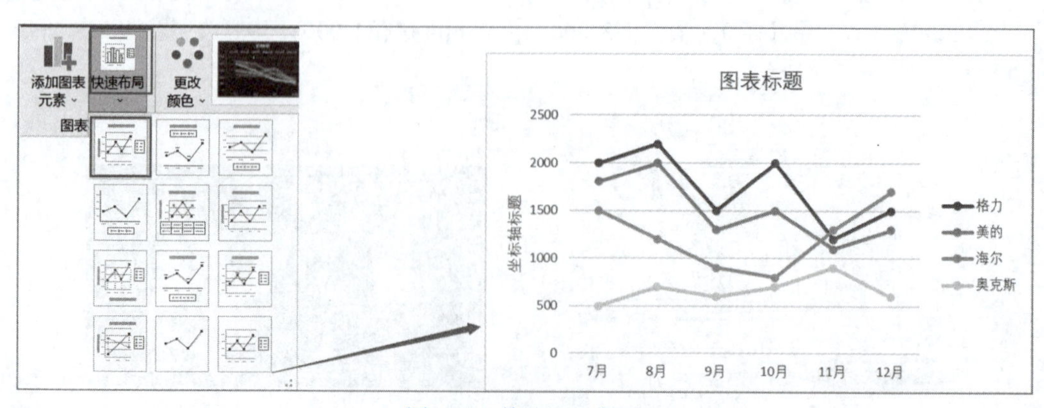

图 4-82　快速调整布局

（5）为整体销量最好的品牌添加数据标签：选中格力品牌的折线，依次单击“图表工具-图表设计”→“图表布局”→“添加图表元素”→“布局1”选项，如图4-83所示。

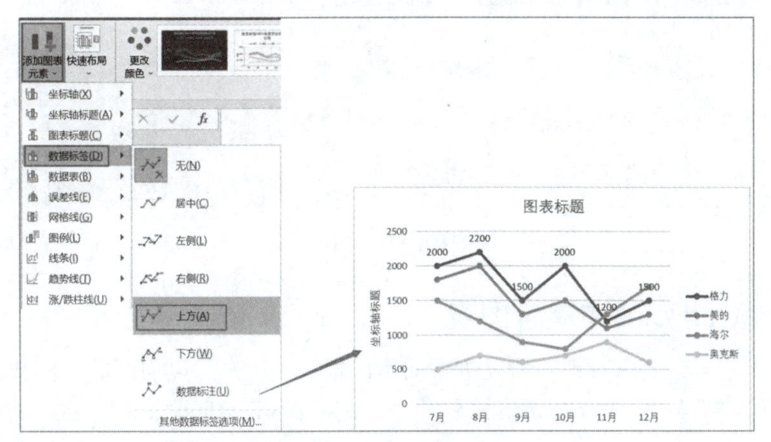

图 4-83　添加数据标签

（6）美化图表：根据需要设置标题、坐标轴标题、刻度数据、文本格式，设置完成后效果如图4-84所示。

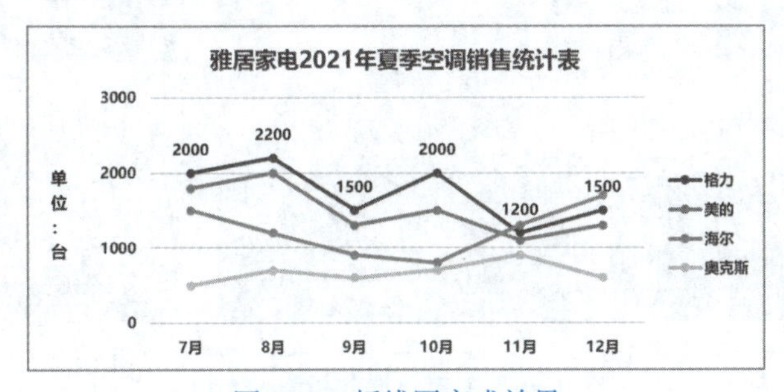

图 4-84　折线图完成效果

2. 饼图

公司要求对8月各品牌所占的市场份额进行统计分析，这种情况适宜用“饼图”。

（1）定位：选中单元格区域A3:A11,C3:C11（非连续区域）。

（2）创建图表：选择“插入”→“图表”→“饼图”→“二维饼图”→“饼图”选项（第1种样式）。

（3）应用图表样式：选中创建的“饼图”，单击“图表工具-图表设计”→“图表样式”→“样式3”。

（4）添加数据标签：依次单击“图表工具-图表设计”→“添加图表元素”→“数据标签”→“其他数据标签选项”，打开“设置数据标签”任务窗格，勾选“百分比”和“引导线”两个复选框。

（5）突出格力、美的品牌数据：

① 定位：单击两次格力扇区（单击1次会选中所有扇区，单击第2次是只选中格力扇区）。

② 分离格力扇区：将格力扇区向外拖动，即可单独将此扇区分离。

③ 突出格力数据标签：将格力数据标签向外拖动，与格力扇区之间出现引导线。

④ 突出美的数据：重复前面步骤，突出美的数据。

完成效果如图4-85所示。

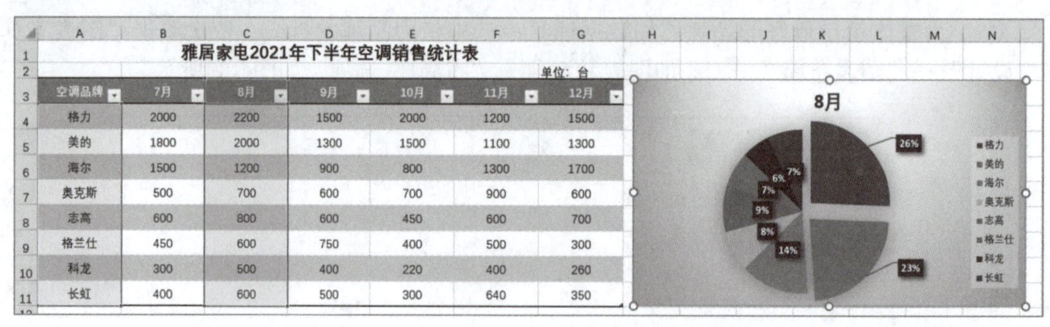

雅居家电2021年下半年空调销售统计表

单位：台

空调品牌	7月	8月	9月	10月	11月	12月
格力	2000	2200	1500	2000	1200	1500
美的	1800	2000	1300	1500	1100	1300
海尔	1500	1200	900	800	1300	1700
奥克斯	500	700	600	700	900	600
志高	600	800	600	450	600	700
格兰仕	450	600	750	400	500	300
科龙	300	500	400	220	400	260
长虹	400	600	500	300	640	350

图 4-85　饼图

4.5.5　在 PowerPoint 中展示图表

很多时候，公司会要求对销售情况进行演示汇报。接下来，以前面的案例数据为基础，设计、制作一个包含图表的PowerPoint演示文稿，完成效果如图4-86所示。

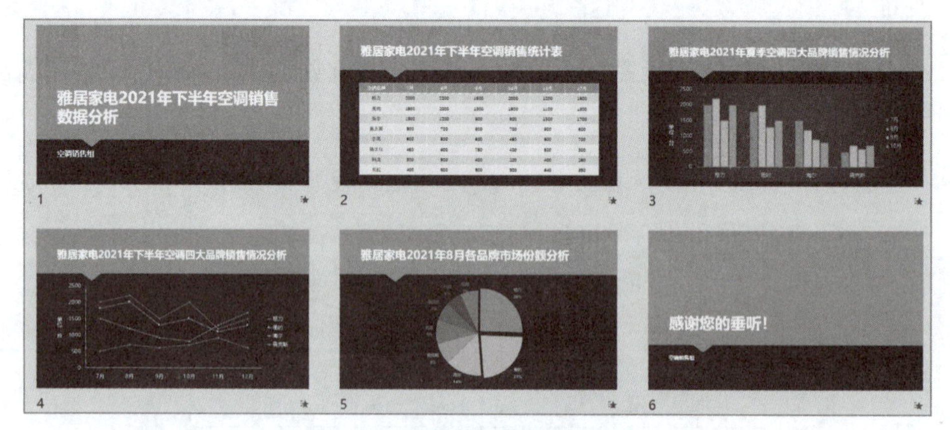

图 4-86　销售数据分析演示文稿

1. 第 1 张幻灯片：标题幻灯片

（1）模板：制作或选择一个模板，根据需要完成模板设置、修改。

（2）第1张标题幻灯片：输入标题“雅居家电2021年下半年空调销售数据分析”，副标题“空调销售组”。

2. 第 2 张幻灯片：数据表页

（1）输入标题文本：雅居家电2021年下半年空调销售统计表。

（2）插入表格：插入一个7列9行的表格，使用默认样式，将前面Excel数据表中的数据复制、粘贴过来。

3. 第 3 张幻灯片：柱形图

（1）输入标题：雅居家电2021年夏季空调四大品牌销售情况分析。

（2）创建图表：单击占位符中的“插入图表”提示按钮，插入簇状柱形图。

（3）录入数据：弹出一个Excel数据表，直接将Excel数据表中的数据复制、粘贴过来。

（4）参数设置与美化图表：操作方法与在Excel中完全一样，效果如图4-87所示。

温馨提示　本页也可以在选中正文占位符后，不插入图表，直接将Excel中的图表复制、粘贴过来。

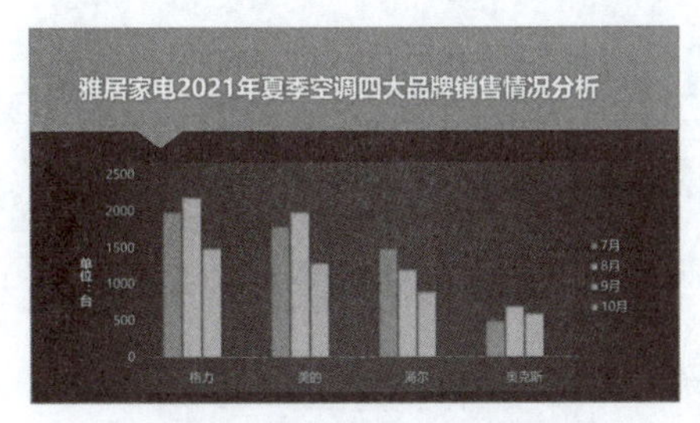

图 4-87　簇状柱形图完成效果

（5）制作动画：

① 添加动画：选中图表，依次单击“动画”→“进入”→“擦除”按钮。

② 效果选项：自底部。

③ 参数设置：双击动画条目，打开“擦除”对话框，选择“图表动画”选项卡，在“组合图表”下拉列表中选择“按系列”，如图4-88所示。

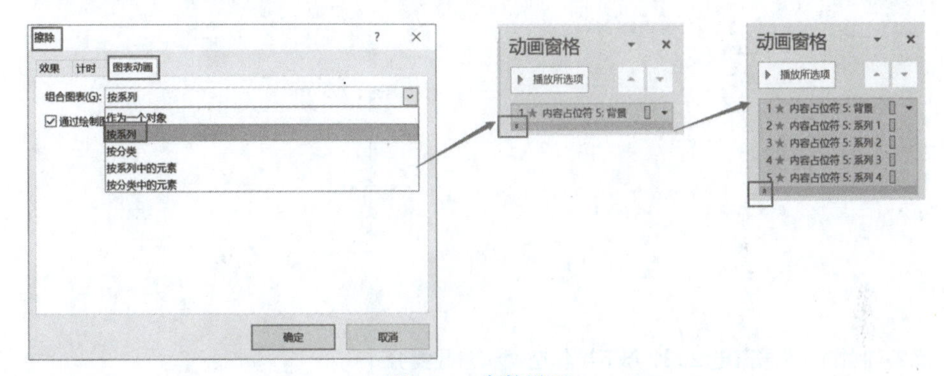

图 4-88　参数设置

温馨提示　图表的动画，要根据图表类型来进行设置，以切合数据展示方式。

4．第 4 ～ 6 张幻灯片：折线图、饼图、结束页

（1）第4张幻灯片：制作（或复制粘贴）折线图，合理设置动画效果。

（2）第5张幻灯片：制作（或复制粘贴）饼图，合理设置动画效果。

（3）第6张幻灯片：复制、修改标题页幻灯片，制作成结束页。

案 例 小 结

本案例介绍了图表的创建方法和编辑方法，但是只介绍了常见的柱形图、折线图和饼图。Excel还有很多图表类型，可以通过Excel帮助文档，认真分析各种图表类型的适用情境和表达重点，在实际工作中灵活选用。

PowerPoint中的图表制作与Excel相同，也可以将Excel中制作好的图表直接复制到幻灯片中使用，重点是要根据图表特点，合理设置图表动画，发挥PowerPoint的优势，用动画来辅助数据展示。

笔记栏

实训 4.5 制作销售统计图表

实训项目	实训记录
实训 4.5.1 制作《雅居家电 2021 年下半年空调销售数据分析》图表 按照案例介绍的格式和步骤，制作《雅居家电 2021 年下半年空调销售数据分析》图表。 **实训 4.5.2 制作《雅居家电 2021 年下半年空调销售数据分析》汇报演示文稿** 根据实训 4.5.1 制作数据表和图表，设计制作一个汇报演示文稿，设计制作符合图表样式的动画效果。	

学习与实训回顾

见：

请记下你认为有价值、有启发或容易遗忘的知识点，并注明知识点所在页码以便回顾。

感：

请记下你在学习了本案例并实践之后的收获和感受。

思：

本案例中的知识点可以关联到哪些你已掌握的知识内容（包含其他课程所学）？

你过去碰到的哪些任务、困难，可以用本案例中的知识点去完成、优化、解决？

行：

你对本案例的设计和制作是否有改进建议？

今后的学习和工作中，哪些情境可以用到本案例所学内容？

案例 4.6 千百汇超市销售情况统计表

知识目标

◎理解按值列表筛选、按条件筛选、高级筛选之间的区别。
◎理解“与”和“或”运算的区别。
◎掌握“？”和“*”通配符的作用。

技能目标

◎根据实际需要选择合适的方法筛选数据。

素质目标

◎强化自主钻研的意识。
◎强化信息意识、计算思维。

根据需要筛选数据，如图4-89所示。

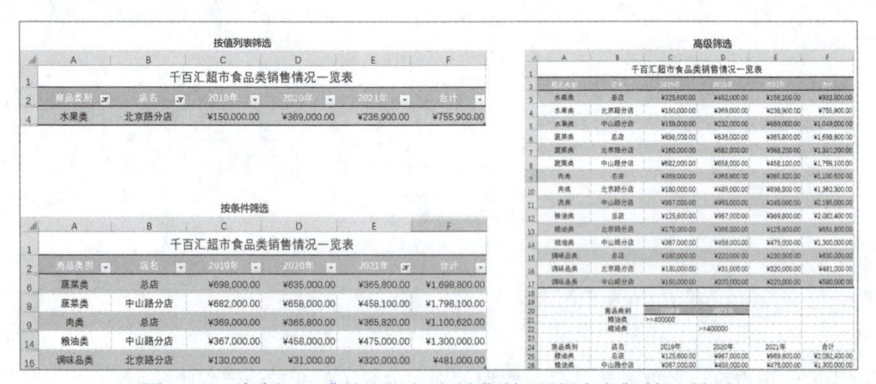

按值列表筛选

	A	B	C	D	E	F
1	千百汇超市食品类销售情况一览表					
2	商品类别	店名	2019年	2020年	2021年	合计
4	水果类	北京路分店	¥150,000.00	¥369,000.00	¥236,900.00	¥755,900.00

按条件筛选

	A	B	C	D	E	F
1	千百汇超市食品类销售情况一览表					
2	商品类别	店名	2019年	2020年	2021年	合计
6	蔬菜类	总店	¥698,000.00	¥635,000.00	¥365,800.00	¥1,698,800.00
8	蔬菜类	中山路分店	¥682,000.00	¥658,000.00	¥458,100.00	¥1,798,100.00
9	肉类	总店	¥369,000.00	¥365,800.00	¥365,820.00	¥1,100,620.00
14	粮油类	中山路分店	¥367,000.00	¥458,000.00	¥475,000.00	¥1,300,000.00
16	调味品类	北京路分店	¥130,000.00	¥31,000.00	¥320,000.00	¥481,000.00

高级筛选

	A	B	C	D	E	F
1	千百汇超市食品类销售情况一览表					
2	[illegible]					
3	水果类	总店	¥325,600.00	¥452,000.00	¥156,200.00	¥933,800.00
4	水果类	北京路分店	¥150,000.00	¥369,000.00	¥236,900.00	¥755,900.00
5	水果类	中山路分店	¥158,000.00	¥232,000.00	¥659,000.00	¥1,049,000.00
6	蔬菜类	总店	¥698,000.00	¥635,000.00	¥365,800.00	¥1,698,800.00
7	蔬菜类	北京路分店	¥160,000.00	¥682,000.00	¥568,200.00	¥1,310,200.00
8	蔬菜类	中山路分店	¥682,000.00	¥658,000.00	¥458,100.00	¥1,798,100.00
9	肉类	总店	¥369,000.00	¥365,800.00	¥365,820.00	¥1,100,620.00
10	肉类	北京路分店	¥180,000.00	¥485,000.00	¥698,300.00	¥1,363,300.00
11	肉类	中山路分店	¥987,000.00	¥963,000.00	¥245,000.00	¥2,195,000.00
12	粮油类	总店	¥125,600.00	¥987,000.00	¥969,800.00	¥2,082,400.00
13	粮油类	北京路分店	¥170,000.00	¥356,000.00	¥125,800.00	¥651,800.00
14	粮油类	中山路分店	¥367,000.00	¥458,000.00	¥475,000.00	¥1,300,000.00
15	调味品类	总店	¥180,000.00	¥220,000.00	¥230,000.00	¥630,000.00
16	调味品类	北京路分店	¥130,000.00	¥31,000.00	¥320,000.00	¥481,000.00
17	调味品类	中山路分店	¥160,000.00	¥200,000.00	¥220,000.00	¥580,000.00
18						
19						
20		商品类别	2020年	2021年		
21		粮油类	>=400000			
22		粮油类		>=400000		
23						
24	商品类别	店名	2019年	2020年	2021年	合计
25	粮油类	总店	¥125,600.00	¥987,000.00	¥969,800.00	¥2,082,400.00
26	粮油类	中山路分店	¥367,000.00	¥458,000.00	¥475,000.00	¥1,300,000.00

图 4-89 案例 4.6《千百汇超市销售情况统计表》筛选结果

分析数据时经常需要对数据进行筛选，也就是从众多的数据中挑选出符合指定条件的数据行，将不符合条件的数据行暂时隐藏显示，它是一种快速有效查找数据的简便方法。

4.6.1 筛选类别

Excel将筛选分为“自动筛选”和“高级筛选”。

1. 自动筛选

“自动筛选”包括三种筛选类型，按值列表、按格式、按条件。在一列数据中，只能允许这三种筛选类型中的某一种存在，它们中的任意两种都不能同时存在。

（1）按值列表筛选

筛选条件是数据列中本来就存在的“值”，每次筛选可以选择1个或多个已有的“值”。

（2）按格式筛选

筛选条件是单元格填充颜色或字体颜色，它的前提是该列有单元格设置了填充颜色或字体颜色，每次筛选只能选择一种填充色或一种字体色。

（3）按条件筛选

根据设定的条件进行筛选，这个条件可以是单一条件，比如“不等于”“大于或等于”“10个最大的值”“高于平均值”等预设条件；也可以是两个条件，如“‘大于或等于’和‘小于’”“‘等于’或‘大于’”等。

2. 高级筛选

可以同时设置多个筛选条件，并可将筛选出来的数据复制到新的数据表区域。

本案例将在三张完全一样的数据表中分别执行“按值列表筛选”“按条件筛选”“高级筛选”。

4.6.2　按值列表筛选

按值列表筛选是使用最多的筛选类型，用户可以通过它快速地查询大量数据，并从中筛选出等于特定值的记录。

本案例的第1个筛选任务是：在“按值列表筛选”工作表中筛选出所有“北京路分店”的“水果类”商品的销售数据。

1. 进入筛选状态

单击数据表区域中的任意单元格，单击“数据”→“排序和筛选”→“筛选”按钮，数据表进入“自动筛选”状态。此时，数据表中每一个字段名的右侧出现一个向下的筛选按钮。

温馨提示　表格套用样式后，会自动进入筛选状态。

2. 按值列表筛选

1）筛选条件：北京路分店

单击B列“店名”字段名右侧的筛选按钮，会出现一个下拉列表选项框，其中列出了该字段中的所有“值”，这些“值”就是可供筛选的条件。

在图4-90左图列表中保留“北京路分店”前面的“√”，筛选出店名为“北京路分店”的所有记录（行）。筛选完成后，执行过筛选的字段名“店名”右侧的筛选按钮由三角形变成了一个加了筛选符号的三角形，被筛选出来的记录的行标变成了蓝色，其他记录（行）都被隐藏起来，如图4-90所示。

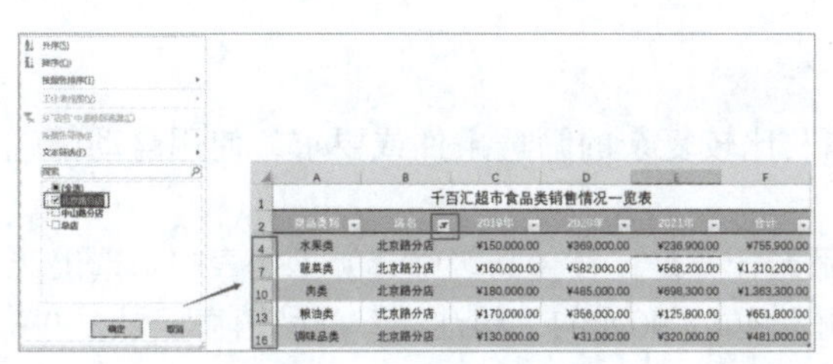

图 4-90　按值列表筛选

温馨提示　当筛选条件（值）比较少的时候，可取消选中“全选”复选框，再勾选所需筛选条件（值）。

2）筛选条件：水果类

单击A列“商品类型”字段名右侧的筛选按钮，弹出筛选列表，勾选“水果类”复选框，筛选出“商品类别”为“水果类”的全部记录（行）。

这个筛选任务分别在两个字段中设置了不同的筛选条件，最后筛选出来满足条件（北京路分店的水果类）的记录只有一条。

4.6.3　按条件筛选

在一张大型数据表中，如果要筛选出字段值位于某一区间范围内的全部记录，再使用“按值列表筛选”的方式，逐一勾选筛选条件，显然既笨拙也容易出错，这时，就需要使用“按条件筛选”。按条件筛选也称为“自定义自动筛选”或“自定义筛选”。

本案例的第二个任务是：在《按条件筛选》工作表中查找出2021年销售额在300 000～500 000

元之间的所有商品类别的记录。

1. 进入筛选状态

单击数据表区域中的任意单元格，单击“数据”→“排序和筛选”→“筛选”按钮，数据表进入“自动筛选”状态。

2. 按条件筛选

（1）打开自动筛选对话框。单击E列“2021年”字段名右侧的筛选按钮，在下拉列表中选择“数字筛选”→“自定义筛选”命令（本案例也可以选择“介于”选项），打开“自定义自动筛选方式”对话框。

（2）设置筛选条件。

① 第1个筛选条件：大于或等于，300 000。

② 第2个筛选条件：小于或等于，500 000。

③ 运算类型：“与”运算，如图4-91所示。

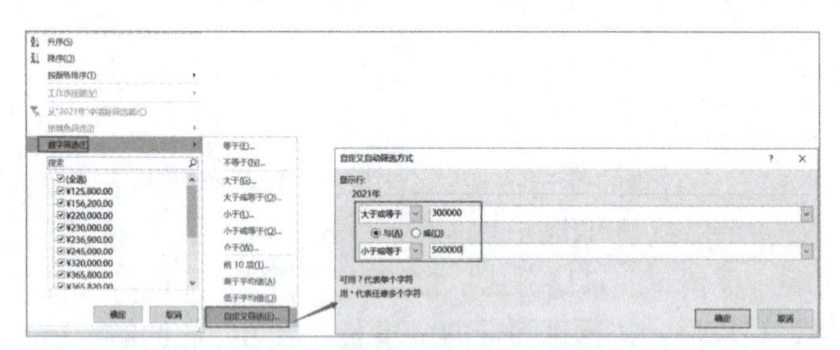

图 4-91　自定义自动筛选

（3）单击“确定”按钮，筛选出五条满足条件的数据。

4.6.4　高级筛选

在Excel中，如果涉及比较复杂的筛选条件或要求，使用自动筛选无法完成，就需要用到“高级筛选”。

本案例中的第三个筛选任务是：在《高级筛选》工作表中筛选出2019年销售额超过400 000元，或者2021年销售额超过400 000元的“粮油类”商品销售记录，并将筛选结果放到“条件区域”的下方。

1. 筛选任务分析

这个筛选需要同时筛选3个字段，但“2019年”和“2021年”字段是“或”运算，也就是说只需要满足其中一个条件即可；同时，在筛选条件中出现了“>=”这样的运算符号。因此，这个筛选任务无法使用“自动筛选”完成，只能使用“高级筛选”。

2. 设置高级筛选条件

高级筛选的条件不是在对话框中设置，而是在工作表的某个区域中输入。因此使用高级筛选之前需要先建立一个条件区域。条件区域一般放在数据表的最前面或者最后面或者一侧，与数据表之间至少隔一行或者一列。

条件区域的输入要求：

（1）第1行：对照数据表输入准备进行筛选的字段名称，确保字段名称完全一致。

（2）第2行起：开始输入对应字段的筛选条件。如果是“与”运算（同时满足所有条件），则所有条件位于同一行；如果是“或”运算（满足任一条件），则不同的条件位于不同的行。

本案例中，“2019年”与“2021年”是“或”运算，所以条件要分处两行；“商品类别”与“2019年”“2021年”是“与”运算，那么两行都要将“粮油类”作为筛选条件列出来，如图4-92所示。

3．设置高级筛选参数

（1）进入高级筛选：单击“数据”→“排序和筛选”→“高级”按钮，打开“高级筛选”对话框，如图4-93所示。

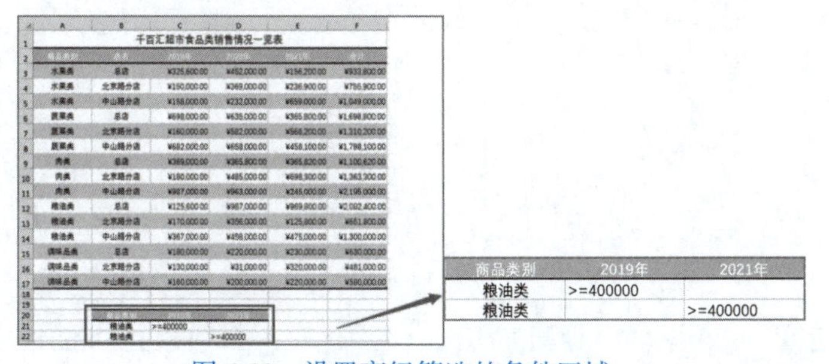

图 4-92　设置高级筛选的条件区域

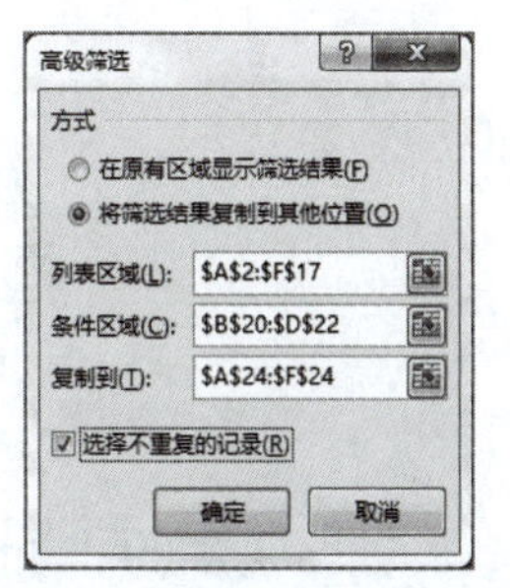

图 4-93　“高级筛选”对话框

温馨提示　高级筛选不会进入筛选状态（字段名右侧不出现筛选按钮）。

（2）选择复制到其他位置：选中“将筛选结果复制到其他位置”单选按钮。

（3）设置列表区域：在“列表区域”输入框中输入要进行筛选的数据表单元格区域。系统默认的是筛选条件上方的数据表区域，如果要修改，可以单击“列表区域”文本框右边的折叠按钮，打开“高级筛选-列表区域”对话框，用鼠标选择需要筛选的数据表区域（包括字段名区域），然后再单击折叠按钮返回“高级筛选”对话框。

（4）设置条件区域：在“条件区域”输入框中输入含筛选条件的单元格区域“$B$20:$D$22”，或者使用右侧的折叠按钮完成条件区域选择。

（5）设置目标区域：在“复制到”输入框中输入显示筛选结果的目标区域，输入起点“$A$25”即可。

温馨提示　只有选择了“将筛选结果复制到其他位置”单选按钮，下方的“复制到”输入框才会被激活。

（6）忽略重复记录：如果需要在筛选结果中忽略掉重复的记录，则勾选“选择不重复的记录”。

（7）执行筛选：单击“确定”按钮，执行筛选，符合筛选条件的记录将被复制到指定数据表区域，如图4-94所示。

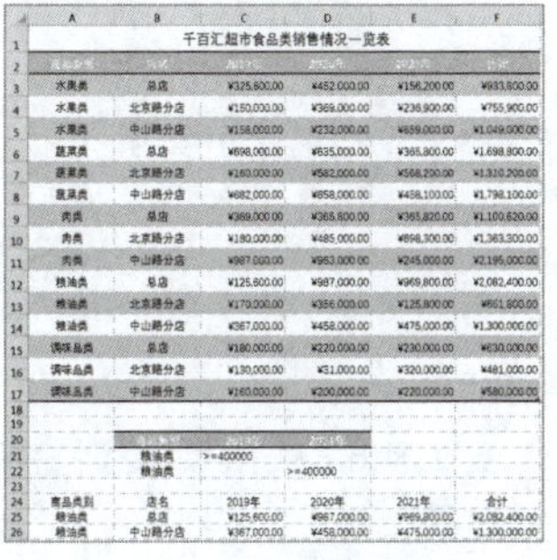

图 4-94　高级筛选结果

案 例 小 结

本案例介绍了三种数据筛选方式，日常工作中可根据实际需要灵活运用。需要注意的是，当表格中存在合并单元格、空白行和空白列、同一字段下存在多种不同类型数据时，会无法执行筛选或筛选出错。这也是前面反复强调要尽量让表格保持标准二维表样式的原因。

笔记栏

实训 4.6 完成千百汇超市销售数据的指定筛选任务

实训项目	实训记录
实训 4.6.1　完成千百汇超市销售数据的指定筛选任务 按照案例介绍的步骤，完成千百汇超市销售数据的指定筛选任务。 **实训 4.6.2　分析“与”和“或”运算、“？”和“*”通配符的区别** 以《按条件筛选》工作表为基础，进行条件筛选： （1）分别使用“与”选项和“或”选项进行筛选，分析二者的区别； （2）分别使用“？”和“*”通配符进行筛选，分析二者的区别； （3）向同桌讲解自己分析的结果，如果与同桌分析的结果不一致，分析原因。 **实训 4.6.3　拓展实训：筛选、制作不及格学生成绩信息表** 对实训 4.3.1 学生成绩表中的成绩进行筛选，将所有课程不及格的学生名单及成绩筛选、复制到一个新的工作簿中，将新工作簿保存。	

学习与实训回顾

见：

请记下你认为有价值、有启发或容易遗忘的知识点，并注明知识点所在页码以便回顾。

感：

请记下你在学习了本案例并实践之后的收获和感受。

思：

本案例中的知识点可以关联到哪些你已掌握的知识内容（包含其他课程所学）？
你过去碰到的哪些任务、困难，可以用本案例中的知识点去完成、优化、解决？

行：

你对本案例的设计和制作是否有改进建议？
今后的学习和工作中，哪些情境可以用到本案例所学内容？

案例 4.7 各大院线电影票房情况汇总

知识目标

◎理解分类汇总与排序的关系。

技能目标

◎对数据进行简单排序。

◎合理设置排序关键字进行多级排序。

◎根据需要进行分类汇总，管理分类汇总。

素质目标

◎强化规范意识、计算思维。

根据实际需要，对数据表中的数据进行排序和分类汇总，如图4-95所示。

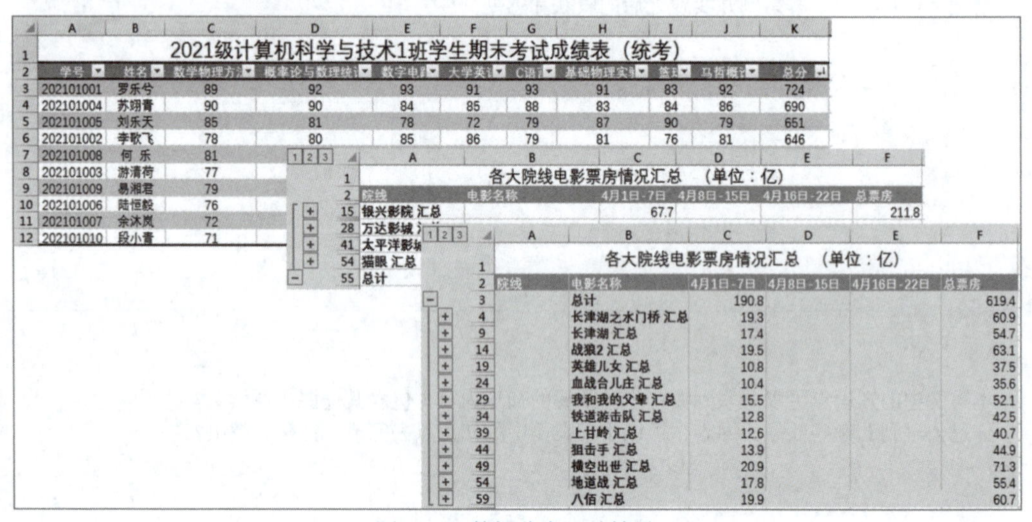

图 4-95　数据分类汇总结果

4.7.1　数据排序

通常，数据表中的数据都是随机输入的，在实际工作中，为了让数据便于阅读、查询和管理，需要对数据进行排序。在Excel中，排序就是将一组记录，按照其中的某个或某些字段的特定序列进行排列。

1. 简单排序

简单排序也叫单列排序，它是最简单、最常用的排序方法。

本案例要求将案例4.3“学生成绩表”以“总分”字段中的分数从高到低排序。

具体操作步骤如下：

（1）定位：单击“总分”列（K列）中的任意单元格。

温馨提示　要以哪一列的数据作为标准进行简单排序，就要先选中那一列的任意一个单元格。如果定位在非数据区域，会出现图4-96所示的消息提示框。

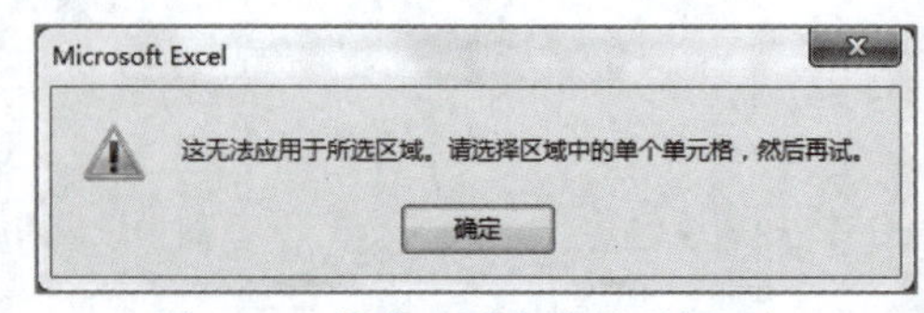

图 4-96　排序区域定位错误提示框

（2）排序：单击“数据”→“排序和筛选”→“降序”按钮，数据表自动完成排序，效果如图4-97所示。

2021级计算机科学与技术1班学生期末考试成绩表（统考）										
学号	姓名	数学物理方	概率论与数理统	数字电	大学英	C语	基础物理实	篮	马哲概	总分
202101001	罗乐兮	89	92	93	91	93	91	83	92	724
202101004	苏翊青	90	90	84	85	88	83	84	86	690
202101005	刘乐天	85	81	78	72	79	87	90	79	651
202101002	李歌飞	78	80	85	86	79	81	76	81	646
202101008	何　乐	81	78	83	71	73	82	85	70	623
202101003	游清荷	77	85	76	88	75	72	67	83	623
202101009	易湘君	79	76	73	85	73	79	78	77	620
202101006	陆恒毅	76	80	79	75	65	77	82	78	612
202101007	余沐岚	72	71	78	73	71	73	74	79	591
202101010	段小青	71	65	66	74	65	75	70	69	555

图 4-97　按“总分”降序排序

温馨提示　如果表格中存在合并单元格，排序会失败；如果存在空行或空列，或者存在以文本记录的数值，排序可能会出错，排序结果未必符合数据真实情况。

2．多级排序

以单列数据作为标准进行排序，如果碰到相同数据时，系统会将相同数据排列在一起，相同数据之间会保持它们的本来顺序不变。

本案例中，“何乐”和“游清荷”两位同学的“总分”刚好相等，按“总分”排序时，它俩排在一起。

为了让排序更科学、清晰，在简单排序无法区分相同数据时，或者相同数据较多时，就需要用到“多级排序”。Excel支持将所有“字段”（列）作为排序关键字。本案例将对“总分”相等的同学再按“姓名”进行排序。

具体操作步骤如下：

（1）定位：将光标定位在数据表区域内的任意单元格。

（2）进入多级排序：单击“数据”→“排序和筛选”→“排序”按钮，打开“排序”对话框，可以看到，刚才使用的排序依据“总分”是“主要关键字”，如图4-98所示。

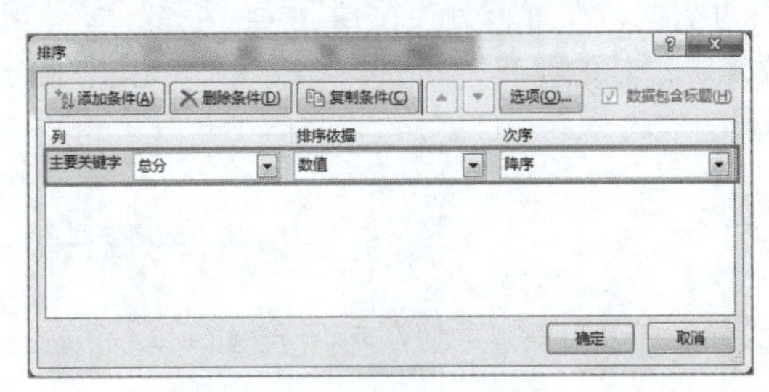

图 4-98　“排序”对话框

（3）添加排序条件：单击“添加条件”按钮，在“主要关键字”的下方添加“次要关键字”设置框，设置具体参数。

① 列：姓名。

② 排序依据：数值。

③ 次序：升序。

如图4-99所示。

（4）设置排序选项：光标定位在次要关键字，单击“选项”按钮，打开“排序选项”对话框，“方向”选择“按列排序”，“方法”选择“字母排序”，如图4-100所示。

（5）确认执行：单击“确定”按钮返回“排序”对话框，再次单击“确定”按钮执行排序操作。

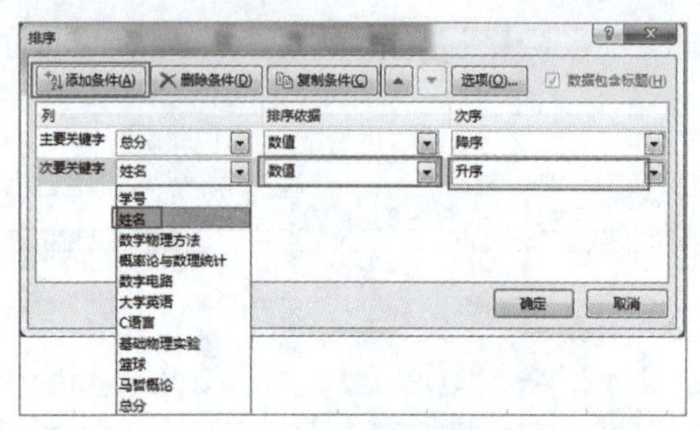

图 4-99　添加排序条件

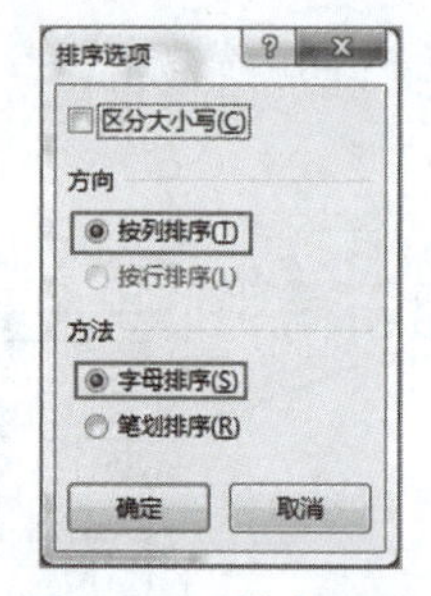

图 4-100　排序选项

4.7.2　分类汇总

对数据进行分析和统计时，使用“分类汇总”命令，不需要手动创建公式，Excel将自动创建公式，对数据表中的指定字段按需要进行“求和”“计数”“求平均值”等运算，并将计算结果分级显示出来。

本案例需要将《各大院线电影票房情况汇总》数据表先按不同的“院线”进行票房汇总，再按照不同“电影名称”来进行首周票房和总票房汇总。

1．分类汇总与排序

“分类汇总”实际上就是先“排序”（分类）再“运算”（汇总）。因此要执行“分类汇总”，首先需要按“分类”关键字进行“排序”。

2．按“院线”汇总

（1）按“院线”分类（排序）：将光标定位在“院线”列（A列）的任意单元格，单击“数据”→“排序和筛选”→“升序”按钮，将所有的电影按照“院线”进行排序（分类）。

（2）按“院线”进行“总票房”汇总：依次单击“数据”→“分级显示”→“分类汇总”按钮，打开“分类汇总”对话框；设置“分类字段”为“院线”，“汇总方式”为“求和”，“选定汇总项”为“总票房”，其他默认，如图4-101所示。单击“确定”按钮执行。

分类汇总结果如图4-102所示。

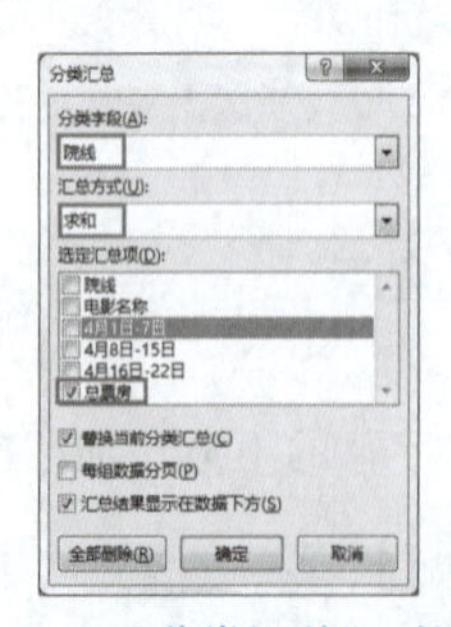

图 4-101　“分类汇总”对话框

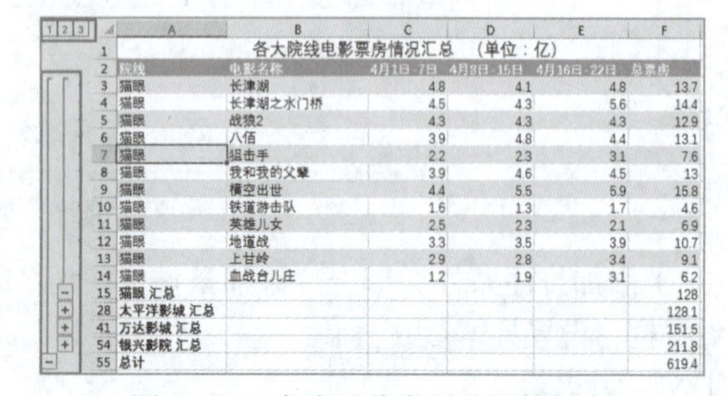

	A	B	C	D	E	F
1	各大院线电影票房情况汇总　（单位：亿）					
2	院线	电影名称	4月1日-7日	4月8日-15日	4月16日-22日	总票房
3	猫眼	长津湖	4.8	4.1	4.8	13.7
4	猫眼	长津湖之水门桥	4.5	4.3	5.6	14.4
5	猫眼	战狼2	4.3	4.3	4.3	12.9
6	猫眼	八佰	3.9	4.8	4.4	13.1
7	猫眼	狙击手	2.2	2.3	3.1	7.6
8	猫眼	我和我的父辈	3.9	4.6	4.5	13
9	猫眼	横空出世	4.4	5.5	5.9	15.8
10	猫眼	铁道游击队	1.6	1.3	1.7	4.6
11	猫眼	英雄儿女	2.5	2.3	2.1	6.9
12	猫眼	地道战	3.3	3.5	3.9	10.7
13	猫眼	上甘岭	2.9	2.8	3.4	9.1
14	猫眼	血战台儿庄	1.2	1.9	3.1	6.2
15	猫眼 汇总					128
28	太平洋影城 汇总					128.1
41	万达影城 汇总					151.5
54	银兴影院 汇总					211.8
55	总计					619.4

图 4-102　完成了分类汇总的数据表

3．按“电影名称”汇总

（1）按“电影”分类（排序）：将光标定位在“电影名称”列（B列）的任意单元格，单击“数据”→“排序和筛选”→“升序”按钮，将所有的电影按照“电影名称”进行排序（分类）。

（2）按“电影名称”汇总“4月1日-7日”标房和“总票房”：单击“数据”→“分级显示”→“分类汇总”按钮，打开“分类汇总”对话框，设置“分类字段”为“电影名称”，“汇总方式”为“求和”，“选定汇总项”选择“4月1日—7日”和“总票房”两项，勾选“每组数据分页”和“汇总结果显示在数据下方”复选框，其他默认，如图4-103所示。

温馨提示　勾选了“每组数据分页”后，每一组数据将会分页显示，结合页面设置，在打印成纸质档时会更加方便。

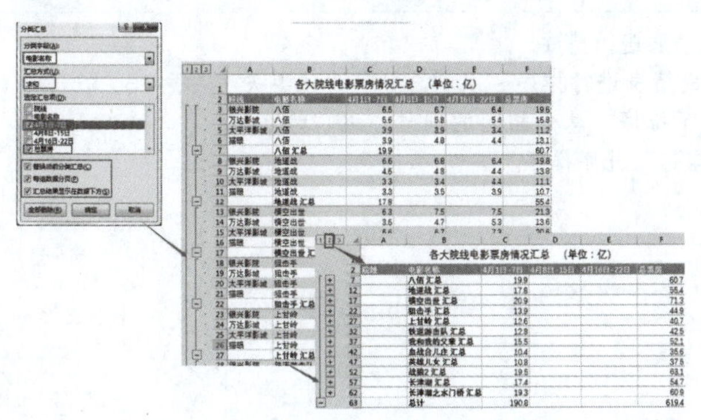

图 4-103　按“电影名称”分类汇总

4. 管理分类汇总

执行过分类汇总后的数据表的左侧，会出现一个分类汇总的管理区，通过单击相应按钮可以实现分层次展示数据和显示/隐藏局部数据。

1）分层次展示数据

最上面的数字“1、2、3”，是分层次展示分类数据按钮。

图4-103右下图中，因为单击了左侧的“2”级按钮，所以表上只显示了1、2级汇总数据，院线数据（3级）不显示，这样可以让汇总结果更直观。

2）显示/隐藏局部数据

【+】：展开按钮，点击可以展开（显示）该分类数据。

【-】：折叠按钮，点击可以折叠（隐藏）该分类数据。

5. 删除分类汇总

点选数据表区域的任意单元格，单击“数据”→“分级显示”→“分类汇总”按钮，打开“分类汇总”对话框，单击“全部删除”按钮即可删除分类汇总。

案例小结

排序，是Excel最常用的功能之一。在Excel 2003中，一张数据表最多只能使用三个关键字进行排序，更高版本的Excel可以将全部字段（列）作为关键字进行排序。排序所依据的关键字先后顺序直接影响着数据表的显示方式，因此，排序前要认真分析排序需求，根据需求科学设置排序关键字的先后顺序。

分类汇总，可以快速汇总、呈现出一张数据表的关键数据。分类汇总以排序为基础，只有正确地排序，才能得到想要的汇总结果。

笔记栏

实训 4.7 对数据进行分类汇总

实训项目	实训记录
实训 4.7.1　对学生成绩表进行排序 对实训 4.3.1 学生成绩表进行排序：以“总分”为主要关键字，按“数值”降序排序；总分相同的同学，以“姓名”为次要关键字，按“字母”升序排序。	
实训 4.7.2　汇总各大院线电影票房情况 1．按“院线”进行“总票房”的求和汇总。 2．按“电影名称”进行“总票房”和“4 月 1 日—7 日”（首周）票房求和汇总。 3．分别按“院线”和“电影名称”计算首周平均票房。 4．将以上分类汇总结果复制到新工作表，新工作表中只保留 1～2 级汇总数据，检查汇总数据无误后删除原数据表中的分类汇总。	

学习与实训回顾

见：

请记下你认为有价值、有启发或容易遗忘的知识点，并注明知识点所在页码以便回顾。

感：

请记下你在学习了本案例并实践之后的收获和感受。

思：

本案例中的知识点可以关联到哪些你已掌握的知识内容（包含其他课程所学）？

你过去碰到的哪些任务、困难，可以用本案例中的知识点去完成、优化、解决？

行：

你对本案例的设计和制作是否有改进建议？

今后的学习和工作中，哪些情境可以用到本案例所学内容？

案例 4.8 整理分析员工数据

知识目标

◎理解数据透视表。

技能目标

◎利用数据透视表制作交叉分析报表。

◎能够根据实际需要选择合适的数据处理方式。

素质目标

◎培养持续学习、终身学习的习惯。

◎提升分析数据、处理数据、表现数据的职业能力。

本案例要求使用数据透视表分学院统计博士平均工资、统计员工学历层次结构。完成效果如图4-104所示。

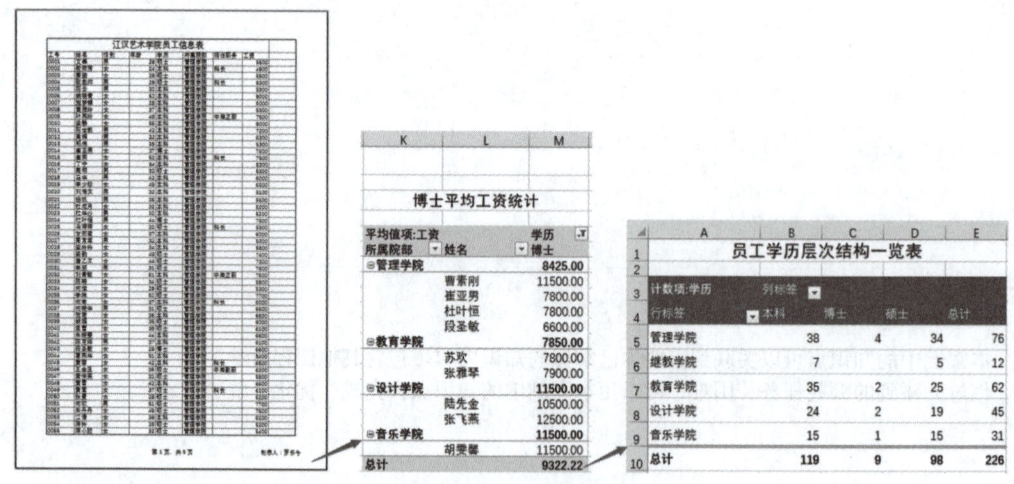

图 4-104　数据透视表

4.8.1　数据透视表

1. 数据透视表

数据透视表是一种快速汇总大量数据并建立交叉表的交互式表格。由于数据透视表可以对包含大量数据的表格，全方位、多角度进行计算、分析、摘要、重新布局，从大量数据中快速提取有价值信息，相当于对数据源表进行“透视检查”，所以称为“数据透视表”。

数据表中的数据越多、越复杂，就越能体现数据透视表的强大功能和处理数据时的优越性、便捷性。

2. 数据源表要求

要将一个数据表作为源表生成数据透视表，源表应该尽量满足以下条件，否则可能无法生成数据透视表或出错。

（1）数据表（要分析的单元格区域）必须是二维表。首行必须是字段名，并且字段名不重复。

（2）不能有合并单元格。如果表格第1行合并单元格制作了表格标题，那么在“选择表格或区域”时，不要包含第1行，确保选中的单元格区域是标准二维表。但最好还是删除顶端标题行，让整个数据表呈现二维表结构。

（3）不能有空白列、空白行。最好连空白单元格都没有，空白单元格会导致某些函数和公式无法返回正确值。

（4）不要有公式。需要公式计算的内容，直接在数据透视表中计算。

（5）同一字段下的数据格式要正确、统一，尤其是数值不能是文本型格式。

3. 数据透视表工具

创建数据透视表后，选中数据透视表中任意区域时，会出现“数据透视表”选项卡，包含“数据透视表分析”和“设计”两个子选项卡。

1）“数据透视表分析”子选项卡

分为数据透视表、活动字段、组合、筛选、数据、操作、计算、工具、显示等九个工具组。数据透视表中所有的数据分析工作都可以通过此菜单完成，如图4-105所示。

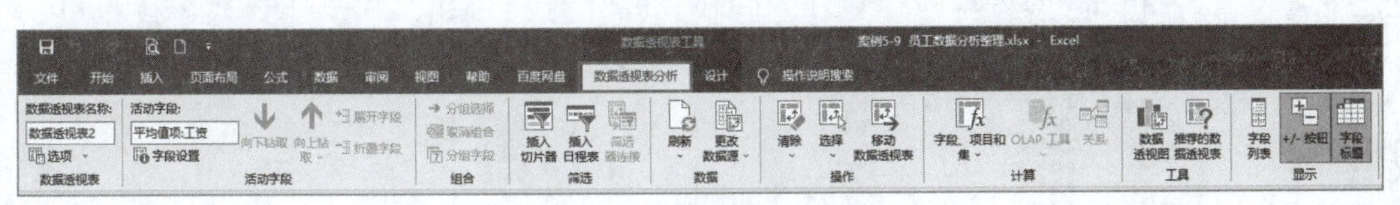

图 4-105　数据透视表分析菜单

2）“设计”子选项卡

分为布局、数据透视表样式选项、数据透视表样式等三个工具组。主要用于设置数据透视表样式，如图4-106所示。

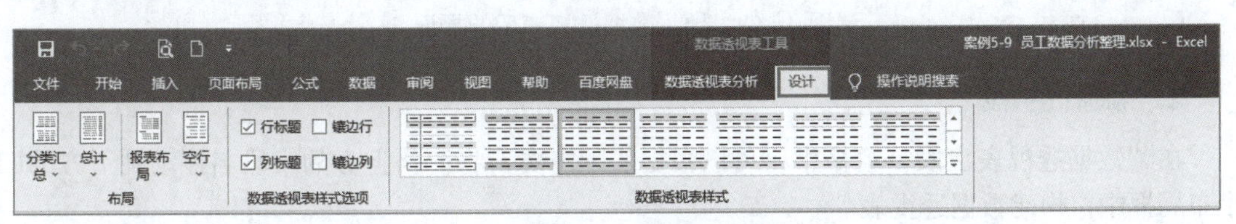

图 4-106　设计菜单

4.8.2　统计博士平均工资

原始数据表“员工信息表”中的数据量比较大，相对于分类汇总方式，使用数据透视表分学院统计博士平均工资，更方便、更直观，功能更强大。

具体操作步骤如下：

1. 创建透视表

（1）打开对话框：单击“员工信息表”数据区域的任意单元格，单击“插入”→“表格”→“数据透视表”按钮，打开“创建数据透视表”对话框。

（2）选择源数据表或区域：由于活动单元格位于工作表数据区域内，对话框中“选择一个表或区域”位置自动显示了“表1”（指当前工作表）。如果首行是标题行，这里就必须单击右侧的按钮来选定单元格区域。

（3）选择放置数据透视表的位置：默认选定“新工作表”。本案例选择“现有工作表”，单击右侧的按钮设定透视表起始单元格，这里设置为K5单元格，如图4-107所示。

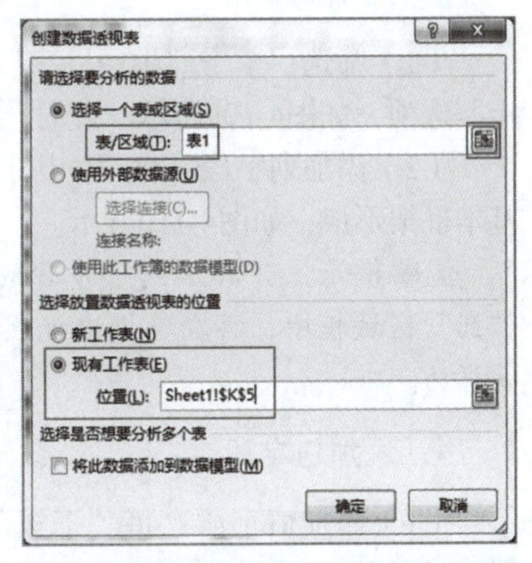

图 4-107　“创建数据透视表”对话框

（4）确认创建：单击“确定”按钮返回，当前工作表会增加两个区域，以K5单元格为起点的数据透视表区域和数据透视表字段窗格，如图4-108所示。

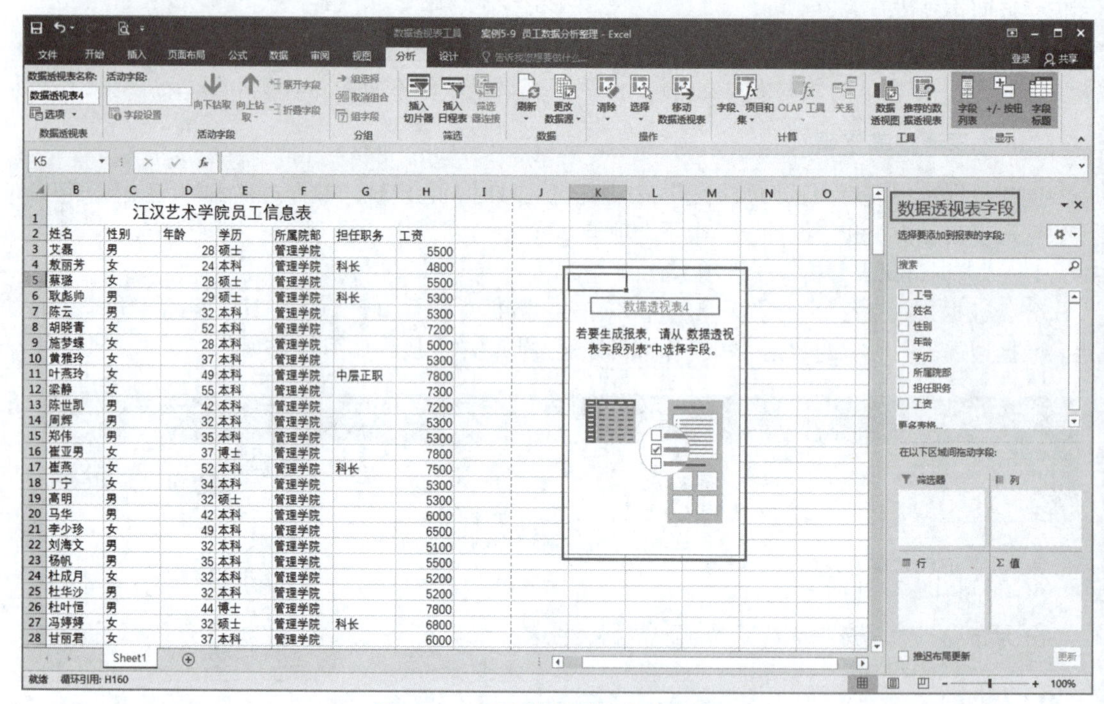

图 4-108　插入数据透视表后的界面

2．添加行字段

在“数据透视表字段”窗格中，可以根据实际需要，将窗格上方的字段名拖动到下方的四个布局框中，构建数据透视表。

先添加行，具体操作步骤如下：

（1）添加行字段1：将“所属院部”字段拖到“行”区域框中。

（2）添加行字段2：将“姓名”字段拖到“行”区域框中，“所属院部”字段的下方。此时，数据透视表会按“所属院部”分组展示所有教师姓名。

温馨提示　字段在此处的上下关系，直接决定数字透视表的基本布局和数据分析结果。

3．添加列字段

（1）筛选：单击“学历”字段名右侧的下拉三角形，在出现的“选项”框中，只勾选“博士”选项，如图4-109所示。此时，“学历”字段名右侧会出现“筛选”标记。

（2）添加列字段：将“学历”字段拖放到“列”区域框中。完成这一步后，数据透视表的基本框架形成，如图4-110所示。

温馨提示　“添加列”步骤的第（1）步和第（2）步可以对换，先将“学历”字段拖至“列”区域框中，再在数据透视表中的单击“列标签”筛选按钮，筛选“博士”选项，结果是一样的。

4．添加值字段

（1）添加值字段：将“工资”字段拖动到“值”区域框中，“值”区域框中显示“求和项：工资”。

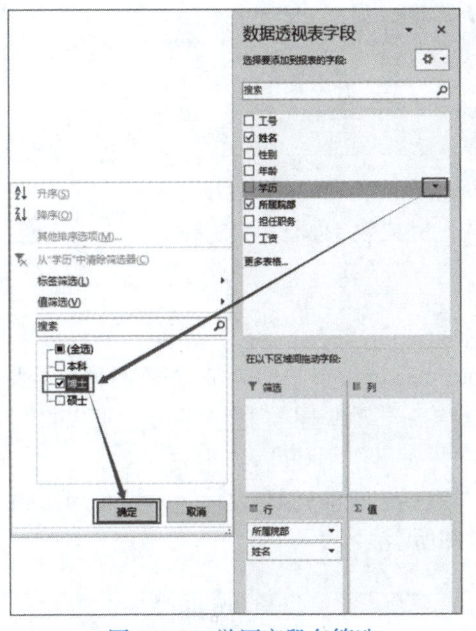

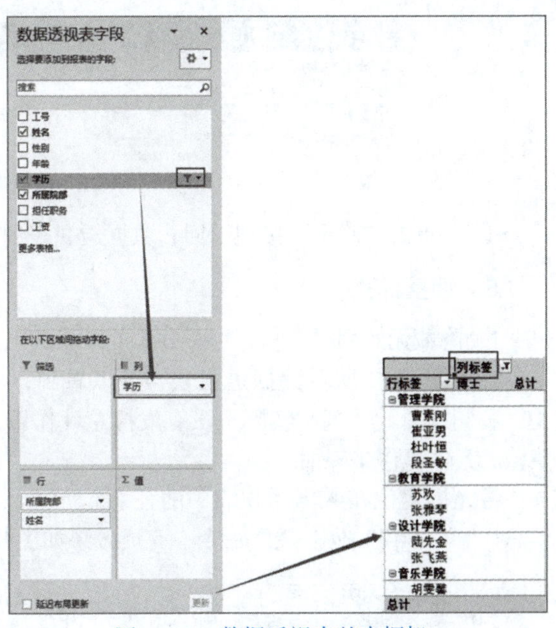

图 4-109　学历字段名筛选　　　　图 4-110　数据透视表基本框架

（2）进入值字段设置：在“值”区域框中，单击“求和项:工资”字段，在弹出的菜单中选择“值字段设置”，打开对话框。

（3）设置计算类型：在“计算类型”选区中选择“平均值”。

（4）设置数据格式：单击左下角的“数字格式”按钮，打开“设置单元格格式”对话框，将数值格式设置为保留“小数位数2位”。具体过程如图4-111所示。

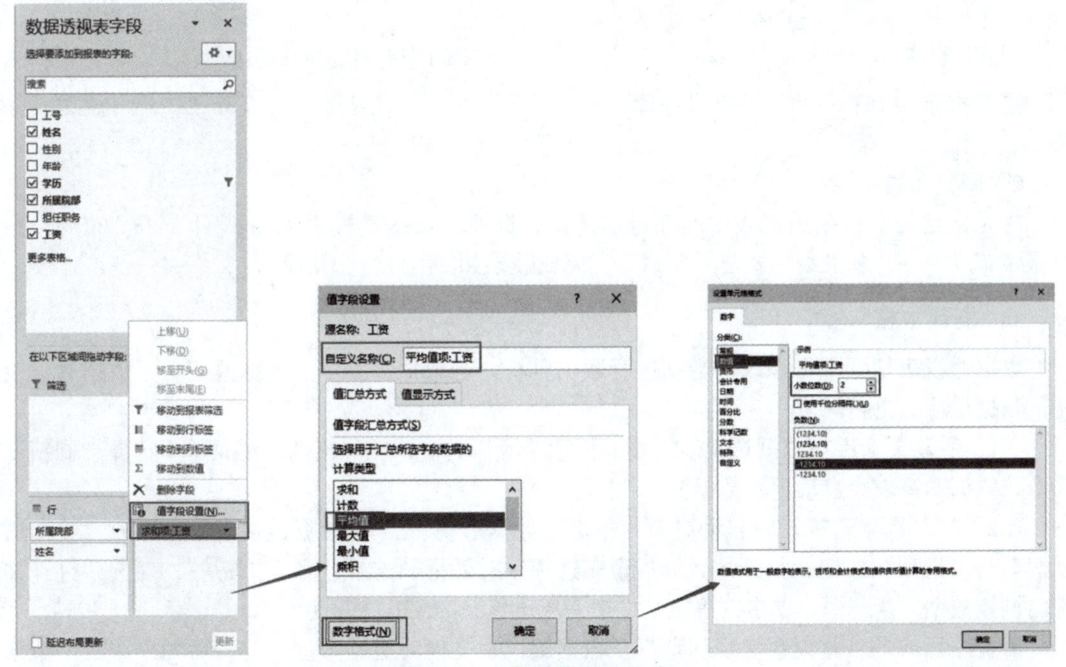

图 4-111　设置值字段格式

温馨提示　单击“数据透视表工具-数据透视表分析”→“活动字段”→“字段设置”按钮，也可以打开字段设置对话框，如图4-112所示。

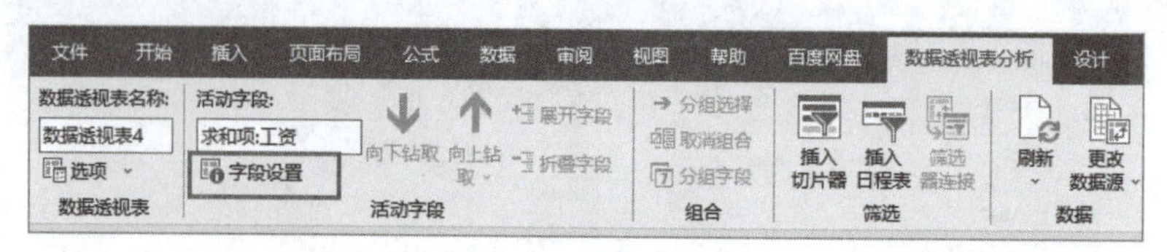

图 4-112　字段设置

（5）单击“确定”按钮返回，数据透视表创建完成，完成效果如图4-113所示。

5. 调整样式

1）隐藏无效列

观察图4-113所示数据透视表，可以看到，由于列字段只有1个（博士），行总计（“博士”右侧“总计”列）实际上没有发挥总计作用，总结结果与“博士”列完全重复，可以将其隐藏。具体操作步骤如下：

将光标定位在数据透视表中的任意单元格，选择“数据透视表工具-设计”→“布局”→“总计”→“仅对列启用”命令，完成效果如图4-114右图所示。

平均值项:工资	列标签	
行标签	博士	总计
⊟管理学院	8,425.00	8,425.00
曹素刚	11,500.00	11,500.00
崔亚男	7,800.00	7,800.00
杜叶恒	7,800.00	7,800.00
段圣敏	6,600.00	6,600.00
⊟教育学院	7,850.00	7,850.00
苏欢	7,800.00	7,800.00
张雅琴	7,900.00	7,900.00
⊟设计学院	11,500.00	11,500.00
陆先金	10,500.00	10,500.00
张飞燕	12,500.00	12,500.00
⊟音乐学院	11,500.00	11,500.00
胡雯馨	11,500.00	11,500.00
总计	9,322.22	9,322.22

图 4-113　数据透视表完成效果

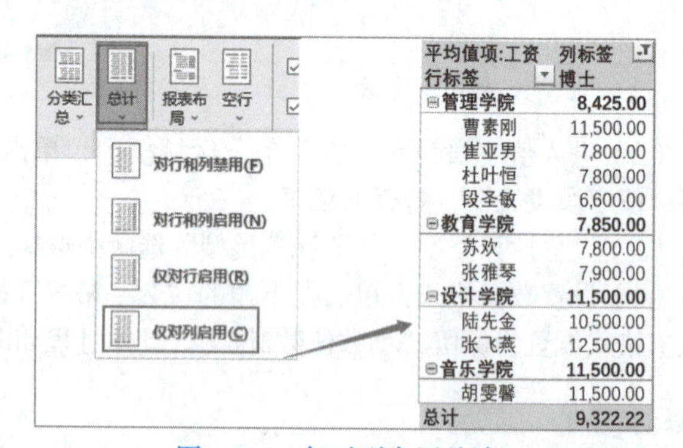

图 4-114　仅对列启用总计

温馨提示　如果添加了多个列字段，“行总计”会显示这些字段的合计值，那时就需要保留“行总计”。

2）调整布局

将光标定位在数据透视表中的任意单元格，选择“数据透视表工具-设计”→“布局”→“报表布局”→“以大纲形式显示”命令，完成效果如图4-115右图所示。

6. 刷新数据

数据透视表依据数据源表的数据进行数据分析，当数据源表中的数据改变后，数据透视表中的数据也应该更新。

（1）手动更新：在数据透视表区域的任意单元格右击，在弹出的快捷菜单中选择“刷新”命令，数据透视表会自动更新数据。

（2）打开数据透视表时自动更新：单击“数据透视表工具-数据透视表分析”→“数据透视表”→“选项”按钮，打开“数据透视表选项”对话框，选择“数据”标签，勾选“打开文件时刷新数据”复选框，单击“确定”按钮完成设置，如图4-116所示。

需要注意的是，此设置实现的是打开数据透视表文件时更新数据，打开后如果修改了数据源表，数据透视表并不会自动刷新，仍然需要手动刷新；如果不手动刷新，则在下次打开文件时自动刷新。

有一种更复杂的情况，就是在数据源表下方新增一行或多行数据，刷新数据透视表时，是否能将新增数据包含进去，取决于创建数据透视表时，在图4-107所示对话框“选择一个表或区域”中的设置。如果直接设置为数据表，更新数据透视表时，会将新增行包含进去；如果设置为数据表区域，由于新增行超出了设置区域，更新数据透视表时就不会包含新增行。这也再次证明二维表的重要性：只有将数据表制作成标准二维表，才可以将整个数据表设置为数据源。

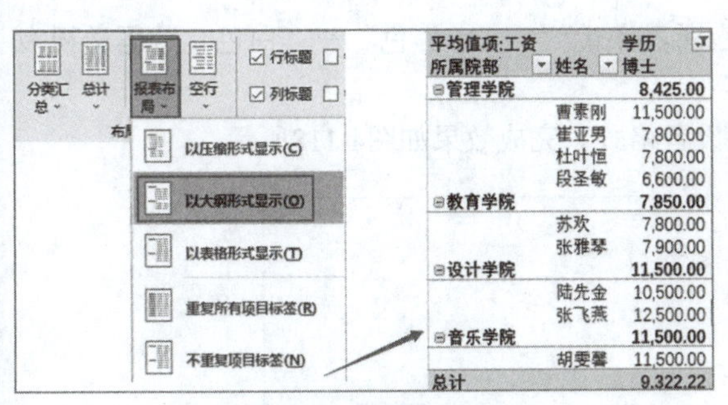

图 4-115 报表布局

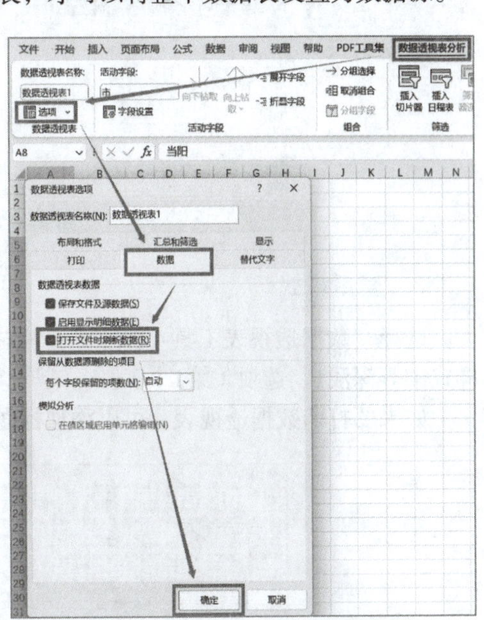

图 4-116 打开文件时刷新数据

4.8.3 统计员工学历层次结构

本案例要求使用数据透视表统计员工学历层次结构。

1. 创建透视表

（1）打开对话框：单击“员工信息表”数据区域的任意单元格，单击“插入”→“表格”→“数据透视表”按钮，打开“创建数据透视表”对话框。

（2）选择源数据表或区域：对话框中“选择一个表或区域”位置自动显示“表1”（当前工作表）。

（3）选择放置数据透视表的位置：使用默认设置（新工作表）。

（4）确定新建：单击“确定”按钮，会在当前工作表的前面新建一个工作表，数据透视表将创建在此表中。

2. 构建透视表结构

在“数据透视表字段”窗格中构建数据表基本结构：

（1）添加行字段：将“所属院部”字段拖到“行”区域框中。

（2）添加列字段：将“学历”字段拖到“列”区域框中。

（3）添加值字段：将“学历”字段拖到“值”区域框中。

温馨提示　这个字段的作用是计数，只要没有空值（空格）的字段，都可以用于值计算，并不一定要使用“学历”字段。

完成效果如图4-117所示。

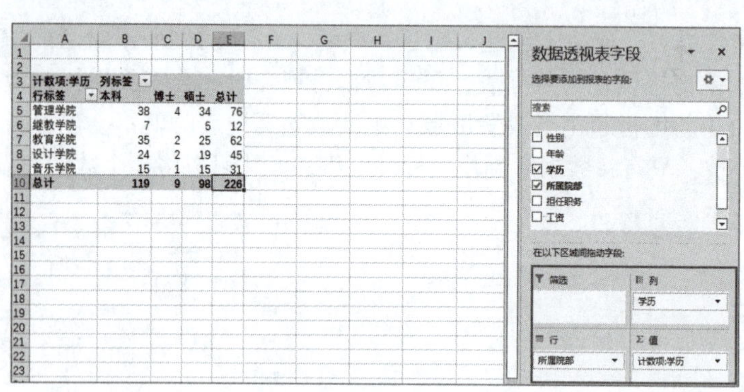
图 4-117　构建数据透视表

3．套用样式

选择“数据透视表工具-设计”→“数据透视表样式”→“中等色”→“白色，数据透视表样式中等深浅1”选项（第1个）。

如果要打印数据透视表，可以添加标题、设置格式。完成效果如图4-118所示。

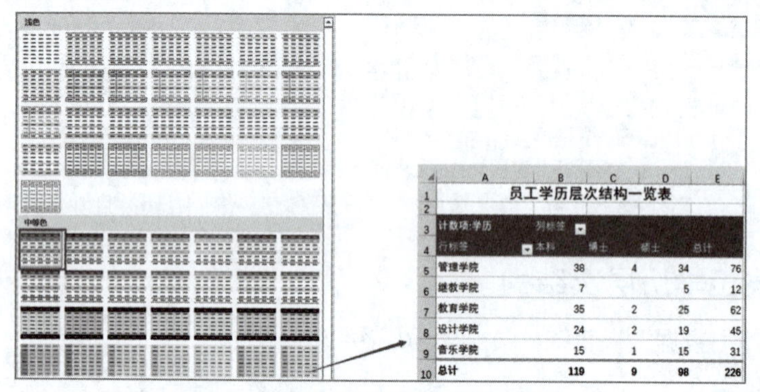
图 4-118　员工学历层次结构透视表

案 例 小 结

信息是资源，但数据并不等于资源。只有经过分析、加工、处理过的数据才能成为信息资源，数据透视表就是Excel加工处理信息的重要工具。数据透视表的功能非常强大，本案例只介绍了两种简单应用情境；Excel的功能更强大，本书也只是通过八个案例介绍了它的常用功能。要想更好地发挥Excel表格在数据分析、处理、管理方面的作用，除了主动学习软件知识和技巧外，更重要的是培养自己的计算思维能力，从利用智能工具解决问题的角度去界定问题、抽象特征、建立模型、组织数据。

实训 4.8　分析员工数据

实训项目	实训记录
实训 4.8.1　分析员工工资收入数据 以员工信息表作为数据源，分析并展示不同学院、不同学位员工的工资收入数据： （1）创建数据透视表，分析不同学院、不同学位员工的工资水平； （2）制作图表，对比展示不同学院员工的平均工资、不同学位员工的平均工资。	
实训 4.8.2　分析员工学历层次结构数据 以员工信息表作为数据源，分析并展示员工学历层次、年龄结构： （1）创建数据透视表，分析全校和各学院员工的学历层次、年龄数据； （2）制作图表，对比展示全校和不同学院员工的学历层次结构和年龄结构。	
实训 4.8.3　拓展实训：制作演示文稿汇报员工工资水平和人员结构 以上面两个实训项目产生的数据和图表为基础，制作一个演示文稿，汇报学校员工工资收入水平、学历层次结构和年龄结构。	

学习与实训回顾

见：

请记下你认为有价值、有启发或容易遗忘的知识点，并注明知识点所在页码以便回顾。

感：

请记下你在学习了本案例并实践之后的收获和感受。

思：

本案例中的知识点可以关联到哪些你已掌握的知识内容（包含其他课程所学）？

你过去碰到的哪些任务、困难，可以用本案例中的知识点去完成、优化、解决？

行：

你对本案例的设计和制作是否有改进建议？

今后的学习和工作中，哪些情境可以用到本案例所学内容？

笔记栏

笔记栏